農政全書校注

〔明〕徐光啓 撰
石聲漢 校注 石定枎 訂補

中

中華書局

農政全書校注卷之二十一

農器①

圖譜一

王禎曰②：昔神農作耒耜，以教天下，後世因之。佃作之具雖多，皆以耒耜爲始。然耕種有水陸之分，而器用無古今之間。所以較彼此之殊效，參新舊以兼行，使粒食之民，生生永賴焉。

【耒耜③】上句木也④。易繫曰⑤：神農氏作，斲木爲耜，揉木爲耒。說文曰⑥：耒，手耕曲木，從木推手。周官⑦：車人爲耒，庛長尺有一寸。鄭注云：庛，讀如棘刺之刺，刺，耒下。前曲接耜。則耒長六尺有六寸，其受鐵處歟？自其庛，緣其外遂〔一〕曲量之，以至於首，得三尺三寸。自首遂

耒耜

曲量之，以至於庛，亦三尺三寸，合爲之六尺六寸。若從上下兩曲之内，相望如弦，量之，只得六尺，與步相應⑧。堅地欲直庛，柔地欲句庛。直庛則利推，句庛則利發。倨句磬折，謂之中地⑨。

【耜】　臿也。釋名曰⑩：耜，齒也。如齒之斷物也。説文云⑪：耜，從木，目聲。徐鉉等曰：今作耜〔一〕。周官考工記⑫：「匠人爲溝洫，耜廣五寸。二耜爲耦。一耦之伐，廣尺深尺，謂之甽。」鄭云：「古者，耜一金，兩人併發之⑬。其壟中曰甽，甽上曰伐。伐之言發也。今之耜，岐頭兩金，象古之耦也。」賈公彦疏云：古者耜一金者，對後代耜岐頭二金者也；云今之耜岐頭者，後用牛耕種，故有岐頭兩脚耜也。耒耜，二物而一事，猶杵臼也。

【犂⑭】　墾田器。釋名曰⑮：犂，利也。利則發土，絶草根也。冶〔二〕金而爲之，曰犂鑱，曰犂壁。斲木而爲之，曰犂底，曰壓鑱。曰策額，犂箭〔三〕、犂轅、犂梢、犂評、犂建、犂槃。木金凡十有一事。耕之土曰墢⑯。墢猶塊也。起其墢者鑱也。覆其墢者壁也。故鑱引而居下，壁偃而居上。鑱

犂

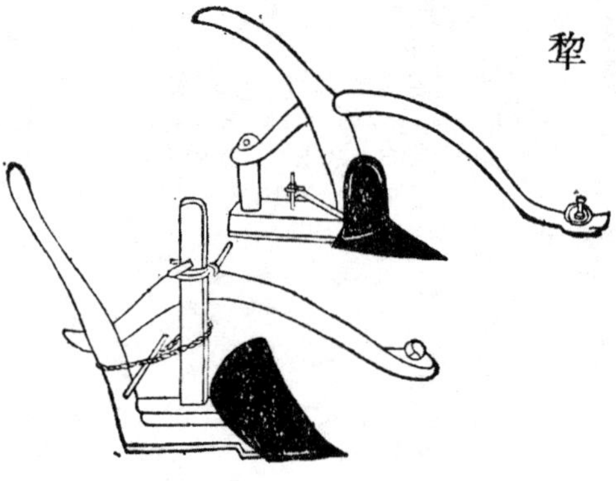

之次，曰策額。皆貤然相戴。自策額達于犂底，縱而貫之，曰箭。前如程〔四〕而樛者⑰，曰轅；後如柄〔五〕而喬者⑱，曰梢。轅有越⑲，加箭，可弛張焉。轅之上，又有如槽形，亦加〔六〕箭焉。刻爲綴〔七〕，前高而後卑，所以進退，曰評。進之，則箭下，入土也深；退之，則箭上，入土也淺。評之上，曲而衡之者，曰建。建，楗也。所以柅其轅與評⑳。無是，則二物躍而出，箭不能止。横於轅之前末，曰槃，言可轉也。左右繫以樫乎軛轅之後㉑，末曰梢，中在手，所以執耕者也。鑱長一尺四寸，廣六寸。壁廣長皆尺，微橢。狹長也。底長四尺，廣四寸。評底過壓鑱二尺，策額，減壓鑱四寸，廣狹與底同。箭高三尺。評尺有三寸。槃增評尺七焉。建惟稱㉒。轅修九尺。稍〔八〕得其半。轅至梢中間掩四尺。犂之終始，丈有二。

陸龜蒙耒耜經曰：耒耜，民之習，通謂之犂㉓。

【牛】圖不載。耕牛也。易曰㉔：黄帝堯舜，服牛乘馬，引重致遠，以利天下。蓋取諸隨，未有用之耕者。山海經曰㉕：后稷之孫叔均，始作牛耕。世以爲起於三代，愚謂不然。牛若常在畎畝，武王平定天下，胡不歸之三農，而放之桃林之野乎㉖？故周禮祭牛之外㉗，以享賓、駕車、犒師而已，未及耕也。即〔九〕在詩，有云：「載芟載柞，其耕澤澤。千耦其耘，徂隰徂畛㉘。」又曰：「有略其耜，俶載南畝㉙。」以明竭作于春，皆人力也。至于「穫之積之，如墉如櫛㉚」。然後「殺時犉牡，有捄其角」。以爲社稷之報。若使果用之耕〔一〇〕，曾不如迎貓迎虎，列于蜡祭乎㉛？蓋牛之耕，起于春秋之間，故孔子有犁牛之言㉜，而弟子冉耕字伯牛。禮記：吕氏月令：季冬出土牛，示農耕早晚。前漢趙過，又增其制度，三犁一牛，後世因之。生民粒食，皆其力也。然知資其力而不知養其力，力既竭矣，曾不審寒暑之異宜，疫厲〔一一〕之救藥。有冬鬻春租，冀免芻豆之費；壯鞭老殺，猶圖皮肉之貲。今勸農有官，牛爲農本，而不加勸，以致生不滋盛，價失廉平。田野小民，歲多租賃，以愒〔二〕目前，計其所輸，已過半直，是以貧者愈貧，由不恤農之本故〔一二〕也。若爲民牧者，當先知愛重祈報，使不敢慢易。絶其妄殺，憫其羸瘠，豐其萊牧〔一三〕，潔其欄牢，則無不字育蕃〔三〕息。札瘥不作㉝，耕種不失，足致豐盈。此誠善政務本之意也，其可忽諸！

【耰㉞】槌塊器。説文云㉟：耰，摩田器。晉灼曰㊱：耰，椎塊椎也。吕氏春秋曰㊲：鉏耰白梃。耰，椎也。管子云㊳：一農之事，必有一銍一椎，然後成爲農。今〔四〕田家所制無齒杷，首如木椎，柄長四尺，可以平田疇，擊塊壤，又謂木斫，即此耰也。

【耙，作爬〔一四〕，今作䎱。】宋、魏之間，呼爲渠拏〔一五〕，又謂渠疏㊴。陸龜蒙曰㊵：凡耕而後有耙。今日只知犁深爲功，不知耙細爲全功㊶。蓋耙遍數，惟多爲熟，熟則上有油土四指，可没雞卵爲得。耙桯長可五尺，闊約四寸，兩桯相離五寸許。其桯上相間，各鑿方竅，以納木齒。齒長六寸許。其桯兩端木栝，長可尺三〔一六〕。前梢微昂，穿兩木掮，以繫牛輓鉤索。此方耙也。又有人字耙，鑄鐵爲齒。齊民要術謂之鐵齒鍽錂。凡耙田者，人立其上，入土則深。又當于地頭不時跂足，閃去所擁草木根茇。水陸俱必用之。

櫌

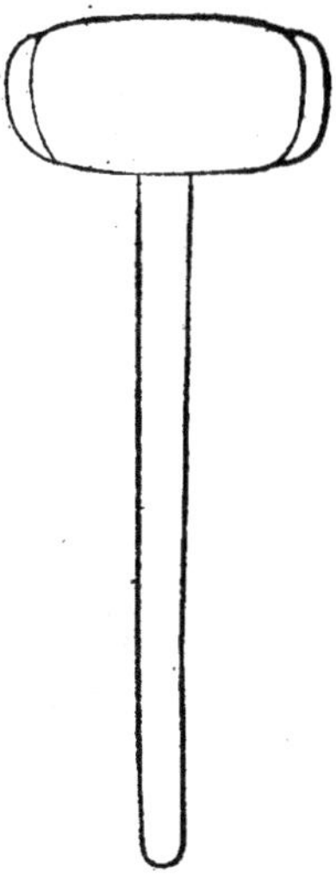

方耙

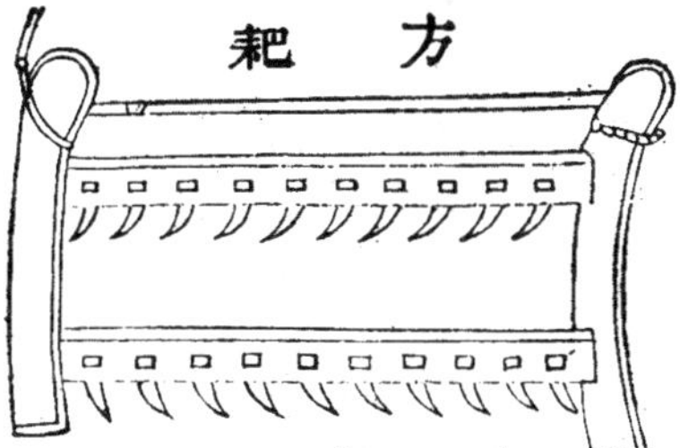

人字耙

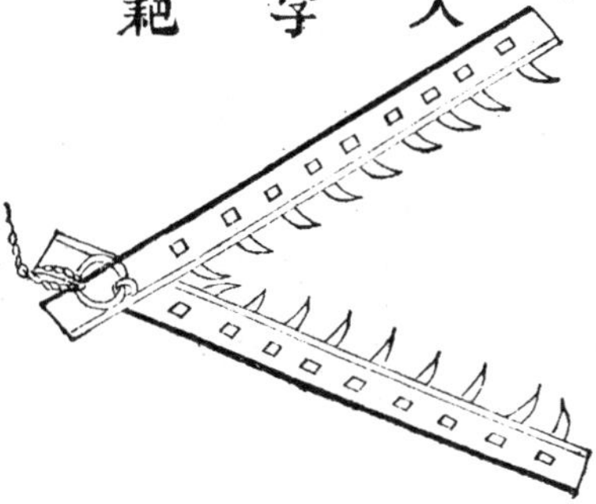

【耖】疏通田泥器也。高可三尺許，廣可四尺。上有橫柄，下有列〔一七〕，以兩手按之，前用畜力輓行。一耖用一人牛〔一八〕。有作連耖，二人二牛，特用於大田，見功又速。耕耙而後用此，泥壤始熟矣。

【勞㊷】無齒耙也。但耙梃之間，用條木編之，以摩田也。耕者隨耕隨勞，又看乾濕

耖

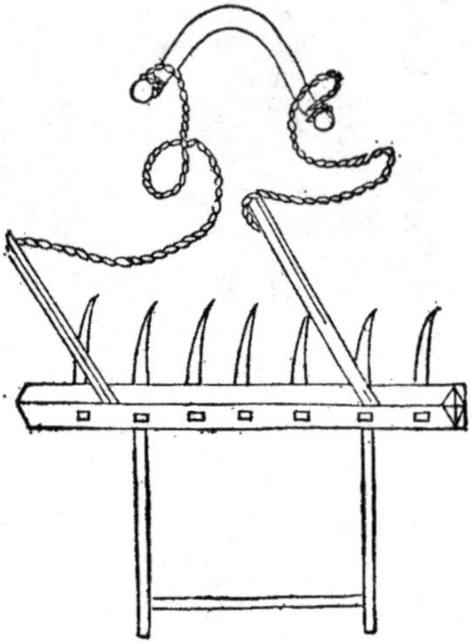

勞

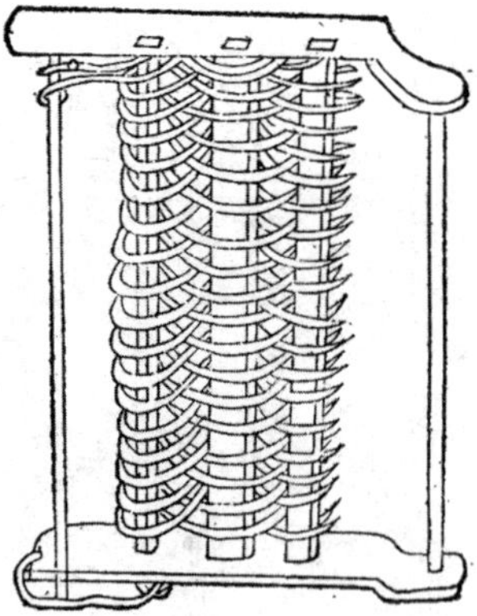

何如，但務使田平而土潤。與耙頗異，耙有渠疏之義，勞有蓋摩之功也。齊民要術曰㊸：疏春耕㊹，尋手勞。秋耕，待白背勞。注云：春多風，不即勞，則致地虛燥。秋田塌濕，速勞則恐致地硬。又曰：耕欲廉，勞欲再。今亦名勞曰摩，又名蓋㊺。凡已耕耙欲受種之地，非勞不可。

【撻】打田篲也。用科木縛如埽篲，復加匾闊，上以土物厭[一九]之，亦要輕重隨宜，用[二〇]以打地。長可三四尺，廣可二尺餘。古農法云㊻：耬種既過，後用此撻，使壟滿土實，苗易生也。齊民要術曰㊼：凡春種欲深，宜曳重撻；夏種欲淺，直置自生。注云：春氣冷生遲，不曳撻則根虛，雖生轉〔三〕死。夏氣熱而生速，曳撻遇雨，必致堅垎。其春澤多者，或亦不須撻。必欲撻者，須待白背，濕撻則令地堅硬故也。又用曳打場面，極爲平實。今人耬種後，唯用砘車碾之。然執耬種者，亦須腰繫輕撻曳之，使壠土覆種稍深也。或耕過田畝，土性虛浮〔五〕，亦宜撻之。

撻

磟碡

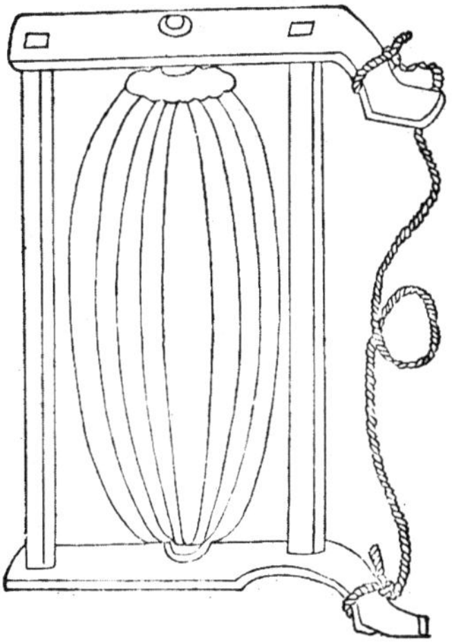

【磟碡㊽】又作礰碡。陸龜蒙耒耜經云：耙〔三〕而後，有磟碡焉，有礰礋焉㊾。自爬至礰礋，皆有齒，磟碡，觚稜，而咸以木爲之，堅而重者良。余謂磟碡，字皆从石，恐本用石也。然北方多以石，南人用木。蓋水陸異用，亦各從其宜也。其制長可三尺，大小不等，或木或石。刊木括之，中受簨軸，以利旋轉。又有不觚稜，混而圓者，謂混軸。俱用畜力

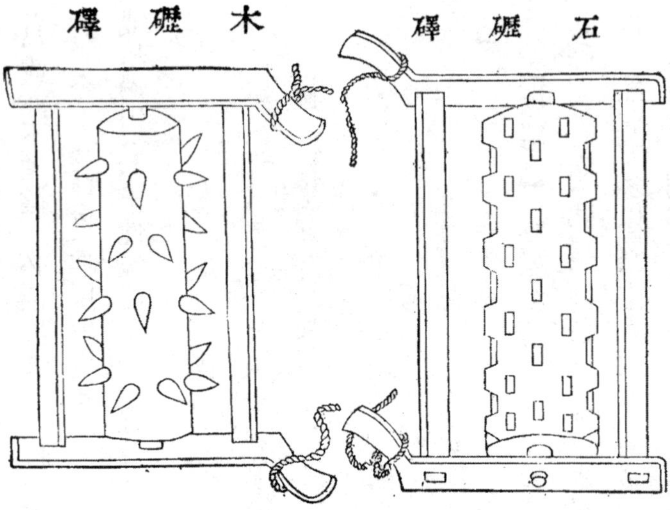

輓行，以人牽傍〔二三〕。輥打田疇上塊垡〔六〕，易爲破爛，及碾捍場圃間麥禾㊿，即脱稃穗。水陸通用之。

【礰礋】　又作䂬礋。與磟碡之制同。但外有列齒，獨用於水田，破塊滓，溷泥塗也。

【瓠種，竅瓠。】　貯種，量可斗許。乃穿瓠兩頭，以木箄貫之㊿①。後用手執爲柄，前用作觜。瓠觜中，草莛通之㊿②，以下〔二四〕其種。瀉種於耕壠畔，恐太〔七〕深，則致〔二五〕種於壠畔。隨耕隨瀉，務使均勻。又犁隨掩過，遂成溝壠。覆土既深，雖暴雨不至栢撻。暑夏最爲能與耐同。旱。且便〔八〕於撮鋤，苗亦鬯茂。燕趙及遼以東，多有〔二六〕之。齊民要術曰㊿③：兩耬重構，竅瓠下之，以批契維腰曳之，此舊制。以今較之，頗拙於用，故從今法。寡力之家，比耕耙耬砘，易爲功也。

瓠種

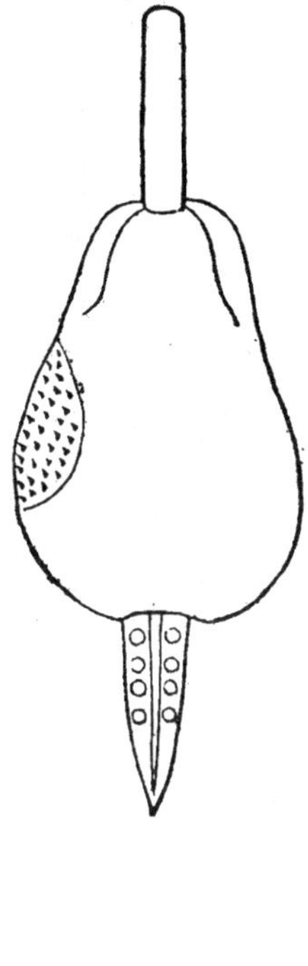

【耬車】下種器也。通俗文曰[54]：覆種曰耬。一云耬犁，其金似鑱而小。魏志略曰[55]：皇甫隆爲燉煌太守，民不知耕，隆乃教民作耬犁，省力過半，得穀加五。崔寔論曰[56]：漢武帝以趙過爲搜粟都尉，教民耕殖。其法：三犁共一牛，一人將之，下種輓耬，皆取備焉，日種一頃。今三輔猶賴其利。自注云[57]：按三犁共一牛，若今三脚耬矣。然則耬之制不一，有獨脚兩脚三脚之異。若今燕、趙、齊、魯之間，多有兩脚耬。關以西有四脚耬，但添一牛，功又速也〔九〕。夫耬，中土皆用之，他方或未經見，恐難成造。其制，兩柄上彎，高可三尺。兩足中虛，闊合一壠。橫桄四匝，中置耬斗，其所盛種粒，各

耬車

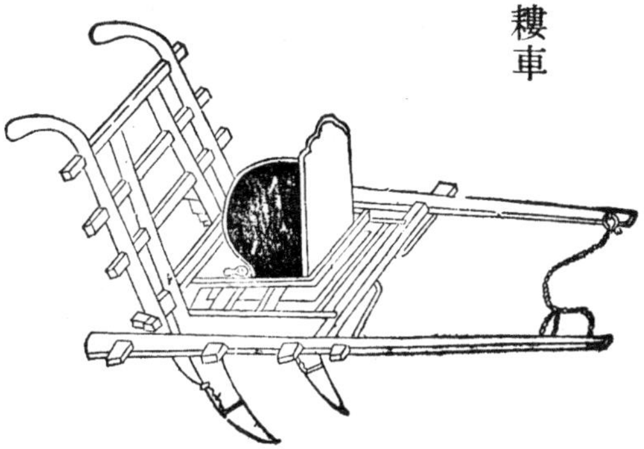

下通足竅。仍旁挾兩轅，可容一牛。用一人牽傍，一人執耬，且行且搖，種乃自下。此耬種之體用，今特圖録。近有刱制下糞耬種，於耬斗後，另〔二七〕置篩過細糞，或拌蠶沙，耩時隨種而下，覆於種上，尤巧便也。今又〔二八〕名曰種蒔，曰耩子，曰耬犁。習俗所呼不同，用則一也。

砘車

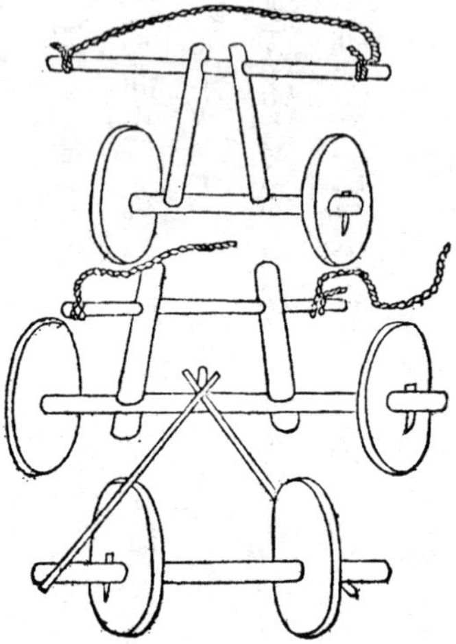

耕槃

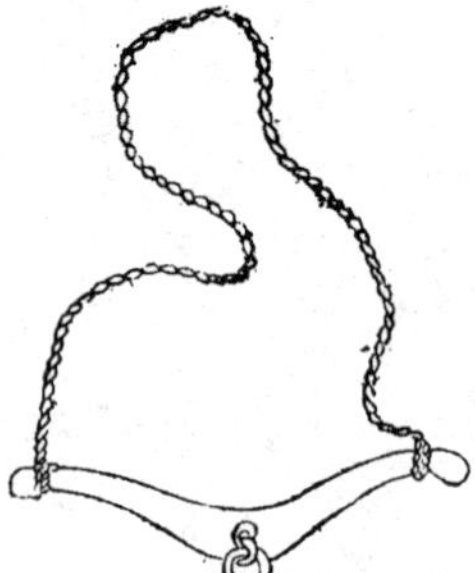

【砘音屯。車】　砘石碢也(58)。以木軸架碢爲輪，故名砘車。兩〔一〇〕碢用一牛，四碢兩牛力也。鑿石爲圓，徑可尺許，竅其中，以受機栝。畜力輓之，隨耬種所過，泲壠碾之(59)，使種土相着，易爲生發。然亦看土脉乾濕何如，用有遲速也。古農法云：「耬種後用撻〔一一〕，則壠滿土實。」又有種人足躡壠底，各是一法。今砘車轉碾溝壠特速，此後人所刱，尤簡當也。

【耕槃】 駕犁具也。耒耜經云：横於犁轅之前末曰槃，言可轉也。左右繫以樫〔二九〕乎軛也。耕槃舊制稍短，駕一牛，或二牛，故與犁相連。今各處用犁不同，或三牛四牛。其槃以直木，長可五尺，中置鉤環。耕時，旋擐犁首，與軛相爲本末，不與犁爲一體，故復表出之。

牛軛

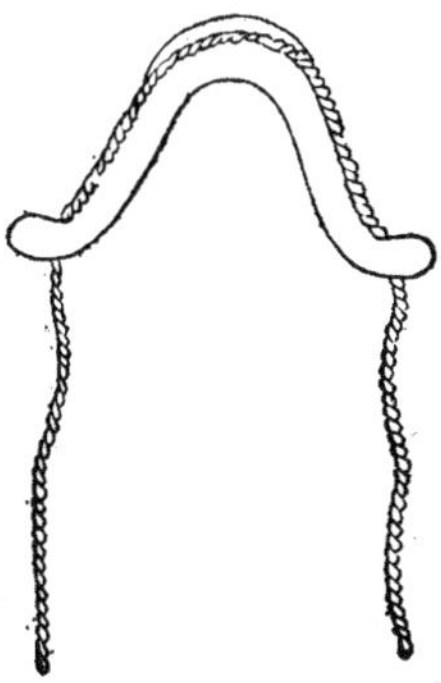

秧馬

【牛軛】 字亦作軏〔三〇〕，服牛具也。隨牛大小制之，以曲木竅其兩旁，通貫耕索，仍下繫鞅板，用控牛項，軛乃穩順，了無軒側。説文曰[60]：軛，轅前木也。

【秧馬】 蘇文忠公序云[61]：「余過廬陵，見宣德郎致仕曾君安止，出所作禾譜，文既温雅，事亦詳實。惜其有所缺，不譜農器也。予昔遊武昌，見農夫皆騎秧馬，以榆棘爲腹，欲其滑；以楸梧爲背，欲其輕。腹如小舟，昂其首尾，背如覆瓦，以便兩髀雀躍于泥中。繫束藁其首，以縛秧。日行千畦，較之傴僂而作者，勞佚相絶矣。史記：禹乘四載[62]，泥行乘橇。解者曰：橇形如箕，擿行泥土〔三一〕。豈秧馬之類乎？」

【钁】斸田器也。爾雅謂之鐯斫也[63]。又云：魯斫。説文云[64]：欘主以株除物根株也。蓋農家開闢地土，用以斸荒。凡田園山野之間用之者，又有闊狹大小之分。然總名曰钁。

钁

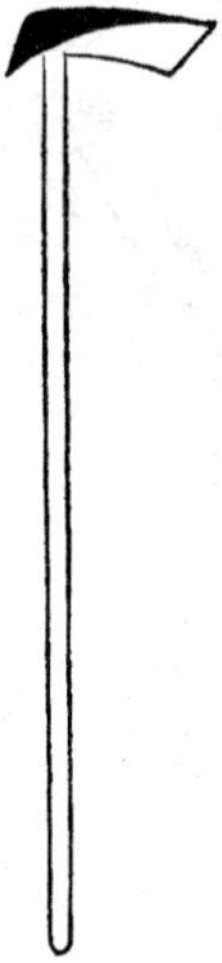

臿

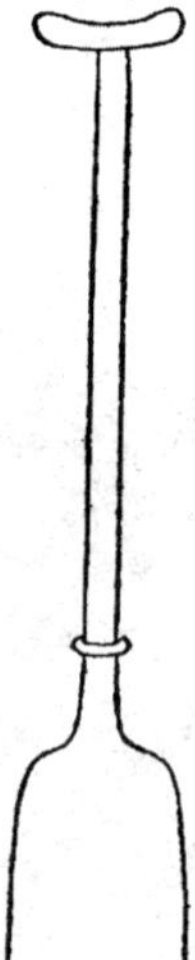

【臿】顔師古曰[65]：鍬也。所以開渠者。或曰削，有所守〔三二〕也。唐韻作疀[66]，俗作臿，同作插〔三三〕。爾雅曰[67]：斛謂之疀。方言云[68]：燕之東北，朝鮮洌水之間，謂之斛。宋、魏之間，謂之鏵，或謂之鍏。江、淮、南楚之間，謂之臿。趙、魏之間，謂之喿。皆謂鍬也。然多謂之臿。蓋古謂臿，今謂鍬，一器二名，宜通用。淮南子曰[69]：禹之時，天下大水，禹執畚臿，以爲民先。前漢溝洫志白渠歌曰：舉臿爲雲，決渠爲雨。

【鋒[70]】古農器也。其金比犁鑱小而加鋭，其柄如耒，首如刃鋒，故名鋒，取其銛利也。地若堅垎，鋒而後耕，牛乃省力，又不乏刃。古農法云：「鋒地宜深，鋒苗宜淺。」齊民要術云(71)：速鐴之地，恒潤澤而不硬。注曰(72)：刈穀之後，即鐴茇下，令突起，則潤澤易耕。又云(73)：苗高一尺，則鐴之。苗生壠平，鐴而不耩。農書云：無鏵而耕曰耩。既鐴矣，固不必耩。蓋鐴與耩相類。今耩多用歧頭，若易鐴爲耩，亦可代也。近世農家，不識此器，亦不知名。兹特録其功用，知爲不可廢也。

鐴

長鑱

【長鑱】(74) 踏田器也。鑱比犁鑱頗狹〔一二〕，制爲長柄，謂之長鑱。杜工部同谷歌曰：「長鑱長鑱白木〔一三〕柄」，即謂此也。柄長三尺餘，後偃而曲，上有横木如拐，以兩手按之，用足踏其鑱柄後跟，其鋒入土，乃捩柄以起墢也。在園圃區田，皆可代耕。比於钁斸省力，得土又多。古謂之蹠鏵，今謂之踏犁。亦耒耜之遺制也。淮南子曰(75)：伊尹之興土工〔一四〕也，修脚者使之蹠音隻。鏵。注：長脚者蹠鏵，得土多也。

【鐵搭】四齒或六齒，其齒鋭而微鉤。似杷非杷，斸土如搭，是名鐵搭。就帶圍〔一五〕銎，以受直柄，柄長四尺。南方農家，或乏牛犁，舉此斸地，以代耕墾，取其疏利。仍就編鋳塊壤，兼有杷钁之效。嘗見數家爲朋，工力相傳〔一六〕，日可斸地數畝。江南地少土潤，多有此等人力，猶北方山田钁户也。

【杴[76]】臿屬。但其首方闊，柄無短拐，此與鍬臿異也。煅鐵爲首[77]，謂之鐵杴，惟宜土工。剡木爲首，謂之木杴，可擛穀物[78]。又有鐵刃木杴，裁割田間塍埂。以竹爲之者，淮人謂之竹揚杴。與江浙颺去聲。籃少異，今皆用之。

鐵搭

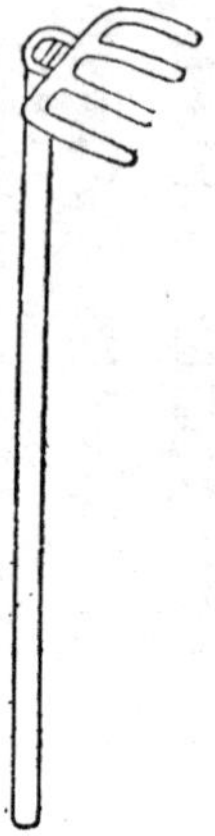

【钁】犁之金也。集韻注：鋭也。吴人云：鐵犁長尺有四寸，廣六寸。陸龜蒙耒耜經曰：冶金而爲之者曰犁钁，起其墢者也。負钁者底，底實于钁中，工謂之鼈肉。底之次，曰壓钁。皆貤然相戴。若剜土既多，其鋒必禿，還可鑄接，貧農利之。

【鏵】集韻云[79]：耕具〔一四〕也。釋名：鏵，鍤類，起土也。説文：鏵作茉，兩刃鍤也。從木象形。宋、魏作茉〔一五〕。集韻：茉作鏵，或曰削，能有所穿也。又鏵刳地爲坎也。鏵與钁頗異，钁狹而厚，惟可正用。鏵闊而薄，翻覆可使。老農云：開墾生地宜用钁，翻轉

鐵杴

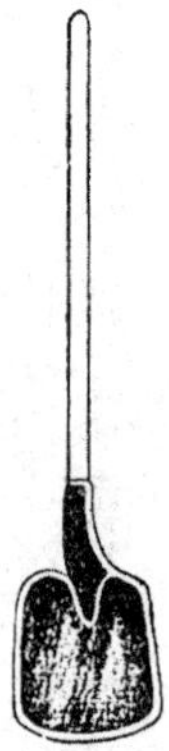

木杴

鐵刃杴

竹揚杴

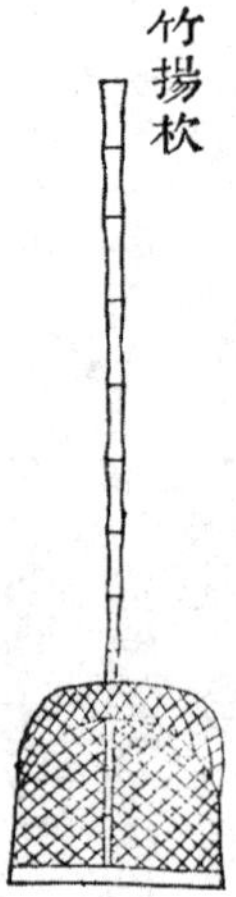

鑱

鏵

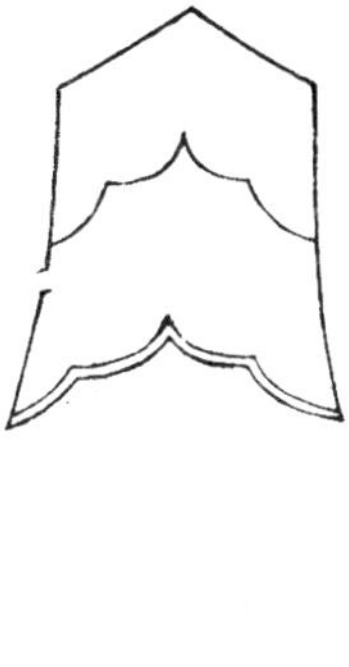

熟地宜用鏵。蓋鑱開生地着力易，鏵耕熟地見功多。然北方多用鏵，南方皆用鑱。雖各習尚不同，若取其便，則生熟異氣〔三七〕，當以老農之言爲法，庶南北互用，鑱鏵不偏廢也。

【鐴】犁耳也。其形不一，耕水田曰瓦繳，曰高脚；耕陸田曰鏡面，曰碗口。隨地所宜制也。

鐴

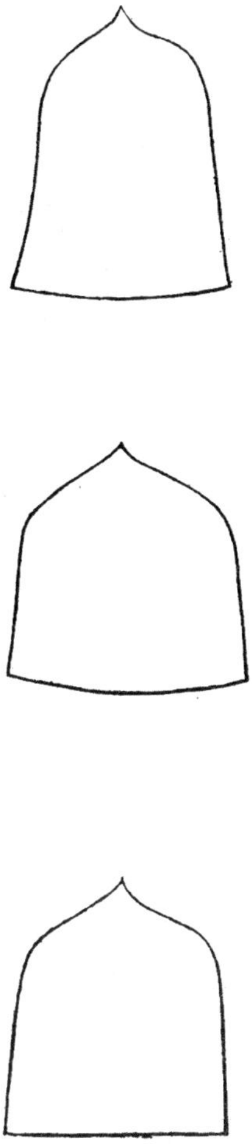

【剗】俗又名鎊。周禮⑧⓪：薙氏掌殺草，冬日至而耜之。鄭玄謂：以耜測凍土而剗之。其刃如鋤而闊。上有深袴，插於犁底所置鑱處，其〔一六〕犁輕小，用一牛或人輓行。北方幽、冀等處，遇有下地，經冬水涸，至春首浮凍稍甦，乃用此器，剗土而耕。草根既斷，土脉亦通，宜春種穬來〔三八〕。凡草莽污澤之地，皆可用之。蓋地既淤壤肥沃，不待深耕，仍火其積草而種乃倍收。斯因地制器，剗土除草，故名剗，兼體用而言也。

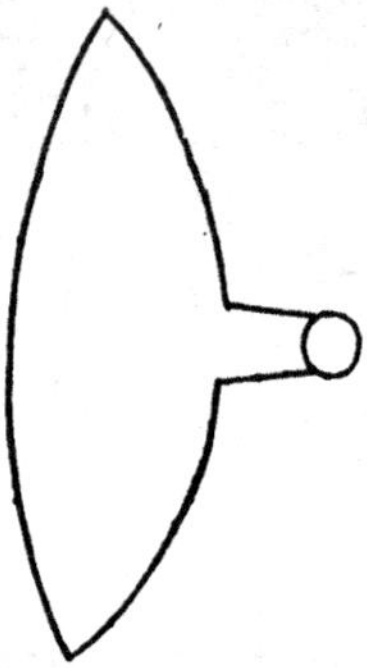

剗

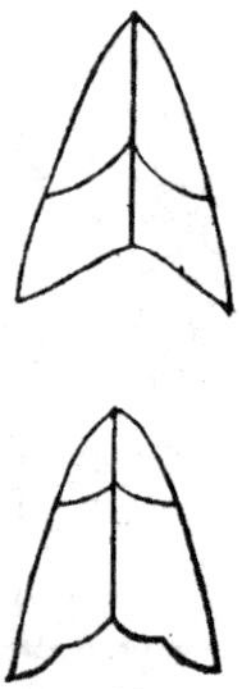

劐

【劐】農桑輯要云[81]：燕趙之間用之。如鑱而小，中有高脊。長四寸許，闊三寸，插於耬足。背上兩竅，以繩控於耬之下梲。其金入地三寸許，耬足隨瀉種粒，其種入土既深，田亦加熟。劐所過，猶小犁一遍。如古耦耕之法，即一事而兩得也。

校：

〔一〕冶　平本譌作「治」，依黔、曙、魯改作「冶」。陸龜蒙耒耜經傳本、王禎農書均作「冶」，與下文「斲木」對稱。（案「冶金……」以下，王禎節録陸龜蒙耒耜經。）

〔二〕愒　平、曙譌作「揭」，依黔、魯改。（王禎原書作「救」，讀 ài；解爲「姑息」。）

〔三〕蕃　平、曙譌作「審」，依王禎原書及黔、魯各本改正。

〔四〕今　黔、魯譌作「令」；依平、曙作「今」，與王禎原書合。

〔五〕或耕過田畝土性虛浮　平、曙與王禎原書同。黔、魯作「或耕田畝，則……」，大誤；中華排印本已補入「過」字，但仍保留「則」字。

〔六〕輥打田疇上塊垡　這一句，各本均有譌字。「輥」字平本譌作「轆」；「垡」字平、曙譌作「岱」；「上」字黔、曙、魯及中華排印本均作「土」；（中華排印本並依曙本將平本不誤的「上」字校改爲「土」字，作有校記。）現依王禎農書改正。「輥」字，現行本王禎農書作「碾」，不如「輥」字好。「田疇上塊垡」，即田裏的土塊，本來很明白，作「土」便難解了。

〔七〕太　平、曙譌作「大」，依魯本、中華本改作「太」，合於王禎原書。（定枎校）

〔八〕便　平、曙作「便」，與王禎原書合；黔、魯譌作「使」。

〔九〕速也　平本譌作字形相似的「連地」；應依黔、魯改作「速也」，和王禎原書相合。

〔一〇〕兩　魯本譌作「而」，應依平、曙及王禎原書作「兩」。

〔一一〕撻　各本均譌作「樾」，應改作「撻」，合於王禎農書。（定枎校）

〔一二〕狹　平、曙譌作「挾」，依黔、魯各本及王禎原書改正。

〔一三〕白木　平本譌作「曰禾」，應依黔、曙、魯各本及王禎原引文改正。

〔一四〕具　黔、魯作「器」，現依平、曙作「具」，與王禎原書合。

〔一五〕説文鏵作苿……宋魏作苿　「苿」，各本均譌作「茉」，應改作「苿」，合於王禎農書。參見本卷注⑲。（定枎校）

〔一六〕其　平本作「具」，黔、曙、魯各本作「其」，與王禎原書合，照改。

注：

① 本書卷二十一至二十四，這四卷農器，都依王禎農器圖譜爲底本，删去了一些與農業生産關係較小的項目，每項後王禎原附的詩文，也都删去了，圖也有些改進，比王禎原書，提高了不少。

② 這一節，實質上是王禎農器圖譜卷二耒耜門的小引，節去後面幾句所成。下面，從「耒耜」到「秧馬」，見農器圖譜二耒耜門；「钁」到「鑊」，見農器圖譜三钁臿門。

③ 耒耜：原圖有「上句」、「中直」及「庛」、「耜」四個字注，本書省去。耜原圖都是白色；本書却塗作黑色，大概是代表鐵製部分。耜後面的横撑，庫本原圖缺，殿本是直的，本書作彎曲形。

④ 句：讀作 gōu，解釋爲彎曲。首句似宜斷句爲「（耒）耜上句木也」。意即「耒」指安裝在「耜」上方的彎曲木部分。

⑤ 現見易繫辭下。

⑥ 現見説文解字卷四下耒部「耒」字説解。説文原文，末句是「从木推丯」（「丯」即草芥的「芥」字）。王禎農書中已誤作「從木推手」；大概是因爲上一句是「手耕曲木」，所以認爲「手」字。

⑦ 現見周禮考工記車人的第二節。

⑧ 步：周、秦一「步」是六尺，見前卷四「井田考」。

⑨ 「堅地……中地」，是考工記原文。「堅」是硬實，「柔」是鬆軟；「句」是彎曲。「磬折」即成 135°至 140°的角度，像古代樂器「磬」的曲折。

⑩ 現見釋名卷七釋用器第二十一。第二句的「如」字，今傳本釋名作「似」。

⑪ 説文解字中，「耜」字寫作梠，在卷六下木部。

⑫ 現見匠人末節。

⑬ 兩人併發：「併」字，解爲兩個人肩挨肩地「並立」。

⑭ 本節，現見王禎農器圖譜耒耜門「犁」節。王禎原譜，這節的主體，節録陸龜蒙耒耜經，删節處已有些不妥當；本書引用又有删節，增大了這些缺點。原圖犁鏵白色，本書全塗黑，大概是表示用鐵製造。

⑮ 現見釋名卷七釋用器第二十一。

⑯ 墢：音 fá，即「垡」字。

⑰ 樛：音 jiū，木條向下彎曲叫「樛」。

⑱ 喬：解爲「高出」，可以釋爲「翹起」。

⑲ 越：這裏應讀 huó，作禮記樂記「清廟之瑟，是弦而疏越」的「越」字解，即底上的孔。

⑳ 梶：原來指「殺車」(使車輪停止)的木條，現在借作他動詞，解釋爲「停止」、「穩定」。
㉑ 樫：應從「手」，即「牽」字。王禎原作有一個小注：「摼，苦耕切(即應讀爲 kēng)，牽也。」
㉒ 稱：讀去聲，解作「相稱」，即符合要求。
㉓ 小注，王禎原書没有；不知是徐光啓所加？還是整理付刻時加的。
㉔ 現見易繫辭下。
㉕ 現見山海經最後一篇海内經近末處。按：從引山海經至「……農耕早晚」，實在止是節録南宋周必大爲曾之謹農器譜所作序文(現見文獻通考卷二一八)；所以「愚謂不然」的「愚」，是周必大自稱，與王禎無涉。
㉖ 桃林之野：尚書周書僞古文部分的武成篇説，(武王)「乃偃武修文，歸馬于華山之陽，放牛于桃林之野，示天下弗服(=使用)」。
㉗ 見周禮地官司徒牛人。
㉘ 「載芟……徂畛」，見詩周頌閔予小子之什載芟。
㉙ 「有略其耜」兩句，同上。
㉚ 「穫之積之，如墉如櫛」，節引詩周頌閔予小子之什良耜「穫之挃挃，積之栗栗，其崇如墉，其比如櫛」。下兩句「殺時犉牡，有捄其角」，同在此章。
㉛ 蜡祭：禮記郊特牲「天子大蜡八」，注：所祭有八神，其四是「貓虎」。(漢以前貓還没有完全

馴養。)

㉜ 孔子有犁牛之言：論語雍也第六有孔子說的「犁牛(＝黑黄色的牛)之子，騂且角……」的話。

㉝ 札瘥：「札」是死亡，「瘥」是疾病(見左傳昭公十九年)。

㉞ 耰：王禎原書，這條在「耙」「耖」「耮」「撻」四條之後。

㉟ 現見說文解字卷四下耒部「耰」字說解。

㊱ 現見漢書列傳一陳勝項籍傳「贊」，「鉏耰棘矜」句注中。

㊲ 吕氏春秋卷八仲秋紀簡選篇前段原文是「鉏耰白梃，可以勝人之長銚利兵，此不通乎兵者之論也」。

㊳ 現見管子輕重乙篇。

㊴ 現見耒耜經。

㊵ 「宋魏……渠疏」，這兩句，出自楊雄方言卷五：「杷，宋魏之間謂之渠挐，或謂之渠疏。」

㊶ 「今日……全功」，王禎原書，記明引自種蒔直說(現見農桑輯要卷二耕地篇)。

㊷ 耮：庫本原圖與本書同，外面的木框很大；殿本木框較小更近於實物形狀。

㊸ 現見齊民要術(卷一)耕田第一。所引小注，字句與要術頗有出入。

㊹ 疏：係衍字，應删去。

㊺ 又名蓋：這句是王禎所加。要術卷前雜說中，用「蓋」字代替要術正文中所用「耮」「摩」各字，剛

好説明雜説並非賈氏原有。王禎大概已發現雜説中這個字的奇特，所以才這樣説明。

㊻古農法云：不知道王禎所根據的原始材料是什麽？

㊼現見要術（卷一）種穀第三。

㊽穋穱：有 lú dú，lú zhōu 兩種讀法。依廣韻，唐代似乎讀作 lu du。

㊾礰礋：現在讀 lì zé，王禎原書注音 he zhe。廣韻，唐代似乎讀 liè dié。

㊿捍：應是「趕」或「幹」；「捍」是「捍衛」的「捍」字。

(51)箄：讀 bǐ，原來是小籠子（見楊雄方言），這裏用來稱呼一個圓圓有孔的管子。（案：原圖箄都畫得簡略，不見側面的孔。）

(52)莛：讀 tíng，即中空的草莖。

(53)現見齊民要術（卷三）種葱第二十一。要術原文爲「兩耬重耩，竅瓠下之；以批契繫腰曳之」。

(54)後漢服虔著通俗文，今已佚。

(55)魚豢魏略，今已佚。現見三國志魏書（卷一六）倉慈傳注引；又見齊民要術自序引文。

(56)現見齊民要術（卷一）種田第一所引，標題爲「崔寔政論」。

(57)這個注文，現在看來，應是齊民要術作者賈思勰作的，不會是崔寔自注。不知王禎另有什麽理由認爲崔寔自注？

(58)碢：作碾輪用的石塊；參看前卷十八「碾輪三事」。

㊾ 洊：王禎原書是「溝」字。平本寫作「洊」，黔、魯各本照刻，曙本作「滿」。其實是「溝」的舊簡筆字，「溝」寫走了一點樣：比較下文「轉碾溝壠特速」，也可以知道是「溝」字。

㊿ 現見説文解字十四下車部。

(61) 現見東坡居士集秧馬歌序。

(62) 禹乘四載：史記（本紀二）夏禹本紀：「陸行乘車，水行乘船，泥行乘橇，山行乘檋。」注引孟康的説法：「橇形如箕，擿行泥上。」據此，本書下文「摘」「土」兩字有誤，「橇」字讀 qiāo ；擿字在這裏讀 dí。

(63) 爾雅謂之鐯斫也：現行本爾雅釋器第六有「斫謂之鐯」；郭璞注説「钁也」。「又云：魯斫」，不知出處。

(64) 今本説文解字木部「欘」字説解是「斫也，齊謂之『鎡錤』；一曰斤柄，性自曲者」。「主以株除物根株也」，王禎原書，這句引玉篇；其實出自劉熙釋名釋用器第二十一中「欘，誅也，主以誅除物根也」，已有錯誤。本書引用時，删節更欠妥當。

(65) 現見漢書（卷二九）溝洫志「舉臿爲雲」句下注文中。

(66) 今傳本廣韻（卷五）「三十一洽」「臿」字注：「舂去皮也。」或作「疀」、「鍤」兩個異體字。

(67) 現見爾雅釋器第六。

(68) 現見方言（卷五）「臿」條。

⑲ 現見淮南子(卷二一)要略。

⑳ 鋒：庫本王禎農書原圖，鐵製部分是向前彎曲的而形狀像樹葉一片，一側面有鋒刃；殿本似乎止有前口有鋒刃。本書的圖，這個部件似乎像一個桃子。究竟實物形狀如何，無從揣測。目前關中地區，有一種稱爲「麥鏟」的小農具，是一個前面有刃口的小鋤形鐵片，裝柄，柄上有脚踏横木，可能是「鋒」的遺留，也可能是下面所説的「長鑱」。

㉑ 現見齊民要術耕田第一。

㉒ 注見要術種穀第三。

㉓ 現見要術(卷二)黍穄第四。

㉔ 長鑱：王禎原圖，庫本是一個男人，在旱地上使用這件農器；前端已插入地中，看不出它的形狀；殿本所畫的似乎是水田，更不清晰。

㉕ 現見淮南子(卷十一)齊俗。

㉖ 杴：王禎原圖，所有杴片，都是白色；「鐵刃杴」，前端畫有刃口。本書將鐵杴杴片塗黑，表示鐵製，是對的；木杴塗黑，就失掉意義。鐵刃杴似乎是鐵圈木心的杴片，也與實物不合。

㉗ 煆：宜作「鍜」。

㉘ 撡：殿本王禎農書有旁注「初則反」。據集韻，「撡」是「扶」也，與這裏的意義不符合。可能應是佩觿集所收「捒」字，解爲「擇取」的。

⑲ 現傳本王禎農書中，這一條所引文獻材料來源，非常紊亂。經過整理核對，總結如下：甲、「耕具也」一句，不見于現行集韻。乙、釋名釋用器第二十一中，「鏵」在「鍤」條；王禎作「鏵，臿類，起土也」，却非釋名原文。釋名是「鍤，插也；插地起土也。或曰『銷』；銷，削也；能有所穿削也。或曰『鏵』；鏵，刳也，刳地爲坎也……」丙、説文無「鏵」字；止有卷六上木部有「苿」。説解是「兩刃臿也，从『木』，丫象形。宋、魏曰苿也」。丁、現傳本集韻，下平聲「九麻」，苿、釫、鋘、鏵等四個異體字共作一條，並引説文作注，説明「或作釫、鋘、鏵」。

⑳ 現見周禮秋官大司徒薙人。

㉑ 現見農桑輯要（卷二）種穀所引種蒔直説。原文是「……今燕趙多用之，名曰『劐子』……」。

案：

〔一〕遂　今傳本賈疏，「遂」字作「逐」，即「跟隨」的意思；「遂」字可以解作「順」，也可以講得通（下句「遂」字同樣）。

〔二〕今本説文，這句是「今俗作耜」，「俗」指五代時的習慣。

〔三〕「犂箭」以下等六件，耒耜經原文每件上都有一個「曰」字，和以上的五件並列。

〔四〕程　應依耒耜經及王禎作「桯」。桯音 tīng，見考工記輪人；解釋爲「蓋杠」，即車蓋的柄。

〔五〕柄　王禎引作「柚」，傳本耒耜經有些作「柄」、有些作「枘」。依考工記輪人中「桯」字的解釋是

「蓋杠」，即車蓋柄的下段，則「桯」（＝梃）與「柄」正是一件東西的上下兩段，以作「柄」爲是。

〔六〕加　耒耜經原文作「加」，王禎農器圖譜有作「如」的。上句有「加箭」，這裏也是「加箭」（即「評」），所以説「亦加」。

〔七〕綴　應依耒耜經原文及王禎引文作「綴」，即刻成凹，前面高後面低，把「梢」嵌在「綴」裏，使它在調節定後不易動。

〔八〕稍　應依耒耜經及王禎引文作「梢」。

〔九〕即　王禎原書無。

〔一〇〕若使果用之　王禎原引作「若果使」，周必大原文止有「若使」兩字。

〔一一〕厲　王禎原書作「癘」。兩字可以通用，習慣上「疫癘」多用「癘」字。

〔一二〕故　王禎原書無。

〔一三〕萊牧　王禎原書作「來牧」。詩小雅鴻雁之什無羊篇第二章第四句、第三章第一句，都是「爾牧來思」，是「來牧」的根據。「萊」字，可以解釋爲牧草，本書寫成「萊牧」的根據，止有這麼一點。

〔一四〕作爬　王禎原書是「又作爬」，「又」字應補。下面「䎱」字下，王禎原書有「通用」兩字。

〔一五〕拏　應依王禎原書及方言作「挐」。王禎原有小注：「諾諸切」，讀 nū。

〔一六〕尺三　王禎原書是「三尺」。

〔一七〕「列」字下，應依王禎原書補「齒」字。

〔一八〕一人牛　應依王禎原書作「一人一牛」才明確。

〔一九〕厭　應依王禎原書作「壓」。

〔二〇〕用　應依王禎原書作「曳」。

〔二一〕轉　應依齊民要術原文及王禎引文作「輒」。

〔二二〕耙　耒耜經原作「爬」。

〔二三〕傍　王禎原書作「之」。

〔二四〕下　現傳本王禎農書，「下」作「播」；「下」字更好些。

〔二五〕則致　應依現傳本王禎農書改作「故」。

〔二六〕有　王禎原書作「用」。

〔二七〕另　王禎原作「別」。

〔二八〕又　王禎原作「有」。

〔二九〕樫　本書各本均譌作「樫」，應依王禎原書改正作「摼」。參看本卷注㉑。

〔三〇〕軏　王禎原作「軶」。「軶」和「軛」，兩個字的「車」旁，都是後來加上的。金文中，止有一個「」（見容庚金文編，科學出版社一九五九年版五九九面），即像這個駕役畜的工具形狀。許慎錯誤地將這個「象形」字解爲「會意」字「戹」，以爲從「户」從「乙」；另外的漢隸又轉寫爲「厄」，筆畫微有參差，就成了兩個不同的寫法。至於「軏」，說文列爲與「軶」不同的另一個字，也曾有人提出懷疑。本書究竟是同意那種懷疑，或止是偶爾寫錯，暫時不能作結論。

〔三一〕土　各本均作「土」，應依王禎原書改作「上」。

〔三二〕守　應依王禎原書作「穿」。案：這句大概是録自釋名的，釋名（卷七）釋用器第二十一「臿」條有「或曰『鍤』；鍤，削也，能有所穿削也」。

〔三三〕插　王禎原書作「臿」；依注㊷引廣韻應是「鍤」字。

〔三四〕土工　王禎原書無「工」字。

〔三五〕圎　應依王禎原書作「圓」。

〔三六〕傳　應依王禎原書作「助」。

〔三七〕氣　當依王禎原書作「器」。

〔三八〕來　王禎原作「麥」。

農政全書校注卷之二十二

農器①

圖譜二

王禎曰②：錢鎛，古耘器。見於聲詩者尚矣。然制分大小，而用有等差。揆而求之，其鋤、耨、鏟、盪等〔一〕，皆其屬也。如耬鋤、鐙鋤、耘爪之類，是其變也。至于薅馬、薅鼓，又其輔〔一〕也，倘度而用之，則知水陸之耘事，有大功利在矣。

【錢】 臣工詩曰③：庤乃錢鎛。注：錢，銚也。唐韻作郟，器也〔二〕。非鍬屬也。茲度其制，似鍬非鍬，殆與鏟同。纂文曰④：養苗之道，鋤不如耨，耨不如鏟。鏟柄長二尺，刃廣二寸，以剗地除草。此鏟之體用，即與錢同。

【鎛】 耨別名也。詩曰⑤：其鎛斯趙，以薅荼蓼。釋名曰⑥：「鎛，迫也。迫地去草也。」爾雅疏云：鎛、耨一器。或云鉏，或云鋤屬。嘗〔二〕質諸考工記⑦，粵獨無鎛，何也？粵之無鎛，非無鎛也，夫人而能爲鎛也。

錢

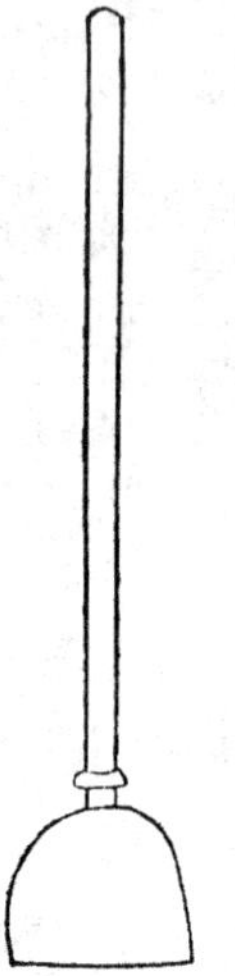

鎛

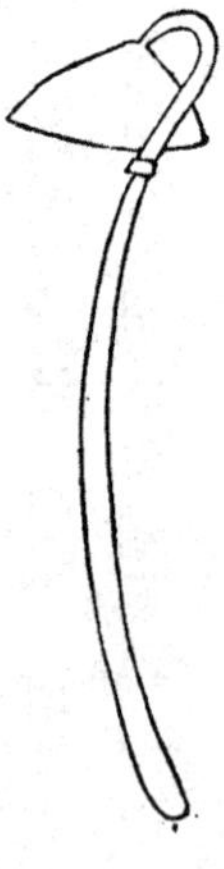

耨

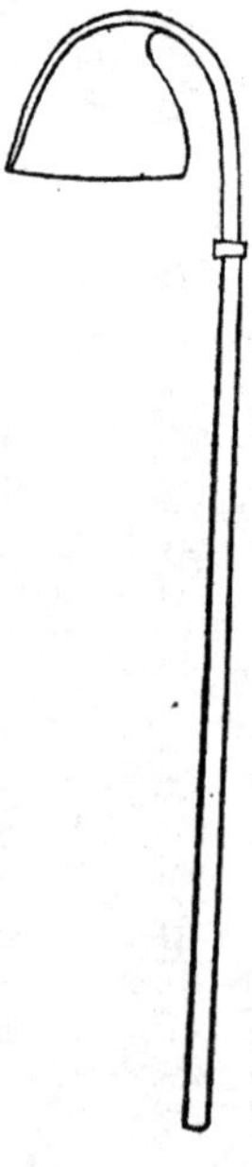

【耨】除草器。易曰⑧：耒耨之利，以教天下。呂氏春秋曰⑨：耨柄尺，此其度也。其耨六寸，所以間稼也。高誘注云：耨，芸苗也。六寸，所以入苗間。廣雅又云⑩：定謂之耨。爾雅曰⑪：斫斸謂之定。郭曰：鋤屬。淮南子曰⑫：摩蜃而耨。蜃，大蚌也。摩令利，用耨。此古農器也。纂文曰⑬：養苗之道，鋤不如耨。古農法云〔三〕⑭：苗生葉以上，稍耨壠草。因隤其土，以附苗根。此耨之功也。

【櫌鉏】櫌爲鉏柄也。釋名：鋤，助也。去穢助苗也。説文：鋤，立薅〔四〕也。夫鋤法有四⑮：一次曰鏃，二次曰布，三次曰擁，四次曰復。鋤則苗隨茲茂。其刃〔五〕如半月，比禾壠稍狹，上有短銎，以受鋤鉤。鉤如鵝項，下帶深袴，皆以鐵爲之。以受木柄。鉤長二尺五寸，柄亦如之。北方陸田，舉皆用此。江淮間，雖有陸田，習俗水種。但用直項鋤頭刃，雖鋤也，其用如斸，是名钁鋤。故陸田多不豐收。今表此钁鋤之効，并其制度，庶南北通用。

钁鉏

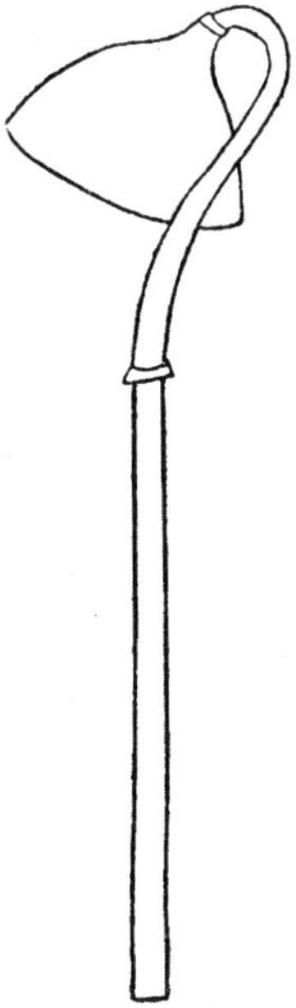

耬鋤

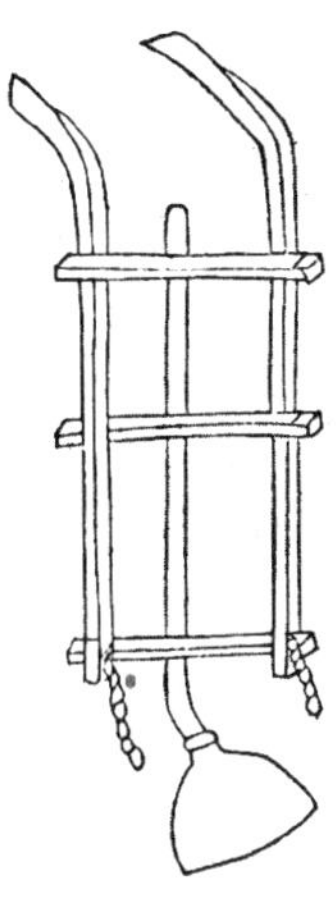

【耬鋤】種蒔直説云⑯：此器出自海壖，號曰耬鋤。耬制頗同，獨無耬斗，但用钁鋤鐵柄，中穿耬之横桄下，仰鋤刃形如杏葉。撮苗後，用一驢，帶籠觜輓之。初用一人牽，慣熟不用人，止一人輕扶。入〔六〕土二三寸，其深痛過鋤力三倍。所辦之田，日不啻二十畝。今燕、趙間用之，名曰劐子。劐子之制，又小異於此。劐子，第一遍，即〔七〕成溝子。穀根未成，不耐旱。耬鋤，刃在土中，故不成溝子。第二遍加擗土木鴈翅，方成溝子，其土分壅穀根。擗土。用木：厚三寸，闊三寸，長八寸。取成三角樣。前爲尖，中作一竅，長一寸，闊半寸，穿於鐵鋤柄上，壓鋤刃上。韓氏直説云⑰：如耬鋤過，苗間〔八〕有小豁不到處，用鋤理撥一遍，即爲全功也。

【鐙鋤】 剗草具也。形如馬鐙，其踏鐵兩旁，作刃甚利。上有圓銎，以受直柄。用之剗草，故名鐙鋤。柄長四尺。比常鉏無兩刃角，不致動傷苗稼根莖。或過少旱，或熇苗之後，壠土稍乾，荒薉復生，非耘耙、耘爪所能去者，故用此剗除，特爲健利。此創物者，隨地所宜，偶假其形，而取便於〔九〕用也。嘗見江東農家用之。

鐙鋤

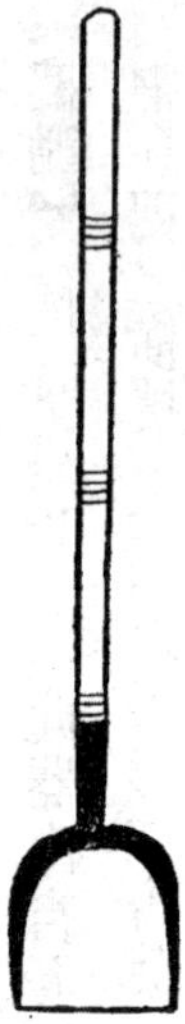

鏟

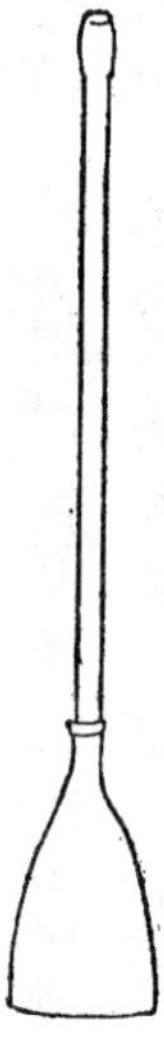

【鏟】 釋名曰⑱：鏟，平削也。廣雅曰⑲：剗。纂文曰⑳：養苗之道，鋤不如耨，耨不如鏟。鏟：柄長二尺，刃廣二寸，以剗地除草。此古之鏟也。今鏟與古制不同：柄長數尺，首廣四寸許。兩手持之，但用前進攛之，剗去壠草，就覆其根，特號敏捷。今營州之東，燕、薊以北，農家種溝田者，皆用之。

【耘盪㉑】 江浙之間新制之。形如木屐而實。長尺餘，闊約三寸。底列短釘二十餘枚。簨其上以貫竹柄，柄長五尺餘。耘田之際，農人執之。推盪禾壠間草泥，使之溷溺㉒，則田可〔一〇〕精熟。既勝杷鋤，又代手足。水田有手耘足耘。況所耘田數，日復兼倍。嘗見江東等處農家，皆以兩手耘田，匍匐水間〔三〕，膝而行前〔四〕，日曝於上，泥濡於下。豳詩農事之叙〔五〕，至耘苗，則曰：暑日流金，田水若沸。耘耔是力，稂莠是除。爬沙而指爲之戾，傴僂而腰爲之折，此耘苗之苦也。今覩此器，惜不預傳，以濟彼用。兹特圖録，庶愛民者播爲普法。

玄扈先生曰：既盪仍須耘，但一盪可當一耘耳。

耘盪

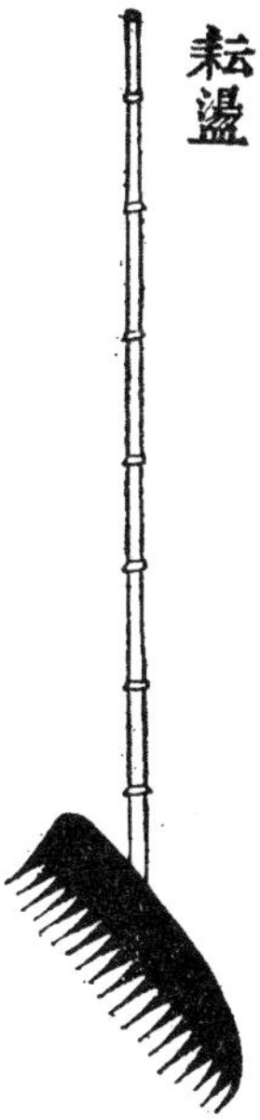

耘爪

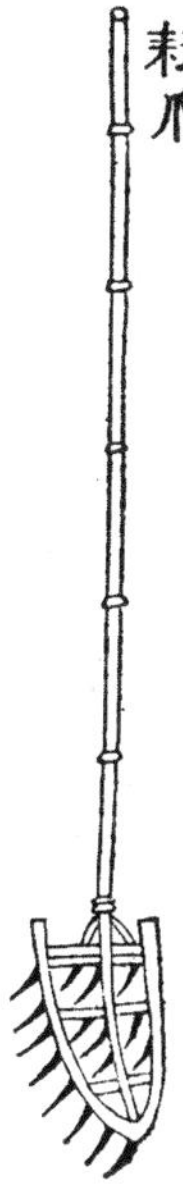

【耘爪㉓】 耘水田器也。即古所謂鳥耘者。其器用竹管，隨手指大小截之，長可逾寸。削去一邊，狀如爪甲，或好堅利者，以鐵爲之。穿於指上。乃用耘田，以代指甲，猶鳥之用爪也。今江南改爲此具，更爲省便。

【薅馬㉔】 薅禾所乘竹馬也。似籃而長，如鞍而狹，兩端攀以竹系〔二二〕。農人薅草之際，乃寘于跨間，餘裳斂之於内，而上控于腰畔乘之。兩股既寬，行壠上，不礙苗行，又且不爲禾葉所緖㉕，故得專意摘剔稂莠，速勝鋤耨。殆若秧馬之類，因命曰薅馬。

【銍㉖】 穫禾穗刃也。臣工詩曰：奄觀銍艾。書禹貢曰：二百里納銍。小爾雅云：

薅馬

截穎謂之銍。截穎，即穫也。據陸詩〔六〕釋文云：銍，穫禾短鐮也。纂文曰：江湖之間，以銍爲刈。說文云：此則銍器斷禾聲也，故曰銍。

銍

艾

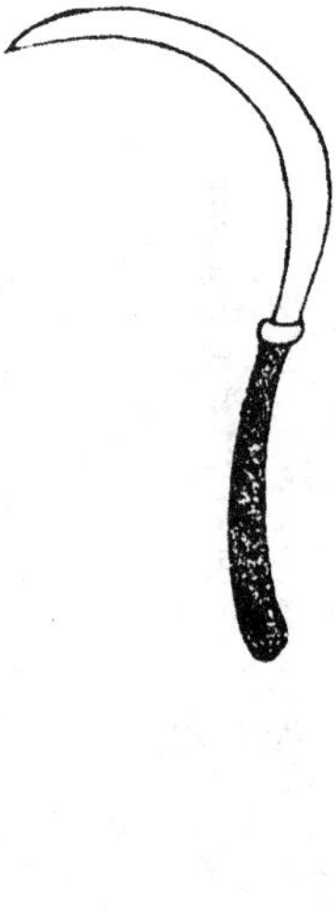

【艾】穫器，今之刉鐮也。方言曰㉗：刈，江、淮、陳、楚之間，謂之鉊，音昭。或謂之鍋。音渠。自關而西，或謂之鉤，或謂之鐮，或謂之鍥。音結。詩㉘：奄觀銍艾。釋音乂。韻作艾〔七〕。芟草，亦作刈。賈策㉙：若艾草菅。注：艾讀曰刈。古艾从草，今刈从刀。宜通用。

【鎌】刈禾曲刀也。釋名曰㉚：鎌，廉也。薄甚〔一一〕，所刈似廉。考工又作鎌。風俗通曰㉛：鎌刀自揆，積芻蕘之效。然鎌之制不一：有佩〔一二〕鎌，有兩刃鎌，有袴鎌，有鉤鎌，有鎌柌之鎌㉜。皆古今通用芟器也。

鎌

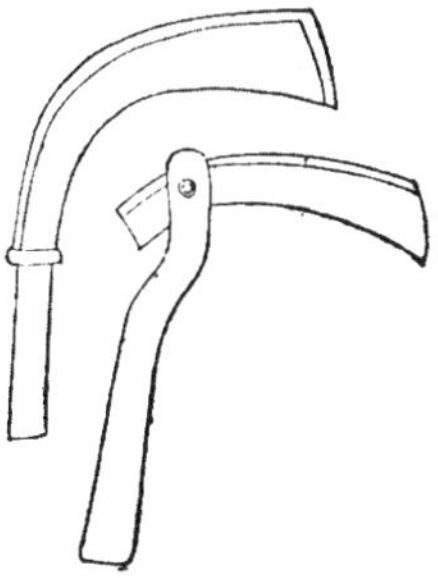

推鎌

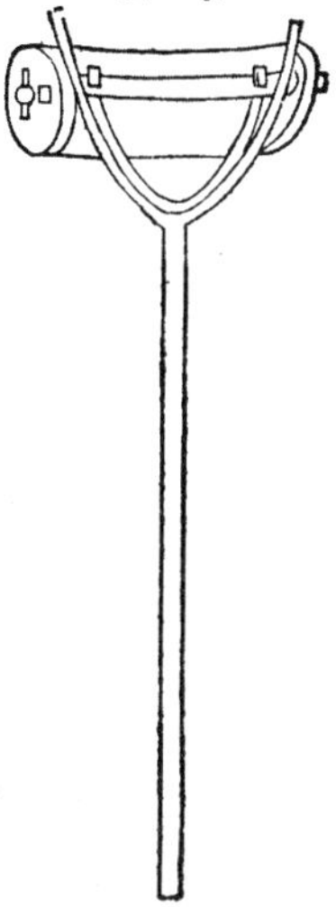

【推鎌】㉝ 斂禾刃〔一三〕也。如蕎麥熟時，子易焦落，故制此具，便於收斂。形如偃月。用木柄長可七尺，首作兩股短叉，架以橫木，約二尺許，兩端各穿小輪圓轉，中嵌鎌，刃前向〔一四〕。仍左右加以斜杖，謂之蛾眉杖，以聚所劖之物。凡用則執柄就地推去。禾莖既斷，上以蛾眉杖〔一五〕約之，乃回手左擁成稕，以離舊地，另作一行。子既不損，又速於刀刈數倍。此推鎌體用之效也。

【粟鋻】截禾穎刃也。集韻云㉞：鋻，剛也。其刃，長寸餘，上帶圓銎，穿之食指，刃向手內。農人收穫之際，用摘禾穗，與銍鎌制〔一六〕不同，而名亦異，然其用則一，此特加便捷耳。

粟鋻

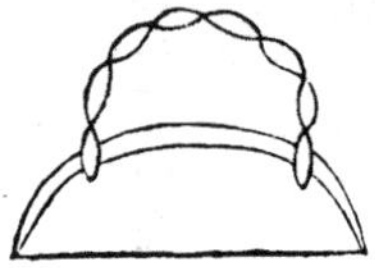

鍥

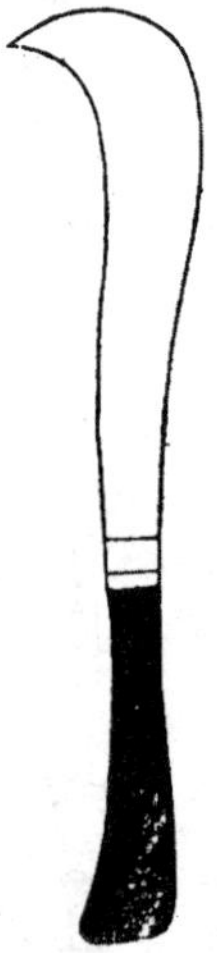

【鍥〔九〕】似刀而上彎，如鐮而下直。其背指厚〔一○〕，刃長尺許，柄盈二握。江淮之間恒用之。方言云㉟：自關而西謂之鉤，江南謂之鍥。鍥、鍥，集韻通用。又謂之彎刀。以刈草木，或斫柴篠，或〔一一〕代鐮斧。一物兼用，農家便之。

【鏺】集韻云㊱：鏺，兩刃刈也。其刃長餘二尺，闊可三寸。横插長木柄內，牢以逆楔，農人兩手執之。遇草萊，或麥禾等稼，折要㊲展臂，匝地芟之。柄頭仍用掠草杖，以聚所芟之物，使易收束。太公農器篇云㊳：春鏺草棘。又唐有「鏺麥殿㊴」。今人亦云芟曰鏺。蓋體用互名，皆此器也。

【钃〔一二〕刀】集韻與劚同㊵。闢荒刃也。其制如短鐮，而背則加厚。嘗見開墾蘆葦蒿萊等荒地，根株駢密，雖强牛利器，鮮不困敗。故于耕犂之前，先用一牛，引曳小犂，仍置刃裂地。闢及一隴，然後犂鑱隨過，覆墢截然，省力過半。又有於本犂轅首裏邊，就置此

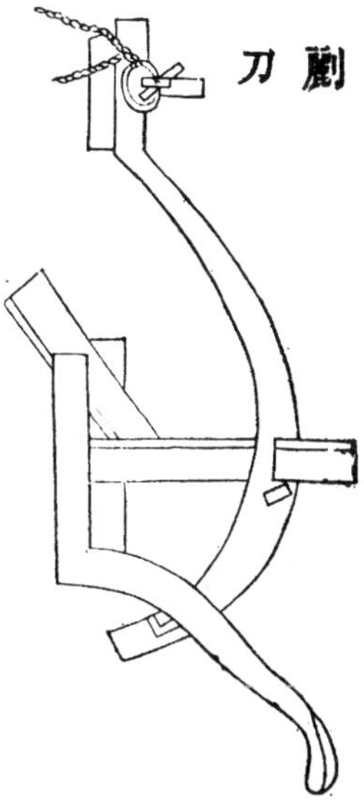

刃，比之別用人畜，就〔一六〕省便也。

【鍘】切草也。　凡造鍘，先〔一七〕鍛鐵爲鍘背，厚可指許。內嵌鍘刃，形如半月而長。下帶鐵袴〔一八〕，以插木柄。截木作碪，長可三尺有餘，廣可四五寸。碪首置木簨，高可三五寸，穿其中，以受鍘。

【斧】圖不載。　釋名曰㊶：斧，甫，始也。凡將制器，始以斧伐木，已乃制之也。周書曰㊷：神農作陶，冶斧，破木爲耒耜、鉏耨以墾草莽，然後五穀興。其柄爲柯。然樵斧、桑斧制頗不同。樵斧狹而厚，桑斧闊而薄。蓋隨所宜而制也〔一九〕。今農耕作之際，修整佃〔二〇〕具，隨身尤不可闕者。

【鋸】圖不載。　解截木也。古史考曰㊸：孟莊子作鋸。說文云㊹：鋸，槍唐也。莊子曰㊺：禮若亢鋸之柄。又曰：天下好智，而百姓求竭矣。於是乎釿音斤。鋸顓焉。太公農器篇曰㊻：钁鍤斧鋸，此鋸爲農器尚矣。今接博桑果不可闕者。

鐁

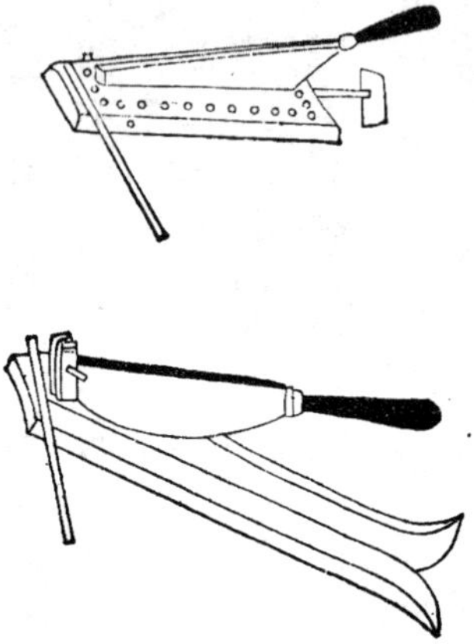

礪

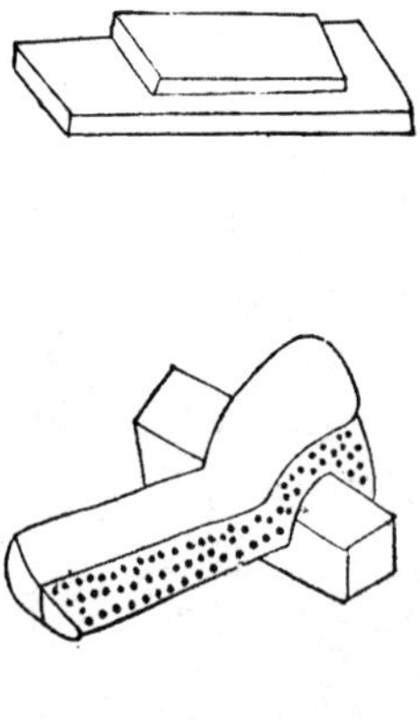

【礪】磨刀石也。書曰㊼：揚州厥貢礪砥。廣志曰㊽：礪石出首陽山，有紫白粉色，出南昌者最善。山海經曰㊾：高粱之山，多砥礪。尸子曰㊿：鐵使干〔一四〕越之工，鑄之以爲劍，而勿加砥礪，則以刺不如〔一五〕，擊不斷。磨之以礱，加之以黃砥，則刺也無前，擊也無下。自是觀之，礪與弗礪，其相去遠矣。今農器鐮斧钁鏺之類，非礪不可。大小之家，所必用也。蔡邕銘曰：木以繩直，金以沛〔一六〕剛，必須砥礪，就其鋒鋩。

【杷】鏤鍬器也。方言云(51)：宋、魏間謂之渠挐〔一七〕，或謂之渠疏。直柄橫首，柄長四尺，首闊一尺五寸，列鑿方竅，以齒爲節。夫畦畛〔一七〕之間，鏝剔塊壤，疏去瓦礫；場圃之上，摟聚麥禾，擁積稭穗，此益〔一八〕農之功也。後〔一九〕有穀杷，或謂透齒杷，用攤曬穀。又耘杷，以木爲柄，以鐵爲齒，用耘稻禾。竹杷，場圃樵野間用之。

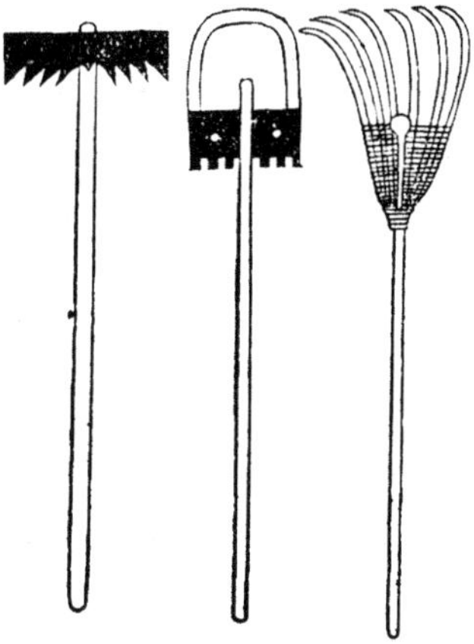

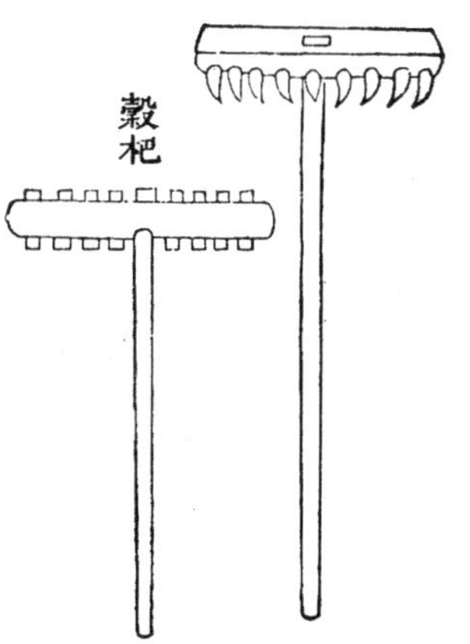

【扒】無齒杷也。所以平土壤，聚穀實。説文云㊾：無齒爲扒。禾譜字作戛㊿。周生烈曰(54)：夫忠蹇〔二〇〕，朝之杷扒，正人，國之埽篲。秉杷執篲，除凶掃穢，國之福，主之利也。杷扒之爲器也，見於書傳，至今不替其用，爲不負紀録矣。

【平板】平摩種秧泥田器也。用滑面水〔二一〕板，長廣相稱。上置兩耳繫索，連軛駕牛，或人拖之。摩田須平，方可受種。即得放水浸漬〔二二〕勻停，秧出必齊。田家或仰坐欖代之，終非本器。

朳

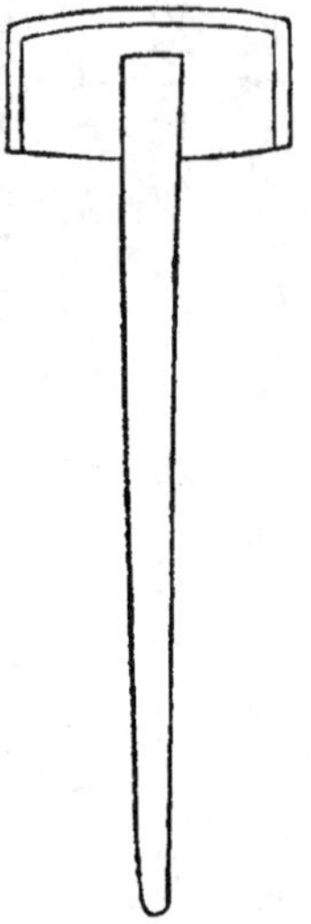

平板

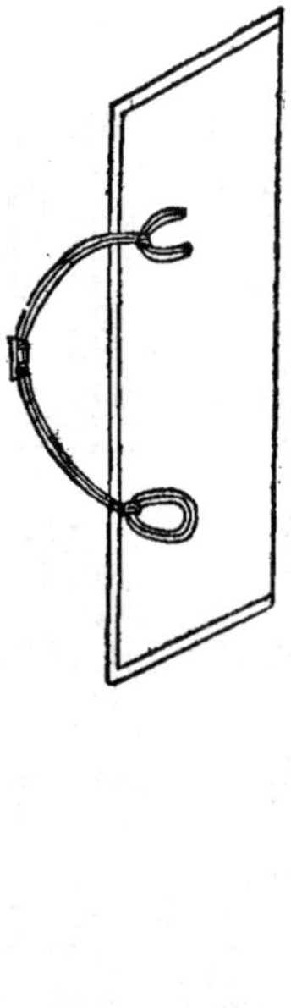

【田盪(55)】均泥田器也。用叉木作柄，長六尺。前貫横木五尺許，田方耕耙，尚未匀熟，須用此器，平着其上盪之，使水土相和，凹凸各平，則易爲秧蒔。農書種植篇云(56)：凡水田渥漉精熟，然後踏糞入泥，盪平田面，乃可撒種。此亦盪之用也。夫田盪，與上篇耘盪之盪，字同音異，所用〔二三〕亦各不類，因辯及之。

【輥〔二四〕軸】輥碾草木軸也。其軸木，徑可三四寸，長約四五尺。兩端俱作〔二五〕轉簨，挽索用牛拽之。夫江淮之間，凡漫種稻田，其草禾齊生並出，則用此輥碾，使草禾俱入泥内。再宿之後，禾乃復出，草則不起。又嘗見一〔三〕方稻田，不解插秧，唯務撒種。却於軸間，交穿板木，謂之鴈翅，狀如礰礋而小，以輥〔二六〕打水土成泥，就碾草禾如前。江南地下，易於得泥，故用輥軸。北方塗田頗少，放水之後，欲得成泥，故用鴈翅輥〔二七〕打。此各隨地之所宜用也。

田盪

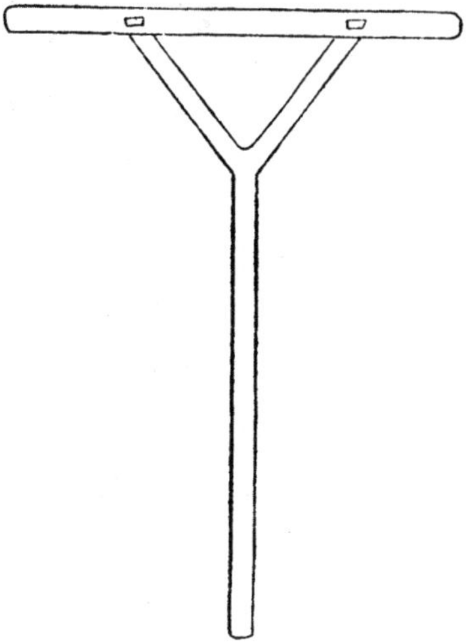

輥軸

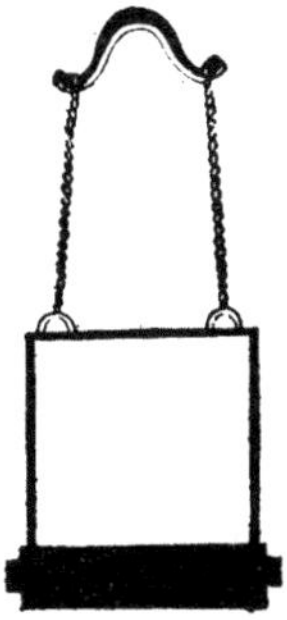

【秧彈[57]】平聲。秧壠以篾爲彈。彈猶弦也。世呼船牽去聲。曰彈[58]，字義俱同。蓋江鄉櫃田，内平而廣。農人秧蒔，漫無準則，故制此長篾，掣於田之兩際，其直如弦，循此布秧，了無欹斜，猶梓匠之繩墨也。

秧彈

杈

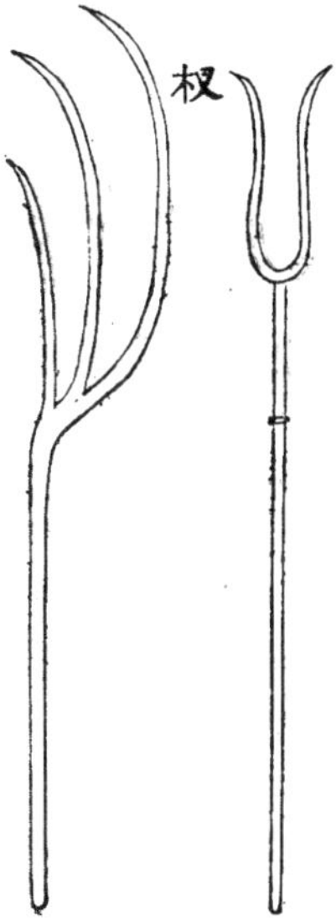

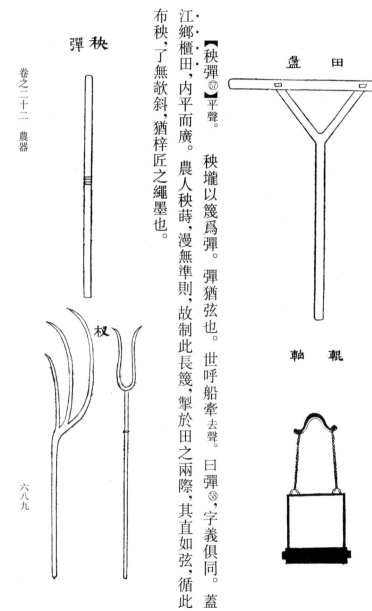

【杈】如〔二三〕加切。箝禾具也。揉木爲之，通長五尺，上作二股，長可二尺。上一股微短，皆形如彎角，以箝〔二四〕取禾稕也。又有以木爲幹，以鐵爲首，二其股者，利如戈戟，唯用

笐

喬扦

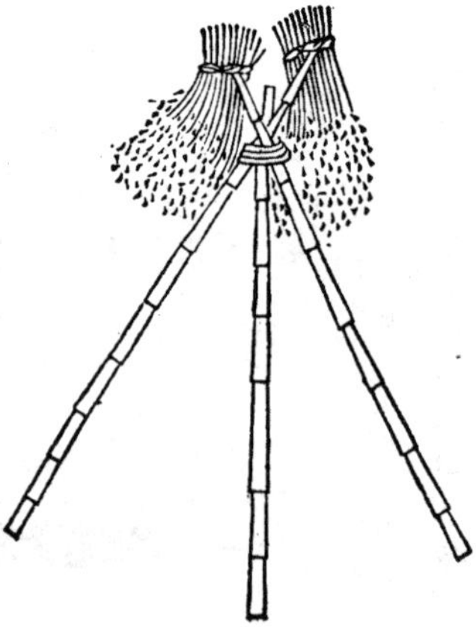

叉取禾束，謂之鐵禾杈。

【笐】　架也。集韻作⿱竹秔⑲。竹竿也，或省作笐。今湖湘間，收禾並用笐架懸之。以竹木構如屋狀。若麥若稻等稼，穫而㮆音繭。之，悉倒其穗，控於其上。久雨之際，比於積垛，不致鬱浥〔二五〕。江南上雨下水，用此甚宜。北方或遇霖潦，亦可倣此。庶得種糧⑳，勝於全廢。今特載之，冀南北通用。

【喬扦】音千。　挂禾具也。凡稻皆下地沮濕。或遇雨潦，不無渰浸。其收穫之際，雖有禾穧，不能臥置。乃取細竹，長短相等，量水淺深，每以三莖爲數，近上用篾縛之。叉於田中，上控禾把。又有用長竹橫作連脊，挂禾尤多。凡禾多則用笐架，禾少則用喬扦。雖大小有差，然其用相類，故并次〔二八〕之。

【禾鈎】圖不載。　斂禾具也。用木〔二九〕鈎，長可二尺。嘗見壠畝及荒蕪之地，農人將芟倒禾穧，或草穧，用此匝地，約之成稛，則易於就束。比之手摙力展切。甚速便也。

【搭爪】　上用鐵鈎帶榜〔二六〕，中受木柄。通長尺許，狀如彎爪。用如爪之搭物，故曰搭爪。以擐〔三〇〕草禾之束。或積或擲，日以萬數。速於手挈〔三一〕，可謂智勝力也。

【禾擔〔三二〕】　負禾具也。其長直〔二七〕尺五寸，剡匾木爲之者，謂之輭擔；斫圓木爲之〔二八〕，謂之楤擔。集韻云㉑：楤，音聰。尖頭擔也。匾者宜負器與物，圓者宜負薪與禾。釋名曰㉒：

擔，任也，力所勝任也。凡山路巇嶮，或水陸相半，舟車莫及之處，如有所負，非擔不可。

圖不載。

搭爪

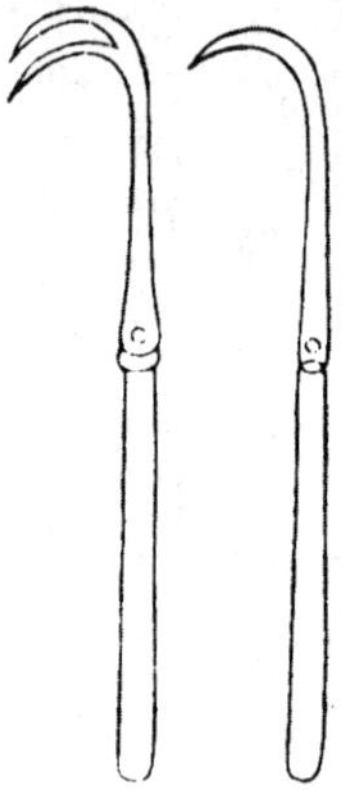

連耞

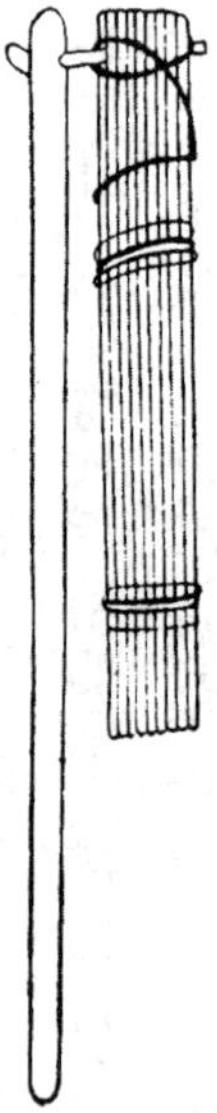

刮板

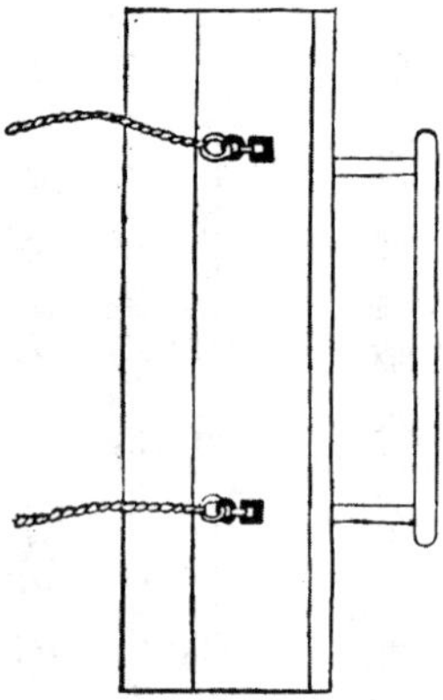

【連耞】古牙切。擊禾器。國語曰[63]：權節其用，耒耜耞支〔二九〕。耞，拂也〔三一〕。以擊草。廣雅曰[64]：拂謂之架。説文曰[65]：拂，架〔三四〕也。拂，擊禾連架。釋名曰[66]：架，加也。加杖於柄頭，以楇〔三〇〕陟爪切。穗而出穀也。其制：用木條四莖，以生革編之。長可三尺，闊可四寸。又有以獨梃〔三五〕爲之者。皆於長木柄頭，造爲擐軸，舉而轉之，以撲禾也。方言云[67]：僉，宋、魏之間，謂之攝殊殳〔三二〕。音殊。自關而西謂之擿〔三三〕。蒲項切。齊、楚、江、淮之間，謂之抉，音快〔三三〕。或謂之桲。音敕〔三四〕。今呼爲連耞。南方農家皆用之。北方穫禾少者，亦易辦也。

【刮板】 剗土具也。用木板一葉，闊二尺許，長則倍之，或煅鐵爲舌。板後釘木直〔三五〕二莖，高出板上，槩以横柄。板之兩傍，係一鐵鐶，以環拽索。兩手推按，或人或畜，輓行以剗壅脚土。凡修閘埧，起堤〔三六〕防，填污坎，積丘垤，均土壤，治畦埂，疊場圃，聚子粒，擁糠籺，胡骨切。除瓦礫，即擊切。雖若泛〔三七〕用，然農家之事居多也。

校：

〔一〕輔 平、曙作「輔」，與王禎原書合；魯本作「變」，與上句重複，應依平本。

〔二〕嘗 平、曙有「嘗」字，與王禎原書合；黔、魯删去，仍應補。

〔三〕云 黔、魯各本作「曰」，仍依平、曙作「云」，與王禎原書合。

〔四〕薅 魯本、中華排印本作「耨」，應依平、曙本作「薅」，與王禎原書合。

〔五〕刃 平本譌作「刀」，應依黔、曙、魯及王禎原書改作「刃」。

〔六〕入 平、曙作「如」，應依黔、魯各本改作「入」，與農桑輯要及王禎原書符合。

〔七〕「即」下魯本衍「可」字應删去。平本、曙本、中華本均無，與王禎原書合。（定枎校）

〔八〕間　平本譌作字形相似的「間」，應依黔、曙、魯各本改正，與輯要及王禎原引文符合。

〔九〕於　黔、魯作「其」，應依平、曙作「於」，與王禎原文合。

〔一〇〕可　魯本作「皆」，應依平、曙本及中華排印本作「可」，合於王禎原書。（定扶校）

〔一一〕系　平本作「桑」，大概是字形相似寫錯，應依王禎原書及黔、魯各本改作「系」。

〔一二〕佩　平本、曙本譌作「佩」，應依魯本、中華排印本改作「佩」，合於王禎原書。

〔一三〕刃　黔、魯作「具」，應依平、曙作「刃」，與王禎原書合。下句「蕎麥」的「蕎」字，黔，魯作「喬」，與習慣用字不合，應依平、曙本作「蕎」，與王禎原書合。

〔一四〕刃前向　「刃」字，黔、魯譌作「刀」；「向」字，平、黔、魯均譌作「回」。中華排印本將「刀」字校改爲「刃」，依曙本改正「向」字。現依曙本改。（案：中華排印本王禎原書「刃」亦譌作「刀」；可能在斷句時誤以爲「鐮刀」是一個詞，不知道應在「鐮」字下讀斷。）

〔一五〕杖　平、黔、魯譌作「權」，應依曙本及王禎原書改作「杖」，與前文「蛾眉杖」相對應。

〔一六〕鐮制　平本有「制」字，黔、魯缺。王禎原書，原爲「形制」，「鐮」字應删。暫依平本補一「制」字。

〔一七〕鏩先　平、曙作「鏩先」，與王禎原書同。黔、魯「鏩」譌作同音的「札」，又脱去「先」字。應依平、曙補。

〔一八〕㭨　平、曙、魯、中華排印本均作「㭨」，而王禎原書爲「袴」。「㭨」音 kū，是器具插柄的圓筒部分。從文義看，此處應爲「㭨」。（定扶校）

〔一九〕蓋隨所宜而制也　魯本作「蓋隨宜用而制也」，平、曙、中華排印本均作「蓋隨所宜而制也」，合於王禎農書。（定枎校）

〔二〇〕整佃　「整」字平本誨作「極」；「佃」曙本誨作「細」。依王禎原書及黔、魯各本改正。

〔二一〕畛　平、曙作「畛」，與王禎原書合；黔、魯作「町」，可以解釋，但還是依王禎原書爲好。

〔二二〕浸漬　黔、魯作「漬浸」，應依平、曙倒轉作「浸漬」，與王禎原書合。

〔二三〕用　黔、魯、作「以」，應依平、曙作「用」，與王禎原書相合。

〔二四〕輥　平、曙誨作「軸」，依黔、魯及王禎原書改正。

〔二五〕作　魯本作「可」，應依平、曙、中華排印本作「作」，與王禎原書合。（定枎校）

〔二六〕輥　平、黔作「轅」，大概是「轅」字寫錯。照曙、魯改作「輥」，與標題一致。

〔二七〕輥　平、黔作「轅」，依曙、魯改作「輥」，與標題一致。

〔二八〕次　平、曙作「次」，與王禎原書合；黔、魯改作「及」，應復原。「次」是依次序（記述）的意義，並不比「及」字差。

〔二九〕木　各本均誨作「禾」，應改作「木」，合於王禎農書。（定枎校）

〔三〇〕擐　各本均誨作「檈」，應改作「擐」，合於王禎農書。（定枎校）

〔三一〕挈　平、曙與王禎原書同作「挈」，黔、魯作「絜」，兩字原可通用。

〔三二〕擔　平、曙及王禎原書作「檐」，暫依黔、魯各本改作從「手」的通用字。（「檐」是屋簷的原字；負儈的「儈」原從「人」。)

〔三三〕 彿　本書各本均譌作「拂」，顯爲版刻誤字。依王禎農書改。下同改，不另不出校。(定扶校)

〔三四〕 架　魯本譌作「草」，應依平、曙、中華排印本作「架」，合於王禎原書。(王禎原書作「枷」，與「枷」、「架」通。)(定扶校)

〔三五〕 梃　本書各本均譌作「挺」，顯爲版刻誤字。現依王禎農書改。(定扶校)

〔三六〕 堤　魯本譌作「提」，中華本作「隄」(同「堤」)，應依平本、曙本作「堤」，合於王禎原書。(定扶校)

〔三七〕 泛　平本譌作「乏」，應依黔、曙、魯各本及王禎原書改作「泛」。

注：

① 這一卷，取材于王禎農器圖譜錢鎛門(「錢」到「薅馬」)、鍾艾門(「銍」到「礪」)、杷朳門(「杷」到「刮板」)三卷，删去了幾項。

② 這一段是王禎農器圖譜卷四錢鎛門的小序。

③ 詩周頌臣工之什臣工章。

④ 南朝宋何承天纂文，今佚；現見齊民要術(卷一)耕田第一篇標題注下引。

⑤ 詩周頌閔予小子之什良耜章。

⑥現見釋名釋用器第二十一；現行刻本，「鎛」作「鏄」。
⑦考工記首節，有「……粵無鎛，燕無函……粵之無鎛，非無鎛也，夫人而能爲鎛也」。
⑧現見易繫辭下。
⑨現見呂氏春秋士容論任地篇。
⑩現見廣雅（卷七）釋器（上）。
⑪現見爾雅釋器。
⑫現見淮南子（卷十二）氾論訓。
⑬見本卷注④。
⑭現見漢書食貨志所述，理想中周代的耕種方法。
⑮摘自農桑輯要（卷二）種穀所引種蒔直説。
⑯種蒔直説原書未見到。現見農桑輯要（卷二）種穀所引，文字稍有出入，疑是王禎竄改。
⑰現見農桑輯要（卷二）種穀引。
⑱劉熙釋名中未見到這麽一句；語句也不像釋名。案：太平御覽（卷七六四）器物部九「鐽」項第一條，是釋名曰：「鐽，平削也。」大致這就是王禎的根據。説文解字（卷一四上）金部「鐽」字，説解爲「平鐵」，即鋼制的器具，用來鐽平鐵器表面的。蒼頡篇有「鐽，削平也」的一句；可能御覽誤將説文或蒼頡篇記作釋名。

⑲ 廣雅釋器(下)有一句「籯謂之鑝」。

⑳ 見本卷注④。

㉑ 耘盪：殿本王禎農書的圖，柄以外的部分，是矩形；本書的圖，是梳形。譜中「盪」字下，原有小注「徒浪切」，即應讀 dàng。

㉒ 溺：懷疑是字形相似的「濁」字看錯鈔錯。

㉓ 耘爪：王禎原圖，是手指尖上帶有竹管；本書删去，換上一幅新圖。現在正文中。「今江南改爲此具」係本書新换圖畫的説明。

㉔ 薅馬：庫本王禎原圖，是水田中一個人腰間掛着一個竹籠，(不是騎着！)右下角岸上另有一個薅馬和一個竹籃。殿本，另有一個薅馬圖之外，也有一幅有人騎着薅馬在水田中，圖中岸邊另有一個薅馬和一個竹籃。

㉕ 緒：集韻入聲「十九鐸」收有「緒」字，讀「匿各切」，解釋是「絻緒」。這裏的用法，不能依集韻解釋，止可作「繚」、「絡」解；懷疑原係「絡」字寫錯。

㉖ 本書這節，所録王禎農器圖譜原文，有不少錯亂脱節的地方，對勘整理後，總結如下：(甲)引臣工詩，即詩周頌臣工之什中臣工章，不誤。(乙)引禹貢，不誤。(丙)小爾雅以下，引文全部應納入陸德明經典釋文，即所謂「陸詩釋文」。經典釋文(卷七)臣工之什第二十七，「銍穫也」的「釋文」，是：……釋名云：「『銍』，穫鐵也。」説文云：「『銍』，穫禾短鎌也。」此則銍器，可以穫禾，故云

「銍穫也」。小爾雅云：「截潁謂之『銍』。」截潁，即穫也。（丁）引纂文，纂文原書已不可見，但王禎也許另有根據，應當另作一則。（戊）釋名，除陸德明釋文所引一句外，尚有「銍銍斷黍穗聲」一句，可能是下文「斷禾聲也」四字的來歷。

㉗ 現見方言（卷五）「刈鉤」條。按：本書轉引王禎原書，「刈」字下脱「鉤」字；小注「音果」的「果」字，誤作「渠」字；均應依方言原書及王禎原書補正。「鍋」字，王禎原書及本書據引均誤，應依方言作「鐹」。

㉘ 即上節所引詩周頌臣工章。

㉙ 指賈誼治安策，現見漢書列傳一八賈誼傳。顏師古爲「艾」字作「注」，「艾讀曰刈」。

㉚ 釋名釋用器第二十一，原文是「鎌，廉也；體廉薄也。其所刈，稍稍取之，又似廉者也」。王禎引用時删節頗多。

㉛ 現行本應劭風俗通義無此句；太平御覽（卷七六四）「鎌」項引有，僅僅是這麽九個字，没有上下文。

㉜ 鐮柌：王禎原書有小注「鐮柄，楔其刃也」。即一個木柄，横裝一片鐵，在這上面，另裝一片兩側有刃的鐮片，可以隨時取下磨礪，比固定一片的鐮更方便。現在關中還很通行。柌，音 ci。

㉝ 推鐮：王禎原圖，鐮刃明顯突出；本書的圖，表示不清晰。

㉞ 集韻（下平聲）「一先」「鋻」字注：「剛鐵也」；王禎漏去「鐵」字。

㉟已見上文「艾」條注㉗。楊雄原文「謂之鍥」仍指關西；江南兩字，係王禎所述，所以我們不作爲方言原文標點。

㊱現行本集韻（入聲）「十三末」「鏺」字注：「説文：兩刃，木柄，可以刈草。」止有廣韻才是「兩刃刈也」。

㊲要：即現通用的「腰」字。

㊳太公農器篇：即後人僞託的周書六韜，現有平津館叢書本。農器第三十，在卷三龍韜中。原書：「春鏺草棘，其戰車騎也。」

㊴鏺麥殿：唐玄宗曾自己在宮中割麥，相傳他割麥時休息的地方稱爲「鏺麥殿」。

㊵集韻（去聲）「十二霽」中，「劙、劚、劙」是三個並列的字；止有廣韻「劚」下注説與「劙」同。

㊶今本釋名釋用器第二十一第一條，是「斧，甫也；甫，始也。凡將制器，始用斧伐木，已乃制之也」。王禎引用時省去幾個字，意義便不顯豁了。

㊷這裏所謂「周書」，究竟原來是什麽書，未能確定。這幾句，現見齊民要術（卷一）耕田第一引，字句略有不同：原書説：「神農之時，天雨粟；神農遂耕而種之。作陶；冶斤、斧，爲耒耜、鉏、耨，以墾草莽；然後五穀興，助有果藏實。」

㊸古史考：相傳三國蜀譙周所作的書。

㊹現見説文解字（卷一四上）金部，「鎗」應依説文作「槍」。

㊺上一句，見太平御覽（卷七六三）「鋸」項引；原注「亢，舉也；禮有所斷割，猶舉鋸之柄以斷物」，今本莊子這節已佚去。下一節，見在宥篇。

㊻仍見六韜（卷三）農器第三十：「钁鍤斧鋸杵臼，其攻城器也。」

㊼現見尚書禹貢。

㊽廣志是晉郭義恭所作的「博物學」專書，今已佚。

㊾現見山海經（卷五）中山經。

㊿尸子：相傳爲戰國人尸佼的著作；今已佚，有孫星衍輯本。

51 見卷二十一「杷」條；參看卷二十一的注㊴及案〔四〕、〔一五〕。

52 今本說文解字中，未見此字與此句。玉篇木部「朳」注「無齒杷」。

53 禾譜：北宋曾安止作有禾譜，今已失傳（參看上卷「秧馬」條）。

54 周生烈：三國魏人，張角起義後，寄居敦煌。王禎大概係據太平御覽（卷七六五）器物部十「杷朳」項所引轉引的。

55 盪：王禎原書有小注「他浪反」，即讀作 tàng。

56 現見陳旉農書（上卷）善其根苗篇。王禎引用時，小有删節。

57 秧彈：殿本王禎原圖，是長長一條竹纜，蟠曲着；庫本與本書同。應依殿本圖。

58 彈：上水船所用竹纜（＝繂），至今四川還稱爲「牽（平聲）彈（去聲）」。

⑲ 現見集韻（去聲）「四十二宕」。
⑳ 種糧：作種子用的糧食。
㉑ 集韻（上平聲）「一東」，「槵」字屬「悤」紐（與「𦘕」同紐），解釋爲「擔兩頭鋭者」。這裏是撮述，所以説「集韻云」。
㉒ 現見釋名釋姿容第九。
㉓ 現見國語齊語第一篇，管仲第一次見齊桓公時的對答中。
㉔ 現見廣雅（卷八）釋器（下）。「架」字，廣雅原作「枷」，與其餘多數字書一樣。
㉕ 説文解字卷六上木部，「枷，柫也」；又「柫，擊禾連枷也」。
㉖ 現見釋名釋用器第二十一。「架」字，釋名原作「枷」。
㉗ 現見方言卷五。

案：

〔一〕「等」字下，王禎原書有「器」字。
〔二〕廝器也　王禎原書是「廝，𥱌器也」；「廝」應作「廝」，「𥱌」字應補。
〔三〕水間　平本、曙本作「水間」，黔、魯和中華排印本改作「田間」；應依王禎原書作「禾間」。
〔四〕膝而行前　應依王禎原書作「膝行而前」。

〔五〕「豳詩農事之敘」上，應依王禎原書補「真西山言」四字。這是南宋真德秀爲豳風詩所作解説。豳風所説的耘，止是旱田；真德秀是南方人，没有到過黄河流域，所説的止是水田，才會有「田水若沸」的話。

〔六〕詩　王禎原書作「氏」，這一節陸德明經典釋文所釋是詩周頌，所以本書改作「詩」，也還是有道理的。

〔七〕釋音乂韻作艾　王禎原書是「陸氏釋文音乂」，無「韻作艾」句。本書所謂「釋」，是王禎所指的陸德明經典釋文，但釋文（通志堂本）却是「音刈」。「韻」，也許是指廣韻，但今本廣韻中十四卷「艾」字的注解，却没有引用「銍艾」的語句，「二十廢」的「刈」字，也没有引詩。也許指集韻，但集韻没有引詩；不過集韻「二十廢」中「乂、刈、艾」三字並列，下面的解釋倒是「説文，芟草也；或以『刀』從『艸』」。

〔八〕甚　王禎原書作「其」。大概因爲王禎引釋名，删節過多；平露堂整理刻本書時，並没有核對釋名原文，任意改的。句末「者也」兩字，也由于同樣理由，改作「考工」兩字。其實考工記中根本没有「鐮」字。

〔九〕「鏍」字下，王禎原書有小注「古節切」（現讀 jie）。

〔一〇〕其背指厚　應依王禎原書補「如」字，作「其背如指厚」。

〔一一〕或　應依王禎原書作「可」。刈草木是鐮的功用，斫柴條是斧的功用，所以説「可代鐮斧」。

〔一二〕 纚 王禎原書，這個字仍作「劚」，與標題同；「纚」字，字書中也未見過，應依王禎原書。

〔一三〕 就 應依王禎原書作「尤」。

〔一四〕 干 應依王禎原引文作「於」；「於越」，即越國。顯係借「于」代「於」，再看錯而寫成了「干」。

〔一五〕 如 應依王禎原引文作「入」。

〔一六〕 沛 應依王禎原引文作「淬」；淬音 cuì，燒到紅熱後立刻浸入冷水，稱爲「淬」；是古代鍊鐵成鋼（＝「剛」）常用的方法。

〔一七〕 拏 應依王禎原書及方言作「挐」（女余切）。

〔一八〕 益 應依王禎原書作「亦」。

〔一九〕 後 應依王禎原書作「復」。

〔二〇〕 蹇 應依王禎原書作「謇」，「謇」是直言。

〔二一〕 水 應依王禎原書作「木」。

〔二二〕 一 應依王禎原書作「北」。

〔二三〕 如 應依王禎原書作「初」。

〔二四〕 箪 應依王禎原書作「箝」。

〔二五〕 焜 字書没有這個字。應依王禎原書作「浥」，即水溼後發霉變質。

〔二六〕 榜 王禎原書作「袴」。「袴」應改爲「桍」字，參看本卷校〔一八〕，疑「榜」、「袴」均因字形相近而刻錯。

〔二七〕直　應依王禎原書作「五」。

〔二八〕爲之　王禎原書作「爲之者」，與上句平列，應補「者」字。

〔二九〕支　本書各本除曙本外均作「支」，顯然是錯字。王禎引作「殳」（曙本同），與方言的「攝殳」同字。但國語原文却是「芟」字；韋昭注説：「芟，大鎌，所以芟草也」，則應當是「芟」。

〔三〇〕檛　應依王禎引文及釋名原文作「撾」。（注音「陟爪切」，「爪」應作「瓜」，即讀 zhuā。）

〔三一〕攝殊殳　方言及王禎引文，均作「攝殳」，本書多出的「殊」字應删去。

〔三二〕⿰扌意　應依方言原書及王禎引文作「棓」。

〔三三〕抶音快　方言原作「柍」字，注「音『帳快』，亦音爲『車鞅』（即讀 yàng）；此皆打之別名也」。應依王禎原書作「柍，音快」。

〔三四〕悖音敕　應依方言原書及王禎引文作「桲，音勃」。

〔三五〕木直　應依王禎原書顛倒爲「直木」。

農政全書校注卷之二十三

農器

圖譜三①

王禎曰②：昔聖人教民杵臼，而粒食資焉。後乃增廣制度，而爲碓、爲磑、爲礱、爲輾等具，皆本於此。至于蓄積之所，古有定制。而出納之用，與烹飪之器，尤不可闕。故以嘉量繼之，鼎釜〔一〕終之。若夫〔二〕舟車之事，任載所先。蓋南北道路之不同，故水陸乘行之亦異。然淮、漢〔三〕之間，俱可兼用。凡務農之家，隨其所便。所居廬室，尤不可無。其動止之用，理存覆載，故共録於此。

【杵臼】舂也。易繫〔四〕辭曰：黄帝、堯、舜氏作，斷木爲杵，掘地爲臼。杵臼之利，萬民以濟。按古舂之制：秳百一十斤。稻重一秳，爲米二十斗③。爲米十斗，曰毇〔五〕；爲米六斗大半斗，曰粲。又曰糲。米一石，舂爲九斗，曰糳〔六〕。糳，米之精者。斯古舂之制，自杵臼始也。有圖不載。

【碓】舂器。用石，杵臼之一變也。廣雅云④：碻，碓也。方言云⑤：碓梢〔七〕，謂之碓機〔八〕。自關而東謂之梴。桓譚新論曰⑥：杵臼之利，後世加巧，因借身重以踐碓，而利十倍。

碓

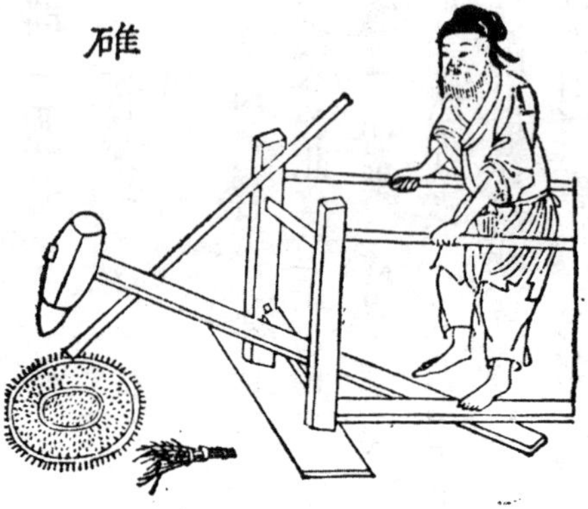

堈碓

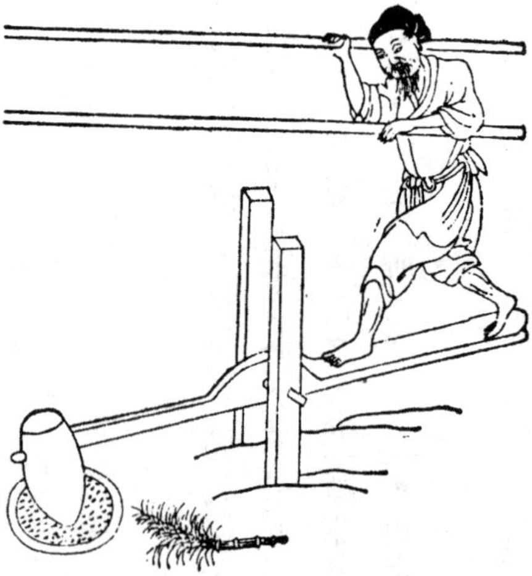

【堈碓】以堈作碓臼也。集韻云⑦：堈，甕也。又作瓬。其制：先掘埋堈坑，深逾二尺。次下木地釘三莖，置石于上。後將大磁堈，穴透其底，向外側嵌坑内埋之。復取碎磁與灰泥和之，以窒底孔，令圓滑如一。候乾透，乃用半竹篘，長七寸許，徑四寸，如合脊瓦樣，但其下稍闊，以熟皮周圍護之，取其滑也。倚於堈之下唇。篘下兩邊以石壓之，或兩竹〔九〕竿刺定，然後注糙於堈内，用碓木杵⑧，杵頭鐵圍〔一〇〕束之。囤内置四大〔一一〕牙釘，稍卧之。擣于篘内。堈既圓滑，米自翻倒，簌於篘内。一擣一簌，既省人攪，米自匀細。然木杵既輕，動防狂迸，須於踏碓時，已起而落，隨以左足躡其碓腰，方得穩順。一堈可舂米三石，功折〔一二〕常碓累倍。始於浙人，故又名浙碓。今多於要津商旅輳集處所，可作連屋，置百餘具者，以供往來稻船，貨糶粳糯。及所在上農之家，用米既多，尤宜置之。

【礱⑨】礧穀器，所以去穀殼也。淮人謂之礱⑩，江浙之間亦謂〔三〕礱。編竹作圍，内貯泥土，狀如小磨。仍以竹木〔二〕排爲密齒，破穀不致損米。就用拐木，竅貫礱上。掉軸以繩懸檩上。衆力運肘以轉之，日可破穀四十餘斛。方〔四〕謂之木礧；石鑿者謂之石木礧。礱、礧字从石，初本用石，今竹木代〔三〕者亦便。又有廢〔五〕磨，上級已〔六〕薄，可代穀礱〔一三〕，亦不損米。或人或畜轉之，謂之礱磨。復有畜力挽行大木〔一四〕輪軸，以皮弦或大繩，繞輪兩周，復交于礱之上級，輪轉則繩轉，繩轉則礱亦隨轉。計輪轉一周，則礱轉十五餘周。比用人工，既速且省。

【輾⑪】通俗文曰：石碢轢穀曰輾。後魏書曰⑫：「崔亮在雍州，讀杜預傳，見其爲八磨，嘉其有濟時用，因教民爲輾。」玄扈先生曰：後魏臣工，最多留心民事者，將上意所先耶？抑兩漢之遺人

礱

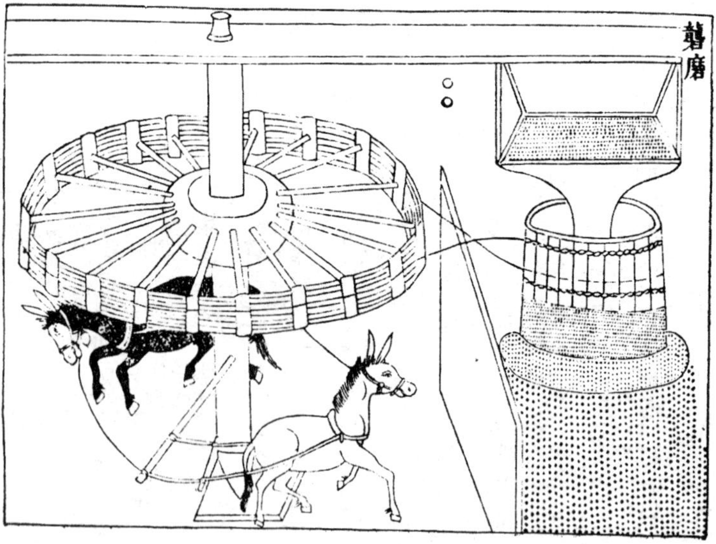
礱磨

也？今以糲〔七〕石，甃爲圓槽，周或數丈，高逾二尺。中央作臺，植以簨軸，上穿斡木，貫以石碢。有用前後二碢相逐〔一五〕，前備撞木，不致相擊。仍隨帶攪杷，畜力挽行。循槽轉碾，日得米〔八〕三十斛。近有法製輥槽，法製：用〔一六〕沙石、芹泥⑬，與糯粥同膠和之，以爲圓槽。下以木椎緩築實〔九〕，直至乾透可用。轢米特易，可加前數，此又輥之巧便者。玄扈先生曰：亮爲僕射，奏于張方橋東，堰穀水，造磑磨三十區，其利十倍，國用便之⑭。

輾

【輥輾】 世呼曰海青輾⑮，喻其速也。但比常輾減去圓〔一七〕槽，就碢斡栝以石輥。輥徑可三尺，長可五尺。上置板檻，隨輾斡圓轉作竅。下穀不計多寡，旋碾〔一八〕旋收，易于得米。較之碢輾，疾過數倍。故比于鷙鳥之尤者⑯，人皆便之。

玄扈先生曰：江右木作槽輾〔一九〕，山右石作摇〔二〇〕輾，皆取機勢，倍勝常輾。

【連磨⑰】 連轉磨也。其制：中置巨輪，輪軸上貫架木，下承鐏臼⑱。復于輪之周回，列遶八磨，輪輻近〔一〇〕與各磨木齒相間。一牛拽〔二一〕轉，則八磨隨輪輻俱轉，用力少而見功多。後魏〔一一〕崔亮在雍州，讀杜預〔二二〕傳，見其爲八磨，嘉其有濟時用。劉景宣作磨⑲，奇巧特異。策一牛之任，轉八磨之重。竊謂此雖並載前史，然世罕有傳者。今乃尋繹搜索，度其可用，述此制度，既圖於前，復叙於後，庶來者倣之，以廣食利。圖見水利部。

【颺扇⑳】集韻云：颺，風飛也。揚穀器。其制：中置簨軸，列穿四扇或六扇，用薄板或糊竹爲之。復有立扇卧扇之别。各帶掉軸，或手轉足躡，扇即隨轉。凡舂輾之際，以糠米貯之高檻，底〔一二〕通作匾縫下瀉，均細如簾〔一三〕，即將機軸掉轉搧之。糠粃〔二三〕

海青輾

既去，乃得浄米。又有昇之場圃間用之者，謂之扇車。凡揉打麥禾等稼，穰秸相雜，亦須用此風扇。比之杴擲箕〔二四〕簸，其功數〔二五〕倍。

颺扇

礱

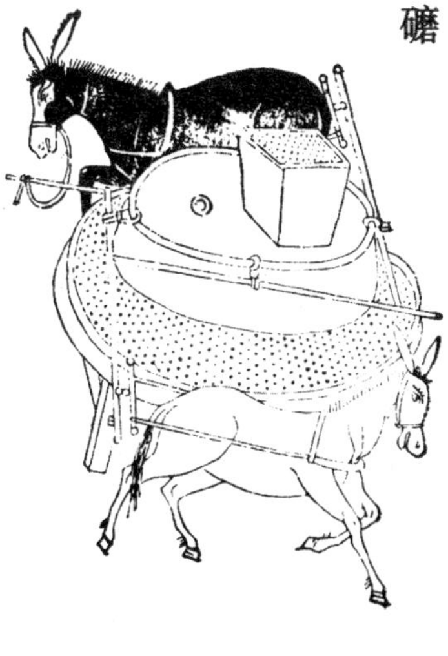

【礱】唐韻作磨㉑，磑也。説文云㉒：「礱，石磑也。」世本曰：「公輸班〔二六〕作磑。」方言㉓：「或謂之碨。」通俗文曰塡礱㉔，曰硐磨，床曰樀〔二七〕。今又謂主磨曰臍，注磨曰眼，轉磨曰榦，承磨曰槃，載磨曰床。多用畜力挽行，或借水輪，或掘地架木，下置鐏軸，亦轉以畜力，謂之旱水磨。比之常磨，特爲省力。凡磨，上皆用漏斗盛麥，下之眼中，則利齒旋轉，破麥作麩，然後收之，篩羅，乃得成麪。世間餅餌自此始矣。

【油榨㉕】 取油具也。用堅大四木㉖，各圍可五尺，長可丈餘，疊作卧枋于地。其上作槽，其下用厚板嵌作底槃，槃上圓鑿小溝，下通槽口，以備注〔二八〕油于器。凡欲造油，先用大鑊爨炒芝麻既熟，即用碓舂或輾碾令爛，上甑蒸過。理草爲衣，貯之圈内，累積在槽。横用枋桯相拶㉗，復豎插長楔，高處舉碓或椎〔二九〕擊，擗之極緊，則油從槽出。此横榨謂之卧槽。立木爲之者，謂之立槽。傍用擊楔〔三〇〕，或上用壓樑，得油甚速。今燕趙間，創〔一四〕有以鐵爲炕面，就接蒸釜〔三一〕爨項，乃傾芝麻於上，執杴匀攪。待熟，入磨，下之即爛。比鑊炒及舂碾，省力數倍。南北農家，歲用既多，尤宜則傚。

【穀盅】 集韻云㉘：「虛器也。」又謂之氣籠。

油榨

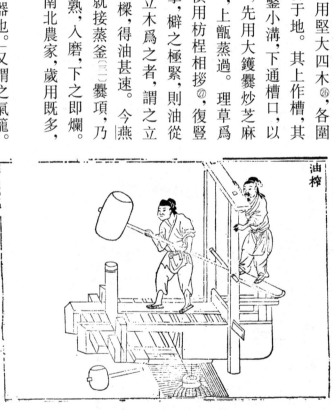

編竹作圍，徑可一尺，高或二丈。底足稍大，易于豎立。內置木撐數層，乃先列倉中，每

穀盅

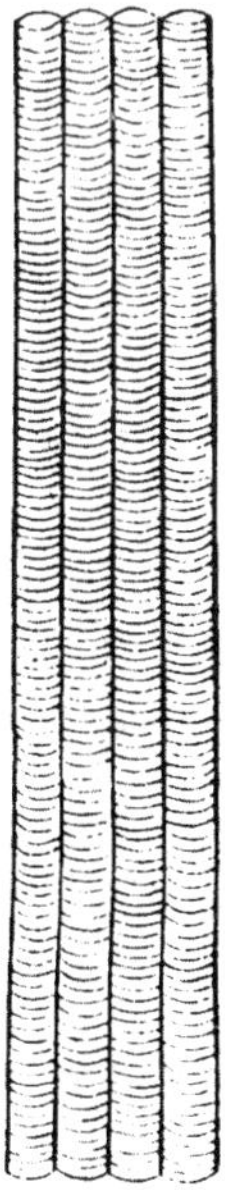

間或五，或六，亦量積穀多少高低大小而制之。嘗見倉廩囷京等所貯米穀，蒸濕結厚數尺，謂之𧄼頭㉙，以致壓盦變黃㉚，漸成浥〔二五〕腐。往往耗損公私，坐致陷害，誠可甚惜。今置此器，使鬱氣升通，米得堅〔二二〕燥，免蹈前弊，實濟物之良法。凡有〔二三〕儲蓄之家不可闕。

【窖】藏穀穴也。史記貨殖傳曰：「宣曲任氏獨窖食〔二六〕粟。楚漢相拒滎陽，民不得耕，米石至萬數〔二四〕。而豪傑金玉，盡歸任氏。任氏以是起富。」嘗謂穀之所在，民命是寄。今藏至地中，必有重遇〔二七〕。且風蟲水旱，十年之內，儉居五六，安可不預備凶

災。夫穴地爲窖，小可數斛，大至數百斛。先投柴〔三五〕棘，燒令其土焦燥，然後周以糠穩㉛，貯粟於内。五穀之中，惟粟耐陳，可歷遠年。有于窖上栽樹，大至合抱。内若變焐〔一八〕，樹必先槁〔三六〕，又〔一九〕謂葉必萎黄，又擣別窖。北地〔三七〕土厚，皆宜作此。江淮高峻土厚處，或宜倣〔三八〕之。

【竇】似窖。月令曰：「穿竇窖。」鄭注云：「穿竇窖者，入地，隋〔二〇〕曰竇，方曰窖。」疏云：「隋者，似方非方，似圓〔三九〕非圓。」釋文云：「隋也者〔四〇〕，謂狹而長。」今〔二一〕人下掘，或旁穿出土，轉于它處，内實以粟，復以草墢封塞，他人莫辨，即謂竇也。蓋小口而大〔四一〕腹。竇，小孔穴也，故名竇。

竇

【倉】穀藏也。釋名曰㉜：「倉，藏也。」天文集曰㉝：「廩星主倉。」史記天官書：「胃爲天倉。」此名著于天象者。禮月令曰：「孟冬，命有司修囷倉。」周禮㉞：「倉人掌粟入〔四二〕之藏。」此名著於公府者。詩曰㉟：「乃求千斯倉。」管子曰㊱：「倉廩實而知禮節。」此名著於民家者。今國家備儲蓄之所，上有氣樓謂之敖房，前有簷楹謂之明廈，倉爲總名。蓋其制如此。夫農家貯穀之屋，雖規模稍下，其名亦同，皆係累年蓄積所在。内外〔四三〕材木露者，悉宜灰泥塗飾，以辟〔三二〕火災，木又不蠹，可爲永法。圖不載。

【廩】倉之别名。詩曰㊲：「亦有高廩，萬億及秭。」注云：廩所以藏粢盛之穗。説文曰㊳：「倉黄㐭〔四四〕而取之，故謂之㐭。或從广〔四五〕從禾。」今農家構爲無壁廈屋〔四六〕，以儲禾穗〔三三〕種稑之種，即古之㐭也。唐韻云㊴：倉有屋曰廩。倉其藏穀之總名。而廩庾又有屋無屋之辨也。圖不載。

【庾】鄭詩箋云㊵：「露積穀也。」集韻㊶：「庾或作㢏，倉無屋者。」詩曰㊷：曾孫之庾，如坻如京。又曰㊸：我庾維億，蓋謂庾積穀多也。圖不載。

【囷】圓倉也。禮月令曰：修囷倉。説文㊹：「廩之圓者。圓〔四七〕謂之囷，方謂之京。」吴志㊺：周瑜謁魯肅，肅指其囷以與之。西京雜記曰㊻：曹元理善算囷之穀數。類而言之，則囷之名舊矣。今貯穀圌篅，泥塗其内，草苫於上，謂之露篅者，即囷也。圖不載。

【升】十合量也。前漢志云㊼：「以子穀秬黍中者千二百實其龠，以井水準其槩。二〔三四〕龠爲合，十合爲升。」説文云㊽：「升從斗象形。」唐韻云㊾：「升，成也。」自此至末圖不載〔四八〕。

【斗】十升量也。前漢志云：「十升爲斗。斗者，聚升之量也。」説文云㊿：「斗象形有柄。」天文集曰：「斗星：仰則〔四九〕天下斗斛不平，覆則歲稔。」

【斛】十斗量也。前漢志云：「十斗爲斛。斛者，用斗平多少之量也。」廣雅曰㉛：「斛謂之鼓，方斛謂之角〔二五〕。」周禮曰㉜：「㮚氏爲量，改煎金錫，則不耗。不耗，然後權之；權之，然後準之；準之，然後量之。」其銘曰：時文思索，允〔五〇〕臻其極。嘉量既成，以觀四國。永啓厥後，茲器〔五一〕維則。時文思索，言是文〔五二〕德之君，思求索爲民立法而作量。漢書五量之法㉝：「用銅方尺，而圓其外。旁有庣焉。師古曰：庣，不滿之處也。上爲斛，下爲斗。上謂仰斛。下爲覆斛之底，受一斗也。左耳爲升，右耳爲合龠。夫量者躍于龠，合于合，登于升，聚于斗，角于斛。職在太〔五三〕倉。大司農掌〔五四〕之。」今夫農家所得穀數，凡輸納〔五五〕于官，販鬻于市，積貯于家，多則斛，少則斗，零則升。又必槩以平之，貧富皆不可闕者。

【概】平斛斗器。說文曰：槩，杚斗斛。從木，既聲。杚，平也。漢書云：以井水準其概也。古有豆、區、釜、鍾、庾、秉之量〔五六〕。左傳曰㉞：四升爲豆，四豆爲區，四區爲釜，十釜爲鍾。又二釜半爲庾，十六斛爲秉。皆古量之名也。今惟以升、斗、斛爲準，最號〔二六〕簡要。蓋出納之司，易會計也。

【鼎】說文云㉟：鼎三足兩耳，烹飪器也。周禮㊱：「烹人掌共鼎鑊，以給水火之濟。」今農家乃用煮繭繅絲。嘗讀〔五七〕秦觀蠶書云：「凡繅絲常令煮繭之鼎，湯如蟹眼。」夫鼎之爲器，大則烹牲而供上祀〔五八〕，小則和羹而備五味。今用之以取繭絲，而衣被斯民。嘉其兼用，遂置名田譜之內。

【釜】　煮器也。古史考：黄帝始造釜甑，火食之道成矣。易説卦曰：坤爲釜。廣雅曰[57]：「鋇、鉼、鬲、鑊、鏕、鏝、鍪、鍉、錡，釜也。」説文釜作「鬴，鍑屬[58]」。魏略曰[59]：「鍾繇爲相國，以五熟鼎範，因太子鑄之。釜成，太子與繇書曰：『昔周之九鼎，咸以一體調一味，豈若斯釜，五味時方？蓋鼎之烹飪，以享上帝。今之嘉釜，有踰兹義。』」異録〔五九〕曰[60]：「南方有以沙土〔六〇〕燒之者。燒熟以土〔三七〕油之，浄逾鐵器，尤宜煮藥〔六一〕。一斗者纔直十錢。」斯濟貧之具，不可無者。

【甑】　炊器也。集韻云[61]：「甑，甗也。」籀文作「鬵」。或作「䰝」。周禮[62]：陶人爲甑，實二鬴，厚半寸脣寸〔六二〕。説文曰[63]：「窐，甑空也。」爾雅〔六三〕曰[64]：䰝謂之鬵。方言或謂之酢餾[65]。漢書[66]：項羽渡河，破釜甑。又任文公知有王莽之變[67]，悉賣奇物，惟存銅甑。以此知古人用甑，雖軍旅及〔六四〕反側之際，不可廢者。或謂：釜甑舉世皆用，今作農器何也？蓋民之力田，必資火食，非釜甑不成，以此起農事之始。及穀物既登，爨以釜甑，又爲農事之終。所需莫急于此，故附農〔六五〕器之內。

【箄】　甑箄也。説文曰[68]：「箄，蔽也。所以蔽甑底也。」淮南子曰[69]：明鏡可以鑑形，蒸食不如竹箄。孔融同歲論曰[70]：弊箄徑尺，不能捄鹽池之鹹矣。箄弊可以止鹹故也。

又曰㉑：弊箄甑甊〔六六〕，在旃茵之上，雖貧者不𥝌。此言易得之物也。字從竹，或無竹處，以荊柳代之，用不殊也。

【土鼓】　古樂器也。杜子春云㉒：以瓦爲匡，以革爲兩面，可擊也。易繫辭曰㉓：蕢桴土鼓。禮明堂位曰㉔：土鼓蒯桴，伊耆〔六七〕氏之樂也。周禮春官㉕：「籥章掌土鼓豳籥，仲春，晝〔六八〕擊土鼓，龡豳詩以迎暑氣〔二八〕。仲秋夜〔六九〕，迎寒亦如之。凡國之祈年，享田祖，龡豳雅，擊土鼓以息老物。」今農家擊〔二九〕斂之後，擊鼓以祀〔七〇〕田祖，即其遺意也。

【農舟】　農家所用舟也。夫水鄉種蓺之地，溝港交通，農〔七一〕人往來，利用舟楫，故異夫漁釣之名也。

【野航】　田家小渡舟也。或謂之舴艋。謂形如蚱蜢，因以名之。如村野之間，水陸相間，豈所在橋梁，皆能畢備。故造此以便往來。制頗樸陋，廣纔〔七二〕尋丈，可載人畜一二。不煩人駕，但于渡水兩旁，維以竹草之索，各倍其長，過者掣索，即抵彼岸。或略具篙楫，田農便之。

【下澤車】　田間任載車也，古〔三〇〕謂箱者。詩曰㉖：「乃求萬斯箱。」又㉗：「晥彼牽牛，不以服箱。」箱即此車也〔七三〕。周禮㉘：「車人行澤者反〔三一〕輮。」又：「行澤者欲短轂則利轉〔三二〕。」今俗謂之板轂車。其輪用厚闊板木相嵌，斲成圓樣，就留短轂，無有輻〔七四〕也。泥淖中，易於行轉，了不沾塞。蓋如車制而略〔七五〕。但獨轅着地，如犁托之狀。上有望[illegible]橛，以擐牛輓槃索。上下坡坂，絕無軒輊之患。漢馬援弟少遊，嘗謂乘下澤車⑲，是也。

【大車】考工記曰：大車牝服二柯⑳。鄭玄謂平地任載之車。世本云：奚仲造車。凡造車之制，先以脚圓徑之，高爲祖。然後可視梯檻，長廣得所。制雖不等，道路皆同軌也。中原農家例用之。

【拖車】即拖脚車也。以脚木二莖，長可四尺，前頭微昂。上立四簨，以横木括之。闊約三尺，高及二尺，用載農具及芻種等物，以往耕所。有就上覆草爲舍，取蔽風雨。耕牛輓行，以代輪也。

【守舍】看禾廬也。架〔七六〕木苫草，略成構結，兩人可捹。禾稼將熟，寢處其中，備防人畜。或就塍坎，縛草爲之。若于山鄉及曠野之地，宜高架牀木，免有虎狼之患。

【牛室】門朝陽者宜之。夫歲事逼冬，風霜凄凛，獸既氄毛㉑，率多穴處。獨牛依人而生，故宜入養密室〔七七〕。聞之於老農云：「牛室内外，必事塗塈，以備不測火災。」最爲切要。

校：

〔一〕鼎釜　黔、魯倒作「釜鼎」，應依平、曙作「鼎釜」，與王禎原書合。

〔二〕若夫　黔、魯作「至於」，應依平、曙作「若夫」，與王禎原書合。

〔三〕淮漢　黔、魯作「江漢」，應依平、曙作「淮漢」，與王禎原書合。

〔四〕繫　平、曙本作「係」。作爲專用書名，應依魯本和中華排印本作「繫」，合於周易和王禎原書。（定扶校）

〔五〕毇　黔、魯譌作「穀」，應依平、曙作「毇」，與王禎原書合。按：「毇」字下，王禎原書注「許委切」，讀huǐ，説文解字（卷七上）米部「粲」字，説解爲：「稻重一秙，爲粟二十斗；爲米十斗曰『毇』；爲米六斗太（＝大）半斗曰『粲』。」

〔六〕糳　黔、魯譌爲「鑿」，應依平、曙作從「米」的字，與王禎原書合。説文解字（卷七上）毇部「糳」字説解：「糲米一斛，舂爲九斗曰『糳』。」米部「糲」字説解：「粟重一秙，爲十六斗太半斗；舂爲米一斛，曰『糲』。」

〔七〕梢　平、魯、曙諸本均作「稍」，應依中華排印本改作「梢」，合於王禎原書。（定扶校）

〔八〕機　平、黔、魯各本作「幾」，應依曙本改作「機」，與王禎原書合。

〔九〕竹　平、曙有「竹」字，與王禎原書同，黔、魯缺。

〔一〇〕圍　平、曙作「團」，應照黔、魯改作「圍」，與王禎原書合。黔、魯本小注「杵頭」兩字下增「須以」

二字，應依平、曙及王禎原書删去。下句「囤」字，亦應依王禎原文作「圍」。

〔一一〕木　平本譌作「本」，應依王禎原書及黔、曙、魯改作「木」。

〔一二〕代　平本譌作「伐」，應依黔、曙、魯改作「代」，與王禎原書合。

〔一三〕礱　黔、魯作「磨」，應依平、曙及王禎原書作「礱」。

〔一四〕木　黔、魯作「小」，應依平、曙及王禎原書作「木」。

〔一五〕逐　平本譌作「遂」，應依黔、曙、魯各本及王禎原書改正。

〔一六〕用　平本譌作「川」，應依黔、曙、魯各本及王禎原書改正。

〔一七〕圓　平本譌作「圖」，應依黔、曙、魯各本及王禎原書改正。

〔一八〕碾　魯本譌作「轉」，應依平、曙及中華排印本作「碾」，合於王楨原書的「輾」字。（「輾」與「碾」同義。）（定枎校）

〔一九〕輾　依平、曙作「輾」字，與前節及本節標題及正文所用的字符合。黔、魯改作「碾」，是後來習慣用字。

〔二〇〕摇　黔、魯各本改作「槽」，與上文重複；「輥輾」無槽，止有石輥摇動；應依平、曙作「摇」。中華排印本「照曙改」作「槽」，恐係誤會。

〔二一〕拽　黔、魯作「曳」，應依平、曙作「拽」，與王禎原書同。

〔二二〕預　平本作「穎」，與王禎原書同。黔、曙、魯改作「預」，與魏書合；也與上節「輾」的引文相同。

應依黔、曙、魯各本改。

〔二三〕粞　黔、魯改作「粃」；仍依平、曙作「粞」，與王禎原書合。（「粞」是碎米，「粃」是空殼。粃可以颺去，粞很難颺去。改正是有道理的。）

〔二四〕箕　平、魯譌作「笸」，依曙本、中華排印本改作「箕」，與王禎原書合。

〔二五〕數　黔、魯改作「較」，應依平本從王禎原書作「數」。

〔二六〕班　平、曙作「班」，與王禎原書同。黔、魯各本作「子」。今傳輯本世本多作「般」；有兩本止作「公輸作石磑」。

〔二七〕樀　平、曙、魯、中華排印本均作「摘」，與王禎原書同。「摘」爲多音字，當讀作 zhì 時，是木磨盤和磨床的意思。王禎原書在「摘」下有小注「真易切」，即讀 zhì，正好與此相合。「摘」爲版刻誤字，應改作「樀」。（定扶校）

〔二八〕注　魯本譌作「貯」，平、曙、中華排印本作「注」，合於王禎原書。（定扶校）

〔二九〕椎　平、曙作「推」，應依魯本、中華排印本改作「椎」，合於王禎原書。（定扶校）

〔三〇〕楔　平本作「揳」，應依曙、魯、中華排印本改作「楔」，合於王禎原書。（定扶校）

〔三一〕釜　平本譌作「斧」，應依黔、曙、魯各本從王禎原書作「釜」。

〔三二〕堅　平本譌作「豎」，應依黔、曙、魯各本從王禎原書作「堅」。

〔三三〕有　平本缺，應依黔、魯各本從王禎原書補。

〔三四〕米石至萬數　黔、魯本作「米石至萬數」，與王禎原書同。平、曙本及中華排印本作「米石至數萬」，與齊民要術（卷三）雜説第三十引文同。暫依黔、魯本改。（案：南宋建安黄善夫本史記止作「米石至萬」，並無「數」字。「數」字，應依南宋本史記删。）

〔三五〕柴　應依平、黔、曙作「柴」，與王禎原書合；魯本誤作「紫」。

〔三六〕槁　平、曙作「槁」，黔、魯作「熇」。「槁」是枯槁；作「熇」無意義。王禎原書則作「驗」字，現暫作「槁」。

〔三七〕地　平、曙有「地」字，與王禎原書同，黔、魯缺，應補。

〔三八〕倣　此下黔、魯增「此爲」兩字；平、曙均無，與王禎原書同。應删。

〔三九〕似圓　平、曙有「似圓」二字，與王禎原書及禮記疏同。黔、魯缺，應補。

〔四〇〕也者　黔、魯有「也者」兩字，與王禎原書及經典釋文（卷十一）禮記月令同；平、曙無，應依黔、魯補。

〔四一〕黔、魯此下有「其」字，平、曙無，應依王禎原書删。

〔四二〕入　平本譌作「人」，黔、曙、魯各本依王禎原書以周官原文作「入」不誤。

〔四三〕外　平、曙有「外」字，與王禎原書同，黔、魯脱去，應補。

〔四四〕𠤎　平、黔、魯本譌作「面」，應依曙本從王禎原書改正合説文。下同改。

〔四五〕广　平本譌作「一」，依黔、曙、魯據王禎原書從説文改正作「广」。

〔四六〕今農家構爲無壁廈屋　這一句，各本譌誤紛歧。「今」字，平、曙不誤，黔、魯作「從」；「爲」字，各本均誤作「及」；「廈」字，黔、魯譌作「夏」。現均照王禎原書改定。

〔四七〕説文廩之圓者圓　平、黔與王禎原書同；魯本「文」字下多「曰」字，缺「之」字，下一「圓」字作「則」，均誤。

〔四八〕平本「廩」、「庾」、「囷」各節後的小注均爲「圖不載」，「升」節後的小注爲「自此至末圖不載」。而魯本將平本「升」節後的小注提至「廩」節之後，其餘小注均删去。曙本、中華排印本這些小注均無。應依平本。

〔四九〕則　平本有「則」字，與王禎原引文合；黔、魯各本缺，應補。

〔五〇〕允　平、曙譌作「尢」，依黔、魯從王禎引文及周禮原文改正。

〔五一〕器　平、曙本作「物」，應依魯本及中華排印本改作「器」，合於王禎原書。（定枎校）

〔五二〕文　平、曙作「玄」，黔、魯作「允」；依王禎原書與周禮注原文改作「文」，與銘文「時文」的「文」字相應。

〔五三〕太　平本譌作「大」，應依黔、曙、魯本改正。

〔五四〕掌　平本譌作同音的「長」；黔、曙、魯各本及王禎引文，與漢書同作「掌」，據改。

〔五五〕納　平、曙有「納」字，與王禎原書同；黔、魯脱此「納」字，但於行末「斛」字上增一「用」字。「納」字應補，「用」字應删。

〔五六〕鍾庾秉之量　「鍾庾」，黔、魯顛倒；平本「之」譌作「乏」，應依曙本及王禎原書改正。

〔五七〕讀　平、曙作「讀」，與王禎原書同，是正確的；黔、魯改作「謂」，文義便不通了。

〔五八〕祀　依平、曙作「祀」，與王禎原書合；黔、魯改作「帝」。

〔五九〕「異録」下，平本有「曰」字，與王禎原書同；黔、魯本缺，應補。

〔六〇〕「土」字下，黔、魯有「合」字；應依平、曙及王禎農書删去。

〔六一〕藥　平、曙作「藥」，與王禎原書同；黔、魯改作「食」，誤。

〔六二〕唇寸　平、魯依王禎原書作「唇寸」，與考工記原文相合。中華排印本「照曙增」作「唇一寸」，可惜我們不知道曙本根據什麽增了這個「一」字。又「寸」字下，黔、魯增一「在」字；平、曙俱無，王禎原書也没有，應删。

〔六三〕此下平、曙有「曰」字，與王禎原書同；黔、魯缺，應補。

〔六四〕甑雖軍旅及　平、曙本這幾個字，全與王禎原書合；黔、魯兩本「甑」下增一個「也」字，缺下句的「及」字，應依平本改正。

〔六五〕農事之終所需莫急于此故附農　平、曙這幾個字，與王禎原書同；黔、魯缺「事」字，「莫」作「每」，「附」字下增「于」字，均誤。

〔六六〕甑瓾　黔、魯倒轉，平、曙依王禎引文作「甑瓾」，與淮南子原文同。「甑瓾」是「甑帶」。

〔六七〕著　平本譌作「著」，依黔、魯兩本據王禎引文及周禮原書改正。

〔六八〕畫　黔、魯譌作「掌」，應依平、曙從王禎原引文及周禮原書作「畫」。

〔六九〕「夜」字，平、曙缺，依黔、魯從王禎引文及周禮補。

〔七〇〕之後擊鼓以祀　平、曙是這幾個字，黔、魯「後」改作「時」，「擊」字上增一「多」字，「祀」改作「享」。暫保留平、曙句法；雖與王禎原書並不相同，但至少是初刻形式，無追改的必要。

〔七一〕農　魯本作「鄉」，平、曙、中華本均作「農」，合於王禎原書。

〔七二〕纔　平本作「纔」，與王禎原書同；黔、魯作「方」誤。

〔七三〕「箱」字，平、曙重出，下「箱」字屬下句，與王禎原書同。黔、魯缺一「箱」字，在下句所引周禮「車人行」字下增出一「以」字，「以」應删，「箱」字應補。

〔七四〕「輻」字下，平、曙有「也」字，與王禎原書同；黔、魯缺，應補。

〔七五〕「略」字下，黔、魯兩本增「小」字，與王禎原書不合；平、曙無「小」字。「略」是「比較簡單」。「下澤車」不僅比大車小，更重要的是比較簡單，删「小」字爲是。

〔七六〕架　平、魯譌作「㮞」；中華排印本「照曙改」爲「架」，與王禎原書合。

〔七七〕而生故宜入養密室　這幾個字，本書各本譌脱紛歧，平本缺「生」字，曙本「而生」作「耳」，黔、魯作「而養故宜入室」。現參照各本，依王禎原書改定。

注：

①這一卷的内容，依王禎農器圖譜杵臼門、倉廩門、鼎釜門、舟車門（原卷十六至十八）節録。圖删去不少（大半是極平常不須畫圖也知道的，如「倉」「杵臼」……等），這些省去的圖，我們没有逐條注明。

②這一段，取農器圖譜中杵臼、倉廩、舟車三門的小序，綴合而成。

③䄷：據説文解字（卷七上）禾部「䄷」字注，䄷音 shí，「百二十斤也。稻一䄷，爲『粟』二十斗，……」王禎原書，「百二十」「粟」字均與説文合；本書作「百一十斤」，「米二十斗」。「一」、「米」兩字均誤，應改正。

④今傳本廣雅止有（卷五）釋言「碻沰磓也」一句；王禎所據，大概是太平御覽（卷七六二）器物部七「碓」項的引文。

⑤方言（卷五）「碓機（碓梢）陳、魏、宋、楚，自關而東，謂之『梴』」。

⑥前漢末桓譚，著有新論。現已失傳。太平御覽（卷七六二）器物部七，「杵臼」項下所引「桓譚新論」，大致即王禎這節引文的字句根據。（卷八二九）資産部九，「舂」項引有「桓子新論」曰：「宓犧之制杵舂，萬民以濟。及後人加功，因延力借身重以踐碓，而利十倍杵臼。……」

⑦現見集韻下平聲「十一唐」，「㼚、𤭛、鋼」三字並列，解釋爲「博雅（案即廣雅）『鉼也』；一曰，大瓮爲『㼚』，或作『𤭛』、『鋼』」。「堈」字，解爲「隴也」。

⑧ 碓木杵：懷疑應作「木碓杵」。
⑨ 礱：殿本王禎原圖，與本書略同；不過本書添了左側一個送穀籠來的人。庫本，「礱」（三個人操作，一個人搬運）和一個「磨」（一個人推，一個人向磨眼中添穀粒）兩樣合爲一幅。本書的「礱磨」，應依原圖標題爲「驢礱」。
⑩ 淮人謂之礱：王禎原書在「礱」字下有小注，「力董切」，即讀 lǒng；下文，「江浙之間謂之『礱』」，注「盧東切」，即讀 lóng。
⑪ 輾：應依殿本原圖標題作「石輾」。（原圖看守的是女人。）
⑫ 現見魏書（卷六六）崔亮傳末。
⑬ 芹泥：即「墐泥」，是黏土的古代稱呼。
⑭ 徐光啓這一節，也引自魏書崔亮傳末。穀水是洛陽城外的一條河道。
⑮ 海青輾：王禎原圖標題是「輥輾」。
⑯ 鷲鳥：「海青」即「海東青」；是一種獵（＝「鷲」）鵰，以飛翔高速著名。
⑰ 此條，按性質説應在「𥗋」條之後（王禎原書正是這樣排列的）；大概徐光啓原稿或整理付刻時定稿的次序，有些顛倒。
⑱ 鐏：讀 zūn，是器物突出的一端，成爲圓球狀的。「鐏臼」，即「球窩軸承」。
⑲ 劉景宣：王禎原書本節末引有「嵇含八磨賦序云：『外兄劉景宣，作磨奇巧；因賦之云云』……」

所引序及賦，現見太平御覽器物部七「磨」項末條。

⑳ 颺扇：原書，庫本是剖面圖，表示內部構造，與本書同。殿本是以上面斜看去的外形圖。

㉑ 現見廣韻去聲「三十九過」。

㉒ 説文解字卷九上石部：「礱，磑也」。

㉓ 方言卷五「碓機」條末，「磑或謂之䃀」。

㉔ 現見太平御覽（卷七六二）器用部七「磨」項引通俗文曰：麤曰「䃀」；填（音鎮）礱曰「硐」，磨牀曰「樀」（直易切）。

㉕ 油榨：原圖除有背景房屋外，没有後面「踩榨」的人，止有一個女人站在後面看。另外，畫有出油的槽道。

㉖ 堅大四木：懷疑字有顛倒，或許是「四堅大木」，或「堅大木四」，即四條堅硬的大木。

㉗ 拶：讀 zā，解爲壓迫。

㉘ 今本集韻上平聲「一東」，「盅」字音 chōng，解釋爲「器虛曰盅」；又音 chóng，解釋爲「説文：器虛也，引老子道盅而用之，通作沖」。

㉙ 幪：據廣韻上聲「一董」，「幪」音 měng，是「物上白醭」（即霉類的菌絲體）。

㉚ 盦：舊音 ām，現應讀 ān，解釋爲覆蓋。

㉛ 「穩」字原來的意義是「蹂穀聚」（見説文解字禾部新附字），即脱粒時的碎屑。

㉜ 現見釋名(卷五)釋宫室第十七,原文是:「倉,藏也,藏穀物也。」

㉝ 隋書經籍志子部「天文類」,有天文集占兩種,天文要集三種,天文集要一種。兩種唐書中,還有天文集占;宋史藝文志都不見了。王禎所謂「天文集」,由下文「斗」條所引看來,止是一種占書,可能即晉太史令陳卓所作天文集占。

㉞ 現見周禮地官倉人。

㉟ 現見詩小雅甫田之什甫田末章。

㊱ 現見管子牧民第一。

㊲ 現見詩周頌臣工之什豐年章。「萬億及秭」句,傳解釋説「數萬至萬曰億;數億至億曰秭」(秭是十億)。

㊳ 説文解字,「㐭」作「㐭」,在卷五下㐭部。或作「廩」;所以説「或從『广』從『禾』」。

㊴ 廣韻上聲「四十七寑」,「倉有屋曰廩」(「屋」指「屋頂」)。

㊵ 詩小雅甫田「曾孫之庾」,鄭箋「庾,露積穀也」,即不蓋的穀堆。

㊶ 集韻(上聲)「九麌」,「庾」「斞」「㢏」三字並列,注:「説文水漕倉也;一曰,倉無屋者。亦姓。」

㊷ 見詩小雅甫田。

㊸ 見詩小雅谷風之什楚茨第一章。

㊹ 説文解字(卷六下)口部「囷」字説解:「廩之圜者从『禾』在『口』中。圜謂之『囷』,方謂之『京』。」

㊺現見三國志吴書九魯肅傳「周瑜……求資糧。肅家有兩囷米，各三千斛；肅乃指一囷與周瑜」。另太平御覽（卷一九〇）居處部十八「囷」項，引吴志作「周瑜過魯肅求資，肅有米三千石，乃指一囷與之」。

㊻現見太平御覽（卷一九〇）居處部十八「囷」項引：「曹元理善算，友人陳廣漢有二囷，忘其石數，後算欠一斗，乃有鼠大如斗在其中。」西京雜記（卷四）（津逮秘書本）作「元理嘗從其友陳廣漢，廣漢曰，『吾有二囷米，忘其石數，子爲吾計之。元理以食筯十餘轉曰，東囷七百四十九石二升七合；又十餘轉曰，西囷六百九十七石八蚪，遂大著（龍威秘書本作「署」）囷門。後出米，西囷六百九十七石七蚪九升，中有一鼠，大堪一升，東囷不差圭合」。

㊼指漢書律曆志（卷二一上）。

㊽説文解字（卷十四下）斗部「升」字説解：「十龠也。从『斗』，亦象形。」

㊾廣韻下平聲「十六蒸」，「升」字注：「十合也；成也。又布八十縷爲『升』。」

㊿説文解字十四下斗部，部首「斗」字説解「十升也」，「象形，有柄」。

(51)現見廣雅卷八釋器。

(52)現見考工記㮚氏，是假定中爲政府制定標準量器的官。「量」即標準量器（秦漢以後稱爲「嘉量」）。「改煎」，是多次冶煉。「耗」，是「消減」。

(53)五量之法：漢書（卷二一）律曆志一，有「……而五量（指龠、合、升、斗、斛）嘉（＝善）矣。其法……」

㉞ 現見春秋左氏傳昭公二年。

㉟ 説文解字卷七上鼎部，部首「鼎」字注：「三足兩耳，和五味之寶器也。」

㊱ 現見周禮天官亨人（烹字，原止作「亨」）。

㊲ 今傳本廣雅（卷七）釋器上「錪、鉼、⿰鬲支、鏤、鬲、鍑、鑣、鏄、鍪、鬵、鑪、錡、鬴、鐈、⿰鬲斗、鬷，釜也」。（「釜也」，王念孫校補。）

㊳ 説文解字（卷三下）鬲部，「鬴，鍑屬」；下重文「釜」，説解「鬴或从『金』；『父』聲」。

㊴ 現見三國志魏書（卷一三）鍾繇傳「文帝在東宫，賜繇五熟釜……」下注文所引；王禎引用時，删節外還有改易。「方」字應作「芳」，「義」字應作「美」。

㊵ 異録不知道是什麽書。但今本唐代劉恂嶺表録異（卷上），有一條：「廣州陶家，皆作土鍋鑊。燒熟，以土油（聚珍本加注：案「油」與「釉」通）。其潔净則愈于鐵器。尤宜煮藥。一斗者，纔直十錢。愛護者，或得數日（疑是「月」字）。若迫以巨焰，涸之，則立見破裂，斯亦濟貧之物。」似乎與王禎所引有關。廣東這種黄丹釉的「瓦鐺（讀 chēng）缶（讀 fǒu）」，至今還是方便經濟耐用的炊具。

㊶ 今傳本集韻去聲「四十七證」，「甑」「鬵」兩字並列。注：「説文甗也，籀從『㽄』。」「䰝」另列一字，解爲「説文鬵屬」。但説文解字並没有「䰝」字（「䰝」字止見于爾雅），不知集韻所根據的是什麽？

㊷ 現見考工記：「陶人爲甗，……。」

63 現見說文解字卷七下穴部「窐」字。窐音 wā。
64 現見爾雅釋器。
65 現見方言(卷五)「鐂」字,今本方言作「鐂」。
66 「項羽渡河,破釜甑」,見漢書列傳一項籍傳。
67 任文公這節故事,現見太平御覽(卷七五七)器物部二「甑」項引益部耆舊傳。
68 說文解字卷五上竹部「箅」字,說解是「蔽也」;所以「蔽甑底也」;「箄」解作「篦箄」,是另一件竹器。
69 現見太平御覽(卷七五七)器物部二,「箅」項引。
70 現見太平御覽(卷七五七)器物部二,「箅」項引。
71 實見淮南子說山篇,原文是「弊箅甑瓾,在旃茵之上,雖貪者不搏」。
72 現見周禮春官籥章首句「土鼓」下注「杜子春云」。
73 殿本王禎農書有注說:「案『蕢桴土鼓』出禮運,此本譌作易繫辭……。」
74 今本禮記明堂位作「土鼓蕢桴葦籥,伊耆氏之樂也」。
75 周禮春官籥章節原文「……掌土鼓,豳籥。中春,晝擊土鼓,龡(=吹)豳詩,以逆暑。中秋,夜迎寒,亦如之。凡國,祈年于田祖,龡豳雅,擊土鼓,以樂田畯;國祭蜡,則龡豳頌,擊土鼓,以息老物」。王禎原引全文,本書删節,錯落零亂。

⑯ 詩小雅甫田末章。
⑰ 此下見詩小雅谷風之什大東第七章。牽牛是星宿名。
⑱ 見考工記。
⑲ 事見後漢書列傳一四馬援傳，是馬援封新息侯時，置酒勞軍，追憶他從弟（＝堂弟）少游向他所説的話。
⑳ 牝服：考工記原注「牝服，謂車箱」。
㉑ 氄：音 rǒng，即「换毛」。

案：

〔一〕大　本書各本均作「大」字，應依王禎原書作「犬」。
〔二〕折　應依王禎原書作「校」；「比較」的「較」字，古代都作「校」。
〔三〕亦謂　應依王禎原書作「謂之」。因爲在王禎看來，兩個名稱並不同一，所以不是「亦謂」。
〔四〕「方」字上，應依王禎原書補「北」字。
〔五〕廢　本書各本均作「廢」字，王禎原書作「礱」。
〔六〕已　本書各本均作「已」，應依王禎原書作「甚」。
〔七〕糲　本書各本均作「糲」，應依王禎原書改作「礪」。

〔八〕日得米　王禎原作「日可穀米」。

〔九〕下以木棰緩築實　王禎原書此上有「候浥」二字。「實」字上有「令」字。

〔一〇〕近　應依王禎原書改作「適」字。

〔一一〕「後魏」下，王禎原文有「書」字。

〔一二〕「底」字上，應依王禎原書重「檻」字。

〔一三〕簾　王禎原書作「籭」，即今日的「篩」字。仍應從王書原字。

〔一四〕王禎原書，「創」字下有「法」字，「創法」應屬上句；本書少一個「法」字，「創」字應屬下句。

〔一五〕焐　應依王禎原書作「浥」。

〔一六〕食　應依王禎原書從史記作「倉」。

〔一七〕必有重遇　王禎原書作「緩急可恃」。

〔一八〕焐　殿本王禎原書作「色」。

〔一九〕又　王禎原書「又」係「驗」字，與上句末字「驗」字相應。

〔二〇〕墮　王禎農器圖譜引文，改作後來習用的「橢」字；本書仍沿用禮記原文的「墮」字。以下「墮」字同。

〔二一〕令　應依王禎原文作「令」。

〔二二〕辟　本書各本作「辟」，王禎原書作「備」。

〔二三〕「穗」字下，應依王禎原書補一「及」字

〔二四〕二　本書各本都依王禎原書作「二」，應依漢書「十龠爲合」作「十」。

〔二五〕角　本書據王禎作「角」；廣雅原作「桶」。（依曹憲所注音，讀dóng或yǒng。）

〔二六〕號　王禎原書無「號」字，本不應有。

〔二七〕「以土」兩字，王禎原書無。

〔二八〕迎暑氣　應依王禎引文及周禮作「逆暑」。

〔二九〕揫　應依王禎作「秋」。

〔三〇〕「古」字下，應依王禎原書補「所」字。

〔三一〕反　殿本王禎農書作「仄」，與考工記原文不合，本書改作「反」字是正確的。

〔三二〕短轂則利轉　王禎農書重「短轂」，本書各本不重；「轉」字，考工記原書無。

〔三三〕望　王禎原書無，亦不應有。

農政全書校注卷之二十四

農器

圖譜四〔一〕①

王禎曰②：芟麥等器，中土人皆習用。蓋地廣種多，必制此法，乃爲收斂，比之鎌穫手穖，其功殆若神速〔二〕。今特各各圖録，庶他方業農者傚之，同省工力。而蓑笠簣篠之器附焉。

玄扈先生曰：古云收穫如寇盗之至③。百穀皆宜速收，夏麥尤甚。故曰「收麥如救火④」。此譜芟麥之器獨詳〔三〕。以此類而推之，麥場宜高廣，莊屋宜寬大。他如笐架、火炕，如豫宜設處，以備不時之霖潦可也。

【麥籠⑤】盛芟麥器也。判竹編之，底平口綽，廣可六尺，深可二尺。載以木座，座帶四碢，用轉而行。芟麥者腰繫鈎繩牽之，且行且曳。就借使刀〔四〕，前向綽麥，乃覆籠内。籠滿則舁之積處，往返不已。一籠日可收麥數畝，又謂之腰籠〔五〕。

【麥釤】 芟麥刃也。集韻曰⑥：「釤，長鐮也。」狀〔一〕如鐮，長而頗直，比鏺薄而稍輕。所用斫而劖之，故曰釤。用如鏺也〔六〕，亦曰鏺。其刃務在剛利，上下嵌繫綽柄之首，以芟麥也。比之刈穫，功過累倍。

【麥綽】 抄麥器也。篾竹編之，一如箕形，稍深且大。旁有木柄，長可三尺，上置釤刃〔七〕，下横短拐，以右手執之。復於釤旁，以繩牽短軸，近刃處，以細竹代繩，防爲刃所割也。左手握而掣之〔八〕。以兩手齊運，芟麥入綽，覆之籠也。嘗見北地芟取蕎麥，亦用此具，但中加密耳。夫籠、釤、綽，三物而一事，繫於人之一身，而各周於用。信乎人爲物本，物因人而用也。

【捃刀】 集韻云⑦：「捃，拾也。」俗謂拾麥刀。刃長可五寸，闊近二寸。上下竅繩穿之，繫於指腕，隨手芟穧〔二〕，取其便也。麥禾既熟，或收刈不時，莖穗狼藉，不能净盡，單貧之人〔九〕，得以取其遺滯〔一〇〕。蓋捃拾之間，用此器也。

【拖杷】 耬麥長杷也。首列二十餘齒，短木柄，以批契繼〔三〕腰曳之。嘗見麥野〔四〕，爲風雨所損，而莖穗交亂，不能净鏺。故制此具，腰後縱横耬之，仍手握柄鐮〔五〕，芟其遺餘。所得稭穗，隨擁積之。有一杷畢功〔一一〕，得麥十餘斛〔六〕。

【抄竿】 扶麥竹也。長可及丈。麥已熟時，忽爲風雨所倒，不能芟取。乃别用一人

執竿，抄起卧穗[二三]。竿舉，則釤隨綴之，殊無損失。必兩習熟者能用，不然，則有矛盾之

麥釤

麥綽

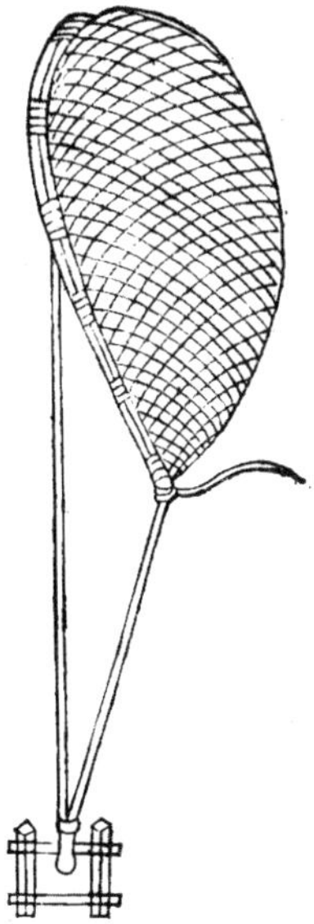

差矣。或曰：捃刀、拖杷、抄竿，冗細〔七〕似不足紀録，而皆取之何也？曰：物有濟於人，而遺之不可。故綴於麥事之末。

拖杷

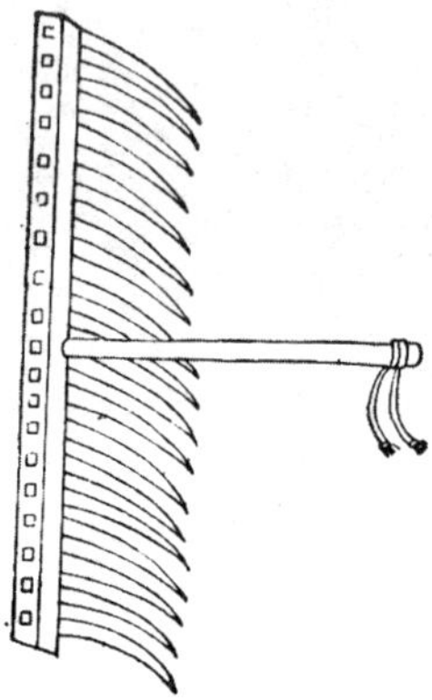

捃刀

抄竿

【蓑】雨衣。無羊詩云⑧：「何蓑何笠？」毛註曰：蓑，所以備雨；笠，所以禦暑〔一三〕。唐韻云⑨：蓑，草名。可爲雨衣。又名襏襫⑩。説文云⑪：「秦謂之萆。」爾雅曰⑫：滈侯莎；蓑衣以沙〔八〕草爲之，故音〔一四〕同莎。又名薜⑬。六韜農器篇曰⑭：蓑，薜，簦，笠〔一五〕，今總謂之蓑。雨具中最爲輕便。圖不載。

【笠】戴具也。古以臺皮爲笠⑮，詩所謂「臺笠緇撮⑯」。今之爲笠，編竹作殼，裹以簩篛〔一六〕。或大或小，皆頂隆而口圓，可芘雨蔽日⑰，以爲蓑之配也。圖不載。

【扉⑱】草履也。左傳曰⑲：共其資糧扉屨。説文曰⑳：「扉，草屨也。」〔一七〕孔疏云：扉屨俱是〔一八〕在足之物，善惡異名耳。

扉

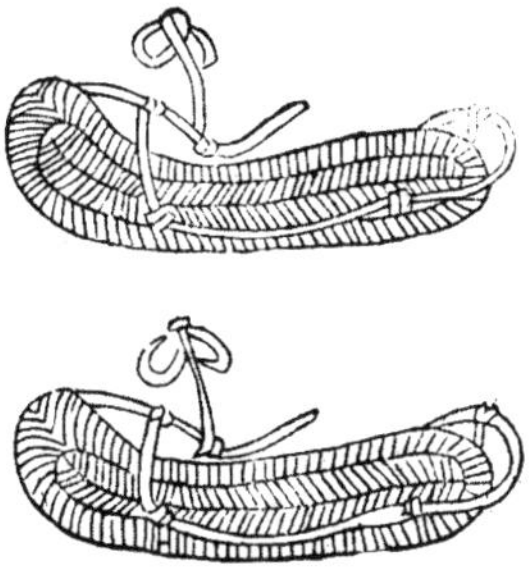

屨

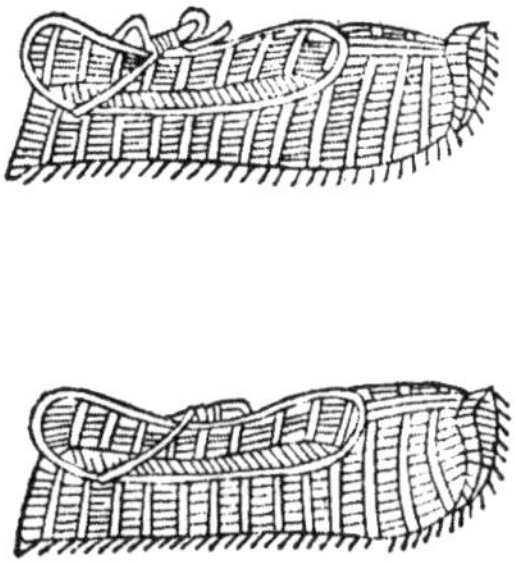

【屨】麻履也。傳云：屨滿户外。蓋古人上堂，則遺屨於外。此常履也。今農人春夏則扉，秋多則屨，從省便也。方言㉑：扉，麄屨也。徐、兖之郊謂之扉，自關而西謂之屨。中有木者謂之複舄，自關而東謂之複履。其卑者謂之鞔。音婉。下襌謂之鞮。絲作者謂之履，麻作者謂之不借，麄者謂之屨〔一九〕，東北朝鮮洌水〔二〇〕之間，謂之鞆，或謂之庲。徐土邳、沂之間，大麄謂之鞆角。皆屨之別名也。

【橇】泥行具也。史記：禹乘四載，泥行乘橇。孟康曰：橇形如箕，摘行泥上〔二一〕。嘗聞向時河水退灘淤地，農人欲就泥裂，漫撒麥種，奈泥深恐没，故制木板爲履：前頭及兩邊，昆〔九〕起如箕，中綴毛繩，前後繫足底。板既闊，則舉步不陷。今海陵㉒人泥〔二二〕行，及刈，過葦泊中，皆用之。

橇

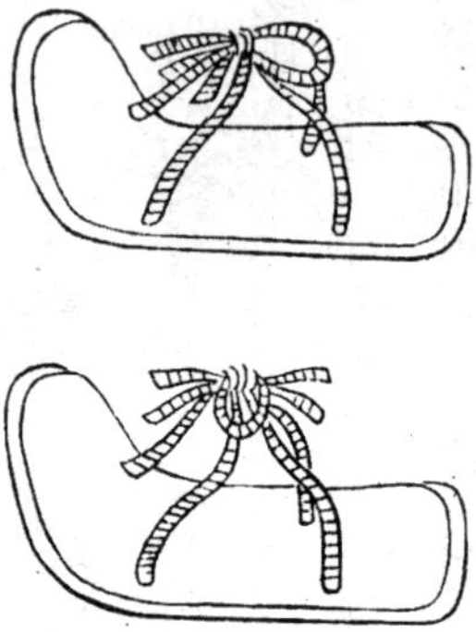

覆殼

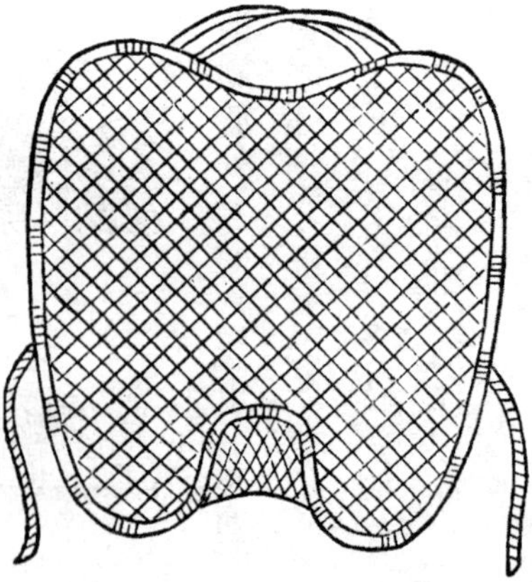

【覆殼】一名鶴翅，一名背蓬。篾竹編如龜殼，裏以籜箬，覆於人背，繩繫肩下。耘薅之際，以禦畏日㉓，兼作雨具。下有卷口，可通風氣，又分雨溜。適當盛暑，田夫得此，以免曝烈之苦，亦「一壺千金」之比也㉔。

【蓧〔二三〕】許慎說文〔二四〕曰：蓧，耘器也。或曰盛穀種器。南方盛稻種，用箪〔二五〕，以竹爲之。北方藏粟種〔二六〕，用篗，多以草木之條編之。蓧，蓋是此類。

【臂篝㉕】狀如魚笱，篾竹編之。又呼爲臂籠。江淮之間，農夫耘苗，或刈禾，穿臂於内，以卷衣袖㉖。猶北俗芟刈草禾，以皮爲袖套，皆農家所必用者。

篠

蕢

【蕢】草器，所以盛穀也。集韻作籄㉗。

【筐】竹器之方者。三禮圖曰㉘：大筐以竹，受五斛，以盛米，致饋於聘賓。小筐以竹，受五升，以盛米。又曰：「筐以盛熬穀㉙。」

【筥㉚】亦作篆〔一〇〕，竹器之圓者。注曰㉛：「筥圓而長，但可實物而已。」三禮圖曰：「筥，受五升，盛饔餼之米，致於賓館。」良耜詩曰㉜：「載筐及筥。」左傳㉝：「筐筥錡釜之器。」字說云㉞：筐筥一器，特方圓之異云耳。江、沔之間謂之籅，趙、岱〔一一〕之間謂之筥，淇、衛〔一二〕之間謂之牛筐。小者，南楚謂之簍。自關而西，秦、晉之間謂之箄。筥，其通語也㉟。

筐

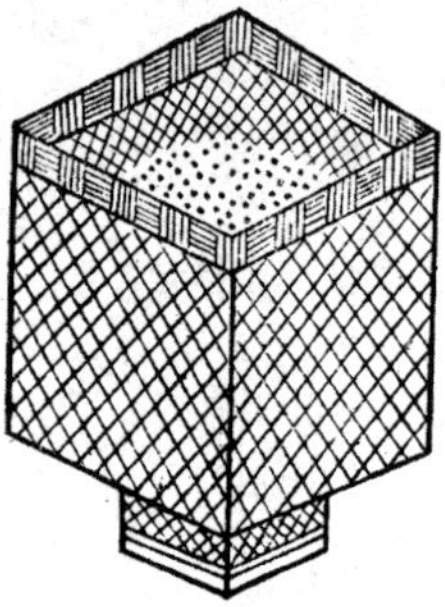

筥

【畚】 土籠也。左傳：樂喜陳畚梮。注云：畚，簣籠㊱。集韻作畚㊲。晉書㊳：王猛少貧賤，嘗鬻畚爲事。説文云㊴：畚，䶥屬，又蒲器也，所以盛種。杜林以爲竹筥，揚雄以爲蒲器㊵。然南方以蒲竹，北方用荆柳。或負土，或盛物，通用器也。

畚

笔

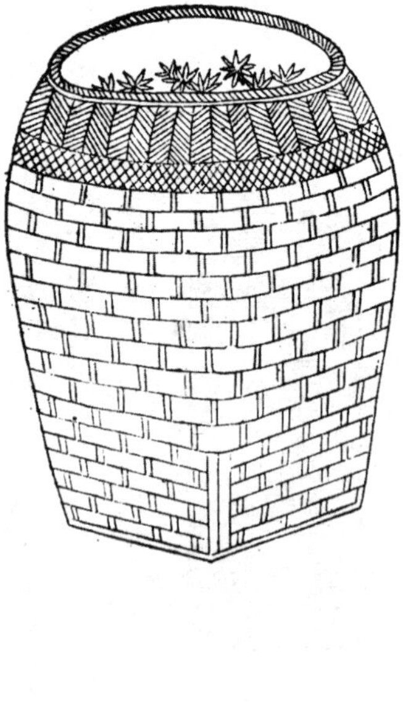

【笸】集韻云㊶：「盛穀器。或作囤。又篴也〔二八〕。」北方以荆柳，或蒿卉，制爲圓樣。南方判竹編草，或用篴篨㊷，空洞作圍，各用貯穀〔二九〕。南北通呼曰笸，兼篅、䉛而言也㊸。然笸〔三〇〕多露置，可用貯糧，篅䉛在室，可用盛種。皆農家收穀所先具者〔三一〕，故併次之。

【篅】説文云㊹：判竹，圓以盛穀。笸類也。篅或作圌〔三二〕㊺，此䉛與篅，皆笸之別名，但大小有差，亦蓧蕢之舊制，不可遺也。

【䉛】集韻云㊻：䉛筐，盛種器。蓋連底小笸，便於移用。

【籮】匠竹爲之。上圓下方，挈〔三三〕米穀器，量可一斛。方言㊼：籮，所以注斛：陳、魏、宋、楚之間謂之篅，自關而西，謂之注箕。皆籮之別名也。

籮

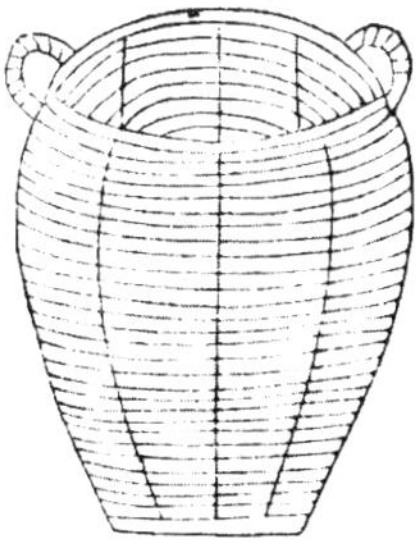

⿱竹差

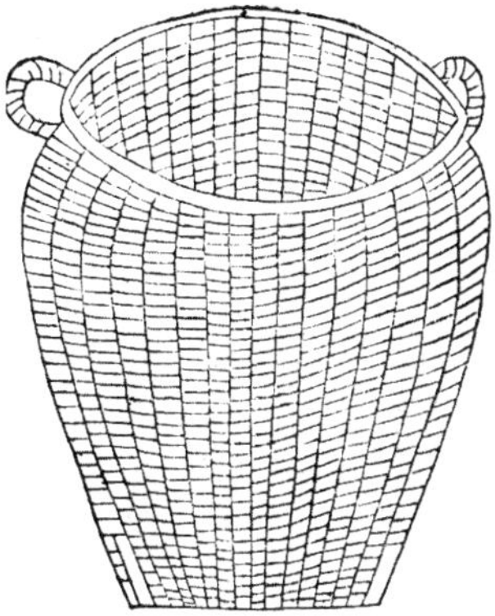

【篅[48]】 亦籮屬。比籮稍匾而小，用亦不同〔三四〕。篅則造酒造飯，用之漉米，又可盛食物，蓋籮盛其粗者，而篅盛其精者。精粗各適所受，不可易也。

【儋】 貯米〔三五〕器也。漢書揚雄無儋石之儲[49]。晉劉毅家無儋石之儲[50]。應劭曰[51]：齊人名甖爲儋，受二斛。顔師古曰[52]：儋者，一人所負檐〔[illegible]〕也。方言云[53]：罃，陳、魏、宋、楚之間曰甂，或曰瓶〔三六〕；燕之東北朝鮮洌水之間，謂之瓺；周、洛、韓、鄭之間，謂之甀。儋或作甔，字从瓦，瓦器也。今江淮間農家造泥爲甕，披以麻草，用貯食米，可以代儋，細民甚便之。

儋

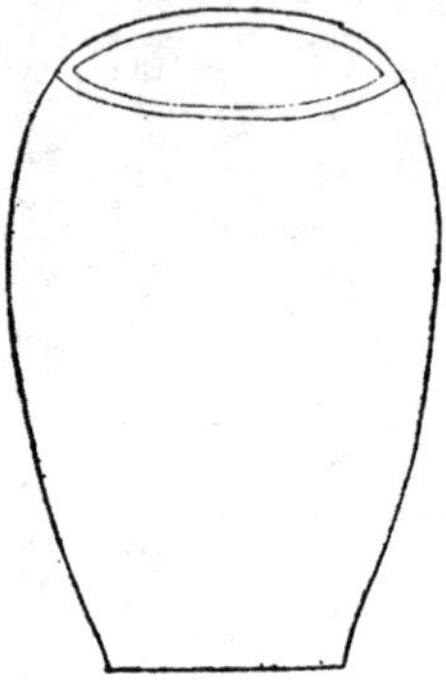

籃

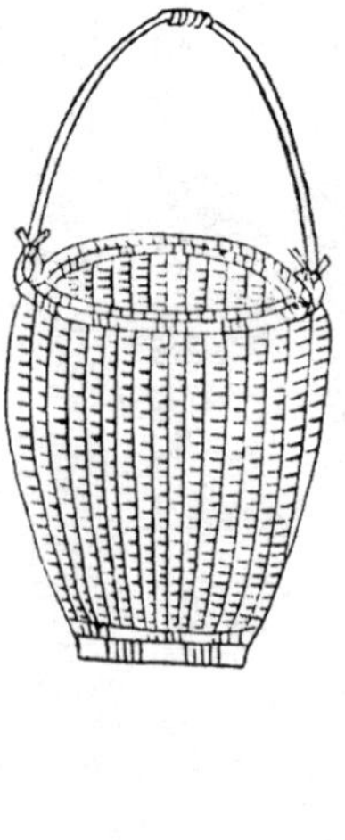

【籃】 竹器。無繫爲筐，有繫爲籃。大如斗量，又謂之笭箵[54]。農家〔三七〕用採桑柘、取蔬果等物，易挈提者。方言[55]：籠，南楚、江、沔之間謂之篣，或謂之筊。郭璞云：亦呼籃。蓋一器而異名也。

【箕】 簸箕也。説文云(56)：簸，揚米去糠也。莊子曰(57)：「箕之簸物，雖去麄留精，然要其終，皆有所除」是也。然北人用柳，南人用竹，其制不同〔三八〕，用則一也。詩云(58)：「哆兮侈兮，成是南箕。」箕四星：二星爲踵，二星爲舌。哆侈，謂踵已大而舌又廣也。又(59)「維南有箕，載翕其舌」。故箕皆有舌，易播物也。諺云：「箕星好風」，謂主簸揚。農家所以資其用也。

【帚】 今作箒，又謂之篲。集韻云(60)：少康作箕帚。其用有二：一則編草爲之，潔除室内，制則匾短，謂之條亦作苕(61)。帚：一則束篠爲之，擁掃庭院，制則叢長，謂之掃帚。又有種生掃帚(62)，一科可作一帚，謂之獨掃。農家尤宜種之，以備場圃間用也。圖不載。

【籭】 竹器。内方外圓，用篩穀物。説文云(63)：可以除麄取精。集韻作簛(64)，又作

箕

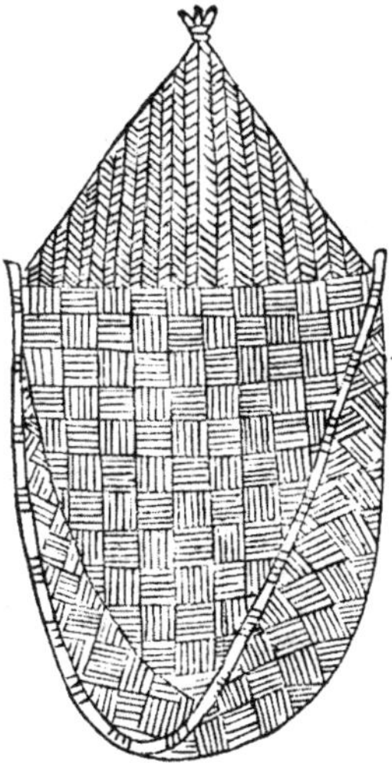

籅

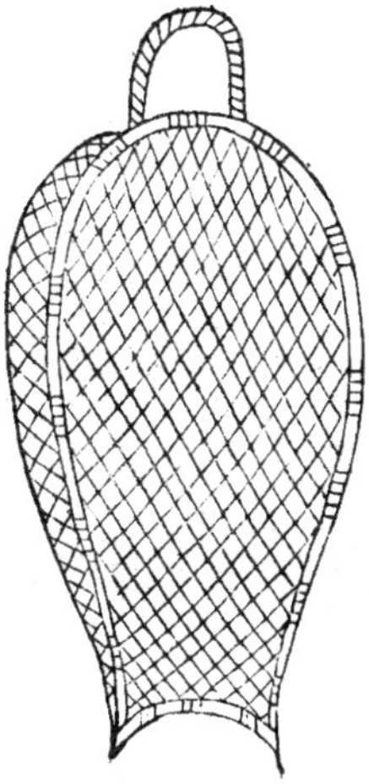

篵，或作篩。其制有疏密大小之分，然皆粒食之總用也。圖不載。

【籅】 漉米器。説文：「淅箕也。」〔三九〕又云：「漉米藪」，又「炊籅也」。廣雅曰㊺：「淅簑〔一三〕、匧籅。」方言云㊻：炊籅，謂之縮，或謂之篗，或謂之匧。江東呼爲淅籤也。蓋今炊米，日所用者。

【筲】 飯筲也。説文㊼：陳留謂飯帚曰筲。從竹，捎聲。一曰飯器，容五升。今人亦呼飯箕爲筲箕。南曰籅，北曰筲。南方用竹，北方用柳。皆漉米器，或盛飯，所以供造酒食。農家所先。雖南北名制不同，而其用則一。故附類之。

【篩穀箉㊽】 竹器。箉與袋同音；篇、韻俱各不收㊾，蓋土俗所呼，傳寫於文字者如此。其制比籭疎而頗深，如籃〔四〇〕大而筲〔一四〕淺，上有長繫可挂。農人撲禾之後，同稃穗子粒，旋旋貯之於內，輒篩下之。上餘穰藁，逐節棄〔四一〕去。其下所留穀物，須付之颺籃，以去糠粃。嘗見於江浙農家。

篩穀箉

【颺籃(70)】 颺。集韻(71)：謂風飛也。籃

形如籔箕而小，前有木舌，後有竹柄。農夫收穫之後，場圃之間，所蹂禾穗〔四二〕，糠秕〔四三〕相雜。執此攘而向風擲之(72)，乃得净穀。不待車扇，又勝箕簸，田家便之。

颺籃

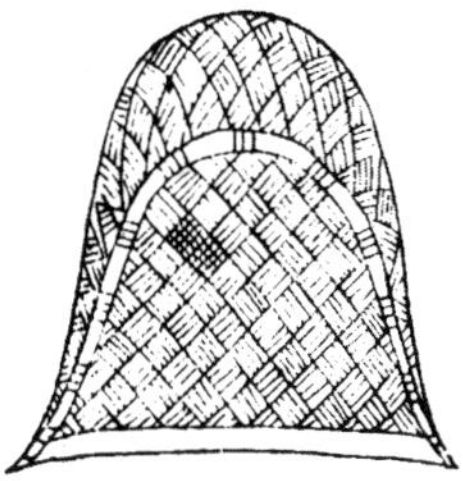

種篅

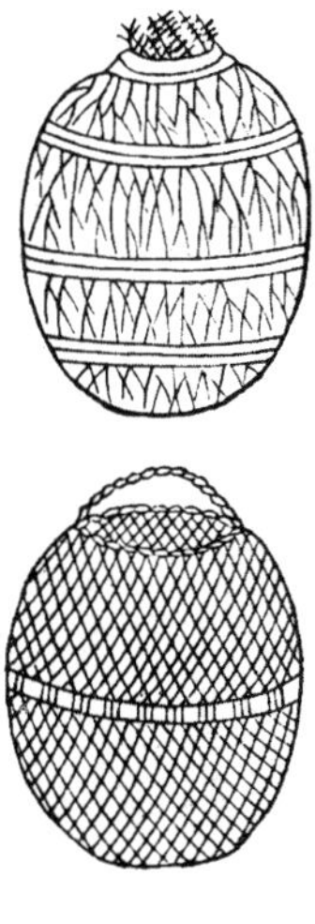

【種篅】盛種竹器也。其量可容數斗。形如圓甕，上有篭口(73)。農家用貯穀種，庋之風處，不致鬱浥〔五〕，勝窖藏也。古謂修篅窖(74)。論語「一篅食」之「篅」，食器，與此字雖同，然制度〔四四〕有大小之殊，作用有彼此之效。齊民要術云(75)：「藏稻必用篅。」蓋稻乃水穀，宜風燥之。種時就浸水内，又其便也。

【曬槃】曝穀竹器。廣可五尺許，邊緣微起，深可二寸。其中平闊，似圓而長〔一六〕。下用溜竹二莖，兩端俱出一握許，以便扛移〔四五〕，趁日攤布穀實曝之。蠶時農家兼用爲筐〔七〕，但底密而不通風氣〔四六〕，終非蠶具。圖如蠶槃式，已見，故不載。

玄扈先生曰：蠶槃通風最是。

【摜稻簟】摜，抖擻也。簟，承所遺稻也。農家禾有早晚，次第收穫，即欲(四七)隨手得糧，故用廣簟展布，置木物或石於上，各舉稻把摜之，子粒隨落，積於簟上。非惟免污泥沙，抑且不致耗失。又可晒穀物，或捲作笆，誠爲多便。南方農種之家，率皆制此。圖不載。

玄扈先生曰：不如摜床爲便。今農家所用棧條，即簟也。

校：

〔一〕「圖譜」下，平本、曙本有「四」字。黔、魯本脱漏。

〔二〕法……其功殆若神速　「法」字下，平本、曙本均有「乃」字，與王禎原書同；黔本、魯本漏去，但在下句「功」字下增「力」字。應存「乃」字，删「力」字。「爲」字，應依王禎原書改正作「易」字，語句才有意義。「穫」，諸本皆譌作「鑊」，應改作「穫」，合於王禎農書。

〔三〕芟麥之器獨詳　平本、曙本都是這麼六個字；黔、魯本改作「芟麥獨詳欲其」，不知有何根據？今依平、曙。

〔四〕刀　平本、曙本作「刀」，黔、魯各本從王禎農書作「力」，應依平、曙。

〔五〕一籠日可收麥數畝又謂之腰籠　平本、曙本、中華排印本均如此，魯本上句「可收」後少一「麥」字，下句「又」字下多一「或」字，應依平、曙、中華本。（定枎校）

〔六〕也　平本、曙本作「也」，屬上句，與王禎原書同。黔本、魯本作「故」，屬下。

〔七〕刃　平本、曙本作「刃」，與王禎原書合。黔、魯改作「刀」。按上條「麥錽，芟麥刃也」，則應作「刃」字。

〔八〕下横短拐……握而掣之　魯本、黔本在「握」字下增「錽」字；錽已經用「繩牽短軸」，所握的止是「繩」而不是「錽」，應删去「錽」字。魯本除增加這個「錽」字之外，「横」字下脱去「短」字，「手執」作「置」字，「復」字下增「放之」兩字，「繩」字下脱去「牽」字，全文不成句讀。現依平本、曙本從王禎原書。

〔九〕人　黔、魯本作「家」，平本從王禎原書作「人」，依平本。

〔一〇〕滯　平本、曙本作「滯」，與王禎原書合；黔、魯改作「穗」。按：詩小雅甫田之什大田第三章，「彼有遺秉，此有滯穗，伊寡婦之利」，「遺滯」連用，是有根據的。（「滯穗」，應解爲成熟較遲的穗。）

〔一一〕「畢」字下，平本、曙本有「功」字，與王禎原文合。「畢功」，即完成一個人工日。

〔一二〕抄起卧穗　平本、曙本作「抄起卧穗」，與王禎原書同。魯本「起卧」改作「取」，於下句「錽」字下增「即」字，意義不明，應依平、曙本。

〔一三〕暑　黔、魯本譌作「雨」，依平本、曙本從王禎原書引毛傳的原文作「暑」。

〔一四〕音　平本、曙本同王禎原書作「音」，黔本、魯本譌作「名」。

〔一五〕笠　黔本、魯本誤倒在「總謂之」下面，現依平本、曙本從王禎原書。

〔一六〕朿以籜篛　平、曙「朿」譌作「裹」。黔、魯「籜」作「箬」；「箬」和「篛」是同一個植物。現依王禎原書分別改正。

〔一七〕説文曰扉草屨也　平、曙與王禎原文同；魯本改作「説文扉屨，草具也」，脱「曰」字，增「具」字，均誤。

〔一八〕俱是　平、曙與王禎原書同從左傳孔疏作「俱是」，黔、魯改作「皆」字，無根據。

〔一九〕麄者謂之屦　「屦」，平本錯刻作「屐」；魯本譌作「屨」，據曙本、中華排印本改作「屦」，合於王禎原書。（王禎原書作「屦」，「屦」同屦，音 tuī，粗麻鞋也。）（定扶校）

〔二〇〕洌水　平、魯、曙本作「列水」，中華排印本作「洌水」，合於王禎原書。作爲專名，應作「洌水」。（定扶校）

〔二一〕摘行泥上　平、曙、魯本作「摘」，與王禎原書同。中華排印本作「擿」。史記注作「擿」，「擿」「摘」通。（定扶校）

〔二二〕泥　平本作「一」，應依黔、曙、魯各本及王禎原書改作「泥」字。

〔二三〕蓧　平、曙本節中兩處「蓧」字都從「草」，與王禎原文及説文解字合；黔、魯譌作从「竹」的「篠」字，應改正。

〔二四〕文　黔、曙、魯的「文」字，平本空等。本書這一條，和王禎原書相差很大。王書正文，雖有「説文曰耘器」這一句，但並無「許慎」兩字。「或曰，盛穀種器」，也没有。「南方……」以下，在王書原是小注。說文解字艸部的「莜」字，解作「草田器也。从『艸』，『條』省聲。論語曰：『以杖荷莜』，今作『蓧』……」並無「耘器也」的話。所以「許慎說」下面，不能用「文」字。平本因此空等，很是合理。黔、魯補「文」字，是没有查對原書任意注入的。

〔二五〕簞　黔、魯譌作「簟」；應依平、曙作「簞」，與王禎原文合。

〔二六〕「粟種」下，曙有「用」字，與王禎原書同；平、黔、魯脱漏，應補。

〔二七〕衞　平、曙依王禎原文所引方言原文作「衞」，黔、魯譌作「渭」（渭、淇兩水相距很遠，衞河和淇水很近）。

〔二八〕或作囤又籧也　曙作「或作囤又籧也」（「籧」字平本用「一」代表「空等」）。黔、魯作「也或作囤同笆」。依曙本改，合於王禎原書。

〔二九〕穀　平本「穀」字斷句，與王禎原書同。黔、魯在「穀」字下增「器」字，應删。

〔三〇〕笆　平、曙有，與王禎原書同；黔、魯缺，應補。

〔三一〕者　平、曙作「者」，與王禎原書同；黔、魯作「也」。

〔三二〕圌　平本譌作「圖」，曙本作「囤」，依黔本、魯本從王禎原書改作「圌」。

〔三三〕挈　平本、曙本作「挈」，與王禎農書合。黔、魯各本作「絜」，雖然可以通用，但「挈」字更合一般習慣。

〔三四〕用亦不同　平本、曙本這四個字和王禎原書相同。黔本、魯本缺「亦」字，「同」字下增「籮」字，誤。

〔三五〕米　平本、曙本作「米」，與王禎原書同。黔、魯譌作「末」。

〔三六〕瓶　平、魯、曙、中華排印本均譌作「瓶」，應依王禎原書改作「瓶」，下有小注：音殊。（定枎校）

〔三七〕家　黔、魯作「人」，應依平、曙作「家」，與王禎原書合。

〔三八〕其制不同　魯本作「制雖不同」，應依平、曙、中華排印本作「其制不同」，與王禎原書合。（定枎校）

〔三九〕説文淅箕也　平本、曙本是這麽五個字，和王禎原書同。黔本、魯本、中華排印本，「文」字下有「云」字。按説文並無「淅箕」之説，「云」字不應有。今本説文解字卷五上竹部，「籅」字説解爲「漉米籔也」；「籔」字説解爲「炊籅也」。據太平御覽（卷七六〇）器物部五「淅箕」項下引廣雅注引纂文，「籅淅箕也……」，則「説文」應是「纂文」。

〔四〇〕籃　平本、黔本、魯本作「藍」，依曙本從王禎原書改正作「籃」。

〔四一〕棄　黔本、魯本譌作「葉」，依平本、曙本從王禎原書作「棄」。

〔四二〕穗　平、魯、曙、中華排印本均譌作「穩」，應依王禎原書改正作「穗」。（定枎校）

〔四三〕粃　平本、曙本作「粃」，與王禎原書相合。黔本、魯本作「粃」。案：「粃」是碎糠屑，較早的書中寫作「覈」字，不會在場上出現。王禎原書有誤。暫仍作「粃」。

〔四四〕字雖同然制度　此六字黔本、魯本空等，平本、曙本與王禎原書有。

〔四五〕移　黔、魯作「起」。依平本、曙本作「移」，與王禎原書合。

〔四六〕但底密而不通風氣　魯本、中華排印本「風」下缺「氣」字，平、曙本有，合於王禎原書。（定扶校）

〔四七〕即欲　黔本、魯本缺「欲」字，於行末「石」字下增一「物」字。現依平本、曙本，與王禎原書同。

注：

① 這一卷，滙集了王禎農器圖譜𨏶麥門、蓑笠門、蓧簣門中的幾項；次序和王禎原書不全同。

② 這段鈔録農器圖譜中𨏶麥門的小序，綴上「而蓑笠……」一句。

③ 此句引自漢書食貨志。

④ 「收麥如救火」轉引自農桑輯要所引韓氏直説。

⑤ 麥籠：原書圖中無標題；本書所加兩個小注，有助於了解。

⑥ 集韻下平聲「二十四塩」，「釤（讀 ciām）刀名」；「二十八咸」「釤（讀 sām）闕，人名……」；去聲「五十九鑑」，「釤（讀 sàm），大鎌也」。廣韻去聲「五十九鑑」，「釤，大鎌也」。並無「長鐮」的解釋。現在江南和關中通稱爲「釤」，讀 sām 或 shàn。

⑦ 現傳本集韻去聲「二十二稕」，「攈，拾也」；「二十四焮」，「攈」、「捃」、「攟」三字並列，注「説文拾

也」。（廣韻收在「二十三問」。）

⑧ 即詩小雅鴻雁之什無羊篇；引句見第一章。「何」字，解作「荷」（讀去聲），即負荷的「荷」字。

⑨ 廣韻上平聲「八戈」，「蓑」字注。

⑩ 襏襫：讀 bō shì；參看卷二注㉙（于永清便民圖纂序）。

⑪ 説文解字（卷八上）衣部「衰」（案古「蓑」字没有「艸」頭）説明「艸雨衣，秦謂之萆」，「萆」字（卷一下艸部）音壁。

⑫ 見爾雅釋草。

⑬ 「薜」字作爲「蓑衣的别名」，除了王禎所引這句六韜之外，别無文獻根據。六韜是僞託書；它所根據的是什麽，無法確定。司馬相如子虛賦中有一句「薜莎青薠」；文選（卷七）李善注引張揖的話，「薜」是「藾蒿」，「莎」是「蒿侯」。青薠「似莎而大」。説文解字「薜」字的解説，止是一句汎汎的「艸也」，未指出是什麽艸。大廣益會玉篇（卷十三）艸部「薜」字注，説「莎」也。桂馥説文義證所引洪武正韻，替六韜的「薜」找到解釋，「是以莎草爲雨衣也」，桂馥本人表示懷疑：認爲「藾蒿」、「藾蕭」「此與莎異，所未能詳」。值得注意的是説文解字中另一個字形相似的「薜」字，桂馥却又引漢書司馬相如傳中子虛賦中這一句作注。漢書景祐本確是作「薜」的。説文解字中「薜」字解作「牡贊」；郭璞注爾雅「薜，牡贊」；却又是「未詳」的植物，頗懷疑六韜中的「薜」字，是與「萆」同音（見上注⑪）而字形近似的「薜」字寫錯，正像史記（黃善夫本）和文選中司馬相如子虛賦的

「薜」字，原應是「薜」字一樣。王念孫廣雅疏證（卷七下）「革謂之衰」的疏證中引六韜，正寫作「蓑、薜、簦、笠」。

⑭ 六韜農器篇與卷二十二所引太公農器篇是同一部書；現見六韜卷三龍韜農器第三十。

⑮ 臺：即莎草科的薹（Carex Bolt）。

⑯ 見詩小雅魚藻之什都人士第二章。據經學們考釋，那裏的「臺」指蓑衣，與笠無關。

⑰ 芘：是「庇」字寫錯。

⑱ 屝：讀 fèi。

⑲ 現見春秋左氏傳僖公四年，鄭申侯的話。下面的「孔疏」，是爲這句所作解説。

⑳ 説文解字（卷八上）尸部「屝」，説解「履也」，王禎所引，不是説文而是陸德明經典釋文（僖四）時左傳「屝屨」的解釋。——「説」字應改作「釋」。

㉑ 見方言卷四，倒數第二條。王禎所引，顯然脱去一行。今傳本方言，這一條也多有譌脱。現録丁傑、盧文弨所校重校方言（抱經堂本）訂出的原文如下，以供參照：屝屨，麄履也。徐、兖之郊，謂之「屝」，自關而西，謂之「屨」。中有木者，謂之「複舄」，自關而東，「複履」。其庳（＝卑）者，謂之「靸下」。禪者，謂之「鞮」。絲作之者，謂之「履」；麻作之者，謂之「不借」；粗者謂之「屦」（讀 tuī）。東北朝鮮洌水之間，謂之「䩕（讀 āng）角」。南楚江沔之間，總謂之「麄」。西南梁、益之間，或謂之「屦」，或謂之「𡱝」（讀 huǎ）。「履」其總名也。徐土邳、沂之間，大麄謂之「䩕角」。（案：

此句疑應在「履其總名也」句上。）

㉒ 海陵：元代的海陵，應是承襲金朝的海陵，在今江蘇省泰州境内。

㉓ 以禦畏日：「畏日」，指夏天的太陽——出自春秋左氏傳文公七年「趙盾，夏日之日也」杜預注文「冬日可愛，夏日可畏」。

㉔ 一壺千金：鶡冠子學聞第十五「中流失船，一壺千金」。陸佃解釋説：壺即（乾）瓠（＝壺盧），繫在腰上，可以幫助人浮起。

㉕ 這一條，還得算是「蓑笠」之類，應排在「蓧」的前面。

㉖ 帣：音 juǎn。史記滑稽列傳中淳于髡對齊威王的話，有「髡帣韝鞠䠞，……」，徐廣注解爲「帣，收衣褏（袖）也」。

㉗ 集韻去聲「五寘」，「蕢」、「臾」、「蕢」三字並列，注「説文艸器也」。「蕢」字從「艸」；從「竹」的才是「土籠」（即「簣」字的另一寫法），王禎原書有誤。

㉘ 王禎所引三禮圖，究竟是隋代的官書，還是五代末聶崇義所訂的，很難確定。

㉙ 熬穀：即「炒」過的穀。

㉚ 此「筥」節，平、黔、魯各本原刊作小字，現改作大字。這一節，王禎原書有不少錯誤。

㉛ 這個「注曰」，究竟從何而來？還未查出。但決非詩、左傳或方言的注。

㉜ 見詩周頌閔予小子之什耒耜章。

㉝見春秋左氏傳隱公三年「周、鄭交質」節。

㉞可能是王安石字説；未見傳本，無從查對。

㉟「江、沔之間」以下這一段，録自方言卷十三。原文是「箄、簍、籅、筥，篆也。江、沔……『牛筐』，篆其通語也。篆，小者，南楚……秦、晉之間謂之『箄』」。

㊱此處左傳及注現均見春秋左氏傳襄公九年第一篇。

㊲現見集韻上聲「二十一混」「畚」字，下面從「甾」。

㊳現見晉書（卷一一四）載記第一四（下）王猛傳。

㊴説文解字卷十二下甾部「畚」字説解（按説解原無「又」字）。

㊵「杜林……蒲器」，此句是説文解字甾部「𤱶」字的説解。

㊶今傳本集韻上平聲「二十三魂」的「囤」字，注解是「廩也」。上聲「二十一混」的「𥬠」、「囤」、「篅」三字並列，解釋是「説文篅也。……一曰箎（疑當作「籧」）也」，都與王禎引文不合。止有廣韻（上聲）「二十一混」的「𥬠」字，解作「籧也」。依農器圖譜各條的體例看來，可能是顛倒了，即「𥬠，盛穀器。集韻或作『囤』，又廣韻『籧也』」。

㊷籧篨：説文解字卷五上竹部「籧」字説解：「籧篨，粗竹席也」，即今日所謂「箭子」（方言中已有「箭」的名稱）。

㊸𤲉：見廣雅卷七釋器上，音 zhǔ，解作「畚」；與「𤰷」、「𤱶」並列，則仍是「蒲器」。懷疑即説文（卷

十四下)寧部的「寧」字;寧字說解「㡌也,所以載盛米」。

㊹ 見說文解字卷五上竹部。「圓」字,說文例作「圜」。

㊺ 篅或作圌:「篅」字讀 chuán 或 duān。按今本廣韻上平聲「五支」,「圌」(山名)與「篅」(盛穀圜笹)不同;「篅」字或又寫作「篙」。廣韻下平聲「二仙」,「篅」「篙」才是同一個字。

㊻ 今本集韻去聲「九御」「𠬈」字注解,止引博(=廣)雅「𠫲𠬈,畚也」,並無「𠬈筐」的話。止有廣韻(去聲「九御」)「𠬈」字注解爲「筐𠬈」。

㊼ 現見方言卷五。傳本中,這一條頗有紛歧。據丁本盧文弨重校方言,「所以注斛」就是本條的主題;「箕」字應是另一條的標題,其下爲「陳、魏、宋、楚之間謂之『籮』」。我們認爲丁、盧校本正確。

㊽ 䇥:讀 cuō。

㊾ 揚雄傳在漢書(卷八七)列傳五七。

㊿ 現見沈約宋書本紀一桓玄語。

(51) 現見漢書(卷四五)列傳一五蒯通傳「守儋石之禄」句小注。嘉祐本漢書原文「儋」字有「小」字。

(52) 出處同上。

(53) 現見方言卷五。罃讀 yīng、瓵讀 yū、㼡讀 shū、瓺讀 cháng 或 chàng。

(54) 笭箵:依王禎原書小字音注「郎鼎切」、「桑鼎切」,應讀 lǐng xǐng。

⑤5 現見方言卷十三。

⑤6 見説文解字卷五上箕部「簸」字説解。

⑤7 今傳本莊子乃至莊子佚文均無此節。

⑤8 見詩小雅節南山之什巷伯第二章。

⑤9 此句見詩小雅谷風之什大東末章。

⑥0 集韻上聲「四十四有」「帚」字注「……古者，少康初作箕帚……」。

⑥1 苕：「條帚」的條字，有人寫作「苕」。其實，應是「藋」字，即「藜」的别名。

⑥2 又有種生掃帚：即「地膚」（Kochia scoparia schrad）。

⑥3 今本説文解字卷五上竹部「籭」字，説解是「竹器也，可以取粗去細」；廣韻、集韻引文同。

⑥4 集韻上平聲「五支」，「籭」、「簛」、「簁」三字並列；注引説文「竹器也，可以取粗去細」，或作「簛」、「簁」。（「篩」字收在「六脂」，解爲「竹名」，引神異經曰「長百丈，南方可以爲船」，與「籭」無關。）

⑥5 今傳本廣雅（卷七）釋器上，是「箭（音「斫」），籮（音「攘」），篗（音「叟」），匬（音「旋」），籅（音「育」）也」。

⑥6 現見方言（卷五）。

⑥7 現見説文解字（卷五上）竹部「箹」字説解。

⑥8 篩穀簩：原圖，篩盤懸掛在一棵樹上，後面有房屋等背景。

⑲「篇、韻」，「篇」指玉篇；「韻」指集韻。
⑳本書原圖，没有竹柄，與文中的叙述不合。王禎圖譜中的原圖有竹柄。
㉑見集韻下平聲「十陽」，「颺」字注解「説文：風所飛颺也」；又去聲「四十一漾」，「颺」字注解「風所飛颺也」。
㉒揀：集韻入聲「二十一陌」有「揀」字，解釋爲「抶也」。
㉓篭：這是一個「篇、韻不載」的字。懷疑是「罨」字寫錯。
㉔修篅窖：見齊民要術（卷三）雜説第三十所引崔寔四民月令：「九月，治場圃，修篅窖……。」
㉕齊民要術（卷二）水稻第十一「藏稻，必須用篅。此既水穀，窖埋得地氣則爛敗也」。

案：

〔一〕狀　王禎原書作「然」。
〔二〕穂　應依王禎原書作「穗」。
〔三〕繼　應依王禎原書作「繫」。「批契繫腰」，見齊民要術（卷三）種葱第二十一。（「批契」，依要術注音，讀 biè xiè。）參看本書卷二十八「葱」條。
〔四〕麥野　王禎原書作「野麥」。
〔五〕柄鎌　應依王禎原書作「鎌柄」。

〔六〕「斛」字下，應依王禎原書補「者」字，使上面的「有」字有着落。

〔七〕「冗細」上，應依王禎原書補「名色」兩字。

〔八〕沙　應依王禎原書作「莎」。

〔九〕昆　應依王禎原書作「高」。

〔一〇〕簶　殿本王禎農書這個字作「簏」。

〔一一〕岱　王禎原書如此；應依方言作「代」。

〔一二〕檐　王禎原書作「擔」，平、曙本及中華排印本作「檐」，魯本作「儋」。「檐」與「儋」古通用，今作「擔」。（定枎案）

〔一三〕篒　應依王禎原書所引作「籑」。

〔一四〕籍　應依王禎原書作「稍」。

〔一五〕焐　應依王禎原書作「浥」。

〔一六〕平闊似圓而長　應依王禎原書作「平而闊圓而長」。

〔一七〕筐　王禎原作「篚」。

農政全書校注卷之二十五

樹藝

穀部上

王禎百穀序曰①：嘗謂上古之時〔一〕，人食鳥獸血肉以爲食。至神農氏作，始嘗草別穀，而後生民粒食賴焉。物理論曰②：「百穀者：三穀各二十種，爲六十種；蔬菓各二十種，共爲百穀。」注云：「粱者，黍稷之總名；稻者，溉〔一〕種之總名；菽者，種豆〔二〕之總名。三穀各二十種，爲六十。蔬菓之類，所以助穀之不及也。」夫蔬熟〔三〕，平時可以助食，儉歲可以救飢。其菓實，熟則可食，乾則可脯。豐歉皆可充飢。古人所謂「木奴千，無凶年③」，非虛語也。雖曰種各有二十，殆難枚舉。今故總爲編録，其陂澤之産，園〔二〕野之材，與夫雜物品類，上以助百穀之闕，下以補諸物之遺，條列而詳具之，庶幾覽者擇取而備用焉。

【穀名攷④】五穀：禾、麻、粟、麥、豆也。周禮註⑤：又以麻、黍、稷、麥、豆爲五穀。六穀者⑥，穀、黍、稷、稻、粱、麥、苽〔四〕。八穀者⑦，黍、稷〔三〕、稻、粱、禾、麻、菽、麥。九穀者⑧，穀、黍、稷、秫、稻、麻、大小豆、大小麥。

鄭玄註又云，九穀無秫、大麥，而有粱、苽。

【黍】爾雅曰⑨：「秬，黑黍；秠，一稃二米。」郭璞曰：「秠，亦黑黍也。」説文曰⑩：「黍，可爲酒，從禾入水爲意。」氾勝之曰⑪：「黍，暑也。當暑〔四〕而生，暑後乃成也。」雜陰陽書曰⑫：「黍生于榆。六十日秀，秀後〔五〕六十日成。」王禎曰⑬：「詩云⑭：維秬維秠。」秬，黑黍也。又〔五〕曰：「秬鬯一卣。」此言黍之爲酒尚矣。今有赤黍，米黄而黏，可蒸食。白黍，釀酒亞於糯秫。又北地遠處，惟黍可生，其莖穗低小，可以釀酒，又可作饌〔六〕粥，黏滑而甘。此黍之有補于艱食之地也。凡祭祀以之爲上盛，貴其色味之美也。廣志有赤黍、白黍、黄黍、大黑黍、牛黍、燕頷、馬革、驢皮、稻尾、濕屯、黄田、塸云、鶩鴿之名⑮。

齊民要術種黍法曰⑯：凡黍穄田，新開荒爲上，大豆底爲次，穀底爲下⑰。地必欲熟。再轉乃佳，若春夏耕者，下種後，再勞爲良⑱。一畝用子四升，三月上旬種者爲上時，四月上旬爲中時，五月上旬爲下時。夏種黍穄，與稙〔六〕穀同時⑲；非夏者，大率以椹赤爲候，燥濕候黄塲種訖⑳。不曳撻㉑。常記十月、十一月、十二月凍樹日種之，萬不失一。凍樹者，凝霜封著木條也。假令月三日凍樹，還以月三日種黍，他皆倣此。十月凍樹，宜早黍；十一月凍樹，宜中黍；十二月凍樹，宜晚黍。若從十月至正月皆〔七〕凍樹者，早晚黍悉宜也。苗生隴平，即宜耙勞，耡三遍乃止，鋒而不耩。苗晚耩即多折也。刈穄欲早，刈黍欲晚。穄晚多零落；黍早米不成。諺曰：「穄青喉，黍折頭。」皆即濕踐之。久積則浥鬱，燥踐多兜牟〔八〕㉒。穄踐訖，即蒸而裛之。不蒸者，難〔九〕舂，米碎，至春又土臭，蒸則易舂，米堅，香氣經夏不歇。黍宜曬之令燥。濕聚則鬱。凡黍，粘者薄收；穄，味美者亦收薄難舂。孝經援神契曰㉓：「黑墳宜黍麥。」尚書考靈曜云㉔：「夏，火星昏中，可以種黍。」氾勝之書曰㉕：「先夏至二十日，此時有雨㉖，彊〔一〇〕土可種黍〔一一〕。一畝三升。」「黍心未生，雨灌其心，心傷無實。」「凡種黍，覆土鋤治，皆如禾法，欲疏於禾。」疏黍雖科，而米黃，又多減及空。今〔七〕概〔一二〕雖不科，而米白，且均熟不減，更勝疏者。崔氏曰㉗：「四月蠶入簇，時雨降，可種黍禾」。「夏至先後各二日，可種黍。」「蟲食李者，黍貴也㉘。」

【稷】爾雅曰㉙：「粢，稷也。」禮記祭宗廟，稷曰明粢。南人承北音，呼稷爲穄；謂其米可供祭也㉚。陶弘景曰㉛：「稷與黍相似。」許慎曰㉜：「稷，五穀之長。田正也，此乃官名非穀號。先儒又以稷爲粟類也。」賈思勰曰㉝：「穀者總名，非止爲粟也。然今人專以稷爲穀，望〔一三〕俗名之耳。」郭璞曰：「今江東呼稷爲粢。」孫炎曰：「稷，粟〔一四〕也。」㉞雜陰陽書曰㉟：「稷，生于棗或楊，九十日秀，秀後六十日成〔一五〕。」春秋説題曰㊱：「粟之爲言續也。粟五變：一變而以陽生爲苗；二變而秀爲禾；三變而粲然爲之粟；四變入臼，米出甲；五變而蒸飯，可食。」宋均注云：「陽以一立爲法，故粟積大一分，穗長一尺。文以七列，精以五立。西者，金所立；米者，陽精。故西字米而爲粟。」廣志曰㊲：「有赤粟白莖，有黑格雀粟，有張公斑，有含黃，有蒼背稷，有雪白粟，亦名白粟，又有白藍、下竹、頭青、白逯、麥擢、石精、狗蹯之名種云。」賈思勰曰㊳：「朱穀、高居黃、劉猪獺〔一六〕、道愍黃、聒穀黃、雀懊黃、續命黃、百日糧、有起婦黃、辱稻糧、奴子墒、䅦〔一七〕（音加）支穀、焦金黄、鶬（鳴合）履今，一名麥爭場。此十四種，早熟，耐旱，免蟲。聒穀黄、辱稻糧，二種味美。今墮車、下馬看、白群羊、懸蛇、赤尾、龍虎、黄雀、民溱、馬洩韁、劉猪赤、李穀黄、河摩糧、東海黄、石騍歲青（莖，青黑，好，黄）、陌南木、隈隄黄、宋冀癡、指張黄、兔胅青、惠日黄、寫風赤、一晛黄、山鹺、頓党黄。此二十四種，穗皆有毛，耐風，免雀暴；一晛黄一種，易舂。寶珠黄、俗得白、張鄰黄、白鹺穀、鉤干黄、張蟻白、耿虎黄、都奴赤、茄蘆黄、熏猪赤、魏爽黄、白莖青、竹根青、調母粱、磊碨黄、劉沙白、僧延黄、赤粱穀、靈忽黄、獺尾青、續得黄、得客青、孫延黄、猪矢青、煙熏黄、樂婢青、平壽黄、鹿橛白、鹺折作、黄𥣙穇、阿居黄、赤巴粱、鹿蹄黄、鉞狗蒼、可憐黄、米穀、鹿橛青、阿返。此三十八種中，麄大穀，白鹺穀、調母粱二種味美；擇穀青、阿居黄、猪矢青二種味惡；黄𥣙穇、樂婢青二種易舂。竹葉青、石柳閲（竹根青一名胡穀）、水黑穀、忽泥青、衝天棒、雉子青、鴟脚穀、雁頭青、攬堆黄、青子規，此十種晚熟，耐蟲災則盡矣。」玄扈先生曰：古所謂黍，今亦稱黍，或稱黄米。穄〔一八〕則黍之別種也。今人以音近，誤稱爲稷。古所謂稷，通稱爲穀，或稱粟。粱與秫，則稷之別種也，今人亦概稱爲穀。物之廣生而利用者，皆以其公名名之，如古今皆稱稷爲穀也；晉人稱蔓菁爲菜；吴人稱棗爲果，稱陵苕爲草；洛陽稱牡丹爲花。又曰：穄之苗葉莖穗與黍不異㊴。經典初不及穄，後世農書，輒以黍穄並稱。故穄者，黍之別種也。郭璞注爾雅，虋，赤粱粟；芑，白粱粟，皆好穀也。言粱，又言粟、言穀，故粱者，稷之別種也。廣志曰㊵：「秫，黏粟。」説文曰：「秫，稷之黏者。」故秫亦稷之別種也。凡黏穀皆可爲酒。秬、黍黏，故古人以爲酒。秫者黏稷，亦可爲酒。故陶潛種五十畝秫，非今之蜀秫也。

齊民要術種稷法曰㊶：凡穀，成熟有早晚，苗稈有高下，收實有多少，質性有强弱，米味有美惡，粒實有息耗㊷。早熟者，苗短而收多；晚熟者，苗長而收少。強苗者短，黃穀之屬是也；弱苗者長，青白黑者是也。收少者，美而耗；收多者，惡而息也。地勢有良薄，良田宜種晚，薄田宜種早。良田非獨宜晚，早亦無害；薄地宜早，晚必不成實也。山澤有異宜。山田種強苗，以避風霜；澤田種弱苗，以求華實也。順天時，量地利，則用力少而成功多；任情返道㊸，勞而無獲〔一九〕。入泉伐木，登山求魚，手必虛；迎風散水，逆坂走丸，其勢難。凡穀田，菉豆、小豆底爲上，麻、黍、胡麻次之，蕪菁、大豆爲下。良地一畝，用子五升，薄地三升。穀田必須歲易。二月、三月種者爲稙禾；四月、五月種者爲穉禾。二月上旬，及麻菩楊生種者㊹，爲上時；三月上旬，及清明節，桃始華，爲中時；四月上旬，及棗葉生，桑花落，爲下時。歲道宜晚者，五月六月初亦得。凡春種欲深，宜曳重撻；夏種欲淺，直置自生。春風〔八〕冷生遲，不曳撻，則根虛，雖生輒死；夏氣熱而生速，曳撻，遇雨必堅垎。其澤〔九〕澤多者或亦不須撻；必欲撻者，宜須待白背，濕撻令地堅硬故也。凡種穀，雨後爲佳。遇小雨，宜接濕種；遇大雨，待薉生㊺。小雨不接濕，無以生禾苗；大雨不待白背，濕輾〔一〇〕則令苗瘦。薉若盛者，先鋤一遍，然後納種，乃佳也。春若遇旱，秋耕之地得仰壟待雨。夏若仰壟，匪直盪汰不生㊻，兼與草薉俱出。凡田，欲早晚相雜。有閏之歲，節氣近後，宜晚田。然大率欲早。早田倍多於晚。早田淨而易治，晚者蕪穢難〔二〇〕出。其收多少，從歲所宜，非關早晚。然早穀皮薄，米實而多；晚穀皮厚，米少而虛也。凡五穀，唯小鋤爲良。小鋤者，非直省功，穀亦倍勝；大鋤者，草根繁茂，用功多而收益少㊼。良田，率一尺留一科。劉章耕田歌曰〔二一〕：「深耕穊種，立苗欲疎，非其類者〔二二〕，鉏而去之。」諺曰：「迴車倒馬，擲衣不下，皆十石而收。」玄扈先生曰[48]：「言初則迴車倒馬，後則擲衣不下，所謂其生欲疎，其熟欲相扶也。」氾勝之書曰[49]：「燒黍稷則害剞〔一一〕。」史記曰[50]：陰陽之家，拘而多忌。止〔二三〕可知〔一二〕梗概，不可委曲從之。諺曰：「以時及澤爲上策也。」尚書考靈曜曰[51]：春，鳥星昏中，以種稷。鳥，朱鳥鶉火也。秋，虚星昏中，以收斂。虚，玄枵也。

【稻】爾雅曰：稌，稻。郭璞注曰[52]：沛國今呼稻爲稌。郭義恭廣志云[53]：「有虎掌稻、紫芒稻、赤芒稻（白米）。南方，有蟬鳴稻（七月熟）、有蓋下白稻（正月種五月穫〔一三〕；穫其莖根復生，九月復熟）、青芋稻（六月熟）、累子稻、白漢〔一四〕稻（七月熟）。此三稻，大而且長。梗，有烏梗、黑穬、青幽〔一五〕、白夏之名。」説文曰[54]：「穬，稻紫莖，不黏者；梗，稻屬。」周處風土記曰[55]：「穬，稻紫莖；穗，稻之青穗。米皆青白也。」字林曰[56]：「秜（劝）稻。今年死，來年自生，曰秜。」案今世有黄稻、黄陸稻、青稗稻、豫章青稻、尾紫稻、青杖〔二四〕稻、飛青稻、赤甲稻、烏陵稻、大香稻、小香稻、白地稻、孤灰稻，一年再熟。有秫稻，秫稻：米一名糯米，俗云亂米非也。有九格秫、雉木秫、大黄〔二五〕秫、常秫、馬身秫、長江秫、惠成秫、黄滿秫、方〔二六〕滿秫、虎皮秫、薈柰秫，皆米也[57]。楊泉物理論曰[58]：稻者，溉種之總名。李時珍曰[59]：稻有水旱二種。南方土下塗泥，多宜水稻；北方地平，唯澤土宜旱稻。古者唯下種成畦，故祭祀謂之嘉蔬，今皆拔秧栽種矣。其種近百，其穀之先〔一六〕芒，長短大細與米之赤白紫烏，堅鬆香否，亦百〔二七〕不同也。雜陰陽書曰：稻生于柳或楊〔二八〕。八十日秀，秀後七十日成。黄省曾理生玉鏡曰[60]：稻之粒，其白如霜，其性如〔一七〕水。説文謂之稌，沛國謂之稬[61]。以黏者謂之糯，亦謂之秫；以不黏者謂之秔，亦謂之梗。故氾勝之云[62]：三月而種秔，四月而種秫，然皆謂之稻。魯論之食夫稻，稉也。月令之秫稻，糯也。糯無芒，稉有芒。稉之小者，謂之秈。秈之熟也早，故曰早稻。稉之熟也晚，故曰晚稻。京口：大稻謂之稉，小稻謂之秈。其粒細長而白，味甘而香，九月而熟，是謂稻之上品，曰箭子。其粒大而芒紅皮赤，五月而種，九月而熟，謂之紅蓮。其粒尖、色紅而性硬，四月而種，七月而熟，曰金城稻，是惟高仰之所種。松江謂之赤米〔一八〕，乃穀之下品。其粒長而色斑，五月而種，九月而熟，松江謂之勝紅蓮。性硬而皮莖俱白，謂之穲種〔一九〕稻。其粒大、色白，稈軟而有芒，謂之雪裏揀。其粒白、無芒而稈矮，五月而種，九月而熟，謂之師姑秔。湖州録云：言其無芒也。四月〔二〇〕謂之矮白。其粒赤而稃芒白，五月初而種，八月而熟，謂之早白稻，松江謂之小白，四明謂之細白。九月而熟，謂之晚白，又謂蘆花白，松江謂之大白。其三月而種，六月而熟，謂之麥争場。其再蒔而晚熟者，謂之烏口稻。在松江，色黑而能〔二一〕水與寒，又謂之冷水結，是爲稻之下品。其粒白而大，四月而種，八月而熟，謂之中秋稻。在松江，八月望而熟者，謂之早中秋，又謂之閃西風。其粒白而穀紫，五月而種，九月而熟，謂之紫芒稻。其秀最易，謂之下馬看，又謂之三朝齊。湖州録云：「言其齊熟也。」其在松江，粒小而性柔，有紅芒、白芒之等，七月而熟，曰香秔。其粒小、色斑，以三五十粒入他米數升炊之，芬芳馨美者，謂之香子，又謂之香稫。其粒長而釀酒倍多者，謂之金釵糯。其色白而性軟，五月而種，十月而熟，曰羊脂糯。其芒長而穀多白斑〔二二〕。五月而種，九月而熟，謂之胭脂糯，太平謂之硃砂糯。其白〔二三〕斑，五月而種，十月而熟，謂之虎皮糯，太平又〔二四〕云厚稃。紅黑斑而芒，其粒最長，白稃而有芒，四月而種，七月而熟，謂之趕陳糯，太平謂之趕不着〔二五〕，亦謂之秈糯。其粒大而色白，四月而種，九月而熟，謂之矮糯〔二六〕。其稃黄而芒赤，已熟而稈微青，布宜良田，四月而種，九月而熟，謂之青稈糯。其粒大而色白，芒長而熟最早〔二七〕，其色易變，而釀酒最佳，謂之蘆黄糯，湖州謂之泥裹變。言其不待日之曬也。其粒圓白，而稃黄，大暑可刈，其色難變，不宜於釀酒，謂之秋風糯。可以代粳而輸租。又謂之瞞官糯，松江謂之冷粒糯。其不耐風水，四月而種，八月而熟，謂之小娘糯。譬閨女然也。其在湖州，色烏而香者，謂之烏香糯。其稈挺而什〔二八〕者，謂之鐵梗糯。芒如馬鬃〔二九〕而色赤者，謂之赤〔二九〕馬鬃糯。其粒小而色白，四月而種，六月而熟，謂之六十日糯〔三〇〕。又遲者，謂之八十日稻。又遲者，謂之百日赤。而毗陵小稻之種，亦有六十日秈、八十日秈、百日秈之品，而皆自占城來，實賴〔三一〕水旱而成實。作飯則差硬。宋氏使占城[63]，珍寶易之，以給於民者。在太平，六十日秈，謂之拖犁歸。有赤紅秈，有百日秈，俱白稃而無芒，或七月或八月而熟，其味白淡而紅甘。在閩，無芒而粒細，有六十日可獲者，有百日可獲者，皆曰占城稻。其已刈而根復發，苗再實者，謂之再熟稻，亦謂之再撩。其在湖州，一穗而三百餘粒者，謂之三穗子〔三二〕。周官曰[64]：稻人，掌稼下地：以瀦蓄水，以防止水，以溝蕩水，以遂均水，以列舍水，以澮寫水。以涉揚其芟作田。凡稼澤，夏以水殄草而芟夷之。澤草所生，種之芒種。玄扈先生曰：稻田用水，隨地隨時，不拘一法，括之以兩言曰蓄與洩而已。周禮稻人職曰：以瀦蓄水，以防止水，皆言蓄也。禹之陂九澤，亦蓄也。以澮寫水，言洩也。禹之決九川，亦洩也。以溝蕩水，以遂均水，以列舍水者，上源所蓄，灟諸田間也[65]。禹盡力溝洫[66]，暨稷播奏庶艱食[67]，則用水之效也。亢倉子曰[68]：得時之稻，莖葆長稠〔三三〕，穗如馬尾；失時之稻，纖莖而不滋，厚糠而菑死。又曰：樹肥無使扶疎，樹磽不欲專生而獨居。肥而扶疎，則多秕；磽而專居，則多死。孝經援神契曰[69]：汙泉宜稻。

崔寔曰[70]：種稻，美田欲稀。

氾勝之書曰⑪：種稻，春凍解，耕反其土。種稻，區不欲大，大則水深淺不適〔三〇〕。冬至後一百一十日，可種稻。稻地美，用種畝四升。始種，稻欲濕。濕者〔三四〕，缺其塍，令水道相直。夏至後，大熱，令水道錯。

齊民要術種稻法曰⑫：稻無所緣，唯歲易爲良。選地欲近上流。地無良薄，水清則稻美也。玄扈先生曰：水田之處，不在水原，則在水委。原欲近泉，委欲近瀦。非泉非瀦，則於溪澗江河長流不竭之處。三月種者爲上時，四月上旬爲中時，中旬爲下時。先放水。十日後，曳陸軸十遍。遍數唯多爲良。地既熟，淘浄種子。浮者不去，秋則生稗。玄扈先生曰：凡種子，皆宜淘去浮者。穀浮者秕，果浮者油也。漬經三〔三五〕宿，漉出，内草篅判竹圜以盛穀。中裛之⑬。復經三宿，芽生〔三一〕長二分，一畝三升擲。三日之中，令人驅鳥。稻苗長七八寸，陳草復起，以鐮侵水芟之，草悉膿死。稻苗漸長，復須薅。薅訖，決去水，曝根令堅。量時水旱而溉之。將熟，又去水。霜降穫之。北土高原，本無陂澤，隨逐隈曲而田者：二月，冰解地乾，燒而耕之，仍即下水。十日，塊既散液⑭，持木斫平之⑮，納種如前法。既生七八寸，拔而栽之。既非歲易，草稗俱生，芟亦不死；故須栽而薅之。溉灌收刈，一如前法。畦畤大小無定，須量地宜，取水均而已。藏稻，必須用簞〔三六〕。此既水穀，窖埋得地氣，則爛敗〔三二〕也。若於〔三七〕久居者，亦如劁麥法⑯。春稻，必須冬時積日燥曝，一夜置霜露中，即舂。若冬舂〔三八〕不乾，即米青赤脉起。不經霜，不燥曝，則米碎。秫稻法一切同。

王禎稻論曰⑦⑦：稻之爲言，藉也⑦⑧。稻舍水〔三九〕，盛其德也。稻太陰精，含水漸洳〔三三〕，乃能化也。淮南子曰⑦⑨：江水肥而宜稻。南方下土塗泥，皆宜水種。治稻者，蓄陂塘以瀦之，置隄閘以止之。又有作爲畦埂，耕耙〔三四〕既熟，放水匀停，擲種於内；候苗生五六寸，拔而秧之。今江南皆用此法。苗高七八寸，則耘之。爪耘、耙耘，見〔三五〕農器譜。耘畢，放水熇之。欲秀，復用水浸之。苗既長茂，復事薅拔，以去根〔四〇〕莠。農家收穫，尤當及〔三六〕時。江南上雨下水，收稻必用喬扦笐〔三七〕架，乃不遺失。喬扦、笐架，見農器譜。蓋刈早，則米青而不堅；刈晚，則零落而損收，又恐爲風雨損壞。此九月築場，十月納稼⑧⓪，工夫次第，不可失也。大抵稻穀之美種，江淮以南，直徹海外，皆宜此稼。

玄扈先生曰：今人用穀種，畝一斗以上。密種而少糞，難耘而薄收也。但插蒔早者，用種須少；插蒔遲者，用種宜稍多。吾鄉人多種吉貝⑧①，芒種以前甚無暇，夏至前方插蒔，亦有過夏至者，用種不得不多。亦有小暑後插蒔，而用種如常；則先種麻、燈心、藨草之屬，田底極肥故也。

齊民要術種旱稻法曰⑧②：旱稻用下田，白土勝黑土。非言下田勝高原，但下停水者⑧③，不得禾豆麥稻四種，雖澇亦收。所謂彼此俱穫，不失地利故也。下田種者，用功多。高原〔三八〕種者，與禾同等也。凡下田停水處，燥則堅垎，土乾也⑧④。濕則汙泥，難治而易荒，墝埆而殺種。玄扈先生曰：旱稻，有稉〔三九〕，有糯，有遲，有早。每畝須糞二十餘石。亦懼大旱，可灌之。又曰：旱稻，稻也。最須水，宜用區種、畦種兩法。其春耕者，殺種尤甚，故宜五六月暵之，以擬穬麥。麥時水澇，不得納種者，九月中復一轉；至春種稻，萬不失一。春耕者，十不收五，蓋誤人耳。凡種下田，不問秋夏，候水盡、地白背時，速耕，杷勞，頻煩〔四〇〕令熟。過燥則堅，過雨則泥，所以宜速耕。二月半種稻爲上時，三月爲中時，四月初及半爲下時。漬種如法，裛令開口，耬耩，稴種之㊺，稴種者，省種，而生科又勝擲者。即再通〔四一〕勞。若歲寒早種，慮時晚，即不漬種，恐芽焦也。其土黑堅强之地，種未生前，遇旱者欲得牛羊及人踐履之。輒亦可㊻。濕則不用一迹入〔四二〕。稻既生，猶欲令人踐壠背。踐者，茂而多實。苗長三寸，杷勞而鋤之，鋤唯欲速。稻苗性弱，不能扇草㊼，故宜數鋤之。每經一雨，輒欲杷勞。苗高尺許，則鋒。大〔四三〕雨無所作，宜冒雨薅之。科大如概者，五六月中霖雨時，拔而栽之。栽法欲淺，令其根鬚四散，則滋茂；深而直下者，聚而不科。其苗長者，亦可拔〔四四〕去葉端數寸，勿傷其心也。又〔四五〕七月，不復任〔四一〕栽。七月百草成，時晚故也。玄扈先生曰：水稻秧長，亦用此法。南土，立秋後十日尚可栽，北土不然。其高田種者，不求極良，唯須廢地。過良則苗折，廢地則無草。亦秋耕，杷勞令熟。至春，黃塲㊽納種。不宜濕下。餘法悉與下田同矣〔四六〕。

王禎旱稻論曰㊾：今閩中有得占城稻種，高仰處皆宜種之，謂之旱占。其米粒大而且甘，爲旱稻種甚佳。北方水源頗少，陸地沾濕處，宜種此稻。玄扈先生曰：賈氏齊民要術著旱稻種法頗詳，則中土舊有之。乃遠取諸占城者，何也？賈故高陽太守，豈幽燕之地，自昔有之。爾時南北隔絶，無從得耶？抑北魏時有之，後絶其種耶？既或昔有今無，何妨昔無今有？真宗從占城移之江浙，江翱從建安移之中州。稍一展轉，便令方内足食。則執言土地不宜，使人息意移植者，必不可也。今北土種者甚多，畿内種推平峪，山東推沂州，不啻新城粳稻矣。

丘濬曰[90]：地土，高下燥濕不同，而同於生物。生物之性雖同，而所生之物則有宜不宜焉。土性雖有宜不宜〔四二〕，人力亦有至不至。人力之至，亦或可以回天，况地乎？宋太宗詔江南之民種諸穀[91]，江北之民種秔稻。真宗取占城稻種[92]，散諸民間，是亦大易「裁成、輔相，以左右民」之一事[93]。今世江南之民，皆雜蒔諸穀；江北民亦兼種秔稻。昔之秔稻，惟秋一收；今又有旱〔四七〕禾焉。二帝之功，利及民遠矣。後之有志於勤民者，宜〔四三〕倣宋主此意，通行南北，俾〔四四〕民兼種諸穀。有司考課，書其勸相之數。其地昔無而今有，有成效者，加以官賞。玄扈先生曰：仲深先生所云[94]：南北宜兼種諸穀；考課有司，欲令昔無而今有者，至哉言也。居上〔四五〕者人有此心，民安得歲死哉？王禎有言：悠悠之論，率以風土不宜爲説[95]。按農桑輯要云：雖托之風土，種藝不謹者有之；種藝雖謹，不得其法者有之。余謂風土不宜，或百中間有一二；其他美種不能彼此相通者，正坐懶慢耳。凡民既難慮始，仍多坐井之見；士大夫又鄙不屑談，則先生之論，將千百載爲空言耶？且展轉溝壑者何罪焉！余故深排風土之論。且多方購得諸種，即手自樹藝；試有成效，乃廣播之。倘有俯同斯志者，盍懃〔四六〕圖焉。凡種，不過一二年，人享其利，即亦不煩勸相耳。

徐獻忠曰⑯：居山中，往往旱荒。乞得旱稻種吴石岐大參家：糯、紫黑色，而粳者白。往時宋真宗因兩浙旱荒，命於福建取占城稻三萬斛散之，仍以種法下轉運司示民，即今之旱稻也。初止散於兩浙，今北方高仰處類有之者，因宋時有江翱者〔四七〕，建安人，爲汝州魯山令，邑多苦旱，乃從建安取旱稻種。耐旱而繁實，且可久蓄，高原種之，歲歲足食。種法，大率如種麥：治地畢，豫浸一宿，然後打潭下子，用稻草灰和水澆之。每鋤草一次，澆糞水一次。至于三，即秀矣。

【粱】 爾雅曰：虋，赤苗；芑，白苗。郭璞註曰⑰：粱也。穀之良者，曰粱。陶弘景曰⑱：粱即粟類，惟其芽頭色異爲分别耳。廣志曰⑲：有解粱、貝粱、遼東赤粱。蘇恭曰⑳：粱雖粟類，細論則别：黄粱出蜀、漢、閩、浙間，穗大毛長，穀米俱麄，人號竹根黄。白粱，穀麄，扁長，不似粟圓也。青粱，穀穗有毛而粒微青，早熟而收薄，止堪作餳耳。王禎曰㉑：赤白粱，其禾莖葉似粟，粒差大，其穗帶毛芒，牛馬皆不食。與粟同時熟。

【粱秫】 爾雅曰㉒：粟，秫也。犍爲舍人曰㉓：是伯夷、叔齊所食首陽草也。廣志曰㉔：秫，黏粟。有赤有白者。有胡秫，早熟及麥。説文曰：秫，稷之黏者。案今世有黄粱穀秫，桑根秫，穗天培秫也㉕。

【蜀秫㉖】 玄扈先生曰：蜀秫，古無有也。後世或從他方得種。其黏者近秫，故借名爲秫。今人但指此爲秫，而不知有粱秫之秫，誤矣。别有一種玉米，或稱玉麥，或稱玉蜀秫，蓋亦從他方得種。其曰米、麥、蜀秫，皆借名之也。

齊民要術種粱秫法曰[107]：種秫欲薄地而稀，一畝用子三升半。地良多雉尾，苗概穗不成。種與植稷〔四八〕同時。晚者，全不收也。燥濕之宜，杷勞之法，一同稷苗。收刈欲晚〔四八〕。性不零落，早刈損實。

又種薥秫法曰[108]：春月種，宜用下土〔四九〕。莖高丈餘，穗大如帚。其粒黑如漆，如蛤眼。熟時，收刈成束，攢而立之。其子作米可食，餘及牛馬，又可濟〔四九〕荒。其莖可作洗帚。稭杆可織箔編蓆〔五〇〕，夾籬供爨，無有棄者。亦濟世之一〔五〇〕穀，農家不可闕也。

玄扈先生曰：北方地不宜麥禾者，乃種此，尤宜下地。立秋後五日，雖水潦至一丈深，不能壞之；但立秋前水至即壞。故北土築堤二三尺，以禦暴水；但求隄防數日，即客水大至，亦無害也。

又曰：秦中鹼地，則種薥秫。下地種薥秫，特宜早，須清明前後耩〔五一〕。

附稗

【稗】爾雅曰[109]：稊，苵。按：稗，禾之卑者，最能亂苗，其莖葉相似。釋曰稊，一名苵。似稗之穢草，布生於地。而稗則生下澤中，故古詩曰：「蒲稗相因依。」羅願爾雅翼曰：稊與稗二物也。皆有米而細小。故莊子曰：「道在稊稗。」言比於穀則微細而不精，道亦在焉。又曰：「若稊米之在太倉。」亦言小也[110]。玄扈先生曰：稗亦有多種：水曰稗，旱曰稊；水旱皆有稙〔五二〕有穲。

玄扈先生疏曰：稗多收，能水旱，可救儉歲。孟子言〔五三〕⑪「五穀不熟，不如荑稗」。淮南所謂小利者⑫，皆以此。且稗稈一畝，可當稻稈二畝。其價，亦當米一石。宜擇嘉種，于下田藝之，歲歲無絶。倘遇災年，便得廣植，勝于流移捃拾，不其遠矣。

又曰：北土最下地，極苦澇。土人多種蓟秫，數歲而一收，因之困敝。余教之多蓺麥，當不懼澇：澇必於伏秋間，弗及麥也。澇後能疏水，及秋而涸，則蓺秋麥；不能疏水，及冬而涸，則蓺春麥。近河近海，可引潮者，即旱後又引秋潮灌之，令沙淤地澤，亦隨時蓺春秋麥。此法，可令十歲九稔。若收麥後，隨意種雜糧，則聽命於水旱可也。凡春麥，皆宜雜旱稗耩之。刈麥後，長稗，即歲再熟矣。稗既能水旱，又下地不遇異常客水，必收，亦十歲可致七八稔也。

又曰：下田種稗，遇水澇，不滅頂，不壞；滅頂不踰時，不壞。春種者，先秋而熟，可不及于澇。或夏澇及秋而水退，或夏旱秋初得雨，速種之，秋末亦收。故宜歲歲留種待焉。

氾勝之書曰⑬：稗既堪水旱，種無不熟之時，又特滋茂盛易生。蕪穢良田，畝得二三十斛。宜種之備〔五一〕凶年。稗中有米，熟，擣取米炊食之，不減粟〔五二〕米。又可釀作酒。酒甚美釀，尤踰黍秫。魏武使典農種之，頃收二千斛，斛得米三四斗。大儉，可磨食也；若值豐年，可飯牛馬猪羊。

羅願爾雅翼曰[114]：草之似穀，可以養人者甚多。博物志稱蒒〔五四〕草實，生海洲上，食之如大麥。從七月熟，民斂至冬乃訖。或曰禹餘糧。言禹治水，棄其餘糧，化而爲此。本草稱東廧[115]。子虛賦云：「東廧。」張揖曰：實可食。生河西，苗似蓬，子似葵〔五三〕，可爲飯。河西人語曰：「貸我東廧，償爾田粱。」又茵米可爲飯[116]，生水田中，苗、子似小麥而小。四月熟，久食不飢。爾雅所謂「皇，守田」者也。又有蒯草[117]，子亦堪食，如秔米。又蓬草子作飯無異秔米[118]，儉年食之。此皆五穀之外，可以接糧者，故附著之。

玄扈先生疏曰：荒儉之歲，於春夏月，人〔五四〕多採掇木萌草葉，聊足充飢。獨三冬春首，最爲窮苦。所恃木皮、草根、實耳。余所經嘗者：木皮，獨榆可食。枯木葉，獨槐可食，且嘉味。在下地，則燕蒿、鐵荸薺皆甘可食。在水中，則藕、菰米；在山間，則黄精、山茨菇、蕨、苧、薯、萱之屬尤衆。草實，則野稗、黄藨、蓬蒿、蒼耳，皆穀類也。又南北山中，橡實甚多，可淘粉食，能厚腸胃，令人肥健不飢。凡此諸物，并救荒本草所載。擇其勝者[119]，於荒山大澤曠野，皆宜預種之，以備飢年。

校：

〔一〕溉　各本都譌作「既」；王禎原書、要術、御覽引文是「溉」字，本卷「稻」條標題注另引楊泉物理論，也是「溉」字。依本卷照下文改正。

〔二〕園　平本、曙本作「園」，與王禎原書合；黔、魯改作「原」，意義較好。但「園」指「栽培狀況」，「野」指「野生」，也有解釋。仍依農書原字。

〔三〕黔本、魯本在「稷」字下多一「與」字；平本、曙本無，應删去「與」。（黔本、魯本無上文「六穀者」下的「穀」字。）

〔四〕暑　平本、曙本作「暑」，黔本、魯本譌作「黍」。

〔五〕日秀秀後　平本脱「日」字；曙本脱「後」字；黔本、魯本缺一個「秀」字。現依齊氏要術（卷二）引文補正。又原引文是「秀後四十日成」，不是「六十日」。

〔六〕植　平、魯、曙、中華排印本均作「植」，應依齊民要術改爲「稙」。（定扶校）

〔七〕若從十月至正月皆　平本、曙本與要術原書同；黔本、魯本脱去「從」字，「皆」字下增「已」字，應依平、曙從原書改正。

〔八〕久積則浥鬱燥踐多兜牟　這兩句，各本各句都有譌字：「積」，曙本譌「漬」；「燥」，平本作「操」；黔、魯及中華排印本都作「躁」；「踐」，各本都譌作「踒」，止有中華排印本依齊民要術改作「踐」；「牟」，黔、魯各本譌作「牢」。現依齊民要術原書改正。

〔九〕難　平本譌作「準」，黔、魯改作「必」，依曙本從要術改作「難」。

〔一〇〕彊　平本、黔本、魯本都譌作「疆」；曙本作「彊」，與要術原引文同。「彊」是「强」字的古寫法；

「强土」即堅硬的土壤。

〔一一〕「種」字下，平本、曙本有「黍」字，與要術原書合。黔本、魯本脱去，另在第二行「皆如禾法」句上增「一」字；應依平、曙改正。

〔一二〕概　平、魯、曙均作「概」，依中華排印本照齊民要術改作「概」。（定扶校）

〔一三〕望　平本、曙本、黔本均作「望」，與要術南宋以後諸本合；魯本改「因」字，没有説明根據。仍作「望」（參看本卷注㉝）。

〔一四〕粟　平本、曙本作「粟」，與齊民要術（卷一）種穀第三標題注所引同。黔本、魯本改作「粢」是錯的。

〔一五〕秀後六十日成　平本無「日」字有「後」字，曙本無「後」字有「日」字；黔本、魯本兩字都有，與齊民要術（卷一）種穀第三及太平御覽（卷八四〇）引文同，依黔、魯。

〔一六〕獮　平本、黔本、魯本均譌作「猪」，依曙本改作「獮」，與要術原文合。

〔一七〕䅵　平、魯、曙本均缺，應按中華排印本依齊民要術增補。（定扶校）

〔一八〕稵　平本譌作「稌」，依黔、曙、魯各本改。

〔一九〕則用力少而成功多任情返道勞而無獲　魯本前句缺一「而」字，「勞」字前多一「則」字。應依平、曙本及中華排印本改正，與要術原書合。（定扶校）

〔二〇〕難　平本、曙本作「難」，與要術原文合；黔本、魯本改作「雜」，顯然是因爲下一字現在作

「出」，「難出」不好解釋，所以按文義改的。如依要術原文，下一字作「治」，則這一個字止應作「難」。

〔二一〕歌曰 平本、黔本、魯本脱「歌」字；曙本脱「曰」字；應依要術原文兩存。

〔二二〕概種……非其類者 「概」，魯、黔本譌作「槪」，現依平、曙、中華排印本作「概」，與要術原文合。「非其類者」的「類」，平本、曙本作「類」，與要術原文合；黔、魯本、中華排印本改作「種」，與史記（卷五二）齊悼王世家及漢書（卷三八）所載耕田歌合。暫依平、曙從要術作「類」。

〔二三〕止 平、曙本譌作「正」，應依魯本、中華排印本改作「止」。參看案〔二二〕。（定枎校）

〔二四〕杖 平本、曙本作「杖」，與要術原文同。黔、魯作「枤」，無根據。

〔二五〕黄 平本、曙本作「黄」，與要術原文合；黔、魯譌作「廣」。

〔二六〕方 平本作「方」，與要術原文合；曙本、黔本、魯本作「白」。

〔二七〕百 平本、曙本作「百」，與李時珍原文文義合；黔、魯作「有」，文句雖較順適；仍應依平、曙作「百」。

〔二八〕雜陰陽書曰稻生于柳或楊 平本、曙本作「雜陰陽書曰稻生于柳或楊」，與齊民要術（卷二）種水稻第十一引文同。黔本、魯本脱去「書曰」兩字，「或」字下增「生于」兩字，不成句讀，應依平本、曙本。

〔二九〕鬃 依平本、曙本作「鬃」，與黄原文合；黔本、魯本改作「鬣」，無甚好處。

〔三〇〕適　平本、黔本、魯本均作「過」；依曙本改作「適」，與要術引文合。

〔三一〕芽生　平本、曙本與要術原文同；黔本、魯本删去「生」字，在下文「三日之中」下增一「則」字，無任何根據。

〔三二〕敗　魯本譌作「故」，應依平、曙、中華排印本作「敗」，合於要術原書。（定扶校）

〔三三〕洳　平本、曙本作「洳」，與王禎及御覽引文同。黔、魯誤作「茹」。「漸洳」即「沮洳」，是土壤含有多量水分的情況。（見漢書列傳三五東方朔傳「塗者，漸洳徑也」。顏師古注曰：「浸濕也。」）

〔三四〕杷　平、曙本作「杷」，依魯、中華排印本改作「耙」，合於王禎農書。（定扶校）

〔三五〕見　平、魯、曙、中華排印本均譌作「具」，依王禎農書改正。下同改，不另出校。（定扶校）

〔三六〕及　平本、曙本作「及」，與王禎原書合；黔、魯譌作「即」。

〔三七〕笎　平、魯、曙作「笎」，中華排印本作「莞」，均誤，應依王禎農書改作「笎」。（定扶校）

〔三八〕原　平本、曙本譌作「厚」，依黔本、魯本從要術原文改「原」。

〔三九〕稉　平、曙、中華排印本作「稉」，魯本作「秈」。（定扶校）

〔四〇〕熕　依平本作「熕」，與要術原文合；曙本作「翻」，黔、魯作「熕」。

〔四一〕「任」字，平本、曙本有，與要術原文合。黔本、魯本脱去，在小注中「時」字下增「其成」二字，不可從。「任」是「可以辦」的意思。

〔四二〕宜不宜　這兩句中的「宜不宜」，平本、曙本上下相同，與丘濬原書合。黔本、魯本上一個作「宜有不宜」，下一句作「宜否」，不合原文。

〔四三〕有志於勤民者宜　黔、魯缺「於」字，「宜」字上增「自」字；應依平、曙補「於」删「自」。

〔四四〕俾　平、曙、魯本均譌作「裨」，依中華排印本改作「俾」，與丘濬原書合。（定扶校）

〔四五〕上　平本作「上」，但字跡稍模糊；曙本、黔本、魯本都作「土」。「居上」指作官的人。

〔四六〕愸　平本、曙本都是這個字，黔、魯本改作「勑」。這個字，字書中找不着；懷疑應是玉篇所收「憖」字的手寫變體（「憖」字玉篇解作「從」）。暫依平、曙本作「愸」。

〔四七〕者　平本、曙本、魯本有「者」字；黔本缺，在「魯山」下增一「邑」字。應依平、曙本。

〔四八〕欲晚　平本、曙本有「欲」字，與要術原文合；黔本、魯本作「曉也」，無「欲」字。

〔四九〕濟　平本、曙本作「濟」，與王禎原文同；黔本、魯本作「救」。

〔五〇〕「一」下魯本有「良」字，平、曙、中華排印本無，合於王禎農書。（定扶校）

〔五一〕耩　平本、曙本作「耩」，與王禎原書合；黔本、魯本改作「種」，是錯誤的。

〔五二〕稙　平本、曙本譌作「植」，依黔本、魯本改作「稙」。「稙」是早種早收的品種，與遲收的「穉」相對。

〔五三〕儉歲孟子言　平本、魯本無「歲」字，曙本、黔本脱「言」字，依中華排印本兩存。

〔五四〕葹　平本、曙本作「篩」字。（按博物志及要術卷十「五穀」與爾雅翼所引，都是從「草」的「葹」字，應照改。）黔本、魯本缺，在下文「民」字上增「小」字。應删「小」字，補「葹」字。

注：

①即王禎農書中百穀譜一的第一節百穀序引。

②晉楊泉所作的物理論，原書已佚。王禎所引，現見齊民要術（卷一）收種第二及太平御覽（卷八三七）百穀部一。但兩書所引，並不像王禎的引文，分作文與「注」。

③「木奴千，無凶年」，參看本書卷三十「柑」節李衡條引史游急就篇的注解。

④這一節，大概是徐光啓自作的總結。第一個「五穀」所數的五種穀物，「禾」與「粟」並舉，和過去各家說法不同，可能是明代江南傳統的說法。

⑤現見周禮天官疾醫中「以五味、五穀、五藥養其病」句注解。

⑥六穀：周禮天官膳夫「食用六穀」注，引鄭衆的解釋，是稌（＝稻）、黍、稷、粱、麥、苽（＝菰，即茭蔣，種子稱爲「彫胡米」）。

⑦八穀：李時珍在本草綱目（卷二三）穀部二「稷」的「集解」中所引「（陶）弘景曰」裏面，有詩云：「黍、稷、稻、粱、禾、麻、菽、麥，此八穀也。」王應麟小學紺珠動植類「八穀」下引作「本草注」的，就是這八穀。

⑧九穀：周禮天官「大宰之職……以九職任萬民：一曰三農，生九穀」注：「鄭司農云」的「九穀」，是「穀……大、小麥」；「（鄭）玄謂……九穀，無秫、大麥，而有粱、苽」。本書末了的「菰」字，仍應作「苽」。

⑨ 現見爾雅釋草。

⑩ 見説文解字（卷七上）黍部「黍」字的説解。説文原文無「從」及「爲意」這幾個字。

⑪ 現見齊民要術（卷二）黍穄第四所引氾勝之書。

⑫ 現見齊民要術（卷二）黍穄第四引。

⑬ 見王禎農書（卷七）百穀譜二「黍」節，有删節。

⑭ 見詩大雅生民之什生民章。

⑮ 廣志原書已佚。本書這段引文，現見齊民要術（卷二）黍穄第四及太平御覽（卷八四二）「黍」項；但文字和那兩書中所引，頗有不同。王禎百穀譜節引有廣志兩句，也和要術、御覽相像。要術所引，是：「有牛黍，有稻尾黍，秀成赤黍；有馬革大黑黍，有温屯黄黍，有白黍。有『塸芒』，『燕鴿』之名。」御覽，「稻尾」下少一個「黍」字，「大黑黍」下，是「或云秬黍」，無「白黍」兩字；末兩種是「塸亡」「燕鴿」。對比看來，本書所引，次序有顛倒，「濕（譌字，應作「温」）屯黄，田塸云」錯了三個字，另多出「驢皮」一個名稱，似乎是從要術標題注另一段中一個「穄」的品種牽引過來的。「温屯」可能是當時口語中用來記述某種黄色的「記音」字。「鶯鴿」，也許應依徐堅初學記（卷二七）所引，作「燕頷」。

⑯ 現見要術（卷二）種穄第四；原書並無「種黍法」三字。

⑰ 底：即「茬」；指「前作」。

⑱ 勞：見卷二十一農器圖譜一。

⑲ 稙穀：早穀子。

⑳ 黄塲：「塲」，即現在口語中的「墒」字。「黄墒」或「黄塲」，指含水不過多的土壤。

㉑ 撻：參見卷二十一農器圖譜二。

㉒ 兜牟：即「頭盔」，保護頭部的厚帽子，頂上尖長。黍子子粒頂上所帶穎芒，濕時碾打（＝「踐」），容易脱去；乾後，便牢結在子粒上，碾不掉，像頭盔一樣。所以説「燥踐多兜牟」。

㉓ 孝經援神契：兩漢的緯書之一，今已失傳。本書引文，現見齊民要術（卷二）黍穄第四。

㉔ 尚書考靈曜：兩漢的緯書之一，今已失傳。本書引文，現見齊民要術（卷二）黍穄第四。

㉕ 本書引文，現見齊民要術（卷二）黍穄第四。

㉖ 「此時」這兩個字，應爲一句，解釋爲「這是（適當的）時候」。要術所引氾書原文，原有：「黍者，暑也」，「種必將暑」一句，在「先夏至」上面。連接上文看，就可以知道「此時」不是汎汎地説「此將有雨」，而是着重於「及時」。

㉗ 這是崔寔四民月令中的話。現見要術、玉燭寶典及太平御覽所引四民月令。

㉘ 「蟲食李者，黍貴也」，此句不見四民月令（玉燭寶典和太平御覽所引崔寔四民月令都没有這兩句）。可能是雜陰陽書「蟲食李者麥貴」一連串中的一句。

㉙ 現見爾雅釋草。

㉚「禮記祭宗廟……可供祭也」，摘録本草綱目（卷二三）穀部二「稷」「釋名」下李時珍的話，將李書原文次序顛倒了。所引禮記是曲禮。

㉛ 現見本草綱目（卷二三）「稷」「集解」下「弘景曰……書記多云黍與稷相似」。

㉜ 見説文解字七上禾部「稷」字説解，「齋也，爲五穀之長」。以下「田正也……粟類也」，則是蘇敬的話（見綱目「（蘇）恭曰」）。（宋代避劉皇后父劉敬名諱，改「敬」爲「恭」；蘇恭實際上是蘇敬。）

㉝ 見齊民要術（卷一）種穀第三，篇標題注「穀，稷也。名『粟』『穀』者，五穀之總名，非止謂粟也；然今人專以稷爲穀望（＝標幟），故（明鈔和明清各刻本，都是「望」字；但金澤文庫鈔本則是「故」字。看來兩個字都應保存，句法才更完整。）俗名之耳」。

㉞「郭璞曰……孫炎曰……」，都是爾雅「粢，稷也」的注文。郭注見現傳本；孫注見要術種穀第三篇標題注；又太平御覽（卷八四〇）「稷」項引。（參看校（一四））

㉟ 本書引文，現見齊民要術（卷一）種穀第三；但「稷」字要術所引作「禾」。

㊱「題」字下脱去「辭」字，應補。春秋説題辭是春秋緯文之一。本書引文，現見太平御覽（卷八四〇）百穀部四「粟」項下；御覽「三變」中的「爲」字作「謂」。「宋均注」，是「粟受五行氣而五變，故乃成可食。」下面「陽一……」仍是説題辭的正文。「文以七列」，「列」字作「烈」；「故西字合米而成粟」，「合」字亦不可少。案：「粟」字篆文，並不從「西」，而從三個或一個「卣」字，説題辭這種根據漢隸來「拆字」的説法，不值一笑。「米出甲」，「甲」指稃殼。

㊲ 本書這段引文，現見齊民要術（卷一）種穀第三。「有含黃，有蒼背稷」，要術引文作「有含黃倉，有青稷」；「狗蹯」上有「盧」字。（「盧」字解爲帶黃的黑色；「蹯」解爲「脚板」。）

㊳ 這一段，是齊民要術種穀第三賈思勰總結當時穀子品種的記録。要術傳本中，這是最難校的一節。本書所引，文字譌脱又不在少數。現在將本書與要術校定本不同的字，依次序列舉如下：

本書	**校定應作**	**本書**	**校定應作**	**本書**	**校定應作**
奴子場	好子黃	李穀	李浴	鉞	餓
音加	⿰黍柬音加	陌南木	陌南禾	阿返	阿邏邏
鴿鳴合	鴿鳥含反	鬒	冀	擇穀	稈容
履今	履倉	兔肱	兔脚	有二種	三種
白群	百群	鉤干	鉤干	柳閱	抑關
龍虎	羆虎	憎延	僧延	耐蟲災	耐水有蟲災
民溱	民泰	得客	稈容		
洩	曳	作	筐		

㊴ 蕙：似乎應是「穗」字。

㊵ 廣志曰：未查到根據。

㊶ 要術中没有「種稷法」，止有種穀第三，敘述種穀子。但賈思勰已説過，穀就是稷，所以在這一卷

中，凡穀的叙述，徐光啓都改作「稷」。

㊷息耗：息是增長，耗是損失。

㊸返：借作「反」字用。

㊹麻菩：「菩」字至今没有一個合適的解釋。要術傳本，「菩」字下有音注「音倍、音勃」。讀 pú 是較晚的事，讀 béi、讀 báo，乃至於讀 fǒu、讀 bèi 的菩字，較早典籍中，都止當名詞用；所指的「草」或「香草」，是什麽植物，大家猜測紛紛，作不出任何肯定結論。讀 pú，止作爲名詞，所指是引入植物。要術這句話中的「菩」字，作名詞解釋，很難説通。作動詞用，有三種可能的借用：甲、借作「剖」，即發芽；但根據要術種麻第八的推薦，「夏至前十日爲上時」；「至日爲中時，至後十日爲下時」以及「麥黄種麻」，則大麻發芽不能在二月上旬。就是按氾勝之書所指示的「二月下旬，三月下旬傍而種之」，二月上旬麻還是不能「剖」。乙、借作「蓓」，即長出花芽；丙、借作「勃」，即放出花粉，更都不可能在二月下旬。請看齊民要術今釋卷一種穀第三 3、4、2 條注③、注④。

㊺薉：或寫作「穢」，解作雜草。

㊻匪直盪汰不生：「匪」＝「非」；「直」＝「僅」；「盪」，解作摇盪；「汰」解作冲刷。

㊼「小鋤……大鋤……」，小、大是指苗的大小。

㊽徐光啓這一段推論，是他自己從發展形勢上分析所得創見，和賈思勰原意，完全不同。賈思勰對這諺語的解釋，是「言大稀大概之收，皆均平也」，主意在於要合理的密植。徐光啓則根據自己的

觀察，來體會呂氏春秋辯土篇中作物生長發展的趨勢。「其生也疎」的「疎」字，懷疑徐光啓原稿中原來是依呂氏春秋作「孤」的，因爲與「疎」字行書字形相似，鈔寫上版時寫成了「疎」。

㊾ 現見齊民要術（卷一）種穀第三引。

㊿ 見史記列傳七〇自序，「陰陽之術，大祥（＝「詳」，即瑣碎）而衆（＝富於）忌諱，使人拘而多所畏」。

51 尚書考靈曜：已佚的緯書，所引這幾句，現見要術（卷一）種穀第三。

52 今傳本爾雅郭注，無「稻爲」兩字；但齊民要術（卷二）水稻第十一引文有之。按「稌」是糯稻（即秫稻），今日湖南東部幾縣，還將糯米飯稱爲 dáo（稌）飯。

53 本書引文，現見齊民要術（卷二）水稻第十一及太平御覽（卷八三九）百穀部三「稻」項。按：本節所有小注，到楊泉物理論止，都是要術水稻第十一的標題注。

54 現見説文解字（卷七上）禾部，䆏音 fěi。

55 晉周處陽羨風土記原書已佚。本節引文，現見齊民要術及太平御覽（卷八三九）。「紫」字上，兩書引文均有「之」字；第一個「穗」字，兩書均作「稴」。

56 呂忱字林，今佚。要術水稻第十一所引，兩「⿰禾足」字均作「秜」，「⿰歹力」則是「力脂反」三個小字夾注。

57 「案今世……皆米也」，這一段大致是賈思勰自己所作當時稻類品種總結。本書引用時，還有幾個錯字：「飛蜻」，本書作「飛青」；「菰灰」，本書作「孤灰」；「雉目」，本書作「雉木」；「馬牙」，本書作「馬身」；「黄般」，本書作「黄滿」。此外，第一句「今世有黄瓮稻」的「瓮」字，本書没有，也應當補入。這一段總結末了，要術各本都是「……薈柰秫，皆米也」。「皆米也」，意義不明。現在細查日本影印的金澤文庫所藏鈔宋本，發現金澤本原鈔本末了，止是「……薈柰皆米也」，没有「秫」字；後來復校時，在「皆」字上加了一個小圈，字旁邊注明「秫摺」，即按「唐摺本」（齊民要術的另一種版本），這個「皆」字應作「秫」。也就是説，要術原書這裏應當是「……薈柰秫米也」，「米」字應連在上面的「秫」字下。大致宋代刻本，把「秫」和「皆」兩字都刻了進去，所以變成不可解的「皆米也」三字了。

㊽原書已佚。這一句，本卷開卷處所引王禎百穀序中已見過。那裏，「溉」字譌作「既」，可由這句引文校正。

㊾現見本草綱目（卷二三）穀部一「粳」條「集解」。本書引用有删節移動。

㊿明黄省曾所作理生玉鏡稻品，有百陵學山、夷門廣牘等版本。我們用叢書集成初編影印的百陵學山本校過。本書引文次序顛倒之外，還有些譌字與遺漏處，也有删節。

(61)「説文謂之稌，沛國謂之稉」：説文解字卷七上禾部「稌」，説解「稻也。从『禾』；『余』聲。周禮曰：『牛宜稌』」。下一字就是「稉」，説解是「沛國謂稻曰稉」（「稉」即「糯」字）。

(62)現見爾雅翼卷一，「稻」項下；又見重修政和圖經證類本草卷二十六。（按黄省曾原書，節録羅願爾雅翼。羅願認爲「今人以黏者爲『糯』，不黏者爲『粳』。然在古則通得稌稻之名。説文謂之

『稌』；『沛國謂稻曰稬』；『秔，稻屬，或作粳』。則是直以『稬』爲稻耳。若鄭康成注周禮：『稌』，粳也，則稻是粳。然要之二者皆稻也。故氾勝之云：『三月種秔稻，四月種秫稻。』……如論語『食夫稻』，則稻是粳；月令『秫稻必齊』，則稻是糯……」黄省曾删去「今人」和中間的一些例證後，用「故氾勝之云」來承接上面兩個「以」字，就覺得文理欠缺了。）

63 宋氏使占城：宋真宗叫人從占城換來占米種，見本卷後引「徐獻忠曰」。

64 見周禮地官稻人。

65 釃：漢書溝洫志「釃二渠……」注，引孟康曰：「釃，分也；分其流……」，讀 shāi 或 shī。

66 盡力溝洫：論語泰伯第九：「禹……卑宮室而盡力於溝洫。」

67 曁稷播奏庶艱食：見尚書益稷。

68 見亢倉子農道篇第八，這些話，都是承襲呂氏春秋審時、辯土兩篇的。

69 孝經援神契係緯書之一。這句引文，現見齊民要術（卷二）水稻第十一及太平御覽（卷八三九）「稻」項。「汙泉」，是地面有積水。

70 四民月令「三月可種粳稻。稻，美田欲稀，蒔田欲稠」。現見齊民要術（卷二）水稻第十一。

71 現見齊民要術（卷二）水稻第十一及太平御覽（卷八三九）「稻」項引。

72 出自要術（卷二）水稻第十一。「種稻法」標題是本書另加的。

73 「漉出，内草篅中裛之」：「漉」，乾涸滲出意。「篅」，音垂，即盛穀圓囤。「裛」，音意，纏裹的意思。

㉔散液：「散」是分開；「液」是流動。「散液」合起來，是土塊和在水中成爲泥漿。
㉕木斫：見本書第二十一卷農器圖譜一「櫌」條。
㉖劁麥法：見本書卷二十六「麥」下所引齊民要術引文近末處。
㉗節引王禎農書百穀譜一「水稻」。
㉘「稻之爲言，藉也」，王禎原文註明引自春秋説題辭。引文現亦見太平御覽（卷八三九）「稻」項。
㉙見淮南子地形篇。
㉚「九月築場，十月納稼」，見詩豳風七月，「九月築場圃，十月納禾稼」。
㉛吉貝：即棉花。
㉜全録要術（卷二）旱稻第十二，增加了一些小注。
㉝但下停水者：「下」字，要術各本有的作「夏」，有的作「下」；整段小注，紛歧不少。下一句「稻四種」的「四」字，究竟是「四」還是「田」？也還有問題。
㉞小注要術原文所無，懷疑係徐光啓所加。
㉟稀種：點播後蓋土，稱爲「稀種」。
㊱小注原書所無，新加。「軓」即「砘車」，見卷二十一。
㊲扇：遮蓋住。
㊳黄塲：解見前「種黍法」注⑳。

⑱見王禎農書百穀譜一「旱稻」，除引齊民要術旱稻第十二作爲主體外，後面附有一段；本書節取其中最好的一節。

⑲這一段，現見丘濬大學衍義補卷十四。

⑳宋太宗詔江南之民種諸穀：宋史（卷一七三）食貨志上一，「詔江南、兩浙、荆湖、嶺南、福建諸州長吏，勸民益（＝加）種諸穀（＝各種雜糧）……江北諸州，亦令就水廣種秔稻」。事應在淳化以前。

㉑真宗取占城稻種：宋史食貨志上一，「大中祥符四年，以江淮、兩浙，稍旱即水田不登，遣使就福建取占城稻三萬斛，分給三路爲種。擇民田高仰者蒔之，蓋早稻也」。

㉒「是亦大易……」，見易泰卦：「……象曰：天地交泰，後以財（＝裁），成天地之道，輔相天地之宜，以左右民。」

㉓邱濬，字仲深。

㉔「悠悠之論，率以風土不宜爲説」，這兩句，和下面「按農桑輯要云：雖托之風土，……」事實上都是農桑輯要（卷二）論苧麻木棉章中的文章；王禎在百穀譜十「木棉」一章中，把輯要的文章截取兩句，作爲己有，再引輯要。大概刻書時未查對輯要本書，所以把這兩句也歸給王禎了。

㉕本節引文，未查到出處。徐獻忠文集長谷集中没有，吴興掌故我們没有見到原書。

㉖今本爾雅這兩句的郭注是「今之赤粱粟」，「今之白粱粟，皆好穀」。李時珍本草綱目卷二十三穀

部二「粱」的「釋名」下，有「時珍曰：粱者，良也。穀之良者曰粱」。懷疑徐光啓原稿中引郭璞注後，並引李時珍這幾句話來説明，在刻書時被整理人删改了。

⑱ 現見本草綱目（卷二三）「粱」「集解」下引。

⑲ 現見齊民要術（卷二）粱秫第五引。

⑳ 現見本草綱目（卷二三）「粱」「集解」中；本書所引有删節。

⑳ 見王禎農書百穀譜二「粱秫」，本書有删節。

⑳ 今本爾雅這句是「衆秫」，但齊民要術粱秫第五所引作「粟秫」。

⑳ 見齊民要術（卷二）粱秫第五引，「虋，赤苗也。芑，白苗」的注。

⑳ 現見齊民要術（卷二）粱秫第五引。

⑳ 「案今世……」，現見齊民要術，是賈思勰對當時品種的總結。「穗天培」，各本有紛歧，明鈔南宋本作「穗，天棓」。

⑳ 蜀秫：即蜀黍。案：這一節，似應在下節所引「齊民要術種粱秫法」……之後，即領起「又種蜀秫法」的總標題。以上「粱」「粱秫」兩個標題，則以齊民要術「種粱秫法」爲正文。

⑳ 這一節，是齊民要術（卷二）粱秫第五的正文；但字句有删改，起處的「種」字，要術原是「粱」字；「欲」字上删去「並」字；兩個「稷」字，要術原作「穀」（參看上面注㊶）。

⑳ 這節的實質内容，是節録王禎農書百穀譜二「蜀黍」。標題上的「又」字無意義，應删去。（如果

以上兩節，排列無誤，則「又」字應承襲齊民要術；可是這一節並不見於要術，蜀黍這種引入很遲的作物，要術也不能有種植方法紀録。如果「齊民要術種粱秫法」應在「蜀秫」標題之前，則標題下未有正文，「又」字仍然落空。）

(109) 見爾雅（卷一三）釋草。

(110) 這一節小注，非常雜亂，清理如次：甲、「稗，禾之卑者」，見本草綱目（卷二三）「稗」「釋名」下「時珍曰」；乙、「最能亂苗，其莖葉相似」，見同條「集解」下「時珍曰」。丙、「釋曰……相因依」，則是下段所引羅願爾雅翼（卷八）「稗」篇，根據爾雅郭注所作解釋。丁、「蒲稗相因依」是謝靈運詩。所引莊子第一句見知北游，第二句在秋水。

(111) 見孟子告子上：「五穀，種之美者也；苟爲不熟，不如稊稗。」

(112) 見淮南子泰族篇「藜先稻熟，而農夫薅之者，不以小利害大穫」。

(113) 現見齊民要術（卷一）種穀第三後段。又見太平御覽（卷八二三）「種植」及羅願爾雅翼（卷八）「稗」。小注是賈思勰所加，不是氾書原有。

(114) 見今本爾雅翼（卷八）「稗」篇末段。本書引文至原書篇末爲止，有删節。

(115) 本草稱東廧：「本草」所指是唐陳藏器本草拾遺；爾雅翼引文，今見本草綱目（卷二三）「東廧」「集解」下引「藏器曰」。小注所引子虚賦及注，見漢書卷五七上司馬相如傳。東廧是 Agriophyllum arenarium，即沙蓬。

⑯ 又茵米可爲飯：「又」承接上文引「本草稱東廧」。茵草，也是陳藏器第一次收入本草學書中的。本書所引，現見本草綱目（卷二三）「茵草」「集解」下。茵草是禾本科的 Beckmannia cruciformis H.

⑰ 蔛草：可能是荆三稜屬的植物。

⑱ 蓬草子：本草綱目（卷二三）穀部二「蓬草子」「集解」下。

⑲ 「并救荒本草所載。擇其勝者」，這兩句，似乎大可説明徐光啓對救荒本草所載，原來並没有全部包下來接受的意思。

案：

〔一〕嘗謂上古之時　「謂」字，應依王禎原書作「聞」；「時」字，原書作「世」。

〔二〕種豆　應依王禎原文作「衆豆」。

〔三〕熟　應依王禎原文作「穮」。

〔四〕穀黍稷稻粱麥穮　這樣，一共有七種，和「六穀」不相應。第一個「穀」，顯然是衍字；「穮」應當是「𦬒」（見注⑥）。

〔五〕又　王禎原文作「書」；這句却實在是詩大雅蕩之什江漢章的一句；也見於春秋左氏傳僖公二十八年周王賜予晉文公的記載。尚書中却没有。

〔六〕饌　王禎原書作「餟」。

〔七〕令　應依要術原文作「令」。

〔八〕風　應依要術原文作「氣」，與下句「夏氣熱」的「氣」字相對。

〔九〕澤　應依要術原文作「春」。

〔一〇〕轆　要術原文作「輾」。

〔一一〕刳　應依要術引文作「瓠」。

〔一二〕「可知」下，要術原有「具」字，似乎不可少。「止要知道它的大略，不可以在一切細節上（「委曲」）跟隨它」。

〔一三〕穫　應依要術引文，下補「迄」字，或依御覽删去下面複出的「穫」字。

〔一四〕漠　要術、御覽引文都作「漢」。

〔一五〕青幽　要術是「青函」，御覽作「幽青」。

〔一六〕先　應依本草綱目原文作「光」；光即無芒。

〔一七〕如　應依黄原文作「宜」。

〔一八〕這下面，漏去「四明，次於占城；其殆所謂『百日赤』歟」兩句。

〔一九〕穲種　應依黄省曾原文作「穲稏」，蘇軾詞和陸游詩中都已有這個名稱。

〔二〇〕月　應依黄省曾原文作「明」。

〔二一〕能　黄省曾原文作「耐」；雖可通用，但不如「耐」字顯豁。

〔二二〕斑　黄省曾原書作「稃」。
〔二三〕白　應依黄省曾原書作「色」。
〔二四〕又　應依黄原書作「録」。
〔二五〕趕不着　黄書原作「雀不覺」，似比本書所引名稱好。
〔二六〕黄書原文，此下尚有「亦謂之短兒糯」一句。
〔二七〕早　恐應依黄書原文作「晚」。
〔二八〕什　應依黄書原文作「不仆」。
〔二九〕赤　黄書原文無。
〔三〇〕糯　應依黄書原文作「稻」。
〔三一〕實賴　黄書原作「寔耐」，「耐」字必須依原書改正。
〔三二〕子　應依黄書原文作「千」。一穗三百多粒，三穗就快達到千粒了。
〔三三〕稠　亢倉子原作「稠」。
〔三四〕兩個「濕」字，均應依要術校定本作「温」。
〔三五〕三　應依要術原文作「五」。
〔三六〕篳　應依要術原文作「篳」（參看卷二十四「種篳」條）。
〔三七〕於　應依要術原文作「欲」。

〔三八〕春　應依要術原書作「春」。

〔三九〕舍水　王禎原書譌作「含水」。據御覽所引，這句應作「稻冬舍水」，「冬」字應補。

〔四〇〕根　應依王禎原書作「稂」。

〔四一〕通　應依要術作「遍」。

〔四二〕「入」字下，要術尚有一「地」字。

〔四三〕大　要術原作「天」。

〔四四〕拔　應依要術原文作「捩」。

〔四五〕又　應依要術原文作「入」。

〔四六〕矣　要術原文無。

〔四七〕旱　丘書原文作「早」，當時占城稻比較早熟（見上引黄省曾理生玉鏡稻品）。

〔四八〕植稑　各本均作「植稑」，應依要術作「稙穀」。

〔四九〕王禎原書，「宜用下土」是「不宜用下地」。這個「不」字，關係頗大。按：農桑輯要所引務本新書，蜀黍是「宜下地」的；下節玄扈先生的叙述，也的確説明了「尤宜下地」的理由。今日一般也種在容易淹的地裏面。顯然王禎農書原文有誤。

〔五〇〕王禎原文無「編薦」二字，值得注意。

〔五一〕「備」字上，御覽有「以」字。

〔五二〕粟　要術引文是「粱」字，御覽及爾雅翼亦作「粱」。

〔五三〕葵　羅願原作「麥」，綱目引本草拾遺作「葵」。

〔五四〕人　要術無，爾雅翼及綱目有。

農政全書校注卷之二十六

樹藝

穀部下

【大豆】爾雅曰：戎菽，謂之荏菽。孫炎注曰①：戎菽，大菽也。廣雅曰：大豆，菽也。有黃落豆，有御豆，其豆角長，有場〔一〕豆，葉可食，有青有黃者②。今世大豆，有黑白二種；及「長稍」「牛踐」之名；又有黑高麗豆，鷰豆，豍豆，大豆類也③。豆角曰莢，葉曰藿，莖曰萁④。寇宗奭曰⑤：有綠褐黑三種。呂覽春秋曰⑥：得時之豆，長莖短足，其莢二七爲族，多枝數節。大菽則圓，小菽則團。先時者，必長蔓浮葉疎節，小莢不實。後時者，必短莖疎節，本虛不實。雜陰陽書曰⑦：大豆生于槐，九十日秀，秀後七十日熟。

崔寔曰⑧：正月可種豍豆，二月可種大豆。又曰：二〔二〕月，昏參夕，杏花盛，桑椹赤，可種大豆，謂之上時。四月時雨降，可種大小豆。美田欲稀，薄田欲稠。

孝經援神契曰⑨：赤土，宜豆也。

齊民要術曰⑩：春種〔三〕大豆，次植〔一〕穀之後。二月中旬爲上時，一畝用子八升。三月上旬爲中時，一畝用子一斗。四月上旬爲下時。一畝用子一斗二升。歲宜晚者，五六月亦得；然稍晚稍加種子。地不求熟。秋鋒之地，即稿〔二〕種。地過熟者，苗茂而實少。收刈欲晚。此不零落，刈早損實。必須耬下，種欲深故。豆性强，苗深則及澤。鋒耩各一，鋤不過再。葉落盡，然後刈。葉不盡，則難治。刈訖，則速耕。大豆性温⑪；秋不耕，則無澤。種茭者⑫，用麥底；一畝用子三升，先漫散訖，犁細淺畤而勞之⑬。旱則糞〔四〕堅葉落，稀則苗莖不高，深則土厚不生。若澤多者，先深耕訖，逆垡擲豆⑭，然後勞之。澤少則否，爲其浥鬱不生。九月中，候近地葉有黄落者，速刈之。葉少不黄必浥鬱。刈不速，逢風則葉落盡，遇雨則葉爛不成。

氾勝之曰⑮：大豆，保歲易爲⑯，宜古之所以備凶年也。謹計家口數，種大豆。率人五畝⑰，此田之本也。三月榆莢時，有雨，高田可種大豆。土和無塊，畝五升。土不和，則益之。種大豆，夏至後二十日尚可種。戴甲而生，不用深耕。大豆須均而稀。豆花憎見日，見日則黄爛而根焦也⑱。穫豆之法：莢黑而莖蒼，輒收無疑；其實將落，反失之。故曰：「豆熟於場。」於場穫豆，即青莢在上，黑莢在下。又區種大豆法：坎方深各六寸，相去二尺。一畝得千六百八十坎。其坎成，取美糞一升，合坎中土，攪和以内坎中⑲。臨種，沃之，坎三升水。坎内豆三粒。覆上土勿厚，以掌抑之，令種與土相親。玄扈先生曰：凡種宜然⑳，故用足踐，用砘也。一畝，用種一升，用糞十六石八斗。豆生五六葉，鋤之。旱者溉之，坎三升水。丁夫一人㉑，可治五畝。至秋收一畝〔五〕十六石。種之上，土纔令蔽豆耳㉒。

王禎曰㉓：大豆當及時鋤治上土〔六〕，使之葉蔽其根，庶不畏旱。大豆之黑者，食而充飢，可備凶年。豐年，可〔七〕供牛馬料食。黃豆，可作豆腐，可作醬料。白豆，粥飯皆可拌食。白黑黃三豆，色異而用別，皆濟世之穀也。

種大豆：鋤成行壠，春〔三〕穴下種。早者，二月種，四月可食，名曰梅豆。皆〔八〕三四月種。地不宜肥，有草則削去。種黑豆：三四月間種，其豆亦可作醬及馬料㉔。

俞貞木種樹書曰：種諸豆及麻，若不及時去草，必爲草所蠹耗。雖結實，亦不多。諺云：「麻耘地，豆耘花。」麻須初生時耘，豆雖開花亦可耘㉕。

【小豆】 廣雅曰㉖：小豆，荅也。賈思勰曰㉗：小豆，有菉赤白三種。豍豆、豌豆、豇豆、蠶豆、留豆，亦其類也。小豆花曰「腐婢」㉘。雜陰陽書曰㉙：小豆生于李，六十日秀，秀後六十日成。

齊民要術曰㉚：種小豆，大率用麥底。然恐小〔四〕晚，有地者，常須兼留去歲穀下以擬之㉛。夏至後十日種者爲上時，一畝用子八升。初伏斷手爲中時，一畝用子一斗。中伏斷手爲下時。一畝用子一斗二升。中伏以後，則晚矣。熟耕、耬下，以爲良。澤多者，耬耩，漫擲而勞之，如種麻法。未生，白背勞之，極佳〔五〕。漫擲犁畤次之，穭種爲下。鋒而不耩，鋤不過再。葉落盡則刈之。葉未盡者，難治而易濕也。豆角三青兩黃，拔而倒豎，籠從〔九〕之。生者均熟，不畏嚴霜，從本至末，全無秕減，乃勝刈者。牛力若少，得待春耕，亦得稿種。凡大小豆，生既布葉㉜，皆得用鐵齒鍋楱㉝，從横杷而勞之。

氾勝之曰㉞：小豆，不保歲，難得。椹〔一〇〕黑時，注雨〔六〕種，畝一〔一一〕升。豆生布葉，鋤之；生五六葉，又鋤之。大豆小豆，不可盡治也㉟。古所〔一二〕不盡治者，豆生布葉，豆有膏，盡治之，則傷膏，傷則不成。而民盡治，故其收耗折也，故曰「豆不可盡治」。養美田，畝可十石；以薄田，尚可畝取五石。諺曰：「與他作豆田。」斯言良美可惜也。

【菉豆】菉豆，本作緑，以其色名也。粒大而色鮮者爲官緑，皮薄粉多；粒細而色深者爲油緑，皮厚粉少。早種者，呼爲摘緑；遲種，呼爲拔緑。以水浸濕，生白芽，爲菜中佳品㊱。

王禎農桑通訣曰㊲：北方惟用菉豆最多，農家種之亦廣。人俱作豆粥豆飯，或作餌爲炙，或磨而爲粉，或作麪〔一三〕材。其味甘而不熱，頗解藥毒，乃濟世之良穀也。南方亦間種之。

俞貞木種樹書曰㊳：「種菉豆地宜瘦。」四月種，六月收子再種，八月又收，中作粉㊴。

豆芽菜㊵：揀菉豆，水浸二宿。候漲，以新水淘，控乾。用蘆席灑濕襯地，摻豆於上，以濕草薦覆之，其芽自長。大豆芽同此。

【赤豆】小而色赤，心之穀也。或云：共工氏有不才子，以冬至死，爲疫鬼而畏赤豆，故於是日作粥以厭之㊶。

齊民要術曰㊷：大赤豆，三月種，六月旋摘。遲者，四月種亦可。宜稀稠得所，太密不實。玄扈先生曰：有一種米赤，最能殺草。

【蠶豆】王禎謂其蠶時始熟，故名。李時珍曰：莢狀如蠶，亦通。張騫使外國，得胡豆種歸，即此。南土多種之。蜀人收其子，以備荒歉㊸。

王禎農書曰㊹：蠶豆，百穀之中，最爲先登，蒸煮皆可便食。是用接新，代飯充飽。今山西人用豆多麥少磨麪，可作餅餌而食。

玄扈先生曰：蠶豆，種花田中㊺，冬天不拔花秸，用以拒霜。至清明後拔之。

又曰：蠶豆，八月初種，臘月宜厚壅之㊻。此種，極救農家之急，且蝗所不食。

【豌豆】遼志作「回鶻國豆」，唐史作「畢豆」，崔寔作「蹕豆」。即青斑豆也。田野間、禾中往往有之。俗名「小寒」者是也㊼。

務本新書曰㊽：豌豆，二三月種。諸豆之中，豌豆最爲耐陳，又收多熟早。如近城郭，摘豆角賣，先可變物。舊時莊農，往往獻送〔一四〕此豆，以爲嘗新，蓋一歲之中，貴其先也。又熟時少有人馬傷踐。以此校之，甚宜多種。

玄扈先生曰：豌豆與蠶豆各種。蠶豆之利，倍於豌十一；其耐陳則一也。

【豇豆】 一名蜂䜵〔七〕。莢必雙生，紅色居多，故名。李時珍曰：開花結莢，必兩兩並垂，有「習坎」之義㊾。其子微曲，如腎形。所謂「豆爲腎穀」，宜以此當之㊿。

穀雨後種，六月收子。收來便種，再生，八月又收子。一年兩熟(51)。

【藊豆】 古名蛾眉，俗名沿籬。有黑白二種。黑者，名鳴〔一五〕豆，其莢狀凡十餘色。嫩時可充蔬食茶料，老則收子煮食。白者良〔八〕，入藥品(52)。

清明日下種，以灰蓋之，不宜土覆。芽長分栽，搭棚引上(53)。玄扈先生曰：以口向上種，粒粒〔九〕出，若扁種，十不出一。蓋豆瓣重，頂土不起，故爛耳。

【刀豆】 酉陽雜俎云(54)：樂浪有挾劍豆，即此。三月下種，蔓生(55)。

清明時，鋤地作穴。每穴下種一粒，以灰蓋之。只用水澆，待芽出則澆以糞水。蔓長，搭棚引上(56)。

【黎豆】 古名貍豆，又名虎豆。其子有點，如虎貍之斑，故名。爾雅所謂「欇〔一〇〕，虎櫐」。三月下種，蔓生。江南多炒食之(57)。

【麥】 爾雅曰：大麥，麰；小麥，𥞊。廣志曰：虜水麥，其實大，麥形有縫。稅麥，似大麥，出涼州。旋麥，三月種，八月熟，出西方。赤小麥，赤而肥，出鄭縣。語曰：「湖猪肉、鄭稀熟。」山隄〔一一〕小麥，至粘弱，以貢御。有半夏小麥，有禿芒大麥，有黑穬麥。陶隱居本草云：大麥，爲五穀長，即今稞麥也；一名麰麥，似穬麥，唯無皮耳。穬麥，此是今馬食者。然則大、穬二麥，種別名異，而世人以爲一物，謬矣。按世有落麥者，秃芒是也；又有春種之穬麥也[58]。玄扈先生曰：今人皆指穬爲大麥，又有雀麥，即燕麥也[59]。穗細長，子亦小，去皮作麵，可救飢。蕎麥：一作荍麥，又作烏麥，烈日曝令開口，去皮，取米作飯，蒸食之[60]。鄭玄曰[61]：麥者，接絶續乏之穀；尤宜種之。許慎曰[62]：麥，芒穀，秋種厚埋，故謂之麥。麥金王而生，火王而死。蘇頌曰[63]：大小麥，秋種，冬長，春秀，夏熟。具四時之氣，爲五穀之貴。

雜陰陽書曰[64]：大麥生于杏，二百日秀；秀後五十日成。蟲食杏，麥價貴。

尚書大傳曰[65]：秋，昏虛星中，可以種麥。虛，北方玄武之宿。八月昏中，見于南方。

崔寔曰[66]：凡種大小麥，得白露節，可種薄田；秋分，種中田；後十日，種美田。惟穬早晚無常。正月可種蕎〔一六〕麥，盡二月止。

氾勝之書曰[67]：凡田有六道，麥爲首種。種麥得時，無不善。夏至後七十日，可種宿麥[68]。早種，則蟲而有節〔一七〕；晚種，則穗小而少實。當種麥，若天旱無雨澤，則薄漬麥種以酢漿并蠶矢[69]。夜半漬，向晨速投之，令與白露俱下。酢漿令麥耐旱，蠶矢令麥忍寒。麥生黄色，傷于太稠；稠者，鋤而稀之。秋鋤，以棘柴耬之，以壅麥根。故諺曰：「子欲富，黄金覆。」黄金覆者，謂秋鋤麥，曳柴壅麥根也。至春凍解，棘柴曳之，突絶其乾葉。須麥生[70]，復鋤之。到榆莢時，注雨止，候土白背，復鋤。如此，則收必倍。冬雨雪止，以物輒藺麥上[71]，掩其雪，勿令從風飛去；後雪復如此。則麥耐旱多實。春凍解，耕如〔一八〕土，種旋麥⑫。麥生，根茂盛，莽鋤如宿麥。玄扈先生曰：春無注雨，冬無雪，並宜車水灌之。

區種麥法：凡種一畝，用子二升。覆土，厚二寸；以足踐之，令種土相親。麥生根成，鋤區間秋草，緣以棘柴律土，壅麥根⑬。秋旱，則以桑落燒〔一九〕澆之；秋雨澤適，勿澆之。麥凍解，棘柴律之，突絶去其枯葉。區間草生鋤之。大男大女治十畝。至五月收，區一畝得百石以上，十畝得千石以上。玄扈先生曰：北土多苦春旱。區種者，尤便灌水。今作畦種法，其便宜倍勝區也。

齊民要術曰：大小麥，皆須五月六月暵地。不暵地而種，其收倍薄。崔寔曰：五月一日〔二〇〕，菑麥田也。種大小麥，先畤；逐犁䅖種者佳。再倍省種子而科大。逐犁擲〔二一〕之亦得，然不如作䅖耐旱。其山田及剛强之地，則耬下之。其種子，宜加五省于下田。凡耬種者，匪直土淺易生，然于鋒鋤亦便。穬麥，非良地則不須種。薄地徒勞，種而必不收。凡種穬麥，高下田皆得用；但必須良熟耳。高田借擬禾豆，自可專用下田也。八月中戊社前種者⑭，爲上時，擲者，畝用子二升半。下戊前爲中時，用子三升。八月末九月初爲下時。用子三升半或四升。小麥宜下種〔二二〕。歌曰：「高田種小麥，稴穇不成穗⑮。男兒在他鄉，那得不憔悴？」玄扈先生曰：北方有水處，即高地種之，亦可灌也。南土下地，種之又畏濕。八月上戊社前爲上時；擲者用子一升半。中戊前爲中時，用子二升。下戊前爲下時。用子二升半。正月二月，勞而鋤之。三月四月，鋒而更鋤。鋤麥倍收，皮薄麵多。而鋒勞〔二三〕各得再遍，爲良也。今〔二四〕立秋前治訖。立秋後則蟲生。蒿艾簞盛之良。以蒿艾閉〔二四〕窖埋之亦佳。窖麥法，必須日曝令乾，及熱埋之。多種久居供食者，宜作劁麥：倒刈薄布，順風放火；火既着，即以掃箒撲滅，仍打之。如此者，夏蟲不生，然惟中作麥飯及麵用耳。

士農必用曰[76]：古農語云：「彭祖壽年八百，不可忘了稙蠶稙麥[77]。」又云「社後種麥爭回耬」，又云「社後種麥爭回牛」。言奪時之急，如此之甚也〔二五〕。玄扈先生曰：蠶早，麥田亦早；麥田早，秋田亦早。桑須趨趁梅前[78]，兼免致雨損。

韓氏直說曰[79]：五六月麥熟，帶青收一半，合熟收一半。若過熟則拋費[80]。每日至晚，即便載麥上場堆積，用苫繳覆，以防雨作。苫，須於雨前農隙時備下[81]。如般載不及，即於地内苫積。天晴，乘夜載上場，即攤一二車，薄則易乾。碾過一遍，翻過，又一遍〔二六〕，起稭下場，揚子收起。雖未净，直待所收麥都碾盡，然後將未净稭稈再碾。如此，可一日一場；比至麥收盡，已碾訖三之二。農家忙併，無似蠶麥。古語云：「收麥如救火。」玄扈先生曰：梅天雨更多故。若少遲慢，一值陰雨，即爲災傷[82]。遷延過時，秋苗亦誤鋤治。

俞貞木種樹書曰[83]：麥苗盛時，須使人縱牧於其間，令〔二七〕稍實，則其收倍多。麥屬陽，故宜乾原；稻屬陰，故宜水澤。諺云：「冬無雪，麥不結。」〔二八〕玄扈先生曰：雪可必乎？秋冬宜灌水令保澤，可也。小麥不過冬；大麥不過年。種麥之法：土欲細，溝欲深，耙欲輕，撒欲勻。

王禎農書曰[84]：麥種初收時[85]，旋打旋揚，與蠶沙相和；辟蟲傷，資地力，苗又耐旱[86]。凡種，須用耬犁下之，又用砘車碾過，日種數畝，蓋成壟，易于鋤治。又有漫種一法：農人左手挾器盛種，右手握而匀擲于地。既遍，則用耙勞覆之，又頗省力。此北方種麥之法。南方惟用撮種，故用〔二九〕種不多；然糞而鋤之，人工既到，所收亦厚。北方芟麥，用釤、綽、腰籠，一人日可收麥數畝。南方收麥，鐮割手棄，所種麥少故也。若力省而功倍，當以北方爲法。

種大麥[87]：早稻收割畢，將田鋤成行壟，令四畔溝洫通水。下種，以灰糞蓋之。諺云：「無灰不種麥。」須灰糞均調爲上。玄扈先生曰：大麥最能藏久，可以多積。

種小麥[88]：須揀去雀麥草子，簸去秕粒。在九、十月種。種法與大麥同。若太遲，恐寒鴉至，被食之，則稀出少收。

齊民要術曰[89]：種青稞麥，治打時稍難，惟伏日用碌碡碾。右每十畝，用種八斗。與大麥同時熟。好收四十石；石八九斗麵。堪作麨及餅飥甚美，磨總盡無麩。鋤一遍佳，不鋤亦得。

齊民要術曰[90]：種瞿麥，以伏爲時。一名地麵。良地一畝，用子五升；薄田三四升。畝收十石。渾蒸〔一三〕曝乾，舂去皮；米全、不碎。炊作飧，甚滑。細磨，下絹簁作餅，亦滑美。然爲性多穢，一種此物，數年不絕。耘鋤之功，更益劬勞。

齊民要術曰⑼：種蕎麥，五月耕。經二〔三〇〕十五日，草爛，得轉并種。耕三遍。立秋前後皆十日内種之。假如耕地三遍，即三重著子。下兩重子黑，上一重子白，皆是白汁，滿似如濃，即須收刈之。但對梢〔三一〕答鋪之：其白者，日漸盡變爲黑。如此，乃爲得所。若待上頭總黑，半已下黑子盡落矣。

王禎農書曰⑼：蕎麥，立秋前後漫撒種，即以灰糞蓋之。稠密則結實多，稀則結實少。若種遲，恐花經霜，不結子。

【蕎麥⑼】 赤莖烏粒，種之則易爲工力，收之則不妨農時，晚熟故也。霜降收，則恐其子粒焦落，乃用推鐮穫之。推鐮，見農器圖譜。北方山後諸郡多種。治去皮殼，磨而爲麪。焦〔三二〕作煎餅，配蒜而食；或作湯餅，謂之河漏⑼。滑細如粉，亞于麪麥，風俗所尚，供爲常食。然中土南方，農家亦種。但晚收，磨食，溲〔一四〕作餅餌，以補麪食，飽而有力。實農家居冬之日饌也。

四時類要曰⑼：「曬大小麥」，今年收者，於六月掃庭除，候地毒熱，衆手出麥薄攤。取蒼耳碎剉，拌曬之。至未時及熱收，可以二年不蛀。若有陳〔三三〕，亦須依此法更曬。須在立秋前。秋後，則已有蟲生〔三四〕。

又藏麥⑼：三伏日，曬極乾，帶熱收。先以稻草灰鋪缸底，復以灰蓋之，不蛀。

玄扈先生曰：耕種麥地，俱須晴天。若雨中耕種，令土堅垎〔一五〕，麥不易長；明年秋種，亦不易長。南方種大小麥，最忌水濕，每人一日，只令鋤六分，要極細，作壠如龜背。小麥：早種，每畝種七升；晚種九升。大麥：早種，種一斗；晚種一斗二升。麥溝口，種之蠶豆。豆亦忌水、畏寒，臘月宜用灰糞蓋之。冬月，宜清理麥溝，令深直瀉水，即春雨易洩，不浸麥根。理溝時，一人先運鋤將溝中土杷墾鬆細，一人隨後持鍬。鍬土，勻布畦上。溝泥既肥，麥根益深矣。

【胡麻】廣雅曰⑰：胡麻，一名藤弘。即俗名脂麻也，作芝麻者非⑱。一名巨勝，以其角巨如方勝也。一名方莖，以莖名。一名狗蝨，以形名。脂麻名油麻，以其多油也。葉名青蘘，莖名麻藍，亦作麻稭。中國止有大麻。自漢使張騫，于大宛得其種，故名胡麻，所以別于大麻也。有遲、早二種，黑白赤三色。俗傳：胡麻須夫婦同種，即茂盛。久服之，可以休糧。賈思勰曰：俗人呼爲烏麻者，非也。今世有白胡麻、八稜胡麻。白者油多。本草註云：角作八稜者，爲巨勝；四稜者，爲胡麻。皆以烏者良，白者劣。

崔寔曰⑲：二月三月四月五月，時雨降，可種之。

齊民要術曰(100)：胡麻宜白地種。二三月爲上時，四月上旬爲中時，五月上旬爲下時。月半前種者，實多而成；月半後種者，少子而多秕〔三五〕也。種欲截雨脚。若不緣濕，則不生〔三六〕。一畝用子二升。漫種者，先以耬耩，然後散子，空曳勞。勞上加人，則土厚不生。耬耩者，炒沙令燥，中和半之。不和沙，下不均。壠種若荒[101]，得用鋒、耩。鋤不過三遍。刈束欲小，束大，則難燥，打，手復不勝。以五六爲一叢，斜倚之。不爾，則風吹倒，損收也。候口開，乘車詣田斗藪〔一六〕，倒豎，以小杖微打之。還叢之。三日一打，四五遍乃盡耳。若乘濕橫積，蒸熱速乾。雖曰鬱裛，無風吹虧損之慮。浥者，不中爲種子，然于油無損也。

王禎農書曰[102]：麻，胡地所出者，皆肥大；其紋鵲，其色紫黑，取油亦多。可以煎烹，可以燃點，又可以爲飯。

四時類要曰：種胡麻，每科相去一尺爲法[103]。

李時珍曰[104]：按服食家有種青蘘法云：秋間取胡麻子種畦中，如生菜之法。候苗出，采食，滑美如葵。

玄扈先生曰：胡麻油查[105]，可壅田。

校：

〔一〕稙　平、魯、曙、中華排印本均作「植」，應依要術原文改作「稙」。（定枎校）

〔二〕[禾啇]　各刻本均誤作「摘」；中華排印本依要術原文改作「[禾啇]」是正確的。「[禾啇]」音「滴」；[禾啇]種即點種。

〔三〕春　平本、曙本作「春」，與圖纂合；黔、魯本譌作「舂」字。

〔四〕小　黔本、魯本作「少」；依平、曙本作「小」，與要術原文合。

〔五〕佳　平本、曙本譌作「恠」；依黔、魯本改作「佳」，與要術合。

〔六〕雨　平本譌作「兩」，應依魯、曙、中華排印本改作「雨」，合於要術原書。

〔七〕踤蹉　平、魯作「踤蹉」，曙本、中華排印本作「踤蹉」，均誤。應依本草綱目改作「踤蹉」。（定扶校）

〔八〕良　平本、黔本、魯本均作「食」；曙本作「良」，較勝。按：綱目原文，是「惟豆子粗圓而白者，可入藥」。

〔九〕粒粒　平本譌作「粒上」，應依魯、曙、中華排印本改作「粒粒」。（定扶校）

〔一〇〕欇　本書各刻本均誤作從「手」的「攝」，應依爾雅釋木改正爲從「木」的「欇」。（定扶校）

〔一一〕隄　平、曙作「提」，依魯、黔、中華排印本改作「隄」。（定扶校）

〔一二〕擲　本書各刻本沿襲明刻要術譌作從「扌」從「郭」的字；中華排印本改作「墩」。俱不可從，依要術校定本改正作「擲」。「擲」是「撒播」；「稚」是撒播後再加覆蓋。

〔一三〕蒸　平、魯、曙、中華刻印本均作「烝」，應依要術改作「蒸」。（定扶校）

〔一四〕溲　平本、黔本、魯本均譌作「搜」，依曙本從王禎原文改作「溲」爲是。（「溲」，是用少量水調和。）

〔一五〕垎　平本錯刻爲「塂」，應依魯、曙、中華排印本改作「垎」。（定扶校）

〔一六〕斗藪　中華排印本依曙本改作「抖擻」，應依平、魯本作「斗藪」，合於要術原文。

注：

① 這一條，現見齊民要術（卷二）大豆第六標題注引，亦見孔穎達詩正義及邢昺爾雅疏。要術引文是「戎叔，大菽也」。詩正義及邢疏是「戎菽，大豆也」，頗有不同，值得注意。

② 「有黄落豆……有青有黄者」，據要術所引，出自廣志。

③ 「今世大豆……大豆類也」，見要術（卷二）大豆第六，是賈思勰所作總結。

④ 「豆角曰莢……曰萁」，見本草綱目（卷二四）穀部三「大豆」條「釋名」。是李時珍將豆株各部位名稱作成的總結。

⑤ 現見本草衍義（叢書集成初編依十萬卷樓叢書排印本）卷二〇「生大豆」條下。

⑥ 「吕覽春秋曰」，「覽」字應作「氏」；引文現見吕氏春秋審時篇。

⑦ 現見齊民要術（卷二）大豆第六引。

⑧ 下列這些項目，在玉燭寶典所引四民月令中分散在二月、三月、四月，而且都是幾種作品並列。本書所引，是根據要術大豆第六集中後的形式。

⑨ 引文現見齊民要術大豆第六。

⑩ 見要術（卷二）大豆第六。

⑪「温」字，要術各本原有問題，可能應作「熼」。
⑫茭：說文解字解作飼料用的「乾芻」。
⑬畤：耕整後，一排一排平行的「垡」或「壠」，總稱爲「畤」。
⑭垡：耕地後翻出的成行土塊稱爲「垡」，也寫作「伐」或「墢」。參看卷二十一「耒耜」注。
⑮現見要術（卷二）大豆第六及太平御覽（卷八三二、卷八四一）引。
⑯爲：史記天官書：「戎菽爲」注引「孟康」曰：「『爲』，成也。」即今日口語中的「有收成」。和「小豆」節（見後面）「小豆不保歲難得」對比，可以知道「保歲易爲」是容易保證每年收成。
⑰率：解作「比例」、「標準」。
⑱「根」字，懷疑有錯。
⑲内：作「納」字用，即「放入……裏面」。
⑳凡種宜然：即所有（「凡」）下種時，都應當（「宜」）如此（「然」）。下句「砘」，指「砘車」（參看本書卷二十一農器圖譜的「砘車」）。
㉑丁夫：「丁」字有兩種解釋：一種是「已成年」；一種是成年後服兵役。因此，丁夫也有兩種情形：一種是成年男子；一種是兼服兵役的農民，大約相當于「民兵」。
㉒纔令蔽豆耳：「纔」讀 cái，解爲「僅僅」，即現在寫作「才」的口語。「蔽」是遮蓋。這句是上文「覆上土勿厚」的具體標準。

㉓ 現見王禎農書（卷七）農桑通訣百穀部二「大豆」；本書引用，删去原文轉引的要術及氾勝之書部分。
㉔ 「種大豆……」此段現均見便民圖纂（卷三）耕穫類。
㉕ 此條，亦見種藝必用。
㉖ 見廣雅釋草。
㉗ 這幾句是從齊民要術（卷二）大豆第六標題注下摘出，添改而成。「豍豆」，原來算作「大豆」；「豌豆」，賈思勰時代還没有引入。「留豆」，賈書原是「登豆」。
㉘ 「小豆花曰『腐婢』」，這句與賈思勰無關；大概是根據本草綱目（卷二四）穀部三「腐婢」條「集解」寫成。
㉙ 見要術（卷二）小豆第七引。
㉚ 這是要術（卷二）小豆第七的正文部分，止删去幾處小注。
㉛ 穀下：即穀茬地。
㉜ 布葉：即展開了的葉子，作物學上稱爲「真葉」，植物學習慣名稱是「尋常葉」。
㉝ 鐵齒鍋棱：農具的一種。見卷二十一農器圖譜「杷」條。
㉞ 現見齊民要術（卷二）小豆第七及太平御覽（卷八四一）百穀譜五「豆」項引。
㉟ 治：暫解作「摘葉供食」；「豆葉稱爲「藿」，歷來用作蔬菜。

㊱此條標題小注，顯然是隱括李時珍本草綱目（卷二四）穀部三「緑豆」條「釋名」「集解」中李時珍的總結，改寫而成。「粒大」，綱目原作「粒粗」；「摘緑」「拔緑」，綱目原有解釋。

㊲實見王禎農書百穀譜二「小豆」末。

㊳這句現見種樹書豆麥篇，止此一句。本書各本，都將下面兩條，黏連在這一句下，合爲一條。現在清理後分開來。

㊴「四月種……中作粉」，這一條，似乎以魯明善農桑衣食撮要中「三月」，「種紅豇豆白豇豆」條爲主，加上「中作粉」一句而成，與種樹書無關。

㊵豆芽菜：此條現見便民圖纂（卷六）樹藝類下，「種諸色蔬菜」中「豆芽菜」條；末一句圖纂原無。

㊶此條標題小注，顯然是隱括本草綱目（卷二四）穀部三「赤小豆」條「發明」下李時珍的話寫成。但是删去了「亦傅會之妄説耳」這一句重要的斷語。

㊷此條齊民要術中没有，便民圖纂（卷三）耕穫的「種赤豆」有本書所引「宜稀稠得所」以前幾句。

㊸此條標題小注，是節取本草綱目（卷二四）穀部三「蠶豆」條「釋名」「集解」中李時珍的話，顛倒而成。蠶豆引入很遲，與張騫完全無關。

㊹現見王禎農書（卷七）百穀譜二「豌豆」。王禎所説的蠶豆，仍承襲宋代的習慣，指豌豆而言，所以不但標題作「豌豆」，轉引務本直言（本書本卷引有，見下），也還是指明的豌豆。（按：王禎所引務本直言，與農桑輯要所引務本新書完全一樣，止書名不同。）

㊺花田：種棉花的田地。

㊻臈月：「臈」是「臘」的異體字，臈月即臘月。

㊼此條標題注，大概是摘取本草綱目（卷二四）穀部三「豌豆」條「釋名」中的幾個别名，連串而成。「釋名」原引陳藏器所説「生田野間，米中往往有之」，也在這個注中改變出現。「俗名小寒者是也」，未查到出處。

㊽務本新書已佚，本書這段引文現見農桑輯要（卷二）「豌豆」章。

㊾習坎：易坎卦名爲「習坎」；據注解，「習」又解爲「重」，也可以解爲「預習」。按：這一段唯心穿鑿附會的話，没有學理意義。

㊿此條標題小注，前幾句也還是本草綱目（卷二四）穀部三「豇豆」條「釋名」下李時珍的話。「李時珍曰」以下，見「發明」中，是李時珍的創見。

51這一節，現見便民圖纂（卷三）耕穫類「種豇豆」條；本書少去開首一句「種有紅白」。（按：圖纂實在還是取自農桑衣食撮要三月「種紅豇豆白豇豆」條。）

52此條標題小注，摘録本草綱目（卷二四）穀部三「藊豆」條「釋名」及「集解」中所引蘇頌與李時珍的話。

53這一節，現見便民圖纂（卷三）耕穫類「種白藊豆」條。

54現見酉陽雜俎（卷一九）草篇。

⑤⑤ 此條標題小注，節録本草綱目（卷二四）穀部三「刀豆」條「釋名」及「集解」中李時珍的話。

⑤⑥ 此節現見便民圖纂（卷六）種諸色蔬菜中「刀豆」條。

⑤⑦ 此條標題小注，本草綱目（卷二四）穀部三最末條「黎豆」條「釋名」下，李時珍曰：「……其子亦有點，如虎狸之斑，故有諸名。」「集解」引陳藏器曰：「黎豆生江南，……人炒食之，別無功用。……爾雅攝，虎櫐。」又時珍曰：「三月下種，生蔓……」

⑤⑧ 「廣志曰……又有春種之穬麥也」，這段標題小注，顯然是根據明末傳本（疑爲嘉靖「湖湘本」）齊民要術（卷二）大小麥第十的標題注刪節而成，並未核對原書。開端的爾雅，依定本要術，即應爲廣雅。現見廣雅（卷十）釋草。往下的歧異，列舉如下：

本書	定本	本書	定本
水	小	黑積	黑穬
有縫稅	有二縫稅	稞	倮
山隄	朱提	春種之	春種

⑤⑨ 雀麥和燕麥，現在認爲是不同的兩種植物。徐光啓這段說明，大體與救荒本草（本書卷五二第一種「雀麥」和十一種「燕麥」）記述同。

⑥⓪ 蕎麥這一節說明，與本草綱目（卷二二）穀部一「蕎麥」條「集解」所引「蕭炳曰」大體相同。

⑥① 現見月令「仲秋」「乃勸人種麥」，鄭玄所作注。

⑥② 本書所引，是説文解字卷五下麥部部首下説解的前段。
⑥③ 現見本草綱目（卷二二）「小麥」條「集解」下引。要術原引文作「蟲食杏者，麥貴」。
⑥④ 引文現見齊民要術（卷二）大小麥第十。
⑥⑤ 見尚書堯典「宵中星虚，以殷仲秋」大傳。
⑥⑥ 這裏仍止是據齊民要術（卷二）大小麥第十轉引，與玉燭寶典（正月、八月）中的引文不盡相同。
⑥⑦ 引文現見齊民要術（卷二）大小麥第十。
⑥⑧ 宿麥：在地裏過冬（＝「宿」）的「冬麥」。
⑥⑨ 酢漿并蠶矢：「漿」是稀薄澱粉溶液，經過乳酸發酵後製成的清涼飲料；「酢」是「酸」。「蠶矢」，即「蠶屎」。
⑦⓪ 須麥生：「須」解爲「等待」，「生」字在這裏解釋爲「返青」後的生長。
⑦① 藺：解作「輥壓」。旱地壓雪保墒，在保證小麥後期生長上，有重要意義。
⑦② 旋麥：「旋」讀去聲，解爲「隨即」；「旋麥」是當年種當年收的「春麥」。
⑦③ 「緣以棘柴律土，壅麥根」：「緣」字，可依荀子（卷一三）禮論第十九「凡緣而往埋之」的「緣」字，解作「因」，即「隨着方便」。「律」字，依同篇「不休，則濡櫛三律而止」，唐楊倞注「律，理髮也；今秦俗猶以枇（＝篦）髮爲『栗』（當時與「律」同音）」，解作爬梳整理。這一套措施，也就等於上面一段引文所説的「黄金覆」。

㉔中戊社前：「中戊」是中旬甲子逢「戊」的日期；「社前」是「秋社」以前；習慣上的「秋社」，是立秋節後第五個「戊日」。

㉕穛穋：廣韻下平聲「二十七銜」「穋」字注「穛穋」：「穗不實。見齊人要術」。（「民」字寫作「人」，可見這條是承襲唐韻的。這就是説，「穗不實」，是從陸法言到孫愐止的隋唐人，根據要術作出的解釋。）

㉖本書引文，現見農桑輯要（卷二）播種篇「大小麥」章。

㉗穛蘫：凡早出生早收穫的都可以稱爲「穛」。

㉘梅：指長江流域的「梅雨」。

㉙本書引文，現見農桑輯要（卷二）播種篇「大小麥」章。王禎農書（卷四）農桑通訣收穫篇第十一及（卷七）百穀譜一也引用。

㉚過熟則拋費：指落粒的損失。

㉛這個小注，農桑輯要和王禎農書中都没有，懷疑出自徐光啓。

㉜「若少遲慢，一值陰雨，即爲災傷」，案：收麥要迅速趕時候，從氾勝之書起，北方的重要農書，都極力强調。漢書食貨志説「收穫如寇盗之將至」，顔師古注「慮爲風而所損」；現在關中還流行着「龍口奪食」的比喻。收穫稍遲，除了落粒之外，還有在連雨中發芽變質的損失，極須要注意。

㉝本書引文，現見金吴欑種藝必用所引、夷門廣牘本及漸西村舍本種樹書，次序及字句，頗有

差別。

㉔ 現見王禎農書(卷七)百穀譜一「大小麥」。

㉕ 「麥種初收時……苗又耐旱」,這一節,王禎原標明出自務本直言。

㉖ 「與蠶沙……耐旱」,此句平本行旁連圈,表示徐光啓非常同意這一種辦法。但新打的麥,沒有乾透,與蠶沙混和後,能否避免即時霉壞,似乎很值得考慮。

㉗ 種大麥:現見便民圖纂(卷三)耕穫類「種大麥」條。

㉘ 種小麥:現見便民圖纂(卷三)耕穫類「種小麥」條。

㉙ 見要術(卷二)大小麥第十末。

㉚ 見要術(卷二)大小麥第十。

㉛ 這是現行各本齊民要術卷前雜説中的一段。第一個字「種」,原作「凡」。

㉜ 本節王禎農書中沒有,止見於便民圖纂(卷三)耕穫類「種蕎麥」條。

㉝ 這一段,實見王禎農書(卷七)百穀譜二「蕎麥」章。

㉞ 河漏:這個名稱,水滸傳中也見過。至今還在黄河流域多處方言中保存,不過寫法讀法有改變,如「合絡」「餄餎」……懷疑原來寫作「臛(肉湯)酪(澱粉膠)」。

㉟ 農桑輯要(卷二)播種篇「大小麥」下引有,列在齊民要術後、士農必用前,書名正作四時類要,日本影印朝鮮覆刻南宋本四時纂要(卷三)六月,所載「麧(案係唐宋俗字「麧」鈔錯)大小麥」,文字

幾乎全同，止起處是「今年收者，於此（六）月取至清静日，掃庭除……」

⑯ 又藏麥：「又」字，並不指這一段也出自四時類要或農桑輯要，止是一個贅出的字。本節實見便民圖纂（卷三）耕穫類「藏麥」條。

⑰ 這句並非廣雅原文，止是據本草綱目（卷二二）穀部一「胡麻」條「釋名」下李時珍所説「按張揖廣雅，胡麻一名藤弘」。廣雅（卷十）釋草的原文，是「狗蝨、鉅勝、陰弘，胡麻也」，並無「藤弘」一名。

⑱ 作芝麻者非：李時珍據寇宗奭本草衍義（卷二〇）「胡麻」條下，「止是今脂麻，更無他意義」所作斷語。以下至「麻藍」止，各種異名及解釋，都是李時珍的説法。「中國止有大麻……所以别于大麻也」，是綱目「胡麻」條「釋名」中李時珍撮述沈括夢溪筆談的話。「有遲、早……三色」，是綱目「胡麻」條「集解」中李時珍的話。「俗傳……即茂盛」，是「集解」中唐慎微的話。「久服之，可以休糧」，是陶弘景的話。「賈思勰曰」，見齊民要術（卷二）胡麻第十三。「本草註云」，是蘇敬的話，見綱目「胡麻」條「集解」下引「恭曰」。

⑲ 這條在四民月令中，分别見於二月、三月、四月、五月。除二月之外，其餘都以「時雨降」爲先决條件。本書所引，是齊民要術（卷二）胡麻第十三中賈思勰集中後的形式。

⑩⑩ 現見要術（卷二）胡麻第十三。

⑩① 荒：即雜草多。

⑩② 現見王禎農書（卷七）百穀譜二「胡麻」章。前幾句，王禎原標明引自（寇宗奭）本草衍義。「鵲」，

指有黑白條紋。

⑩③ 每科相去一尺爲法：此句現見農桑輯要（卷二）播種篇「胡麻」章引，實出四時纂要（卷二）二月；原文在節録齊民要術「種法」「收法」之後，還有「油麻，每科相去一尺爲法。若能區種，每畝收百石」。

⑩④ 本草綱目（卷二二）穀部一「胡麻」條另出「青蘘」小章「發明」中，「時珍曰：按服食有種青蘘作菜食法，云『……滑美不減於葵』。則本草所著者，亦茹蔬之功，非入丸散也」。

⑩⑤ 查：借作「⿰氵虘」（渣）字用。

案：

〔一〕場　應依要術引作「楊」。

〔二〕二　應依要術及寶典引文作「三」。

〔三〕「種」字，要術原文没有。

〔四〕糞　應依要術原文作「萁」。

〔五〕「畝」字下，要術所引氾書，還有一個「中」字。「中」字讀 zhòng，解爲「得到」。（史記卷四九外戚世家「娙何秩比中二千石」，索隱引崔浩曰：「中，猶滿也」，「比中二千石」即「可達到二千石」。）

〔六〕「上土」兩字，王禎原書没有，在這裏也無意義，應删去。

〔七〕「可」字，王禎原書没有。

〔八〕「皆」字上，應依圖纂補「餘」字。

〔九〕從　應依要術原文作「叢」。

〔一〇〕「椹」字上，要術定本依太平御覽校補「宜」字。

〔一一〕一　應依要術作「五」。

〔一二〕「所」字下，應依要術引文加「以」字。

〔一三〕麫　應依王禎原書作「麴」字。

〔一四〕「送」字，農桑輯要引文中没有，王禎百穀譜雖作「獻送」，但非直引原文。

〔一五〕鳴　平本這個字有殘缺痕跡；曙本作「烏」，黔、魯作「鳴」；應依綱目所引作「鵲」。

〔一六〕蕎　應依要術引文作「春」；兩漢時，蕎麥還没有引入。

〔一七〕則蟲而有節　這句應依要術定本，從鮑刻本太平御覽校正作「則穗强而有節」。

〔一八〕如　應依要術校定本改正作「和」。

〔一九〕燒　應依要術原文作「時」。

〔二〇〕一日　要術各本都作「一日」；五月初一日，菑（＝滅茬）麥田，過早。農桑輯要作「六月」，似較合適。據玉燭寶典所引，則原來是「廿日」，應依寶典引文。

〔一一〕種　應依要術原文作「田」。
〔一二〕「鋒勞」下，應依要術原文補一個「鉏」字。
〔一三〕今　要術各種後來刻本鈔本都作「令」，應依日本金澤文庫本作「令」。
〔一四〕閉　應依要術各本作「蔽」。
〔一五〕言奪時之急如此之甚也　輯要原引文止是「言奪時甚急也」。
〔一六〕又一遍　輯要和王禎農書引文，都是「又碾一遍」，「碾」字應補。
〔一七〕「令」字上，種藝必用及夷門廣牘本種樹書，都有「蹂踐」兩字，應補。
〔一八〕諺云冬無雪麥不結　夷門廣牘本及漸西村舍本均爲另一條正文，以「麥最宜雪」一句開端。
〔一九〕用　應依王禎原書作「所」。
〔二〇〕二　要術雜説原作「三」。
〔二一〕「對稍」下，要術雜説原有「相」字。「對稍」，要術雜説作「對梢」。
〔二二〕焦　應依王禎原文作「攤」。
〔二三〕「陳」字下，應依纂要原書及輯要引文補「麥」字。
〔二四〕「生」字下，纂要及輯要均有「恐無益也」。
〔二五〕稗　應依要術原文作「秕」。
〔二六〕則不生　要術原作「融而不生」。

農政全書校注卷之二十七

樹藝

蓏部

【瓜】爾雅曰①：瓞〔一〕，瓝。以其綿綿而生也。廣雅曰②：「土芝，瓜也。」在木曰果，在地曰蓏，大曰瓜，小曰瓞，其子曰瓣，其肉曰瓤，其跗曰環，謂脫花處也；其蔕曰疐，謂繫蔓處也③。廣志曰④：「瓜之所出，以遼東、廬江、燉煌之種爲美。瓜州大瓜，大如斛。陽城御瓜，大如三升魁者，名香登；長二尺餘者，名桂枝。蜀地温食，瓜至冬熟。春白瓜，正月種，二月成。秋泉瓜，秋種，十月熟。」許慎說文曰：「瓞，小瓜瓞也⑤。」陸機瓜賦曰⑥：「栝樓、定桃、黃𤭏、白傳、金釵、密筩、小春、大班、玄骭、素腕、狸首、虎蹯。東陵出于秦谷，桂髓起于巫山。」皆瓜名也。張孟陽瓜賦曰：「羊骹、累錯、𤭏子、市江〔一〕。」又有烏瓜、鎌瓜、龍肝、虎掌、兔頭、羊髓、𤬋蚽、六𤭏、女臂、狄無餘之屬⑦。王禎農桑通訣曰：「甘肅有甜瓜，大如頭枕；其肉甚甘。割其皮暴之，柔韌。賫之中土，以爲贈送，甘而有味⑧。」又浙中〔二〕有陰瓜，宜于陰地種之，秋熟，冬藏，至春，食之如新。王禎曰：「瓜之爲種不一，而其用有二：供果爲果瓜，甜瓜西瓜是也。供菜爲菜瓜，胡瓜越瓜是也⑨。」禮記：天子削瓜及瓜祭，皆指果瓜也⑩。永嘉記曰⑪：永嘉襄瓜，八月熟。李時珍曰⑫：即寒瓜也。

齊民要術曰⑬：收瓜子法，常歲歲先取本母子瓜，截去兩頭，止取中央子。本母子者，瓜生數葉，便結子；子復早熟。用中輩瓜子，蔓長二三尺，然後結子。用後輩子者，蔓長足，然後結子，子亦晚熟。種早子，熟速，而瓜小；種晚子，熟遲，而瓜大。去兩頭者，近蔕子，瓜曲而細；近頭子，瓜短而喎。凡瓜，落疏⑭，青黑者爲美；黄白及斑，雖大而惡。若種苦瓜子，雖爛熟氣香，其味猶苦也。

又收瓜子法⑮：食瓜時，美者收，即以細糠拌之，日曝向燥，拔而簸之，浄而且速也。

良田小豆底佳，黍底次之。刈訖即耕，頻頻轉之。二月上旬種者爲上時，三月上旬爲中時，四月上旬爲下時。五月六月上旬可種藏瓜。玄扈先生曰：秋瓜，小實中堅，故中藏⑯。凡下種，先以水浄淘瓜子，以鹽和之。鹽和則不能死。先臥鋤，耬却燥土，不耬者，坑雖深大，常雜燥土，故瓜不生。然後掊〔三〕坑。大如斗口，納瓜子四枚，大豆三個，於堆旁向陽中。諺曰：「種瓜黄臺頭。」瓜生數葉，掐去豆，瓜性〔四〕弱，苗不能獨生，故須大豆爲之起土。瓜生不去豆，則豆反扇瓜，不得滋茂。但豆斷汁出，更成良潤。勿拔之，拔之則土虛燥也。多鋤則饒子，不鋤則無實。五穀、蔬菜、果、蓏之屬，皆如此也。五六月種晚瓜⑰。

治瓜籠法⑱：但起霧未解〔五〕，以杖舉瓜蔓，散灰於根下。後一兩日，復以土培其根，則迴無蟲矣。

又種法：於良地中，先種晚禾。晚禾令地膩。熟劁刈取穗，欲令茇長，秋耕之。耕法：弭縛犁耳，起規逆耕。耳弭，則禾拔〔三〕頭出而不没矣。至春，起〔五〕復順耕，亦弭縛犁耳翻之，還令草頭出。耕訖，勞之，令甚平。種稙〔六〕穀時種之。種法：使行陣〔四〕直，兩行微相近，兩行外相遠，中間通步道。道外，還兩行相近。如是作，次第經四小道，通一車道。凡一頃地中，須開十字大巷，通兩乘車，來去運輦。其瓜，都聚在十字巷中。瓜生比至初花，必須三四遍熟鋤，勿令有草生。草生，脅瓜無子⑲。鋤法：皆起禾茇，令直豎。其瓜蔓本底，皆令上〔五〕下四厢高；微雨時，得停水。瓜引蔓皆沿茇上；茇多則瓜多，茇少則瓜少。茇多則蔓廣〔七〕，蔓廣則歧多，歧多則饒子。其瓜，會是歧頭而生；無〔八〕歧而花者，皆是浪花⑳，終無瓜矣。故令蔓生於〔六〕茇上，瓜懸在下。

區種瓜法：六月雨後，種菉豆。八月中，犁稴殺之。十月又一轉，即十月終種瓜。率兩步爲一區。坑大如盆口，深五寸，以土壅其畔，如菜畦形。坑底必令平正，以足踏之，令其保澤。以瓜子大豆各十枚，遍布坑中。瓜子〔九〕大豆，兩物爲雙，藉其起土故也。以糞五升覆之。亦令均平。又以土一斗，薄散糞上，復以足微躡之。冬十〔七〕月大雪時，速併力推雪于坑上爲大堆。至春草生，瓜亦生，莖葉肥茂，異于常者。且常有潤澤，旱亦無害。五月瓜便熟。其掐豆鋤瓜之法與常同。若瓜子盡生，則大槩掐出〔八〕之。一區四根即足矣。

又法：冬天以瓜子數枚，内熱牛糞中。凍即拾聚，置之陰地。量地多少，以足爲限。正月地釋即耕，逐塲〔九〕布之。率方一步，下一斗糞，耕土覆之。肥茂早熟，雖不及區種，亦勝凡瓜遠矣。凡生糞糞地無勢，多于熟糞，令地小荒矣。有蟻者，以牛羊骨帶髓者，置瓜科左右，待蟻附，將棄之。棄二三次〔一〇〕，則無蟻矣。氾勝之曰㉑：區種瓜，一畝爲二十四科㉒，區方圓三尺，深五寸。一科用一石糞。糞與土合和，令相半。以三斗瓦甕，埋著科中央，令甕口上與地平，盛水甕中，令滿。種瓜，甕四面，各一子。以瓦蓋甕口。水或減，輒增；常令水滿。種常以冬至後九十日百日種之。又種薤十根，令週迴甕，居瓜子外。至五月，瓜熟，薤可拔賣之，與瓜相避。又可種小豆于瓜中，畝四五升，其藿可賣。此法宜平地，瓜收畝萬錢。

摘瓜法：在步道上，引手而取，勿令〔一一〕浪人〔一〇〕踏瓜蔓，及翻覆之。踏則莖破，翻則成細，皆令瓜不茂而蔓早死。若無茇而種瓜者，地雖美好，正〔一二〕得長苗直引，無多槃歧，故瓜少子。若無茇處，豎乾柴亦得。凡乾柴草，不妨滋茂。凡瓜所以早爛者，皆由脚躡，及摘時不慎，翻動其蔓故也。若以理慎護，及至霜下葉乾，子乃盡矣。但依此法，則不必別種早晚及中三輩之瓜。

【黄瓜】一名胡瓜。白瓜，即越瓜也；又名冬瓜㉓。以其至冬而熟也㉔。廣志謂之蔬菰。神仙本草謂之土芝㉕。

齊民要術曰：種越瓜胡瓜法：四月中種之，胡瓜，宜豎柴木令其〔一三〕蔓緣之。收越瓜，欲飽霜；霜不飽，則爛。收胡瓜，候色黃則摘。若待色赤，則皮存而肉消〔一一〕。並如凡瓜，於香醬中藏之，亦佳。玄扈先生曰：甜瓜生者，以鰲骨刺頂上，易熟㉖。

種法㉗：傍牆陰地作區，圓二尺，深五寸，以熟糞及土相和。正月晦日種。二月三月亦得。既生，以柴木倚牆，令其緣上。旱則澆之。八月斷其梢〔一二〕，減其實，一本但留五六枚〔一三〕。多留則不成也。十月霜足收之。早收則爛。削去皮子，於芥子醬中，或美豆醬中，藏之佳。

便民圖纂曰㉘：種冬瓜法：先將濕稻草灰，拌和細泥，鋪地上，鋤成行隴。二月下種。每粒，離寸許；以濕灰篩蓋，河水灑之，又用糞澆蓋。乾則澆水。待芽頂灰㉙，于日中將灰揭下，搓碎，壅于根旁，以清糞澆之。三月下旬，治畦鋤穴。每穴栽四科，離四尺許。澆灌糞水須濃。凡瓜種法俱同。

王禎曰㉚：冬瓜初生正青綠。經霜則白如塗粉。其中肉及子俱白。故謂之白瓜。荆楚歲時記曰：七月採瓜犀以爲面脂。本草圖經曰：犀，瓣〔一四〕也。瓤亦堪作澡豆㉛。夫瓜種最多，獨此瓜耐久，經霜乃熟；藏可彌年不壞。今人亦用爲蜜餞㉜。其犀用爲茶果，則兼蔬果之用矣㉝。

冬瓜越瓜，十月區種。冬則推雪著區上爲堆。潤澤肥好，乃勝春種㉞。種常瓜宜陽地，暖則易長。杜詩所謂「陽坡可種瓜」者是也㉟。玄扈先生曰：每分栽，相去三尺許。

【王瓜】月令四月：王瓜生㊱。廣義曰：菝〔一五〕葜也。謂之瓜者，以其根似之也㊲。

種王瓜法㊳：二月初撒種。長寸許，鋤穴分栽，一穴栽一科。每日早以清糞水澆之，旱則早晚皆澆。待蔓長，用竹引上作棚。

【絲瓜】即緣瓜也㊴。嫩小者可食，老則成絲，可洗器滌膩。種法與前同㊵。

【西瓜】種出西域，故名㊶。玄扈先生曰：按五代郃陽令胡嶠，陷回紇歸，得瓜種，以牛糞種之㊷。結實如斗大，味甚甘美，名曰西瓜。楊用修以西瓜晚出，疑文選「浮甘瓜于清泉」，蓋指王瓜。不知王瓜非甘瓜也，當作黃瓜㊸。

農桑通訣曰㊹：種西瓜法，區行差稀。多種者，垡〔一四〕頭上漫擲，勞平。苗出之後，根下擁作土盆。欲瓜大者，步留一科，科止留一瓜，餘蔓花皆掐去，則實大如三斗栲栳〔一六〕矣。味寒，解酒毒。其子曝乾取仁，瀹茶亦得。清明時，於肥地掘坑，納瓜子四粒。待芽出，移栽；栽宜稀，澆宜頻。蔓短時，作綿兜，每朝取螢，恐其食蔓，待茂盛則不必㊺。

博聞録曰㊻：種花藥，最忌麝，瓜尤忌之。塍〔一七〕栽數株蒜薤，遇麝不損。

魚龍河圖曰㊼：瓜有兩鼻者，殺人。

養生書曰㊽：瓜之兩商者，殺人。玄扈先生曰：商，音滴。木根、果蒂、瓜當匏鼻㊾，皆曰商也。

【茄】本草曰[50]：茄，一名落蘇。五代貽于録作酪酥。蓋以其味相似也。段成式云[51]：「茄，蓮莖也；以此名落蘇，不知何自？」農桑通訣曰[52]：隋煬帝改茄子爲崑崙瓜。一種出自暹羅國〔一五〕者，其色微紫，蒂長味甘，今之紫茄，黄山谷所謂紫膨脝者是也。又有青茄、白茄，白者爲勝，亦名銀茄。有一種白者，謂之渤海茄。又一種白花青色稍匾，一種白而匾者，皆謂之番茄，甘脆不澀，生熟可食。又一種水茄，其形稍長，甘而多水，可以止渴。此數種，中土頗多，南方罕得，亦宜種之。種茄二十科〔一六〕，糞壅得所，可供一人食。張浮林頌云〔一七〕：身纍百贅，頸附千疣；採之不勤，茄之頗柔。茄視他菜，爲最耐久。供膳之餘，糟丘〔一八〕豉腊，無不宜者，須廣種之。

齊民要術種茄法[53]：九月熟時，摘取擘破，水淘子，取沉〔一八〕者，速曝乾，裹置。玄扈先生曰：裹須布囊。至二月，畦種。治畦下水，一如葵法。性宜水，常取〔一九〕潤澤。著四五葉，雨時合泥移栽之。若旱無雨，澆水令徹〔一九〕澤，夜栽之。白日以席蓋，勿令見日。十月種者，如區種瓜法，推雪著區中，則不須栽。其春種，不作畦，直如種凡瓜法者亦得。唯須曉〔二〇〕夜數澆耳。

農桑通訣曰[54]：凡栽根株宜築實，不實則死。區中不宜有浮土，恐雨泥污〔二一〕葉，則蔓〔二二〕而難茂。栽時，得晴爲宜，早晚澆灌之。

務本新書曰[55]：茄初開花，斟酌窠數，削去枝葉，再長晚茄。秋深老茄煮軟，水浸去皮，以鹽拌匀，冬月食用，旋添麻油〔二〇〕爲上。

便民圖纂曰[56]：茄，二月治畦，與冬瓜同。種則漫撒。長寸許，三月移栽。栽宜稀，澆以糞水，宜頻。每科于根上加少硫黄，其實大且甘。

【天茄(57)】 清明時，撒于肥地；蔓長則引〔二一〕上。

俞貞木種樹書曰：種茄子時，初見根處，擘開，掐硫黄一星(58)，以泥培之；結子倍多，其大如盞，味甘而益人。

【瓠】 爾雅曰(59)：「瓠棲，瓣。」衛詩曰(60)：「匏有苦葉。」毛匏謂之瓠。豳風曰(61)：「九月斷壺。」小雅曰(62)：「幡幡瓠葉。」詩義疏云(63)：瓠葉，少時可以爲羹；又可淹煮極美。故云：「采之亨之。」河東及揚州〔二二〕常食之。八月中，堅强不可食；故云苦葉。說文曰(64)：瓠，一名曰壺，皆匏屬也。陸農師曰(65)：頭短、大腹曰瓠，細而合上曰匏；似匏而肥圓者壺。然有甘苦二種：甘者供食，苦者充器。詩註云(66)：不才于人〔二三〕，惟供濟而已。蓋以作壺濟水也。王禎曰(67)：「其爲物也，蔓生而齒瓣，夏熟而秋枯。」本草云(68)：「味甘冷，無毒；利水道，止消渴。惟苦者有毒，不宜食。」廣志曰(69)：有都瓠，子如牛角，長四尺有餘。又有約瓠，其腹甚細，緣蔕爲口，出雍縣。朱崖有千葉瓠，其大者，受斛餘。郭子曰：東吴有長柄□接。釋名曰：瓠，畜皮瓠以爲脯，蓄積以待冬月用也。淮南萬畢術曰(70)：燒穰殺瓠，物自然也。一名蔌姑(71)。俗曰胡蘆(72)。農桑撮要曰(73)：懸瓠可以爲笙，曲沃者尤善。秋乃可用，漆其裹。匏苦瓠甘，酌酒，冬盛則暖，夏盛則寒。王禎曰(74)：瓠之爲物，纍然而生，食之無窮，種得其法，其實碩大，小之爲匏杓，大之爲盆盎。其濟用溥矣。玄扈先生曰：甘者瓠苦者匏。詩曰：甘瓠纍之，匏有苦葉，壺即瓠也。

千金月令云(75)：冬至日，取葫蘆，盛葱根莖汁，埋于庭中。夏至發開，盡爲水。以漬金、玉、銀、石青各三分，自銷。暴乾如飴，可休〔三〕糧久服，名曰金液漿。

氾勝之書曰[76]：種瓠之法：以三月，耕良田十畝，作區，方深一尺。以杵築之，令可居澤；相去一步。區種四實，蠶矢一斗，與土糞合。澆之，水二升；所乾處，復澆之。著三實，以馬箠㲉其心，勿令蔓延。多實，實細。以藁薦其下，無令親土，多瘡瘢。度可作瓢，以手摩其實，從蔕至底，去其毛，不復長，且厚。八月，微霜下，收取。掘地深一丈，薦以藁，四邊各厚一尺。以實置孔中，令底下向。瓠一行，覆上土，厚三尺。二十日出，黄色，好破以爲瓢。其中白膚以養猪致肥，其瓣以作燭致明。一本三實，一區十二實；一畝得二千八百八十實。十畝凡得五萬七千六百瓢。瓢直十錢，并直五十七萬六千文。用蠶矢二百石，牛耕功力，直二萬六千文。餘有五十五萬。肥猪明燭，利在其外。

又曰：區種瓠法：收種子須大者[77]：若先受一斗者，得收一石；受一石者，得收十石。先掘地作坑，方圓深各三尺。用蠶沙與土相和，令中半，若無蠶沙，生牛糞亦得。著坑中，足躡令堅。以水沃之，候水盡，即下瓠子十顆。復以前糞覆之。既生，長二尺餘，便總聚十莖一處，以布纏之，五寸許，復用泥泥之。不過數日，纏處便合爲一莖。留强者，餘悉掐去。引蔓結子，子外之條，亦掐去之，勿令蔓延。留子法：初生二三子不佳，去之。取第四五六區，留三子即足。旱時，須澆之。坑畔周匝小渠子，深四五寸，以水停之，令其遥潤。

不得坑中下水。玄扈先生曰：不論草木本，凡根株大者，俱宜遥肥遥潤。

崔寔曰[78]：正月可種瓠。六月可蓄瓠。八月可斷瓠，作菑〔二四〕瓠。家政法曰[79]：二月可種瓜瓠。

農桑通訣曰[80]：凡種瓠，如瓜法。蔓長，則作架引之。

四時類要云[81]：種大葫蘆，二月初，掘地作坑，方四五尺，深亦如之。實填油麻、菉豆藒〔二四〕及爛草等。一重糞土，一重草，如此四五重。向上尺餘，着糞土。種十來顆子。待生後，揀取四莖肥好者。每兩莖肥好者，相貼着。相貼處，以竹刀子刮去半皮，以刮處相貼，用麻皮纏縛定，黄泥封裹，一如接樹之法。待相著活後，各除一頭，又取所活兩莖，准前刮去皮相著，一如前法。待活後，唯留一莖，四莖合爲一本。待著子，揀取兩個周正好大者，餘者旋旋除去，食之。如此，一斗種，可變爲盛一石。

又曰[82]：凡收種，于九月黄熟時摘取。擘開，水淘，洗去浮者，曝乾。至春二月，種如葵法。常澆潤之，旱即乾死。俟着四五葉，高可五寸許，帶土移栽之。

【芋】前漢書曰[83]：岷山之下，沃野，有蹲鴟。顔師古注曰：芋也。一名土芝[84]。齊人曰：莒，蜀漢爲最[85]。説文曰[86]：芋，大葉，實根駭人者，故謂之芋。廣雅曰[87]：渠芋，其葉謂之蔌。藉姑，水芋也。亦曰烏芋。廣志曰[88]：蜀漢既繁芋，民以爲資。凡十四等：有君子芋，大如斗，魁如杵簇；有草穀芋，有鋸子芋，有勞巨芋，有青浥芋，此四芋多子。有淡善芋，魁大如瓶，少子，葉如散蓋，紺色，紫莖，長丈餘，易熟，長味，芋之最善者也。莖可作羹臛，肥澀，得飲乃下。有蔓芋，緣枝生，大者次〔二五〕二三升。有雞子芋，色黄。有百果芋，魁大、子繁多，畝收百斛，種一百畝以養彘。有早芋，七月熟。有九面芋，大而不美。有象空芋，大而弱，使人易飢。有青芋，有素芋，子皆不可食，莖可爲植。凡此諸芋，皆可乾，又可藏至夏食之。又百子芋，出葉俞縣。有魁芋，無旁子，生永昌縣。有大芋二升，出范陽、新鄭。風土記曰[89]：博士芋，蔓生，根如鵝鴨卵。王禎曰[90]：芋葉如荷〔二六〕，長而不圓。莖微紫，乾之，亦中食。根白，亦有紫者，其大如斗，食之味甘。旁生子甚夥，拔之，則連茹〔二七〕而起。宜蒸食，亦中爲羹臛〔二八〕。東坡所謂玉糝羹者，此也。

煮法：宜先用鹽，微滲之，則不模糊。

氾勝之書曰[91]：種芋，區方深皆三尺。取豆萁内區中，足踐之，厚尺五寸。取區上濕土，與糞和之，内區中萁上，令厚尺二寸。以水澆之，足踐令保澤。取五芋子，皆長三尺。一區收三石。

又種芋法[92]：宜擇肥緩土，近水處，和柔糞之。二月注雨，可種芋。率二尺下一本。芋生，根欲深，斸其旁，以緩其土。旱則澆之，有草，鋤之，不厭數多。治芋如此，其收常倍。又列仙傳曰：酒客爲梁令，蒸民益種芋。後三年，當大饑。卒如其言，梁民不死。案：芋可以救饑饉，度凶年。今中國，多不以此爲意。後生中，有耳目所不聞見者，及水旱風露霜雹之災，便能餓死滿道，白骨交横。知而不種，坐致泯滅，悲夫。人君者，安可不督課之也哉！

崔寔曰[93]：正月可菹芋。

家政法曰[94]：二月可種芋也。

務本新書曰[95]：芋宜沙白地。地宜深耕，二月種爲上時。相去六七寸，下一芋。芋羞三月，衆人來往，眼目多見，并聞刷鍋聲處，多不滋胤。比火炎熱，苗高則旺，頻鋤其旁。秋生子葉，以土壅其根。芋可以救饑饉，蟲蝗不能傷。霜後收之。冬月食，不發病，其餘月分，不可多食。霜後，芋子上芋白，擘下以液漿水煠過，曬乾，冬月炒食，味勝蒲笋。區芋：區長丈餘，深闊各一尺，區行相間一步，寬則透風滋胤。

便民圖纂曰[96]：芋之種，須揀圓長尖白者。就屋南簷下，掘坑，以礱糠鋪底，將種放下，稻草蓋之。至三月間，取出，埋肥地。待苗發三四葉，於五月間，擇近水肥地移栽。其科行與種稻同。或用河泥，或用灰糞、爛草壅培。旱則澆之，有草則鋤之。若種旱芋，亦宜肥地。

齊民要術曰[97]：芋種宜軟白沙地，近水爲善。芋畏旱，故宜近水。區深可三尺許。區行欲寬，寬則過風。芋本欲深，深則根大。率二尺一根，漸漸加土壅之。春宜種，秋宜壅。立夏種，不生卵，秋失壅，而瘦〔二五〕不肥。霜降捩其葉，使收液，以美其實，則芋愈大而愈肥。

氾勝之書云：「區方深各三尺。下實豆萁，尺有五寸。以糞着萁上，深如其萁。一區種五本，復以糞土上覆之，旁四本，中一本，漸漸培之。芋成萁爛，皆長三尺。」此亦良法。今之農不然，但于淺土秧子，俟苗成，移就區種，故其利亦薄。其可不知此法。夫五穀之種，或豐或歉，天時使然，芋則繫之人力。若種藝有法，培壅及時，無不獲利。以之度凶年，濟饑饉，助穀食之不及。

玄扈先生曰：芋有三種：一曰鷄窠芋，一曰香沙芋，一曰截頭芋[98]。香沙芋，味美，根株小，子少。截頭芋，根株大，高可四五尺，魁大子少。惟雞窠芋，魁大子多。清明前十日下種。三月中，多用濃糞灌之。四月，細耘之。種芋，宜在稻田，近牆近屋近樹之處，雨露不及，種稻則不秀，惟芋則收[99]。五六月中起之。壅根，每科作小堥敦[100]，更澆濃糞二次。七八月收。每科并魁子可二斤。二尺一本，一畝得二千一百六十本，爲芋四千二百二十斤[101]。秋月，禾苗未收，斯續乏之大用歟！芋幹剥去皮乾之，亦蔬茹中上品。

備荒論曰[102]：蝗之所至，凡草木葉無有遺者。獨不食芋桑與水中菱芡。宜廣種之。

譜曰[103]：鋤芋，宜晨露未乾及雨後。令根旁空虛，則芋大子多。若日中耘，則大熱，熱則蔫。

附：【香芋】形如土豆，味甘美。土芋：一名土豆，一名黃獨。蔓生葉如豆，根圓如雞卵。肉白皮黃，可灰汁煮食，亦可蒸食[104]。又煮芋汁，洗膩衣，潔白如玉[105]。

【蓮】爾雅曰[106]：荷，芙蕖，其莖茄，其葉蕸，其本蔤，其華菡萏，其實蓮，其根藕，其中菂，菂中薏。邢昺註云[107]：芙蕖：總名也。郭璞云：蔤，乃莖下白蒻，在泥中者；蓮，乃房也；菂，乃子也；薏，乃心中苦薏也。蓮，一名水芝[108]，一名澤芝，一名水旦，一名水花。葉圓如蓋，色青翠。六月開花，有數色。花心有黄蘂，長寸餘。花褪，蓮房成菂。菂在房，如蜂子在窠。六七月，採嫩者生食。至秋，房枯子黑，其堅如石，謂之石蓮。其子花，隨晨昏爲闔闢。凡物先花後實，獨此花實齊生。其種有重臺，並頭，一品，四面，洒金，錦邊。華山頂池，産千葉蓮。滇池産衣缽蓮。儋州清水池産四季蓮，臘月尤盛。九疑山有黄蓮。金池，有金蓮華，洲〔二九〕人研之如泥，以之彩繪，焕爛無異真金。南海有睡蓮，晝開，夜入水底，次日復出。分香蓮，一歲再結，每實子十隻。分枝蓮，一名底光荷，一枝四葉，狀如駢蓋。日照，則葉低蔭根，若葵之衞足，實如玄珠，可以飾佩。又有佛座蓮，金鑲玉印蓮，斗大。紫蓮，碧蓮，金邊蓮，瓣周圍一線，色微黄。蘇州府學前，有百子蓮及黄蓮，名佳都。碧臺蓮，花白而瓣上恒滴一翠點，房之上，復抽緑葉，似花非花。百丈山有草，花如蓮，名山蓮。旱蓮出終南山，服之延壽。茄蓮，葉似蓮，根似蘿菔，味甘脆。西番蓮，花雅澹，自春至秋，花相繼不絶。鐵線蓮，花葉俱似西番，花心黑如鐵線。木蓮，産白鷗山佛殿前。其葉，堅厚如桂，夏作花，狀似芙蓉。每花拆〔三〇〕時，聲如破竹。藕，月生一節，遇閏多一節[109]，有孔有絲。大者如臂，可作粉。烝、煮食，補五臟。實下焦，與蜜同食，令人腹臟肥，不生蟲。亦可休〔三一〕糧。葉及房，主破血。胎衣不下，酒煎服。葉蒂味苦，主安胎，去滯，養血。

農桑通訣曰[110]：蓮子，八九月中，收堅黑者。于瓦上，磨蓮子頭，令薄。取墐土作熟泥封之，如三指大，長二寸。使蔕頭平重，磨處尖鋭。泥乾時，擲於泥中，重頭沈下，自然周正，皮薄易生，不時即出。其不磨者，皮既堅厚，倉卒不能生也。種藕法：春初，掘藕根接〔二六〕頭，著魚池泥中種之，當年即有蓮花。蓮子可磨爲飯，輕身益氣，令人强健。藕止渴，散血。常食之不可〔二七〕。池藕[111]，二月間取帶泥小藕，栽池塘淺水中，不宜深水。待茂盛，深亦不妨。或糞，或豆餅壅之，則益盛。玄扈先生曰：深池中種藕，用今種盆荷法，横種炭簍内，以繩放下水底。三吴人用大藕于下田中種之，最盛。春分前栽[112]，則花出葉上。凡種時，藕壯大、三節無損者順鋪在上。頭向南，芽朝上。用硫黄研碎，紙撚簪把〔二八〕麄，纏藕節二一道，當年有花。

管子曰[113]：五沃之土生蓮。故栽宜壯土。然不可多加壯糞，反致發熱壞藕。

種蓮子法[114]：用鷄子一枚，開一小孔，去青黄[115]，將蓮子填滿，紙糊孔三四層，令鷄抱之。鷄出，取放煖處。不拘時，用天門冬末、硫黄，同肥泥，或酒罈泥，安盆底栽之。仍用酒和水澆，開花如錢。

蓮子磨薄尖頭，浸靛缸中。明年清明，所種子，開青蓮花。凡蓮畏桐油，宜忌之[116]。

【菱】周禮曰[117]：加籩之實，蔆、芡、㮚、脯。蔆，陵也。爾雅謂之厥欔[118]。音眉。按國語「屈到嗜芰」，芰即菱也[119]。許氏説文曰[120]：楚謂之芰，秦謂之薢茩。一名水栗，一名沙角[121]。武陵記三角四角者爲芰[122]，兩角者爲菱。俗呼菱角，其色有青紫之殊。陶弘景曰[123]：「菱實，廬江間最多，皆取火燔以爲米充糧。今多烝食之。」蘇頌曰：「菱處處有之，葉浮水上。花黄白色，花落實生，漸向水中，乃熟。」李時珍曰：「菱湖濼處則有之。菱落泥中，最易生發。有野菱、家菱，皆三月生，蔓延引，葉扁而有尖〔二九〕，光面如鏡。葉下之莖，有股如蝦，一莖一葉，兩兩相差，如蝶翅狀。花背日而生〔三〇〕，晝合宵炕[124]，隨月轉移。」

農桑通訣曰[125]：秋上，子黑熟時，收取；散着池中，自生。

種法[126]：重陽後，收老菱角，用籃盛，浸河水内。待二三月，發芽，隨水淺深，長約三四尺許，用竹一根，削作火通口樣[127]，箝住老菱，插入水底。若澆糞，用大竹打通節注之。

王禎曰[128]：生食性冷，煮熟爲佳。烝作粉，蜜和食之，尤美。江淮及山東，曝其食以爲米，可以當糧，猶以橡爲資也。

李時珍曰[129]：「嫩時剥食，老則曝乾剁米，爲飯、爲粥、爲糕、爲果，皆可代糧。其莖亦可暴收，和米作飯，以度荒歉。蓋澤農有利之物也。」

玄扈先生曰：莖之嫩者，亦可爲菜茹。

【芡[130]】　本草云：「芡實，一名鷄頭。」莊子名雞雍[131]，管子名卯蔆[132]，古今注名鴈頭，亦曰鴈喙[133]。淮南子曰[134]：雞頭已瘻，注曰：芡也。揚雄方言云[135]：南楚謂之雞頭，青、徐、淮、泗謂之芡子。其莖謂之蔿，亦曰茷。陶弘景曰[136]：「莖上花似雞冠，故名。」蘇頌曰：其苞形類雞鴈頭，故云。王禎曰[137]：芡苗生水中。葉大如荷，皺而有刺，花開向日；花下結實。故菱寒而芡暖。李時珍曰[138]：可濟儉歉，故謂之芡。芡三月生葉，面青背紫。莖葉皆有刺。其莖長丈餘，有孔有絲。花開結苞，内有班駁軟肉，裹子累累如珠。内白米，狀如魚目。韓退之名芡爲鴻頭[139]。山谷詩云[140]：「剖蚌煮鴻頭」，是也。

種法[141]：秋間熟時，收取老子，以蒲包包之，浸水中。三月間，撒淺水内。待葉浮水面，移栽深水。每科離五尺許。先以麻餅或豆餅，拌匀河泥。種時以蘆插記根處，十餘日後，每科用河泥三四碗壅之。

王禎曰[142]：八月採芡，擘破，取子，散著池中，自生。

又曰：雞頭作粉，食之甚妙。河北沿溏濼居人採之，舂去皮，擣爲粉，烝渫作餅，可以代糧。龔遂守渤海，勸民秋冬益蓄菱芡，蓋謂其能充飢也。

又曰：芡莖之嫩者，名爲蔿，人採以爲菜茹。

李時珍曰[143]：「秋深老時，澤農廣收芡子，藏至囷石，以備荒歉。其根狀如三菱，煮食如芋。」

【烏芋】即俗名荸臍也。爾雅曰[144]：鳧茈。鳧喜食之[145]，故曰。後人訛以爲荸臍，音相似也。鄭樵通志以爲地栗。一名黑三稜，一名芍[146]。舊名烏芋者，以其形似芋，而鳧燕食之也。寇宗奭曰[147]：皮厚色黑，肉硬而白者，爲猪荸臍；皮薄澤，色淡紫，肉軟而脆者，爲羊荸臍。李時珍曰[148]：鳧茈，生淺水田中。其苗三四月出土；

一莖直上，無枝葉。其根白蒻，秋後結顆，大如山查，栗子，而臍有聚芽。累累下生，入泥底。野生者，黑而小，食之多滓；種出者，紫而大，食之多毛。

種法⑭⑨：正月留種。種取大而正者。待芽生，埋泥缸內。二三月間，復移水田中。至茂盛，于小暑前分種。每科離五尺許。冬至前後起之。耘盪與種稻同。豆餅或糞，皆可壅之。玄扈先生曰：破草鞋壅，甚盛。

李時珍曰⑮⓪：肥田栽者，麄近葱蒲，高二三尺。三月下種，霜後苗枯。冬春掘收爲果，生食煮食皆良。

董炳曰⑮①：地栗能毁銷，兼能辟蠱。傳聞下蠱之家，知有此物，便不敢下。

寇宗奭曰⑮②：荒歲多採，可以爲糧。

【慈姑⑮③】一名藉姑，一根歲生十二子，如慈姑之乳諸子，故名〔三二〕。一名河鳧茈，一名白地栗，一名水萍。苗名剪刀草，又名箭搭草、槎丫草。陶弘景曰：藉姑生水田中。葉有椏，狀如澤瀉。其根黄；似芋而小，煮之可啖。蘇恭曰：葉如剪刀，莖似嫩蒲。開小白花，蕊深黄色，五六月採葉，正二月採根。福州别有一種小異，三月開花，四時採根，功亦相似。又有山慈姑，名同實異。

種法⑮④：預於臘月間，折取嫩芽，插於水田。來年四五月，如插秧法種之。每科離尺四五許。田最宜肥。

陶弘景曰⑮：藉姑三月三日採。根暴乾，可療飢。

李時珍曰⑯：慈姑三月生苗，青莖，中空。霜後葉枯，根乃練結。冬及春初，掘以爲果；須灰湯煮熟，去皮不致麻澀戟咽也。嫩莖亦可煠食。又取汁，可制粉霜雄黄。

【菰⑰】即俗名茭白也。爾雅曰：蘧蔬，菰也。又曰莔茭。郭璞曰：江東呼藕紹緒如指，空中可啖者爲茭。江南人呼菰爲茭，以其根交結也。一名蔣草，一名茭筍，一名菰菜，一名茭粑。韓保昇曰：菰根生水田中，葉如蔗荻。久則根盤而厚。三年者，中心生白薹如小兒臂，中有黑脉堪啖者，名菰首也。陳藏器曰：菰首，擘之，内有黑灰如墨者，名烏鬱，人亦食之。晉張翰思蓴菰，即此也。蘇頌曰：茭白，生熟皆可啖。其中心小兒臂者，名菰手，作菰首者謬。其根亦如蘆根。二浙下澤處最多，彼人謂之菰葑，削去其葉，便可耕蒔。又有一種，中有一粒可食，所謂菰米者是也。

種法⑱：宜水邊深栽。逐年移動，則心不黑⑲。多用河泥壅根，則色白。

李時珍曰⑳：葑田，其苗有莖硬者，謂之菰；歲饑，掘以當糧。

寇宗奭曰㉑：菰根，江湖陂澤中皆有之。生水田中，葉如蒲葦，刈以秣馬，甚肥。

【山藥】山海經曰㉒：「其草多藷藇。」音同薯蕷。本草衍義曰㉓：薯犯英廟諱；蕷，犯唐代宗名，故改爲山藥。吴氏本草曰㉔：薯蕷一名藷薯，齊、越名山芋，一名修脆，一名兒草，一名土藷，一名玉延。或生臨朐、鍾山。始生，赤莖細蔓。五月華白，七月實青黄，八月熟落。根種，曰皮黄，類芋。異苑曰㉕：薯蕷若欲掘取，嘿然則獲；唱名便不可得。人有植之者，隨所種之物而像之也。玄扈先生曰：山藥出處，見山海經凡四[166]；本草復云出嵩山、北京、四明、東山、南江、永康、滁州、眉州，大率處處有之，今齊魯之間尤多。有二種：其一，黄山藥，形圓長，細而甘，過夏月不壞。一種，形如手指者大而淡，春月易爛。擇種，宜取皮薄光潤者，若根毛粗勁，種多不佳。又曰：山藥，各處所出不一。大都形類壯大者，不免虚疎，入藥尤無力。閩中有一種，形細如指，新安一種，形扁而細。性堅實，味勝。

地利經曰[167]：大者，折二寸爲根種，當年便得子。收子後，一冬埋之。二月初，取出便種。忌人糞。如旱，放水澆，又不宜苦濕。須是牛糞和土種，則易成。玄扈先生曰：山藥用子作種，生絶細。有用宿根頭者，亦須根大方可用。不若逕用大薯斷〔三三〕作種爲便。

務本新書曰[168]：種山藥，宜寒食前後，沙白地。區長丈餘，深闊各二尺。少加爛牛糞，與土相和平匀，厚一尺。揀肥長山藥，上有芒刺者，每段折長三四寸〔三四〕。鱗次相挨卧於區内。復以糞〔三五〕匀覆五寸許。旱則澆之，亦不可太濕。忌大糞。苗長，以高稍〔三六〕扶架。霜降後，比及地凍出之。外將蘆頭另窨，來春種之，勿令凍損。

山居要術云[169]：擇取白色根，如白米粒成者，先收子。作三五所阬，長一丈，闊三尺，深五尺。下密布甎，四面亦側布甎，防別入傍土中，根即細也。作阬子訖，填糞土，排行，下子種之，填阬滿。待苗著架。經年已後，根甚麄；一阬可支一年食。種者，截長一寸下種。玄扈先生曰：山東種薯法：沙地，深耕之，起土。坑深二尺；用大糞乾者和土各半，填入坑，深一尺；次加浮土一尺，足踐實。正月中，畦種。薯苗上，又加土壅厚二寸。候苗長一尺，常用水灌，數日一次。苗長，架起。春夏長苗，秋深即長根。根下行遇堅土即大。若土太〔三四〕實，即不長，浮土太深，即長而細。又曰：今江南種薯法，亦用沙地。正月盡，耕深二尺。每一步，灌大糞一石。候乾，轉耕，杷細作埒。每埒相去一尺餘。其種須極大者，竹刀切作一二寸斷，用鐵刀切易爛。埒中布種，每相去五六寸，横卧之。入土只二寸，不宜太深。種後用水糞各半灌之；每畝用大糞四十石。苗長，用葦或細竹作架，三以爲簇，有草，數耕之。旱，數澆之。八九月，掘取根；向畦一頭，先掘一溝，深二尺，漸削去土取之。又曰：藏種法：于南簷下，向日避風處，掘土窖。深二尺，下用礱糠鋪二三寸。次下種，仍以礱糠蓋之。次下土蓋之。臨種時起用。又曰：或云，山藥下種時，勿用手⑰，以鍬钁下之，則易大。每年易人而種之。

【甘藷】即俗名紅山藥也⑰。異物志曰⑰：甘藷似芋，亦有巨魁。剥去皮，肌肉正白如脂肪。南人專食，以當米穀。嵇含南方草木狀曰⑰：甘藷味甘甜，經久得風，乃淡泊。稗史彙編曰⑰：甘藷，或白〔三四〕芋之類。根葉亦如芋，大如拳，有大如甌者，皮紫而肉白。烝食味如薯蕷；性冷。生於朱厓之地。海中之人，皆不業耕稼，惟掘地種甘藷。秋熟收之，烝晒，切如米粒，作飯食之。貯之以充饑，是名藷糧。北方人至者，或盛牛具豕、膾炙諸味，以甘藷薦之，若粳粟然。海中之人，壽百餘歲者，由食甘藷故耳。圖經云⑰：江、湖、閩中出甘藷。根如薑芋之類，而皮紫，極有大者，一枚可重斤餘。刮去皮，煎煮食之，俱美。玄扈先生曰：藷有二種，其一，名山藷，閩、廣故有之；其一，名番藷，則土人傳云：近年有人，在海外得此種。海外人，亦禁不令出境；此人取藷〔三五〕藤，絞入汲水繩中，遂得渡海。因此分種移植，略通閩、廣之境也。兩種莖葉多相類，但山藷植援附樹乃生；番藷蔓地生。

山藷，形魁壘；番藷，形圓而長。其味，則番藷甚甘，山藷爲劣耳。蓋中土諸書所言藷者，皆山藷也。今番藷撲地傳生，枝葉極盛。若于高仰沙土，深耕厚壅，大旱則汲水灌之，無患不熟。閩、廣人賴以救饑，其利甚大。又曰：薯蕷與山藷，顯是二種；與番藷爲三種，皆絶不相類。

玄扈先生曰[176]：種藷法：種須沙地，仍要極肥。臘月耕地，以大糞壅之，至春分後下種。先用灰及剉草，或牛馬糞，和土中，使土脉散緩，可以行根。重耕地二尺深。次將藷種截斷，每長三、二寸種之，以土覆。深半寸許，大略如種薯蕷法。每株相去數尺。俟蔓生盛長，剪其莖，另插他處，即生，與原種不異。至秋冬掘起，生、熟烝煮任用。其藏種有二法：其一，傳卵，于九十月間，掘藷卵，揀近根先生者，勿令傷損，用軟草苞之，掛通風處，陰乾。至春分後，依前法種。一，傳藤，八月中，揀近根老藤，剪取長七八寸，每七八條作一小束。耕地作埒。將藤束栽種如畦韭法。過一月餘，即每條下生小卵如蒜頭狀。冬月畏寒，稍用草器蓋，至來春分種。若原卵在土中者，冬至後，無不壞爛也。

又曰：藷根極柔脆，居土中甚易爛。風乾收藏，不宜入土，又不耐冰凍也。余從閩中市種北來，秋時用傳藤法：造一木桶，栽藤種于中。至春，全桶攜來過嶺分種，必活[177]。春間攜種，即擇傳根者持來。有時傳藤或爛壞，不壞者，生發亦遲。惟帶根者，力厚易活，生卵甚早也。又曰：藏種三法。其一，以霜降前，擇於屋之東南，無西風有東日處，以稻草疊基。方廣丈餘，高二尺許；其上，更疊，四圍，高二尺，而虚其中。方廣二尺許，用稻穩襯之[178]，置種焉，復用穩覆之。縛竹爲架，籠罩其上，以支上覆也。上用稻草高垛覆之，度令不受風氣雨雪，乃已。又一法：稻穩襯底一尺餘，上加草灰盈尺，置種其中，復以灰穢厚覆之，上用稻草斜苫之，令極厚。二法，藤卵俱合并安置，俱得不壞，而卵較勝。又以磁盆於八月中移栽，至霜降如前二法藏之，亦活。其窖藏者，仍壞爛也。

又曰：藏種之難，一懼濕，一懼凍。入土，不凍而濕；不入土，不濕而凍。向二法[179]，令必不受濕與凍，故得全也。若北土風氣高寒，即厚草苫蓋，恐不免冰凍，而地窖中，濕氣反少。以是下方仍着窖藏之法，冀因愚説，消息用之[180]。

又曰：藏種必於霜降前，下種必於清明後。更宜留一半，於穀雨後種之，恐清明左右，尚有薄凌微霜也。

又曰：閩中藏種，藤卵俱晒七八分乾收之。向後，南北收藏，俱宜用乾者。或半用不乾者雜試之。

又曰：復有一閩人説留種法：於霜降前，剪取老藤作種。先用大罈，洗净曬乾，或烘乾。次剪藤，曬至七八分乾。用乾稻草穀襯罈，將藤蟠曲，置稻草中。次用稻草穀塞口。先掘地作坎，量濕氣淺深[181]，令不受濕。深或二尺許，淺或平地。先用稻草穀或礱糠鋪底，厚二三寸，將罈倒卓其上。次實土滿坎，仍填高，令罈底土高四五寸。至來年清明後取起，即罈中已發芽矣。是説，疑諸方具可用。并識之。

又曰：藷[182]每二三寸作一節。節居土上，即生枝節，居土下，即生根。種法：待延蔓時，須以土密壅其節。每節可得三五枚[183]，不得土，即盡成枝葉，層疊其上，徒多無益也。今擬種法，每株居畝中，横相去二三尺，縱相去七八尺，以便延蔓壅節，即遍地得卵矣。若枝節已遍，待[184]生遊藤者，宜剪去之，猶中飼牛羊。

又曰：吾東南邊海高鄉，多有横塘縱浦。潮沙淤塞，歲有開濬，所開之土，積於兩崖，一遇霖雨，復歸河身，淤積更易。若城濠之上，積土成丘，是未見畝而代築距堙也[185]。此等高地，既不堪種稻，若種吉貝[186]，亦久旱生蟲。種豆則利薄，種藍則本重。若將岡脊攤入下塍，又嫌損壞花稻熟田。惟用種藷，則每年耕地一遍，斸根一遍，皆能將高仰之土，翻入平田。平田不堪種稻，并用種藷，亦勝稻田十倍。是不數年間，丘阜將化爲平疇也。況新起之土，皆是潮沙，土性虛浮，于藷最宜，特異常土。此亦任土生財之一端耳。

又曰：剪莖分種法：待苗盛枝繁，枝長三尺以上者，剪下去其嫩頭數寸，兩端埋入土各三四寸，中以土撥壓之[187]，數日延蔓矣。

又曰：藷苗延蔓，用土壅節後，約各節生根，即從其連綴處剪斷之，令各成根，苗不致分力。此最要法。

又曰：藷苗，二三月至七八月，俱可種，但卵有大小耳。卵八九月始生，便可掘食或賣。若未須者，勿頓掘，居土中，日漸大。南土到冬至，北土到霜降，須盡掘之，不則爛敗矣。其種宜高地。遇旱災，可導河汲井灌溉之。在低下水鄉，亦有宅地園圃高仰之處，平時作場種蔬者，悉將種藷，亦可救水災也。若旱年得水，澇年水退，在七月中氣後，其田遂不及蓺五穀；蕎麥可種，又寡收而無益于人。計惟剪藤種藷，易生而多收。至于蝗蝻爲害，草木無遺，種種災傷，此爲最酷。乃其來如風雨，食盡即去，惟有藷根在地，薦食不及。縱令莖葉皆盡，尚能發生，不妨收入。若蝗信到時，能多并人力，益發土，遍壅其根節枝榦，蝗去之後，滋生更易。是蟲蝗亦不能爲害矣。故農人之家，不可一歲不種。此實雜植中第一品，亦救荒第一義也。

又曰：凡藷，二三月種者，其占地也，每科方二步有半，而卵徧焉。四五月種者，地方二步而卵徧焉。六月種者，地方一步有半；七月種者，地方一步，而卵皆徧焉。八月種者，地方三尺以内，得卵，細小矣。種之疎密，略以此準之。方二步者，畝六十科也；方一步有半者，畝一百六科有奇也；方一步者，畝一[188]百四十科也；方三尺者，畝九百六十科也。九月畦種，卵生其下，如箸如棗，擬作種。早種而密者，謹視之，去其交藤。

又曰：人家凡有隙地，悉可種藷。若地非沙土，可多用柴草灰，雜入凡土，其虚浮與沙土同矣。即市井湫隘，但有數尺地，仰見天日者，便可種得石許。其法：用糞和土，曝乾，雜以柴草灰，入竹籠中，如法種之。

又曰⑱⑨：或問「藷本南産，而子言可以移植，不知京師南北，以及諸邊，皆可種之以助人食，無令軍民枵腹否？」余遽應之曰：「可也。」藷春種秋收，與諸穀不異。京邊之地，不廢種穀，何獨不宜藷耶？令北方〔三六〕種藷，未若閩、廣者，徒以三冬冰凍，留種爲難耳。欲避冰凍，莫如窖藏。吾鄉窖藏，又忌水濕，若北方地高，掘土丈餘，未受水濕，但入地窖，即免冰凍，仍得發生。故今京師窖藏菜果，三冬之月，不異春夏。亦有用法煨熱，令冬月開花結蓏者。其收藏藷種，當更易於江南耳。則此種傳流，決可令天下無餓人也。

又曰：吴下種吉貝，吾海上及練川尤多⑲⓪，頗得其利。但此種，甚畏風潮。每至秋間，纔生花實，一遇風雨，便受其損。若大風之後，更遇還風，則根撥實落，大不入矣。若將吉貝地種藷十之一二，雖風潮不損。此種撲地成蔓，風無所施其威也。還風者，一日東南，一日西北之類也。

又曰：昔人云，「蔓菁有六利」；又云，「柿有七絶」⑲①。余續之以「甘藷十三勝」：一畝收數十石，一也。色白味甘，于諸土種中，特爲敻絶，二也。益人與薯蕷同功，三也。遍地傳生，剪莖作種，令歲一莖，次年便可種數百畝，四也。枝葉附地，隨節作根，風雨不能侵損，五也。可當米穀，凶歲不能災，六也。可充籩實，七也。可以釀酒，八也。乾久收藏，屑之旋作餅餌，勝用餳蜜，九也。生熟皆可食，十也。用地少而利多，易于灌溉，十一也。春夏下種，初冬收入，枝葉極盛，草薉不容，其間但須壅土，勿用耘鋤，無妨農功，十二也。根在深土，食苗至盡，尚能復生，蟲蝗無所奈何，十三也。

又曰：閩、廣人收藷以當糧，自十月至四月，麥熟而止。東坡云：「海南以藷爲糧，幾米之十六」，今海北亦爾矣。經春風，易爛壞，須先曬乾藏之。

又曰：甘藷所在，居人便足半年之糧。民間漸次廣種，米價諒可不至騰踊矣。但慮豐年穀賤，公家折色銀，輸納甚艱。民間急宜多種桑株育蠶，擬納折銀可也。

造酒法：藷根，不拘多少，寸截斷，曬晾半乾。上甑炊熟，取出揉爛，入瓶中。用酒藥研細，搜和按實，中間作小坎。候漿到，看老嫩，如法下水；用絹袋漉過，或生或烝熟任用。其入缸寒煖，酒藥分兩，下水升斗，或用麯糵，或加藥物香料，悉與米酒同法。若造燒酒，或即用藷酒入鍋，蓋以錫兜鍪，烝煮滴槽，成頭子燒酒；或用藷糟，依法造成常用燒酒；亦與米酒米糟造燒酒同法。

【蘿蔔】爾雅：葖，蘆葩。註云：紫花菘也(192)。一名萊菔，一名雹葖，一名土酥。王禎曰(193)：

蘆葩。俗呼蘿蔔,在在有之。北方者,極脆;食之無查。中原有迭秤者,其質白,其味辛甘,尤宜生啖,能解麵毒。子可入藥。四時皆可種,然不如末伏秋初爲善。破甲以後,便可供食。老圃云:蘿蔔一種而四名:春曰破地錐,夏曰夏生,秋曰蘿蔔,冬曰土酥。故黄山谷云:「金城土酥净如練」以其潔也。蘇頌曰(194):有大小二種:大者肉堅宜烝食,小者白脆。河朔有極大者,信陽有重過二三十斤者。一時種蒔之力也。

齊民要術曰(195):種蘆菔法,與蔓菁同。蘆菔根實粗大,其角及根葉,並可生食,非蕪菁比也。

四時類要種法(196):宜沙糯地〔三五〕。五月,犁五六遍,六月六日種。鋤不厭多。稠即小,閑拔〔三六〕令稀。至十月收窖之。

又新添種蘿蔔(197):先深斸成畦,杷平。每畦,可長一丈二尺,闊四尺。用細熟糞一擔,匀布畦内,再斫一遍,即起,覆土,再耬平。澆水滿畦;候水滲盡,撒種于上,用木杴匀撒覆土。苗出兩葉,旱則澆之。每子一升,可種二十畦。

水蘿蔔,正月二月種,六十日根葉皆可食。夏四月亦可種。大蘿蔔,初伏種之。水蘿蔔,末伏種。皆候霜降,或淹〔三七〕、或藏,皆得用。如要來年出種,深窖内埋藏,中安透氣草一把。至春透,芽生,取出,作壠或畦,下糞栽之。旱則澆,令得所。夏至後收子,可爲秋種(198)。蘿蔔三月下種,四月可食;五月下種,六月可食,七月下種,八月可食。地宜肥,土宜鬆,澆宜頻,種宜稀。密則芟之,肥大。

農桑通訣曰[199]：種，同蔓菁法，每子一升，可種二十畦。畦可長一丈二尺，闊四尺。擇地宜生，耕地宜熟。地生則不蠹，耕熟則草少。凡種：先用熟糞勻布畦内，仍用火糞和子〔三八〕令勻，撒種之。俟苗出，成葉，視稀稠去留之。其去之者，亦可供食。以疎爲良，疎則根大而美，密則反是。尺地約可二三窠。厚加培壅，其利自倍。欲收種子，宜用九月十月，收者擇其良，去鬚帶葉移栽之。澆灌得所，至春二月收子，可備時種。宿根在地，不經移種者，爲斜子。種之，疥而不肥。按蔬茹之中，惟蔓菁與蘿蔔可廣種，成功速而爲利倍。然蔓菁北方多獲其利，而南方罕有之，蘆菔，南方所通美者。生熟皆可食，淹〔三九〕藏腊豉，以助時饌。凶年亦可濟飢，功用甚廣。玄扈先生曰：蘿蔔尅氣耗血，不如蔓菁十倍。

王省曾曰[200]：胡蘿蔔，伏内畦種，或壯地漫種[201]，頻澆灌，則自然肥大。

校：

〔一〕胅 平本右邊譌從「夫」，依黔本、曙本、魯本照爾雅改正從「失」。

〔二〕浙中 平、曙、中華排印本作「浙中」，魯本譌作「淅江」，王禎農書作「浙間」。（定扶校）

〔三〕掊 本書各本均作「培」，應依齊民要術改作「掊」（音 póu，用手扒土或用工具掘土）。參看中華書局新版要術今釋一八四頁。（定扶校）

〔四〕性　平本譌作「煋」，依黔本、曙本、魯本改作「性」，與要術原文合。
〔五〕起　平本、曙本作「德」，依黔本、魯本從要術改作「起」。
〔六〕稙　本書各本均作「植」，應從要術改作「稙」。（定扶校）
〔七〕菱多則蔓廣　「蔓」字平本作「不」，依黔本、曙本、魯本從要術改正。
〔八〕無　平、魯作「蔓」，依曙本、黔本從要術改。
〔九〕子　平、黔、魯作「中」，依曙本及要術原文改正。
〔一〇〕人　平本作「人」與齊民要術合，黔本、曙本、魯本改作「入」字是錯誤的。
〔一一〕正　平本、曙本作「正」，與要術原文合；黔本、魯本改作「止」，文義雖較明豁，但無根據。仍應保留「正」字，釋解爲「剛好」。
〔一二〕梢　平本、魯本、曙本誤作「稍」，依黔本從要術原文改。
〔一三〕留五六枚　平、魯、中華排印本均作「存六枚」，應從要術原文改作「留五六枚」。（定扶校）
〔一四〕瓣　平本譌作「辦」，依黔、魯從王禎原書改作「瓣」。（「瓣」字原止解釋爲「瓜子」；現在將一件物件切開分作幾大份，稱爲「瓣」的，從前都寫作「片」、「爿」。）後同改。
〔一五〕菝　平本、黔本、魯本譌作「菝」；依曙本改作「菝」，與馮書合（菝葜音 bá qiā）。
〔一六〕栲栳　平、曙均錯刻爲「栲栳」，應依魯本、中華排印本改作「栲栳」，與王禎原書合。（定扶校）
〔一七〕塍　平本依輯要作「賸」，誤；依曙本改。

〔一八〕沉　魯本作「沈」，依平、曙、中華排印本從要術作「沉」。（定枎校）

〔一九〕徹　各本均譌作「澈」，要術此處亦譌作「澈」，應改作「徹」。參見中華版齊民要術今釋上册一八九頁校記。（定枎校）

〔二〇〕油　平、黔、魯作「合」；曙本作「油」，與輯要原引文同。疑「油」、「合」均非，當是「酪」字，「麻酪」見齊民要術卷八餅法第八十二「豚皮餅法」中，即今日稱爲「芝麻醬」的製品。

〔二一〕引　平本、曙本作「引」，與圖纂原文合；黔、魯譌作「易」。

〔二二〕人　平本、黔本、魯本譌作「大」，應依曙本從詩孔疏改作「人」。

〔二三〕休　黔、魯作「代」，應依平、曙作「休」。「休糧」即停止進食（絶粒）或「辟穀」，「代糧」則止是代替糧食。

〔二四〕藷　依平本、曙本作「藷」，與四時纂要原文及農桑輯要引文同；黔、魯譌作「轄」。「藷」，現在都寫作「稭」，也有寫作「秸」的。輯要有小注「稭」同，可以知道原應作「藷」。

〔二五〕大者次　平本作「大者次」，與要術傳本同；曙本改作「一本收」，黔本、魯本同，但未説明根據。現暫保留平本原様，太平御覽所引廣志無「次」字，可能是正確的；有可能「次」是「及」字破爛後鈔錯。

〔二六〕荷　平、黔、魯譌作「苛」，應依曙本及王禎原書改作「荷」。

〔二七〕茹　平本譌作「茄」，應依黔本、曙本、魯本改作「茹」。易泰卦、否卦，都有「拔茅，茹以其彙」，

「茹」解作「旁根」。

〔二八〕羹臛　平本沿襲明本要術譌作「羹臛」，應依黔、曙、魯從王禎原書改。

〔二九〕洲　本書過去各刻本均作「洲」，止中華排印本作「州」。王象晉群芳譜亦作「洲」。據王原書，「華」字屬上句，「洲」字屬下句。

〔三〇〕坼　平本、中華排印本作「圻」，魯本作「折」，均誤。應依曙本從王象晉群芳譜改作「坼」。（定扶校）

〔三一〕休　應依平本、曙本作「休」，與王象晉原文合；黔本、魯本改作「代」。「休糧」是「絶粒」（不吃穀物）。（參看上面校〔二二〕）

〔三二〕故　依平本、曙本作「故」，黔本、魯本譌作「姑」。

〔三三〕斷　黔本、魯本譌作「繼」，應依平本、曙本。

〔三四〕太　平本、魯本作「大」，應依黔本、曙本改「太」。

〔三五〕藷　應依平本、曙本作「藷」，黔、魯及中華排印本均作「諸」。

〔三六〕北方　平、曙作「此方」，應依魯本、中華排印本改作「北方」。（定扶校）

注：

① 見爾雅釋草第十三。小注現見王禎農書百穀譜三蓏屬「甜瓜」條，是王禎爲「瓞」字所作解釋。

②今本廣雅（卷十）釋草，「土」字作「水」。太平御覽（卷九七八）引本草經：「瓜一名土芝」；李時珍本草綱目（卷二八）「冬瓜」條「釋名」下，引有「地芝」，注明「出自廣雅」，但今本廣雅中止有「水芝，瓜也」，没有「地芝」。

③此段小注見本草綱目（卷三三）「甜瓜」條「釋名」下，是李時珍輯自各書的。第一句出自許慎説文解字；第二句出自許慎淮南子注（現見齊民要術種穀第三所引漢書注）；第三四句出自詩疏；第五句根據廣雅；第六句出自禮記玉藻；第七句從儀禮及爾雅疏得來。

④此段廣志，現見齊民要術（卷二）種瓜第十四；本節引文，稍有删節，也有錯字：「香登」應作「青登」，「温食」似應作「温良」，「二月」應作「三月」，「秌」應作「秋」。（參見二〇〇九年中華書局版齊民要術上册一七九頁）

⑤「縈，小瓜瓞也」：「縈」，應依説文解字作「𤬪」；今本説文無「瓞」字，本書係據齊民要術種瓜第十四標題注轉引的。案：「𤬪」字，從字音和字體構成上看，應當是一長串小瓜；要術所加瓞字，是可以玩味的。

⑥現見陸士衡集（卷一）瓜賦。又齊民要術（卷二）種瓜第十四、太平御覽（卷九七八）「瓜」項，也都引有，但均無「皆瓜名也」一句。其中「春」字本作「青」。此外，「桃」，似應作「陶」（定陶是地名）；「傳」似應作「摶」（從前當圓形解釋的「團」字，往往寫成「摶」）；「密」應作「蜜」；「班」字應作「斑」。

⑦齊民要術（卷二）種瓜第十四標題注，引廣志「……有烏瓜、縑瓜、狸頭瓜、蜜筩瓜、女臂瓜……」又

引廣雅「龍肝、虎掌、羊骹、兔頭、瓞瓠、狸頭、白瓠、秋無餘，縑瓜屬也」。案：「肝」字似應作「骭」；「縑」字下的瓜字，似應重出；——「縑瓜」是一種瓜名。（徐光啓以爲即是「絲瓜」，見本卷引文；但未説明根據。李時珍以爲絲瓜「唐宋以前無聞」。）

⑧ 今本王禎農書（卷八）百穀譜三「甜瓜」條下是「愚嘗聞甘肅等處，其甜瓜大如枕頭，割去其皮，其肉與瓤……暴之稍乾，柔韌……」「賫」是「齎」的或體，現應讀jī，解爲「送」。

⑨ 王禎農書（卷八）百穀譜三「甜瓜」條下，原文無「甜瓜西瓜是也」一句。似乎是根據本草綱目節引時，將李時珍所加的認作王禎原文；也可能是現行本王禎農書有錯漏。

⑩ 「禮記……果瓜也」，亦見本草綱目（卷三三）果部五「甜瓜」條「釋名」下，係李時珍爲王禎原説「果瓜」所作解釋，不是禮記本文，也不是王禎原書文字。

⑪ 現見齊民要術（卷二）種瓜第十四引；「襄」字，要術原引文作「美」；如按下文所引本草綱目引陶弘景的文字，可能還應作「寒」。

⑫ 本草綱目（卷三三）「西瓜」條下「集解」「時珍曰」：「陶弘景……言『永嘉有寒瓜，甚大，可藏至春』者，即此也。」

⑬ 現見齊民要術（卷二）種瓜第十四。

⑭ 落疏：指「茄子」（要術「種茄子」附在「種瓜法」中）。

⑮ 又收瓜子法：「又」字，指仍出齊民要術。現見要術（卷二）種瓜第十四。「收瓜子法」（參看今釋

中華書局新版一八三頁）「美者收」下，應依要術原文補「取」字；「拔」字應作「掇」。

⑯ 小注，見王禎農書百穀譜，不是徐光啓的文字。「中藏」的「中」。讀 zhòng，即「合於」。

⑰ 「凡下種……五六月種晚瓜」，仍是齊民要術（卷二）種瓜第十四的正文，參看二〇〇九年中華書局新版齊民要術今釋一八三至一八四頁 14.3.1 至 14.4.5 各節。「下種」，要術原作「種法」。「鹽和則不能死」，要術「能」是「籠」字（籠是蚜蟲爲害後，瓜葉背面縐縮，變成罩形），可能是隨着王禎農書的錯誤鈔寫的，由下條「治瓜籠法」看，可知應依要術改正作「籠」。

⑱ 仍見要術（卷二）種瓜第十四。

⑲ 脅：讀 xié，即從各方面挾逼着。

⑳ 浪花：即「空花」，不能結實的。

㉑ 引文現見齊民要術（卷二）種瓜第十四。

㉒ 科：「科」是地面局部低窪的地方，和「區種」的「區」，意義相同。

㉓ 「一名胡瓜」四字疑是小字，注解「黃瓜」。此句見農桑輯要。「又名冬瓜」，疑應是注釋「白瓜」的小字注。越瓜與冬瓜並非一物；「即越瓜也」四字，疑誤出。懷疑這裏的標題，原來止是「黃瓜一名胡瓜。　越瓜」；正文引齊民要術「種越瓜胡瓜法」，到「收越瓜……亦佳」爲止。下面「白瓜，又名冬瓜。以其至冬而熟也。廣志……土芝」另是一條，正文引齊民要術「種冬瓜法」：「傍牆陰……藏之佳」。本條「玄扈先生曰：甜瓜生者……易熟」注解，則應在前引齊民要術「治瓜籠法」之前的一

段「五六月種晚瓜」句下。現見到的排列當是刻書時排列上發生了錯誤。

㉔王禎農書「冬瓜」條起處是「冬瓜，以其冬熟也；廣志……」。

㉕這兩句，現見齊民要術種瓜第十四中「種冬瓜法」下，亦作小注。案：要術原文有誤，應是「廣雅云：『冬瓜，菰也。』神農本草謂之『土芝』也」。要術中，廣志、廣雅互换的例很多。菰（音及）字，止見於廣雅；一般書籍中，很少見到；字形多少和「蔬」字相像，所以寫錯（本書的「莚」字，還可以看出一些「菰」字的痕跡）。本書「莚」字，要術原作「乪」，則是「也」字看錯。「農」字，隋唐人手寫體，上面從「西」，下段的「辰」字稍有模糊，會像「仙」字古寫法「僊」的半邊；再輾轉，便寫成了「仙」字。「土芝」，要術作「地芝」；重修政和證類本草（四部叢刊影印金覆刻本）卷廿七「白瓜子」條所引圖經，也是「地芝」；但太平御覽（卷九七八）引有本草經「瓜一名『土芝』」。本書引，改作「土芝」是正確的。

㉖種樹書「果」卷，有一條「甜瓜生者，以鯗魚骨插頂上，則蒂落而易熟」。這裏的「玄扈先生曰」，顯然標記有誤。案：創傷刺激，可以使多種未成熟的果實，加速呼吸，達到成熟軟化。像用芝蔴稈插入青柿，用竹簽插入青杧（芒）果等，都是大家的寶貴經驗。

㉗現見齊民要術（卷二）種瓜第十四末節。

㉘現見便民圖纂（卷六）樹藝類下種諸色蔬菜「冬瓜」條。

㉙芽頂灰：是瓜子發芽後，頂着上面所蓋的灰，舉高起來。

㉚現見王禎農書（卷八）百穀譜三蓏屬「冬瓜」條：本書引用有删節，文字上也稍有差别：「其中肉及子俱白」，「俱」字，王原作「亦」。「夫瓜種最多」，王原作「按蔬果中，瓜之爲種至夥也」。案：重修政和證類本草（卷二七）「白瓜子」條，引（蘇頌）圖經曰：「（冬瓜）初生者正青緑，經霜則白如塗粉」；又本草綱目（卷二八）「冬瓜」條「集解」，引（馬）志曰：「……冬瓜，經霜後，皮上白如粉塗，其子亦白，故曰白冬瓜……」王禎似以蘇頌和馬志的話爲根據，改寫而成。

㉛「荆楚歲時記曰：……瓢亦堪作澡豆」，現行本宗懔荆楚歲時記没有王禎所引用的這句話。太平御覽（卷九七八）菜茹部三「瓜」項引有吴氏本草曰：「瓜子，一名『瓣』，七月七日採，可作面脂。」政和證類本草（卷二七）「白瓜子」條，引圖經曰：「白瓜子，即冬瓜仁也……破出核，洗，燥，乃擂取仁用之……又有末作湯飲，又作面葯，並令人顔色光澤。宗懔荆楚歲時記云，『七月采瓜犀，以爲面脂』，『犀』，瓣也。瓢亦堪作澡豆。」蘇頌所見荆楚歲時記，可能與今傳本不同。蘇雖有「瓢亦堪作澡豆」的話，但作澡豆的似乎仍指「瓜瓣」（即瓜子），不是瓜瓢。中國古代利用油質種子的皂素苷作爲除垢劑，材料很廣泛，包括豆科的小豆，皂莢（均見齊民要術（卷三）雜説第三十），後來用到肥皂莢、無患子果皮、緑豆粉。「澡豆」是把這些材料擣碎，加水作成小粒，當洗面洗手的除垢劑。

㉜餞：王禎原文作「煎」。凡將水溶液蒸發到乾，都稱爲「煎」，讀平聲。已經「煎乾」的濃液，作名詞用時，讀去聲（jiàn）。「蜜煎」，即用蜂蜜或蔗糖濃液煮成的食物；明代開始寫成「蜜餞」。

㉝兼蔬果之用：王禎將瓜類分作「果瓜」與「菜瓜」（見本卷起處「瓜」標題注引文），冬瓜依王禎的分法，既是果瓜又是菜瓜，所以説「兼蔬果之用」。

㉞這一節，原見齊民要術。（要術在「越瓜」下尚有「瓠子」，「區種」下有「如區種瓜法」。王禎引用時，截去「瓠子」；「如區種瓜法」句漏「區」字。）

㉟這幾句，現見王禎農書（卷八）「甜瓜」條，但句首「種」字下無「常瓜」兩字。

㊱現見禮記月令「四月……螻蟈鳴，蚯蚓出，王瓜生……」呂氏春秋孟夏紀同；逸周書時訓解第五十二「……立夏之日，……又五日……王瓜生……」

㊲廣義指馬應京月令廣義；卷九「四月令」中，禮月令「王瓜生，苦菜秀」句下的註解：「王瓜，菝葜也；謂之瓜者，以根似之也。亦可釀酒……」案：菝葜是百合科植物，與壺盧科的王瓜，毫不相涉。鄭樵通志説「其葉頗近王瓜，故名王瓜草」，可能看漏了一個「草」字，就將王瓜認作菝葜了。

㊳現見便民圖纂（卷六）樹藝下蔬類一「王瓜」條。圖纂所指王瓜，是黄瓜（即胡瓜），不是瓜蔞。

㊴「即絲瓜也」這句，與下面所引便民圖纂無關；根據什麽，暫時未查出。李時珍本草綱目（卷二八）菜部「絲瓜」條的「釋名」中，没有「絲瓜」這名稱；「集解」中説：「唐宋以前無聞。」按：南宋人以絲瓜爲詩題的已經很多；陸游老學庵筆記載有人用絲瓜洗硯，但也没有説到「絲瓜」這個舊名稱的。「絲」是粗絲織品，絲瓜老熟後的維管系統，像網絡一樣，所以有「羅瓜」、「絲瓜」等名稱；稱爲「絲瓜」，也很合理。

㊵便民圖纂（卷六）樹藝「絲瓜」條正是這麼幾句，不過「可洗器滌膩」下有「可洗鍋碗油膩」；「種法與前同」，圖纂「前」作「下」，意思是指原書下一條「葫蘆」。

㊶此兩句，見王禎農書百穀譜三「西瓜」條。

㊷「胡嶠……以牛糞種之」，案：歐陽修五代史記（卷七三）「附録二」節末，引「胡嶠陷虜記」，有「……始食西瓜，云『契丹破回紇，得此種』；以牛糞覆棚而種。大如中國冬瓜而味甘」。胡嶠所陷的是「契丹」，他並没有「陷回紇」，更没有將西瓜種帶回中國。叢書集成據顧氏文房本排印的南宋洪皓松漠紀聞卷下，有一條：「西瓜形如匾蒲而圓，色極青翠；經歲則變黃。其瓞類甜瓜。味甘脆。五代史四夷附録（按即上面所引五代史記所附的胡嶠陷虜記節文）云『牛糞覆棚種之』。予攜以歸。今禁圃、鄉圃皆有，亦可留數月……」則將西瓜引入江南的止是洪皓。

㊸楊用修即楊慎。楊慎丹鉛餘録有「余嘗疑本草瓜類中，獨不載西瓜。後讀五代郃陽令胡嶠陷北記云，嶠於回紇得瓜種，以牛糞種之……是西瓜至五代始入中國也。文選『浮甘瓜於清泉』，蓋指黃瓜、甜瓜也」。楊慎這條論斷有誤，請參看上面注㊷；徐光啓所見丹鉛餘録，顯然有錯字，所以對楊慎有這樣的批評。

㊹這一段，是農桑輯要（卷五）瓜菜篇「西瓜」章新添（按即編寫輯要的人所添）的內容。後幾句，才是王禎所作按語。王禎原文末句「用薦茶亦得」的「薦」字本書改作「瀹」字，不甚合事理：——瓜仁很少用來「泡」（「瀹」）在茶裏面；喝茶時附帶（「薦」）「磕瓜子」則一直很流行。

㊺「清明時……待茂盛則不必」，現見便民圖纂（卷五）樹藝上種諸果花木「西瓜」條，本書引用，删去末兩句：「餘蔓花掐去，則瓜肥大。」

㊻據清倪燦宋史藝文志補「子部雜家類」有陳元靚著博聞録十卷。原書恐已佚。本條現見農桑輯要（卷五）瓜菜篇「種瓜」章；所引也出自博聞録。

㊼引文現見齊民要術（卷二）種瓜第十四、藝文類聚（卷八七）、初學記（卷二八）及太平御覽（卷九七八）。書名應作「龍魚河圖」。「瓜鼻」，指宿存的「柱頭」和「花柱」部分，隨着子房的生長而膨大。甜瓜、絲瓜，瓜鼻特别顯著。畸形雌蕊，有時具有雙歧柱頭，有時子房複化又癒合，因此果實上都可以帶有兩鼻。兩鼻確是反常現象，但却不會「殺人」。

㊽未查得這部書是什麽時代什麽人的著作。案：明孫轂輯古微書中龍魚河圖末，附引太清外術及酉陽雜俎（卷十一）「廣知」中，均有「瓜兩鼻兩蔕，食之殺人」。又王象晉群芳譜蔬譜一「禁忌」項下起句，亦是「瓜兩鼻兩蔕，食之殺人」。可能與此節有關。這種説法，完全是迷信。

㊾瓜當：即瓜蒂頭的地方。「當」字讀去聲。案：「啇」，實在就是「啻」字隸體，寫得稍微變了些樣。「蔕」字（有時寫作「蔕」），是後來才造的；最初都用「啻」「疐」等同音字記音。

㊿李時珍本草綱目（卷二八）「茄」條「釋名」下，「茄一名落蘇」，引自陳藏器本草拾遺。下面注文「五代貽于録作『酪酥』，蓋以其味如酥酪也」，也是李時珍的文字。五代貽于録並不見於綱目的引用書目。南宋洪邁容齋續筆（卷一三）（有四部叢刊續編本）引有内容相同的一條，所記出處

是五代貽子（不是「于」）録；作者未能查得。

㉛ 段成式酉陽雜俎前集十九：「『茄』字本蓮莖名，革遐反；今呼『伽』，未知所自。」又本草綱目（卷二八）「茄」條「釋名」下，引「頌曰」：「按段成式云『茄音加，乃蓮莖之名；今呼茄菜，其音若伽，未知所自』也。」今傳本酉陽雜俎似乎經過删節，不如蘇頌所引明確。

㉜ 見王禎農書（卷八）百穀譜三，本書所引，稍有删節。

㉝ 現見齊民要術（卷二）種瓜第十四。

㉞ 見王禎農書（卷八）百穀譜三「茄子」。

㉟ 引文現見農桑輯要（卷五）瓜菜篇「茄子」章。

㊱ 現見圖纂（卷六）樹藝下種諸色蔬菜「茄」條。後二句，圖纂今傳本中不見有；可能是整理時據俞貞木種樹書所述（見下），摘録附加上去的。

㊲ 見便民圖纂（卷六）「天茄」條（天茄是旋花科植物）。

㊳ 此句現見種藝必用，亦見種樹書菜卷中。「一星」，即「戥子」上一個星點所標示的重量，過去習慣，以「一分」爲「一星」。這種辦法，很難説是有實踐根據的。

㊴ 見爾雅釋草第十三「棲」字，大概應是借作讀音相似的「犀」字。「瓠犀」，見詩衛風碩人。

㊵ 見詩邶風匏有苦葉章。

㊶ 見詩豳風七月章。案：詩原作「八月斷壺」。

㊷ 見詩小雅魚藻之什瓠葉章。

㊸ 現見詩正義所引毛氏義疏，齊民要術（卷二）種瓠第十五也引有。

㊹ 從引説文起，到下面所引本草「……不宜食」止，現均見王禎農書百穀譜三「瓠」條。説文解字（卷七下）瓠部「瓠」字的説解，是「瓠，匏也」；與王禎所述，本書所引，文字全不相同。

㊺ 陸農師：陸佃，字農師。所著埤雅（五雅堂叢書本）卷十六有「壺」、「瓠」、「匏」三條。「壺」條「似瓠而圓曰壺」；「瓠」條「瓠狀：要類于首，尾類于要，微鋭」；「匏」條「長而瘦上曰瓠，短頸大腹曰匏」。現在的文字，到「肥圓者壺」爲止，是王禎農書所總括的，不是陸佃原文。「然有甘苦二種」三句，是另一條總結，以下文詩註來説明「苦瓠」。

㊻ 詩註云：國語魯語第五「夫苦匏，不材於人，共濟而已」；韋昭注：「『材』，讀若『裁』也；『不裁於人』，言不可食也；『共濟而已』，佩匏可以度水也。」詩孔疏就引韋昭國語注來解釋「匏有苦葉」。王禎引用作「注云，不可食，特可佩度水而已，蓋以作壺濟水也」；也止説是「注」，並未指明「詩註」；「詩」字是本書所加。

㊼ 現見王禎農書百穀譜三「瓠」。

㊽ 引自王禎農書「瓠」條。本草綱目（卷二八）「（蘇）恭曰：甘冷。主治……消渴惡瘡，鼻中肉爛痛，利水道……」。「苦者有毒，不宜食」，是王禎據蘇敬説「苦瓠過分吐利不止」（見綱目（卷二八）「苦瓠」條「集解」引）寫成的總結。

⑲ 現見齊民要術（卷二）種瓠第十五。但「約」字下，要術尚有「腹」字，下尚有「其大數斗」一句；「甚細」，作「窈挈」；「出雍縣」下，有「移種于宅則否」一句；「千」作「苦」。

⑳ 「郭子曰……釋名曰……淮南萬畢術曰」，現均見齊民要術（卷二）種瓠第十五。「□接」，應依要術作「壺樓」。釋名現有傳本，「瓠」在釋飲食第十三。淮南萬畢術相傳是一部記載「巫術」的書（叢書集成中收有孫馮翼和茆泮林兩種輯佚本）。

㉑ 群芳譜（亨七）蔬譜「瓠」標題下注：「一名蔆姑。」但據郭璞爾雅注「蔆姑」應是土瓜。

㉒ 本草綱目（卷二八）「壺盧」條「釋名」項，「時珍曰：……俗作『葫蘆』者非矣」。

㉓ 「農桑撮要曰」起到千金月令云止，現均見群芳譜（亨三）蔬譜二「葫蘆」章。「懸瓠」及「酌酒」這兩節，王象晉注明出自農桑撮要，但農桑撮要現存各本中未見有。按：前數句實出崔豹古今注「……瓠有柄者『懸瓠』；可以爲笙，曲沃者尤善。秋乃可用，則漆其裏。……」

㉔ 見王禎農書（卷八）百穀譜三「瓠」條中，有删改。「瓠之爲物」，「瓠」作「匏」；「其實碩大」作「則其實石斗」；「小之……大之……」兩句顛倒，其中「盆」作「甕」，「匏」作「瓢」；末句王書無。

㉕ 此條，今見本草綱目（卷二六）「葱」條「發明」項下所引唐慎微説；但書名作「三洞要録」，法爲「神仙消金玉漿法」。千金月令方據本草綱目序例上所刻書目，名孫真人千金月令方，大概是後人所作的一些荒唐神話（本條即是一個例），假託隋唐之間的孫思邈爲著者。

㉖ 引文現均見齊民要術（卷二）種瓠第十五。與要術中所引氾書其餘材料相比時，文體和内容，都

不相稱，因此是否氾氏原作，還值得懷疑。

⑰ 收種子須大者：本節中，「子」字指果實。收種時要揀大的果實作爲留種材料。

⑱ 出自四民月令。引文現見齊民要術（卷二）種瓠第十五。玉燭寶典所引，分別在正月、六月、八月；本書係據要術集中後的形式轉録的。

⑲ 引文現見齊民要術（卷二）種瓠第十五。

⑳ 見王禎農書（卷八）百穀譜三「瓠」條。

㉑ 此段，現見日本影印的朝鮮本四時纂要（卷二）二月篇；亦見農桑輯要卷五「瓠」條，標作「四時類要」。「藷」字下，輯要尚有小注「稭同」；「石」字後，兩書均有「物大。此莊子魏惠王大瓠之法也」。王禎農書所引略同。案：「魏惠王大瓠」，是莊子中一段諷刺性寓言，没有事實。這種癒合多株來促成特大果實的方法，是否確實，還得以多次實踐來説明。

㉒ 這一段，現見王禎農書卷八「茄子」條中，不應當在「瓠」節中。顯然係本書整理付刻時位置錯亂。

㉓ 漢書貨殖傳第六十一，卓氏曰：「吾聞岷山之下沃壄，下有踆鴟……」小注爲「師古曰『踆鴟，謂芋也……』」齊民要術（卷七）貨殖第六十二也引有。

㉔ 這兩句，見王禎農書（卷八）百穀譜三「芋」條起處。

㉕ 這句亦見王禎農書「芋」條。

⑧⑥ 見説文解字（卷一下）艸部「芋」字説解，「大葉，實根駭人者，謂之芋也」。

⑧⑦ 本書引文與齊民要術（卷三）種芋第十六所引同。今本廣雅（卷十）釋草，是「蕖，芋也；其莖謂之蓛」。另條，「葃音昨。菇，音姑。水芋也，烏芋也」，所指是「慈姑」（葃菇）和「荸薺」（烏芋）。

⑧⑧ 引文現見齊民要術（卷二）種芋第十六。其中「⿱艹旅」要術原作「⿱竹旅」；「草穀」作「車轂」；「劳」作「旁」；「浥」作「邊」；「淡」作「談」；「植」作「菹」；「乾」下有「臘」字。

⑧⑨ 指晉周處作的陽羨風土記，現佚。本書引文，見齊民要術（卷二）種芋第十六。所指植物，和廣志中的「蔓芋」一樣，可能是藷蕷科的種類，不是真正的「芋」。

⑨⓪ 現見王禎農書（卷八）百穀譜三「芋」條。

⑨① 引文現見齊民要術（卷二）種芋第十六引。「取五芋子」下，應依要術補「置四角及中央，足踐之。旱，數澆之。萁爛，芋生，子」等字句。

⑨② 此節，現見齊民要術（卷二）種芋第十六引，與氾勝之書無關。下面小注，是賈思勰所加。正文中「令」「蒸」兩字，應依農桑輯要所引，從列仙傳改作「烝」、「使」。

⑨③ 引文現見齊民要術（卷二）種芋第十六及玉燭寶典「正月」。「芋」不是可「菹」的食物，正月更没有用芋來作菹的必要。崔寔四民月令原文的「菹」字有些問題；——懷疑應是和下一條家政法相同的「種」字。

⑨④ 見齊民要術，引文即在上節「崔寔曰」後。

㉟ 現見農桑輯要(卷五)「芋」章。兩處「胤」字,聚珍本農桑輯要都作「息」,是清代避清世宗名諱(胤禛)改的字。應依元明刻本輯要及本書平本改回。「比火」,輯要引文作「比及」,「液漿」的「液」字作「滚」。「芋羞三月」句的「月」字,在黄省曾種芋法所引務本新書是「目」字,可與下文「眼目多見」句配合。(這種唯心迷信的説法,没有事實根據。)

㊱ 現見便民圖纂(卷六)樹藝下種諸色蔬菜「芋」條。

㊲ 齊民要術存本中,無此節文字,現止見於王禎農書(卷八)「芋」章,有些字句,本書已移在上面本節第一段的小注中去了。文中所引氾勝之書,王禎作了壓縮。

㊳ 截:據集韻,這是「蠢」字,解作「蟲動」,無法説得通。懷疑是讀音相近的「膹」字,解作「肥大」。

㊴ 「近牆近屋近樹之處」的稻田,光照和温度條件,不够水稻中期晚期生長的要求。芋是比較耐蔭的植物,可以適應。

⑩⓪ 壄敦:「壄」音 mǎo,現在寫作「峁」。「敦」讀 dūn,現在一般寫作「墩」。兩字都指小土堆。

⑩① 第一個「二」似應爲「三」字。

⑩② 現見王禎農書(卷十)百穀譜十一飲食類「備荒論」。

⑩③ 這一節,全文現見群芳譜(亨七)果譜四「芋」章「鋤芋」條,文句略有删節。「雨後」下,原有「耘鋤」兩字。

⑩④ 「土芋……可蒸食」,出自本草綱目(卷二七)「土芋」條「集解」下。

⑮「又煮芋汁」三句群芳譜列在「製用」項。現見政和證類本草（卷二三）果部「芋」條掌禹錫引唐孟詵（食療本草）。

⑯ 現見爾雅釋草第十三。

⑰ 此段，見本草綱目（卷三三）果部六「蓮藕」條「釋名」項所引「韓保昇曰」下。（案：出政和證類本草卷二三「藕實」條，掌禹錫所引蜀本圖經。）邢昺爾雅疏釋草第十三，原文是「釋曰，李巡曰：『皆分別蓮莖葉華實之名，芙渠其總名也』。別名芙蓉，江東呼荷菡萏；蓮，花也；的，蓮實也；薏，中心也。」爾雅郭璞注是：「蔤，（無「乃」字）莖下白蒻，在泥中者；蓮，謂房也；的，蓮中子也；薏，中心苦也。」

⑱「蓮，一名水芝」此下這一大段，現見群芳譜（亨七）果譜四「荷」標題下的説明。按：王象晉的二如亭群芳譜原刊本自跋，所署年月爲「天啓辛酉（一六二一年）。他寫成全書付刻，可能在徐光啓着手寫農政全書之後，但至少確早於陳子龍等人在平露堂編刻全書之前。王象晉也實在見過徐光啓早年所作甘藷疏，所以群芳譜中引用了甘藷疏。但本書中有許多材料，現見於群芳譜，也是事實。這個現象，可能是「偶合」，即兩書採取了相同的材料來源。也可能是在編寫中互通消息，甚至鈔寄一部分原稿。但是三百多年以前，交通不很方便，王象晉在濟南家中「隱居不出」，和徐光啓究竟有多少往來，很難肯定。也可能徐光啓甘藷疏流傳較早，王象晉作群芳譜時，甘藷疏介紹這一個新鮮作物的小刻本，早已流行，他便收入書中；而陳子龍等整理農政全書原稿時，群

芳譜這一部「文人雅士尊生遺興」之書，却供給了他們以「增者十之二」（見原凡例）的一部分材料。依徐光啓「敦朴醇正」的作風説來，對這些有關於「蓮」（花）的新奇甚至荒唐記載，似乎不會十分有興趣，可是現在却幾乎全部鈔了進來，則最後這一種推測可能更近事實。

(109) 現均見群芳譜（亨七）果譜四「蓮」下「藕」項。「藕月生一節，遇閏多一節」不是事實，全出傅會。

(110) 現見王禎農書農桑通訣後面的百穀譜三「蓮藕」條；其實王禎也還是勦襲齊民要術（卷六）養魚第六十一中「種蓮子法」及「種藕法」的。「蓮子可磨爲飯」以下，才是王禎根據陸佃埤雅和羅願爾雅翼中材料所加。

(111) 池藕：現見便民圖纂（卷五）樹藝上。

(112) 「春分前栽」到「反致發熱壞藕」止，這一節，現見群芳譜（亨七）果譜四「蓮」下「栽種」；本書引用，有删改。

(113) 管子地員篇：「五沃之土……生……蓮。」王象晉是摘用。

(114) 現見群芳譜（亨七）果譜四「蓮」下「種蓮子」節，本書引用有删節。這種栽培方法，恐怕止是想象中事。

(115) 青黄：王象晉原書確是「青黄」兩字。懷疑「青」字應是「清」，指蛋白，亦名「蛋清」。

(116) 按：用靛浸蓮子，可以開碧色花，始見於五代初孫光憲北夢瑣言（卷十）「杜孺休種青蓮花」條；種樹書中也有過記述。事實上無此可能。蓮畏桐油，南宋温革分門瑣碎録「種花」條已有，王象晉止是彙輯前人舊説。

⑪⑦周禮天官冢宰籩人：「加籩之實，蔆、芡、㮚、脯。」注原是「蔆音陵」，不是「陵也」。

⑪⑧見爾雅釋草第十三，今本俱作「蔆，蕨攈」，本書用字，寫法不同。

⑪⑨見國語楚語上「屈到嗜芰」注：「芰，蔆也。」

⑫⓪説文解字（卷一下）「蔆」字説解：「楚謂之芰，秦謂薢茩。」

⑫①現見本草綱目（卷三三）「芰實」條「釋名」項，「蔆，别録水栗，風俗通沙角……」

⑫②本草綱目引用書目中，有王安貧武陵記一種，不見於各史經籍藝文志；可能止是根據酉陽雜俎（卷一九）「芰」條：「王安貧武陵記言，……」轉引。中國人名大辭典據常德府志録有伍安貧所著武陵圖志；但各史經籍藝文志中，亦未見到。

⑫③「陶弘景曰」以下到小注末，見本草綱目「芰實」條「集解」中，稍有删節。

⑫④炕：解爲「開張」。

⑫⑤現見王禎農書（卷八）百穀譜三「芰」，實出齊民要術（卷六）養魚第六十一「種芰」。

⑫⑥這一節，現見便民圖纂（卷五）樹藝上。

⑫⑦火通：吹火用的竹筒。

⑫⑧見農書（卷八）百穀譜三「芰」條。「曝其食」，「食」字應依王禎原文作「實」。

⑫⑨現見本草綱目（卷三三）果部六「芰實」條「集解」下「時珍曰」；本書引文有删節。

⑬⓪本條標題和標題下的小注，大部分見於本草綱目（卷三三）果部六「芡實」條「釋名」項下。

⑬①見莊子徐无鬼篇：「桔梗也，鷄廱也……」注：「司馬（按爲晉代注莊子的司馬彪）云『即鷄頭也；名芡，與藕子合爲散，服之延年……』」

⑬②見管子五行篇第四十一，有「贖蟄蟲，卵，菱」，注「卵鳧，菱芡也」。卵鳧（指野鴨）、菱芡（芡疑當作芰），是完全不同的兩件東西，李時珍誤認爲一物。

⑬③現見崔豹古今注草木第六：「芡，鷄頭也，一名雁頭……」

⑬④淮南子（卷一六）説山篇：「狸頭愈鼠，鷄頭已瘻」注，「……瘻，頭腫疾；鷄頭，水中芡（幽州謂之雁頭），亦愈之也」。「芡」字有誤，應作「芡」。

⑬⑤見方言（卷三），原文是「葰芡，鷄頭也。北燕謂之『葰』，今江東亦名「葰」耳。青、徐、淮、泗之間謂之『芡』；南楚、江、湘之間謂之『雞頭』，或謂之『雁頭』，或謂之『烏頭』。狀似烏頭，故轉以名之。」

⑬⑥見本草綱目（卷三三）果部六「芡實」條「釋名」下引。

⑬⑦現見王禎農書（卷八）百穀譜三「芡」。「芡苗生水中」一句是李時珍所加。

⑬⑧見本草綱目（卷三三）「芡實」條「釋名」項「時珍曰」。「裹」，當依李氏原文作「裹」；「内」上李原文有「殼」字，亦應補。

⑬⑨本草綱目（卷三三）「芡實」條「釋名」項「鴻頭」下注明「韓退之」（按韓愈詩有「鴻頭排刺芡」句）。

⑭⓪現見王禎農書卷八「芡」條下。

141 現見便民圖纂(卷五)樹藝上「鷄頭」條。

142 「王禎曰」及下節「又曰」的文字，均見王禎農書(卷八)百穀譜三「芡」條。「烝渫」，應依原書作「蒸煠」。

143 現見本草綱目(卷三三)「芡實」條「集解」中。「狀如三菱」的「菱」應依原書作「稜」。

144 見爾雅釋草第十三「芍，鳧茈」。(芍在這裏音 jiǎo，不讀 sháo。)

145 鳧喜食之：出自本草綱目(卷三三)「烏芋」條「釋名」項，時珍曰「……鳧喜食之……故爾雅名『鳧茈』，其後譌爲『鳧茨』，又訛爲荸薺，蓋切韻鳧荸同一字母，音相近也」。本書引用，删節不合理。

146 「鄭樵通志……一名芍」，見綱目(卷三三)「烏芋」條「釋名」項：「黑三稜、博濟方。芍、音晶。地栗鄭樵通志。」按：爾雅，「芍，鳧茈」。鄭樵通志(卷七六)昆蟲草木略「地栗，一名黑三稜，一名芍」。又通志(卷二百)：「烏芋曰藉姑，曰水萍，曰白地栗，曰河鳧，曰槎牙……」

147 現見本草衍義(卷六)「烏芋」條。兩「爲」字，原文都是「謂之」。

148 現見本草綱目(卷三三)「烏芋」條「集解」下「時珍曰」。「查」，綱目作「樝」；「芽」作「毛」。(按：作「芽」是，綱目字譌。)

149 「種法」節，現見便民圖纂(卷五)樹藝上「荸薺」條。

150 見本草綱目(卷三三)「烏芋」條「集解」項。

151 本草綱目序例上引用書目中，有董炳集驗方。綱目(卷三三)「烏芋」條「發明」項引董炳集驗方云：「……能辟蠱毒，傳聞……不敢下」；無「地栗能毀銷」句。「銷」字疑「銅」字之譌；同項先引汪機本草會編説，「烏芋善毀銅」。則「毀銅」是汪機所説，與董炳未必有關。

152 現見本草衍義（卷六）「烏芋」條。

153 「慈姑」標題下注，全據本草綱目（卷三三）果部六「慈姑」條撮録。綱目「釋名」：「藉姑、別録。水萍、別録。河鳧茈、圖經。白地栗，同上。苗名剪刀草、圖經。箭搭草、救荒。槎丫草、蘇恭。燕尾草。大明。時珍曰：『慈姑，一根歲生十二子，如慈姑之乳諸子，故以名之……』」「弘景曰」……見「集解」項下。「蘇恭曰」綱目「集解」中是「頌曰……葉如剪刀形，莖幹似嫩蒲……」另有「時珍曰……又有山慈姑，名同實異」。

154 「種法」一節，現見便民圖纂（卷五）樹藝上「茨菰」條。

155 現見本草綱目（卷三三）「慈姑」條「集解」引「別録曰」：「藉姑，三月三日採根暴乾」，無「可療飢」句。

156 現見本草綱目（卷三三）「慈姑」條「集解」項「時珍曰」。「去皮不致麻澀戟咽也」，原作「去皮食，乃不麻澀戟人咽也」。

157 「菰」標題下説明，頗爲複雜紊亂。初步清理後，發現材料來源，大致以本草綱目（卷一九）草部八「菰」條的「釋名」「集解」兩項，和「菰手」附條，及二如亭群芳譜（貞六）卉譜二「菰」條標題説明爲主。現分别説明如下：（甲）第一個小注「即俗名茭白」也。綱目「菰筍」附條，引有出自圖經的異名「茭白」；這個異名，至今還是江浙兩省通用名稱。這個注，極可能是徐光啓原稿。（乙）「爾雅曰：蘧蔬，又名菿茭」。爾雅釋草，有「出隧蘧蔬」和「菿（音 yǔn）茭」兩條，彼此並無聯繫。綱目「菰手」附條，引有「蘧蔬」這個異名，未注來歷，顯係李時珍根據「菰」條「集解」中「（蘇）頌曰……爾雅云『出隧蘧蔬』。注云『生菰草中，狀似土菌；江東人啖之，甜滑』，即此（案指菰手）也」而作的斷案。「蘧蔬」下小注「菰」也，則是本書特有，與爾雅乃至各家爾雅注不相涉。「菿茭」，郭璞解爲「藕紹緒」，也就是藕節上新出的嫩枝，還未長成藕的——兩湖今日稱爲「藕帶」或「藕胎」——似乎與菰不相涉。所以綱目和群芳譜都没有引這一條爾雅。案：「蘧蔬」可能是菰草的新芽，未長成「烏鬱」的；湖南稱爲「茭兒菜」。（丙）「一名蔣草」。綱目「菰」條「釋名」和群芳譜都有。（丁）「一名茭筍，一名菰菜，一名茭粑」，均見綱目「菰筍」附條及「菰手」附條下。（戊）「韓保昇曰」。綱目「菰」條「集解」引「保昇曰」。更早的，見政和證類本草（卷十一）「菰根」條掌禹錫引蜀本圖經。本書引文中，「水」字下多一「田」字；原文的「夏月生菌堪啖，名菰菜」一節删去；「臂」字魯本作「背」，是譌字。（這句，證類本草缺），見於所引「陳藏器云」節及（蘇頌）圖經。（己）「陳藏器曰」。綱目「菰」條「集解」引有「藏器曰」（在「保昇曰」下），證類本草無「晉張翰……」句。（庚）「蘇頌曰」。綱目「菰」條「集解」所引「頌曰」，先見於證類本草所引圖經。「中心小兒……」「心」字下，應依原引文補「如」字；「謬」，證類作「非是」，綱目作「非矣」；「削」字，兩書引文均作「刈」字，較勝。（辛）「又有一種，中有一粒可食，所謂菰米者是也」。證類本草、綱目及群芳譜，均止有「至秋結實,乃雕胡米也;歲飢人以當糧」,本書引文不知出處。案:「菰」或稱「茭」「蔣」,狹義地,止指禾本科的Zizania Caduciflora Hand-Mazz,共有三種可供食用的部分。一、地下莖上的新芽,長成自然肥嫩的匐枝;二、新匐枝上名爲「烏鬱」Ustilago esculenta Hean的黑穗菌寄生,基節由於菌的刺激,分蘖起異常肥大生長,連同菌絲組織,腫脹成畸形,這就是「茭白」、「茭筍」、「茭瓜」……秋晚,菰本身營養衰退時,菌類也在這個分蘖基部生成黑粉狀胞子囊堆,成爲黑斑;三、種子,即所謂「苽米」、「菰米」、「蔣米」、「彫菰米」、「彫胡米」。第一種形式,演變成第二種形式的機會很多,很難畫出截然的界限。

⑮⑧ 現見便民圖纂(卷六)樹藝下「茭白」條。

⑮⑨ 「逐年移動,則心不黑」,温革分門瑣碎録、吴懌種藝必用及種樹書中均有這種記載。茭白是烏鬱寄生於匐枝(即匍匐莖)後的腫脹生長;到寄主衰老營養不良,菌絲難有蔓延機會時,便長成黑色的胞子囊堆。逐年移栽,可以促進匐枝發生,同時抑制寄主衰老。

⑯⓪ 案本草綱目(卷十九)「菰」條「集解」下引「(蘇)頌曰」:「菰根,江湖陂澤中皆有之。……二浙下澤處,菰草最多;其根相結而生,久則並土浮於水上,彼人謂之『菰葑』。刈去其葉,便可耕蒔;又名『葑田』。其苗有莖梗者,謂之『菰蔣草』。至秋,結實,乃彫胡米也;歲飢人以當糧。」與證類本草(卷十一)「菰根」條所引圖經,文句幾乎全同。這裏所引作者姓名錯誤,而且删節不當,失去了原文意義。(參看本書卷五「架田」條)

⑯本草衍義（卷一二）「菰根」條，及證類本草「菰根」條所引衍義、綱目「菰」條「集解」引宗奭曰，都和這節文字不相似；但與證類本草所引圖經起處（即本書上面所引「蘇頌曰」以上的一段）則完全相同。顯然是姓名標錯。

⑯山海經中「其草多藷萸」，一共有五處：（甲）北山經北次山經，「……曰景山；北望少澤，其上多草，藷萸……」。（乙）中山經中次五經，「又東北二十里曰升山；其木多穀、柞、棘，其草多藷萸、蕙」。（丙）中次六經，「又西九十里曰陽華之山；其草多藷萸……」。（丁）中次十一經，「……又東北八百里曰兔牀之山……其木多藷萸……」。（戊）中次十二經，「……又東南一百五十九里曰堯山，……其草多藷萸與茱」。

⑯本草衍義（卷七）「山藥條」：「按本草，上一字，犯英廟諱；下一字曰『蕷』。唐代宗名『預』，故改下一字爲『藥』，今人呼爲『山藥』……」

⑯重修政和證類本草（卷六）「薯預山藥」條：「臣掌禹錫等，謹按吴氏云：『薯蕷』一名『藷署』；齊、越名『山芋』。一名『修脆』，一名『兒草』。神農甘，小温；桐君、雷公，甘，無毒。或生臨朐、鍾山。始生，赤莖細蔓；五月華，白；七月實，青黄；八月熟，落。根，中白，皮黄，類芋。」

⑯異苑即稽神異苑，可能是唐人所作神怪小説，專記一些荒誕神怪的事。其中有一條（津逮祕書本卷三）：「署預一名山藥，根既入葯又復可食。若掘取，默默則獲，唱名者不可得。」（這種説法，顯著地是荒唐迷信！）

(166) 山海經記産藷藇的，實有五處，見上面注(162)。

(167) 現見日本影印朝鮮本四時纂要（卷二）二月篇「種署預」條轉引。農桑輯要（卷六）藥草篇「薯蕷」章内自四時類要轉引的，文字大略相同。末句「則易成」，朝鮮本纂要作「即易成」。值得注意的：「不宜苦溼」句的「苦」字，本書所引與朝鮮本纂要相同；輯要明、清刻本却是「太」字。

(168) 引文現見農桑輯要（卷六）藥草篇「薯蕷」章。

(169) 現見四時纂要（卷二）二月「種薯蕷」條轉引。農桑輯要（卷六）「薯蕷」章首條，即是根據四時類要轉引的山居要術。本書與兩書字句稍有異同：

纂要	輯要	本書
預收子	先收子	先收子
阬四面一尺許亦側	阬四面一尺許亦側	四面亦側
填少糞	填糞	填糞土
土三行	土三行	排行
下子種	下子種之	下子種之
根種者	根種者	種者
一尺已下	一尺已下	一寸下

(170) 「山藥下種時，勿用手」，現見種藝必用。

⑰疑是徐光啓自注。

⑰本書引文，與齊民要術（卷十）「藷」條所引異物志大字正文全同。案：太平御覽（卷九七四）「甘藷」條有與要術文全相同的一節引文，標明出自陳祈暢異物志。

⑰太平御覽（卷九七四）「甘藷」條引南方草木狀「甘藷……其味甘甜，經久，得風，乃淡泊耳」。與齊民要術（卷十）「藷」條所引對證，知引文應出自徐衷南方草物狀。現行嵇含南方草木狀（龍威祕書本）「甘藷」條無此數句（參看下面注⑰所説南方草木狀）。

⑰百川學海及龍威祕書本南方草木狀上（託名晉嵇含撰），有内容相似的一節，但字句稍有差别。群芳譜（亨三）蔬譜二「甘藷」條「典故」項引「生於朱崖……」與本書引文全同，標明出自稗史彙編。

⑰現見重修政和證類本草（卷六）「薯類」條引「圖經曰」。

⑰據群芳譜（亨三）蔬譜二「甘藷」條「樹藝」項，這一篇即是徐光啓早年所作甘藷疏。

⑰此下數句，顯有譌字。疑當作「春間畦種，即擇全根者持來之根。傳藤有時或爛壞……」。

⑰穩：即穅秕。

⑰向二法：以上（＝「向」）所説的兩種方法。

⑱消息：「消」是減少，「息」是增加。合起來是變化增減的意思。這裏用這個方式解釋最合適。（一般稱「情報」爲「消息」，是由「變化」發展而來的。）

⑱量濕氣淺深：「淺深」用作動詞；解釋爲按照潮溼程度來決定深淺。

⑱藷：疑「藤」字之譌。

⑱枚：疑爲「枝」之譌。

⑱待：疑「復」之譌。

⑱距堙：攻城的軍隊，靠城牆外築成土堆（「堙」），來迫近（「距」）城牆，作瞭望與攻擊的高點。見孫子謀攻篇杜佑注。

⑱吉貝：即棉花。

⑱撥：應是「墢」字，即土塊。

⑱一：應作「二」；一畝是二百四十方步。

⑱徐光啓甘藷疏不但整理總結了以往群衆的經驗，而且從自己的實踐與觀察中，準確地斷定了甘藷在黄河以北能够發展；清初，他的預見便已完全實現。這一段是極好的科學論斷。

⑲練川：太湖附近稱爲「練塘」的地方，計有嘉興、丹陽、吴縣等三處。徐光啓所指，或者是嘉興——有潮水的地區——很可能指嘉定的練祁塘。

⑲「蔓菁有六利……柿有七絶」，參看本書卷二十八「蔓菁」條標題説明所引「劉禹錫云」及注㊶；與卷二十九「柿」條所引酉陽雜俎。

⑲爾雅釋草「葖，蘆萉」，郭璞注曰：「『萉』宜爲『菔』。蘆菔，蕪菁屬，紫花大根，俗呼『雹葖』。」又方

言（卷三）「藚」條「其紫華者，謂之『蘆葩』」句，郭璞注：「今江東名爲温菘，實如小豆。」均無「紫花菘」的説法。「紫花菘」是邢昺爾雅疏中的解釋。

⑲³ 摘引王禎農書（卷八）百穀譜三「蘿菔」。

⑲⁴ 見本草綱目（卷二六）「萊服」條「集解」項中；本書引文有删節。

⑲⁵ 引文見要術（卷三）蔓菁第十八。

⑲⁶ 引文現見四時纂要（卷三〇）六月「種蘿蔔」條。本書引文，大概是根據農桑輯要（卷五）瓜菜篇「蘿蔔」章，所以後一段也删去。

⑲⁷ 「新添種蘿蔔」段及「水蘿蔔」段，均見農桑輯要（卷五）「蘿蔔」章；係編寫輯要的人新添材料。

⑲⁸ 此下一節現見便民圖纂（卷六）樹藝下「蘿蔔」條，不是農桑輯要中材料。

⑲⁹ 現見王禎農書（卷八）百穀譜三「蘿蔔」條。

⑳⁰ 「王省曾曰」有誤。可能是「黄省曾」，也可能是「王象晉」。現已查對過王象晉的群芳譜，多少有些相似，而不全同（見下注⑳¹）。

⑳¹ 「胡蘿蔔……漫種」，見農桑輯要（卷五）「蘿蔔」條末了；後面二句，似出群芳譜一「蘿蔔」下附「胡蘿蔔」條，原文是「頻澆則肥大」。

案：

〔一〕市江　應依齊民要術及廣雅所引張載瓜賦作「廬江」。

〔二〕但起霧未解　「但」，應依要術原文作「旦」。「霧」，應作「露」。

〔三〕拔　應依要術原文作「茇」。

〔四〕「行陣」下，應依要術原文補「整」字。

〔五〕上　應依要術原文作「土」（解釋見要術今釋中華書局版一八五頁 14.7.2 注①）。

〔六〕於　要術原文作「在」，與下句「在」字相對應。

〔七〕十　應依要術原文删去。

〔八〕出　應依要術原文作「去」。

〔九〕塲　要術原作「暘」，即今日通用的「墒」字。

〔一〇〕要術原文無此「次」字。

〔一一〕令　要術原文作「聽」。

〔一二〕其　應依要術原文作「引」。

〔一三〕要術原文，「消」字下有「也」字。

〔一四〕坣　應依農桑輯要及王禎農書作「垡」。

〔一五〕暹　應依王禎原文作「新」（參看酉陽雜俎）。

〔一六〕「種茄二十科」上，王禎原文尚有「老圃云」一句。

〔一七〕張浮林頌云　原作「皆張浮林頌之云」。（北宋張舜民，自號浮林居士。）

〔一八〕丘　應依王禎作「醃」。

〔一九〕取　要術原作「須」，農桑輯要引文同。

〔二〇〕曉　要術原文作「晚」；農桑輯要引文作「曉」，「曉」字較勝。

〔二一〕污　王禎原作「濺」。

〔二二〕蔞　王禎原作「萎」；「萎」字可解作「雜草叢生」，「蔞」字不可解。疑當作「羸」或「瘦」。

〔二三〕播　應依要術校定本引作「揚」。（三國時無「播州」之名；本書承襲了明刻本要術的譌字。）

〔二四〕菑　應依齊民要術及玉燭寶典引文作「蓄」。

〔二五〕而瘦　應依王禎原書倒轉。

〔二六〕接　應依要術原文作「節」字。

〔二七〕「不可」下，應依王禎原書補「鬬者」兩字。

〔二八〕把　王象晉原作「柄」；「簪柄」，指髮髻用簪的柄部。

〔二九〕葉扁而有尖　李文原作「葉浮水上，扁而有尖」。

〔三〇〕花背日而生　李原文作「五六月開小白花，背日而生」。

〔三一〕每段折長三四寸　「每段」，元刻本輯要作「每定」（清聚珍本輯要所引無）。

〔三二〕「復以糞」下，應依輯要補「土」字。

〔三三〕稍　應依輯要引文作「梢」。

〔三四〕白　應依草木狀作「曰」。

〔三五〕沙糯地　「糯」，輯要引作「輭」。

〔三六〕閑拔　應依輯要作「間拔」。

〔三七〕淹　本書各刻本皆作「淹」，應依農桑輯要作「醃」。（定扶案）

〔三八〕仍用火糞和子　王禎原書是「仍用灰糞和之」，「灰」字當依王禎原文改正。

〔三九〕淹　本書各刻本皆作「淹」，應依王禎農書作「醃」。（定扶案）

農政全書校注卷之二十八

樹藝

蔬部

【葵①】廣雅曰②：蘬，丘葵也。説文：葵，菜也。按爾雅翼云：「葵，揆也。葵葉傾日，不使照其足，因知足以揆之。」公儀休相，食葵而美；拔之，不與民争利。古人採葵，必待露解，故一名露葵。陶弘景曰：葵子，出少室山。以秋種，覆養經冬，至春作子者，謂之冬葵；正月種者，爲春葵。一名衞足③，一名滑菜，言其性也。賈思勰曰：有紫莖、白莖二種。種别有大小之殊。又有鴨脚葵。天有十日，葵與終始；故葵从癸。葵，陽草也，其性易生，不拘肥瘠，地皆有之。王禎曰：葵爲百菜之主，備四時之饌。本豐而耐旱，味甘而無毒，供食之餘，可爲菹腊。枯枿〔一〕之遺，可爲榜簇；子若④根則能療疾，咸無棄材。誠蔬茹之上品，民生之資助也。另有蜀葵、菟葵、龍葵、菺葵，附後⑤。

齊民要術⑥：種法：臨種時，必燥曝葵子。葵子雖經歲不浥，然濕種者，疥而不肥也。玄扈先生曰：凡種皆然，不獨葵也。地不厭良，故墟彌善⑦。薄即糞之，不宜妄種。春必畦種水澆。春多風旱，非畦不得，且畦者，省地而菜多，一畦，供一口。畦長兩步，廣一步。大則水難均，又不用人足入。深掘，以熟糞對半和土，覆其上，令厚一寸；鐵齒杷耬之，令熟；足蹋使堅平；下水，徹澤〔一〕。水盡，下葵子；又以熟糞和土覆其上，令厚一寸餘。葵生三葉，然後澆之。澆用晨夕，日中便止。每一掐，輒杷耬地令起，下水加糞。三掐更種。一歲之中，凡得三輩。凡畦種之物，治畦皆如種葵法，不復條列煩文。早種者必秋耕；十月末地將凍，散子勞之。一畝三升。正月末散子，亦得。人足踐踏之乃佳。踐者菜肥。地釋即生。鋤不厭數。五月初，更種之。春者既老，秋葉落〔二〕未生，故種此相接。六月一日，種白莖秋葵。白莖者，宜乾⑧；紫莖者，乾即黑而澀。秋葵堪食，仍留五月種者取子。春葵子熟不均，故須留中輩。於此時，附地剪却春葵，冷〔三〕根上枿生者，柔輭至好，仍供常食，美于秋菜。掐秋菜，必留五六葉。不掐，則莖孤，留葉多，則科大。凡掐，必待露解。諺曰：「觸露不掐葵，日中不剪韭。」八月半剪去，留其歧〔四〕多者，則去地一二寸；獨莖者，亦可去地四五寸。枿生肥嫩，比至收時，高與人膝等，莖葉皆美；科雖不高，菜實倍多。其不剪早生者，雖高數尺，柯葉堅硬，全不中食。所可用者，惟有葉〔五〕心。附葉黃澀至惡，煮亦不美。看雖似多，其實倍少。收待霜降，傷早黃爛，傷晚黑澀。榜簇皆須陰中。見日亦澀。其碎者割訖，即地中尋手紉之⑨。待萎而紉者，必爛。

又種冬葵法⑩：九月收菜後，即耕；至十月半，令得三遍。每耕及〔六〕勞，以鐵齒杷耬去陳根，使地極熟，令如麻地。于中，逐常〔七〕穿井十口。井必相當。邪角則妨地。地形狹長者，井必作一行。地形正方者，作兩三行，亦不嫌也。井別作桔槔，轆轤，井深用轆轤，井淺用桔槔。柳罐⑪，令受一石。鑵小，用則功費。十月末，地將凍，漫散子；惟穊爲佳。畝用子六升。散訖，即再勞。有雪，勿令從風飛去。勞雪，令地保澤，葉又不蟲。每雪輒一勞之。若令[八]冬無雪，臘月中汲井水普勞[九]，澆悉令徹澤。有雪則不荒。玄扈先生曰：無草木不待雪，無雪悉宜澆，凡草木冬植者，皆以乾，不以寒也⑫。正月地釋，驅[一〇]踏破地皮。不踏即枯涸，皮破即香潤。春煖，草生，葵亦俱生。三月初，葉大如錢，逐穊處拔者賣之[一一]。十手拔乃禁取。兒女子七歲已上，皆得充事也。一升葵還得一升米。日日常拔[一二]，看稀稠得所乃止。有草拔却，不得用鋤。自四月八日以後，則日日剪賣。其剪處，尋以手拌斫斸地，令其[一一]起水，澆糞覆之。四月亢旱，不澆則不長；有雨則不須。四月以前，雖旱亦不須澆。地實保澤，雪勢未盡故也。比及剪遍，初者還復，周而復始，日日無窮。至八月社日止，留作秋菜。九月指地賣。耕、勞、輂糞、賣菜，終歲不閑。收訖，即急耕，依去年法。三十畝[一二]，勝作十頃穀田。止須一乘車牛，專供此園。若糞不可得者，五六月中穊種菉豆，至七月八月，犁掩[一三]殺之，如以糞糞田，則良美與糞不殊，又省功力。其井間之田，犁不及者，可畦[一四]以種諸菜。

崔寔曰⑬：正月可作[一五]種瓜瓠葵芥䪥，大小葱蒜。苜蓿及雜蒜亦種。此二物皆不如秋。六月六日可種葵，中伏後，可種冬葵。九月作葵菹乾葵。

家政法曰⑭：正月種葵。

農桑通訣曰⑮：春宜畦種，冬〔四〕宜散〔一六〕種，然夏秋皆可種也。詩曰：「七月亨葵」，此種之早者，俗呼爲秋葵；遲者爲冬葵。又曰：「六月六日種葵；中伏以後，可種冬葵。」時有先後，爲之在人。宿根在地，春生嫩葉，亦可採食。前金人以韭蓼汁⑯，併雞肉和食，謂之冷羹，最爲上饌。

莖葉叢茂時，方可刈；嫩惟採擷之耳。杜詩云：「刈葵莫放手，放手傷葵根。」蓋傷根則不生。

葵花乾入炭墼内，引火耐燒⑰。秋〔五〕葵葉可染紙，所謂葵箋也⑱。

【蜀葵】爾雅曰⑲：菺，戎葵也。郭璞注云：今蜀葵也。爾雅翼云⑳：蜀葵，即吴葵。夏小正云㉑：四月小滿後五日，吴葵華。陶弘景云㉒：吴葵即此也。又有一種小者，名錦葵㉓，即荆葵也。爾雅謂之荍㉔。又有黄蜀葵㉕，别是一種，即秋葵也。

種法㉖：春初種子；冬月宿根，亦自生苗。過小滿後，長莖高五六尺。花似木槿而大。

李時珍曰：葉嫩時，亦可茹食；其稭剥皮，可緝布作繩㉗。

【龍葵】釋名曰㉘：苦葵。一名苦菜，一名天泡草，一名鵶眼睛，一名酸漿草。陶弘景云㉙：益州有苦菜，乃是苦蘵，一名〔六〕龍葵也。蘇頌曰：葉如茄子葉，故一名天茄子。

蘇恭曰：龍葵，所在有之；俗名苦菜，然非荼也。葉圓花白，子若牛李子，生青熟黑，但堪煮食，不任生噉。

李時珍曰：龍葵、龍珠，一類二種也。處處有之。四月生，嫩苗時可食，柔滑。漸高二三尺，莖大如筯，似燈籠草而無毛。五月後開小白花，結子，味酸，亦可食㉚。

【蔠葵】即紫草子㉛。爾雅曰㉜：蔠葵，繁露也。其葉最能承露，其子垂垂如綴露，故名。又一名藤菜，一名天葵，一名御菜，一名燕脂菜，一名落葵。落字疑蔠字相傳之訛㉝。

陶弘景曰㉞：落葵，人家多種之，葉可飪鮓食㉟，甚滑。

李時珍曰㊱：落葵，三月種之，嫩苗可食。五月蔓延，其葉肥厚軟滑，可作蔬，和肉食。子紫黑色，揉取汁，可染布物，謂之胡燕脂，但久則色易變。

【蔓菁㊲】爾雅曰㊳：蘋，葑蓯。說文曰：葑，蕪菁也。一名九英菘，一名諸葛菜，一曰蕘蕪，一名蕘，一名芥㊴。廣志曰㊵：蕪菁，有紫花者，有白花者。劉禹錫云㊶：諸葛亮所止，令兵士皆種蔓菁者，取其纔出甲可生啖，一也；葉舒，可煮食，二也；久居，則隨以滋長，三也；棄不令惜，四也；回則易尋而採，五也；冬有根可食，六也。溪蠻叢話云㊷：猫、獠、猺、狫所産馬王菜，味澀多刺，即諸葛菜也。相傳馬殷〔七〕所遺，故云。蘇頌曰：南北皆有，北土尤多。河東、太原所出，其根極大。陳藏器本草曰：蕪菁，南北之通稱也。今并、汾、河、朔間，燒食其根，呼爲蕪根。塞北種者，名九英蔓菁，根大，并將爲軍糧㊸。

齊民要術曰㊹：種不求多，唯須良地；故墟新糞壞牆垣乃佳。若無故墟糞者，以灰爲糞，令厚一寸；灰多則燥，不生也。一〔一七〕耕地欲熟。七月初種之，一畝用子三升。從處暑至八月白露節皆得。早者作菹，晚者作乾。漫散而勞，種不用濕。濕則地堅菜焦。既生不鋤。九月末，生〔一八〕收葉；晚收則黄落。仍留根取子。十月中，犂麁畤〔八〕，拾取耕出者。若不耕畤，則留者英不茂，實不繁也。其葉，作菹者，料理如常法；擬作乾菜及釀菹者，釀菹者，後年正月始作耳；須留第一好菜擬之。其菹法列後條。割訖，則尋手擇治而辮之㊺，勿待萎。萎而後辮則爛。挂著屋下陰中風涼處，勿令煙熏。煙熏則苦。燥則上在廚㊻，積置以苦之。積時宜候天陰潤，不爾、多碎折。久不積苦，則澀也。春夏畦種供食者，與畦葵法同。剪訖更種，從春至秋，得三輩㊼，常供好菹。取根者，用大小麥底，六月中種。十月將凍，耕出之。一畝得數車，早出者，根細。

又多種蕪菁法：近市良田一頃，七月初種之。六月種者，根雖粗大，葉復蟲食；七月末種者，葉雖膏潤，根復細小；七月初種，根葉俱得。擬賣者，純種九英。九英，葉根粗大。欲自食者，須種細根。一頃取葉三十載。正月二月，賣作釀菹，三載得一奴。收根依畤法，一頃收二百載。二十載得一婢。細剉，和莖飼牛羊。全擬〔一九〕乞猪，并得充肥，亞于大豆耳。一頃收子二百石。輸與壓油家，三量成米，此爲收粟米六百石，亦勝穀田十頃。玄扈先生曰：種蔓菁，宜用北人畦種菜法，及吳下壠種油菜法：厚糞勤灌之，宜得三倍收。漢〔二〇〕桓帝詔曰：「横水爲災㊽，五穀不登，令所傷郡國，皆種蕪菁，以助民食。」然此可以度凶年，救饑饉。乾而烝食，既甜且美，自可藉口，何必饑饉？若值凶年，一頃乃活百人耳㊾。玄扈先生曰：人久食蔬，無穀氣，則有菜色。唯蕪菁獨否，其莖根皆膏潤故也。蕪菁味似芋，兩物皆似穀氣。故漢詔「種蕪菁以助民食」；而史稱「蹲鴟」至死不飢。

崔寔曰㊿：四月，收蕪菁及芥、葶藶、冬葵子。六月中伏後，七月可種蕪菁。至十月可收也。

孟祺農桑輯要曰(51)：耕地宜加糞，往復勻蓋。秋初可種。自破甲至結子，皆可食。十月初，挽苗煠作和菜(52)；餘者噍過(53)，留根在地。或慮河朔地寒凍死，可於十月終，以牛隔兩犁耕一犁。拾去菜根之後，却將暘土擺勻，據先耕出之數，噍過。月〔一一〕蒸食，甜而有味。玄扈先生曰：賈氏言：種宜七月初(54)；六月種者，蟲食。余家七月種者，甚苦蟲(55)；惟六月種者根株稍大，蟲不能傷耳。遇連日陰雨，易生青蟲，須勤撲治。

又曰(56)：十月終，犁出蕪菁根，數噍過；冬月蒸食，甜而有味。春生薹苗，亦菜中上品。四月收子打油，比〔九〕芝蔴易種收多。油不發風。油臨用時，熬動〔一〇〕，少摻芝蔴煉熟，即與小油無異(57)。

臞仙神隱曰(58)：凡種蕪菁，以鰻鱺魚汁浸其子，曬乾種之，無蟲(59)。

本草衍義曰(60)：蕪菁，今世俗謂之蔓菁。夏則枯。當此之時，蔬圃中復種之，謂之雞毛菜。食心，正在春時。諸菜之中。有益無損，於世有功；採擷之餘，收子爲油。玄扈先生曰：蔓菁獨留根取子者，當六月種，明年四月收耳。若供食者，正月至八月，無月不可種。賈氏所謂「自春至秋，得三輩，常供好菹」。此云鷄毛菜者，無亦謂其鱗次供用耳。

玄扈先生曰：南方種蕪菁，收子多在芒種後。梅雨中，子既不實，亦有莢中生芽者㊶。漫將作種，便無大根。加以密種少糞，其變爲菘，亦無怪也。今欲稀種多壅，似亦無難；獨梅時多雨，非人力可爲。近立一法，可得佳種：凡蕪菁，春時摘薹者，生子遲半月；若摘薹二遍，即遲一月矣。宜將留種蕪菁，分作三停：其一不摘薹，擬芒種後收子；其一摘薹一遍，擬夏至後收子；其一摘薹二遍，擬小暑後收子。南方梅雨，多在夏至前，或時在夏至後。小暑後，伏時多晴，分作三次收，定有一兩次不秕者㊷。又復簡擇淘汰，稀種厚壅，無緣可變爲菘矣。

又曰：蕪菁擇子下種出甲後，即耘出小者作茹。若不欲移植，即取次耘出；存其大者，令每本相去一尺許。若欲移植，俟長五七寸，擇其大者移之。

又曰：種法：先薙草，雨過耕地。不雨，先一日灌地濕透，明日熟耕作畦。或耬種，或漫散子，覆土厚一指。五六日内遇雨，不須灌。無雨，戽水溝中遥潤之。種少者，噴壺下水，或水斗遥灑之㊸。無澆土令實。苗寸以上，灌水糞。

又曰：種蕪菁，用故墟壞牆基甚善。但此地不能多；宜得沙土高燥者，厚壅之。若欲廣植，用早稻地亦佳。但須六七月下種，俟刈稻後，作速耕糞移植。

又曰：有三晉人傳種蕪菁法：先下子，候苗長可蒔，豫耕熟地作畦，每畦深七八寸，起土作壠，蒔苗其上。壠土虛浮，根大倍常也。或徑于壠上下子亦得。種蘆菔法同。

本草圖經曰[64]：南人取北種種之，初年相類，至二三歲，則變爲菘矣。玄扈先生曰[65]：按唐本草注云：「菘菜不生北土。有人將子北種，初一年，半爲蕪菁，二年，菘種都絶。有將蕪菁子南種，亦二年都變。土地所宜」，須有此例。其子，亦隨色變；但粗細無異耳。菘子黑，蔓菁子紫赤；大小相似。據如此説，則南之菘，北之蔓菁，種類因地[66]，必無移植之理。然圖經于菘菜條下又言「今京都種菘都類兩種〔二二〕。但肥厚差不及耳」。則菘未嘗不宜北也。余家種蔓菁三四年，亦未嘗變爲菘也；獨其根隨地有大小，亦如菘有厚薄。齊民要術稱「并州蕪菁根，其大如椀口；雖種他州，子一年亦變」，而今三晉所産，大于齊魯；秦中所産，大于三晉。此理雖則有之。顧小而爲用，何妨滋植耶。秦中種瓜，其大十倍他方；他方亦不廢種瓜也。王禎所謂「悠悠之論，率以風土不宜爲説[67]」。嗚呼！此言大傷民事，有力本良農[68]，輕信傳聞。捐棄美利者多矣。計根本者，不可不力排其妄也。

又曰：本草言：南人種蕪菁變爲菘，此亦有故。按菘與蕪菁本相似，但根有大小耳。北人種菜，大都用乾糞壅之，故根大；南人用水糞，十不當一。又新傳得蕪菁種，不肯加意糞壅；二三年後，又不知擇種，其根安得不小？如此便似蕪菁變爲菘也。吾鄉諸菜，種大槩不若京師，病皆坐此。徒恨土之瘠薄，或言種類不宜，皆謬矣。又，耕地須極疎緩；

地非沙土，多用草灰和之；土若强緊，根亦不大。又曰：種蔬果穀蓏諸物，皆以擇種爲第一義。種一不佳，即天時地利人力，俱大半棄擲矣。蕪菁子，比菜稍遲；正值梅天，南方多雨，子多不實者。種時務宜簸揚，或淘汰。或導擇(69)，取其最粗而圓滿者種之。其本末俱大。若漫種秕者，即十不當一也。

農桑通訣曰(70)：蔓菁，四時仍〔二三〕有。春食苗，夏食心，謂之薹子，秋可爲菹，冬蒸根食；菜中之最有益者。杜詩云：「冬青飯之半。」其子九蒸九曝，可搗爲粉，塗帛者資之。亦可爲油，陝西惟食此油。燃燈甚明，能變蒜髮(71)。

李時珍曰(72)：六月種者，根大而葉蠹；八月種者，葉美而根小。唯七月初種者，根葉俱良。今燕京人以瓶醃藏，謂之閉甕菜。

齊民要術蒸乾蕪菁根法曰(73)：作湯，净洗蕪菁根，漉著一斛甕子中。以葦荻塞甕裏以蔽口。著釜上，繫甑帶，以乾牛糞然火，竟夜烝之。麄細均〔二二〕熟；謹謹著牙，真類鹿尾。烝而賣者，則收米十石也。

又蕪菁作鹹菹法曰(74)：收菜時，即擇取好者，菅蒲束之。作鹽水令極鹹，於鹽水中洗菜，即内甕中。若先用淡水洗者，菹爛。其洗菜鹽水，澄取清者，瀉著甕中，令没菜肥〔二四〕即止。不復調和，菹色仍青。以水洗去鹹汁，煮爲茹，與生菜不殊。三日抒出之。粉黍米作粥清，搗麥麵〔二五〕䴷作末，絹篩。布菜一行，以䴷末薄坌之，即下熱粥清。重重如此，以滿甕爲限。其布菜法：每行必莖葉顛倒安之。舊鹽汁，還瀉甕中。葅色黄而味美。作淡葅：用黍米粥清，及麥䴸末，味亦勝。

又作湯葅法曰：收好菜。擇訖，即於熱湯中煠出之。若菜已萎者，水洗漉出，經宿生之，然後湯煠。煠訖，令水中灌之〔二六〕。鹽、醋中，熬胡麻油〔二七〕。香而且脆。多作者，亦得至春不敗。

又釀葅法曰：葅，菜也。不切曰釀葅。用乾蔓菁，正月中作。以熱湯浸菜，令柔軟；解辦〔二八〕擇治净洗。沸湯煠，即出；於水中净洗。便復作鹽水斬度〔二九〕，出著箔上。經宿，菜色生好。粉黍米粥清，亦用絹篩麥䴸末，澆葅布菜，如前法。然後粥清不用大熱[75]；其汁纔令相淹，不用過多。泥頭七日便熟。葅甕以穰茹之，如釀〔三〇〕酒法。玄扈先生曰：齊民要術所著食物烹治，古今習尚不同，有難施用者。今録之。一見此種爲用之博，一見古人留心民事之勤耳。大都此物兼芋、魁、蘆菔及菘、芥諸菜之用；製造之法，亦依諸品從事可也。

附：烏菘菜，八月下種。九月下旬，治畦分栽。

夏菘菜：五月上旬撒子，糞水頻澆，密則芟之[76]。

【蒜】爾雅曰[77]：蒚，山蒜[78]。說文曰：蒜，葷菜也。按初中國止有小蒜，一名澤蒜。餘唯山蒜、石蒜[79]。自張騫使西域得大蒜種歸種之[80]。今京口有蒜山，多出蒜。蒜有大小之異，大曰葫，即今大蒜，每頭六七瓣。收條中子種者，一年爲獨蒜。再種之，則皆六七瓣矣。小曰蒜，葉似細葱而澀，頭小如蕎[81]，即今山蒜也。王禎曰[82]：蒜性熱而有小毒，氣極葷，然以入臭肉，掩臭氣。夏月食之，解暑，辟瘴氣。北方食餅肉，不可無此。家有其種多者，收一二頃，以供歲計。今在在種之。

齊民要術曰[83]：蒜，宜良軟地。白軟地，蒜甜美而科大；黑軟次之；剛强地〔三〇〕，辛辣而瘦小也。三徧熟耕，九月初種。種法：黄暘時，以耬耩；逐壠手下之，五寸一株。諺曰：「左右過〔三一〕鋤，一萬餘株。」空曳勞。二月半鋤之，令滿三徧。勿以無草則不鋤，不鋤，則科小。條拳而軋之[84]。不軋則獨科。葉黄鋒出，則辮于屋下風涼之處桁之。早出者，皮赤科堅，可以遠行，晚則皮壞而善碎〔三二〕。冬寒，取穀耩布地，一行蒜，一行耩。不爾則凍死。收條中子種者，一年爲獨瓣；種二年者，則成大蒜，科皆如拳。又逾于凡蒜矣。瓦子壠底，置獨瓣蒜于瓦上，以土覆之；蒜科横闊而大，形容殊則〔三三〕，亦足以爲異。今并州無大蒜，朝歌取種[85]，一歲之後，還成百子蒜矣；其瓣粗細，正與條中子同[86]。蕪菁根其大如碗口，雖種他州子，一年亦變大。蒜瓣變小，蕪菁根變大，二事相反，其理難推。又八月中方得熟，九月中始刈得花子。至于五穀蔬果，與餘州早晚不殊，亦一異也。并州豌豆，度井陘已東，山東穀子，入壺關、上党，苗而無實，皆余目所親見。傳信傳疑〔三四〕，蓋土地之異者也。

崔寔曰[87]：布穀鳴，收小蒜。六月七月，可種小蒜；八月可種大蒜。

農桑通訣曰[88]：又一種澤蒜，可以香食。吴人調鼎，率多用此。根解菹[89]，更勝葱韭。

此物易滋蔓，隨斸隨合。熟時，採子漫散種之。按諸菜之葷者，惟宜採鮮食之；經日，則不美。惟蒜雖久而味不變。嫩薹亦可爲蔬。

又曰：種法：半尺地一根，鋤治令净，時加糞壅。菜上〔三五〕一尺許，漸漸撥開上頭土〔三六〕。見白則本大；不爾，止益草〔三七〕耳。或結葉亦佳。

四時類要[90]：種蒜，作行，下糞水澆之。

務本新書[91]：蒜，畦栽；每窠先下麥糠少許，地宜虛。春暖則鋤，拔薹時頻澆。劉麥時，人多食，解暑毒。

蒜：于肥地，鋤成溝隴，隔二寸栽一科，糞水澆之。八月初可種[92]。或以牛草鞋，小便浸之[93]，將種包在内，一夾糞土栽之，上糞令厚。其大如碗。

【葱】　爾雅曰[94]：茖，山葱[95]。說文曰：「葱，葷菜也。」其色葱葱然[96]，故名。葱，淺绿色。凡四種：山葱〔一三〕、胡葱、漢葱、凍葱。一名芤草，中有孔也。一名鹿胎。初生曰葱針，葉曰葱青，衣曰葱袍，莖曰葱白，葉中涕曰葱苒。諸物皆宜，故又名菜伯，又名和事草。王禎曰：山葱宜入藥，胡葱亦然。食惟用漢葱、凍葱耳。漢葱，木葱也。漢葱，葉大而香薄，冬即葉枯，宜供虀食。凍葱，葉細而益香，又宜過冬，比漢爲勝；或名大官葱[97]。廣志曰：葱有冬春二種。有胡葱、木葱、山葱。晉令曰：「有紫葱[98]。」昔龔遂渤海[99]，勸農口〔一四〕種葱一畦，非惟足供烹飪，種多亦可資富。梁吕僧珍[100]，其先販葱爲業。及貴，其兄子棄業求官。珍不許，曰：「汝等自有常分，不可妄求；可速歸葱肆，爾可謂知所本矣。」

齊民要術曰(101)：收葱子，必薄布陰乾，勿令浥鬱。此葱性熱，多〔一五〕喜浥鬱，浥鬱則不生。其擬種之地，必須春種菉豆，五月掩殺之。比至七月，耕數遍。一畝，用子四五升。良田五升，薄田四升。炒穀拌和之。葱子性澀。不以穀和，下不均調；不炒穀，則草穢生。兩耬重耩，竅瓠下之；以批契繼腰曳之。七月納種，至四月始鋤；鋤遍乃剪。剪與地平。高留則無菜〔三八〕，深剪則傷根。剪欲旦起，避熱時。良地三剪，薄地再剪；八月止。不剪則不茂，剪過則根跳。若八月不止，則葱無袍而損白。十二月盡，掃去枯葉枯袍，不去枯葉，春初則不茂。二月三月出之。良地二月出，薄地三月出。收子者，別留之。葱中亦種胡荽，尋手供食；乃至孟冬爲菹，亦不妨。

崔寔曰(102)：二月別小葱，六月別大葱，七月可種大、小葱。夏葱曰小，冬葱曰大。

四時類要(103)：種葱，炒穀攪勻，塞耬一眼，於一眼中種之。他月葱出，取其塞耬一眼之地中土培之，疏〔一六〕密恰好，又不勞移。

王禎曰(104)：種法：先以子畦種。移栽却作溝壟，糞而壅〔三九〕，俱成大葱，皆高尺許；白亦如之。宿根在地，來春併得作種移栽之。

又曰(105)：葱種不拘時，先去冗鬚，微晒。疎行密排種之。宜糞培壅。猪糞雞鴨糞和粗糠壅之(106)。

【韭[107]】禮記曰[108]：「豐本」；爾雅曰[109]：「藿，山韭。」説文曰：韭字象葉出地上形。一種而久生，故謂之韭，一名草中乳，言其溫補也。一名起陽草。一名嬾人菜，以其不須歲種也。蘇頌曰：韭一歲三四割，其根不傷。至冬壅培之，先春復生。莖名韭白，根名韭黄，花名韭菁。韭之美，在白在黄，黄乃未出土者。羅願云：物久必變，故老韭爲莧。鄭玄曰[110]：久道得利，陰變爲陽，故葱變爲韭。金幼孜北征録曰：雲臺戍地有野韭，人皆採食，即許慎所謂韱也。王禎曰：詩七月[111]：「獻羔祭韭。」周禮醢人[112]，其實韭菹〔一七〕。禮王制[113]：庶人春薦韭以卵〔一八〕。杜詩：「夜雨剪春韭。」樂天詩：「秋韭花初白。」玄扈先生曰：種樹書云[114]：「深其畦，爲容糞也。」

齊民要術曰[115]：收韭子，如葱子法。若市上買韭子，宜試之，以銅鐺盛水，加〔四〇〕于火上，微煮韭子。須臾芽生者好，芽不生者，是浥鬱矣。治畦、下水、糞覆，悉與葵同；然畦欲極深。韭一剪一加糞。又根性上跳，故須深也。二月、七月種。種法：以升盞合地爲處[116]，布子于圍內。韭性內生，不向外畏；圍種，令科盛〔四一〕。薅令常淨。韭性多穢，數薅〔四二〕爲良。高數寸，剪之。初種時〔四三〕止一剪。至正月，掃去畦中陳葉。凍解，以鐵杷耬起，下水，加熟糞。韭高三寸，便剪之，剪如葱法。一歲之中，不過五剪。每剪，杷耬、下水、加糞，悉如初。收子者，一剪則留之。若旱種者，但無畦與水耳；杷糞悉同。一種永生。

崔寔曰[117]：正月，掃除韭畦中枯葉。七月，藏韭菁。菁，韭耙出菁，韭花也〔四四〕。

王禎曰[118]：凡近城郭園圃之家，可種三十餘畦。一月可割兩次，所易之物，足供家費。

積而計之，一歲可割十次。秋後，可採韭花，以供蔬饌之用。謂之長生韭。至冬，移根藏于地屋蔭中，培以馬糞，煖而即長，高可尺許；不見風日，其葉黄嫩，謂之韭黄，比常韭易利數倍。北方甚珍之。又有就舊畦内，冬月以馬糞覆之，于迎陽處，隨畦以蜀黍籬障之，用遮北風。至春蔬〔四五〕其芽早出，長可二三寸，則割而易之，以爲嘗新韭。

韭二月下旬撒子，九月分栽。十月，將稻草灰蓋三寸許，又以薄土蓋之，則灰不被風吹。立春後，芽生灰内，則〔四六〕可取食。天若晴煖，二月中〔四七〕芽長成菜，以次割取。舊根常留分栽，更不須撒子矣[119]。

四時類要[120]：九月，收韭子。種韭，不如栽作行，令通鋤。割一遍，以杷樓之，令根不相接爲佳。如此，當葉闊如薤。

博聞録[121]：韭畦若用雞糞尤好。

【薤】音械，古文作「䪥」[122]。爾雅曰[123]：薤，鴻薈。一名莜子〔一九〕，一名火葱。一名藠子，一名菜芝[124]。薤，韭之大者也[125]。收種宜火熏，故名火葱。又一種山薤，生山中，莖葉與薤相類，而差長大；即爾雅所謂葝也，亦可供食，但不多有。王禎曰[126]：薤本出魯山平澤；今處處有之。葉似韭而闊，本豐而白深。本草云：雖辛，不葷五臟，學道人長餌之，以其能温中、通神、安魂魄、續筋力爾。漢北海太守龔遂，勸農家種薤百本，民獲其利。

齊民要術曰[127]：種薤，宜白〔二〇〕軟良地，三轉乃佳。二月三〔二一〕月種。秋種亦得；但春未生〔四八〕。率七八支爲一本。諺曰：「葱三薤四」，移葱者，三支爲一本，種薤者，四支爲一科〔三二〕。然支多者科圓大，故以七八爲率。薤子三月葉青便出之，未青而出者，肉未滿，令薤瘦。燥曝，挼去莩餘，切却薑〔四九〕根。留薑根而濕者，即瘦細不得肥也。先重耬耩地，壟燥，培〔五〇〕而種之。壟燥則薤肥，耬重則白長。率一尺一本。葉生即鋤，鋤不厭數。薤性多穢〔五一〕，荒則羸惡。五月鋒，八月初耩。不耩則白短。葉不用剪。剪則損白，供常食者，别種。九月十月出賣，經久不出〔五二〕也。擬種子，至春地釋，即曝之。

農桑通訣曰[128]：杜甫詩云：「束比青芻色，圓齊玉筯頭。」或取其白芼酒，尤佳。樂天詩云：「酥煖薤白酒。」又内則曰：「切葱薤，實諸醯，以柔之。」

碎録云[129]：「豚脂用葱，膏用薤。」然則酒也、醯也、膏也，無施不可。種法，與韭同。

【薑[130]】魯論：「不撤薑食。」説文：禦溼之菜也。呂覽春秋曰：「和之美者，有楊僕之薑。」註：楊僕，蜀地名。史記曰：種千畦薑，與千户侯等。春秋運斗樞云：璇星散而爲薑。蘇頌曰：薑，以漢、温、池州者爲佳，苗高二三尺，葉似箭竹葉而長，兩兩相對。薑性畏日而惡濕，故秋熱則無薑。初生嫩者，其尖微紫，名曰紫薑，或作子薑。宿根謂之母薑。

齊民要術曰[131]：薑宜白沙地，少與糞和。熟耕如麻地，不厭熟，縱横七徧尤善。三月種之，先種〔五三〕耬耩，尋壟下薑，一尺一科。令上土厚三寸。數鋤之。六月，作葦屋覆之[132]。不耐寒熱故。九月掘出，置屋中。中國土不宜薑[133]，僅可存活，勢不滋息。玄扈先生曰：今北土種之，甚滋息，奚云不宜也⑬④！

崔寔曰⑬⑤：三月清明節後十日，封生薑。至四月立夏後，蠶大食，芽生，可種之。九月，藏茈薑蘘荷。其歲若温，皆待十月。生薑謂之茈薑⑬⑥。茈，音紫。

四時類要種薑⑬⑦：闊一步作畦，長短任地形。横作壠，相去一尺餘，深五六寸。壠中，一尺一科，帶牙大如三指闊。蓋土厚三寸，以蠶沙蓋之，糞亦得。牙出後，有草即耘，漸漸加土。已後壠中却高，壠外即深，不得併上土。鋤不厭頻。

農桑通訣曰⑬⑧：凡種，宜用沙地熟耕，或用鍬深掘爲善。三月畦種之。畦闊一步，長短任地。横作壠，深可五七寸。壠中，一尺一科，以土上覆，厚三寸許，仍以糞培之。益以蠶糞尤佳。芽出，生草，勤鋤之。壟中漸漸加土培壅。一法：用蓆草覆之，勿令他草生，使薑芽自迸出，覆其上〔五四〕。六月，用枝葉作棚，以防日曝。薑性不耐寒熱故爾。或只用帶葉枯枝扦插。四月，竹箄爬開根土，取薑母貨之，不虧元本⑬⑨。秋社前，新芽頓長，分採之，即「紫薑芽」，色微紫，故名。最宜糟食，亦可代蔬。劉屏山詩云⑭⓪：「恰似匀粧指，柔尖帶淺紅」，似之矣。白露後，則帶絲漸老，爲老薑，味極辛，可以和烹飪。蓋愈老而愈辣者也。曝乾則爲乾薑，醫師資之。今北方用之頗廣。九月中掘出，置屋中。宜作窖，穀稈〔五五〕合埋之。今南方地煖，不用窖。至小雪前，以不經霜爲上。拔去日就土晒過〔五六〕，用篘篰盛貯架起，下用火熏三日夜，令濕氣出盡。却掩篰口，仍高架起，下用火熏，令常煖，勿令凍損。至春，擇其芽之深者，如前法種之。爲効速而利益倍。諺云：「養羊種薑，子利相當[141]。」

王禎曰[142]：薑宜耕熟肥地。三月種之，以蠶沙或腐草灰糞覆蓋。每壟闊三尺。便于澆水。待芽發後，又揠去老薑。上[三]作矮棚蔽日。八月收取。九十月，宜掘深窖，以穅秕合埋暖處，免致凍損，以爲來年之種。置火閣亦可。

又云[143]：按薑辛而不葷，去邪辟羶，蔬茹中之拂士也。日用不可闕。

【芥[144]】本草云：芥植，名水蘇。陶弘景曰：芥，似菘而有毛；味辣，可生食。一名勞粗，一名辣菜，一名臘菜。王禎曰：芥字从介，取其氣辛而有剛介之性，其種不一，有青芥、紫芥、白芥、南芥、荆芥、旋芥、馬芥、石芥、皺葉芥、蕓臺芥。蜀芥即胡芥也。劉恂嶺南異物志曰：南土芥，高五六尺；子大如鷄子。芥極多心。嫩者爲芥藍。又有一種花芥，葉多刻缺如蘿蔔英。冬月食者，俗呼臈菜，春月食者，俗呼春菜。

齊民要術曰[145]：種芥子及蜀芥、蕓薹：取子者，皆二三月，好雨澤時種。三物性不耐寒，經冬則死，故須春種。

又曰：蜀芥、蕓薹、芥，取葉者，皆七月半種。地欲糞熟。蜀芥一畝，用子一升。

崔寔曰[146]：六月大暑中伏後，可收芥子。七月八月，可種芥。

務本新書[147]：芥菜，宜秋前種。大槩雖不及蔓菁，餘亦頗同。子作芥花、芥末。如近郭〔五七〕，芥菜宜多種。蕓薹、芥子(148)，種同蜀芥。每畝用子四升。足霜始收。辛〔五八〕不甚香。經三冬以草覆之，不死；至春，復可供食。

王禎曰(149)：今江南農家所種，如種葵法。俟成苗，必移栽之。早〔二四〕者，七月半後種；遲者，八月種。厚加培〔二五〕壅，草即鋤之，旱即灌之。冬芥，經春長心，中爲鹹淡二葅；亦任爲鹽菜〔五九〕。

又云：十月，收蕪菁訖時，收蜀芥。

又云：如即收子者，即不摘心。夫芥之爲物，心多而耐久，味辣而性温；可搗取汁，以供庖饌。

務本新書曰(150)：芥藍，二月畦種。苗高，剥葉食之；剥而復生〔二六〕。刀割，則不長，加火煮之，以水淘浸；或炒爁，或拌食，或包餕〔六〇〕餡，或捲餅生食，頗有辛味。五月園枯(151)，此菜獨茂，故又曰主園菜。食至冬月，以草覆其根，四月終，結子，可收作末〔六一〕。根又生葉，又食一年。陝西多食此菜。若中人之家，但能自種三兩畦藍菜，并一二畦韭，周歲之中，甚省菜錢。

玄扈先生曰(152)：芥菜，八月撒種，九月治畦分栽，糞水頻灌。冬月淹藏，家家用度；晒乾，于無煙雨處架起，三年亦可食。

【蒝荽[153]】說文：葰。註：「可以香口。」其莖柔、葉細，而根多鬚，綏綏然也。一名胡荽；張騫使西域，始得種歸，故名。一名香荽，并汾之間，避石勒諱胡也。俗呼爲蒝荽。蒝乃莖葉布散之貌，俗作「芫」，非。又有一種，名石胡荽，亦名鵝不食草，載在本草，堪入藥，却非此種。

齊民要術曰[154]：胡荽，宜黑軟青沙良地，三徧熟耕。樹陰下，不得，和豆處亦得〔六二〕。春種者，用秋耕地，開春凍解，地起，有潤澤時，急接澤種之。種法：近市負郭田一畝，用子二升；故概種漸鋤，取賣供生菜也。外舍無市之處，一畝用子一升，疏密正好。六七月種，一畝用子一升。先燥晒，欲種時，布子於堅地，一升子與一掬濕土和之，以脚蹉令破作兩段。多種者，以磚瓦蹉之亦得，以木礱之亦得，子有兩人，人各著；故不破兩段，則疎密，水浥而不生。著土者，令注〔六三〕入殼中，則生疾而長速。種時欲燥。此菜非雨不生，所以不求濕下也。於旦暮潤時，以耬耩，作壟，以手散子，即勞令平。春雨難期，必先藉澤，蹉跎失機，則不得矣。地正月中凍解者，時節既早，雖浸，芽不生；但燥種之，不須浸子。地若二月始解者，歲月稍晚；恐澤少，不時生，失歲計矣。便於煖處，籠盛胡荽子，一日三度，以水沃之，二三日，則芽生。於旦暮時，投〔六四〕潤漫擲之。數日，悉出矣。大體與種麻相似。假令十日、二十日未出者，亦勿怪之；尋自當出。有草，方〔六五〕令拔之。菜生二三寸，鋤去概者，供食及賣。十月足霜，乃收之。取子者，仍留根，間拔令稀，概即不生。以草覆上。覆者，得供生食，又不凍死。又五月，子熟，拔取曝乾，勿使令濕，濕則浥鬱。格柯打出，作蒿篅盛之。冬日亦得入窖；夏還出之。但不濕，亦得五六年停。

一畝收十石，都邑糶貴，石堪一疋絹。若地柔良，不須重加耕墾者，於子熟時，好子稍有零落者，然後拔取。直深細鋤地一遍，勞令平。六月連雨時，穭〔二七〕生者亦尋滿地，省耕種之勞。秋種者，五月子熟，拔去，急耕。十餘日又一轉，令好調熟。如麻地。即於六月中旱時，耬耩作壟；蹉子令破，手散，還勞令平。一同春法。但既是旱種，不須耬潤。此菜旱〔六六〕種，非連雨不生；所以不同春月，要求濕下。種後，未遇連雨，雖一月不生，亦勿怪。麥底地亦得種，止須急耕調〔六七〕。雖名秋種，會在六月。六月中，無不霖望；連雨〔二八〕生，則根强科大。七月種者，雨多亦得，雨少則生不盡，但根細科小，不同六月種者，便十倍失矣，大都不用觸地濕入中。生高數寸，鋤去概者，供食及賣。作菹者，十月足霜乃收之。一畝兩載，載直絹三疋。若留冬中食者，以草覆之，尚得竟冬中食。其春種小小供食者，自可畦種。畦種者，一如葵法。若種者，挼生子，令中破，籠盛，一日再度以水沃之，令生芽，然後種之。再宿，即生矣。晝用箔蓋，夜則去之。晝不蓋，熱不生；夜不去，蟲棲之。凡種菜，子難生者，皆水沃令芽生，無不即生矣。玄扈先生曰[155]：畦種水澆，何必須連雨乎？可必乎？

王禎曰[156]：先將子捍開[157]。四月、五月、七月，晦日晚宜種。種宜濕地，以灰覆之，水澆則易長。

又曰[158]：胡荽，其子擣細，香而微辛。食饌中，多作香料，以助其味。於蔬菜，子葉皆可用，生熟皆可食，甚有益于世也。

齊民要術曰(159)：「作胡荽菹法」：湯中渫出之，著大甕中，以煖蓋〔六八〕，經宿，水浸之。明日，汲水净洗，出别器中，以鹽酢浸之。香美不苦。亦可洗訖，作粥津麥䴸，味如蘘芥。菹法(160)，亦有一種味。作裹菹者，亦須渫去苦汁，然後乃用之矣。

博聞録曰(161)：胡荽，必於月晦日晚下種。

【蕓薹(162)】服虔通俗文曰：胡菜。註：羌隴、氐胡，多種此菜；能歷霜雪，故名。或云：塞外有地名雲臺戍，始種此菜，故名。一名油菜。陶弘景云：蕓薹，乃人間所噉菜也。寇宗奭曰：蕓薹，經冬不死，辟蠹。李時珍曰：乃今油菜也。形色微似白菜。冬末春初，採心爲茹；三月則老，不可食。開小黄花，四瓣；結莢，收子。灰赤色，炒過，榨油，然燈甚明。近人因有油利，種者頗廣。

齊民要術曰(163)：蕓薹一畝，用子四升。種法與蕪菁同。既生，亦不鋤之。

又云：蕓薹，足霜乃收。不足霜即澀。

又云：旱則畦〔六九〕水澆，五月熟而收子。蕓薹，冬天草覆，亦得取子種，種〔七〇〕又得生茹供食。

王禎曰(164)：蕓薹，不甚香。經冬根不死。

便民圖纂曰(165)：油菜：八月下種，九十月治畦，以石杵舂穴分栽。用土壓其根，糞水澆之。若水凍，不可澆。至二月間，削草净，澆不厭頻，則茂盛。薹長，摘去中心，則四面叢生，子多。子可榨油，柤可壅田。

【藏菜⑯】七月下種。寒露前後治畦分栽。栽時，用水澆之，待活，以清糞水頻澆。遇西風則不可澆。

玄扈先生曰：吴下人種油菜法：先于白露前，日中鋤連泥草根，晒乾成堆，用穰草起火，將草根煨過。約用濃糞，攪和如河泥。復堆起，頂上作窩，如井口。秋冬間，將濃糞再灌三次。此糞灰泥，爲種菜肥壅也。到明年九月，耕菜地再三，鋤令極細，作壠并溝，廣六尺。壠上横四科，科行相去各一尺五寸。用前糞灰泥，勾撒土面，然後將菜栽移植。植之明日，糞之。地濕者，糞三水七；乾者，糞一水九。如是三四遍，菜栽漸盛，漸加真糞。冬月再鋤壠，溝泥鍬起，加壠上，一則培根，一則深其溝，以備春雨。臘月，又加濃糞生泥上。春月凍解，將生泥打碎。正二月中，視田肥瘦燥濕加減，加糞壅四次。二月中，生薹；摘取之，糟醃聽用；即復多生薹心，花實益繁。立夏後，拔科收子。中農之入，畝：子二石，薪十石。薪中爲蠶簇也。種蔓菁法，宜倣此。

【菠菜⑯】菠薐，一名赤根，又名波斯草。劉禹錫云：菠薐，本西國中種；自頗陵國將其子來。今呼其名，語頗訛耳。博聞録：菠菜過月朔乃生，須二十七八間種之，月初即生。種時須以其子研開易浸脹。

農桑輯要云⑯：菠薐：作畦下種，如蘿蔔法。春正月二月，皆可種，逐旋食用。秋社後二十日，種于畦下，以乾馬糞培之，以備〔七二〕霜雪。十月内，以水沃之，以備冬食。

農桑通訣曰[169]：菠薐：七八月間，以水浸子。殼軟撈出，控乾；就地以灰拌。撒肥地，澆以糞水。芽出，惟用水澆；待長，仍用糞水澆之，則盛。

春月出薹，至春暮，莖葉老時，用沸湯掠過，晒乾，以備園枯時食用，甚佳。實四時可用之菜也[170]。

【莧[171]】爾雅曰：蕢，赤莧。莖葉皆高大易見，故從見。莧亦多種：有馬齒莧、鼠齒莧及糠莧，此野莧也。若夫赤莧、白莧、紫莧、紅莧、人莧，又有五色莧，皆可蔬茹。人、白二莧，亦可供藥。易言「莧陸夬夬」。謂其柔脆也。列子言：「寧生程，程生馬，馬生人。」馬者，馬莧、馬藍草之類；人者，人參、人莧之類也。

農桑輯要曰[172]：人莧，但五月種之，園枯則食[173]。今人有三、四月種者。如欲出種，留食不盡者，八月收子。本草云[174]：不可以莧菜與鼈同食，則生鼈癥。試以鼈甲，如豆片大者，以莧菜封裹之，置于土坑，以土蓋之；一宿，盡變成鼈也。

莧菜，二月間下種；三月下旬，移栽于茄畦之旁，同澆灌之，則茂[175]。

【茼蒿[176]】蓬蒿。形氣同于蓬蒿，故名。王禎曰：同蒿者，葉緑而細，莖稍白，味甘脆。

農桑通訣曰[177]：茼蒿，春二月種，可爲常食，秋社前十日種，可爲秋菜。如欲出種，春菜食不盡者，可爲子。俱是畦種，其葉又可湯泡，以配茶茗，實菜中之有異味者。

李時珍曰[178]：八九月下種，冬春採食。四月起薹，花淺黃色，如單瓣菊花；結子近百成毬。最易繁茂。

【甜菜】古作「菾」[179]。釋名菾菜。即莙薘也。

農桑通訣曰[180]：莙薘，作畦下種，如蘿蔔法。春二月種之。夏四月移栽，園枯則食。如欲出子，留食不盡者，地凍時，出于暖處收藏，來年春透，可栽收種。或作蔬，或作羹，或作菜乾，無不可也。

本草云[181]：莖灰淋汁洗衣，其白如玉。

便民圖纂曰[182]：莙薘，八月下種，十月治畦分栽，頻用糞水澆之。

【芹[183]】爾雅曰：芹，楚葵。芹，古作蘄，一名水英。按生江湖陂澤間者，水芹也；生平地者，旱芹也。二月生苗，其葉對節生。晉書：立春日，以芹芽爲菜盤相饋。又有紫芹，出太行王屋〔二九〕，可制汞，不可食。又一種馬芹，爾雅曰：「茭，牛蘄」，葉細鋭可食，亦芹類也。別有一種黃花者，名毛芹，食之殺人，蛟龍食之亦病。

齊民要術曰[184]：芹菜，收根，畦種之。常令足水，尤忌瀦〔七二〕泔及鹹水，澆之，則死。性易繁茂，而甜脆勝野生者。

陶隱居曰[185]：二三月芹作英時，可作葅，及熟爚食之。

玄扈先生曰：野芹，須取嫩白爲佳。輕鹽一二日，湯焯過，晒須一日乾，方妙。

【藘[186]】古「苣」字。小雅：「薄言采芑。」疏云：苦菜也。青州謂之芑。説文藘作苣。吴人呼爲苣菜，莖青白色；摘其葉，白汁出，脆可生食。亦可烝爲茹。按：苣有三種：白苣、苦苣、萵苣，皆不可烹煮，故通曰生菜。彭乘曰〔七三〕：咼菜，自咼國來，故名。

農桑通訣曰[187]：萵苣，作畦下種，如菠薐法；但得生芽，先用水種浸〔七四〕一日，於濕地上布襯，置子于上，以盆椀合之。候芽漸出，即種。正二月種之，可爲常食，秋社前一二日種者可爲醃菜。其莖，去皮蔬食，又可糟藏，謂之萵笋。

【苜蓿[188]】爾雅翼曰：「木粟。」言其米可炊飯也。郭璞作「牧宿」；謂其宿根自生，可飼牧牛馬也。漢書西域傳曰：罽賓有苜蓿、大宛馬。武帝時，得其馬，漢使採苜蓿種歸。陸機與弟書曰：張騫使外國十八年、得苜蓿歸。西京雜記曰：樂遊苑，自生玫瑰樹，下多苜蓿。苜蓿一名懷風，時人或謂光風草；風在其間蕭蕭然，日照其花有光采，故名懷風。茂陵人謂之連枝草。李時珍曰：二月生苗，一科數十莖。葉緑色。入夏及秋，開細黄花；結小莢，圓扁旋轉，有刺。内有米如穄米。可爲飯，亦可釀酒。

齊民要術曰[189]：地宜良熟。七月種之。畦種水澆，一如韭法。玄扈先生曰：苜蓿，須先剪[190]，一上糞。鐵杷掘之，令起，然後下水。早〔七五〕種者，重耬耩地，使壟深闊，竅瓠下子，批契曳之。每至正月，燒去枯葉，地液，輒耕壟，以鐵齒鍋楱鍋楱之；更以魯斫斸其科土，則滋茂矣。不爾則瘦。一年則〔七六〕三刈。留子者，一刈則止。春初既中生噉，爲羹甚香，長宜飼馬，馬尤嗜之。

此物長生，種者一勞永逸，都邑負郭，咸宜種之。

崔寔曰[191]：七月八月，可種苜蓿。

玄扈先生曰：苜蓿，七八年後，根滿，地亦不旺。宜别種之。根亦中爲薪。

【紫蘇[192]】爾雅曰：蘇，桂荏。註曰：蘇，荏類也，故名桂荏；一名赤蘇。又有一種白蘇。王禎曰：蘇，六畜所不犯，類能全身遠害者。于五穀有外護之功，于人有燈油之用。江東人〔三〇〕呼爲魚〔七七〕。以其似蘇字；但除禾旁故也。莖方；葉圓而有尖，四圍有齒。肥地者背面皆紫，瘠地背紫面青。面背皆白，即白蘇也。荏子：白者良，黄者不美。荏，即今白蘇子也。

齊民要術曰[193]：荏隨宜，園畔漫擲，便歲歲自生。荏子，秋末成，可收蓬於醬中藏之。蓬，荏角也，實成則惡。其多種者，如種穀法。雀甚嗜之，必須近人家種。收子壓取油，可以煮餅。荏油，色緑可愛；其氣香美。煮餅，亞胡麻油，而勝麻子脂膏。麻子脂膏，並有腥氣。然荏油不可爲澤[194]，焦人髮。研爲羹臛，美於麻子遠矣。又可以爲燭。良地十石，多種博穀[195]，則倍收，於諸田不同也〔七八〕。爲〔三一〕帛煎油彌佳[196]。荏油性淳，塗帛勝麻油。

玄扈先生曰：二月三月下種，或宿子在地，自生。

務本新書[197]：凡種五穀，如地畔近道者，亦可另種蘇子，以遮六畜傷踐。收子打油，燃燈甚明，或熬油，以油諸物。

王禎曰[198]：蘇子，碾之，雜末〔七九〕作糜，甚肥美，下氣補益。

【蘇[199]】採葉茹之，或鹽、或梅滷，作菹食，甚香。夏月作熟湯飲。五六月，連根收採；以火煨其根，陰乾，經久則葉不落。

【蓼[200]】爾雅曰：薔，虞蓼。郭璞註：虞蓼，澤蓼也。一名水蓼。

齊民要術曰[201]：三月可種荏蓼。荏，性甚易生。蓼，尤宜水畦種也。

崔寔曰[202]：正月可種蓼。

家政法曰[203]：三月可種蓼。

齊民要術曰[204]：蓼作菹者，長二寸，則剪，絹袋盛，沈於醬甕中。又長，更剪，常得嫩者。若待秋，子成而落。莖既堅硬，葉又枯燥也。取子者，候實成，速取之。性易凋零，晚則落盡。五月六月中，蓼可爲虀，以食莧。

蘇恭曰[205]：莖赤色，水挼食之，勝于蓼子。

寇宗奭曰[206]：水蓼造酒，取葉，以水浸汁，和麵作麯〔三一〕；蓋取其辛耳。

【蘭香[207]】羅勒也。北人避石勒諱，改蘭香。一名瞖子草，以其子能入目去瞖也。韋宏賦叙曰：羅勒者，生崑崙之丘，出西蠻〔三二〕之俗。案今世大葉而浥者，名朝膊香矣〔八〇〕。劉禹錫曰：蘭香，處處有之。有三種：一種似紫蘇葉；一種葉大，二十步内即聞香；一種堪作生菜。

齊民要術曰[208]：三月中，候棗葉始生，乃種蘭香。早種者，徒費子耳，天寒不生。治畦下水，一同葵法。及水散子訖，水盡，蓰熟糞，僅得蓋子便止。厚則不生，弱苗故也。晝日箔蓋，夜則去之。晝不宜見日色〔八一〕，夜須受露氣。生即去箔。常令足水。六月連雨，拔栽之。掐心著泥中，亦活。作葅及乾者，九月收。晚，即乾惡。作乾者，大晴時，薄地刈取，布地曝之。乾乃挼取末甕中盛，須則取用。拔頭〔八二〕懸者裛爛，又有雀糞塵土之患也。取子者，十月收。自餘雜香菜，不列者，種法悉與此同。

博物志曰[209]：燒馬蹄羊角成灰，春散著濕地，羅勒乃生。

事類全書云[210]：香菜，常以洗魚水澆之，則香而茂。溝泥水米泔亦佳。夏秋採葉可作菜食，或切葉以芼諸菜，或於素食麵粉之類，皆可覆食，以助香味也。

俞貞木種樹書曰[211]：香菜，與土龍朏，不得用糞澆，澆則不香。只以溝泥水、米泔汁澆之佳。

【蘘荷[212]】說文：蒚苴也。搜神記作嘉草[213]。一名覆苴，一名蘘草，一名蒪苴，與芭蕉音相近。潘岳閒居賦云：「蘘荷依陰。」蘇頌曰：荆襄江湖間多種之；北方亦有。春初生。葉似芭蕉，根似薑芽而肥。其葉冬枯，根堪爲葅。性好陰；在木〔三四〕下生者尤美。……史游急就章曰：「蘘荷冬日藏〔八三〕」，其來遠矣。然有赤白二種：赤者堪啖。崔豹古今注云[214]：似芭蕉而白色。楊慎丹鉛録云[215]：蘘荷注：「甘露。」甘露，即芭蕉也。玄扈先生曰：蘘荷絶似芭蕉。芭蕉結子，此不結子。有時開花，承甘露，故又名爲甘露子，非蔓生之甘露也。今嶺北人家所種蕉，皆蘘荷耳。

齊民要術曰[216]：蘘荷宜在樹陰下。二〔八四〕月種之，一種永生。亦不須鋤，微須加糞，以土覆其上。八月初，踏其苗令死。不踏，則根不滋潤。九月中，取旁生根爲菹，亦可醬中藏之。十月終，以穀麥種覆之[217]。不覆則凍死。二月，掃去之。

食經[218]：藏蘘荷法：蘘荷一石，洗漬以苦酒六斗，盛銅盆中，著火上，使小沸。以蘘荷稍稍投之，小萎，便出著薦上令冷。下苦酒三斗，以二升鹽著中，乾梅三升。使蘘荷一行〔三五〕，鹽酢澆上。綿覆罌口，二十日便可食矣。

崔豹曰[219]：其子花生根中，花未敗可食，久則消爛。

寇宗奭曰[220]：八九月間，醃貯，以備冬月作蔬果。

【甘露子[221]】苗長四五寸許，根如累珠，味甘而脆，故名甘露。

王禎曰[222]：凡種宜於園圃近陰地。春時種之。用麥糠爲糞。地宜沾潤爲佳。至秋乃收。

務本新書曰[223]：白地内區種。暑月，以麥糠蓋之。承露滋胤，以是得名。

又云[224]：宜肥地熟鋤，取子稀種。其根皆連珠，須耘净方茂。

又云[225]：甘露子，生熟可食；可用蜜或醬漬之，作豉亦得。

【菌】㉖ 爾雅曰：中馗菌，小者菌。郭璞曰：地蕈也。似蓋。今江東名爲土菌，亦曰馗厨，可啖〔三六〕之。王禎曰㉗：菌皆朽株濕氣烝浥而生。中原呼菌爲菌茹〔八五〕，又爲莪。又一種謂之天花。桑樹上生者，呼爲桑莪，施之素食最佳。雖南北異名，而其用則一。今江南山中，松下生者，名爲松滑。菌之種不一，名亦如之。野蕈如赤菰、黄耳，皆可食。然辨之不精，多能毒人，雖甘，無益也。不復具載。玄扈先生曰：北土有羊肚菜，生天淀中，此葦根所爲也；南土有天仙菜，此茅根所爲也；有竹茹，竹根所爲也。他如天花、麻菇、鷄㙡、猴頭之屬，皆草木根腐壞而成者。又曰：五木耳，亦桑、槐、榆、楊、楮所生。

四時類要曰㉘：三月，種菌子：取爛構木及葉，於地埋之。常以泔澆，令濕。三兩日即生。又法：畦中下爛糞。取構木，可長六七寸〔八六〕，截斷碓碎。如種菜法，於畦中勻布，土蓋水澆，長令潤如初。有小菌子，仰杷推之；明旦又出，亦推之；三度後，出者甚大，即收食之。本自構木，食之不損人。玄扈先生曰：構樹，即穀樹也。一名楮。葉有瓣曰楮；無瓣曰構。見段成式酉陽雜俎㉙。

農桑通訣曰㉚：取向陰〔三七〕地，擇其所宜木，楓、楮、栲等樹〔三八〕。伐倒，用斧碎砍成坎，以土覆壓之。經年樹朽，以蕈碎剉，勻布坎内，謂之驚蕈。雨雪之餘，天氣烝煖，則蕈生矣。雖踰年而獲以繼取，及土覆之，時用泔澆灌。越數時，則以槌棒擊樹，其利則甚博〔三九〕。采訖。遺種在内，來歲仍發。復相地之宜，易歲代種。新採，趁生煮食，香美；曝乾則爲乾香蕈。今深山窮谷之民，以此代耕。殆天茁此品，以遺其利也。

校：

〔一〕栟　平本、黔本、魯本作「栫」，還和王禎原文的「栟」字相近。曙本及中華排印本作「梈」，便不可解釋了。現依習慣寫法作「栟」。

〔二〕之　本書各刻本均作「生」，中華排印本「照要術改」作「之」是正確的。

〔三〕拔　平本譌作「投」，依黔本、曙本、魯本從要術原文改作「拔」。

〔四〕冬　平本、黔本、魯本作「種」；依曙本改作「冬」，與王禎原書合。

〔五〕秋　平本、曙本「秋」字處爲空等，依魯本、中華排印本補。（定枎校）

〔六〕一名　平本作「法即」；暫依曙本、黔本、魯本改作「一名」。案：據綱目引文看來，「一名」兩字也並不合適。懷疑原來是「按即」或「亦即」。

〔七〕殷　平本作「以」，曙、黔、魯本作「援」；應依綱目改作「殷」。按：馬援向無王號；廣西所有有關馬援的傳説，都止稱爲「伏波將軍」。五代時，馬殷割據湖南、廣西等處，以長沙爲都城，自稱「楚王」；長沙至今還留存「馬王」的許多遺跡。李時珍是湖北人，所以依湖南習慣，説明爲「馬殷所遺」。

〔八〕畤　平本譌作「時」；依魯、曙、中華排印本改作「畤」，與要術原文合。下同改。

〔九〕比　平本空等，依黔、曙、魯本從輯要原文補。

〔一〇〕臨用時熬動　「動」字黔本、魯本與平本同作「動」，曙本作「之」。按：輯要引文，這句是「臨時熬用」；應依輯要爲佳。

〔一一〕均　本書各刻本都譌作「約」，依中華排印本改作「均」，與要術原文合。

〔一二〕黑軟次之剛强地　平本作「黑軟欠剛强之地」，依曙本、魯本、中華排印本改。（定扶校）

〔一三〕山　平本譌作「由」；應依黔本、曙本、魯本改作「山」，與王禎原書合。

〔一四〕口　平本作「口」，與漢書合；「口」，是按人口計算的意思。王禎引文作「家」，意義可通，但已與歷史事實不符。黔本、曙本、魯本改作「曰」，連文義也不通了。（按：「渤海」上，應依王禎補「治」字。）

〔一五〕多　平本作「多」，與要術原文同。黔本、曙本、魯本改作「不」。按：要術原文「多喜浥鬱」，「多」字解作「往往」、「多數」，因此才提出以「必薄布，陰乾」來作防備，没有什麽不合理之處；他本所改，並無多大道理。

〔一六〕疏　平本譌作「路」，黔本、魯本相繼未改。曙本作「疏」，與要術原文及輯要引文合，應照改。

〔一七〕菹　平本、黔本、魯本譌作「爼」，應依曙本從周禮改作「菹」。

〔一八〕卵　平本、曙本譌作「卯」，應依黔本、魯本從禮記改作「卵」。

〔一九〕莜　黔本、魯本譌作「筱」，應依平、曙本從綱目作「莜」。

〔二〇〕白　平本譌作「曰」，依曙本、黔本、魯本從要術原文改正。

〔二一〕三　平本譌作「二」，依曙本、黔本、魯本從要術原文改正。

〔二二〕一　平本、黔本、魯本譌作「十」，應依曙本改作「一」，與要術同。

〔二三〕上　黔本、魯本譌作「土」，應依平本、曙本從圖纂作「上」。

〔二四〕早　平本、黔本、魯本均譌作「旱」，依曙本從王禎原文改正。

〔二五〕培　平、曙本譌作「倍」，應依魯本、中華排印本從王禎農書改作「培」。（定扶校）

〔二六〕生　中華本譌作「主」，應依平、曙、黔、魯本作「生」。

〔二七〕穭　平、魯、中華排印本均譌作「櫓」，依曙本從齊民要術原文改正。（定扶校）

〔二八〕無不霖望連雨　魯本、中華排印本作「無不望霖連雨」；曙本作「無不望遇連雨」；應依平本作「無不霖望連雨」，與要術原文合。請參看中華書局二〇〇九年新版齊民要術今釋上册二五六至二五七頁24.6.4校〔三〕以及農業出版社一九八二年版石聲漢校注農桑輯要校注卷五一六九頁。（定扶校）

〔二九〕王屋　平、魯、曙諸本譌作「黄屋」，依中華排印本改作「王屋」，合於群芳譜。（定扶校）

〔三〇〕江東人　平、曙本「東」字上均空等，魯本、中華排印本「東」字上有「江」字，王禎農書作「東人」，上無空等。暫依魯本、中華排印本改。（定扶校）

〔三一〕爲　平、曙作「爲」，與要術原文符合；黔本、魯本及中華本改「塗」字，意義便全失去。應依平、曙。

〔三二〕麯　即「麴」字。平本、曙本作「麯」，與本草衍義原文及綱目引文的「麴」字同義；黔、魯及中華排印本譌作字形相似的「麪」，應改正。

〔三三〕鑾　平本、曙本作「鑾」，與齊民要術同；魯本譌作「巒」。（定扶校）

〔三四〕木　平譌作「本」，照曙、黔、魯改作「木」，與綱目引文合。

〔三五〕一行　平本、曙本脱去「行」字；黔、魯改作「以」，不知有何根據？現依要術原文補正。

〔三六〕啖　平本譌作「惔」，應依魯本、曙本、中華排印本改作「啖」。（定扶校）

〔三七〕陰　依平、曙作「陰」，與王禎原書合；黔、魯改作「陽」，非。

〔三八〕楓楮栲等樹　「楓楮」平本譌作「風諸」，依曙、魯、中華排印本改。（定扶校）

〔三九〕其利則甚博　平、黔、魯本均作「利利則堪博」。暫依曙本改，文句較順適。

注：

①「葵」標題下説明，大致主要以齊民要術（卷三）種葵第十七的篇標題注、本草綱目（卷一六）草部「葵」條（綱目目録則作「冬葵」）「釋名」「集解」項下的材料，與二如亭群芳譜（貞三）花譜三「葵」條所輯文字，糅合而成。整理分析如下：（甲）引廣雅。本書引文形式，出自要術（參看下面注②）。（乙）引説文確是説文解字（卷一下）艸部「葵」字的説解。（丙）小注引爾雅翼，從綱目「葵」條「釋

名」項「時珍曰」。本書將李氏原文「乃智以揆之也」，寫作「因知足以揆之」。案：南宋羅願爾雅翼（叢書集成排印本）卷四「葵」條，本書所引與原文字句並不全同。現依原文次序，摘鈔有關各句如下，以供參考：「葵……公儀休相魯，食于舍（＝「官舍」）而茹葵；慍而拔之，不欲奪園夫之利。葵有赤莖白莖，復有大小之異；又有『鴨脚葵』。……古者葵稱『露葵』，又終葵，一名『繁露』，今摘葵必待露解；語曰『觸露不摘葵，日中不剪韭』，各有宜也。又葵性向日，孔子比鮑莊子：『智不如葵，葵猶能衛其足。』……夫天有十日，葵與之終始，故葵從『癸』；説文云：『揆，葵也』，即所謂『揆之以日者』。」爾雅翼原是輯録古書而成，其中也還有誤字。「公儀休相魯……」見漢書（卷五六）董仲舒傳中董仲舒第二次對策；「葵有赤莖白莖……」出齊民要術；「鮑莊子……」見春秋左氏傳成公十七年。説文中並無「葵，揆也」的話。（丁）引陶弘景，至「謂之冬葵」，見綱目「集解」項引「别録曰」及「弘景曰」。「正月種者，爲春葵」，見「集解」項「時珍曰」。（戊）「一名衛足，一名滑菜」。「衛足」，見群芳譜；「滑菜」，見綱目「釋名」及群芳譜；「言其性也」，見綱目「釋名」下「時珍曰」。（己）引賈思勰，見要術。（庚）「天有十日……」，見爾雅翼。（辛）「葵，陽草也……」，出綱目「集解」項「時珍曰」：「按王禎農書云：『葵，陽草也……』。」但王禎農書傳本中未見有。（壬）「王禎曰……民生之資助也」，現見王禎農書（卷八）百穀譜四「葵」條。本書引文與王禎原文同；綱目「集解」所引，有改易處。

②本書所引，與齊民要術（卷三）種葵第十七篇標題注所引廣雅同。今傳本廣雅（卷十上）釋草，都

止有「蕮，葵也」；「蕮」字下，有隋曹憲所加小字注音「蕮」字。太平御覽（卷九七九）菜茹部四「葵」第一條所引廣雅，這個小注是「丘軌切」；可能是要術傳鈔中把這個後加的反切下面的兩個字鈔漏了。

③衞足：「葵衞其足」的解釋，各家紛紜。經過幾年觀察，知道葵莖生長到一定高度時，近地面幾節上，會有多數不定芽，同時舒展開來，圍在莖脚附近，把「足」遮住，「葵足」便少有被晒到的機會。

④「若」字，解作「及」「與」。

⑤這句應是本書自注。

⑥現見要術（卷三）種葵第十七，本書引用有删節。

⑦故墟：即「連茬地」。

⑧宜：解作「適合於」；「宜乾」，即合於作成乾葵。

⑨紏：即今日的「糾」字，解爲結紮起來。

⑩仍出要術。

⑪柳罐：「鑵」即「罐」字；柳罐是用柳木做成或柳條編成的汲水器。

⑫「凡草木……寒也」，這句懷疑有錯漏。可能「植」字應作「枯」；或「植」字下有「不生」等字。「以乾不以寒」，是一個正確明白的推斷。植物在高緯度乾旱地區，冬天「凍」死，不少不是死於冰凍，而是死於乾燥。

⑬這是據齊民要術種葵第十七集中引用的四民月令；玉燭寶典分别在正月、六月兩卷中（寶典現存本缺九月卷）。「此二物皆不如秋」一句，係賈思勰所加案語，不是崔寔的話。

⑭本書引文，現見齊民要術（卷三）種葵第十七末。

⑮本節引文，現見王禎農書（卷八）百穀譜四（不是農桑通訣！）蔬屬「葵」條；引用時大有删節。

⑯金人：女真王朝自稱爲「金」；這裏所謂「金人」，事實上指黄河流域的居民（即元代所謂「漢人」），不單指女真族。

⑰「葵花乾……」，此句與王禎無關；群芳譜花譜三「葵」條「製用」項引有，未註明出處。

⑱「秋葵……葵箋也」，此句見宋林洪山家清事（明高濂遵生八牋及群芳譜「葵」條「製用」項均引有），也與王禎無涉。

⑲見爾雅釋草；郭注「今蜀葵也；似葵，華如木槿華」。

⑳今傳本爾雅翼（卷八）「葥」條，止有「葥，戎葵……凡草木從『戎』者，本皆自遠國來，古人謹而志之。今戎葵一名『蜀葵』，則自蜀來也。……『戎』者，胡蜀之總名耳……」並無「吴葵」這名稱。李時珍本草綱目（卷十六）草部五「蜀葵」條「釋名」項，有「時珍曰：羅願爾雅翼，『吴葵』作『胡葵』；云『胡，戎也』……」才是本書引文的實在根據。李時珍所引爾雅翼，與今傳本爾雅翼文句意義，都不符合。

㉑本草綱目「蜀葵」條「釋名」項，「時珍曰」引「夏小正云：『四月，小滿後五日，吴葵華』；别録吴葵即

此也」。但今日各種傳本夏小正「四月」中，並無這兩句。按：清王筠夏小正正義「四月……莠幽」，注「按内經註引月令，作『吴葵華』，吴葵即萋」。現有各種版本的月令中，也没有「吴葵華」的文句；不知道是否指醫家孫思邈的千金月令？（千金月令已無完本，無法查對。）但無論如何，與夏小正牽不上，李時珍顯然有誤。

㉒本草綱目（卷十六）草部五「蜀葵」條「釋名」下，「時珍曰」：「……别録吴葵即此也」，止是李時珍的推斷，並不是陶弘景的論證，本書總結有誤。

㉓錦葵：綱目「蜀葵」條「集解」下「時珍曰」：「……一種小者名『錦葵』，即『荆葵』也。爾雅謂之『荍』（音喬）……」

㉔爾雅釋草「荍（音 qiáo），蚍衃（音 pí fú）」郭璞注「今荆葵也，似葵，紫色……」

㉕黄蜀葵：見綱目同部另一條「黄蜀葵」「釋名」項下；「時珍曰」：「黄蜀葵别是一種，宜入草部。」下文「即秋葵也」，不是李時珍的話。案：齊民要術所謂「秋葵」，仍是 Malva verticellata，不過在夏末秋初下種，所以稱爲秋葵。黄蜀葵可以别名秋葵，但不應與秋種的「葵」混淆。

㉖這一節，現見本草綱目（卷十六）「蜀葵」條「集解」下，「時珍曰」：「……春初種子，冬月宿根亦自生。嫩時亦可茹食……過小滿後，長莖，高五六尺，花似木槿而大……其稭剥皮，可緝布作繩……」

㉗案：蜀葵可以緝布，酉陽雜俎（卷十九）中已記載過。

㉘不是後漢劉熙的釋名，而是本草綱目（卷十六）「龍葵」條下的「釋名」項。原文是：「苦葵（圖經）、

苦菜（唐本）、天茄子（圖經）、水茄（綱目）、天泡草（綱目）、酸漿草（綱目）、老鴉眼睛草（圖經）」，不應將「釋名曰苦葵」獨作大字。

㉙ 現見綱目（卷十六）「龍葵」條「集解」項，「弘景曰」：「益州有苦菜，乃是苦蘵。」「恭曰」：「苦蘵，即龍葵也……」「頌曰」：「……葉如茄子葉，故名『天茄子』……」

㉚ 「蘇恭曰……李時珍曰……」，本草綱目「龍葵」條「集解」，「恭曰」：「苦蘵，即龍葵也。俗亦名『苦菜』，非『荼』也。龍葵，所在有之。關河間謂之『苦菜』，葉圓花白，子若牛李子，生青熟黑。但堪煮食，不任生噉。」同條「集解」項，「時珍曰」：「龍葵、龍珠，一類二種也，皆處處有之，四月生苗，嫩時可食。柔滑。漸高二三尺，莖大如筯，似燈籠草而無毛。葉似茄葉而小，五月以後，開小白花……結子……其味酸……」無「亦可食」三字。

㉛ 「即紫草子」是本書新加的注，大概是當時淞滬一帶大衆用的名稱。

㉜ 爾雅釋草：「蔠葵，蘩露。」

㉝ 本節，似乎是根據本草綱目（卷二七）菜部「落葵」條的「釋名」改寫而成。綱目「釋名」原文是「蔠葵、爾雅。藤葵、食鑑。藤菜、綱目。天葵、別録。繁露、同。御菜、俗。燕脂菜」。「時珍曰」：「……其葉，最能承露，其子垂垂，亦如綴露；故得『露』名。而『蔠』『落』二字相似，疑『落』字乃『蔠』字之訛也。」

㉞ 綱目（卷二七）「落葵」條「集解」項引「弘景曰」：「……人家多種之。葉惟可飳鮓食，冷滑。……」

㉟ 鲊鲊：六朝時流行的一類食品。用「鲊」（加了澱粉而經過乳酸發酵製備的各種魚或肉）煮成清湯，稱爲「鯖」、「脏」或「鲊」（參看齊民要術（卷八）鲊腤煎消第七十八）。

㊱ 綱目「落葵」條「集解」下，「時珍曰」：「落葵，三月種之，嫩苗可食。五月，蔓延；其葉似杏葉，而肥厚軟滑；作蔬和肉皆宜。……結實，大如五味子，熟則紫黑色。揉取汁，紅如燕脂，女人飾面點脣及染布物，謂之『胡燕脂』，亦曰『染絳子』，但久則色易變耳。」現在四川西部還叫「染絳」，湖南稱爲「木耳菜」，廣州稱爲「葵菜」。

㊲ 本節標題下小注，除爾雅外，大致以本草綱目（卷二六）菜部一「蕪菁」條「釋名」爲根據，刪節改寫所得。第一句引説文，今本説文解字（卷一下）艸部「葑」字的説解是「須從也，从『艸』，『封』聲」，並無「蕪菁也」的話。實際上，是誤採王禎農書百穀譜三「蔓菁」條的引文，王禎原書是「蔓菁名『蕪菁』」；爾雅曰『葑』，説文『蕪菁』也，即詩『采葑采菲』之『葑』也」。將詩「采葑采菲」的「葑」解釋爲蔓菁的，止是禮記坊記注文，與説文無涉。可能是方言「蘴、蕘，蕪菁也」或吕忱字林，「蘴，蕪菁苗也」（見齊民要術引），將「蘴」字寫作同音的「葑」字。

㊳ 現見爾雅釋草。郭璞注「未詳」；齊民要術（卷三）蔓菁第十八引爾雅注：「江東呼爲『蕪菁』，或爲『菘』。」賈思勰推論説，「『菘』『蘋』音相近，『蘋』則（＝即）蕪菁」。按「菘」是今日的「白菜」；蕪菁和白菜不同種。

㊴ 本草綱目（卷二六）「蕪菁」條「釋名」是「蔓菁（唐本）、九英菘（食療）、諸葛菜」。另引「（掌）禹錫曰」：

「陸機（按應是「璣」字）云：『葑，蕪菁也；幽州人謂之「芥」，……』楊雄方言云：『蘴、蕘，蕪菁也』……然則『葑』也，『須』也，『蕪菁』也，『蔓菁』也，『薞蕪』也，『蕘』也，『芥』也，七者一物也。」掌禹錫這樣籠統地包容一切，李時珍已有批判，我們不必詳引。由本條末徐光啓所述自己的經驗看，徐是能够分别蕪菁和菘的；本卷另有「芥」條，也未必肯不加批判地將「芥」算作「蔓菁」。這樣拼凑雜亂，恐怕未必是徐氏原稿的本來面貌。

㊵本書引文，現見齊民要術（卷三）蔓菁第十八。

㊶現見唐韋絢劉賓客嘉話録（叢書集成依顧氏文房排印本），亦見王禎農書（未注明出處）。原文是：「公（指劉禹錫）曰：『諸葛所止，令兵士獨種蔓菁者何？』絢曰：『莫不是取其纔出甲（＝剛剛出幼苗）者，生啗（＝吃），一也；葉……六也。比諸蔬屬，其利不亦博乎？』曰：『信矣。三蜀之人，今呼蔓菁爲「諸葛菜」；江陵亦然。』」則是劉問而韋絢回答的，不是劉自己的話。綱目「釋名」下以爲是劉禹錫的話，有誤。（按原書「久居」下，無「則」字，「棄不令惜」作「棄去不惜」；「尋而採」下有「之」字；「有根可」下有「劚」字。本書據綱目引用，與原書不盡相合。）王禎農書所引，與韋絢原文全同。

㊷見宋朱輔溪蠻叢笑（説郛卷五），原文是「葉似蔓菁，味苦多刺，即諸葛菜也」。古今説部叢書（卷一）所引，是「馬王菜……即諸葛菜也」。本書所引，與本草綱目「蕪菁」條「釋名」項「時珍曰」下的文字全同。（猫、獠、猺、狫，是宋代官方對南方兄弟民族苗、寮、瑶、老的侮辱稱呼。）

㊸「蘇頌曰……陳藏器本草曰……」，本草綱目（卷二六）「蕪菁」條「集解」下，「頌曰」：「……南北皆有，北土尤多……」「宗奭曰」：「河東、太原所出，其根極大。」又「蕪菁」條「釋名」項「藏器曰」：「蕪菁，北人名『蔓菁』，今并、汾、河、朔間，燒食其根，呼爲『蕪根』，猶是『蕪菁』之號。『蕪菁』南北之通稱也；塞北、河西種者，名『九英蔓菁』，亦曰『九英菘』，根葉長大，而味不美；人以爲軍糧。」（陳藏器本草，應作陳藏器本草拾遺。）

㊹現見齊民要術（卷三）蔓菁第十八。

㊺尋手擇治而辮之：這句中的「辮」字，解作結成辮子。

㊻廚：在屋頂下，樹些柱子椽子，作成高架，稱爲「廚」。

㊼得三輩：句中「輩」字，即今日口語中「批」字。

㊽橫水爲災：范曄後漢書帝紀七：「永興二年，詔司隸校尉部刺史曰：『煌災爲害，水變仍（＝再）至，五穀不登，人無宿儲。其令郡國，種蕪菁以助民食！』」「橫」字，可能是同音誤記。

㊾「若值凶年」兩句，要術原係小注，本書作正文。

㊿現見齊民要術（卷三）蔓菁第十八摘集的引文；玉燭寶典所引四民月令分别在四月、六月、七月、十月。

51現見農桑輯要（卷五）瓜菜篇「蔓菁」節，原引自務本新書。按：農桑輯要所見傳本，都題爲「元司農司撰」。本書引用，有用孟祺、苗好謙和暢思文爲作者的，不知是否徐光啓所見版本，與傳本不同？

㊷ 煠：即「渫」（讀 zá 或 zhá），用沸水燙過乃至於稍煮一下。

㊸ 曒：宋元手寫體的「晒」字。

㊹ 「賈氏言：種宜七月初」，齊民要術所總結的，是黄河下游的情形；徐光啓所記，大概是長江下游的經驗（詳後「分批留薹」法）。天時和生物性環境不同。

㊺ 苦蟲：據下文，所説「青蟲」，可能是「菜粉蝶」（pieris rapae）。

㊻ 這一節，首段與上節引文末段重複。農桑輯要原文，這兩節原止是一條。這一節，本書所引，删節不少。

㊼ 小油：「小磨香油」，即炒過（不是蒸！）再磨、榨出的油。

㊽ 臞仙神隱：明朱權（明太祖的兒子，封寧王，謚「獻」，所以明代都稱爲寧獻王。）所輯的修道書。

㊾ 「以鰻鱺魚汁浸……無蟲」，按這種處理種子的方法，早已見於唐韓鄂四時纂要（卷四）「種蔓菁」條，文字幾乎全同。（又南宋陳旉農書上卷六種之宜篇第五也有，不過没有説到防蟲的效果。）作爲「種子施肥」看待，利用魚骨汁中的骨膠和磷質，是可以的；究竟有多少事實根據，還值得懷疑。防蟲可能止是偶然遇合的事件。

㊿ 現見本草衍義（卷一九）「蕪菁蘆菔」合條；本草綱目（卷二六）「蕪菁」條「集解」中亦引有，止「夏」字下多一「月」字。

㉑「梅雨中，子既不實，亦有莢中生芽者」：梅雨中，日照不够，嫩果光合作用受到限制，灌漿不足，是秕子多的原因之一。温度低，溼度大，有機物質轉化有些障礙，是灌漿不够飽滿的原因之二。溼度過大，果實種子長期在呼吸中消耗了「底物」，是多秕的第三種原因。再加上已勉强長好的種子，未能休眠，發芽消耗了，損失更大。

㉒「分作三停……分作三次收，定有一兩次不秕者」：很早有蔓菁移到江南就變爲「菘」（＝白菜）的傳説（參看下文引本草圖經處徐氏所加小注）。其實是過度密植，再加上冬季土壤黏性大，温度較高，溼度較大，引起過多的呼吸消耗，以至於根部瘦小，看上去好象變成了白菜。徐光啓的觀察很正確，所提出分期摘薹收子，和稀種厚壅收根的辦法也很合理。

㉓「無雨，戽水溝中遥潤之……水斗遥灑之」：「溝灌」，是齊民要術所引氾勝之書「區種瓠法」的灌水方式，徐光啓對這種方式極爲欣賞。——參看上卷所引「區種瓠法」徐氏所加小注。

㉔宋仁宗在命掌禹錫等編成嘉祐補注本草後，又命令太常博士蘇頌撰述本草圖經。後來徽宗又命曹孝忠等刊正爲政和重修經史證類備用本草，以前各種本草學著作，大致都校正收入這部政和證類本草中，現有四部叢刊影印的金代重刊本。本書所引這條，見證類本草（卷二七）「蕪菁」條「圖經曰」下。

㉕這個小注，引唐本草注，恐即本草綱目（卷二六）「菘」條「正誤」項「恭曰」下，蘇敬的話。（引文「土地所宜」下有「如此」兩字。）所引圖經，見同項「頌曰」下。徐光啓在這裏特別强調掌握自然規律

了解植物本性後，以「人定勝天」的精神來和自然作鬥争，是他一貫的主張。

⑯「因地」下疑有脱漏。

⑰此句見王禎農書（卷十）百穀譜九「木綿」條；事實上是承襲農桑輯要（卷二）「論苧麻木棉」節的。

⑱力本良農：「力」字作動詞用，即「致力」，「本」解爲「本業」——這是我國過去歷代相傳的「農本」觀念。

⑲導擇：「導」借作「蕖」用，即選擇種子。

⑳現仍見王禎農書（卷八）百穀譜三「蔓菁」條，本書這裏節引兩段。

㉑蒜髮：壯年白髮，稱爲「蒜髮」，見南宋張淏雲谷雜記（卷二）。張淏解釋（唐）本草（孟詵）所説「壓油塗頭，能變蒜髮」。（孟詵的話，綱目「蕪菁」條下「發明」項引有。）

㉒見本草綱目「蕪菁」條「集解」項下。

㉓「蒸乾蕪菁根法」，現見要術（卷三）蔓菁第十八。

㉔「蕪菁作鹹菹法」等三條現見要術（卷九）作菹藏生菜法第八十八。按：本書卷四十二「製造」門「食物」項「作菹藏生菜法」引文，有三條與這裏重複。

㉕後粥清：後面所加的粥清。

㉖此處所附「烏菘菜」及「夏菘菜」條，現見便民圖纂（卷六）樹藝下「烏菘菜」及「夏菘菜」條。

㉗現見爾雅釋草。

⑱此下標題小注，大半出自王禎農書（卷八）百穀譜四蔬屬「蒜」條；有幾句見群芳譜（亨部二）蔬譜一「蒜」條。引説文，見説文解字（卷一下）艸部「蒜」字説解。

⑲「初中國止有小蒜……」，據群芳譜。

⑳「張騫使西域……」以下，全見王禎農書：（甲）「張騫使西域始得大蒜」，出廣韻（卷四）去聲「二十九換」「蒜」字注。（乙）「京口（今鎮江）有蒜山，多出蒜」，見唐李吉甫元和郡縣圖志（卷二五）江南道（潤州丹徒縣）：「蒜山……山多澤蒜，因以爲名。」（丙）「大曰葫……小曰蒜」，出陶弘景名醫別録；見本草綱目（卷二六）「葫」條「釋名」下引「弘景曰」。（丁）「收條中子種者，一年爲獨蒜」，據齊民要術（卷三）種蒜第十九。

㉑蕎：指蕎麥果實。

㉒「王禎曰」以下，全見百穀譜四。

㉓現見齊民要術（卷三）種蒜第十九。

㉔條拳而軋之：「條」指蒜薹；「拳」，是蒜薹長到一定程度，就會向下彎曲；「軋」是分斷。在蒜薹彎曲後，把薹從下面拉斷，可使鱗莖長得更大。現在關中菜農的習慣，還是這樣；而且，還有一套特殊技術——用針畫破莛子的各層葉柄鞘，使蒜薹基部露出，然後輕輕割斷。

㉕「并州……朝歌……」，從秦漢到後魏，將現在河北省西部與山西省某部，稱爲「并州」，包括下文所説的井陘、壺關、上黨……等地。朝歌在今河南省北部。

㊽條中子：蒜薹花序裏面生着的珠芽。

㊾現見齊民要術（卷三）種蒜第十九引。玉燭寶典所引四民月令，分别在四月、六月、七月、八月各卷中。

㊿「農桑通訣曰……又曰……」，這兩節，實見王禎農書（卷八）百穀譜四「蒜」條。第一節末句，「嫩薹亦可爲蔬」，王禎原書在第二節末句「或結葉亦佳」下，原是他自己所總結的大蒜栽培應用。下面再接第一節（到「漫散種之」爲止），引用齊民要術中關於小蒜的栽培應用。然後再歸總到大小蒜的共同性質。現在這樣割裂，失去王禎原書的合理次序，懷疑也未必是徐光啓手稿原狀。

⑱解葅：「解」是「調和」、「稀釋」；「葅」是經過乳酸發酵的蔬菜。

⑲現見日本影印的四時纂要（卷四）八月中「種蒜」條。原書摘取齊民要術寫成，止有「作行」下（原書係「上」字，應以作「下」爲是）糞水澆之」係韓鄂新添的。農桑輯要（卷五）瓜菜篇「蒜」條所引四時類要，就止取這兩句，頗有見地。本書顯然是從農桑輯要轉引的。

⑳現見農桑輯要（卷五）瓜菜篇「蒜」條所引。

㉑「蒜：于肥地……」，此條現見便民圖纂（卷六）樹藝下「蒜」條。

㉒「牛草鞋……浸之」，長江下游湖汊地帶，冬春兩季，有給牛穿上草鞋，以免滑倒的；這節，應是江浙人的經驗紀載。

㉓見爾雅釋草十三「茖，山葱」。

㉟ 此下本條標題小注，來源大致這樣：（甲）從引說文起，到「湅葱」止，摘取王禎農書（卷八）百穀譜四「葱」條。（乙）「一名芤草」以下，摘引本草綱目（卷二六）「葱」條「釋名」項「時珍曰」。（丙）「王禎曰」以下，引自王禎農書百穀譜。（丁）引廣志及晉令，係録自齊民要術。（戊）末兩段典故，又出自王禎農書。

㊱ 其色葱葱然：「葱葱」兩字連用，從前似乎專指氣勢盛旺，而不是説顏色的。這裏，王禎原書是「其色葱」，小注「葱，淺緑色也」，下面接另一句的正文「故名」，比較合理。懷疑在整理付刻時，删改出了些毛病。

㊲ 大官葱：「大」借作「太」。「太官」是管皇帝伙食的；「太官葱」即專供皇帝吃的葱。

㊳ 「廣志曰……晉令曰……」，現見齊民要術（卷三）種葱第二十一標題注引。

㊴ 龔遂：前漢龔遂事見漢書（卷八九）循吏傳龔遂本傳，本書卷一所引齊民要術序中也引有，可參看。

⑩⓪ 吕僧珍：梁書（卷一一）列傳五有傳。傳中説：「……從父兄子，先以販葱爲業；僧珍既至（按梁武帝令吕僧珍回到家鄉作刺史），乃棄業以求州官。僧珍曰……」

⑩① 現見齊民要術（卷三）種葱第二十一。

⑩② 這是齊民要術（卷三）種葱第二十一所引，集中後的形式。玉燭寶典引四民月令，原來分别在三月、六月、七月。

⑩③ 四時纂要（卷四）七月「種葱薤」條：「欲種葱，先種緑豆。五月中，耕，䅖殺之，頻耕令熟；至此月種之。每畝用子五升。先炒穀令焦，即與葱子同攪令勻，而（疑應作「於」）耬一眼中種之，塞其耬一眼。他月葱出，取其塞耬一眼之地中土培之。疏密恰好，又不勞移。」農桑輯要（卷五）瓜菜篇「葱」章引四時纂要，即本書所據。

⑩④ 現見王禎農書（卷八）百穀譜四葱屬「葱」條。

⑩⑤ 本條與王禎農書無涉。至「糞培壅」句止，現見便民圖纂（卷六）樹藝下「葱」條。按：元魯明善農桑衣食撮要「正月」有「栽葱、韭薤」一條，是「去冗鬚，微晒乾，疏行密排栽之。宜雞糞培壅」。

⑩⑥ 猪糞雞鴨糞和粗糠壅之：這句現見群芳譜（亨二）蔬譜一「葱」條「種植」項下。

⑩⑦ 「韭」標題下説明，除禮記、爾雅之外，其餘出王禎農書百穀譜五「韭」條、本草綱目（卷二六）菜部一「韭」條「釋名」和「集解」，間採群芳譜（亨二）蔬譜一「韭」的標題注補充。現在整理分析如下：（甲）引説文。説文解字（卷七下）韭部「韭」字説解是：「菜名，一種而久者，故謂之『韭』。象形：在『一』之上；『一』地也。此與『耑』同意……」本草綱目（卷二六）菜部「韭」條「釋名」項下，引「頌曰」：「按許慎説文，『韭』字，象葉出地面上形，一種而久生，故謂之韭」。（乙）「一名草中乳……歲種也」。綱目「韭」條「釋名」項「草鍾乳（拾遺）、起陽草（侯氏藥譜）」，並引「藏器曰」：「俗謂韭是『草鍾乳』，以其温補也。」「一名嬾人菜」兩句，齊民要術（三）種韭第二十二，「一種永生」句下，有小注：「諺曰：『韭者，嬾人菜』，以其不須歲種也。聲類曰：『韭者，長久也，一種永生。』」兩諺語，宋

羅願爾雅翼（卷五）「韭」條及王禎農書（卷八）百穀譜五「韭」條，都引用了，但未註明來歷。（丙）「蘇頌曰」，見綱目「韭」條「集解」引「頌曰」。（丁）「莖名韭白……故葱變爲韭」。其中「莖名韭白」、「黄乃未出土者」，見綱目「韭」條「釋名」項下「時珍曰」：「韭之莖名『韭白』，根名『韭黄』，花名『韭菁』……薤之美在白，韭之美在黄，黄乃未出土者。」又「集解」項「時珍曰」引羅願爾雅翼云：「物久必變，故老韭爲莧。」（現見爾雅翼卷五「韭」條近末處）又「頌曰」：「鄭玄言：『久道得利，陰物變爲陽，故葱變爲韭可驗。』……」案「韭變爲莧」和「葱變爲韭」，都是不可能的；古人觀察不精，有誤會。（戊）「金幼孜……鑯也」。綱目（卷二六）「山韭」條「集解」項，「時珍曰」：「……許慎曰：『鑯，山韭也』；金幼孜……」本書引文，省去「沙葱」兩字。（己）「王禎曰」至「秋韭花初白」，見王禎農書百穀譜五蔬屬「韭」條。

⑱ 禮記（卷五）曲禮下：「凡祭廟之禮……韭曰豐本。」

⑲ 現見爾雅釋草。「藿」，應依傳本爾雅作「萑」。

⑳ 見易緯稽覽圖鄭玄曰。

㉑ 見詩豳風七月第八章。

㉒ 見周禮天官冢宰醢人。

㉓ 見禮記王制「庶人（＝無官爵的群衆）春薦（＝供奉祖先）韭，……韭以卵……」

㉔ 種樹書菜篇：「種韭之畦欲深，下水和糞。初歲惟一剪，每剪即加糞。惟深其畦爲容糞也。」案：

種樹書中「畦深容糞」的說法，事實上止是依照四時纂要承襲齊民要術中「然畦欲極深」這句本文和這句下「韭一剪加糞，又根性上跳，故須深也」這個小注而來；不但未發展，並「根性上跳」也略去了。（要術及纂要，本書下文均引有。）

⑮ 現見要術（卷三）種韭第二十二，全文相同。

⑯ 以升盞合地爲處：「合」，即標準漢語中所說「扣」；粵語系統方言，「合」字有時解爲「倒覆蓋住」。

⑰ 本書係據齊民要術種韭第二十二轉引。玉燭寶典所引四民月令，分別在正月及七月兩卷。

⑱ 現見王禎農書（卷八）百穀譜五「韭」條，王禎自己寫作的部分。

⑲ 這一段，現見便民圖纂（卷六）樹藝下「韭」條。

⑳ 四時纂要（卷四）九月「收菜子」條下：「是月收韭子，茄子種」；又（卷二）二月「種韭」條：「韭畦欲深；下水和糞，與葵同法。剪之：初歲唯一剪，每剪即加糞。須深其畦，要容糞故也。種韭，第一番割，棄之，主人勿食。韭不如栽作行……」以下與本書引文同。按：本書係據農桑輯要（卷五）瓜菜篇「韭」條轉引，删去「第一番割，棄之，主人勿食」幾句；删得很合適。

㉑ 引文現見農桑輯要（卷五）瓜菜篇「韭」條。按：此條王禎農書所引，出處標作事類全書。

㉒ 標題下小注「音械」，見本草綱目（卷二六）菜部「薤」標題下。「古」字疑有誤，綱目「薤」條「釋名」項下「時珍曰」：「薤本文作『韰』，韭類也，故字從『韭』；從『蒕』（音槩）諧聲也。」「本」字也還有問題，可能應是「說」字；說文解字（卷七下）韭部「韰」字說解是：「菜也，葉似韭。从『韭』，『蒕』聲。」

⑫③ 見爾雅釋草。

⑫④「一名莜子，一名火葱……菜芝」，本草綱目（卷二六）菜部「薤」條「釋名」：「藠子、音叫，或作「蕎」者非。莜子、音釣。火葱、綱目。菜芝、别録。鴻薈。音會。……時珍曰……收種宜火熏，故俗人稱爲火葱……」「集解」項下，引「頌曰」：「爾雅云：『葝，山薤』也，生山中，莖葉與家薤相類，而根差長，葉差大。」「時珍曰」：「……按王禎農書云，『野薤，俗名天薤，生麥原中……亦可供食，但不多有；即爾雅山薤是也。』」（按所引王禎農書，與原文微有不同。）

⑫⑤「薤，韭之大者也」，此句未查出根據。由常識上説，薤與韭根不相像，差别不止在大小這一點上。

⑫⑥ 現見王禎農書（卷八）百穀譜四蔬屬「薤」條，删節不少。

⑫⑦ 現見齊民要術（卷三）種䪥第二十。

⑫⑧ 現見王禎農書（卷八）百穀譜四蔬屬「薤」條。

⑫⑨ 不知「碎録」是什麽？懷疑是南宋初温革所輯類書分門瑣碎録簡稱「瑣碎録」，漏去「瑣」字。這兩句，實在應是禮記内則「脂用葱，膏用薤」上加了一個「豚」字。

⑬⓪「蘁」標題下説明，所引資料以本草綱目（卷二六）「生蘁」條「釋名」「集解」爲根據的占大部分。分析如下：（甲）引魯論。今本論語鄉黨第十有「不撤蘁食，不多食」。（乙）引説文，見説文解字（卷一下）艸部「蘁」字説解，「禦溼之菜也」。綱目「生蘁」條「釋名」項「時珍曰」也引有（刻本綱目這句有錯字）。「温」，顯然是字相似的「濕」字鈔寫錯誤。（丙）引吕覽春秋，見吕氏春秋（卷一四）孝行覽

本味篇「和之美者楊樸之薑，招搖之桂」，高誘注：「楊樸，地名，在蜀郡。」（按書名止作呂覽或呂氏春秋；無呂覽春秋之説。）綱目「生薑」條「集解」項「時珍曰」引有。（丁）引史記。史記貨殖傳：「名國萬家之城……千畦薑韭，此其人，皆與千户侯等。」（戊）春秋運斗樞，這是兩漢緯書之一。太平御覽（卷九七七）菜茹部二「薑」項第一條引有，（御覽）引文作「璇星散爲薑。失德逆時，則薑有異，辛而不臭」。「失德逆時」，羅願爾雅翼引文作「風土得時」。本書顯係據綱目（卷二六）「生薑」條「集解」項下「時珍曰」的引文轉録的，所以句中多一「而」字。（己）「蘇頌曰」這段小注，到「兩兩相對」爲止，完全是本草綱目（卷二六）菜部「生薑」條「集解」項下所引「頌曰」的文字。「薑性畏日」至「則無薑」，大概是「時珍曰」中「性惡溼洳而畏日，故秋熱則無薑」幾句改寫而成。「初生嫩者」至「母薑」，見同條「釋名」項下「時珍曰」：「……初生嫩者，名『紫薑』，或作『子薑』，宿根謂之『母薑』也。」

(131) 見齊民要術（卷三）種薑第二十七，本書引用時，節去末數句。

(132) 葦屋：「屋」的原來意義是「屋頂」，即頂上的蓋覆物。「葦屋」即蓋在柱上的「葦箔子」。

(133) 中國：當時指黄河流域。

(134) 這句對賈思勰的批評，是徐光啓反對「風土限制説」的表現之一。

(135) 本書根據齊民要術（卷三）種薑第二十七轉引。玉燭寶典所引四民月令分別在三月、四月卷。九月一卷，寶典現存本缺，不知所引四民月令情況如何。

⑬⑥小注，係齊民要術種薑第二十七的篇標題注；現在大概用來註釋四民月令引文中的「茈薑」。

⑬⑦四時纂要（卷二）三月篇「種薑」條：「宜白沙地，和少糞；耕不厭熟，七八遍佳。此月種之，闊一步作畦……五月六月，作棚蓋之。性不耐熱與寒故也。九月中，掘窖，以穀稗（按應是「稈」或「穅」字）合埋之；不爾，即凍死。」可以看出，主要部分是襲取齊民要術原文隱括而成，「蠶沙蓋之」和加土使壟中高壟外深，是新鮮的發展。農桑輯要（卷五）瓜菜篇「薑」條所引四時類要，曾加剪裁；本書據輯要轉引。

⑬⑧現見王禎農書（卷八）百穀譜三蓏屬「薑」條。

⑬⑨「取薑母貨之，不虧元本」：把原來種下去的薑種（「薑母」）取出出賣（「貨」），原來所下的本錢，沒有受損。這止是大致情形；事實上，第二年四月「爬開取出」的，已不能是原來「薑母」。

⑭⓪劉屏山：北宋末劉韐的兒子劉子翬，是朱熹的老師；大家稱他爲屏山先生。

⑭①這兩句，清聚珍本王禎農書作小注；不知是否原有？

⑭②現見便民圖纂（卷六）樹藝下「薑」條，與王禎無關。

⑭③「又云」以下，王禎農書（卷八）「薑」條，在前所引（所謂「農桑通訣」而事實上是「百穀譜三」）文字末句「爲効速而利益倍」後面。

⑭④本條標題注，有錯亂顛倒，清理如下：（甲）本草云「芥葅，名水蘇」，顯係據齊民要術（卷三）種蜀芥蕓薹芥子第二十三標題注下吴氏本草云：「『芥葅』，一名『水蘇』，一名『勞葅』……」（字的寫

法，暫以校定本要術參勘御覽及綱目所定爲據。)（乙）「陶弘景曰」至「可生食」止，現見本草綱目（卷二六）菜部「芥」條「集解」項。（丙）「一名勞粗」，是吴氏本草中的一句，應移至在「陶弘景曰」之上。（丁）「一名辣菜，一名臘菜」兩句，見群芳譜（亨二）菜譜一「芥」條。（戊）「王禎曰……之性」見綱目「芥」條「釋名」項「時珍曰」，括引王禎農書（百穀譜四蔬屬「芥」條）改寫，已與王禎原文不同，現在又據王禎原文稍加櫽括。（己）「其種不一」至「蕓薹芥」，據群芳譜鈔録。但王象晉原文「刺芥」現改作「荆芥」；「荆芥」是另一種植物，與芥無關。（庚）「蜀芥即胡芥也」。綱目「白芥」（即「芥」後面的一條）條「釋名」有「胡芥」「蜀芥」兩個異名。（辛）「劉恂嶺南異物志曰：南土芥，高五六尺。子大如雞子」，現見綱目「芥」條「集解」項「時珍曰」下引。綱目引用書目中，止有劉恂嶺表録異，現行本劉恂嶺表録異中没有這麽一條；另有孟琯嶺南異物志我們也未見到傳本，不知有無這條文字？（壬）「芥極多心。嫩者爲芥藍」，見群芳譜所摘引的王禎百穀譜。（癸）最後幾句，見綱目「芥」條「集解」項「時珍曰」。

(145) 這是齊民要術（卷三）種蜀芥蕓薹芥子第二十三篇。種來「取（種）子」的一段，原在「取葉」一段後面。「取葉」一段，現止録用前幾句。

(146) 本書是根據齊民要術種蜀芥蕓薹芥子第二十三轉引的。玉燭寶典所引四民月令，在六月、七月、八月三卷中。

(147) 現見農桑輯要（卷五）瓜菜篇「蜀芥蕓薹芥子」章。「宜多種」後，尚有「蓋冬月醃藏，家家用度。晒乾，於無煙雨處架起，三年亦可食」。

⑱「蕓薹、芥子」以下，現見王禎農書（卷八）「蕓薹芥子」條。

⑲此下三節均見王禎農書（卷八）百穀譜四「芥」條。第二節，原文在第一節前。第三節有删節。

⑳現見農桑輯要（卷五）瓜菜篇「藍菜」條；原引文無「芥藍」字；本段末處，「三兩畦藍菜」，正與原標題相合。

⑪園枯：大概是金、元兩代黄河流域的習慣語，即菜園中没有多量新鮮菜。

⑫這一節，「芥菜」至「糞水頻灌」，是便民圖纂（卷六）「芥菜」條的全文；以下，是上面所引務本新書「芥菜」條「宜多種」以後，本書略而未用的（參看上面注⑰）一段。可能徐光啓原稿，正是這樣截取作爲緊凑乾净的一條作成總結的，整理付刻時没有核對原書，便直接標作「玄扈先生曰」了。

⑬本條標題下小注，以本草綱目（卷二六）菜部「胡荽」條「釋名」項下的文字爲主要材料，稍有剪裁。（甲）引説文。説文解字（卷一下）艸部「葰」字説解，是「薑屬，可以香口」。（乙）「其莖柔、葉細……俗作『芫』，非」，本草綱目（卷二六）菜部「胡荽」條「釋名」：「香荽、拾遺。胡菜、外臺。蒝荽」「時珍曰」：「『荽』，許氏説文作『葰』，云『薑屬，可以香口也』。其莖柔、葉細，而根多鬚，綏綏然也。張騫使西域，始得種歸，故名『胡荽』。今俗呼爲『蒝荽』；『蒝』乃莖葉布散之貌，俗作芫花之『芫』，非矣。」又「藏器曰」：「石勒諱胡，故并汾人呼胡荽爲『香荽』」。（丙）「又有一種名石胡荽」，出自王禎農書「胡荽」條。

⑮④ 現見要術（卷三）種胡荽第二十四。

⑮⑤ 徐光啓這一條批評，止是他强調「人定勝天」的基本見解。黄河中下游，夏季受季候風影響，常有大雨。從後漢崔寔四民月令起，就已記下了爲這場連雨阻礙交通而作的準備。在灌溉條件比較困難的地方，節省人力，利用雨水還是有利的。

⑮⑥ 這一段與王禎無關，現見便民圖纂（卷六）樹藝類下「胡荽」條。

⑮⑦ 「捍」字，近來習慣借作「扞衛」的「扞」字；在這裏，應解作「擀」（六朝到元代，多用「幹」字），即用棍棒輥壓。

⑮⑧ 這一段，才真是王禎農書的文字；現見百穀譜五蔬屬「胡荽」節。

⑮⑨ 齊民要術（卷三）種胡荽第二十四。

⑯⓪ 「作粥津麥䴷……菹法」，懷疑「作」應作「着」，「津」應作「清」，「味」應作「末」。據要術（卷九）作菹藏生菜法第八十八，有「……粉黍米粥清亦用絹篩麥䴷末，澆菹布菜……」。

⑯① 本書所引，現見農桑輯要（卷五）瓜菜篇「胡荽」章。王禎農書引有此條，出處標作事類全書。案：此一説，並無事實根據，可能曾有巧合，但决不會是經常正確的。

⑯② 本條標題下説明，整理分析如下：（甲）引服虔通俗文。通俗文歷來認爲後漢靈帝時人服虔所作。唐代書籍中，引用通俗文和另一種稱爲李虔續通俗文的不少。現在已見不到原書。本書所引這一則，現見太平御覽（卷九八〇）菜茹部五「蕓薹」條下，「通俗文曰：蕓薹謂之『胡菜』」，並

無「服虔」兩字。本書所引，可能只是據本草綱目（卷二六）「蕓薹」條「釋名」項下「時珍曰」中的説法：「故服虔通俗文謂之『胡菜』。」（乙）這個「註」字的意義，大致是爲「胡菜」的「胡」字作注解。這段現見本草綱目（卷二六）菜部「蕓薹」條「釋名」項下「時珍曰」：「……即今油菜……羌隴、氐胡，其地苦寒，冬月多種此菜，能歷霜雪。種自胡來。故服虔通俗文謂之『胡菜』……或云，塞外有地名『雲臺戍』，始種此菜，故名，亦通。」（丙）「陶弘景云」以下，按本草綱目「蕓薹」條「集解」所引是：「恭曰：别録云：蕓薹，乃人間所噉菜也。……宗奭曰：蕓薹不甚香，經冬根不死，辟蠹……時珍曰……乃今油菜也……形色微似白菜。冬春採薹心爲茹，三月則老，不可食。開小黄花，四瓣如芥花；結莢收子，亦如芥子，灰赤色。炒過、榨油，黄色；燃燈甚明，食之不及麻油。近人因有油利，種者亦廣云。」

(163) 現見齊民要術（卷三）種蜀芥蕓薹芥子第二十三。

(164) 王禎農書（卷八）百穀譜三「蕓薹芥子」條，原作「味辛，不甚香。經冬以草覆之，不死，至春復可供食」。

(165) 現見便民圖纂（卷六）樹藝下「油菜」條。末兩句，圖纂没有。「柤」，即現在的「渣」字。

(166) 藏菜：此節，現見便民圖纂（卷六）「藏菜」條。「藏菜」即醃藏的菜，可能包括菘、芥的各個變種，但是否包括蕓薹，還可懷疑。

(167)「菠菜」標題下説明，分析如下：（甲）本條標題大字，似據王象晉群芳譜（亨三）蔬部二第一條「菠菜」；王大概又根據本草綱目（卷二七）菜部「菠薐」條「釋名」項。綱目原文是「菠菜、綱目。波斯草、綱目。赤根菜」。下面小注，出自綱目及農桑輯要。（乙）本草綱目（卷二七）「菠薐」條「釋名」項下，「慎微曰」：「按劉禹錫嘉話録云：『菠薐種出自西國，有僧將其子來，云本是頗陵國之種，語訛爲波稜耳』。」（按韋絢劉賓客嘉語録有一條：「菜之菠稜，本西國中有僧將其子來，……絢曰：「豈非波稜國將來，而語訛爲菠稜耶？」」（丙）引博聞録，現見農桑輯要（卷五）瓜菜篇「菠薐」章。原引文至「月初即生」爲止，後面「種時……浸脹」見綱目「菠薐」條「集解」項「時珍曰」：「種時，須研開，易浸脹。」（案：下文是「必過月朔乃生，亦一異也」，大概根據輯要所引博聞録。這種説法，可能有一兩次偶合，決非普遍事象。）

(168) 此節，實際上是鈔録王禎農書（卷八）百穀譜五「菠薐」條，不是直引輯要。輯要（卷五）瓜菜篇「菠薐」章原文，在「逐旋食用」句後還有一段。

(169) 現見便民圖纂（卷六）樹藝下「菠菜」條。

(170) 此節，現見王禎農書（卷八）百穀譜五「菠薐」條。

(171) 「莧」標題下説明，整理分析如下：（甲）引爾雅，見爾雅釋草。（乙）「莖葉皆高大易見，故從『見』」，見本草綱目（卷二七）菜部「莧」條「釋名」項下「時珍曰」；李氏實際上引自陸佃埤雅。（丙）以下，現均見王禎農書（卷八）百穀譜五蔬屬「人莧」條；止將所引農桑輯要以下，改作正文。

(172) 實際上止是依王禎農書「人莧」條轉引。本書現將王書前面一段，改作標題下小注；從「農桑輯要曰」以下至「一宿盡變成鼈也」止，改作正文，止刪去最末幾句。因此，與輯要（卷五）瓜菜篇「人莧」章及王禎「人莧」條的原文，都不盡相合。輯要中，這節原是「新添」資料，止到「八月收子」爲止；「本草云」以下，是王禎的。

(173) 園枯：解釋見本卷（「芥」條引務本新書）注(151)。

(174) 據本草綱目「莧」條「氣味」項下所引，有「鼎曰：莧……不可與鼈同食，生鼈癥，又取鼈肉如豆大，以莧菜封裹，置土坑内，以土蓋之，一宿，盡變成小鼈也，機曰：此説屢試不驗」。「鼎」，據綱目（卷一）「序例上」「歷代諸家本草」，所指應是爲唐代孟詵食療本草「補其不足者八十九種」的張鼎。（也止有張鼎所作本草，可能爲王禎供給這一段荒唐無據的材料；因爲元以前其他現存「本草」中，都没有這段傳説神話。）王禎將「肉」字改成「甲」字，不知是什麽原因，綱目中所引「機曰」，應是編本草會編的汪機。李時珍對汪機的批評，是「臆度疑似，殊無實見；僅有數條，自得可取耳」；綱目中這裏採用汪機的話，也許正是李時珍心目中「自得可取」的一個例。王象晉群芳譜對這件傳説的叙録，以「試之屢驗」作結束，從這一段史料中，我們可以看出各個人的「科學態度」，相差不小。而王象晉堅持爲「屢驗」，應當認爲最不負責最荒唐。（按：博物志卷二「取鼈剉令如碁子大，擣赤莧汁和合，厚以茅苞，五六月中作，投池中，經旬日，臠臠盡成鼈也」。博物志至遲也是唐末殷文圭所作，則這個傳説，唐代已在流傳中。）

(175) 本節，現見便民圖纂（卷六）樹藝下「莧」條。

⑯ 標題下注，異名「蓬蒿」及小字「形氣同於蓬蒿，故名」，均見本草綱目（卷二六）菜部「茼蒿」條「釋名」項。「王禎曰」以下，見王禎農書（卷八）百穀譜五「同蒿」條。

⑰ 現見王禎農書（卷八）百穀譜五「同蒿」條。名稱第一字，王禎依農桑輯要作「同」，不作「茼」。

⑱ 現見本草綱目（卷二六）「茼蒿」條「集解」項下，「時珍曰」。本書引用，對原文有刪節改易。原文「開深黃色花，狀如單瓣菊花；一花結子近百成球，如地菘（即「天名精」）及苦蕒子……」，刪改後，失去原文意義。

⑲ 關於「甜菜」標題下小注，本草綱目（卷二七）菜部「菾菜」條「釋名」項下「時珍曰」：「菾菜，即莙薘也。『菾』與『甜』通，因其味也。莙薘之義未詳。」「古作菾」是本書所加，無根據。

⑳ 實見王禎農書（卷八）百穀譜五「莙薘」條。

181 見綱目「菾菜」條「集解」項，「保昇曰：其莖燒灰淋汁洗衣，白如玉色」。按：藜科植物，灰分中鉀鈉鹽特別多，去垢力强。

182 現見便民圖纂（卷六）樹藝下「甜菜」條。（原文起處，是「即莙薘……」）

183 這一條標題注，除爾雅之外，其餘文字材料，主要來自本草綱目（卷二六）「水蘄」條和群芳譜（亨二）蔬譜一「芹」條。（甲）「芹，古作蘄，一名水英」，見群芳譜。（乙）「按生江湖……旱芹也」，是就綱目「集解」項下「時珍曰」文字隱括改寫的；群芳譜這幾句，也全鈔綱目。（丙）「二月……對節生」，群芳譜節鈔綱目，本書依群芳譜。（丁）「晉書……」，襲自群芳譜的「製用」（刪去原文「蘿蔔」

兩字)。(戊)「又有紫芹……不可食」,是就群芳譜的「附録紫芹」隱括而成。(己)「又一種馬芹」至「細鋭可食」,見群芳譜。前幾句,原出王禎農書(卷八)百穀譜五「芹藘」條中,同;王象晉加了一句「亦芹類也」。(案:爾雅的「茭,牛蘄」,郭璞注説:「今馬蘄,葉細鋭似芹,亦可食。」)(庚)「別有一種黄花者,名毛芹,食之殺人」,譜作「一種黄花者,毛芹也,有毒殺人」。(辛)「蛟龍食之亦病」,不知出處。(群芳譜這句是「三、八月,食生芹,蛟龍病」。)案:「毛芹」,今日寫作「毛茛」;「紫芹」,今日寫作「紫堇」。

⑱④ 現見要術(卷三)蘘荷芹藘第二十八。(原文是:「芹、藘,並收根……」)

⑱⑤ 現見王禎農書(卷八)「芹藘」條。「陶隱居」即陶弘景。這幾句亦見綱目「水蘄」條「釋名」項下所引「弘景曰」段末。

⑱⑥ 「藘」標題下説明,整理分析如下:(甲)「古苣字」。根據説文解字,「苣」是「束(竹)葦(以)燒(之)」,(三個漏字,依慧琳一切經音義卷七大般若經五四三卷音義所引補。)也就是「火炬」的「炬」字。「藘」是「菜也,似薊(歷來譌作「蘇」)者」,才是苦菜的名字。大致應是南朝人開始,用「苣」字(例如陶弘景名醫别録等)作爲苦菜類植物的名稱;但北朝賈思勰齊民要術(卷三,又卷九作菹生菜法第八十八)仍用「藘」字;吴陸璣詩疏則用「芑」。因此,「古苣字」三個字,應解釋爲「苣古字」,或「今作苣」。(乙)引小雅,見詩小雅南有嘉魚之什采芑章。(丙)「疏云」,現見陸璣毛詩草木鳥獸蟲魚疏(上)「薄言采芑」條(丁晏校古經解彙函本)。原文是「芑(丁氏原注,齊民要

術引：「藘，菜似苦菜」……）菜似苦菜也。莖青白色，摘其葉，肥（按應依要術作「脃」）可生食，亦可蒸爲茹，青州謂之『芑』。西河、雁門，芑尤美；土人戀之，不（應依要術在此補「能」字）出塞」。本書將這個「疏」拆散成爲兩節，大致是刻寫時的錯誤。（丁）説文參見上面「古苣字」注，「吴人呼爲苣菜」與説文無涉。懷疑是就本草綱目（卷二七）「苦菜」條「釋名」項下「時珍曰」：「許氏説文，『苣』作『藘』；吴人呼爲『苦蕒』」，改寫而成。（戊）「苣有三種」。本草綱目（卷二七）「白苣」條「釋名」項下「時珍曰」：「白苣、苦苣、萵苣，俱不可煮烹；皆宜生挼去汁，鹽醋拌食，通可曰『生菜』。」案：今日萵苣却是可以炒、煮供食的；生食的習慣，反而不很流行了。（己）「彭乘曰」。本草綱目（卷二七）「萵苣」條「釋名」項下「萵菜、千金菜」，「時珍曰」：「按彭乘墨客揮犀云『萵菜自咼國來，故名』。」案：這個傳説，最初出現於北宋初陶穀的清異録（涵芬樓排印本説郛卷六一蔬篇），「千金菜」的名稱，也在陶書中出現。

⑱7 現見王禎農書（卷八）百穀譜五「萵苣」條；原書標明出農桑輯要。本書引用，删去輯要末段「如欲出種，正月二月種之，九十日收」幾句，又連上王禎所加「其莖……萵笋」一節。按：「但得生芽」，輯要原作「但可生芽」；「布襯」，原作「鋪襯」；「候芽漸出，即種」，原作「候芽微出則種」。本書照王禎農書鈔録，不如輯要原文明白。

⑱8 本條標題下注，大概是以本草綱目（卷二七）菜部「苜蓿」條「釋名」項下「時珍曰」，及齊民要術（卷三）種苜蓿第二十九標題注爲材料，改寫而成。（甲）引爾雅翼及郭璞兩節，出綱目。爾雅翼（卷八）

「苜蓿」：「……秋後結實，黑房纍纍如穄，故俗人因謂之『木粟』。其米可爲飯，亦可釀酒者……。」羅願完全是「面壁虛造」，不知道這個名稱原是外來語。（乙）節引漢書、陸機書、西京雜記，文字全與要術同。（丙）「李時珍曰」，出綱目。

189 現見齊民要術（卷三）種苜蓿第二十九。

190 先剪：疑當作「一剪」。

191 係據齊民要術種苜蓿第二十九轉引；玉燭寶典所引四民月令，止七月卷有「苜蓿」。

192 本節標題注前段，大致就是王禎農書（卷七）百穀譜二「麻子（蘇子附）」條及（卷八）百穀譜五「荏蓼」條中關於荏的一段，及群芳譜（利五）藥譜三「紫蘇」條的文字，加工改寫而成。（甲）引爾雅及注，文字與王禎全同。（郭注原文，無後兩句。）（乙）「一名赤蘇……」兩句，出群芳譜。（丙）「王禎曰……禾旁故也」，録自王禎。（丁）「莖方……白蘇也」，録自群芳譜。（戊）「荏子：白者良……」兩句，出齊民要術（卷三）荏蓼第二十六。（己）「荏，即今白蘇子也」，暫時認作本書新增，事實上也摘自綱目。

193 現見齊民要術（卷三）荏蓼第二十六。

194 澤：梳頭用油。

195 多種博穀：「博」字解爲「换」；「博穀」，即與穀子輪栽。

196 荏油是乾性油；煎過，乾得更快，所以作爲煎油來塗帛製油布，比大麻油好。

⑲⑦ 本書引文，現見農桑輯要（卷二）播種篇「麻子」章末段，文字全同。

⑲⑧ 現見王禎農書（卷八）「荏蓼」條；實際上出羅願爾雅翼（卷七）「荏」章。按：羅願原書，標明「陶隱居云」，恐係出自唐甄權所獻藥性本草（這一點綱目卷一「序例上」「藥性本草」條下有小注說明）。綱目「蘇」條「子」的「主治」項下，引有甄權：「……研汁煮粥，長食令人肥白身香。」「下氣」則是陶弘景名醫别録中的話。

⑲⑨ 這兩節，現均見綱目（卷一四）「蘇」條「集解」項下「時珍曰」：「……紫蘇嫩時，采葉和蔬茹之，或鹽及梅滷作菹食，甚香。夏月作熱湯飲之。五六月，連根采收，以火煨其根，陰乾，則經久葉不落。」

⑳⓪ 「蓼」條標題注，似乎是就本草綱目（卷一六）草部中「水蓼」一條的「釋名」作基礎改寫所成。綱目中的「蓼」，專指供給「蓼實」用的種類，「釋名」項下没有可以引用的文章；「水蓼」條「釋名」，有「虞蓼，爾雅。澤蓼」，恰恰把郭璞注中的兩個名稱引上，又和下面正文所引齊民要術「水畦種」的水字相合，所以將綱目標題作成一句，續在郭注後面。

⑳① 現見齊民要術（卷三）荏蓼第二十六篇首。

⑳② 自要術荏蓼第二十六轉引；玉燭寶典引四民月令在正月。

⑳③ 自要術荏蓼第二十六轉引。

⑳④ 見齊民要術（卷三）種荏蓼第二十六。

⑳⑤ 現見本草綱目（卷一六）「水蓼」條「集解」項下「恭曰」：「水蓼生下溼水旁，葉似馬蓼，莖赤色，水挼食之，勝於蓼子。」

⑳⑥ 現見本草衍義（卷一二）「水紅子」條末。

⑳⑦ 本條標題下注文，第一、第三兩節據本草綱目，第二節出齊民要術。（甲）「羅勒也……去腎也」，見本草綱目（卷二六）菜部「羅勒」條「釋名」項：「蘭香、嘉祐。香菜、綱目。瞖子草。」「禹錫曰」：「北人避石勒諱，呼羅勒爲『蘭香』……」「時珍曰」：「……今俗人呼爲『瞖子草』，以其子治瞖也。」（乙）「韋宏賦叙曰」，現見齊民要術（卷三）種蘭香第二十五篇標題下注文。「按今世」以下，係賈思勰的文字。（丙）「劉禹錫曰」，現見本草綱目（卷二六）「羅勒」條「集解」項下引「禹錫曰」；禹錫是宋仁宗時期奉命敕修嘉祐本草的掌禹錫，「劉」字不應有。

⑳⑧ 現見齊民要術（卷三）種蘭香第二十五。

⑳⑨ 現見博物志（卷二），齊民要術（卷三）種蘭香第二十五亦引有。可見這一個附會性傳説，北魏時已在書籍記録中。

㉑⓪ 本書所引，全文現見王禎農書（卷八）百穀譜五「蘭香」條。農桑輯要（卷五）瓜菜篇「蘭香」條所引，書名作博聞録，止到「米泔水亦佳」爲止；懷疑後幾句是王禎所記。

㉑① 現見種樹書（下）菜篇。案：金代種藝必用中已見有。「䏰」字，種藝必用及夷門廣牘本種樹書作「腦」。「土龍腦」，可能是「水蘇」的異名。按：這條實出自南宋温革分門瑣碎録雜説。

⑫本節標題注文，大致根據本草綱目（卷一六）草部「蘘荷」條「釋名」「集解」兩項，及群芳譜（貞六）卉部二「蘘荷」條的文字改寫而成。（甲）説文：「蓄苴也」，見綱目「釋名」項「時珍曰」：「許氏説文作『蓄苴』。」（乙）「搜神記作嘉草」。齊民要術（卷三）蘘荷芹藘第二十八標題下注：「搜神記曰：『蘘荷或謂嘉草』……」但綱目「蘘荷」條所附「蘘草」下「發明」項下引「頌曰」，根據宗懍（荊楚歲時記）「謂嘉草即蘘荷也」。（丙）以下幾個異名，及「芭蕉音相近」，均見「蘘荷」條「釋名」項異名及「時珍曰」。（丁）「潘岳閒居賦云……」及下文「蘇頌曰」以下至「赤者堪啖」，約見「蘘荷」條「集解」項下引「頌曰」中。（戊）引崔豹古今注及楊慎丹鉛録：均見「集解」項「時珍曰」中。

㉑參見上注⑫。今本搜神記（祕册彙函本）（卷一二）「張小小」條末，有「蘘荷或謂嘉草」。（蘇頌所引搜神記没有這一句，却以荊楚歲時記來説明周禮中的「嘉草」，即蘘荷，不知道是否蘇所見到的搜神記，確實没有這一句。）

㉒今傳本（吴瑄古今逸史本）古今注（卷六）「蘘荷」條，原文是「蘘荷似藟苴而白」。

㉓現見丹鉛録「評丘濬群書鈔方」條。原文是：「……按松江府志引急就章注：『白蘘荷，即今甘露』；考之本草，其形性正相同。」綱目所引，多「甘露即芭蕉也」一句。

㉔見齊民要術（卷三）蘘荷芹藘第二十八。

㉕種：疑當作「穮」或「穩」字。

㉖本書引文，現見齊民要術（卷三）種蘘荷芹藘第二十八中。

⑲ 今本崔豹古今注（卷六）草木第六：「蘘荷，似藸苴而白，藸苴色紫。花生根中，花未散時可食，久置則銷爛不爲實矣。」（本書實轉引綱目「蘘荷」條「集解」項下「時珍曰」所引崔豹古今注。）

⑳ 現見本草衍義（卷一九）「白蘘荷」條；綱目「蘘荷」條「集解」項亦引有。

㉑ 本條標題小注，録自王禎農書（卷八）百穀譜五最末一條「甘露子」。

㉒ 現見王禎農書百穀譜五「甘露子」條，與上標題注相連。

㉓ 本書引文，現見農桑輯要（卷五）瓜菜篇「甘露子」章。王禎農書「甘露子」條引文全同。

㉔ 這一段農桑輯要與王禎農書中均無，因此，至少不能是這兩書所引的務本新書。現見便民圖纂（卷六）樹藝下「甘露子」條，删去「其葉上露珠滴地，一點出一珠」。其餘文字全同。

㉕ 現見王禎農書「甘露子」條。

㉖ 本條標題下注，大概是以王禎農書（卷八）百穀譜四「菌子」條爲基礎，加上王禎引爾雅時删節去的正文及郭璞注文（即「小者菌」及「郭璞曰」到「可啖之」爲止）而成。

㉗ 現見王禎農書（卷八）百穀譜四「菌子」條。「菌皆……」，原作「率皆……」。

㉘ 本書現引文字，與四時纂要（卷二）三月篇「種菌子」條及農桑輯要（卷五）瓜菜篇「菌子」章所引四時類要全同，王禎農書「菌子」條所引四時類要，前段相同，後段王禎曾加删改。

㉙ 酉陽雜俎（卷一八）「構：穀田久廢，必生構。葉有瓣曰『楮』；無，曰『構』」。

㉚ 現見王禎農書（卷八）百穀譜四「菌子」條末段。本書前一段鈔寫時有錯漏顛倒。原文另録如

下：「但取向陰地，擇其所宜本（楓、楮、栲等樹）伐倒，用斧碎斫成坎，以土覆壓之。經年樹朽，以蕈碎剉，勻布坎內，以蒿葉及土覆之，時用泔澆灌。越數時，則以槌棒擊樹，謂之『驚蕈』。雨露之餘，天氣蒸暖，則菌生矣。雖踰年而獲利，利則甚博。採訖，遺種在內，來歲仍復發。相地……」按「以蕈剉碎，勻布坎內」，是很巧妙的接種辦法。

案：

〔一〕「徹澤」上，應依要術原文補「令」字。

〔二〕「落」字衍，應依要術原文刪去。

〔三〕冷　應依要術校定本作「令」。

〔四〕歧　應依要術原文重出。

〔五〕葉　應依要術校定本作「菜」。

〔六〕及　應依要術原文作「即」。

〔七〕常　應依要術原文作「長」。——「逐長」，即「循長軸」。

〔八〕令　應依要術原文作「竟」。「竟冬」，即整個冬天。

〔九〕「勞」字衍，應依要術原文刪去。

〔一〇〕「驅」字下，要術原有「羊」字，應補。下面小注中末兩字「香洄」，應依要術作「膏潤」。

〔一一〕「其」字衍，應依要術原文删去。

〔一二〕三十畝　要術原文，這裏没有這三個字，止在本節起處，提出「負郭良田三十畝」。

〔一三〕掩　諸本均作「掩」，要術原文亦作「掩」，應當作「稀」。參見中華版齊民要術今釋上册二一九頁注。（定扶案）

〔一四〕可畦　應依要術原文作「可作畦」。

〔一五〕「作」字衍，應依要術及寶典引文删去。此下「大小葱」下的「蒜」字，應依寶典作「蓼蘇」。

〔一六〕散　應依王禎原書作「撒」。

〔一七〕「二」字衍，應依要術原文删去。

〔一八〕「生」字衍，應依要術原文删去。

〔一九〕擬　應依要術校定本作「擲」。

〔二〇〕「漢」字上，要術原有「是故」兩字。

〔二一〕「月」字上，應依現行本輯要補「冬」字。

〔二二〕都類兩種　「兩」字，應依證類本草及綱目引文作「南」。

〔二三〕仍　王禎原書作「均」，語句似較平易。下文「冬蒸根食」，王禎原作「冬根宜蒸食」。

〔二四〕肥　應依要術原文作「把」。

〔二五〕「麵」字衍，應依要術校定本删去。

〔二六〕令水中灌之　應依要術校定作「冷水中濯之」。

〔二七〕「麻油」下，應依要術校定本補「著」字。

〔二八〕瓣　這個字應依要術校定本作「辨」；或照收乾蔓菁時「辯」的操作作「辯」（請參看中華書局新版齊民要術今釋下册 968 頁）。

〔二九〕斬　應依要術校定本作「暫」；「暫度」，即暫（＝短時間）時在裏面度（＝渡）過。

〔三〇〕釀　應依要術作「釀」。

〔三一〕過　應依要術校定本作「通」。

〔三二〕皮壞而善碎　應依要術校定本作「皮皷而喜碎」；「皷」音「脱」，即「脱皮」。

〔三三〕則　應依要術作「别」。

〔三四〕傳信傳疑　應依要術原文作「非信傳疑」。

〔三五〕菜上　應依王禎原文作「苗長」。

〔三六〕上頭土　王禎作「土要」。「要」字屬下句「要見白則本大」，「白」指蒜莛下段白色部分；「本」是根部。

〔三七〕草　應依王禎原書作「葉」。

〔三八〕菜　應依要術原文作「葉」，與下句的「根」對稱。

〔三九〕而壅　王禎原書作「壅之」。

〔四〇〕加　要術原文無，似不應添入。

〔四一〕不向外畏圍種令科盛　「畏」，應依要術校定本作「長」，顯係字形相似鈔錯。又：「盛」字要術原作「成」。

〔四二〕薅　要術原作「拔」。

〔四三〕時　要術原作「歲」。

〔四四〕這個小注，後一句「菁，韭花也」是正確的原注；第一句「韭耙出」係要術明本錯字的情形：「耙」是「花」字，「出」是「也」字，因字形相近寫錯。

〔四五〕「蔬」字衍，應依王禎原書删去。

〔四六〕則　圖纂原無。

〔四七〕二月中　圖纂原作「二月終」。（定枎案）

〔四八〕但春未生　「但」字要術無；「未」，應依要術作「末」。

〔四九〕薑　應依要術原文作「殭」；「殭」字借作「殭」，即已死而枯。下文小字中的「薑」，亦應作「殭」。

〔五〇〕培　應依要術校定本作「掊」，即「搯」、「挖」。

〔五一〕稼　應依要術作「穢」，即「雜草」。

〔五二〕出　應依要術原文作「任」。

〔五三〕種　應依要術原文作「重」。

〔五四〕「覆其上」三字衍，應依王禎農書删去。

〔五五〕稃　王禎原文也是「稃」字，應依所據要術作「稃」（音 nè），可能是字形相似而寫錯。

〔五六〕拔去日就土晒過　應依王禎原文作「拔（可能應作「撥」，行書字與「拔」相似而寫錯。）去土就日晒過」。

〔五七〕如近郭　輯要原引文是「如近城郭」。

〔五八〕「辛」字上，王禎原文尚有「味」字，應補。

〔五九〕中爲……鹽菜　王禎原書作小注。

〔六〇〕餕　應依輯要原引文作「酸」。

〔六一〕「末」字下，輯要原引文有「比芥末」三字小注。

〔六二〕小注疑有錯字。要術核定本，暫作「樹陰下，得；禾豆處，亦得」。

〔六三〕注　要術校定本暫改作「土」。

〔六四〕投　應依要術原文作「接」。

〔六五〕方　要術原文作「乃」。

〔六六〕早　應依要術校定本作「旱」；上句「耬潤」，疑當是「接潤」。

〔六七〕「調」字下，應依要術原文補「熟」字（參看上文「令好調熟」）。

〔六八〕蓋　應依要術原文作「鹽水」兩字。下句「水」字要術無。

〔六九〕「畦」字下，應依要術補「種」字。

〔七〇〕「種種」兩字衍，應依要術原文删去。

〔七一〕備　應依王禎原文作「避」。

〔七二〕瀋　應依要術原文作「潘」；「潘」是淘米水。

〔七三〕彭秉曰　「彭秉」，應依綱目作「彭乘」。

〔七四〕種浸　應依輯要及王禎農書作「浸種」。

〔七五〕早　應依齊民要術原文作「旱」。（定枎案）

〔七六〕「則」字衍，應依要術原文删去。

〔七七〕魚　應依羅願及王禎原文作「蕉」。

〔七八〕於諸田不同也　要術原作「與諸田不同」。

〔七九〕末　應依王禎作「米」。

〔八〇〕大葉而浥者名朝膊香　應依要術校定本作「大葉而肥者，名胡蘭香」。

〔八一〕晝不宜見日色　要術原作「日不用見日」。

〔八二〕頭　要術原作「根」。

〔八三〕急就章這一句是「老菁蘘荷冬日藏」。

〔八四〕二　要術引文作「三」。

〔八五〕菌茹　王禎原文作「蘑菇」。

〔八六〕寸　纂要原文作「尺」。似以作「尺」爲好；截斷成六七寸，費工太大。

農政全書校注卷之二十九

樹藝

果部上

【棗①】爾雅曰：壺棗；邊，要棗；櫅，白棗；樲，酸棗；楊徹，齊棗；遵，羊棗；洗，大棗；煮，填棗；蹶泄，苦棗；晳，無實棗；還味，棯棗。郭璞注曰：今江東呼棗大而鋭者爲壺。壺猶瓠也。要，細腰；今之鹿盧棗。櫅，即今棗子白熟。樲，酢。遵，實小而圓，紫黑色，俗呼羊矢棗，即羊棗也。洗，今河東猗氏大棗，子如鷄卵。蹶泄，子味苦。晳，不著子者。還味，短味也。陸佃埤雅曰：大曰棗，小曰棘；棘，酸棗也。河東安邑出御棗。今名落蘇。欒氏棗，豐肌細核，多膏肥美；舊傳樂毅自燕攜來。蹙咨棗，即大白；核小而肥。穀城紫棗，長二寸。章丘脆棗，實小而圓，生食脆美，不能久留。西王母棗，冬夏有葉，九月生花，十一月乃熟，大如李核。三子一尺(一)。又云：名玉文棗，其實如瓶。羊角棗，亦三子一尺。青城無核棗，實小；核僅有形，食之不覺。窑坊棗，味佳；出應天府窑坊門。洛陽夏白棗。汲郡墟棗。信都大棗。梁國夫人棗。堯山有歷棗。又有三星棗，駢曰棗，灌棗，狗牙棗，鷄心棗，牛頭棗，獼猴棗，氐棗，夕棗，木棗，桂棗，棠棗，丹棗，崎廉棗，玉門棗，水菱棗。説文云：樗，棗也；似柿而小。陶弘景曰：出青州者，形大而核細，多膏，甚甜。鬱州玄市者亦好，微不及耳。李時珍曰：棗木赤心，有刺。四月生小葉，尖觥光澤。五月開小花，白色微青。本草衍義曰：南北皆有之。然南棗堅燥，不如北棗肥美。生于青、晉、絳者，尤佳。

齊民要術曰②：常選好味者，留栽之。候棗葉始生而移之。棗性硬，故主晚〔一〕。栽早者，堅垎〔二〕生遲也。三步一樹，行欲相當。如本年芽未出，勿遽删除。諺云：「三年不算死。」亦有久而復生者③。令牛馬覆〔二〕踐令净。棗性堅强，不宜苗稼〔三〕，是以耕。荒穢則蟲生，所以須净；地堅鋭〔三〕，故宜踐也。正月一日日出時，反斧班駮椎之，名嫁棗。不椎，則花無實〔四〕；子而零落也。玄扈先生曰：北方棗木，歲歲嫁之。結實繁盛，而木俱內傷，不堪作材④。候大蠶入簇，以杖擊其枝間，振落狂花⑤。不打，花繁；則實不成〔五〕。全赤即收。收法：日日撼〔六〕落之爲上。人家凡有阜勞之地⑥，不任耕稼者，歷落種棗，則任矣。棗性燥收故任阜勞之地〔七〕。

太史公曰⑦：安邑千樹棗，其人與千户侯等。

群芳譜曰⑧：棗全赤，即收。撼而落之爲上；半赤而收者，肉未充滿，乾則色黄而皮皺，將赤味亦不佳；全赤久不收，則皮破，復有鳥雀之患。一法：將纔熟棗，乘清晨連小枝葉摘下，勿損傷。通風處，晾去露氣。揀新缸無油酒氣者，清水刷净，火烘乾，晾冷。取净稈草，晒乾，候冷。一層草，一層棗，入缸中。封嚴密，可至來歲猶鮮。

齊民要術曰⑨：先治地令净。布椽於箔下，置棗於箔上，以椽〔八〕聚而復散之。一日中二十度乃佳。夜仍不聚。得霜露氣，乾速；成⑩陰雨之時，乃聚而苦〔九〕之。五六日後，別擇：取紅軟上高廚上〔一〇〕曝之；廚上者，已乾，雖厚一尺，亦不壞。擇去胖〔一一〕爛者。其未乾者，曝曬如法。

食經曰⑪：作乾棗法：須治净地。鋪菰箔之類承棗。日晒夜露，擇去胖爛，曝乾收之。切而晒乾者，爲棗脯。煮熟榨出者，爲棗膏，亦曰棗瓤。烝熟者爲膠棗。加以糖蜜拌烝，則更甜；以麻油葉同烝，則色更潤澤。搗棗膠晒乾者，爲棗油。其法：取紅軟乾棗入釜，以水僅淹平，煮沸漉出，砂盆研細。生布絞取汁，塗盤上晒乾，其形如油。以手摩刮爲末，收之。每以一匙投湯盌中，酸甜味足，即成美漿。用和米麨，最止飢渴，益脾胃也。

盧諶祭法云：「春祀用棗油。」即此。

寇宗奭曰⑫：青州人，以棗去皮核焙乾爲棗脯，以爲奇果。

【桃⑬】爾雅曰：旄，冬桃。榹〔一四〕桃。山桃。郭璞注曰：旄桃子冬熟。山桃，實如桃而不解核。

群芳譜曰：榹桃，一名毛桃，味惡不堪食。其仁，充滿多脂，可入藥。鄴中記曰：石虎苑中，有句鼻桃，重二斤。洛中崑崙桃一名王母桃，一名仙人桃，一名冬桃，形如栝蔞，表裏徹赤，得霜始熟，味甘美。日月桃，一枝二花，或紅或白。波斯國扁桃，形扁。肉澀不堪食；核狀如盒。樹高五六丈，圍四五尺，葉似桃而闊。三月開白花；花落，結實如桃。彼地名波淡樹⑭。仁甘美；番人珍之。新羅桃，子可食，性熱。方桃，形微方。餅子桃，狀如香餅，味甘。油桃，小於衆桃，有赤斑點，光如塗油。月令中「桃始華」，即此。花多，子小，不堪啗，惟取仁。出汴中。常山巨核桃，霜下始花，盛暑方熟。

漢明帝時獻。緋桃，俗名蘇州桃。花如剪絨，比諸桃開遲而色可愛。積石桃，大如斗斛器。漢武帝上林苑有緗桃，紫文桃，金城桃。瑞仙桃，色深紅，花最密。絳桃，千瓣。二色桃，色粉紅。花開稍遲，千瓣，極佳。金桃，形長，色黃如金；肉粘核，多蛀，熟遲，用柿接者，味甘，色黃。銀桃，形圓，色青白；肉不粘核，六月中熟。千葉桃，花色淡，結實少。美人桃，花粉紅，千葉；又名人面桃，不實。鴛鴦桃，千葉，深紅，開最後，結實不〔一二〕雙。李桃，花深紅；形圓，色青，肉不粘核；其實光澤如李，一名光桃。十月桃，花紅；形圓，色青，肉粘核；味甘酸，十月中成熟；一名古冬桃，又名雪桃。水蜜桃，上海有之，其味亞於生荔枝。雷震紅，每雷雨過，輒見一紅暈，更爲難得。絡絲桃，開時，垂絲二一尺；採之，煉以松脂，纏織成履，甚輕。壽星桃，樹矮而花，能結大桃；然不堪食。盧山有山桃，大如檳榔。又有白桃、烏桃、五月桃、秋桃、胭脂桃、灰桃、秋白桃、秋赤桃、綺蒂〔五〕桃、合桃。農桑通訣曰⑮：早熟者謂之絡絲白，晚熟者謂之過雁紅。夏秋咸有，食之不匱。

齊民要術曰⑯：種法：熟〔一三〕合肉全埋糞地中；直置凡地則不茂〔一四〕，桃性早實，三歲便結子，故不求栽也〔六〕。至春既生，移栽實地。若仍〔一五〕糞中，則實小而味苦矣。

栽法：以鍬合土掘移之。桃性易種難栽；若離本土〔七〕，率多死。故須然矣。

又法：桃熟時，牆〔一六〕南陽中煖處，深寬爲坑。選取好桃數十枚，擘取核即内牛糞中，頭向上。取好爛糞〔八〕和土厚覆之，令厚尺餘。至春，桃始動時，徐徐撥去糞土，皆因〔一七〕生芽。合取核種之，萬不失一。其餘〔九〕以熟糞糞之，則益桃味。桃性皮急，四年以上，宜以刀豎劚其皮。不劚者，皮急則死。七八年便老，老則子細。

十年則死。是以宜歲歲常種之。

便民圖纂曰⑰：於煖處爲坑。春間，以核埋之，蒂子向上，尖頭向下。長二三寸許，和土移種。其樹，接杏最大，接李紅甘。

種樹書曰⑱：柿接桃則爲金桃，李接桃則爲李桃〔一八〕。梅接桃則爲脆桃。

群芳譜曰⑲：或云：種時將桃核刷净，令女子艷粧種之，他日花艷而子離核。

凡種桃，淺則出，深則不生。故其根淺，不耐旱而易枯。近得老圃所傳云：於初結實次年，斫去其樹，復生又斫，又生。但覺生虱，即斫令復長，則其根，入地深而盤結固，百年猶結實如初。

桃實太繁，則多墜。以刀橫斫其幹數下，乃止。又社日舂根下土，持石壓樹枝，則實不墜。

桃子蛀者，以煮猪首汁冷澆之，或以刀疎斫之，則穰出而不蛀。

如生小蟲如蚊，俗名蚜蟲，雖桐油灑之，不能盡除。以多年竹燈檠，掛懸樹梢間，則蟲自落。甚驗。

李時珍曰⑳：生桃切片，瀹過曝乾，可充果食。又酢法：取桃爛自零者，收去内之於甕中。以物蓋口。七日之後，既爛，漉去皮核，密封閉之。三日酢成，香美可食。三月三日，採桃花，酒浸服之，除百病，好顏色。

又㉑：三月三日，取桃花陰乾爲末，收至七月七日，取烏雞血和塗面，光白潤色如玉。

【李㉒】附棠棣。爾雅曰：休，無實李；痤，接慮李；剥，赤李。荆州記曰：房陵南郡有名李，風土記曰：南郡細李，四月先熟。西京雜記曰：有朱李，黄李，紫李，緑李，青李，綺李，青房李，車下李，顔回李，合枝李，羌李，燕李，猴李。武帝修上林苑，群臣獻木李，實大而美。麥李，麥秀時熟；實小，有溝，肥甜。一名痤〔一〇〕，一名接慮。南居李，解核如杏，堪入藥〔一一〕。季春李，冬花春實。御黄李，形大而味厚，核小而甘香。均亭李，紫而肥大，味甘如蜜。擘李，熟則自裂。餻李，一名離李，肥粘如餻。中植李，麥前熟。趙李，無核，一名休。御李，大如櫻桃，紅黄色，先諸李熟。赤駁李，其實赤。冬李，十月十一月熟。離核李，似柰，有劈裂。經李，一名老李，樹數年即枯。杏李，味小酸，似杏。縹青李，出房陵。建黄李，出河沂。又有黄扁李，夏李，青皮李，赤陵李，馬肝李，牛心李，紫粉李，小青李，水李，扁縫李，金李，鼠精李，晚李，赤李之類。今建寧者甚甘，李乾皆出焉。李時珍曰：李名嘉慶子，出東都嘉慶坊：今人呼乾李爲嘉慶子，稱謂既熟，不復知其所自矣。梵書，名李曰「居陵迦」〔一二〕。琳國玉華李，五千歲一熟。員丘紅李。鍾山李，大如瓶，食之生奇光。天台水晶李。

便民圖纂曰㉓：取根上發起小條，移栽别地。待長，又移栽成行。栽宜稀。不宜肥，地肥則無實。宜臘月移栽。玄扈先生曰：李接桃梅，易活，且耐久，亦耐糞。

齊民要術曰㉔：樹下欲鋤去草穢，而不用耕墾。耕則肥而無衍實〔一九〕；樹下犁撥即死〔一三〕。桃李大率方兩步一根。大概〔一四〕連陰，則子細而味不佳。管子曰：「三沃〔二〇〕之土，其木宜梅李。」韓詩外傳云：簡王曰：「春樹桃李，夏陰其下，秋得食其實。春種蒺藜，夏不得採其實，秋得刺焉。」家政法曰：二月徙梅李也〔一五〕。

李性耐久，樹得三十年老，雖枯枝子亦不細。嫁李法：正月一日，或十五日，以磚〔二一〕著李樹歧中。令實繁。又：臘月中，以杖微打歧間，正月時〔二二〕日，復打之，亦足子也。又：以煮醴酪火㮇，著樹枝間亦良。樹寒實〔二三〕多者，故多束之〔二四〕，以取火焉。

李時珍曰㉕：用鹽曝、糖藏、蜜煎爲果。惟曝乾白李有益。其法，用夏李色黄便摘取，於鹽中挼之。鹽入汁出，然後合鹽晒令萎，手捻之，令褊。復晒，更捻極褊，乃止。曝乾，飲〔一六〕酒時，以湯洗之，漉著蜜中，可酒矣。

附：棠棣㉖，如李而小，子如櫻桃，熟食美。北方呼之林思，又名郁李。

【梅㉗】爾雅曰：梅，柟；時，英梅。郭璞注曰：梅似杏實醋〔一七〕；英子，雀梅。廣志曰：蜀名梅爲䕩，大如鴈子。緑萼梅，凡梅花跗蒂皆絳紫色，惟此純緑，枝梗亦青。實大，五月熟，特爲清高。重葉梅，花葉數層，如小白蓮；結實多雙。消梅，實圓，鬆脆，多液、無滓，落地必碎；惟可生噉，不入煎造。玉蝶梅，花甚可愛。冠城梅，實甚大，五月熟。時梅，實大，五、六月熟。早梅，四月熟。冬梅，實小，十月可用，不能〔一八〕熟。千葉紅梅，出湘、閩，有福州紅，潭州紅，邵武紅。鶴頂梅，實大而紅。鴛鴦梅，花輕盈，葉數層；凡雙果，必並蒂；惟此，一蒂而結雙梅。雙頭紅梅，葉重；或結並蒂，小實，不堪啖。杏梅，色淡紅，實扁而斑，味似杏。冰梅實吐自葉罅，不花，色如冰玉，無核，含之自融如冰。

墨梅，花黑如墨；或云：以苦楝樹接者。又有千葉黃，臘梅，侯梅，朱梅，紫梅，同心梅，紫蒂梅，麗枝梅，胭脂梅，百葉梅，湘梅。梅先衆木而花。子赤者，材堅，子白者，材脆。接本葉。皆如杏。實赤于杏而酸，亦生噉。

便民圖纂曰㉘：春間，取核埋糞地。待長三二尺許，移栽。其樹接桃則實脆。若移大樹，則去其枝梢，大其根盤，沃以溝泥，無不活者㉙。

接法㉚：春分後用桃杏體，杏更耐久。梅譜云㉛：江梅，野生者，不經栽接，花小而香，子小而硬。

齊民要術曰㉜：栽種與桃李同。

梅實采半黃者，籠盛於突上，熏乾者烏梅。濃燒穰，以湯沃之取汁，以梅投之，使澤，乃出烝之，則不蠹。烏梅入藥，不任調食。青者，以鹽漬之，日曬夜漬，十晝夜，爲白梅。亦可蜜煎糖藏，以充果飣。白梅，調鼎和虀，所在多任。熟者，笮汁曬，收爲梅醬。夏月可調水飲。陸璣〔一九〕詩疏云：其實酢，曝乾爲脯，入羹臛虀中，又可含以香口㉝。

食經曰㉞：蜀中取梅極大者，剥皮陰乾，勿令得風。經二宿，去鹽汁，内蜜中。月許，更易蜜。經年如新。一糖脆取青梅㉟。每百個，以刀劃成路，將熟冷醋浸一宿。取出，控乾。別用熟醋調沙糖一斤半，浸没。入新瓶内，以箬紮口，仍覆碗，藏地深一二尺，用泥土〔二〇〕蓋過。白露節，取出換糖浸。

【杏㊱】 釋名曰：甜梅。廣志曰：有黃杏，有李杏。西京雜記曰：文杏，材有文彩。濟南金杏，大如梨，黃如橘，熟最早，味最勝；一名漢帝杏。滎陽白杏，熟時色白，或微黃，味甘淡而不酢。沙杏，甘而多汁，世稱水杏。梅杏，黃而帶酢。鄴中柰杏，青而帶黃。金剛拳，赤大而扁，肉厚，味佳；一名肉杏。木杏，形扁色青黃，味酢，不堪食。山杏，不堪食；可收仁用。玄紫杏，蓬萊杏，赤杏。齊民要術曰：梅，花早而白；杏，花晚而紅。梅，實小而酸，核有蘁〔二五〕文；杏，實大而甜，核無文采。世人或不能辨，言梅杏爲一物，失之遠矣。花六出者，必雙仁，有毒。千葉者，不結實。葉似梅差大，色微紅，圓而有尖。花二月開，未開色純紅〔二二〕，開時色白微帶紅，至落則純白矣。實如彈丸，有大如梨者。生酢，熟甜。

便民圖纂曰㊲：熟杏和肉，埋核於糞土中。待長四尺許大，則移栽；不移，則實小而苦。凡薄地不生，生亦不茂，至春生後，即換地移栽。不移，則實小而味苦。若種下，一年不可種，種則肥而不實矣。

四時類要曰㊳：既移，不得更於糞地，必致少實而味苦。移須含土，三步一樹，穊即味甘。

服食之家，尤宜種之。樹大，花多實。根最淺，以長石壓根，則花盛子牢。

種杏宜近人家。樹大，戒移栽；移則不茂。正月钁樹下地，通陽氣；二月除樹下草；三月離樹五步作畦，以通水。旱則澆灌，遇有霜雪，則燒煙樹下，以護花苞。

桃樹接杏，結果紅而且大，又耐久不枯㊴。

釋名曰㊵：杏、梅皆可以爲油。

生杏，可曬脯作乾果食之㊶。杏熟時，榨濃汁，塗盤中，晒乾，以手摩刮收之，可和水調麨食㊷。

齊民要術曰㊸：杏子仁可以爲粥。多收買者，可以供紙墨之直也。

嵩高山記曰㊹：牛山多杏。自中國喪亂，百姓飢餓，皆資此爲命，人人充飽。

神仙傳曰㊺：董奉居廬山，爲人治病，不取錢，重病得愈，使種杏五株，輕病一株。數年中，杏有十數萬株。杏熟，於林中所在作倉。宣語：買杏者，不須求〔二六〕報，但自取之。其一器穀，便得一器杏。奉悉以前所得穀，賑救貧乏。

【梨㊻】爾雅曰㊼：山樆。郭璞注曰：即今梨樆〔二七〕，一名快果，一名果宗，一名蜜父，一名玉乳。廣志曰：洛陽北邙張公夏梨，海内惟有一樹。常山真定、山陽鉅野、梁國睢陽、齊國臨菑、鉅鹿並出梨〔二二〕。上黨楟梨小而加甘。廣都梨，又云鉅鹿豪梨，重六斤，數人分食之。新豐箭谷梨。弘農、京兆及扶風郡界諸谷中，梨多供御。陽城秋梨，夏梨。三秦記曰：漢武東園，一名御宿。有大梨如斗，落地即碎；取者，以布囊盛之；名曰含消梨。荆州風土記曰：江陵有石梨。永嘉〔二八〕青田村民家，有一梨樹，名曰官梨。樹〔二九〕大一圍五寸，常以貢獻，名曰御梨，實落地，即融釋。西京雜記曰：上林苑有青玉梨，金柯梨，縹蔕梨，紫條梨，紫梨，芳梨（實小），青梨（實大），大容〔三〇〕梨，細葉梨。瀚海梨，出瀚海地，耐寒不枯。本草圖經曰：乳梨，又名雪梨，出宣州，皮厚而肉實。鵝梨，出近京州郡及北都，皮薄而漿多。味差短於乳梨，香則過之。其餘有水梨，消梨，紫煤梨㊽，赤梨，甘棠梨，禦兒梨之類㊾。又有桑梨，惟堪煮食；今北地有。香水梨，最爲上品。太上之藥玄光梨。塗山有梨，大如斗，紫色。

齊民要術曰：種者梨熟時，全埋之。經年，至春地釋，分栽之。多著熟糞及水。至冬葉落，附地刈殺之；以炭火燒頭。二年即結子。若穭生及種而不栽者，著子遲。每梨有十許〔三一〕，惟二子生梨，餘皆生杜。插者彌疾。插法，用棠、杜。棠梨，大而細理；杜，次之〔二三〕；桑梨大惡。棗石榴上插得者，爲上梨，雖治十，收得一二也。

杜，如臂已上，皆任插。當先種杜，經年後插之。至冬〔三二〕俱下亦得；然俱下者，杜〔二四〕死則不生也。杜樹，大者插五枝；小者〔三三〕或二，梨葉微動爲上時，玄扈先生曰：凡貼法，皆於葉微動時，無不活者。將欲開莩爲下時。先作麻紉，纏十許匝。一〔三四〕鋸截杜，令去地五六寸。斜攕竹〔三五〕，刺皮木之際，令深一寸許。折取其美梨枝，陽中者。陰中枝，則實少。長五六寸，亦斜攕之令過心；大小、長短，與籤等。以刀〔三六〕劙梨枝斜攕之際，剥去黑皮。勿令傷青皮，青皮傷，即死。拔去竹籤，即插梨，令至劙處。木還〔三七〕向木，皮還近皮。插訖，以綿幕杜頭；封熟泥於土〔三八〕，以土培覆之。勿令堅固。百不失一。梨枝甚脆，培土時，宜慎之。勿使掌撥護，撥護〔三九〕則折〔二五〕。

其十字破杜者，十不收一。所以然者，木裂、皮開、虛燥故也。梨既生，杜旁有葉出輒去之。不去勢分，梨長必遲。玄扈先生曰：凡樹皆然。凡插梨，園中者用旁枝，庭前者中心。旁枝〔二六〕葉下上易收，中心上聳不妨。用根蒂小枝，樹形可喜，五年方結子。鳩脚老枝，三年即結子，而樹醜。吳氏本草曰：「金創〔二七〕乳婦，不可食梨，多食即損人，非補益之物。產婦蓐中，及疾病未愈，食梨多者，無不致病。欬逆氣上者，尤宜慎之。」

便民圖纂曰㊿：梨，春間下種；待長三尺許，移栽。或將根上發起小科栽之，亦可。

俟幹如酒鍾大，於來春發芽時，取別樹生梨嫩條，如指大者，截作七八寸長，名曰梨貼，將原幹削開，兩邊插入梨貼，以稻草緊縛，不可動。月餘，自發芽長大，就生梨。梨生，用箬包裹，恐象鼻蟲傷損。在洞庭山用此法。或用身接、根接尤妙，春分可插。

栽梨：春分前十日，取旺梨笋如拐樣，截其兩頭，火燒，鐵器烙定津脈，卧栽於地。即活[51]。

齊民要術曰[52]：凡遠道取梨[四〇]者，下根即燒三四寸，可[四一]行數百里，猶生。

藏梨法：初霜後，即收。霜多，即不得經夏也。於屋下掘作深陰[四二]坑，底無令潤濕。收梨置中，不須覆蓋，使得經夏。摘時，必令好接；勿令損傷。物類相感志云[53]：梨與蘿蔔相間收藏，或削梨蒂，種于蘿蔔上藏之，皆可經年不爛。今北人每於樹上包裹，過冬乃摘，亦妙。

凡醋梨，易水熟煮，則甘美而不損人也。

太史公曰[54]：淮北滎河南濟之間千株梨，其人與千户侯等。好梨多產於北土，南方惟宣城者爲勝。

魏文帝曰[55]：真定郡梨，大如拳，甘若蜜，脆若菱。可以解煩熱。參之神農經中，療病之功，亦爲不少。西路產梨處[四三]，用刀去皮，切作瓣子，以火焙乾，謂之梨花，嘗充貢獻，實爲佳果。上可貢於歲貢，下可奉於盤珍，張敷稱百果之宗[56]，豈不信乎？

【栗】附榛 爾雅曰57：櫟，其實梂。郭璞注曰：「有梂彙自裹。」廣志曰58：關中大栗，如鷄子大。蔡伯喈曰：有胡栗。魏志云：有東夷韓國山大栗，狀如梨。三秦記曰：漢武帝栗園有栗，十五顆一升。王逸曰：朔濱之栗。西京雜記曰：榛栗。瑰〔二八〕栗。嶧陽都尉栗，都尉曹龍所獻，其大如拳。栗之大者爲板栗；中心扁子爲栗楔。稍小者，爲山栗。山栗之圓而末尖者，爲錐栗。圓小如橡子者，爲莘栗。小如指頂者，爲茅栗；即所謂栭栗也，一名栵栗，可炒食之。劉恂嶺表録〔四四〕云：廣中無栗，惟靳州〔四五〕山中有石栗。一年方熟，圓如彈子，皮厚而味如胡桃。衍義云：湖北一種栗，頂圓末尖，謂之旋栗，或云即榛栗也。奥栗，子圓而細，惟江湖有之，或云即莘也。陸璣疏曰：栗，五方皆有；周、秦、吴、揚特饒〔二九〕。漁陽及范陽生者，甜美味長。梵書名篤迦。本草圖經云：究州、宜州者，最勝；治腰脚之疾。燕山栗，小而味最甘。樹高二三丈，苞生多刺如蝟毛。四月開花，青黄色，長條似胡桃花。實有房彙。大者若拳，中子三四；小者若桃李，中子惟一二。

便民圖纂曰59：栗，臘月或春初，將種埋濕土中。待長六尺餘移栽。二三月間，取别樹生子大者，接之。

齊民要術曰60：栗，種而不栽61。栽者雖生尋死矣。要〔四六〕初熟出殼，即裹埋著濕土中。埋必須深，勿令凍徹。若路遠者以韋囊盛之。見風日，則不復生矣。至春二月〔四七〕，悉芽生，出而種之。既生，數年不用掌近。凡新栽之樹，皆不用掌近，栗性尤甚也。三年内，每到十月，常須草裹，至二月乃解。不裹則還〔四八〕死。大戴禮夏小正曰62：八月零〔四九〕而後取之，故不言剥之。玄扈先生曰：凡裹樹，俱須三月解之。

種樹書曰[63]：栗，採時要得披殘；明年其枝葉益茂。九月霜降乃熟。其苞自裂，而子墜者，乃可久藏；苞未裂者，易腐也。其花作條，大如筯頭，長四五寸，可以點燈[64]。玄扈先生云：古賦云[65]：「榛栗罅發。」栗熟，自開殼落子。

寇宗奭曰[66]：栗[67]，欲乾收，莫如曝之；欲濕收，莫如潤沙藏之。至夏初，尚如新也。藏乾栗法：取稻〔五〇〕灰淋取汁漬栗。日出晒〔五一〕，令栗肉焦燥，不畏蟲。得至後年春夏。藏生栗法：著器中，細沙可煨〔五二〕，以盆覆之。至後年二月〔五三〕，皆生芽，而不蟲者也。

太史公曰[68]：「秦飢，應侯請發五苑之棗栗。」由是觀之，本草所謂「栗厚腸胃，補腎氣，令人耐飢」[69]，殆非虛語。

附榛[70]：周官曰[71]：似栗而小。說文曰[72]：榛似梓，實如小栗。衛詩曰[73]：山有蓁〔三〇〕。陸璣〔三一〕詩疏云[74]：榛有兩種：一種大小枝葉皮樹皆如栗而子小，形如橡子，味亦如栗，枝莖可以爲燭。詩所謂「樹之榛栗」者也。一種，高丈餘，枝葉如水蓼，子作胡桃味；遼、代、上黨甚多。久留亦易油壞。

栽種，與栗同。其枝莖，生樵爇燭，明而無煙[75]。

太史公曰[76]：「燕、秦千樹栗，其人與千户侯等。」栗之利，誠不減於棗矣。

本草言[77]「遼東榛子，軍行食之當糧」；榛之功，亦可亞於栗〔三二〕也。

【柰[78]】廣志曰：橏、掩、蘁，柰也。與林檎一類而二種。白者爲素柰；赤者爲丹柰，又名朱柰；青者爲緑柰。張掖有白柰〔三三〕，酒泉有赤柰。魏明帝時，諸王朝京，賜東城柰一區〔五四〕。陳思王謝曰：「柰以夏熟，今則冬生。物〔五五〕非時爲珍，恩以絶口〔三四〕爲厚。」詔曰：「此柰從涼州來。」晉宫閣簿曰：秋有白柰。西京雜記曰：紫柰，別有素柰，朱柰。涼州有冬柰，色微碧，大如兔頭。上林苑紫柰，大如升，核紫，花青，汁如漆，著衣難浣；名脂衣柰。樹與葉，皆似林檎而實稍大，味酸帶澀。梵言謂之頻婆。

齊民要術曰[79]：不種，但栽之。種之雖生，而味不佳。取栽如壓桑法。玄扈先生曰：此果最多蟲，宜勤勤修治。栽之〔五六〕如桃李法。亦可接林檎[80]。

便民圖纂曰[81]：花紅，將根上發起小條，臘月移栽。其接法，與梨同。摘實後，有蛀處，與修治橘樹同。三月開花結子，若八月復開花結子，名曰林檎。

西方多柰，家以爲脯，數十百斛，以爲蓄積；如藏棗栗法，謂之頻婆糧[82]。

柰麨[83]：其法：拾爛柰，内甕，盆合，勿令風入〔五七〕。六七日許，當大爛。以酒淹，痛拌之〔五八〕，令如粥狀。下水，更拌，以羅漉去受〔五九〕子。良久澄清，瀉去汁；更下水，復拌如初。看無臭氣〔六〇〕乃上〔六一〕。瀉去汁，置布於上，以灰飲汁[84]，如作米粉法。汁盡刀剔〔六二〕大如梳掌，於日中曝乾。研作末，便〔六三〕甜酸得所，芳香非常也。

柰油[85]：其法：以柰擣汁，塗繒上，曝燥，取下。色如油。

李時珍曰[86]：今關西人以赤柰取汁，塗器中曝乾，名果單。味甘酸，可以饋遠。又曰[87]：柰有冬月再實者。

陶隱居云[88]：江東有之，而北國最豐，皆作脯。

【林檎[89]】一名來禽[90]，一名文林郎果，一名蜜果。此果味甘，能來衆禽于林；故有林禽、來禽之名。唐高宗時，紀王李謹得五色林檎似朱柰，以貢。帝大悦，賜謹爲文林郎。人因呼林檎爲「文林郎果」。又云：其樹從河中浮來，有文林郎拾得種之，因以爲名。本草圖經曰：木似柰；實比柰差圓。亦有甘酢二種：甘者，早熟而味脆美；酢者，差晚，須熟爛堪噉。陳士良云：大長者爲柰，圓者爲林檎，夏熟。小者，味澀爲梣；又名楸子，秋熟。林檎樹，二月開粉紅花。六七月熟，又有金、紅、水、蜜、黑五種。李時珍曰：其味酢者，即楸子也。

栽壓法[91]，與柰同。此果根不浮薉，栽故難求，是以須壓也。又法：於樹旁數尺許，掘坑，泄其根頭，則生栽矣。凡樹，栽者皆然。

物類相感志云[92]：林檎樹生毛蟲，埋蠶蛾于下，或以洗魚水澆之，即止。

林檎麨[93]：林檎赤熟時，劈破，去子、心、蔕，日晒令乾。或磨或擣，下細絹篩；麄者更磨擣，以細盡爲限。以方寸匕投於椀中[94]，即成美漿。不去蔕，則大苦；合子，則不度夏；留心，則大酸。若乾噉者，以林檎麨一升，和二麨〔三五〕二升，味正適調。

冷金丹[95]：林檎百枚，蜂蜜浸十日，取出。別入蜂蜜五斤，細丹砂末二兩，攪拌封泥。一月出之，陰乾。飯後酒時，食一二枚，甚妙。

【柿[96]】附椑柹、君遷子。

說文曰：柿，赤實果也。廣志曰：小者如小杏。王逸曰：苑中牛柿。李亢曰：鴻柿若〔三六〕瓜。張衡曰：山柿。本草云：黃柿，出近京州郡；紅柿，南北通有之；朱柿，出華山，似紅柿而皮薄，更甘珍。諸柿，食之皆善而益人。衍義曰：柿：有着蓋柿，於蒂下別生一重。有牛心柿，蒸餅柿，皆以形得名。華州有一等朱柿，比諸品最小，深紅色。有一種塧柿。又有椑柹，生江淮南，似柿而青黑。潘岳閑居賦云：「梁侯烏椑之柿」是也。酉陽雜俎云：柿有七絕：一、壽，二、多陰，三、無鳥巢，四、無蟲，五、霜葉可愛〔六四〕，六、嘉實，七、落葉肥大。其樹高大，四月開花，黃白色，八九月熟。

荒政要覽曰[97]：三月間，秧黑棗[98]，備接柿樹。上户秧五畦，中户秧三畦，下户秧二畦。凡坡陡地內，各密栽成行，柿成，做餅以佐民食。

齊民要術曰[99]：柿有小者，栽之；無者，取枝於梬棗根上插之。梬〔三七〕，而兗反，紅藍棗，似柿〔六五〕。

便民圖纂曰[100]：冬間下種，待長，移栽肥地。接及三次，則全無核。接桃枝，則成金桃。玄扈先生曰：樹無再接之理，況三次乎？

藏柿[101]：柿熟時，取之。以灰汁燥再三，令汁絕，著器中，可食。

烘柿[102]：生柿置器中，自然紅熟。澀味盡去，其甘如蜜。

醂柿[103]：水一甕，置柿其中，數日即熟；但性冷。亦有鹽藏者，有毒。

烏柹[104]：火熏乾者。

柹糕[105]：糯米一斗，洗浄；乾柹五十，同搗成粉。如乾，煮棗泥和拌之，蒸食乃佳。

柹餅[106]：大柹，去皮捻扁，日晒夜露。至乾，納甕中。待生白霜，取出。一名白柹，又名柹花。

柹霜[107]：即柹餅所出霜也，乃柹中精液。

玄扈先生曰：今三晉澤沁之間，多柹。細民乾之，以當糧也。中州齊魯亦然。

附椑柹[108]：一名漆柹，一名緑柹，一名青柹，一名烏柹〔六六〕，一名花柹，一名赤棠〔三八〕椑。椑乃柹之小而卑者，故名椑。他柹，至熟則黄赤；惟此，雖熟亦青黑色。搗碎浸汁，謂之柹漆，可以染罾、扇諸物[109]。出宣歙荆襄閩廣間。大如杏，惟堪生啖，不可爲乾也，閑居賦所謂「梁侯烏椑之柹」，是也。

【君遷子】[110]一名梬棗，又作軟棗，一名樗棗，一名牛奶柹，一名丁香柹，一名紅藍棗。生海南。樹高丈餘，子中有汁如乳汁，甜美。吴都賦「平仲君遷」是也。其木類柹而葉長，實亦尤佳美。救荒本草以爲羊矢棗，亦誤矣。

種軟棗法[111]：陰地種之，陽中則少實。足霜，色殷[112]，然後乃收之。早收者澀，不任食之也。

【安石榴】[113]博物志曰：張騫出使西域，得塗林安石國榴種以歸，故名「安石榴」。一名若榴，一名丹若，一名金罌，一名金龐，一名天漿。有富陽榴，實大如碗。海榴，來自海外，樹僅二尺；栽盆中，結實亦大，直垂至盆。黄榴，色微黄帶白，花大于常榴；結實甚多，最易傳種。河陰榴，中間有三十八子。四季榴，四時開花，秋結實；實方綻，旋復開花。火石榴，其花如火。餅子榴，花大不實。番花榴，花大于餅子，出山東；移他省便不若。

鄴中記云：石虎苑中，有安石榴，子大如盂碗；其味不酸。抱朴子曰：積石山有苦榴。廬山記曰：香爐峯頭，有大盤石，可坐數百人。垂生石榴。二月中，作花，色如石榴而小，淡紅敷，紫萼，煒煒可愛。京口記曰：龍剛縣，有石榴。西京雜記曰：有甘石榴。酉陽雜俎云：南詔有榴，皮薄如紙。農桑通訣曰：出河陰者最佳，其樹不甚高〔三九〕大，枝柯附幹，自地便生。五月開花；有大紅、粉紅、黃、白四色。實有甜、酸、苦三種。果大如盃；皮赤，有黑斑；皮中如蜂窠，有黃膜隔之。

齊民要術曰[114]：栽石榴法：三月初，取枝大如手大指者，斬令長一尺半。八九枝，共爲一窠；燒下頭二寸。不燒則漏失〔六七〕矣。掘圓坑，深一尺七寸，口經〔六八〕尺。豎枝於坑畔，環口〔六九〕布枝，令勻調也。置枯骨礓石於枝間，骨石此是樹性所宜。下土築之。一寸土，一重骨石，平坎止。其上〔七〇〕令没枝頭一寸許也。水澆，常令潤澤。既生，又以骨石布其根下，則科圓、滋茂可愛。若孤根獨立者，雖生亦不佳焉。十月中，以蒿裹而纏之；不裹，則凍死也。二月初〔七一〕解放。若不能得多枝〔七二〕，取一長條，燒頭，圓屈如牛拘[115]而橫埋之，亦得。然不及上法，根强早成。其拘中，亦安骨石。其斸根栽者，亦圓布之，安骨石于其中也。玄扈先生曰：石榴，須于春分前，剪去繁枝及樹梢，則實大。

便民圖纂曰[116]：石榴，三月間，將嫩枝條插肥土中，用水頻澆，則自生根。根邊以石壓之，則多生果。又須時常剪去繁枝，則力不分。玄扈先生曰：此果最宜多種，又宜痛剥[117]。性喜肥，濃糞澆之無忌。當午〔四〇〕澆，花更茂盛。鬒沙壅之佳[118]。

不結子者，以石塊或枯骨安樹叉間或根下，則結子不落⑲。所謂「榴得骸而葉茂」也。農桑通訣曰⑳：藏榴之法，取其實有稜角者，用熟湯微泡，置之新甆瓶中，久而不損。若圓者，則不可留；留亦壞爛。榴房，比它果最爲多子，北齊高延宗納妃㉑，妃母宋氏薦石榴，蓋取其房中多子之義。北人以榴子作汁，加蜜爲飲漿，以代盃茗，甘酸之味，亦可取焉。

道家書謂榴爲三尸酒，言三尸蟲得此果則醉也㉒。

校：

〔一〕尺　平本譌作「赤」，依黔、曙、魯本改作「尺」，合要術原文。

〔二〕垎　平本譌作「格」，依黔、曙、魯本改作「垎」，合要術原文。

〔三〕不宜苗稼　「宜」字，平、曙譌作「以」，黔、魯作「似」；「稼」字，平本譌作「稼」，依中華排印本改正，與要術原文合。

〔四〕櫖　平本此處大字及下文小字注均譌作「褫」；魯本、中華排印本此處大字作「櫖」，與要術原文同。後面「群芳譜曰」下的小字注則譌作「褫」；應依曙本改大小字均作「櫖」。（定扶校）

〔五〕蒂　平、曙作「帶」；依黔、魯改作「蒂」，即西京雜記中「蔕」字的近代寫法。

〔六〕桃性早實……故不求栽也　「性」，平、黔、魯譌作「惟」；「栽」，譌作「穀」；依曙本從要術改正。

〔七〕土　平本譌作「上」，依黔、曙、魯從要術原文作「土」。

〔八〕爛糞　平、黔、魯脱「糞」字，依曙本從要術原文補。

〔九〕其餘　「餘」字，平、黔、魯譌作「味」，依曙本從要術原文改正。

〔一〇〕痤　平本譌作「座」，依魯本、曙本、中華排印本改作「痤」。（定扶校）

〔一一〕堪入藥　「堪」字，平本譌作「堆」，黔、魯作「可」，暫依中華排印本「照曙改」。

〔一二〕「李時珍曰……居陵迦」四十三字，黔、魯缺，應依平、曙有。

〔一三〕即死　黔、魯作「而死」，暫依平、曙作「即死」，應依要術原文作「亦死之」。

〔一四〕槪　各本均譌作「槩」，應改作「槪」，合於要術原文。（定扶校）

〔一五〕二月徙梅李也　平、曙「月」譌作「日」，依黔、魯改作「月」，合要術原文。「徙」字，各本均譌作字形相近的「從」，逕改。

〔一六〕飲　平、黔、魯譌作「餘」，依曙本從要術作「飲」。

〔一七〕醋　本書各刻本均作「醋」，依今本要術原字；中華排印本依爾雅改作「酢」，暫保留刻本原字。

〔一八〕能　平本空等；曙本補「待」字；黔、魯補「成」字。今依群芳譜原文補「能」字。

〔一九〕璣　平、魯均譌作「機」，應依曙本、中華排印本改作「璣」。毛詩草木鳥獸蟲魚疏（簡稱詩疏）爲三國時吴陸璣所撰。（定扶校）

〔二〇〕土　平、曙作「上」，依黔、魯改作「土」，與群芳譜合。

〔二一〕純紅　魯本譌作「微紅」，應依平、曙、中華排印本作「純紅」，合於群芳譜。（定扶校）

〔二二〕鉅鹿並出　平本譌作「鉅復並」，黔、曙、魯作「鉅鹿稾」，依中華排印本「照要術改」。

〔二三〕之　平、黔、魯俱缺，依曙本從要術原文補。

〔二四〕杜　平、黔、魯俱譌作「地」，依曙本從要術原文改正。

〔二五〕折　魯本、中華排印本作「拆」，應依平、曙作「折」，與要術原文合。（定扶校）

〔二六〕枝　平、黔、魯均譌作「拔」，依曙本改作「枝」，與要術原文合。下面的「葉下上」三字，應依要術原文作「樹下」兩字。

〔二七〕創　平本譌作「劍」，依黔、曙、魯從要術原文改作「創」（chuāng）。

〔二八〕瑰　本書各刻本均譌作「塊」，應依要術原文改作「瑰」。（定扶校）

〔二九〕饒　平、曙作「饒」，與詩疏原文合；魯本改作「多」，應依平、曙。

〔三〇〕蓁　平、黔、魯作「蓁」，合要術原引形式；中華排印本照曙改作「榛」，雖和傳本詩經同，但未必確是原來情況。暫不改。

〔三一〕璣　平、魯、曙本均譌作「機」，應依中華排印本改正作「璣」。（定扶校）

〔三二〕栗　平本譌作「粟」，應依黔、曙、魯從王禎原書作「栗」。

〔三三〕有白柰　平本脱「白」字，黔、曙、魯脱「有」字；應依要術原引文兩存。

〔三四〕絶口　平、曙譌作「須」，恐係徐手稿中行書「絶口」兩字看錯；黔、魯兩本改作「頒」。今依要術原引文改正。

〔三五〕二麪　平、曙作「二麵」，黔、魯作「二麪」，「麪」字是合理的。「二」字，應依要術原文作「米」。

〔三六〕若　平、魯、曙、中華排印本均誤作「苦」，現依要術改作「若」。（定扶校）

〔三七〕梜　平、魯均譌作「柄」，應依曙本、中華排印本改作「梜」，合於王禎農書。（定扶校）

〔三八〕棠　黔、魯及中華排印本譌作「掌」；依平、曙作「棠」，與群芳譜同。

〔三九〕高　平本空等；應依黔、曙、魯補「高」字，與綱目引文合。

〔四〇〕午　平、曙作「午」，與群芳譜合；黔、魯誤改作「年」。

注：

①本條標題下注文，前段以齊民要術（卷四）種棗第三十三的標題注爲基礎，參入群芳譜（亨五）果譜二「棗」條的一些傅會；後段「陶弘景曰」以下，則是本草綱目（卷二九）果部「棗」條「釋名」「集解」兩項中的幾節。現在分別剖析如下：（甲）作大字的爾雅引文及下面小注郭注，現見要術本書所引爾雅正文，與要術所引及傳本爾雅均同；但本節所引郭注，則頗有差異：「棗大而鋭者」，傳本爾雅郭注及要術引文，都是「而鋭上者」，止有綱目「集解」引蘇頌轉引郭注，割去「上」字。「要，細腰；今之鹿盧棗」，傳本爾雅「細」上有「子」，「之」上有「謂」；要術「之」上也有「謂」。「樲

酢」，傳本爾雅及要術引文均作「樹小實酢」。「遵……即羊棗也」末四字，傳本及要術均無（又「圓」均作「員」）。「洗，今河東猗氏大棗」，傳本及要術均作「猗氏縣出大棗」。（乙）引陸佃埤雅，係據綱目「釋名」項下「時珍曰」中李氏改寫後的文字轉引。傳本埤雅（叢書集成影印的五雅叢書覆宋本）（卷一三）「棗」條，是「棗，大者棗，小者棘；蓋若酸棗，所謂棘也」。（丙）「河東安邑出御棗」，這是割裂要術所引廣志第一句「河東安邑棗」，與群芳譜「御棗——味最美出安邑」拼合而成。「安邑御棗」的名稱，大概出自魏文帝（曹丕）詔群臣：「南方龍眼、荔枝……且不如中國凡棗味，莫言安邑御棗也……。」「今名落蘇」，來歷未詳。「樂氏棗」，本書襲自群芳譜，譜節録要術；要術原文應是賈思勰自記。「蹙咨棗，即大白，核小而肥」，群芳譜「蹙咨棗——一名大白，核小而肥」，轉引要術所引廣志「大白棗，名曰蹙咨」。「穀城紫棗，長三寸」，要術引廣志「穀城紫棗，長二寸」；群芳譜同。「章丘脆棗」，録群芳譜「脆棗」。「西王母棗」，割裂要術所引廣志「西王母棗，大如李核，三月乃熟」，及鄴中記「石虎苑中，有西王母棗……」而成。「又云：名玉文棗，其實如瓶」，見柳貫打棗譜，出尹喜内傳（尹喜即關令尹喜），止是神話。「羊角棗」，亦見要術所引鄴中記。「青城無核棗」，見群芳譜「無核棗——實小，……出青城縣」。「窑坊棗」，見群芳譜「窑坊棗」。「洛陽夏白棗。汲郡墟棗」，據群芳譜，譜襲自要術所引廣志「河内汲郡棗，名墟棗，洛陽夏白棗」，稍加竄易。「信都大棗。梁國夫人棗」，群芳譜承上，襲自廣志。「堯山有歷棗」，要術引抱朴子。「又有三星棗，駢曰棗，灌棗，狗牙棗，雞心棗，牛頭棗，獮猴棗，氐棗，夕棗，木棗，桂棗」，群芳譜承上句，係竄易廣志。「棠棗，丹棗，崎廉棗，玉門棗」，群芳譜仍承上文，係竄易要術所引西京雜記。（丁）「水菱棗」，出綱目「集解」項下「頌曰」中。（戊）説文云：「梬，棗也；似柿而小」，見要術種棗第三十三後段「種梬棗法」節末處引文。這種植物是「梬棗」（Diospyros lotus），與棗無關。（己）「陶弘景曰」，係綱目「集解」項下「弘景曰」中的文字，稍有改竄。「李時珍曰」，係綱目「集解」項下「時珍曰」的前段。（庚）「本草衍義曰」，寇宗奭本草衍義（卷一三）「酸棗」及（卷一八）「大棗」，均無此節。群芳譜所引「王禎農書云」，文字與本書所引全同；可是却不見於王禎農書。王禎農書（卷九）百穀譜六「棗」條，引有本草衍義，則是衍義中「大棗」條末段「青州棗，去皮核，焙乾，爲『棗圈』，尤爲奇果」。其中牽纏錯誤的原因，還未查出。

② 現見齊民要術（卷四）種棗第三十三。

③ 此條小注，要術原無，係群芳譜所加。

④ 近來許多果樹專家，認「嫁棗」爲近似「環割」的處理，能抑制養分流下行，因此結棗較多。在没有實驗數據作證以前，養分流下行是否在嫁棗後就受到抑制？我們不能作結論。但年年椎打，年年多結實，却會使樹受傷，以至於「不堪作材」，則應當是事實。

⑤ 「以杖擊其枝間，振落狂花」，這似乎説明，徐光啓贊成用杖擊疏花來保果，而不同意年年「嫁棗」。我們認爲這種見解是合理正確的。

⑥ 皁莢：南宋龍舒本要術是這樣寫的；過去夏緯瑛先生提出應是「皁旁」。群芳譜採取要術這節

時，寫作「旱澇」，很有道理。金澤文庫本與祕册彙函本要術的「旱勞」，都可以説「旱澇」應是原字。

⑦見史記（列傳六九）貨殖列傳。

⑧現見群芳譜（亨五）果譜二「棗」條「收棗」節。案：前段到「復有鳥雀之患」止，全抄要術。

⑨這是要術種棗第三十三篇中的「晒棗法」全文，只删去兩處小注，並有三處錯字，兩處漏字。

⑩成：疑應作「或」。

⑪這一大段，全文録自本草綱目「棗」條「集解」下「時珍曰」。但是李時珍原文，不是「食經曰」，而止是「食經」，也就是説，李時珍指明他並沒有照録原文。止是照要術所引（李在引文前段已交待過），加以改寫。而且從文義上看，也止到「曝乾收之」爲止。以下的文字，與食經無關。李時珍這一段總結，本身還不是健全的：其中「棗油」一節，與要術中所引鄭玄述棗油作法相比較，止有前面「擣棗膠晒乾者」勉强可以説是相合；後面到「盧諶祭法云」以上，全是要術中「作酸棗麨法」，稍微有些改動；這裏面顯然頗有誤會。

⑫見本卷注①「庚」條；「脯」字應作「圈」。

⑬本條標題下注，似乎是以齊民要術（卷四）種桃柰第三十四的篇標題注爲基礎，將群芳譜（亨五）果譜二「桃」下所羅列的一些品種，及本草綱目（卷二九）果部「桃」條「集解」下「時珍曰」的幾節，牽合寫成。事實上，群芳譜中那些品種記載，多襲自綱目「集解」，稍加改寫。如王母桃、方桃、匾

桃、常山巨核桃（原説明出王子年拾遺記）等，都已有了。油桃、餅子桃，綱目「集解」引有寇宗奭的記載，正是群芳譜的根據。（甲）引爾雅及郭注，是要術原標題注的開端。本書完全照要術鈔録，與現行爾雅釋木的排列不同，而且，「山桃，實如桃而不解核」，「不」字上缺「小」字，也和要術相同。（乙）以下引群芳譜，本書已標明。譜中所列各個品種的次序，本書没有完全照舊排列，多少依要術標題注中的次序綴補。因此，第一個就引到了「榹桃」，——譜標名爲「毛桃」。（丙）鄴中記引文與要術全同。（丁）「王母桃」以下，引譜——原標名爲「崑崙桃」；「日月桃」、「扁桃」、「新羅桃」、「方桃」、「餅子桃」各節，標名和内容，都依群芳譜，没有變更。「油桃」，説明中删去了一句。「常山桃」，譜稱「巨核桃」，注文説明出常山。「緋桃」標題和小注全依譜。值得注意的是，劉恂嶺表録異所記「偏核桃」，末段是「其桃仁味酷似新羅松子，性熱入藥」；綱目「偏核桃」節，末段是「……酷似新羅桃子，可食，性熱」；譜中「新羅桃」是否是由于綱目中將「松」誤寫作「桃」而添出的一種？很可懷疑。（戊）「積石桃」，見綱目「集解」引玄中記，是神話材料。（己）「漢武帝上林苑有緗桃……」，出西京雜記，要術引有。（庚）「瑞仙桃」、「絳桃」、「二色桃」、「金桃」、「銀桃」、「千葉桃」、「美人桃」、「鴛鴦桃」、「李桃」、「十月桃」、「水蜜桃」、「雷震紅」，均據群芳譜録出，字句不差。（案：譜在「雷震紅」後標明來源爲張七澤，即梧潯雜佩的作者。）（辛）「絡絲桃」，現見雲仙雜記（卷八）「桃花絲」條，標明引自青州雜記。（壬）「壽星桃」，仍見群芳譜標題下最末處；王世懋學圃雜疏也記有。（癸）「廬山有山桃」，見要術（卷十）「桃」下所引廣州記（太平御覽卷九六七引作裴淵廣州記）。以下白桃、烏桃、五月桃、秋桃、胭脂桃，均見綱目「集解」項「時珍曰」；「灰桃」，見王世懋學圃雜疏的「果疏」「花疏」兩處。「秋白桃、秋赤桃」，見要術引廣志。「綺蔕桃、合桃」，懷疑是西京雜記中「綺蔕桃、含桃」鈔錯。

⑭ 波淡樹：是波斯語的對音字。李時珍本草綱目中，在這裏說明了「波斯國扁桃……彼地名『波淡樹』……」，又據元忽思慧飲膳正要另列「巴旦杏」一條，大概沒有留意兩個名稱，所指同是一種，即 Prunus Amygdalus stokes。

⑮ 現見王禎農書（卷九）百穀譜六「桃」條末。

⑯ 以下這三段，現見要術（卷四）種桃柰第三十四。

⑰ 現見便民圖纂（卷五）樹藝上種諸果花木「桃」條。

⑱ 這節，實際是引自群芳譜「桃」條「種桃」項。種樹書果篇，有「柿樹接桃枝，則爲金桃；李樹接桃枝，則爲桃李」，無下面兩句。案：李、桃、梅的種間嫁接，成功的經驗很多；但柿和桃能否嫁接成功，還值得試驗；——從木材結構上着想，似乎很難。

⑲ 以下各條現均見群芳譜果譜二「桃」條中，集中標爲「衛桃」。第一條是唯心的說法，不必考慮。第二條，利用根系與苗系間的「交互影響」，在理論上是很好的辦法，即使不能「百年猶結實」，但應當可以將樹齡延長很久。第三條，等於用「環割」保果。第四條，「春根」和「嫁樹」（持石壓樹枝），效果如何，當待證明；但未必一定要「社日」。第五條，恐怕事實根據不够充分。第六條，已

見南宋末元初周密癸辛雜識(别集上)。(「蚜」字,周書原作「砑」,可能即今日「膩蟲」一名的舊日名稱。)方法不可信;但却讓我們知道,當時已用桐油灑樹治蟲,是很有意義的歷史資料。

⑳ 以下各條均見本草綱目。前兩條,在「桃」條「集解」項下;「桃花酒」,在「桃」條「花」的「修治」項下,引别録「三月三日采,陰乾之」。「發明」項下,引「頌曰」:「太清草木方言,酒漬桃花飲之,除百疾,益顔色。」李時珍却持反對意見,以爲桃花不可以隨便内服。「酢法」,全録要術中的「桃酢法」。

㉑ 這一條,綱目「桃」條「花」的附方中,「令面光華方」,引聖濟總録,有些相似:「三月三日收桃花,七月七日收雞血,和,塗面上,三二日後脱下,則光華顔色也。」另外,唐韓鄂四時纂要(卷四)七月篇,有一條「面藥」,是「七月,取烏雞血,和三月桃花末,塗面及身,二三日後,光白如素」。(注:「太平公主祕法。」)太平御覽(卷三一)「七月七日」,引韋氏月録,也有一條稱爲「合烏雞藥」,大體相同。可見是唐代已流行的迷信。

㉒ 本條標題下注,大概前段以齊民要術(卷四)種李第三十五的篇標題注爲基礎,用群芳譜(亨五)果譜二「李」條材料傅會;後段幾乎全出群芳譜,止有一節直接引自本草綱目(卷二九)果部「李」條。群芳譜中的材料,一部分是就要術及綱目原引文加以堆垛,大部分鈔自荒誕無稽的神話書,而且寫錯的字不少。(甲)引爾雅。要術引文與爾雅原文同;本書,「駁」譌作「剥」。(乙)荆州記、風土記,本書引用次第内容,與要術同;但要術所引荆州土地記本書作「荆州記」。西京雜

記，本書引文比要術多末一種「猴李」及後面幾句。（丙）「木李，實大而美」，是要術中賈思勰自作總結：「今世有木李，實絶大而美。」（丁）「麥李」以下，次序和説明（在譜都是小字注）一切依群芳譜，間有隱括，分析如下：「麥李」，見廣志，原有「細小有溝道」的小注；「痤」與「接慮」，是爾雅中所列異名——最初將「痤、接慮」與麥李聯繫的，是郭璞；羅願爾雅翼爲郭提出進一步的解釋，是「與麥同熟者。」　「南居李」，見綱目「李」條「集解」下所引「陶弘景曰」：「姑熟有南居李，解核如杏子形者，入藥爲佳。」　「季春李」，見綱目「集解」「時珍曰」。　「御黄李」、「均亭李」，出王禎農書（卷九）「李」條，「愚嘗見北方一種，謂之『御黄』；其重逾兩，肉厚核小，食之，甘香而美，李中之嘉種也。江南建寧有一種，名『均亭李』，紫色，極肥大，味甘如蜜；南方之李，此實爲最」。（這兩種，綱目「集解」中都引有。）　「擘李」、「餻李」，均見要術所引廣志；綱目「集解」也引有。　「中植李」，要術賈思勰的原總結，是「在麥後穀前而熟者」。（按「植」字似應作「稙」，解作早熟；中稙，即麥後穀前，中等早熟。）　「趙李」，見綱目「集解」引「（蘇）頌曰」：「『休』乃無實李也，一名『趙李』。」（現湖北省南部，有個地名叫趙李橋。）　「御李」，出寇宗奭本草衍義（卷一八）「李核仁」條；綱目「集解」引有。　「赤駁李」，止是爾雅「駁赤李」顛倒成文。　「冬李」，見要術所引廣志。　「離核李，似柰，有劈裂」，未查得根據，但懷疑是從要術所引廣志中「有柰李（離核，李似柰），有劈李（熟必劈裂）」，錯雜成文的。　「經李」、「杏李」，均見要術所引廣志，小注並同。「縹青李」、「建黄李」，見要術引西晉傅玄賦，「河沂黄建，房陵縹青」；「黄建」誤倒爲「建黄」。

「黃扁李」、「夏李」、「青皮李」、「赤陵李」、「馬肝李」、「牛心李」，並出要術所引廣志。「紫粉李」、「小青李」、「水李」、「扁縫李」、「金李」，未查得根據。「鼠精李」，懷疑是好事集中的神話：「王侍中家堂前，有鼠從地出；其穴即生李樹，花實俱好。此鼠精李也。」「晚李」，未查出根據；「赤李」，是要術引廣志的第一種。「今建寧者甚甘，李乾皆出焉」，群芳譜原作「建寧者甚甘；今之李乾，皆從此出」。（戊）「李時珍曰：李名嘉慶子」，綱目「李」條「釋名」下，「時珍曰」：「……今人呼李爲『嘉慶子』。按韋述兩京記云：『東都嘉慶坊，有美李；人稱爲「嘉慶子」。久之稱謂既熟，不復知其所自矣。』梵書名李曰『居陵迦』。」（己）琳國，群芳譜引洞冥記：「琳國多生玉葉李，五千歲一熟。又名韓終李。」洞冥記是專記荒唐神話的書。（庚）「員丘紅李」，群芳譜引西京雜記，實出漢武内傳。（辛）「鍾山李」，群芳譜引漢武内傳，李少君謂帝云：「鍾山之李，大如瓶，食之生奇光。」漢武内傳也是荒唐神話書。（壬）「天台水晶李」，群芳譜引自述異記。

㉓ 現見便民圖纂（卷五）樹藝上「李」條。本書引用，删去了四句；「宜臘月移栽」句，圖纂原是四條共用的總結：「以上，俱臘月移。」

㉔ 現見要術（卷四）種李第三十五，本書引文時，顛倒了各節次序。

㉕ 現見本草綱目（卷二九）「李」條「集解」。案：此節李時珍實際上是就要術「作白李法」改寫的；本書現引形式，小注却用要術原文，止將要術末句，「可下酒矣」的「下」字漏去。（綱目「時珍曰」是：「今人用鹽曝、糖藏、蜜煎爲果，惟曝乾白李有益。其法：夏季色黃時摘之，以鹽挼去汁，合鹽

晒萎，去核，復晒乾，薦酒，作飣皆佳。」）

㉖現見齊民要術（卷十）「棠棣……其實，似櫻桃、薁。麥時熟，食，美。北方呼之『相思』」。（案：「相」字，要術明清刻本多譌作「林」。）

㉗本條標題注，前段大概以齊民要術（卷四）種梅杏第三十六篇標題注中關於梅的部分爲基礎，用群芳譜（亨四）果譜一「梅」標題下的品種，傅會而成。群芳譜所列品種，部分取材於范成大梅譜。（甲）引爾雅及郭注。要術所引，作「梅，枏也；時，英梅也」；郭璞注曰：「梅似杏，實醋；英梅未聞。」本書正文依爾雅删去兩個「也」字；郭注中，要術所多「梅」字保存，下句「英梅未聞」改作「英子雀梅」。（乙）引廣志，現見要術引。（丙）以下品種，本書均依群芳譜，文字略有删節。「緑萼梅」、「重葉梅」、「消梅」，王譜録自范成大。「玉蝶梅」、「冠城梅」、「時梅」、「早梅」、「冬梅」、「千葉紅梅」、「鶴頂梅」，依王譜。（范譜的「早梅」，是另一種。）「鴛鴦梅」、「杏梅」，王襲自范譜。「雙頭紅梅」、「冰梅」、「墨梅」，録王譜。「千葉黄」、「蠟梅」，均見范譜。（丁）「侯梅」、「朱梅」、「同心梅」、「紫蒂梅」、「麗枝梅」、「胭脂梅」，均見要術所引西京雜記。王譜「朱梅」後的「紫梅」未查出來源。（戊）「百葉梅」、「湘梅」，王譜原作「百葉湘梅」，是「千葉黄」的異名，見范譜。（己）「梅先衆木而花」，是王譜標題下開始第二句。「子赤者，材堅，子白者，材脆」，在王譜各品種名稱前面。（庚）「接本葉……」，這幾句，意義不明。懷疑整理原稿時出了差錯。「接本葉」三個字，可能在原稿中不是正文，而是徐光啓對鈔録所作標示：下面幾句，應「接」在「本葉」（從前一「頁」

書止寫作一「葉」)的後面。「皆如杏。實赤于杏而酸，亦生噉」，才是應當「接本葉」的文字。這幾句，則是陸璣詩疏(卷二)「摽有梅」的「梅」疏：「梅，杏類也；樹及葉皆如杏而黑耳。實赤於杏而酢，亦可生噉。煮而曝乾爲藤，置羹臛齏中，又可含以香口，亦蜜藏而食。」(案：這一節，要術正引在種梅杏第三十六標題注下)的重寫。後幾句，已録在下文「梅實採半黄……梅醬」下面，標明爲「陸璣詩疏」；前幾句綱目改寫引用的不完備，根據所述内容，是應當加在標題注中的。如果這個假設正確，則「皆如杏」上，還得補上「梅，杏類也；樹及葉」這幾個字。

㉘ 現見便民圖纂(卷五)樹藝上「梅」條。

㉙ 「若移大樹……無不活者」，案這幾句，最早見於種藝必用。

㉚ 此條引自群芳譜「梅」條。應依原文在「春分後」下補「接」字。「體」字解作「碪木」。

㉛ 指范成大梅譜，引文在第一節「江梅」下。

㉜ 是要術種梅杏第三十六中的一句，兼指「梅」與「杏」的。

㉝ 「梅實……又可含以香口」，此段以綱目「梅」條「集解」項「時珍曰」後段爲基礎，參照要術種梅杏第三十六中「作烏梅法」、「作烏梅欲令不蠹法」及「作白梅法」改寫而成。綱目原文是：「梅實，採半黄者，以煙熏之，爲『烏梅』；青者，鹽淹曝乾爲『白梅』；亦可蜜煎(應讀去聲)糖藏，以充果飣。熟者，笮(「榨」字舊時寫法)汁晒收，爲『梅醬』，惟烏梅、白梅可入葯。梅醬，夏月可調『渴水』飲之。」要術「作烏梅法」是：「亦以梅子核初成時摘取，籠盛，於突上熏之，令乾，即成矣。烏梅入

菂，不任調食也。」「作烏梅欲令不蠹法」是：「濃燒穰，以湯沃之，取汁。以梅投之，使澤；乃出，蒸之。」「作白梅法」是：「梅子酸，核初成時，摘取；夜以鹽汁漬之，晝則日曝。凡作十宿，十浸，十曝便成。調鼎和齏，所在多入也。」

㉞ 現見齊民要術種梅杏第三十六，引食經曰：「蜀中藏梅法。」

㉟ 一糖脆取青梅：（按本書這個小注上的「一」字，顯係誤衍，應刪；「脆」下漏「梅」字，應補。）現見群芳譜「梅」條「製用」項，標明出自陳眉公（但格致鏡源及致富奇書中均未見有）。亦見居家必要。（見古今圖書集成五四七册草木典二〇五卷梅部引；排在遵生八牋之前，作者爲誰不知。）

㊱ 本條標題下注，大概仍是在齊民要術（卷四）種梅杏第三十六篇標題中「杏」的部分，附加群芳譜（亨五）果譜二「杏條」的品種，雜糅寫成。（甲）引釋名，所指係本草綱目（卷二九）果部「杏」條「釋名」項。（乙）引廣志及西京雜記，均見要術，但廣志原載的「白杏、赤杏」兩種及西京雜記的「蓬萊杏」一種，均移在後面。（丙）「濟南金杏」至「山杏」，均見群芳譜，文字稍有移改。案群芳譜中各項品種的來源，可以分析如下：「濟南金杏」、「水杏」、（頌曰：「水杏扁青而黃，味酢」，譜寫作「本杏」。）「山杏」，據本草綱目「杏」條「集解」項下「（蘇）頌曰」。更早些，曾見於酉陽雜俎（卷一八）。　「白杏」，據寇宗奭本草衍義（卷一八）「杏實」條。　「沙杏」、「梅杏」、「柰杏」，均見綱目「集解」下「時珍曰」。（柰杏，原見廣志，本書上面引廣志時，誤寫作「李杏」。）　「金剛拳」，出王禎農書（卷九）「梅杏」。（丁）「玄紫杏」，太平御覽（卷九六八）「杏」中引南岳夫人傳曰：「仙人有三

玄紫杏」，是神話故事。（戊）引要術。這是要術種梅杏第三十六篇標題注末了，賈思勰所作總結。黄河中上游，漢以前文獻中，未見有「杏」字；（管子和夏小正是黄河中下游的書，詩經中、月令中没有「杏」；到司馬相如長門賦和氾勝之書中，才見有。）可能直到北朝，大家對如何分辨梅杏，還有混亂，所以賈思勰特别加以澄清。（己）「花六出者，必雙仁，有毒。千葉者，不結實」以下，均見群芳譜。第一句，見綱目「杏」條「氣味」項下「時珍曰」；第二句，見「集解」項下「時珍曰」。以下五句，都是群芳譜標題下前段的文字。

㊲現見便民圖纂（卷五）樹藝上「杏」條。後段，「大則」兩字及「不移，則實小而苦」，以及下面的小注，都不是圖纂原文。可能是整理時將要術種桃李第三十四中的小注，改動幾個字，嫁接到這裏的。「若種下，一年不可種，種則肥而不實矣」，語句不可解，顯有錯誤。——懷疑後兩個「種」字是「糞」字寫錯。

㊳見四時纂要（卷二）三月篇「種杏」，「將熟杏，和肉埋糞土中，至春既生，移栽實地。既移之後，不得更於（「於」字疑衍）糞地，必致實小而味苦。移須合土……」下與本書引文同，最後有一段「防霜」的辨法襲自要術。農桑輯要果實篇「梅杏」章引四時類要，與本書引文，文字相同——也有「於」字；「合」也作「含」。

㊴「種杏宜近人家……又耐久不枯」，這兩節，仍録自群芳譜。

㊵劉熙釋名（卷四）釋飲食第十三有「柰油：擣柰實，和，以塗繒上。燥而發之，形似油也。杏油亦

如之。」(「杏」字，原譌作「柰」；畢沅校改。)並無本書所引這一句。

㊶「生杏，可曬脯」這兩句，未查出文獻紀載；懷疑是徐光啓自己的總結——作爲「備荒」的一項準備。

㊷小注，係綱目「杏」條「集解」下「時珍曰」末段，止删去「亦五果爲助之義也」一句。

㊸見要術種梅杏第三十六篇末。

㊹本書引文，現見要術種梅杏第三十六，原引文起處是「東北有牛山，其山多杏。至五月，爛然黄茂」。下段與本書引文同。

㊺本書所引，現見要術種梅杏第三十六；本書引用時有删節。

㊻本條標題下小字注文，似仍以齊民要術(卷四)插梨第三十七篇標題注爲基礎，附加本草綱目(卷三〇)果部「梨」條及群芳譜(亨五)果譜二「梨」條品種記載寫成。(甲)異名四種，止見綱目及群芳譜，内容全同，次序大致依綱目。(乙)引廣志，引文現見要術，文字全同。引三秦記，引文現見要術，除「東」字要術引作「果」(應照改)外，全同。引荆州風土記，要術標作「荆州土地記」(應依要術)；「石」字，應依要術作「名」。下文「永嘉青田村……」要術標明出自永嘉記，此處缺「記」字；「青田村」以下，才是正文。其餘文字全同。(丙)引西京雜記，本書似根據要術轉引，與現行本西京雜記次序不同，名稱也有差别。西京雜記是「梨十：紫梨、青梨、實大。芳梨、實小。大谷梨、細葉梨、縹葉梨、金葉梨、出琅琊王野家，太守王唐所獻。瀚海梨、出瀚海北，耐寒不枯。東王梨、出海中。

紫條梨。」要術無「縹葉梨」、「金葉梨」兩梨名；本書無「東王梨」，「金葉梨」本書作「金柯梨」，「縹葉梨」本書作「縹蔕梨」；「大谷梨」，要術明、清刻本與本書同樣譌作「大客梨」。（丁）引本草圖經。政和重修證類圖經本草（卷二三）「梨」條下引：「乳梨出宣城，皮厚而肉實……鵝梨，出近京州郡及北都（綱目引「頌曰」作「河之南北郡皆有之」），皮薄而漿多，味差短於乳梨，其香則過之……其餘水梨、消梨、紫煤（參看注㊽）梨、赤梨、甘棠、禦兒梨之類甚多，俱不聞入藥也……」（戊）「又有桑梨，惟堪煮食」，綱目（卷三〇）「集解」項下「頌曰」：「一種桑梨，惟堪蜜煮食之。」「香水梨」，見群芳譜標題下；「玄光梨」、「塗山有梨」，見群芳譜「典故」項，分別標明出處爲漢武内傳及洞冥記。

㊼ 見爾雅釋木第十四，原文作「梨，山樆」。齊民要術前六卷各篇，篇標題注中，凡有爾雅可引的，總以爾雅爲第一條材料。可是插梨第三十七却不引這一句，不知是否偶然忘掉，或者對「山樆即梨」有懷疑之處。

㊽ 「煤」字疑有誤；可能是據西京雜記「紫條梨」，將「條」字看錯鈔錯。

㊾ 禦兒梨：李時珍以爲是「玉乳梨之譌；或云……『語兒，地名也；在蘇州嘉定縣』，見漢書」。

㊿ 現見便民圖纂（卷五）樹藝上「梨」條，本書全引。末兩句不是圖纂中原有，暫作爲本書的第一手材料看待。

51 本條引群芳譜「梨」條「栽梨」節，文字全同。「筭」，大致指「吸枝」（即「根生條」）。

52 以下齊民要術三條，均見要術插梨第三十七篇末。（第二條小注，前兩句係要術原有。）

53 物類相感志及以下，均録自綱目「梨」條「集解」項下「時珍曰」。

54 由文章形式看來，似乎應出於史記貨殖列傳。但現行各本史記，止有「安邑千樹棗；燕、秦千樹栗；蜀、漢、江陵千樹橘；淮北常山已南河濟之間千樹萩……」沒有提到「梨」的。漢書（列傳六一）貨殖傳相似的一句是「淮北滎南河濟之間千樹萩」，地名排列與本書引文更相近，也沒有「梨」字。如果這句引文確係徐光啓原稿，而且並非寫錯，則當時所根據的史記，必定和今日傳本不同（案：太平御覽卷九六九所引漢書這句亦是「梨」字，值得考慮）。小注兩句，録自綱目「梨」條「集解」項下「時珍曰」。

55 這幾句，現見王禎農書（卷九）「梨」條下引「魏文帝詔曰」；文字全同。太平御覽（卷九六九）所引作「真定御梨，大若拳，甘若蜜，脆若凌，可以解煩釋渴」，似較其他各本所引爲勝。「參之神農經」以下，是王禎的總結。神農經應指最初出現的神農本草；但事實上傳本神農本草經中沒有「梨」；綱目「梨」下注明「別録下品」，說明李時珍所見神農本草經同樣沒有梨。本書轉引要術所引吴氏本草（見上「插梨法」段末小注），對梨的評價也不高。王禎所說「療病之功亦爲不少」，肯定不出於吴普到陶弘景這幾部較早的本草著作，止能是蘇敬以下的書。

56 張敷稱百果之宗：南朝宋人沈約宋書（卷四六）張邵傳張敷答宋文帝說：「梨爲百果之宗。」

57 現見爾雅釋木第十四；本文及郭璞注全同。案：今日將「櫟」這個名稱，歸給 Quercus 屬的好幾種；雖與「栗」同種，但並非同一植物。栗向來計算在「五果」之中；櫟子雖然可以食用，却不是很好的果類。

㊽本條從引廣志以下的小字注，主要來源是齊民要術（卷四）種栗第三十八，和本草綱目（卷二九）果部「栗」條「集解」及「釋名」兩項中各節的重新綴合。（甲）引廣志，現見要術。「蔡伯喈曰：有胡栗」，要術引有（按：應係蔡邕傷故栗賦序）。「魏志」，見要術。陳壽三國志魏書（卷三〇）韓傳「……禽獸草木，略與中國同；出大栗，大如梨……」。三秦記，見要術。「王逸曰」，見要術；太平御覽（卷九六四）引王逸荔支賦曰：「北燕薦朔濱之巨栗。」西京雜記引文見要術；但「嶧陽都尉栗，都尉曹龍所獻」，要術引作「嶧陽栗，嶧陽都尉曹龍所獻」；今傳本西京雜記，是「栗四：侯栗、榛栗、瑰栗、嶧陽栗……」（以下與要術引文同）。（乙）「栗之大者爲板栗；……皮厚而味如胡桃」，見綱目「集解」項下「時珍曰」段末。本書引用，删去李時珍對劉恂記載所加案語：「得非栗乃水果，不宜于炎方邪？」按：李時珍所記的這些「栗」，依今日分類學的標準看來，不止一個「種」，據陳嶸中國樹木分類學（一九五三年版），板栗是Castanea mollissima Bl，錐栗是Chenryi Rehd at Wils，第栗是C. saguinii Dode，至於劉恂所記的石栗，根本上不是栗，而是大戟科的Aleurites moluccana wild，（按：今傳本嶺表録異，末兩句是「皮厚而肉少，味似胡桃仁」。）（丙）引衍義。本書所引，見綱目「集解」項「宗奭曰」下，文字有删改。綱目所引，與傳本本草衍義也有不同。衍義（卷一八）「栗」條原文是「湖北路有一種栗，頂圓末尖，謂之『旋栗』。圖經引詩言莘音秦。

栗者，謂其象形也」。案：「旋栗」的「旋」字，讀音爲「箭」；至今兩湖方言中，還將「旋渦」、哺乳類毛中的「旋」，以及「團團轉」的動作，用「旋」字的去聲「箭」代表。「旋栗」果實，圓頭插上一條細棒，可以作爲「獨樂」來旋轉，所以叫作「旋栗」。兩廣一般叫「錐子」，即「錐栗」。至於莘栗，所指是樺木科「榛」屬 Corylus 植物，見本條「附榛」，果實多少和錐栗有點相似。「奧栗」，本書所引，仍見綱目「集解」下「頌曰」末段，仍是「榛子」。「陸璣疏」，本書所引，是綱目「集解」中「頌曰」中一段；應指陸璣毛詩草木鳥獸蟲魚疏，簡稱「詩疏」；卷上「樹之榛栗」條：「……五方皆有栗；周、秦、吳、揚特饒；吳越被城表裏皆栗。唯漁陽、范陽栗，甜美長味，他方者悉不及也。」「漁陽」，政和重修證類本草作「濮陽」（案綱目正作「濮陽」），吳淑事類賦注和太平御覽（卷九六四）則均作「漁陽」。漁陽在今日河北省薊縣一帶，濮陽在今日河南省東北角靠近河北省的地方。今日有名的良鄉栗，產地良鄉，即古范陽地方。「梵書名篤迦」，見綱目「栗」條「釋名」項下「時珍曰」。「本草圖經云」，現見綱目「集解」中「頌曰」起處及重修政和證類圖經本草（卷二三）「栗」條。（丁）「燕山栗，小而味最甘」，見王禎農書（卷九）「栗」條。（戊）「樹高二三丈，苞生多刺如蝟毛」，見綱目「集解」項「時珍曰」引事類合璧。「四月開花……中子惟一二」，見綱目「集解」項「頌曰」。

(59) 現見便民圖纂（卷五）樹藝上「栗」條，文字全同。

(60) 現見要術種栗第三十八。文字大致相同，止小注第一條節去幾個字。

(61) 「栗，種而不栽」，栗樹生長，倚賴菌根（指土壤真菌和植物根的共生結合體）的地方很多；移栽時如菌根菌跟不上，幼樹生長會受到障礙。

⑫ 現見夏小正八月，要術亦引有。

⑬ 現見種樹書果篇第一條（夷門廣牘本種樹書「採」字下有「實」字）。案：這條最早見於金吳懌種藝必用：「披殘」以下，「種藝必用作「批殘其枝，明年益茂」。「披殘」或「批殘」，都指拉斷採折。

⑭「九月霜降……可以點燈」，現見本草綱目「栗」條「集解」項下「時珍曰」，文字全同。

⑮ 指左思蜀都賦；文選作「㮚栗……」。

⑯ 據綱目「栗」條「集解」下引，本草衍義（卷一八）原作「欲乾，莫如曝；欲生收，莫如潤沙中藏。至春末夏初，尚如初收摘」。

⑰ 從這以下到本條末了的幾節，都見王禎農書（卷九）「栗」條；不過（甲）王禎原標題爲本草圖經的，本書改爲「寇宗奭曰」。（乙）「藏乾栗法」及「藏生栗法」，王禎原作正文，並在「藏乾栗法」上標明了「食經曰」，暗示還是從齊民要術中轉引；本書删去「食經曰」，一律改爲小注。（丙）王禎原止説史記（已是錯誤），本書逕改爲「太史公」。

⑱ 王禎作「按史記」，事實上並不見於史記，而是韓非子中的文字：「秦大飢，應侯請曰：『五苑之果、蔬、棗、栗，足以活民，請發之。』」

⑲「本草所謂栗厚腸胃，補腎氣，令人耐飢」，重修政和證類本草（卷二三）「栗」條的「經文」（黑字）及綱目引「别録」，都有王禎所引這幾句。

(70)「附榛」以下的文字，除末段採自王禎農書（卷九）「栗」條末節之外，其餘均以齊民要術種栗第三十八篇有關「榛」的材料爲基礎，個別字句上稍有變動，但要術引文傳鈔中的譌誤，却承襲未改。

(71)周官正文中，不會有這種形式的文字出現；這句，實在是周官天官冢宰籩人，「其實：棗、栗、桃、乾橑、榛實」的注文：「榛似栗而小。」這是要術刻本有誤；按要術體例，應在「曰」字上面補一個「注」字。

(72)説文解字（卷六上）木部「榛」字説解，是「木也；从『木』，『秦』聲。一曰叢木（「木」依玄應一切經音義卷十毗婆沙論卷六「深榛」注所引説文補；這個字補上意義才明白。）也」；這就是説，「榛」是小灌木群體。「亲」的説解，是「果實如小栗，……春秋傳（即左傳）曰『女贄不過亲栗』……」徐鍇繫傳，已作了説明：「今五經皆作榛也」——就是説，原來作爲「果實如小栗」那類樹的名稱。「亲」，古籍中都借用當「灌木叢」解爲「榛」字；也有寫作「蓁」字的。有時，因爲「榛」字已借作「亲」，便再借「蓁」字來代表「灌叢」。這裏，要術原文有誤。最簡單的改正，是「説文，榛作亲」。即删掉衍出的「曰」字；「似」由於本寫作「佀」，容易看錯爲「作」字，「亲」字（「从『木』，『辛』聲」）則看錯成爲字形相似而「从『木』，『宰』省聲」的「梓」字。「實如小栗」，則是節取説解作成的注文。

(73)見詩邶風簡兮章。

(74)今傳本詩疏（上）「樹之榛栗」條，「榛，栗屬。有兩種：其一種之皮葉皆如栗；其子小，形似杼子，味亦如栗。所謂『樹之榛栗』者也。其一種枝葉如木蓼，生高丈餘，作胡桃味，遼東、上黨皆饒。

『山有榛』之『榛』，葉似栗樹，子似橡子，味似栗，枝莖可以爲燭」。要術引文有删節，字句也有些差別。（「栗屬」下，「或從木」，疑是賈所加注文；「葉如牛李色」、「其核心悉如李」、「膏燭又美，亦可噉食」，可能是原文，後來傳本詩疏在傳寫中删去。「漁陽、遼、代、上黨皆饒」，比今本詩疏詳細。）本書引用，「所謂」上加一個「詩」字。改「杼」爲「橡」，「高丈餘」移上，「木」譌作「水」，另據群芳譜果譜二「榛」條，加「久留亦易油壞」一句；此外删節了一些。

⑮「其枝莖……無煙」，在要術原是所引詩疏的末段。

⑯這節，全引自王禎農書（卷九）「栗」條，在正文末段。「太史公曰」，摘自史記貨殖列傳。

⑰重修政和證類圖經本草（卷二三）「榛」條的黑字「經文」和綱目（卷三〇）「榛子」條「集解」引「馬志曰」，有這兩句。

⑱本條標題以下的文字，大致仍以齊民要術（卷四）柰林檎第三十九的篇標題注爲基礎，加上本草綱目（卷三〇）「柰」條「集解」與群芳譜（亨四）果譜一中「柰」條一些記述改寫而成。（甲）「廣志曰：橏、掩、藍，柰也」。「橏、棭、櫨，㮈也」，出自廣雅（卷十）釋木；據王念孫廣雅疏證中王引之所作疏證，四個字都是自死樹木的名稱，與果名「柰」不相涉。（乙）「與林檎一類……緑柰」，摘引群芳譜；群芳譜實際上是本草綱目「柰」條「集解」項「時珍曰」段的檃括。（丙）「張掖有白柰，酒泉有赤柰」，割引要術標題注中所引廣志中兩句。「魏明帝時……此柰從涼州來」，要術所引，現見陳思王集；「生」字，應依集作「至」。晉宮閣簿，引文見要術。西京雜記，亦見要術引；雜記原文：

「柰三，白柰、紫柰，花紫色。綠柰。花綠色。」「別有素柰、朱柰」，與西京雜記無涉，應是賈思勰自作的總結。（丁）「涼州有冬柰，色微碧」，見綱目「柰」條「集解」項「時珍曰」。「大如兔頭」的是「白柰」，（見段成式酉陽雜俎卷一八「白柰，出涼州野豬澤，大如兔頭」。）不是涼州冬柰；李時珍原文交待得很明白，並已標明引自孔氏六帖。「上林苑紫柰」以下的説明，實出酉陽雜俎（卷一八）「脂衣柰」條，與西京雜記無關，是李時珍誤記。櫻桃亞科果實汁液中的多元酚，染色力很强，氧化後洗不掉是事實。（戊）「樹與葉，皆似林檎……味酸帶澀」，鈔自群芳譜。（己）「梵言謂之頻婆」，出綱目「柰」條「釋名」項下「時珍曰」。

(79) 這一節，是要術（卷四）柰林檎第三十九的正文，「取栽如壓桑法」，「栽」代表「插條」；「壓桑法」，指要術（卷五）種桑柘第四十五記載的低枝壓條法。

(80) 「亦可接林檎」，與要術無涉，大致以群芳譜中「可以接林檎」爲根據。柰接林檎，成活很容易。

(81) 現見圖纂（卷五）樹藝上種諸果花木「花紅」條。

(82) 這一條，是要術柰林檎第三十九標題注所引廣志後段。（前幾句，已録入本條標題下小注中。）太平御覽（卷九七〇）「柰」下引的廣志，「藏」字上有「收」字；「如藏棗栗法」下，還有「苦柰汁黑，其方作羹，以爲豉用也」。綱目「柰」條「集解」下「時珍曰」多出本書現引的「謂之頻婆糧」，以及將要術「作柰麨法」（内容見本書下節）改寫而成的一套辦法認爲「作豉法」。這段「作麨法」，王禎農書「柰」條也引有，但仍標明「作柰麨法」，不知李時珍另有什麼根據改作「豉」？

⑧③這一條，現見齊民要術柰檎第三十九篇，標題爲「作柰麨法」；王禎農書（卷九）百穀譜六「柰」條全引，止「抨」字譌作「拌」。綱目「柰」條「集解」中，隱括作爲「取柰汁作豉」的方法。王象晉群芳譜「柰」條「製用」項下也引有，標明出「郭義恭廣志」，尤其奇怪。

⑧④飲汁：解作吸去水分。

⑧⑤本條録綱目「柰」條「集解」項「時珍曰」中李時珍改寫後的文字。李根據劉熙釋名，劉熙原文見上「杏」條注㊵。

⑧⑥見綱目「柰」條「集解」項下「時珍曰」，接在上條下面，作「今關西人以赤柰楸子，取汁塗器中，曝乾，名『果單』，是矣」。（案：李時珍以爲這就是劉熙所説的「柰油」。）

⑧⑦這一句，大概是將綱目「林檎」條「集解」項下「時珍曰」中「黑色者，似紫柰，有冬月再實者」，斷錯句鈔入的。

⑧⑧本書所引，與王禎農書「柰」條引文全同。重修政和證類圖經本草（卷二三）有「陶隱居云」：「江南乃有，而北國最豐，皆作脯，不宜人。」綱目「柰」條「集解」下所引「弘景曰」，是「柰，江南雖有，而北國最豐；作脯食之，不宜人……」

⑧⑨本條標題下注，前段以群芳譜（亨四）果譜一標題下説明爲材料，後段根據王禎農書（卷九）百穀譜六果屬「柰林檎」條及本草綱目（卷三〇）果部「柰」條「集解」。（甲）「一名來禽，一名文林郎果，一名蜜果」，據群芳譜删去「一名冷金丹」（删得很好，因爲「冷金丹」止是加工産品，見下。）及「生

渤海間」句。其實，前兩個異名，譜還是鈔自本草綱目（卷三〇）果部「林檎」條「釋名」項的。「此果味甘，……故有林禽、來禽之名」，王禎在前，李時珍在後，都是引洪玉父（北宋洪炎，字玉父。）的話來說明。「唐高宗時……文林郎果」，亦見綱目「林檎」條「釋名」下引「時珍曰」起處。「云其樹……因以爲名」，見綱目「林檎」條「釋名」項所引「藏器曰」。案：洽聞記：「唐永徽中，魏郡臨黄王國村人王方言，嘗於河中灘上拾得一小樹栽，埋之。及長，乃林檎也。實大如小黄瓠；色白如玉，間以朱點，亦不多——三數而已，有如纈，實爲奇果。光明瑩目，又非常美（＝也不是尋常的美麗）。紀王慎爲曹州刺史。有得之，獻王；王貢於高宗，以爲『朱柰』，又名『五色林檎』。或謂之『聯珠果』，種於苑中。西域老僧見之，云，『是奇果，亦名林檎』。上（＝皇帝）大重之，賜王方言『文林郎』，亦號此果爲『文林郎果』。」這段記載，交待得最明白。紀王李慎，是太宗第十子，永徽二年，授荆州都督，累除邢州刺史……，舊唐書（卷七六）有傳。（寫作「李謹」，應是南宋避孝宗名諱改的字。）另外，唐張鷟朝野僉載（叢書集成據寶顔堂祕笈排印本），卷三有一條：「貞觀年中，頓丘縣有一賢者，於黄河渚上拾菜，得一樹栽子，大如指，持歸蒔之。三年，乃結子五顆，味狀如柰，又似林檎；多汁，異常酸美。送縣，縣上州。以其味奇，乃進之，賜綾一十疋。後樹長成，漸至三百顆。每年進之。至今，存德、貝、博等州，取其枝接，所在豐足。人以爲從西域來，礙渚而往（疑當作「住」）矣。」陳藏器是唐開元時人，比張鷟稍遲。這些傳説，大致可以統一爲「唐初（太宗貞觀到高宗永徽時），黄河中游，有人拾得一個樹枝，種起來，成爲品質優美的『林檎』或『朱柰』樹」。（乙）「本草圖經曰」，見王禎農書引；本書引文與王禎所引，都和重修政和證類圖經本草（卷二三）引「圖經曰」相同。（丙）「陳士良云」，見綱目「柰」條「集解」引「士良曰」，本書稍有改動。（丁）「林檎樹，二月開粉紅花。六七月熟」，見群芳譜；實係綱目「林檎」條「集解」中「馬志曰」的話，後一句「又有金、紅、水、蜜、黑五種」，則是王象晉總結綱目「林檎」條「集解」中李時珍的文章所得。（戊）「李時珍曰：其味酢者，即楸子也」，見綱目「林檎」條「集解」。（案：平常所謂「楸」，是玄參科的喬木；薔薇科植物，較早的書上寫作「朹」，今日關中還將棠梨、海棠……等果實稱爲「朹子」。）

90 「來禽」、「林禽」、「林檎」，和更早些的名稱「理琴」（見要術引廣志）、「里琴」（太平御覽引廣志，看來止是外來語的「對音字」——很可能是中亞或西亞語。）未必有特殊意義。這些説法，恐怕止能認作穿鑿傅會。

91 這一節的小注，和下面所稱「又法」的正文，都引自齊民要術（卷四）柰林檎第三十九前段。要術那一篇原文是同時爲柰和林檎兩種植物叙述的。現在割裂之後，各分一段，不很合理。

92 本草綱目「林檎」條「集解」項下「時珍曰」所引僧贊寧物類相感志，文字全同。這種辨法可能有由於誘集了蟻類，驅除鱗翅類幼蟲所得效果。

93 整節並標題引自齊民要術柰林檎第三十九；除有一個錯字之外，文字全同。

94 方寸匕：古代量乾粉末的一種單位。據本草綱目（卷一）「序例上」引「陶隱居名醫別録合藥分劑法」：「方寸匕者，作匕（＝勺子），正方一寸，抄取散（藥末）不落爲度。」

⑮ 冷金丹：群芳譜「林禽」條「製用」項引清異録的「林檎……一二枚」，内容全同，止末句「名冷金丹」，本書用來作標題了。陶穀是五代到北宋初的人；涵芬樓排印本説郛（卷六一）清異録果篇現有這條。原文首句是「未熟來禽百枚」，（案「未熟」兩字，關係很大，必須是未熟的，果肉爽脆，才值得這麽加工；熟後組織瓦解，便「綿」了。）「名冷金丹」一句，在「飯後」前；末有一句「其功勝九轉丹」。

⑯ 本條標題下注文，前段根據齊民要術（卷四）種柿第四十的篇標題注，中段全鈔自王禎農書（卷九）百穀譜六果屬「柿」條，末段引酉陽雜組及本草綱目。（甲）引説文，見要術；今傳本説文解字句末無「也」字。引廣志、王逸、李尤（本書譌作「亢」）、張衡，均見要術。王逸荔支賦，據太平御覽（卷九七一）所引，應作「宛中朱柿」；「宛」（讀鴛）是今河南省南陽市的古名。李尤七款，據御覽（卷九七一），應作「鴻（＝大）柿若（＝像）瓜」。張衡南都賦「乃有櫻、梅、山柿」。（乙）「本草云：黄柿……」至「潘岳……烏椑之柿是也」，全見王禎農書。「本草」大概指圖經本草。綱目（卷三〇）果部「柿」條「集解」項第一節引「（蘇）頌曰」，「柿南北皆有之，其種亦多；紅柿所在皆有，黄柿生汴、洛（按重修政和證類圖經本草「汴洛」作「近京」，與王禎引文同。汴梁是北宋京城，蘇頌曰「近京」是合理的；李時珍改爲「汴洛」，也有理由。）諸州；朱柿出華山，似紅柿而圓小，皮薄可愛，味更甘珍。（今日關中小形紅色薄皮的「火柿子」，仍是優美品種。）……諸柿，食之皆美而益

人」。（本書引文，都據王禎，所以「美」也隨王禎作「善」。又李氏引文，尚有數處改易了原來文字，現未一一註明。）「衍義曰」，綱目「集解」引作「宗奭曰」。本草衍義（卷一八）「柿」條（無綱目引文中「柿有數種」一句），「有『着蓋柿』，於蒂下別生一重；又『牛心柿』，如牛之心；『蒸餅柿』，如今日之市買蒸餅（案即扁圓的「饅頭」或「饃」）；華州有一等朱柿，比諸品中，最小，深紅色（案即「火柿子」）；又一種『塔柿』，亦大於諸柿」。「又有椑柹……」，現見綱目（卷三〇）「椑柿」條「集解」項所引「（馬）志曰」，應出開寶本草。潘岳閒居賦，要術「柿」篇標題下注，原也引有。（丙）引西陽雜俎，引文現見酉陽雜俎（卷一八）廣動植篇「木」類，「七絶」原文作「七德」。綱目及鈔綱目的群芳譜，都没有標出酉陽雜俎；止有便民圖纂（卷五）「柿」條，開首就標以「酉陽雜俎云」，引這一段，然後才記載種法説明。（丁）「其樹高大……」，大概是節録綱目「集解」中「時珍曰」前數句，「柿，高樹，大葉，圓而光澤。四月開小花，黄白色。結實，青緑色，八九月乃熟」。

⑰ 現見荒政要覽（卷九）備荒「樹藝雜法附」中。

⑱ 黑棗：大致指「梬棗」。

⑲ 這是要術種柿第四十的正文。王禎農書引用，則去末句「如插梨法」。又在「梬」字下加了現在「之」字下面的小字注。這是王禎的注，與要術無關。綱目（卷三〇）「君遷子」條「釋名」最後一個異名「紅藍棗」，註明出齊民要術，不知根據什麽——大概是誤解王禎引文，而没有查對要術原書。

(100) 現見便民圖纂（卷五）樹藝上「柿」條，末段。

(101) 本書這一條，與齊民要術引食經「藏柿法」内容相同。止删去「三」字下的「度乾」兩字。要術原文有錯字，至今還不容易了解。但「燥」字據日本金澤文庫本改正作「澡」字（李時珍本草綱目「醂柿」分條「修治」項，先就這麽改過了。）後，似乎有了些綫索。懷疑當作「以灰汁澡（＝洗）再三度訖，合汁挹着器中」，這就是下面所引「醂柿」作法的最初形式。

(102) 綱目「柿」條「烘柿」分條下「時珍曰」：「烘柿，非謂火烘也，即青緑之柿，收置器中，自然紅熟如烘成，澀味盡去，其甘如蜜。歐陽修歸田録，言『襄、鄧人以榠櫨或榲桲或橘葉於中則熟』，亦不必。」案：涵芬樓排印本説郛（卷二三）歸田録，這一條後半是「今唐、鄧間多大柿。其初，生澀，堅實爲石。凡百十柿，以一榠櫨置其中，榲桲亦可。則紅熟爛如泥而可食。土人謂之『烘柿』者，非用火力，乃用此爾」。近年來了解到，一個果實過熟頽化時，呼吸副産物中的某些氣體（如乙烯之類），可以催促生長已成熟但食用上成熟未開始的果實，增强分解性呼吸，提早達到頽化。榠櫨或榲桲的作用，應當如此解釋。「橘葉」雖不見於歸田録，但橘葉所含萜類芳香油，實在也有這種促進作用。

(103) 本書所引，係群芳譜「柿」條「製用」項下「醂柿」注文前段。綱目「柿」條「醂柿」分條「修治」項引「（吴）瑞曰」：「水藏者性冷，鹽藏者有毒。」（案：吴瑞是元文宗時代的人。）

(104) 綱目「柿」條「烏柿」分條，標題是這樣。群芳譜「柿」條「製用」項，照綱目鈔。

(105) 本節鈔群芳譜「柿」條「製用」項「柿糕」小注；群芳譜的根據，應是綱目「柿」條「柿餻」分條「修治」項「時珍曰：案李氏食經云：『用糯米，洗浄一斗；大乾柿五十個。同擣粉蒸食。如乾，入煮棗泥和拌之。』」

(106) 本節全鈔群芳譜「柿」條「柿餅」分條「製用」項（文字全同）下小注。王禎農書（卷九）「柿」條有「作乾柿法」，係原始記録：「愚按作柿乾法，生柿撛去厚皮，捻扁，向日曝乾，内於甕中。待柿霜俱出，可食。甚涼。其霜收之，甘涼如蜜。」綱目「柿」條「白柿」分條「修治」項：「時珍曰：『白柿即乾柿生霜者。其法：用大柿去皮，捻扁；日晒夜露，至乾；内甕中。待生白霜，乃取出。今人謂之『柿餅』，亦曰『柿花』，其霜謂之『柿霜』。』」

(107) 本節全鈔群芳譜「柿」條「製用」項「柿霜」；小注「乃柿中精液」，出綱目「柿」條「白柿柿霜」分條「發明」項下「時珍曰」。

(108) 本條標題下注，前一段各種異名鈔群芳譜（亨五）果譜二「柿」條「附録」中「椑柿」的注文；「椑乃柿之小而卑者」以下，鈔本草綱目（卷三〇）果部「椑柿」條「釋名」及「集解」，最後一句引潘岳閑居賦，和上一條「柿」重複。案：群芳譜所録異名，實出綱目「柿」條「釋名」。

(109) 「椑乃柹之小而卑者」至「染罾、扇諸物」，録綱目「椑柿」條「釋名」項下「時珍曰」。「出宣、歙」至「不可爲乾也」，出同條「集解」項下「頌曰」。

(110) 本條標題下的注文，大致是就本草綱目（卷三〇）果部「君遷子」條「釋名」和「集解」兩項改寫而成。各項異名，次序與綱目同；（群芳譜「柿」條「附録」中「軟柿」下的小注，異名次序與綱目不一樣。）「生海南」到「君遷是也」，引「集解」項下「藏器曰」；「其木」到「誤矣」，見「集解」中「時珍曰」。

⑾ 此條全録自齊民要術種棗第三十三；當時把它當作棗，所以附在「種棗法」後。「軟」字，要術原作「梗」。

⑿ 殷：讀「煙」，帶黑的深紅色。

⒀ 本條標題下注文大致以本草綱目（卷三〇）果部「安石榴」條「釋名」「集解」兩項、群芳譜（亨五）果譜二「石榴」條，及齊民要術（卷四）安石榴第四十一篇標題注爲根據，割裂牽合改寫而成。（甲）引博物志，文字全同於綱目「安石榴」條「釋名」項下「時珍曰」中所引的博物志。今本博物志中無此一條。要術安石榴第四十一開首引「陸機曰：張騫爲漢使外國，得『塗林』（摘自陸機給弟弟陸雲的信）。塗林，安石榴也」這一條，歐陽詢藝文類聚（卷八六）、白居易六帖和太平御覽（卷九七〇）都引有；御覽另有一條「張騫使西域還，得安石榴」，標明出博物志。這就是説，將引入安石榴歸之於張騫的，如不是晉初張華，便是比他稍遲的陸機。不過，事實上安石榴的傳入，與張騫不相涉。（乙）以下小注中，各項異名及其内容，大致依群芳譜；群芳譜大部分又以綱目爲第二手材料來源。（其中「金龐」一名，來歷不明。）各種品種，全依群芳譜，説明稍有删節。其中「河陰榴」「三十八子」，見南宋初温革瑣碎録；「富陽榴」、「餅子榴」已見晚明王世懋學圃雜疏。（丙）引鄴中記以下至西京雜記，均見要術安石榴第四十一篇標題注。鄴中記、抱朴子全同。周景式廬山

記中，「垂生石榴」句，要術引作「垂生山石榴」，「山」字决不能少。後兩條京口記與西京雜記也全同。（丁）引酉陽雜俎一條，見酉陽雜俎（卷一八）。綱目「集解」項下「時珍曰」亦引有。（戊）引農桑通訣，實見王禎農書（卷九）百穀譜六「石榴」條。（己）「其樹不甚高大，枝柯附幹，自地便生」，見綱目「集解」引「（蘇）頌曰」。「五月開花」以下至末，删節綱目「集解」中「時珍曰」一段寫成。

(114) 現在所引，才是要術安石榴第四十一的正文，而且全篇在此。

(115) 牛拘：穿在牛鼻孔中的環。

(116) 現見圖纂（卷五）樹藝上「石榴」條。「根邊以石壓之」以下，與圖纂無關，亦未查得出處。

(117) 剥：疑應作「剶」（音 chuān），解作剪枝，要術中常用。

(118) 「性喜肥」一節，見群芳譜「石榴」條「扦插」項「澆灌」下小注。

(119) 「不結子者」至「不落」，見群芳譜「石榴」條「扦插」項「嫁榴」小注。「所謂榴得骸而葉茂」與群芳譜無關，見涵芬樓排印本説郛（卷二四）收感應類從志；題名晉張華撰，不知是什麼時代的僞書。

(120) 這一段均見王禎農書「石榴」條。

(121) 北齊高延宗納妃故事，見北齊書（卷三七）魏收傳。

(122) 這條亦見王禎農書「石榴」條。案：這條迷信文字收入書中，决非徐光啓能容忍的，止能是整理人獵奇癖好的表現。

案：

〔一〕主晚　要術原文是「生（＝發芽）晚」。

〔二〕覆　應依要術作「履」。

〔三〕銳　應依要術原文作「饒實」。（上句「是以耕」，依要術校定本，應作「是以不耕」。）

〔四〕花無實　應依要術原文作「花而無實」；下句應是「斫，則子萎而（零）落也」。

〔五〕則實不成　要術原作「不實不成」。案：如依要術原文不嫁的棗，「花而無實」，則「狂花」多，也應有「不實」的後果，與「結」而自落（「不成」）同時出現，因此，「則」字不如「不」字。

〔六〕「撼」字下，要術原有「而」字。「撼」，止能是「撼枝」，不能是「撼樹」，像棗樹那麼粗大，誰也難撼得動；而且撼過，樹要受傷。

〔七〕小注要術原文，止有「棗性燥故」四個字。

〔八〕椽　應依要術原文作「朳」（即「杷」）。晒着的棗，還是柔脆的，不能用「椽」來「聚散」。

〔九〕「苫」字下，要術原有「蓋」字。

〔一〇〕紅軟上高廚上　要術原文，第一個「上」字上面有「者」字，不宜省去。第二個「上」字是「而」，也依原文爲好。（按：「廚」是高架。）

〔一一〕胖　應依要術原文作「膀」（音 páng），下同。

〔一二〕不　應依群芳譜原文作「必」。

〔一三〕「熟」下，應依要術原文補「時」字。

〔一四〕茂　要術原文作「生」。

〔一五〕「仍」字下，應依要術原書補「處」字。

〔一六〕「牆」字上，要術原有「於」字。

〔一七〕「因」字，應依要術原文作「應」。

〔一八〕平、魯、曙、中華排印本均作「柹接桃則爲金桃，李接桃則爲李桃」，種樹書原文作「柹樹接桃枝，則爲金桃；李樹接桃枝，則爲桃李」。（定枎案）

〔一九〕肥而無衍實　「衍」字誤多，應依要術原文删去。

〔二〇〕三沃　應依管子原文作「五沃」，要術原文有誤。

〔二一〕「磚」字下，要術原有「石」字。

〔二二〕正月時　要術原作「正月晦」。

〔二三〕「寒實」兩字衍，應依要術删去。

〔二四〕之　要術原作「枝」。

〔二五〕蘁　應依要術原文作「細」。

〔二六〕求　要術原引文作「來」。

〔二七〕這個「樆」字，傳本爾雅多作「樹」字。

〔二八〕「永嘉」下，應依要術原文補「記」字。

〔二九〕樹 應依要術原引文作「子」。

〔三〇〕容 依要術校定本當作「谷」。

〔三一〕「十許」下，應依要術原文補「子」字。

〔三二〕至冬 應依要術校定本作「主客」。「主」指碪木，「客」指「接穗」。

〔三三〕「者」字下，應依要術補「或三」。

〔三四〕一 應依要術原文作「以」。

〔三五〕「竹」字下，應依要術補「爲籤」兩字，下面的「竹籤」兩處，才有來歷。

〔三六〕「刀」字下，要術原文有「微」字，宜補。

〔三七〕還 要術原文是「邊」字，較好。

〔三八〕土 應依要術原文作「上」。下句「勿令堅固」，「固」字要術作「涸」。

〔三九〕掌撥護撥護 應依要術原文作「掌撥，掌撥」。「掌」字這裏讀 chāng，即今日寫作「撑」的字。

〔四〇〕「取梨」下，應依要術補「枝」字。

〔四一〕「可」字上，要術原文有「亦」字。

〔四二〕「陰」字，要術原作「廕」。

〔四三〕「處」字，王禎原文缺。

〔四四〕「録」字下，當補「異」字。

〔四五〕靳　應依劉恂原書作「勤」。（勤州，在今日廣東省陽春縣。）

〔四六〕要　應依要術原文作「栗」。

〔四七〕三月　應依要術原文及農桑輯要、王禎農書所引要術作「二月」。

〔四八〕還　應依要術原文作「凍」。

〔四九〕「零」字上，夏小正及要術引文均有「栗」字。「零」解爲「自落」。

〔五〇〕稻　應依王禎所引及要術原文作「穰」。

〔五一〕日出晒　要術原作「出日中晒」，王禎作「取出日中晒」，以要術文字爲最好。

〔五二〕細沙可煨　這一句，要術殘存鈔宋本、明本和清代刻本都有錯誤。應以王禎農書中所引「晒細沙令燥」的情形爲最好。本書大概是據明中葉刻本要術引用的。

〔五三〕二月　日本金澤文庫本要術作「五月」；其餘宋、明乃至清代刻本都是「二月」，與本書引文同。按：要術「種法」，「二月悉芽生」，應作「二月」。

〔五四〕區　應依要術原引作「匳」。（匳，音廉；解爲大盒子。六朝俗體作「匲」、「奩」，容易看錯成「區」字。）

〔五五〕「物」字下，應依要術原引文及曹集補「以」字，和下句對偶。

〔五六〕「之」字，要術原文没有。

〔五七〕內甕盆合勿令風入　應依要術作「內甕中，盆合口，勿令蠅入」。

〔五八〕酒淹痛拌　當依要術校定本作「酒淹，痛抨」；「抨」是攪和打擊。下句「拌」字亦應改作「抨」。

〔五九〕受　應依要術校定本作「皮」——指果皮。

〔六〇〕看無臭氣　應依宋鈔本要術作「臭（＝嗅）看無氣」。

〔六一〕上　應依要術原文作「止」。

〔六二〕剔　應依要術原文作「劚」。

〔六三〕「便」字下，要術原文有「成」字。

〔六四〕愛　止有便民圖纂引文作「愛」；酉陽雜俎、王禎農書、綱目，乃至群芳譜都作「翫」或「玩」。可見本書這段，是從圖纂鈔出。

〔六五〕此條小注，非要術原有；王禎農書（卷九）「柿」條所引要術現有此注。下句作「紅藍棗，紅似柿」。

〔六六〕以下三處「栜」字，群芳譜均作「椑」。

〔六七〕失　應依要術原文作「汁」。

〔六八〕經　應依要術原文作「徑」。

〔六九〕口　應依要術校定本作「圓」。

〔七〇〕上　要術原作「土」。

〔七一〕二月初　下面要術原有「乃」字。

〔七二〕多枝　下面要術原有「者」字。

農政全書校注卷之三十

樹藝

果部下

【荔枝】上林賦曰①：離枝；蜀都賦曰②：荔枝③。一名丹荔，一名飣坐真人。其類有三、四十種，以狀元香爲最。然不如長樂勝，肉厚而味甘，爲種中第一；第乾之不能如狀元香風味。南記曰：此木以荔枝爲名者，以其結實時，枝弱而蔕牢，不可摘取，以刀斧劙〔一〕去其枝，故以爲名。生嶺南、巴中、泉、福、漳、興化、蜀、渝、涪，二廣州郡，皆有之。其品閩爲最，蜀川次之，嶺南爲下。樹形團圓如帷蓋，葉如冬青，華如橘，朵如蒲萄，核如枇杷，殼如紅繒，膜如紫綃〔二〕，肉白如肪，花於二三月，實於五六月。

農桑通訣曰④：荔枝根浮，必須加糞土以培之。性不耐寒，最難培植，纔經繁霜，枝葉枯死；玄扈先生曰：亦云冬夏不凋。遇春二三月，再發新葉。初種五六年，冬月覆蓋之，以護霜雪。種之四五十年，始開花結實。其木堅固，有經四百餘年猶能結實者。

熟時，人未採，百蟲不敢近；人纔採摘，諸鳥蝙蝠之類，群然傷殘。故採者，必日中而衆採之。最忌麝香，遇之花實盡落⑤。凡果皆然。

曬荔⑥：採下，即用竹筣朗晒〔二〕。經數日，色變核乾，用火焙之，以核十分乾硬爲度。收藏用竹籠，箬葉裹之，可以致遠。成朵晒乾者，名爲荔錦。其肉〔三〕，生以蜜熬作煎，嚼之如糖霜然，名爲荔煎。北方無此種。自漢南粵以備方物，於是荔枝始通中國。

農桑通訣曰⑦：漢唐時，命驛馳貢。洛陽取於嶺南，長安來於巴蜀。雖曰解〔四〕獻傳置之速，然腐爛之餘，色香味之存者無幾。蓋此果若離本枝，一日色變，二日香變，三日味變；四五日外，色、香、味盡皆去矣。非惟中原不嘗生荔之味，江浙之間亦罕焉。今閩中歲首〔五〕，亦晒乾者。昔李直方第果實，或薦荔枝，曰：「當舉之首。」魏文帝詔群〔二〕臣曰：「南方果之珍異者，有荔枝龍眼焉。」今閩中荔枝初著花時，商人計林斷之以立券。一歲之出，不知幾千萬億。水浮陸轉，販鬻南北；外而西夏、新羅、日本、琉球、大食之屬，莫不愛好，重利以酬之。夫以一木之實，生於海濱巖險之遠，而能名徹上京，外被四夷，重於當世，是亦有足貴者。

【龍眼】附山龍眼、龍荔。 廣雅曰⑧：益智，龍眼也⑨。一名驪珠，一名龍目，一名比目，一名圓眼，一名蜜脾，一名燕卵，一名繡水團，一名海珠叢，一名川彈子，一名亞荔枝，一名荔枝奴⑩。龍眼，花與荔枝同開，樹亦如荔枝，但枝葉稍小；殼青黃色，形如彈丸，核如木梡子而不堅，肉白而帶漿，其甘如蜜。熟於八月，白露後，方可採摘。一朵五六十顆，作一穗。荔枝過，即龍眼熟，故謂之荔枝奴。福州、興化、泉州有之，比荔枝特罕。木性畏寒，北方亦無此種。今充歲貢焉。玄扈先生曰：乾龍眼肉勝荔枝；且能補心氣，大益人。鮮食之，大不如荔，真堪作奴。

曬龍眼⑪：採下，用梅鹵浸一宿，取出晒乾，用火焙之，以核乾硬爲度；如荔枝法收藏之。成朵乾者，名龍眼錦。

附：山龍眼。出廣中。夏月熟可噉。此亦龍眼之野生者⑫。

龍荔⑬。出嶺南，狀如小荔枝，而肉味如龍眼。其身、葉亦似二果，故名曰龍荔。不可生噉〔六〕，但可熬食。

【橄欖⑭】附餘甘。 橄欖，一名青果，一名忠果，一名諫果。生嶺南及閩、廣州郡。性畏寒，江浙難種。樹大數圍，實長寸許，形如訶子而無稜瓣。其子，先生者向〔三〕下，後生者漸高。有野生者。波斯橄欖，生邕州；色類相似，但核作兩瓣，蜜漬食之。緑欖，色青緑，核内無仁，有亦乾小。烏欖，色青黑，肉爛而甘。取肉槌碎，乾，自有霜如白鹽，謂之欖醬。仁最肥大，有紋叢疊如海螵蛸⑮，色白，外有黑皮，最甘嫩。方欖，出廣西兩江洞中，似橄欖，有三角或四角。

農桑通訣曰⑯：樹峻，不可梯緣，但刻其根方寸許，内鹽於其中，一夕子皆自落。蜜藏極甜。生噉、煮食之，並消酒，解諸毒。人〔七〕誤食鯸鮐即河豚⑰。魚肝，迷悶欲死者，飲其汁立解。以其木作楫，撥着魚，皆浮出。物之相畏，有如此者。此果南人尤重之。可作茶果。其味苦酸而澀，食久味方回甘，故昔人名爲諫果。然消酒解毒，亦果中之有益於人者。一云，以木釘釘之，其子亦自落⑱。

附：餘甘⑲。惟泉州有之，乃深山窮谷自生之物，非人家所種。其樹稍高，其子梭形，又如梅實，兩頭鋭。始嚼，味酸澀，飲水乃甘。九月採，比之橄欖，酷相似。以蜜藏之亦佳。

【櫻桃⑳】附「山嬰桃」。

爾雅曰：楔，荆桃。郭璞注曰：「今櫻桃。」廣雅曰：楔桃，大者如彈丸子；有長八分者，有白色者，凡三種。孫炎云：大而甘者，謂之崖蜜。櫻桃一名楔，一名荆，一名英桃，一名鸎桃，一名含桃，一名朱櫻，一名牛桃，一名麦〔八〕英。西京雜記列櫻桃、含桃爲二種。蘇頌曰：櫻桃，處處有之，洛中者最勝。其實深紅者，謂之朱櫻，紫色、皮裏有細黄點者，謂之紫櫻，味最珍重。又有正黄明者，謂之蠟櫻，小而紅者，謂之櫻珠，味皆不及極大者。

齊民要術曰㉑：二月初，山中取栽。陽中者，還種陽地；陰中者，還種陰地。若陰陽易地，則難生，生亦不實。此果性生陰地；既入園囿，便是陽中，故多難得生。宜堅實之地，不可用虚糞也。又法㉒：二三月間，分有根枝，栽土中，糞澆即活。

李時珍曰㉓：三月熟時，須守護；否則鳥食無遺也。其法以二破竹相擊，鳥聞聲自去。或以網張其上，鳥亦不至。熟時以糞置其下，則一樹齊熟。鹽藏蜜煎，皆可久食〔九〕。或同蜜擣作餻。唐人以酪煎〔一〇〕食之。櫻桃經雨，則蟲自内生，人莫之見。用水浸良久，則蟲皆出，乃可食也。試之果然。

附：山嬰桃㉔。本草「釋名」朱桃、麦〔一一〕櫻、英豆，李桃。孟詵曰：此嬰桃俗名李桃，又名柰桃。前櫻桃名櫻〔四〕，非桃也。别録曰：嬰桃，實大如麥〔五〕，多毛；四月採，陰乾。陶弘景曰：櫻桃，即今朱櫻〔六〕，可煮食者。嬰桃，形相似而實乖異。山間時有之。李時珍曰：樹如朱櫻，但葉長尖不團，子小而尖，生青、熟黄赤，亦不光澤，而味惡不堪食。

【楊梅㉕】博物志云：地瘴處，多生楊梅。一名杌子。生江南、嶺南山谷間，會稽産者爲天下冠。楊梅種類甚多〔二〕，大葉者最早熟，味甚佳；次則卞山，本出苕溪，移植光福山中尤勝。又次爲青蒂、白蒂，及大小松子。揚州呼白者爲聖僧。樹若荔枝，葉細，青如龍眼。二月開花，結實如楮實子，肉在核上無皮殼。五月熟，生青，熟則有白、紅、紫三色。

便民圖纂曰：六月間，取糞池中浸過核收盦。二月，鋤地種之。待長尺許，次年三月移栽。三四年後，取别樹生子枝條接之，復栽山地。其根，多留宿土，臘月開溝於根旁高處，離四五尺許，以夾〔三〕糞壅之，不宜着根。每遇雨，肥水滲下，則結子肥大。

物類相感志云：桑樹接楊梅，則不酸。樹上生癩，以甘草釘釘之，則去。

鹽藏、蜜漬、糖製、火酒浸，皆佳。

林邑記云：邑有楊梅，大如盃盌。青時酸，熟則如蜜。用以釀酒，號爲「梅花〔四〕酎」，甚珍重之。

【葡萄㉖】附野葡萄。張騫使大宛，取葡萄實，於離宮别館旁盡種之。一名蒲萄，一名賜紫櫻桃㉗。廣志曰：有黃白黑三種。水晶葡萄，暈色帶白，如着粉；形大而長，味甘。紫葡萄，黑色，有大小二種，酸甜二味。綠葡萄，出蜀中，熟時色綠。至若〔七〕西番之綠葡萄，名兔睛，味勝糖蜜，無核，則異品也。瑣瑣葡萄，出西番，實小如胡椒。小兒常食，可免生痘。又云痘不快，食之即出。今中國亦有種者：一架中間生一二穗。雲南者，大如棗，味尤長。波斯國所出，大如鷄卵，可生食，可釀酒。最難乾，不乾，不可收。齊民要術曰：蔓延性緣不能自舉，作架以承之。葉密陰厚，可以避熱。

便民圖纂曰㉘：二三月間，截取藤枝，插肥地；待蔓長，引上架。根邊，以煮肉汁或糞水澆之。待結子，架上剪去繁葉，則子得成〔一五〕雨露肥大。冬月，將藤收起，用草包護，以防凍損㉙。其根莖，中空相通；暮溉其根，至朝而水浸其中。澆以米泔水最良。以麝入其皮，則葡萄盡作香氣。以甘草作釘〔一六〕，針其根則立死。三元延壽書云：葡萄架下不可飲酒，恐蟲屎傷人。玄扈先生曰：須春分便插，太遲，則有漿出，損本。

又法㉚：宜栽棗樹邊。春間，鑽棗樹作一竅，引葡萄枝從竅中過。候葡萄枝長，塞滿竅子，斫去葡萄根，托棗以生，其實如棗㉛。十月中，去根一步許掘作坑，收卷葡萄悉埋之。近枝莖，薄安黍穰彌佳。無穰，直安土亦得，不宜濕，濕則冰凍。二月中，還出舒而上架。性不耐〔八〕寒，不埋即死。其歲久根莖粗大者，宜遠根作坑，勿令莖折。其坑外處，亦掘土並穰培〔九〕覆之。玄扈先生曰：北方必須舒卷，年遠亦難。南方竟以穰草裹根可也。

正月末，取嫩枝長四五尺者，卷爲小圈。先治地令鬆，沃之以肥。種時，止留二節在外。春氣萌動，發芽盡萃於出土二節。不一年，成大棚，實大而多液。生子時，去其繁葉遮露，則子尤大，忌澆人糞㉜。

齊民要術曰㉝：摘葡萄法：逐熟者，一一零疊，一作摘取〔一七〕。從本至末，悉皆無遺。世人全房折殺者。作乾葡萄法㉞：極熟者，一一零壓〔一八〕摘取。刀子切去蔕，勿令汁出。蜜兩分和，內葡萄中。煮四五沸，漉出陰乾便成矣。滋味倍勝，又夏月不敗。藏葡萄法㉟：極熟時，全房折取。於屋下作廕坑，坑內近地鑿壁爲孔，插枝於孔中，還〔二〇〕築孔使堅。屋子㊱置土覆之，經冬不異也。

玄扈先生曰：葡萄作酒，極有利益，然非西種不可。亦可作醋作糖。今山西亦作酒，然不真也。

附：野葡萄㊲。一名蘡薁，一名山葡萄，蔓生苗葉，花實與葡萄相似；但〔二一〕實小而圓，色不甚紫，堪爲酒〔一九〕。

【銀杏㊳】一名白果，一名鴨脚子。銀杏，以白得名；鴨脚取其葉之似。其木多歷歲年，其大或至連抱，可作棟樑。多生江南，以宣城者爲勝。二月開花成簇，青白色；二更開花，隨即卸落，人罕見之。一枝結子百十，狀如楝〔二二〕子；經霜乃熟。爛去肉，取核爲果。

便民圖纂曰㊴：春初，種於肥地。候長成小樹，來春和土移栽。以生子樹枝接之，則實茂。

農桑通訣曰㊵：春分前後移栽。先掘深坑，水攪成稀泥，然後下栽子。掘取時，連土封用草要〔二〇〕或麻繩纏束，則不致碎破土封。其子，至秋而熟。初收時，小兒不宜食，食則昏霍。惟炮煮㊶作粿〔二一〕食爲美。以澣油，甚良。顆如緑李，積而腐之，惟取其核，即銀杏也。

其木有雌雄之意：雄者不結實，雌者結實。其實，亦有雌雄：雌者二稜，雄者三稜。須雌雄同種，其樹相望，乃結實。或雌樹臨水照影，或鑿一孔，納雄木一塊，泥之，亦結㊷。

採摘㊸：熟時，以竹篾箍樹本，擊篾，則銀杏自落。

【枇杷】上林賦曰㊹：盧橘㊺。枇杷易種。葉微似栗，冬夏不凋。冬花、春實、夏熟。大者如鷄子，小者如龍眼。白者爲上，黄者次之。無核者名焦子，出廣州。李時珍曰：枇杷非盧橘也。

便民圖纂曰㊻：以核種之，即出。待春〔二二〕移栽。三月宜接。

【橘㊼】附柑、柚、佛手柑、金橘、金豆。禹貢曰：厥包橘、柚錫貢。注云：大曰柚，小曰橘。然自是兩種。橘有數種：有緑橘，有紅橘，有蜜橘，有金橘，而洞庭橘爲勝，今充土貢。又有黄橘：扁小，多香霧，爲上品。芳塌橘：狀大而扁，外緑心紅，巨瓣多液。春熟，甚美。包橘：外薄内盈，隔皮可數。綿橘：微小，極軟美可愛。不多結。凍橘：八月花開，冬結、春采。穿心橘：實大皮光，心虚可穿。又有沙橘、早黄橘、朱橘、荔枝橘、乳橘。油橘，橘之下品㊽。生南山川谷，及江浙荆襄皆有之。木高可丈許，刺出於莖間。夏初，生白花。至冬實黄。踰淮則化爲枳。閩中柑橘，以漳州爲最，福州次之。樹多接成，惟種成者氣味尤勝。

便民圖纂曰㊾：正月間，取核撒地上。冬月搭棚，春和撤去。待長二三尺許，二月移栽。澆忌猪糞。既生橘，摘後又澆。有蟲，則鑿開蛀處，以鐵線鈎取。一説：以杉木塞其孔，則蟲自死。取蟲訖，以硫黄和土塞其竅。

農桑通訣曰㊿：種植之法，種子及栽皆可。以〔一二〕枳樹截接，或掇栽51，尤易成。宜〔一四〕於肥地種之。冬收實後，須以火糞培壅，則明年花實俱茂。乾旱〔一三〕時，以米泔灌溉，則實不損落。

玄扈先生曰：此樹極畏寒，宜於西北種竹，以蔽寒風，又須常年搭棚，以護霜雪。霜降搭棚，穀雨卸却。樹大不可搭棚，可用礱糠襯根，柴草裹其榦，或用蘆蓆寬裹根榦，礱糠實之。

須記南枝。掘深坑，糞河泥實底，方下樹下鬆土，滿半坑，築實，又下糞河泥，方下土平坑。又下糞河泥，又加築實，則旺。凡樹耐肥者，皆用此法52。

以死鼠浸坑中，浮起，取埋根中，極肥53。

種樹書曰[54]：南方柑橘雖多，然亦畏霜，不甚收。惟洞庭，霜雖多無所損，橘最佳。歲收不耗，正謂此焉。以死鼠浸溺缸内，候鼠浮，取埋橘樹根下，次年必盛。涅槃經云：「如橘得鼠，其果子多。」橘見屍則多實[55]。

玄扈先生曰：冬寒無損，正因種者多，且培植有方耳。惟閩廣地煖，即無損耗，而實甚佳，勝浙者十倍。

橘、柚、橙、柑等，須於臘月，根邊寬作盤，連糞三次，不宜着根。遇春旱，以水澆之，雨則不必，花實並茂。橘之種不一：惟扁橘、蜜罐、甜瓶爲佳，湘橘耐久[56]。

最忌猪糞。以茅灰及羊糞壅之，多生實[57]。

農桑輯要曰[58]：西川、唐、鄧，多有栽種成就，懷州亦有舊日橘樹。北地不見此種；若於附近面〔二五〕，訪學栽植，甚得濟用。畏寒多死，北地非宜。

述異記曰[59]：越多橘、柚園。越人歲出橘税。

收藏[60]：十月後，將金橘安錫器内，或芝蔴雜之，經久不壞。藏菉豆中尤妙。近米即爛。

又法：鋪乾松毛，藏於不近酒處，多不壞[61]。

農桑通訣曰[62]：惟皮與核堪入藥用，皮之陳者最良。又宜作食料。其肉，味甘酸，食之多痰，不益人。以蜜煎之，爲煎則佳。

食貨志云63：「蜀、漢、江陵千樹橘，其人與千户侯等。」夫橘，南方之珍果，味則可口，皮核愈疾，近升盤俎，遠備方物。而種植之，獲利又倍焉。其利世益人，故非可與他菓同日語也。

【柑64】一名木奴，一名瑞金奴。農桑通訣曰：柑，甘也；橘之甘者也。莖葉無異於橘，但無刺爲異耳。生江、漢、唐、鄧間。而泥山者，名乳柑，地不彌一里所，其柑大倍常，皮薄味珍，脉不粘瓣，食不留滓，一顆之核纔一二，間有全無者。然又有生柑，有郛柑，有海紅柑，有衢柑，雖品不同，而温、台之柑最良，歲充土貢焉。江浙之間種之甚廣，利亦殊博〔一四〕。又有山柑，洞庭柑，出洞庭；皮細味美，熟最蚤。甜柑，每顆八瓣，未霜先黄。饅頭柑、生枝柑、平蒂柑，大如升，出成都。朱柑、大〔一六〕柑、黄柑、白柑、沙柑，江南、嶺南爲盛，蜀次之，實似橘而圓大。未經霜，猶酸；霜後始熟。柑樹猶畏冰雪。

栽種：與橘同65。

種樹書曰66：柑樹爲蟲所食，取螘窠於其上，則蟲自去。柑之大者，擘破氣如霜霧。

李衡，於武陵龍陽洲上種柑千樹，謂其子曰：「吾州里有千頭木奴，不責汝衣食，歲上一疋絹〔一五〕，亦足用矣。」及柑成，歲輸絹數千疋。故史游急就篇註云：「木奴千，無凶年。」蓋言可以市易穀帛也67。

【柚】爾雅曰：柚，條。又曰櫠、椵。郭璞曰：「柚屬也，似橙而實酢，大於橘68。」橘皮薄，味辛苦；柚皮厚而肥甘。其肉，有甘有酸；酸者名胡柑[69]。一名條，一名櫞，一名壺柑，一名臭橙。廣雅謂之鐳。實有大小二種：小者如柑如橙，俗呼爲蜜筩；大者如升如瓜，俗呼爲朱欒。有圍及尺餘者，俗呼香欒。閩中、嶺外〔一六〕、江南皆有之。南人種其核，云：長成以接柑橘，甚良。吕氏春秋曰：果之美者，有雲夢之柚[70]。

【佛手柑〔一七〕[71]】木似朱欒，而葉尖長，枝間有刺。植之近水乃生。其實如人手，有指，有長尺餘者。皮皺而光澤，味不甚佳，而清香襲人。置衣笥中，雖形乾而香不歇。可糖煎、蜜煎、作果，甚佳。搗蒜罨其蒂，香更充溢。浸汁洗葛紵，絶勝酸漿。

【金橘[72]】一名金柑，一名夏橘。吴、越、江、浙、川、廣間〔一七〕出，營道者爲冠。五月開白花。秋冬黄熟。大者徑寸，小者如指頭。糖造蜜煎皆佳，廣人連枝藏之，入膾醋尤香美。

便民圖纂曰[73]：金橘：三月，將枳棘接之；至八月移栽肥地。灌以糞水爲佳。

【金豆[74]】一名山金柑，一名山金橘。木高尺許，實如櫻桃，生青熟黄，形圓而光溜。皮甜可食，味清而香美，可蜜漬。

【橙[75]】埤雅曰：「橙，柚屬；可登而成」，故字從登。一名棖，一名金毬，一名鵠殼。葉有兩刻缺者是也。似橘樹而有刺，葉大而形圓；皮甚香，厚而皺。其瓤味酸。唐、鄧間多有之，江南尤盛。北地亦無此種，過淮則化爲枳。

種植：與橘同。

其皮香氣馥郁，可以熏衣，可以芼鮮。可以和菹醢，可以爲醬虀，可以蜜煎，可以糖製爲橙丁，可以蜜製爲橙膏。嗅之則香，食之則美，誠佳果也[76]。

其瓤洗去酸汁，細切，和蜜鹽煎成，食之亦佳[77]。

【桑葚】栽種別見蠶桑部。

爾雅曰[78]：「桑，辧有葚，梔。」

農桑通訣曰[79]：嘗考之史傳：三國魏武祖〔二八〕軍乏食，乃得乾葚以濟飢。魏志武祖軍無糧，新鄭長楊沛進乾葚。後遷沛爲鄴令。後漢王莽時，天下大荒；有蔡順〔二九〕，採葚赤黑別盛之。赤眉賊見而問之，順曰：「黑者奉母，赤者自食。」蓋桑葚，乾濕皆可食，可以救儉。昔聞之故老云：前金之末飢歉，民多餓莩。至夏初青黄未接，其桑葚已熟，民皆食葚，獲活者不可勝計。凡植桑多者，葚黑時，悉宜振落箔上晒乾。平時可當果食，歉歲可禦飢餓。雖世之珍異果實，未可比之。適用之要，故録〔三〇〕之。

玄扈先生曰[80]：桑生葚者，葉小而薄。故蠶桑之家，不得有葚。

【木瓜】

爾雅曰[81]：「楙，木瓜。」郭璞注曰：「實如小瓜，酢，可食。」一名鐵脚梨。山陰蘭亭尤多，西京亦有之，而宣城者爲佳[82]。李時珍曰[83]：其葉光而厚；其實，如小瓜而有鼻。津潤，味不木者，爲木瓜；圓小於木瓜，味木而酢澀者，爲木桃；似木瓜而無鼻，大於木桃，味澀者，爲木李，亦曰木梨；即榠樝及和圓子也。鼻乃花脱處，非臍蒂也。

農桑通訣曰㉞：木瓜：種子及栽皆得。壓枝亦生。栽種與桃李同法。秋社前後移栽；至次年，率多結實，勝春栽者。

宣城人種蒔最謹，始實，則簇紙花薄其上㉟，夜露日曝漸而變紅，花又如生。本州以充土貢。故有「天下宣城花木瓜」之稱。

廣志曰㊱：木瓜，子可藏，枝可爲數號，一尺百二十節。

詩義疏曰〔一八〕㊲：欲啖者，截著熱灰中，令萎蔫。净洗，以苦酒頭汁蜜之，可案酒食。蜜封藏百日，乃食之，甚美㊳。

凡腰腎脚膝者，服食不宜闕，以蜜漬食，亦堪〔三一〕益人。蜜漬之法：先切皮，煮令熟，着水中，拔去酸味，却以蜜熬成煎，藏之。又宜去子爛蒸，擂作泥，入蜜與薑作煎，飲用。冬月尤美。夫木瓜，得木之正，故入筋。試以鉛霜塗之，則失醋味，受金之制也。五行相尅之義，於此蓋亦可驗。此果既能愈疾，又宜飲啖，兼用有益，誠可貴焉。陶弘景曰㊴：「木瓜最療轉筋，如轉筋時，但呼其名，及書土作木瓜字，皆愈。此理亦不可解。俗人拄木瓜杖，云利筋脉也。」

【樝子㊵】爾雅云：「似梨而酢澁。」埤雅曰「木桃」。陶隱居本草注云：木瓜利筋脛。又有榠樝，大而黄，可進酒去痰。樝子澁，斷痢。禮記曰：「樝梨曰〔三二〕攢之。」鄭公不識樝，乃云是「梨之不臧者」。雷公炮炙論「和圓子」即此也。李時珍曰：「樝子乃木瓜之酢澀者。小於木瓜，色微黄，蔕核皆粗；核中之子小圓也。」

淮南子曰：「樹柤梨橘，食之則美，嗅之則香。」莊子曰：「樝、梨、橘、柚，皆可於口」者，蓋古人以樝列於名果，今人罕食之耳。西川、唐、鄧多種此，亦足濟用。然樝味比之梨與木瓜，雖爲稍劣，而以之入蜜，作湯煎，則香美過之，亦可珍也[91]。

【榠樝[92]】詩經曰「木李」；埤雅曰「木梨」。鄭樵通志曰「蠻樝」；拾遺曰「瘙樝」。李時珍曰：榠樝，乃木瓜之大而黄色無重蔕者也。

可浸酒去痰。置衣箱中，殺蠹蟲[93]。

【榅桲[94]】李時珍曰：即榠樝之生於北土者。蘇頌曰：今關陝有之；沙苑出者更佳。其實類樝，但膚慢而多毛，味尤甘。其氣芬馥，置衣笥中亦香。

寇宗奭曰[95]：食之須净去浮毛；不爾損人肺。其果最多生蟲，少有不蛀者。

【山樝[96]】爾雅曰：朹子繫梅。又名赤瓜〔三三〕子、鼠樝、猴樝、茅樝、羊梂、棠梂子、山裏果。此物生於田原茅林中，猴鼠喜食之，故有諸名也。

九月熟。取去皮核，搗和糖蜜，作爲樝糕，以充果物[97]。亦可入藥，令人少睡，有力，悅志。

【甘蔗[98]】說文曰：藷蔗也。或爲芋〔三四〕蔗，或干蔗，或邯睹，或甘蔗，或都蔗，所在不同。漢書、離騷俱作柘。有數種：曰杜蔗，即竹蔗。緑嫩薄皮，味極醇厚，專用作霜。曰白蔗，一名荻蔗，一名劣〔三五〕蔗，一名蠟蔗。可作糖，江東爲勝。今江浙閩廣蜀川湖南所生，大者圍數寸，高丈許。又扶風蔗，一丈三節，見日則消，遇風則折。交阯蔗，長丈餘，取汁曝之，數日成飴，入口即消，彼人謂之石蜜。叢生，莖似竹，內實，直理，有節無枝。長者六七尺，短者三四尺。八九月收莖，可留至來年春夏。玄扈先生曰：甘蔗、糖蔗，是二種。

農桑輯要曰[99]：種法：用肥壯糞地。每歲春間，耕轉四遍，耕多更好。欛去柴草，使地淨熟，蓋下上頭。宜三月內下種，迤南暄熱，二月內亦得。每栽子一個，截長五寸許，有節者，中須帶三兩節。發芽於節上。畦寬一尺。下種處，微壅上〔三六〕高，兩邊低下。相離五寸，卧栽一根，覆土厚二寸。栽畢，用水遶澆，止令濕潤根脉，無致渰没栽封[100]。旱則二三日澆一遍；如雨水調勻，每一十日澆一遍。其苗高二尺餘，頻用水廣澆之，荒則鋤之〔三七〕。無〔三八〕不開花結子。直至九月霜後，品嘗稭稈：酸甜者，成熟；味苦者，未成熟。將成熟者，附根刈倒，依法即便煎熬。外將所留栽子稭稈，斬去虛稍。深撅窨阬[101]，窨底用草襯藉，將稭稈豎立，收藏於上，用板蓋，土覆之，毋令透風及凍損。直至來春，依時出窨，截栽如前法。大抵栽種者，多用上半截，儘堪作種；其下截肥好者，留熬沙糖。若用肥好者作種，尤佳。

煎熬法[102]：若刈倒放十許日，即不中煎熬。將初刈倒稭稈，去稍葉，截長二寸，碓擣碎。用密〔一九〕筐或布袋盛頓，壓擠取汁。即用銅鍋，內斟酌多寡，以文武火煎熬。其鍋，隔牆安置，牆外燒火，無令煙火近鍋。專令一〔三九〕人看視，熬至稠粘，似黑棗合色。用瓦盆一隻，底上鑽箸頭大竅眼一個；盆下，用甕承接。將熬成汁，用瓢豁於〔四〇〕盆內。極好者，澄於盆；流於甕內者，止可調渴〔四一〕水飲用。將好者，止就用有竅眼盆盛頓；或倒在瓦罌內亦可。以物覆蓋之。食則從便，慎勿置於熱炕上。恐熱開花〔四二〕。大抵煎熬者，止取下截肥好者，有力糖多；若連上截用之，亦得。玄扈先生曰：熬糖法，未盡于此。

家政法曰〔二〇〕[103]：三月可種甘蔗。

雩都縣，土壤肥沃，偏宜甘蔗，味及菜〔四三〕色，餘縣所無；一節數寸長，供〔四四〕獻御[104]。

校：

〔一〕殼如紅繒膜如紫綃　「繒」字，平本譌作「繪」字；「綃」字，平本、黔本、魯本譌作「銷」；止有曙本與王禎原書相同，應依曙本改。（又「肉白如肪」句，中華排印本是「内肉如肪」，不知是排印有錯，還是校改的。）

〔二〕群　平本、曙本譌作「郡」；依魯本、中華排印本改作「群」，與王禎農書合。（定枎校）

〔三〕向　平本譌作「句」，應依魯、曙、中華排印本改作「向」，與王禎原書合。群芳譜「向」作「居」下，從文意看，「居」似更準確。（定枎校）

〔四〕前櫻桃名櫻　句中兩個「櫻」字，平本、曙本、黔本、魯本均依綱目原引作「櫻」；中華排印本改作

「柰」，現復原。

〔五〕麥　平本作「麦」，還可看出綱目原引作「麥」的痕跡；曙本、黔本、魯本改作「麁」，今依平本歸原作「麥」。

〔六〕櫻桃即今朱櫻　兩個「櫻」字，平、曙、黔、魯本都依綱目原引文作「櫻」；中華排印本改作「柰」，現仍復原。

〔七〕若　平本、黔本、曙本均譌作「苦」，魯本改正作「若」，與群芳譜原文合。

〔八〕耐　平本譌作「柰」，曙、黔、魯本作「耐」，與要術原文合，應照改。

〔九〕培　平本譌作「陪」，曙、黔、魯本作「培」，與要術原文合，應照改。

〔一〇〕還　平本譌作「選」；依魯、曙、中華排印本改作「還」，與要術原文合。（定扶校）

〔一一〕但　中華排印本作「似」；依平、黔、曙、魯作「但」，合群芳譜原字。

〔一二〕楝　平、曙譌作「楝」，應依曙本、中華排印本改作「楝」。（定扶校）

〔一三〕旱　黔本、魯本譌作「早」；依平本、曙本作「旱」，與王禎原書合。

〔一四〕博　平本、曙本作「博」，與王禎原文合；黔、魯本譌作「薄」，意義完全相反了。

〔一五〕歲上一疋絹　平本「上」字譌作「止」，脱「絹」字；黔、魯本脱「一」字。依曙本補正，與王禎及要術引文同。

〔一六〕外　平本作「外」，與群芳譜及綱目所引「頌曰」原字同；曙本、黔本、魯本、中華本作「南」；現仍依平本。

〔一七〕「柑」字，平、曙、黔、魯均作「柑」，中華排印本改作「柚」，未説明理由；暫仍依舊刻本作「柑」。

〔一八〕詩義疏　各本均倒作「詩疏義」，應乙正，合於要術原文。（定扶校）

〔一九〕密　平本、曙本作「密」，與輯要原文合；黔、魯及中華排印本譌作「蜜」，應改正。

〔二〇〕家政法　平、曙本倒作「家法政」，依魯、中華排印本乙正，合於要術原文。（定扶校）

注：

①史記（卷一一七）司馬相如傳載上林賦，有一句「榙㯉荔枝」；漢書（卷五七上）司馬相如傳所引，作「榙㯉離支」。（昭明）文選（卷八），作「荅遝離支」。本草綱目（卷三一）果部「荔枝」條「釋名」項，標題下作「離枝」；正文的「時珍曰」下，是「上林賦又作『離支』」。

②昭明文選（卷四）載左思蜀都賦：「旁挺龍目，側生荔枝。」

③本條標題下的小字注文，前段主要以群芳譜（亨六）果譜三「荔枝」條的材料爲根據，後段則出自王禎農書（卷九）百穀譜六「荔枝」條。（甲）「一名丹荔」到「狀元香風味」，據群芳譜摘録，次序有顛倒。原文是「荔枝，一名丹荔，一名離枝，一名飣坐真人……共計三四十種……王敬美曰：『荔枝以「狀元香」爲最；然不如長樂「勝（畫）」（「畫」字從學圃雜疏原文補）肉厚而味甘，當爲種中第一；第乾之不能如狀元香風味。』」（王敬美，即作學圃雜疏的王世懋。）「丹荔」這個名稱，通常止

在藝術文中出現，不是口語。「飣坐真人」，見北宋初陶穀清異録，是一個「士人」形容夸耀的話，更未必是習用名稱。「勝畫」是福建長樂的特産著名品種，王象晉大概不知道，所以刪去了「畫」字。（乙）「南記」以下到「五六月」，均見王禎農書。「南記」上所缺的一個字，王禎原書作「嶺」；綱目「釋名」則引「（蘇）頌曰」：「按朱應扶南記云。」查重修政和證類圖經本草「圖經曰」，所引確是扶南記，不過沒有標出作者朱應姓名。案：「樹形團圓如帷蓋」以下，到「膜如紫綃」，實際上引自白居易「（忠州）荔枝圖序」（見白氏長慶集卷廿八）。

④ 現見王禎農書「荔枝」條；事實上，正接上面小字注文之下；不過這裏起處「荔枝」兩字，在原書是「其」字。這裏，頗使人懷疑徐光啓原稿中並沒有上面那些小注，直接就從栽培技術引起；小注是整理時增入的。（案：群芳譜「荔枝」條「護衛」項開首即引這一節。）

⑤ 這一節，現見群芳譜「荔枝」條「護衛」項，「熟時，人未採，百蟲不敢近；人纔採摘，諸鳥蝙蝠之類，群然傷殘。故採者必日中而衆採之。最忌麝香；遇之，花實盡落」。按：群芳譜這一段，實在襲自綱目「荔枝」條「集解」項所引「珣曰」（應即李珣海藥本草），原文是「熟時，人未採，則百蟲不敢近；人纔採之，烏鳥蝙蝠之類，無不傷殘之也。故採荔支者，必日中而衆採之」。「最忌麝香」兩句，現見蔡襄荔枝譜第五節。這兩種説法，可能有過偶然事象，決不會是普遍的真實。

⑥ 此節現見王禎農書（卷九）「荔枝」條中；群芳譜「荔枝」條「製用」項也引有前一段，到「荔煎」爲止。

⑦王禎農書，此段原即接上段後；因此懷疑這一段是用賸的材料；徐氏在原稿中本書未必打算引用。案：王禎這一段文章，由「漢唐時」起，到「存者無幾」，承襲蔡襄荔枝譜第一節；「蓋此果若離本枝」，到「色、香、味盡皆去矣」，出自白居易「荔枝圖序」；以下「李直方第（＝品評次第）果實」出李肇唐國史補；（案：「當舉之首」原作「寄舉（即「客籍」）之首」）魏文帝詔（是專爲對荔枝而發的一篇文字，説荔枝怎樣怎樣平凡無奇。）類書引用的很多，荔枝譜及南方草木狀也都引有。「今閩中」到「重利以酬之」，出蔡襄荔枝譜第三節。止有末幾句結論是王禎自己的總結。

⑧現見廣雅（卷十）釋木：「益智龍眼也。」

⑨本條標題下小注文字，前段「異名」部分，全鈔自群芳譜（亨六）果譜三「龍眼」條；後段，全鈔王禎農書（卷九）百穀譜六「龍眼」條。王象晉群芳譜所録異名，似乎仍以本草綱目（卷三一）果部「龍眼」條「釋名」下的異名爲主要材料。綱目現有刻本，這里出現了差錯：現傳綱目，從「荔枝奴」起到「川彈子」止六個異名，止有「川彈子」下注有南方草木狀作爲來源。事實上這個書名，却止應注在「荔枝奴」下面；因爲南方草木狀僅有「謂之荔枝奴」一句，其他異名，都與南方草木狀無關。

⑩此下從「龍眼，花與荔枝同開」到「歲貢焉」，全文均見王禎農書；文字無差別；王禎又從南方草木狀取材。（按：重修政和證類圖經本草中，蘇頌引南方草木狀，「殼青黄色」下有「文作鱗甲形」一句，傳本草木狀中所無；王禎引文也没有。「荔枝過，……故謂之荔枝奴」，蘇未引，王禎却有。可見王禎確是據草木狀引的。）太平御覽（卷九七三）「龍眼」條引，文字大致相同，標作嶺表録異，

則題名嵇含南方草木狀的僞書這一條是以劉恂爲根據的。劉恂原文：「龍眼之樹如荔枝，葉小。殼青黄色；形圓如彈丸；核如木槵子而不堅；肉白帶漿，其甘如蜜。一朵恒三二十顆。荔枝方過，龍眼即熟；南人謂之『荔枝奴』，以其常隨於後也。」

⑪ 此條全文見王禎農書百穀譜六「龍眼」條，直接前面小注中所引的文字後面。

⑫ 本草綱目「龍眼」條「集解」項下「時珍曰」：「按范成大桂海志，『有山龍眼，出廣州，色青，肉如龍眼。夏月實熟可啖』。此亦龍眼之野生者與？」傳本范成大桂海虞衡志（據民國十年上海古書流通處影印知不足齋叢書本）果志：「山龍眼，色青；肉如龍眼。」案：這種植物，陳嶸中國樹木分類學所給的學名是 Helicia formosana Lour。屬山龍眼科（舊譯「山茂樫科」）；但是南宋時代稱爲「山龍眼」的植物，與今日臺灣的「山龍眼」，是不是完全同一種很難斷定。

⑬ 本草綱目（卷三一）「龍荔」條，「集解」項「時珍曰」：「按范成大桂海志云：『龍荔出嶺南，狀如小荔枝，而肉味如龍眼；其木之身，葉亦似二果，故名曰「龍荔」……不可生啖，但可蒸食』。」范成大桂海虞衡志果志「龍荔」條，原文是：「龍荔，殼如小荔枝，肉味如龍眼。木身、葉，似二果，故名。可蒸食，不可生啖，——令人發癇，或見鬼物。三月開小白花，與荔同時。」

⑭ 本條標題注，異名一段，據群芳譜（亨六）果譜三「橄欖」條；中段，引王禎農書（卷九）百穀譜六「橄欖」條；後段據群芳譜及本草綱目（卷三一）果部「橄欖」條「集解」項文字隱括而成。（甲）異名的大字部分，與群芳譜同；案：群芳譜實際上仍根據綱目「釋名」。（乙）小字部分，到「有野生

者」止，現見王禎農書，文字全同。但王禎原書，「有野生者」句並未完，下面還連有「樹峻不可梯緣，但刻其根方寸許，内鹽於其中，一夕，子皆自落」。這幾句，本書引在後面另作一條。實際上王禎的文章，前半依據孟詵食療本草（重修政和證類圖經本草卷二三「橄欖」條有引文），後半則是就圖經本草中蘇頌所引劉恂嶺表録異改寫的。今傳本録異，除了這幾句之外，還有一節關於「橄欖」的記載。（丙）「波斯橄欖」以下，文字全與群芳譜相同；群芳譜取材於綱目「橄欖」條「集解」，加以改寫；「波斯橄欖」一節，見綱目「集解」項所引「（馬）志曰」（案即開寶本草）末；「緑欖」包括了綱目「集解」項「時珍曰」的「緑欖」與「青欖」兩項；「烏欖」、「方欖」，綱目「時珍曰」都有。

⑮海螵蛸：烏賊背甲的異名。

⑯現見王禎農書（卷九）「橄欖」條，上面引作小注的文字之後。案：這段，王禎襲自圖經本草中蘇頌的叙述；見重修政和證類圖經本草（卷二三）「橄欖」條所引圖經；蘇頌又以劉恂嶺表録異及馬志開寶本草爲根據。

⑰河魨：今日習慣寫作「河豚」。案：橄欖或餘甘汁能否解河豚毒，有待試驗證明。橄欖木作槳，能殺死魚，肯定決非事實；江水分量如此之多，橄欖木中的任何有效成分，能因爲溶於江水而毒殺江魚，不易想像。河豚受撞擊後，喜歡脹大腹部浮出水面；但與橄欖木無關。

⑱此條小注，仍以綱目「集解」中「時珍曰」的内容爲根據。

⑲現見王禎農書「橄欖」條所附「餘甘子」。齊民要術（卷十）「橄欖」條所引臨海異物志「餘甘子如

梭……核兩頭鋭」，綱目（卷三一）「菴摩勒」條「集解」項「時珍曰」下亦引有，所指止是橄欖，不是原名「菴摩勒」的「餘甘子」。王禎這段所説，似乎正是臨海異物志的「餘甘」，仍應指橄欖屬的一種。王禎是否到過福建，或見過泉州所産「餘甘子」，我們無從懸測。「子梭形，又如梅實」，即既長而兩頭尖，又像梅子，却很難體會，也無法相信是實地觀察所作記載。唐本草所説的「餘甘子」，圖經本草所記「菴摩勒」，與齊民要術所引異物志（太平御覽卷九七三作陳祁暢異物志）的「餘甘」，則同是大戟科的「饒甘子」（廣西和雲南的「俗名」），據陳嶸中國樹木分類學，福建漳州也有。

⑳本條標題下的注釋，很零亂。大致清理如下：前段引齊民要術（卷四）種桃柰第三十四中有關櫻桃的幾節；接着，誤引本草綱目一句；往後，鈔録群芳譜（亨四）果譜一「櫻桃」條標題下的説明；最後又歸到綱目（卷三〇）果部「櫻桃」條下的「集解」。（甲）引爾雅及郭注，形式都依要術。引廣雅，承襲傳本要術的錯字，所引實應爲廣志——廣雅止有「含桃，櫻桃也」一句。（乙）「孫炎云」，看上去，似乎應是孫炎的「爾雅注」，但文句不像。大概是由於綱目「櫻桃」條「釋名」項「時珍曰」末「按爾雅云『楔……荆桃也』；孫炎注云：『即今櫻桃。』最大而甘者謂之『崖蜜』」幾句，交待得不够分明確切，因此發生的誤會。「最大而甘者謂之『崖蜜』」，在綱目原文，是另一句，與上面所引爾雅及孫炎注無關。（事實上「今櫻桃也」還是郭注而不是孫炎注，李時珍記錯了。）「最大而甘者謂之『崖蜜』」，不知李時珍究竟根據什麽？ 案：北宋惠洪冷齋夜話（卷一）「詩本出處」條解釋蘇

東坡詩，説鬼谷子中有「崖蜜，櫻桃也」的説法；南宋戴埴鼠璞（上）「橄欖」條對這個出處表示過懷疑，説「他（＝另外）無經見」；而認南海志中的「崖蜜」爲「要（＝總之）其類（＝櫻桃的類似物）也」。冷齋夜話所根據的鬼谷子，顯然是宋徽宗前後時期僞作的一部書。（丙）「櫻桃一名楔……」這一系列的異名，次序文字，全同群芳譜。「一名荆」是一個錯誤，没有讀懂爾雅，不知道「荆桃」兩字不能拆開。「牛桃」，可能王象晉是根據當時要術傳本中所引吳氏本草（「朱桃」譌作「牛桃」）而增入的。指出西京雜記中「櫻桃」「含桃」並舉的錯誤，値得注意。（丁）「蘇頌曰」，引自綱目「集解」下「頌曰」，删去了中間幾句，没有什麽問題。但末句「極大者」下，還有「有若彈丸，核細而肉厚，尤難得」，删掉之後，「極大者」便成了「不及」的賓語，則是一個錯誤。案：金刻本重修政和證類圖經本草所引圖經，没有「紫櫻」和「櫻珠」兩種的記述。

㉑ 這是要術（卷四）種桃柰第三十四中關於栽培櫻桃的正文及小注全部。

㉒ 此下是群芳譜「櫻桃」條「種植」項的前幾句，删去下面「仍記陰陽……」等承襲要術的一段。事實上王象晉還是承襲便民圖纂的。圖纂（卷五）「櫻桃」條「三、四月間，折樹枝有根鬚者，栽於土中，以糞澆之，即活」。

㉓ 正文現見綱目「櫻桃」條「集解」項「時珍曰」。第一個小注，除「張綱」出自群芳譜外，其餘暫時認爲第一手材料。第二個小注綱目原有；李時珍自己標明出自宋代林洪的山家清供。末一句「試之果然」是李時珍自記經驗。

㉔這條全部文字都是本草綱目（卷三〇）「山嬰桃」條「釋名」「集解」兩項。

㉕本條文字，幾乎全部都見於群芳譜（亨五）果譜二「楊梅」條；止是次序有重排。（甲）引博物志，群芳譜在標題下説明的最末。今傳十卷本的博物志，没有這條。本草綱目（卷三〇）果部「楊梅」條「集解」項下引「藏器曰」：「張華博物志言『地瘴處，多生楊梅』，驗之信然。」證類本草（卷二三）「楊梅」條，引陳藏器：「止渴。張司空云『地瘴，無不生楊梅者』，信然矣。」案：唐段公路北户録（卷三）「白楊梅」條，引博物志云：「『地有章名，則多楊梅』；得非誤邪？南越志：安章縣白蜀里多楊梅……」注：「吴興記曰：故章縣北有石槨山，出楊梅，常以貢御。張華所謂『地名章必生楊梅』，蓋謂此也。」又太平御覽（卷九七二）「楊梅」條，引博物志曰：「地有章名，則生楊梅。」張華固然是唯心傅會，陳藏器更是「以譌傳譌」。段公路批判張華完全正確；陳藏器尤其鹵莽。（乙）「一名杌子」到「白、紅、紫三色」，除個別漏字之外，文字全部與群芳譜相同。其實群芳譜大半仍以綱目爲根據。「一名杌子」，在釋名下「時珍曰」所轉引的段公路北户録中；「生江南、嶺南山谷間」出「集解」下所引「馬志曰」；「會稽産者爲天下冠」，見「核仁」條「主治」下「時珍曰」所引王性之揮麈録；「揚州呼白者爲聖僧」，見「釋名」項「時珍曰」末；「樹若荔枝，葉細青」，出「集解」「志曰」；「如龍眼……楮實子」，見「集解」「時珍曰」；「肉在核上無皮殼」仍見「志曰」；以下見「時珍曰」。（丙）引便民圖纂，現見圖纂（卷五）樹藝上「楊梅」條，譜在「種法」項下。（丁）引物類相感志，群芳譜在「種法」項；據綱目「時珍曰」引贊寧物類相感志，但未署人名。（戊）「鹽藏、蜜

漬……皆佳」，群芳譜仍在標題下。（「火酒浸」一項是王象晉新添，其餘均見綱目「集解」項「時珍曰」下。）（己）引林邑記，譜在標題下；亦見綱目「集解」項「時珍曰」。

㉖ 本條標題下注解文字，大致以齊民要術（卷四）種桃柰第三十四中「蒲萄」各節，及群芳譜（亨四）果譜一「葡萄」條爲主要來源。（甲）「張騫使大宛……」，要術原文起句是「漢武帝使張騫至大宛」。要術引用文獻，都註明出處；這幾句話却没有任何標識指出來源，值得注意。（乙）「一名蒲萄，一名賜紫櫻桃」，出群芳譜。（丙）「廣志曰」，據要術轉引。（丁）「水晶葡萄」以下，到「不乾，不可收」，據群芳譜；本書引用，有刪節。（「水晶葡萄」，刪去末句「出西番者更佳」；「馬乳葡萄」一種全刪；「緑葡萄」刪去末句「其價甚貴」。）案：群芳譜實際上還是承襲本草綱目（卷三三）「葡萄」條「釋名」與「集解」項的材料，稍加渲染。「水晶葡萄」、「紫葡萄」、「馬乳葡萄」，至少李時珍在「釋名」中已經都記下，「緑葡萄」、「瑣瑣葡萄」、「雲南葡萄大如棗」，李時珍在「集解」中也記下了。唐書（案在新唐書列傳一四六下大食國傳）云：波斯葡萄，「大如雞卵」，以及「最難乾，不乾，不可收」，見「集解」所引「宗奭曰」，原文在本草衍義（卷一八）「葡萄」條。

㉗ 小注中群芳譜列舉的這兩個「異名」，選擇標準不能説是很妥帖。葡萄是從西亞引入的植物；引入時，大致就古伊朗語「酒杯」（BaTiaky，據勞費爾中國伊蘭篇中譯本五〇面。粵語系口語中，至今還保留着「菩提子」的名稱；「提」字正是 tiak 的對音。）的讀音，用漢字對音記下作爲名稱。史記大宛傳寫作「蒲陶」，是一個記法；漢賦中襲用這個寫法的很多。但漢書却寫作「蒲桃」，兩

漢六朝文章中，「蒲桃」也常見到。從後漢書起，才見到「蒲萄」。齊民要術雖寫作「蒲萄」，但是把葡萄的栽培技術資料收在「種桃柰」篇中，可能止是將它認爲與櫻桃、胡桃一樣的「桃類」。採用對音字，止能是「約定俗成」。「蒲陶」、「蒲桃」、「蒲萄」，長久都有不少人採用；後來大家逐漸習慣於新造的「專名」字「葡萄」。因此，止選「蒲萄」一個寫法，還不免偏頗。至於「賜紫櫻桃」，止是「文人游戲筆墨」，不是通俗名稱，無多大意義。

㉘現見便民圖纂（卷五）樹藝上「葡萄」條第一節。

㉙此下小注，見群芳譜標題注末段，文字全同。案：實際上，譜還是彙鈔綱目「集解」中「頌曰」、（「根莖中空」到「水浸其中」，「其」字，應依綱目引文作「子」，與證類本草同。）「時珍曰」所引物類相感志（麝香、甘草釘兩項）及三元延壽書。

㉚本節接上文，應是引自便民圖纂；圖纂（卷五）「葡萄」條，實有兩節，這是第二節。這種玄妙的「嫁接法」，最初見於南宋陳元靚博聞録（農桑輯要卷五果實篇「葡萄」章引文標明的來源），稍遲的種藝必用和種樹書中也有，但始終没有確鑿的事實根據。

㉛此下這段出自齊民要術種桃柰第三十四中「葡萄」部分，也是作小字夾注的，文字全同。

㉜周密癸辛雜識（續集上）有一條，與本書這條相類。但「春氣萌動」，原文作「春風發動」，下面還有「衆萌競吐，而土中之節，不能條達，則」十四字；「出土」下有「之」字，「一年」作「二年」。「實大」下是「如棗，而且多液，此亦奇法也」。

㉝本節是要術「摘蒲萄法」全文。要術原文末了還有一句「十不收一」，本書删去這句，就没有交待了。

㉞這條是要術「作乾蒲萄法」；但「蜜兩分」下删去「脂一分」三字，原來用意失去一半。此外「滋味倍勝」上删去「非直」，「夏月」上删去「得」字，「敗」字下删去「壞也」兩字，關係不甚大。

㉟本節是要術中「藏蒲萄法」的全文。

㊱「屋子」兩字，要術原文疑有錯誤；——可能「子」應作「中」或「下」。

㊲本條全録群芳譜「蒲萄」條「附録野葡萄」項。

㊳本條標題下注文，牽合群芳譜（亨六）果譜三「銀杏」條、本草綱目（卷三〇）果部「銀杏」條「集解」，及王禎農書（卷九）百穀譜六「銀杏」條而成。譜取材綱目，綱目也採用王禎文字。（甲）「一名白果，一名鴨脚子」，是群芳譜的標題下注文起句，襲自綱目「釋名」。（乙）小字注文「銀杏，以白得名；鴨脚取其葉之似」兩句，隱括王禎文字。以下到「棟梁」，全出王禎。（丙）「多生江南」以下，出綱目「集解」下「時珍曰」，但删去了幾句關於樹及葉形態的記載。（「二更開花」，不是事實。）

㊴現見便民圖纂（卷五）樹藝上「銀杏」條；起處「種有雌雄：雄者三稜，雌者二稜」十二字，本節未録。

㊵現見王禎農書（卷九）「銀杏」條。案：本節，到「則不致破碎土封」爲止，實際上還是襲用農桑輯要（卷五）果實篇「銀杏」條下的「新添」一節。

㊶ 炮煮：「炮」，說文解字解作「毛炙肉」，即整個地直接加熱，也就是乾炒（今日往往借用「爆」字）。「煮」，是帶水加熱。

㊷ 這節文字，似乎是牽合幾種書，雜糅而成。（甲）「其木有雌雄之意」到「雌者結實」，出自王禎農書「銀杏」條。「意」字，王禎作「異」是正確的。（乙）「其實，亦有雌雄：雌者二稜，雄者三稜」，從博聞録起，種藝必用、種樹書、便民圖纂、本草綱目都有相似的文字。據農桑輯要（卷五）「銀杏」條所引博聞録，原文是：「銀杏有雌雄：雄者有三稜，雌者有二稜；須合種。臨池而種，照影亦能結實。」（丙）「須雌雄同種」到「泥之，亦結」，出綱目「集解」下「時珍曰」，文字全同。農桑輯要（卷五）果實篇「諸果」條，引博聞録「凡木皆有雌雄，而雄者多不結實。可鑿木作方寸穴，取雌者填之，乃實。以銀杏樹試之便驗」，則這個傳說南宋時便有了。案：銀杏樹雌雄異株，「雄者不結實」，「須雌雄同種，其樹相望乃結實」，都完全正確。銀杏種子，正常是二稜的，三稜很少見到。成株性別，與種子稜道，有沒有相關？還沒有實驗數據說明。（銀杏樹，一般都用扦插蕃殖，像便民圖纂所記用實生苗蕃殖的，不知道是否很廣泛？實生苗性別，是否可由種子外形上分辨？希望得到確實報導。）雌木填塞雄木，就可以結實，恐怕不是事實。但在雌株上嫁接一條雄株樹枝，以供給花粉，理論上却有可能。至於「凡木皆有雌雄」，結論作得太大，不正確。

㊸ 這一條，連標題並內容文字，都見群芳譜「銀杏」條「種植」項下。

㊹ 司馬相如上林賦「盧橘夏熟，黄柑橙榛，枇杷橪柿……」，漢書、文選所引都相同。由此可以證明

盧橘和枇杷，不是同一物（冷齋夜話和輟耕録都已有過評判）。

㊺ 此下小字注文，本草綱目（卷三〇）果部「枇杷」條「集解」項「時珍曰」：「案郭義恭廣志云：『枇杷易種。葉微似栗，冬花春實，其子簇結有毛，四月熟；大者如雞子，小者如龍眼，白者爲上，黄者次之；無核者名『焦子』，出廣州……註文選者，以枇杷爲盧橘，誤矣。」引文體裁，與現在殘存的廣志不很像。齊民要術（卷十）「枇杷」條引廣志，止有：「枇杷，冬花。實黄；大如雞子，小者如杏；味甜酢。四月熟。出安南、犍爲、宜都。」下一節引風土記是：「葉似栗，子似蒳，十十而叢生」；可能李時珍連帶將風土記中的文句，也引入他所謂廣志了。又枇杷在長江流域很多，廣州所産不如嶺北的好。「枇杷非盧橘」的判斷是正確的（參看上面注㊹）。

㊻ 摘引便民圖纂（卷五）樹藝上「枇杷」條末幾句。

㊼ 本條標題下的注文，大概是彙録王禎農書（卷九）百穀譜六「橘」條、群芳譜（亨六）果譜三「橘」條的文字，牽補而成。（甲）引禹貢及注，現見尚書禹貢；今傳本，注文在「傳」内，現在稱「注」，是承襲王禎的文字。「橘有數種」到「今充土貢」爲止，均見王禎農書。（乙）「又有黄橘」到「油橘，橘之下品」，均録自群芳譜，但「朱橘」、「沙橘」、「早黄橘」、「荔枝橘」、「乳橘」五種的注文，都已删去；並列在「油橘」之前。還有「盧橘」，連名稱帶説明都删了。（大概整理人堅持盧橘即是枇杷的成説，所以止在上一條「枇杷」標題下注一句，這裏便不要了。）（丙）「生南山川谷」到「至冬實黄」，全見王禎農書「橘」條起處。「踰淮則化爲枳」，王禎引作「橘踰淮而成枳」，本書用習用而引

錯了字的考工記「橘踰淮而北(不是「化」!)爲枳」。(丁)「閩中」以下到末了,引群芳譜;王象晉已標明這幾句是「王敬美云」,即王世懋學圃雜疏中果疏「橘」項。

㊽案:群芳譜所引橘的品種,大多數在南宋韓彦直橘録中。韓録名稱是:黄橘、塌橘、包橘、綿橘、沙橘、荔枝橘、軟條穿橘、油橘、緑橘、乳橘、金橘、早黄橘、凍橘。没有「朱橘」,止有列入「欒」群的「朱欒」。

㊾現見便民圖纂(卷五)樹藝上「橘」條;本書引用前面一節,並略有删節。小注不是圖纂原有。案:韓彦直橘録(下)有「去病」一條,對「蠹」的治法,是「視其穴,以物鉤索之,則蟲無所容。仍以真杉木作釘窒其處……」。溼杉木逐漸乾燥時,木材中的「針葉醇」和相對應的醛及酸,會結晶析出;這些化合物,有殺死幼蟲的效用。

㊿現見王禎農書「橘」條。

51 掇栽:未查到解釋;懷疑即「靠接」。

52 這一節,未標明來歷,暫時作爲本書第一手材料,起處似乎漏去了「移栽時」或「移法」之類的標題。

53 這一節,與下條引種樹書第二節重複。可能是該删去的。

54 現見種樹書果篇。依文義説來,應當分作兩條:「正謂此焉」,是第一條的末句。種藝必用中引有第二條,上面接的是另一件事。案:北宋龐元英文昌雜録(卷四)「國子朱司業言:南方柑橘雖多，每霜時，亦不甚收。唯洞庭霜雖多，即無所損。詢彼人，云：『洞庭四面皆水也，水氣上騰，尤能辟霜，所以洞庭柑橘最佳』，歲收不耗，正爲此爾」。第一條大致是承襲這一段的。

55 小注，非種樹書中原有。陸佃埤雅（卷一三）「橘」條，引「舊說：橘宜見屍，則多子；故類從以爲『橘覩屍而實繁，榴得骸而葉茂』也」。亦見僞託的感應類從志（參看前卷二十九注119）。

56 這一條，應是兩段。前段到「花實並茂」止，與多能鄙事（卷七）種水果篇「種橘」條第一節後段「十二月內，將橘根寬作盤，澆大糞三次；至春，用水澆二次，花實必茂」對勘，似乎說明可能出自同一來源。

57 這一條，現見群芳譜「橘」條「種植」項「培灌」節前段。（譜這節的後段，即多能鄙事「種橘」條第一節後段。）

58 現見農桑輯要（卷五）果實篇「橘」條；輯要原標題明係「新添」。小注，輯要所無。

59 本條止是根據群芳譜「橘」條「典故」項所引任昉述異記。今傳本述異記中没有這一條，可能是輾轉從太平御覽（卷九六六）「橘」項轉引。（述異記撰述人，至今還未定論。）

60 這條，節録便民圖纂（卷一五）製造類上「收藏金橘」條。

61 多能鄙事（卷三）「收藏果物宜忌」項，有「柑橘橙鋪棕松毛間，收頓不見酒處，多不壞」。案：柑橘類果實，和薔薇科大形果實一樣，在「後熟」過程中，呼吸極容易受乙烯、乙醇……等物質的影響，導向頹化。上一條所說「近米即爛」，原因不在米本身；而在於米粒表面上微生物呼吸産物能催促頽化。緑豆、脂麻等種子表面有蠟層的，附着微生物的機會少得多。

㊷ 現見王禎農書（卷九）百穀譜六「橘」條。

㊸ 漢書、晉書、唐書、新唐書「食貨志」中，都没有這句話，王禎誤記，應係史記及漢書貨殖傳中的文章。

㊹ 本條標題下注文，以群芳譜（亨六）果譜三「柑」條及王禎農書（卷九）百穀譜六「柑」條爲根據；兩書都多少取材於南宋韓彦直橘録，群芳譜又從本草綱目（卷三〇）果部「柑」條承襲了一些資料。（甲）「一名木奴，一名瑞金奴」，出群芳譜；「木奴」，譜據綱目引。案：這兩個名稱，平常很少用。（陶穀清異録「天寶年……呼爲『瑞聖奴』」，「金」字恐怕還有問題。）（乙）「農桑通訣曰」以下到「利亦殊博」，見王禎農書；本書引用，有删節。（「無刺爲異耳」下一句「種植與橘同法」，已改寫作爲正文，在下面。）韓録的「真柑又名乳柑」，王禎止保留「乳柑」一個名稱；「生枝柑」，本書漏去「枝」字；「郛柑」（懷疑有錯字！）「衢柑」韓録中没有。（丙）「又有山柑」，「山柑」的名稱見綱目「集解」所引「（馬）志曰」；群芳譜也有提到。（丁）「洞庭柑」到「沙柑」，這些品種記述次序全依群芳譜，文字有删節。「江南、嶺南爲盛」到「猶（案恐係「尤」字寫錯；群芳譜中却没有這個字。）畏冰雪」，仍出自群芳譜，但原在前段。

㊺ 見王禎農書（卷九）「橘」條；原文是「種植與橘同法」。

㊻ 現見種樹書（下）果篇。案：唐劉恂嶺表録異（叢書集成據武英殿聚珍本排印本）最末一條，「嶺

南蟻類極多。有席袋（＝蒲草編的袋子）貯蟻子窠鬻於市者，蟻窠如薄絮囊，皆連帶枝。案：蟻在其中，和窠而賣也。——有黄色，大於常蟻，而脚長者。云『南中柑子樹，無蟻者，實多蛀』，故人競買之，以養柑子也』。應是用蟻防柑蠹這一個方法的最早可靠紀載。題名爲嵇含南方草木狀的僞書，懷疑是宋人鈔輯各書而成；其中也有一條内容相似的記録，大概即據劉恂原文改動幾字收入的。南宋莊季裕雞肋編（下）有一條：「廣南可耕之地少，民多種柑橘以圖利。常患小蟲損食（疑當作「蝕」）其實。惟樹多蟻，則蟲不能生。故園户之家，買蟻於人；遂有收蟻而販者，用豬羊脬（＝膀胱），盛脂其中，張口，置蟻穴旁。竢蟻入中，則持之而去；謂之『養柑蟻』。」可以看出收集和運輸方法，已有進展。「柑之大者」兩句，實見王禎農書，與種樹書無涉。

(67) 本節，全據王禎農書「橘」條中所附「柑」的文字鈔録。李衡種甘橘樹的故事，現見三國志注所引襄陽耆舊傳；亦見本書卷一農本所引賈思勰齊民要術序中，可參看卷一注(52)。史游急就篇注，大致指顔之推急就章注，今傳本中未見有這兩句，懷疑王禎記錯。

(68) 引爾雅及郭注，今傳本爾雅釋木第十四「柚條」郭璞注「似橙，實酢。生江南」。另一條「櫠椵」（在「柚條」前面），郭璞注云：「柚屬也；子大如盂，皮厚二三寸，中似枳，食之少味。」現引情形，有錯亂牽合，交待不够明確。「大於橘」句，重修政和證類本草（卷二三）「橘柚」條引唐本注（綱目引作「恭曰」，恭指蘇敬）：「……郭璞云，柚似橙而大於橘。」……所指是山海經中山經「荆山多橘櫾」的郭注，不是爾雅注。

⑥⑨ 胡柑：本草綱目（卷三〇）果部「柚」條「集解」項，引「恭曰」：「柚，皮厚味甘，不似橘皮薄，味辛而苦，其肉亦如橘，有甘，有酸；酸者名『壺柑』。」案：毛晉毛詩草木鳥獸蟲魚疏廣要（上之下）「有條有梅」下引本草唐本注，「壺」字作「胡」；本書可能是據毛晉轉寫的。

⑦⓪ 「一名條……有雲夢之柚」一段，現見群芳譜（亨六）果譜三「柑」附録「柚」。群芳譜又是根據綱目（卷三〇）果部「柚」條「釋名」與「集解」項中「時珍曰」的兩段，割製牽合寫成。案：廣雅中没有「鐳柚」的名稱；據齊民要術（卷十）和太平御覽（卷九七二）「柚」項，裴淵廣州記中有「雷柚」，實如升大，「雷柚」疑即「鐳柚」。

⑦① 「佛手柑」一段，全引群芳譜；止改了一處：「皮皺而光澤」句，原作「皮如橘柚而厚，皺而光澤……」群芳譜這節，是就綱目（卷三〇）「枸櫞」條「集解」項「時珍曰」改寫的。

⑦② 這一條的注文，依群芳譜（亨六）「橘」條附「金橘」項録出，删去幾個異名，和中間幾句。但「五月開白花」下删去「結實」兩字，不很合理。案：群芳譜係隱括本草綱目（卷三〇）果部「金橘」條「釋名」「集解」兩項「時珍曰」文字寫成；「廣人連枝藏之，入膾醋尤香美」原已標明出劉恂嶺表録異「山橘子」條；山橘子與金橘是不是同一種植物，還值得考慮。

⑦③ 現見圖纂（卷五）「金橘」條；原文末句，無「爲佳」兩字。

⑦④ 本條全録群芳譜果譜三「橘」條附録「金豆」項。群芳譜承襲綱目「金橘」條「集解」項「時珍曰」末段，李時珍原文似係採自韓彦直橘録，但交待不甚明白；韓録中「金橘」與「金柑」分列在卷中與

卷上；「金柑」似指今日「南豐小橘」，「金橘」才完全是今日的「金橘」。

(75) 本條標題下注文，前段剪裁群芳譜（亨六）果譜三「香橙」條標題下説明作成，後段依群芳譜所引王禎農書（卷九）百穀譜六「橙」條，又參照王禎復原了部分文句。（甲）引埤雅，實據群芳譜轉録綱目「橙」條「釋名」項「時珍曰」的文句，與陸佃原文不合。埤雅（卷一三）「柚」條，「皮甘者乃橙爾。橙可登而成之」；「橘」條，「橙亦橘屬，若柚而香」。（乙）「一名棖」到「是也」，原據群芳譜。「一名棖」未説明來歷，但今日粵語系統口語中「橙」字却實在讀爲「棖」；種藝必用中，「棖」所指也是「橙」。「葉有兩刻缺者是也」，依陸佃埤雅所引物類相感志；群芳譜則依綱目「時珍曰」作「兩刻缺，如兩段」。（丙）「似橘樹」到「北地亦無此種」，節録王禎農書「橙」條。「過淮則化爲枳」，懷疑是誤引埤雅「橘」條的一句。埤雅在「物類相感志曰：葉有兩刻缺者是也」下，引淮南子曰：「故橘，樹之江北，化而爲枳」，文章已歸題到「橘」上，與「橙」無關。（丁）「種植與橘同」，群芳譜作「栽植與橘同」，來自王禎「栽植無異於橘」。

(76) 此節除「其皮」兩字之外，從「香氣馥郁」起，到「誠佳果也」，均見綱目「橙」條「集解」項「時珍曰」，李時珍原標明引自事類合璧。實際上韓彦直橘録（上）「橙」條，已有「香氣馥馥，可以熏袖，可以芼鮮（＝切碎，放進煮沸的鮮魚湯裏面），可以漬蜜，真嘉實也」，王禎也照鈔在他的書中了。

(77) 這一條，節鈔群芳譜「橙」條「瓤」項。

(78) 見爾雅釋木。「辦」字，爾雅所特有。陸德明經典釋文，這句在「梔」字下引「舍人曰：『桑樹，一半有甚，半無甚，名爲『梔』也』」作注，即解作「分一半」。

⑦⑨ 現見王禎農書（卷九）百穀譜六「桑椹」條。

⑧⓪ 「玄扈先生曰」這一條，可以説明明末江南桑樹栽培技術，發展到了很高的水平。栽桑止供取葉之用，桑樹主要靠扦插蕃殖；桑椹作爲副産品來利用，已經没有多大意義了。

⑧① 引爾雅及郭注，見爾雅釋木，文字全同。

⑧② 小注第一句，現見群芳譜（亨四）果譜一「木瓜」條。以下到「宣城者爲佳」止，也見於這一條。但王象晉實際上大概還是引自王禎農書（卷九）百穀譜六「木瓜」條的。本草綱目（卷三〇）果部「木瓜」條「集解」項有「（陶）弘景曰：木瓜，山陰蘭亭尤多」；「頌曰，宣城者爲佳」。

⑧③ 現見本草綱目「木瓜」條「集解」項「時珍曰」，除前兩句及末段未録之外，所引處文字全同。

⑧④ 引農桑通訣兩節，現均見王禎農書（卷九）百穀譜六「木瓜」條；本書所引第一節，原書在第二節之後，除次序倒轉外，文字全同。案：第一節，原出齊民要術（卷四）種木瓜第四十二；第二節，出圖經本草（現見證類本草「木瓜」條所引）。「簇」字，應依證類本草作「鏃」（＝用尖刀刻；即今日的「剪紙」），「又」字應依證類本草作「文」。末句是王禎案語。

⑧⑤ 薄：可以解作「傅」、「敷」、「鋪」；今日口語，該説是「貼」。

⑧⑥ 現見齊民要術（卷四）種木瓜第四十二；綱目「集解」項「時珍曰」末也引有。

⑧⑦ 實在是陸璣毛詩草木鳥獸蟲魚疏（上）「投我以木瓜」條。舊刻本陸疏中没有這條，叢書集成影

印古經解彙函所收丁晏校本，才「根據齊民要術引文補入」（丁晏自注這樣説明）。要術所引，比太平御覽的引文詳細正確。「頭汁」，應依要術校定本作「豉汁」。

88 此後一條，本書原刻誤與本條詩疏黏連，應分出。文字全録自王禎農書，止將原書「病」字改作「凡」字，又清聚珍本的「則失酸味」改作「則失醋味」。（懷疑明傳本原是「酢」字，本書寫成「醋」，殿本又改作「酸」。）案：王禎這些話，實際上是引自寇宗奭本草衍義的。（衍義原文及綱目「發明」項引「宗奭曰」，正是「酢」字。）「鉛霜」（衍義原作「鉛霜或胡粉」，正是同一物質。）即醋酸鉛，能使木瓜果實中的丹寧和有機酸沉澱分出。我國宋代就已發現這一個化學反應，是世界最早紀録之一，值得注意。

89 現見綱目「木瓜」條「發明」項下引「弘景曰」。

90 這一條標題下注文，大致以王禎農書（卷九）百穀譜六「樝子」條及本草綱目（卷三〇）果部「樝子」條「釋名」及「集解」爲材料，删削牽合組成。（甲）「爾雅云，似梨而酢澁」，現見王禎農書。事實上這句是「樝梨曰攢之」一句下的郭璞注文，並非爾雅。（乙）「埤雅曰木桃」，陸佃埤雅（卷一三）「木瓜」條，雖有「圓而小於木瓜，食之，酢澀而木者，謂之『木桃』」，但没有提到「樝」。將「木桃」與「樝子」等同的，止有綱目「釋名」中「木桃（埤雅）」這麽一個開端。（丙）「陶隱居」以下到「梨之不臧者」，都見王禎農書。王禎或者引自當時流傳的宋代本草書。金刻本重修政和證類本草（卷二三）「木瓜」條下「陶隱居」下，正有這一節文字。（丁）「雷公炮炙論……即此也」，是綱目「樝子」條「釋名」項「時珍曰」末句。（戊）標明「李時珍曰」的一節，見綱目「樝子」條「集解」下。

(91) 這一節，現見王禎農書「樝子」條。原文「淮南子曰」上有「然」字，向下貫到引莊子「皆可於口」下的「者」字上，作爲一整句。本書刪去「然」字，「者」字便失去着落了。今傳本淮南子沒有這幾句；止見於韓非子外儲說左下第三十三，原文作「食之則甘，嗅之則香」。「橘」字下尚有「柚」字，王禎原脱。引莊子，見莊子外篇天地第十二，原文是「故譬諸三皇五帝之禮義法度，其猶柤梨橘柚邪？其味相反，而皆可於口……」。「西川、唐、鄧多種」，根據農桑輯要（卷五）果實篇「樝子」章「新添」資料。

(92) 這一條標題下的注文，改寫本草綱目（卷三〇）果部「榠樝」條「釋名」「集解」兩項的材料作成。原文是「蠻樝、通志。瘙樝、拾遺。木李、詩經。木梨。埤雅。」「時珍曰：木李生於吴越，故鄭樵通志謂之『蠻樝』。云『俗呼爲木梨』，則榠樝蓋蠻樝之訛也」。又「集解」項「時珍曰：榠樝乃木瓜之大而黄色，無重蒂者也」。

(93) 這一條正文，引綱目「榠樝」條「集解」項下「頌曰」（前一句）及「詵曰」（後兩句）。「浸」字，原作「進」；證類本草也是「進」字。（標明「陶云」，即陶弘景的話。）

(94) 這一條，注文全引自本草綱目（卷三〇）果部「榅桲」條「李時珍曰」，應是「集解」項下「時珍曰：榅桲蓋榠樝之類，生於北土者」；「蘇頌曰」以下，與綱目引文同。「榅」字，廣韻收在入聲「十一沒」中，應讀 wot，與「桲」音 bwot 疊韻。李時珍讀作「温」，沒有什麽理由。現在該讀 wo。

⑨⑤ 本草綱目「榅桲」條「集解」下引文，作「花色白，亦香，最多生蟲」，無「其果二字」；傳本本草衍義，作「諸果中，惟此多生蟲，少有不蚛者。……」「蚛」字音chòng，解爲蟲蛀。

⑨⑥ 這一條，標題下注文，全部以本草綱目（卷三〇）果部「山樝」條「釋名」項下的第二手材料爲根據。由大字「爾雅曰：朹子繫梅」，可以看出，連爾雅這麼一部列在「十三經」中的書，也未與原書核對，而直接將綱目並舉的「朹子」「繫梅」，連爲一句，據所注「並爾雅」，逕認爲爾雅原文。綱目「釋名」原文是「赤爪子、唐本。鼠樝、唐本。猴樝、危氏。茅樝、日用。朹子、繫梅、並爾雅。羊梂、唐本。棠梂子、圖經。山裏果。食鑑。」又「釋名」項「時珍曰」：「山樝，味似樝子，故亦名樝；世俗皆作『查』字，誤矣。『查』音槎，乃水中浮木，與樝何關？郭璞注爾雅云：『朹音求，樹如梅，其子大如指頭，赤色似小柰，可食』，此即山樝也。世俗作『梂子』亦誤矣，『梂』乃櫟實，於朹何關？樝、朹之名，見於爾雅。自晉宋以來，不知其原，但用『查』、『梂』耳。此物生於山原茅林中，猴鼠喜食之，故又有諸名也。」

⑨⑦ 這一節，摘取綱目「山樝」條「集解」項下「時珍曰」中的文字綴成。小注未查得出處。

⑨⑧ 這一條的標題下注文，「說文曰：藷蔗也」幾個大字和小字起處，到「所在不同」句爲止，見齊民要術（卷十）「甘蔗」條，文字全同。以下，見群芳譜（亨七）果譜四「甘蔗」條，次序不同，內容却未出群芳譜範圍以外。品種部分，原在後面；現在倒放在前面來；又刪去「西蔗」和「紅蔗」兩段。「叢生……春夏」，原在最前面，現在移在末了。「漢書、離騷俱作柘」，是李時珍在本草綱目「甘蔗」條

「釋名」中的總結。（漢書指禮樂志中郊祀歌天門十一中「泰尊柘漿析朝醒」和司馬相如傳子虛賦中「諸柘」；離騷指招魂的「有柘漿些」。）

⑲ 現見輯要（卷六）藥草篇「甘蔗」章。標明是「新添」（即第一次紀録材料）。計删去起首第一個字「栽」及「宜三月……」上「如大都天氣」一句，此外文字相同，止有個別錯字。

⑩ 栽封：根節附近培封的泥土。

⑪ 撅：「掘」字別體。

⑫ 這一節，仍出農桑輯要，原書緊接「栽種法」後面。

⑬ 現見齊民要術（卷十）「甘蔗」條。

⑭ 本條仍見要術（卷十）「甘蔗」條；要術傳本中未標明出處。

案：

〔一〕剔　證類本草、王禎農書和綱目引文都作「劙」；證類本草下面直接注「音利」，綱目也有「劙音利，與劦同」的注文，自應作解爲「切畫」的「劙」字。

〔二〕笍朗晒　王禎原書作「籬眼晒」；群芳譜作「籬朗晒」；本書平本作「笍朗晒」，「晒」仍係「晒」字之譌。案：「笍」字恐係手寫簡體「篱」（明代已有這個寫法）看錯。「眼」（北宋初陶穀清異録中就有這個字）即今日的「晾」字。

〔三〕「其肉」上，王禎原書有「取」字。

〔四〕解　應依王禎原文從蔡襄作「鮮」——「鮮獻」，即將新鮮的進貢。（案：今日傳本多半在「鮮獻」下斷句，下句是「而傳置之速」，容易與再下一句「腐爛之餘」誤解爲相同的事；不如王禎所引在「速」字斷句，下句以「然」字起。）

〔五〕首　應依王禎原文作「貢」。

〔六〕「生噉」下，王禎原書有「及」字。

〔七〕「人」字，王禎原書無。

〔八〕妄　群芳譜原作「麥」。

〔九〕「久食」兩字，綱目原無；下句「餻」字下綱目原有「食」字。

〔一〇〕煎　應依綱目原文作「薦」（＝配）。

〔一一〕麦　應依綱目原文作「麥」。

〔一二〕楊梅種類甚多　群芳譜上面有「吴中」兩字，下面有「名」字。

〔一三〕「夾」字，應依圖纂原文作「灰」。

〔一四〕「花」字，本書從群芳譜；綱目原引文是「香」字。

〔一五〕成　應依圖纂原文作「承」。

〔一六〕針　本書作「針」，與群芳譜同；但綱目作「釘」，似乎更合適。

〔一七〕一作摘取　應依要術校定本作「一作牒，摘取」。「一作牒」，是「疊」字的註釋；「摘取」聯在「零疊」下；「零疊摘取」，即零星多次摘取。

〔一八〕壓　應依要術原文作「疊」，解釋見上案〔一七〕。

〔一九〕「堪爲酒」上，譜有「亦」字。

〔二〇〕「要」字，王禎農書作「包」，殿本輯要没有這個字。

〔二一〕粿　王禎農書原作「顆」。

〔二二〕「春」字，圖纂原文作「長」。

〔二三〕「以」字，王禎原書所無。

〔二四〕「宜」字上，王禎原有「但」字。

〔二五〕「面」字上，輯要原有「地」字，不可少。

〔二六〕大　應依群芳譜及綱目據韓彦直橘録作「木」。韓録原來的説明，是「類洞庭，少不慧耳。膚理堅頑，瓣大而乏膏液，外强中乾，故得名以『木』」。

〔二七〕「吴越江浙川廣間」上，綱目及群芳譜均有「生」字；大概本書整理時，誤將這一句連下句句首的「出」字爲句，所以將「生」字删去；其實應補。

〔二八〕「祖」字，王禎原文無。

〔二九〕順　王禎原作「訓」。案：太平御覽（卷九五五）「桑」項引東觀漢記引有這條故事，姓名作「蔡君

〔三〇〕仲」；後漢書列傳二九周磐傳末，附「蔡順字君仲」，應作「順」字不誤。

〔三一〕「録」字上，應依王禎補「備」字。

〔三二〕堪　王禎農書原作「甚」。（定扶案）

〔三三〕「日」字，應依爾雅作「曰」；證類本草引「陶隱居」及王禎所引還是「曰」字；綱目中，這個字漏去了。本書譌作「日」，應改正。

〔三三〕瓜　綱目原作「爪」，李時珍特别注音「側巧切」；並在「時珍曰」中，説明唐本草「赤爪木」當作「赤棗」；蓋「棗」「爪」音訛也。樝狀似赤棗故爾。范成大虞衡志有「赤棗子」，王璆百一選方云「山裹紅果，俗名『酸棗』……」

〔三四〕芓　平、曙、魯各本及中華排印本均譌作「芓」，應依要術作「竿」。（定扶案）

〔三五〕劣　群芳譜原作「艻」（lè）。

〔三六〕「蓋下上頭」及「微壅上高」之「上」（兩處）均應依輯要校定本作「土」。（本書承襲了明刻輯要的譌字。）

〔三七〕之　輯要原作「耘」，似較好。

〔三八〕無　應依輯要作「並」——甘蔗在長江流域決不能開花；在嶺南，開花結子也很難有，而且有花便要減産。

〔三九〕令一　輯要原文作「一令」。「專一」連用，作爲一個「副詞」，宋元書籍中常見。

〔四〇〕豁於　殿本輯要作「盛傾于」；本書引文與明本輯要同。「豁」字，可解作「斡」。

〔四一〕「渴」字明本輯要有，殿本無。「渴水」即解渴用的飲料，宋元俗語（見東京夢華録）。

〔四二〕花　應依輯要原文作「化」；「開化」即「溶解」、「化開」。

〔四三〕菜　應依要術作「采」。

〔四四〕供　要術原作「郡以」；本書這樣改字，大概止是整理的人隨意着筆的，未必有什麽根據。

農政全書校注卷之三十一

蠶桑

總論

易曰①：神農氏没，黄帝堯舜氏作。通其變，使民不倦。垂衣裳而天下治，蓋取諸乾坤。疏黄帝已上，衣鳥獸之皮。其後人多獸少，事或窮乏，故以絲麻布帛而製衣裳，使民得宜也。玄扈先生曰：可以通于北虜〔一〕。

禮記月令曰②：季春，無伐桑柘。鄭玄注曰：愛養蠶食也。

周禮曰③：馬質。禁原蠶者。注曰：質，平也；主買馬平其大小之價直者。原，再也。天文，辰爲馬。蠶書，蠶爲龍精，月直大火，則浴其蠶種，是蠶與馬同氣。物莫能兩大，故禁再蠶者，爲傷馬與。

尚書大傳曰④：天子諸侯，必有公桑蠶室，就川而爲之。大昕之朝，夫人浴種於川。

春秋考異郵曰⑤：陽物，大惡水，故蠶食而不飲。陽，立於三春，故蠶三變而後消〔二〕；

死於〔一〕三七二十一日，故二十一日而繭。

淮南子曰⑥：原蠶〔三〕，而一歲再登，非不利也；然王者法禁之，爲其殘桑也。

俞益期牋曰⑦：日南蠶八熟，繭軟而薄，椹採少多。

楊泉物理論曰⑧：使人之養民，如蠶母之養蠶，其用豈徒絲而已哉！

五行書曰⑨：欲知蠶善惡，常以三月三日：天陰，如無日，不見雨，蠶大善。又法：埋馬牙齒於槌下，令宜蠶。

王禎蠶繅篇曰⑩：淮南王蠶經云：「黄帝元妃西陵氏，始蠶。」蓋黄帝制作衣裳因此始也。其後，禹平水土，禹貢所謂「桑土既蠶」，其利漸廣。禮月令〔二〕曰：季春之月，具曲植蘧筐，后妃齋戒，親東鄉，躬桑。禁婦女毋觀⑪，毋觀，去容飾也。省婦使，以勸蠶事。婦使，謂縫線組串〔三〕之事。蠶事既登，分繭、稱絲、效功，以供郊廟之服，無有敢惰。及考之歷代，皇后與諸侯夫人親蠶之事，昭然可見，况庶人之婦，可不務乎？

王禎繭館序曰⑫：繭館，皇后親蠶之所，古公桑、蠶室也。周制：天子諸〔四〕侯，必有公桑、蠶室，近川而爲之。築宮，仞有三尺，築〔四〕牆而外閉之。后妃齋戒，享先蠶而躬桑，以勸蠶事。后妃親蠶儀曰⑬：皇后躬桑，始捋一條；執筐受桑，捋三條。女尚書跪曰：「可止。」執筐者，以桑授蠶母，以桑適金室⑭。

前漢文帝紀詔：「皇后親桑，以奉祀服。」景帝詔⑮：「后親桑，爲天下先。」元帝王皇后爲太后，幸蠒館，率皇后及列夫人桑。明帝時，皇后諸侯夫人蠶。魏文帝黄初中，皇后蠶於北郊，遵周典也。晉武帝太康中，立蠶官〔五〕，皇后躬桑，依漢魏故事。宋孝武立蠶觀，后親桑，循晉禮也。北齊，置蠶宫，皇后躬桑於〔六〕所。後周制：皇后至蠶所，桑。隋制：皇后親桑於位。唐：太宗貞觀元年，皇后親蠶。顯慶元年，皇后武氏，先天二年，皇后王氏，乾元二年，皇后張氏，并見親蠶禮。玄宗開元中，命宫中食蠶，親自臨視。宋開寳通禮郊祀録，并有后親蠶祝辭。此歷代后妃親蠶之事，采之史編，昭然可見。兹特冠於篇首，庶有國家者，按圖考譜，知蠒館之不徒名也〔七〕。賦云：惟蠶有功，於世歸美。廣物産之貨貲，作生人之衣被。中春之月，天子詔后以躬桑；大昕之朝，内宰告期而命祀。於是詣靈壇，降寳殿，翠障夾乎道周，鳳輦翔於畿甸。順春氣於東方，朝先蠶於北面。具夫青縹之服，皇后蠶服：青上，縹下，深衣。侑以芳馨之薦。九宫傾動，藹然臨祭以陪班〔五〕；三獻禮成，沛矣迎祥於回眷。當其疊承寵命，適對韶光，擇世婦於吉卜，受鞠衣於明堂。月令三月，薦鞠衣，祭先帝於明堂。所以崇開禁館，始入公〔六〕桑；援條有三⑯，聽女尚書之勸止，執筐不再，受宫夫〔七〕人之是將。體之以坤儀之柔順，視之以母道之慈良。破蟻以來，庶養至於千薄，獻繭之後，諒化被於多方。是以命繅治之成絲，就趨工而俟織。玄黄朱緑，染各精明；黼黻文章，古者獻繭，使繅；遂朱緑之，玄黄之，以爲黼黻文章⑰。參同品色。繭館圖不載。

王禎先蠶壇序曰⑱：先蠶，猶先酒、先飯，祀其始造者。壇，築土爲祭所也。黄帝元妃西陵氏始蠶，即先蠶也。按黄帝元妃西陵氏，曰嫘祖〔八〕，始勸蠶稼。月大火而浴種，夫人副褘而躬桑，乃獻繭稱絲。織紝之功因之廣，織以供郊廟之服。皇圖要覽云：伏羲化繭，西陵氏養蠶。淮南王蠶經云：西陵氏勸蠶稼，親蠶始此。

禮月令：季春，是月也，后妃齋戒，享先蠶而躬桑，以勸蠶事。

周禮天官内宰：仲春，詔后帥外内命婦，始祭〔八〕於北郊。蠶於北郊，以純陰也。

漢禮儀志：皇后祀先蠶，禮以中牢。魏黄初中，置壇於北郊，依周典也。晉置先蠶壇，高一丈，方二丈。四出陛⑲，陛廣五尺。皇后至西郊，親祭、躬桑。北齊先蠶壇，高〔九〕五尺，方二丈，四陛，陛各五尺。外兆四十步。面開一門。皇后升壇，祭畢而桑。後周，皇后至先蠶壇，親饗。隋制：宮北三里，壇高四尺。皇后以太牢制幣而祭。唐置〔九〕：壇在長安宮北苑中，高四尺，周圍三十步。皇后并有事於先蠶。其儀，備開元禮。宋用北齊之制，築壇如中祠禮〔一〇〕。通禮義纂〔一一〕：后親享先蠶，貴妃亞獻，昭儀終獻。夫蠶祭有壇，稽之歷代，雖儀制少異，然皆遞相沿襲，餼羊不絶⑳。知禮之不可獨廢。有天下國家者，尚鑒兹哉！有圖不載㉑。

王禎蠶神序曰㉒：蠶神，天駟也。天文，辰爲龍；蠶辰生，又與馬同氣。謂天駟，即蠶神也。淮南王蠶經云：黄帝元妃西陵氏始蠶。至漢，祀宛窳〔一〇〕婦人、寓氏公主。蜀有蠶女馬頭娘。此歷代所祭不同。然天駟爲蠶精，元妃西陵氏爲先蠶，實爲要典。若夫漢祭宛窳婦人、寓氏公主〔一一〕，蜀有蠶女馬頭娘。又有謂三娘爲蠶母者，此皆後世之溢典也。然古今所傳，立像而祭，不可闕遺，故併附之。稽之古制，后妃祭先蠶，壇壝牲幣如中祠〔一二〕㉓。此后妃親蠶祭神禮也。蠶書云㉔：「卧種之日，詰旦，升香，割鷄，設醴，以禱先蠶。」此庶人之祭也。自天子后妃，至於庶人之婦，事神之禮，雖有不同；而敬奉之心一是。諒爲知所本矣。乃作祈報之辭曰㉕：祈：惟蠶之神，伊〔一三〕駟有星，惟蠶之神，伊昔著名。氣鍾於此，孕卵而生。既桑而育，既眠而興。神之福汝，有箔皆盈；尚冀終惠，用彰厥靈；簇老獻瑞，繭盆效成。敬獲吉卜，願契心盟。神宜享之，祈祀惟馨。報：龍精一氣，功被多方。繼當是歲，神降於桑。載生載育，來福來祥，錫我繭絲，製此衣裳。室家之慶，閭里之光。敬帥長幼，詰旦升香，設殽于〔一四〕俎，奠醴於觴；工祝致告，神德彌彰。有圖不載㉖。

郭子章蠶論曰㉗：木各有所宜土，惟桑亡不宜㉘。桑亡不宜，故蠶無不可事。豳風之詩曰：「女執懿筐，遵彼微行，爰求柔桑」，則豳可蠶。將仲子之詩曰：「無折我樹桑」；則鄭可蠶。車鄰〔一五〕之詩曰：「阪有桑，隰有楊」，則秦可蠶。氓之詩曰：「桑之未落，其葉沃若；桑之落矣，其黃而隕」；桑中之詩曰：「期我乎桑中」；則衛可蠶。皇矣之詩曰：「攘之剔之，其檿其柘」；桑柔之詩曰：「菀彼桑柔，其下侯旬」；則周可蠶。禹貢兖州：「桑土既蠶，厥篚〔一五〕織文」，則魯可蠶。青州：「厥篚〔一六〕檿絲」；管子亦曰：「五粟之土，其檿其桑」；則齊可蠶。荆州：「厥篚玄纁」；則楚可蠶。孟子告梁惠王曰：「五畝之宅，樹之以桑」；十畝之詩曰：「十畝之間，桑者閒閒」；則梁可蠶。蠶叢都蜀，衣青衣，教民蠶桑，則蜀可蠶。猶之農夫之於五穀，非龍堆狐塞，極寒之區，猶可耕且穫也。今天下蠶事疎闊矣。東南之機，三吳越閩最夥，取給於湖繭；西北之機，潞最工，取給於閬繭。予道湖閬，女桑、蛦桑〔一七〕，參差牆下，未嘗不羡二郡女紅之廑，而病四遠之惰也。夫一女不績，天下必有受其寒者；而況乎半天下女不績也？豈第五十之老，帛無所出？不績則逸，逸則淫；淫則男子爲所蠹蝕，而風俗日以頹壞。今天下門内之德，不甚貿貞：每歲奏牘，姦淫十五，毋亦蠶教不興使然與？公父文伯母曰㉙：「王后親織玄紞，公侯夫人加之以紘綖，卿之内子爲大帶，命婦成祭服，列士之妻加之以朝服，自庶士以下，皆衣其夫。社而賦事，烝而獻功。男女效績，愆則有辟，古之制也。」彼大夫之家，而主猶績，奈何令天下女習於逸，以趨於淫乎？國家蠶桑㉚，載在令甲：凡民田五畝至十畝者，栽桑麻木棉各半畝，十畝以上者倍之；田多者，以是爲差。特廢不舉耳。故月令躬蠶之禮，魯母績愆之辟，與令甲桑麻之數，此三者，不可謂迂而不講也。

養蠶法

永嘉記曰㉛：永嘉有八輩蠶：蚖珍蠶，三月績。柘蠶，四月初績㉜。蚖蠶，四月初績。愛珍，五月績。愛蠶，六月末績。寒珍，七月末績。四出蠶，九月初績。寒蠶，十月績。凡蠶再熟者，前輩皆謂之珍；養珍者，少養之。愛蠶者，故蚖蠶種也：蚖珍三月既績，出蛾，取卵，七八日便剖卵。蠶生，多養之，是爲蚖蠶。欲作愛者，取蚖珍之卵，藏内甖中。隨器大小，亦可拾〔一四〕紙，蓋覆器口，安硎泉冷水中，使冷氣折其出勢。得三七日，然後剖生；養之，謂爲愛珍，亦呼愛子。績成繭，出蛾〔一五〕卵；卵七日又剖成蠶；多養之，此則愛蠶也。藏卵時，勿令見人；應用二七赤豆安器底，臘月桑柴二七枝，以麻卵紙㉝。當令水高下，與種〔一六〕相齊。若外水高，則卵死不復出。若外水下卵，則冷氣少，不能折其出勢。不能折其出勢，則不得三七日；不得三七日，雖出，不成也。不成者，謂徒績成繭、出蛾、生卵，七日不復剖生；至明年方生耳。欲得陰樹下。亦有泥器〔一七〕三七日，亦有成者。

雜五行書曰㉞：二月上壬，取土泥屋四角，宜蠶；吉。按今世有三卧一生蠶，四卧再生蠶，白頭蠶，頡石蠶，楚蠶，黑蠶〔一八〕，有一生再生之異，灰兒蠶，秋母蠶，秋中蠶，老秋兒蠶，秋末老；獮兒蠶，錦兒蠶。同繭蠶，或二蠶，三蠶，共爲一繭。凡三卧、四卧，皆有絲綿之別。凡蠶，從小與大〔一九〕者，乃至大入簇，得飼荆魯二桑。小食荆〔一七〕桑，中與魯桑，則有裂腹之患也㉟。

齊民要術曰㊱：收取種繭，必取居簇中者。近上則絲薄，近下則子不生也。屋欲四面開窗，紙糊，厚爲籬。屋内四角著火。火若在一處，則冷熱不均。初生，以毛掃。用荻掃，則傷蠶。玄扈先生曰：毛掃亦傷蠶，用桑葉蓋覆，即自上矣。調火令冷熱得所。熱則焦燥，冷則長遲。比至在〔二〇〕眠，常須三箔：中箔上安蠶，上下空置。下箔障土氣，上箔防塵埃。小時，採桑，著懷中令煖，然後切之。蠶小不用見露氣，得人體則衆惡除。每飼蠶，卷窗幃，飼訖還下。蠶見明則食，食多則生長。老時值雨者，則壞繭，宜於屋裏簇之，薄布薪於箔上，散蠶訖，又薄以薪覆之。一槌得安十箔〔一八〕。

又法：以大蓬蒿爲薪，散蠶令遍。懸之於棟梁椽柱，或垂繩、鉤戈、鴟〔二一〕爪、龍牙，上下數重，所在皆得。懸訖，薪下微生炭火〔二二〕以煖之。得煖則作速，傷寒則作遲。數入候看，熱則去火。蒿蓬生〔二三〕涼，無鬱浥之憂；死蠶旋墜，無污繭之患；【妙法】沙縈〔二四〕不住，無瘢痕之疵。鬱浥則難練〔二五〕，繭污則絲散，瘢痕則無用〔二六〕，蓬蒿簇亦良。玄扈先生曰：勝今簇遠甚，而人不用之何故？其外簇者，晚〔二七〕遇天寒，則全不作繭。用火易練而絲明〔二八〕，日曝死者，雖白而漕脆。膁練長〔二九〕衣著，幾將倍矣。甚者，虛實〔三〇〕失歲功，堅脆懸絕。資生要理，安可不知哉？

崔寔曰㊲：三月，清明節，令蠶妾治蠶室，除隙穴，具槌持〔一九〕箔籠。

王禎曰㊳：育蠶之法，始於擇種。收繭〔三一〕，取簇之中，向陽明浄厚實者。蛾出第一日者，名苗蛾，末後出者名末蛾，皆不可用。次日以後出者，取之。鋪連於槌箔，雄雌相配。至暮，抛去雄蛾，將母蛾於連上勻布。所生子，環堆者，皆不用。黄省曾曰㊴：放子，必覆而暗之，見光則其子遊散。連必桑皮紙，出於南潯。生子數足，更就連上，令覆養三五日。黄省曾曰：覆三五日，氣乃固。掛時，須蠶子向外，恐有風磨損其子。黄省曾曰：貫連，須用桑皮，忌紵麻之線。懸于涼處，忌煙薰日炙〔二〇〕之所。冬節及臘八日浴時，無令水極凍。浸一二日，取出，復掛。年節後，瓮内豎連，須使玲瓏。每十數日日高時一出，每陰雨止，即便曬暴。黄省曾曰：臘月十二，浸之於鹽滷；至二十四而出，則利於繅絲。或曰：臘八日，以桑柴灰或草灰淋汁，以蠶連浸焉，一日而出；繼以雪水浸之，懸乾。或懸桑木之上，以冒雨雪，三宿而收之，則耐養。二月十二浴。清明之曉，則綿紙裹之，藏於廚内。俟桑芽如茶匙大，則綿絮裹之。暮也，覆以所服之煖衣；晨也，覆以所蓋之煖被。既出也，温以火；未出也，禁以火焙。其浸也，用桑條之灰，濕其連而後摻之；摺而浸之於滷中，即鹽化之水有分兩；恐其浮也，以磁器壓之。其至二十四出也，用〔二一〕河水滌去其灰。或置之扁〔二二〕中而沃，而後涼之掛之，則至春生。否者，陰不至於費葉。至二月十二，浴以菜花、野菜花、韭花、桃花、白豆花。揉之水〔二三〕中而浴之。蛾之放子也，一夜而止，否則生蟻不齊。

蠶子變色，要在遲速由己，勿致損傷自變。桑葉已生，自辰巳間，將瓮内〔三二〕取出，舒卷提掇，亦無度數：但要第一日變三分，第二日變七分，却用紙〔二四〕密糊封了，還瓮內收藏。至第三日午時，又出連舒卷，須要變至十分。其蠶屋火倉蠶箔，並須預備。蠶屋宜高廣，窗戶虛明，易辨眠起。仍上於行椽〔三三〕，各置照窗，每臨早暮，以助高明下就㊵。附地列置風竇，令可啓閉，以除濕鬱。若新泥濕壁，用熱火薰乾。窗上用淨白紙新糊，門窗各掛葦簾薹薦。下蟻之時，勿用鷄翎等物掃拂。惟在詳款稀勻，不至驚傷稠疊。生齊，取葉着懷中令煖，用利刀切極細，篩於器內蓐紙上勻薄。將連合於葉上，蟻聞葉香自下。或過時不下連，及緣上連背者並棄〔三四〕。養蠶蟻時，先辟東間一間，四角挫壘空龕，狀如參星〔二五〕，以均火候。謂屋小則易收火氣也。停眠前後則徹〔三五〕去。擇日安槌〔二六〕，每槌上下閑鋪三箔〔三六〕：上承塵埃，下隔濕潤。鋪砌碎稈草於上中箔，以備分擡。用細切搗軟稈草，勻鋪爲蓐。又揉淨紙，粘成一片，鋪蓐上安蠶。初生色黑，漸漸加食，三日後，漸變白，則向食，宜少加厚。變青，則正食，宜益加厚。復變白，則慢食，宜少減。變黃，則短食，宜愈減。純黃，則停食，謂之正眠。眠起，自黃而白，自白而青，自青復白，自白而黃，又一眠也。每眠，例如此候之，以加減食。凡葉，不可帶雨露，及風日所乾。或浥臭者，食之令生諸病。常收三日葉，以備霖雨，則蠶常不食濕葉，且不失飢。採葉歸，必疎爽於室中，待熱氣退，乃與食。蠶時，晝夜之間，大槩亦分四時：朝暮類春秋，正晝如夏，夜深如冬，寒暄不一。雖有熟〔二七〕火，各合斟量多少，不宜一例。自初生至兩眠，正要温煖，蠶母須著單衣，以爲體測。自覺身寒，則蠶必寒，便添熟火；自身覺熱，蠶亦必熱，約量去火。一眠之後，但天氣晴明，巳午之間，時暫揭起窗間簾薦，以通風日。南風則捲北窗，北風則捲南窗，放入倒溜風氣，則不傷蠶。大眠起後〔二八〕，飼罷三頓，剪開窗紙，透風日，必不頓驚生病。大眠之後，捲簾薦，去窗紙。天氣炎熱，門口置瓮，旋添新水，以生涼氣。如遇風雨夜涼，却當將簾薦放下。其間自小至老，蠶滋長則分之，沙燠厚則擡之；失分則稠疊，失擡則蒸濕。蠶柔輭之物，不禁揉觸。小而分擡，人知愛護；大而分擡，或懶倦而不知顧惜。久堆亂積，遠擲高抛，損傷生疾，多由於此。蠶自大眠後，十五六頓即老。得絲多少，全在此數〔三七〕。北蠶多是三眠，南蠶俱是四眠。日見有老者，量分數減飼；候十蠶九老，方可入簇。值雨則壞繭。南方例皆屋簇，北方例皆外簇。然南簇在屋，以其蠶少易辦，多則不任；北方蠶多露簇，率多損壓壅閼。南北簇法，俱未得中。今有善蠶者一説：南北之間，蠶少，疎開窗户，屋簇之則可；蠶多，選於院内，搆長脊〔二九〕草厦，内制蠶簇，週以木架，平鋪蒿梢，布蠶於上，用蓆箔圍護，自無簇病，實良策也。蠶簇見圖譜。又有夏蠶秋蠶：夏蠶，自蟻至老，俱宜涼；惟忌蚊〔三八〕蠅蟲。秋蠶，初宜涼，漸漸宜暖，亦因天時漸涼故也。簇與繅絲，法同春蠶。南方夏蠶，不中繅絲，惟堪線纊而已。凡繭〔三九〕，宜併手〔三〇〕忙擇，涼處薄攤，蛾自遲出，免使抽繅相逼。恐有不及，則有瓮浥籠蒸之法。

士農必用云：繅絲之訣〔三一〕，惟在細圓匀緊，使無褊慢節核，麤惡不匀也。繅絲，有熱釜冷盆之異；然皆必有繅車絲軖，然後可用。熱釜要大，置於竈上，接一盆甑〔三二〕，添水至甑中八分滿。甑中用一板欄斷，可容二人對繅也。水須常〔三三〕熱，旋旋下繭。多下，則繅不及，煮〔三四〕損。此可繅麤絲單繳者，雙繳者亦可，但不如冷盆所繅，潔净光瑩也。冷盆要大，先泥其外；用時添水八九分。水宜温煖長匀，無令乍寒乍熱。可繅全繳細絲。中等繭，可繅雙繳。比熱釜者，有精神而又堅韌也。南北蠶繅之事，摘其精妙，筆之於書，以爲必效之法。業蠶者，取其要訣，歲歲必得。庶上以廣府庫之貨資，下以備生民之纊帛。開利之源，莫此爲大。

元孟祺農桑輯要論蠶性曰㊶：蠶之性，在連〔四〇〕，則宜極寒；成蟻，則宜極煖；停眠起，宜温；大眠後，宜涼；臨老，宜漸煖；入簇，則宜極煖。黄省曾曰㊷：蠶之性，喜静而惡喧，故宜静室。喜煖而惡濕，故宜版室。室静，可以避人聲之喧鬧；室密，可以避南風之襲吹；室版，可以辟地氣之蒸鬱。

務本新書曰㊸：養蠶之法，繭種爲先。今時摘繭，一槩併堆箔上；或因繅絲不及，有蛾出者，便就出種。罨壓熏蒸，因熱而生，決無完好；其母病則子病，誠由此也。今後繭種，開簇時，須擇近上向陽，或在苫草上者，此乃强良好繭。農桑要旨云：繭必雌雄相半；簇中，在上者多雄，下者多雌。陳志弘云：雄繭尖細緊小，雌者圓慢厚大。另摘出，於通風涼房内，净箔上，一一單排。日數既足，其蛾自生，免熏罨鑽延之苦，此誠胎教之最先。若有拳翅、秃眉、焦脚、焦翅、焦尾、熏黄、赤肚、無毛、黑紋、黑身、黑頭、先出、末後生者，揀出不用，止留完全肥好者。匀稀布於連上。擇高明涼處，置箔鋪連。箔下地，須洒掃潔净。蠶連，厚紙爲上；薄紙不禁浸浴〔四一〕。野語云：連用小灰紙更妙。候蛾生足，移蛾下連。屋内一角空處，豎立柴草，散蛾於上。至十八日後，西南净地，掘阬貯蛾。上用柴草搭合，以土封之，庶免禽蟲傷食。蓋有功於人，理當如此〔四二〕。

農桑旨要云㊹：將蛾作三阬，埋種田地内，能使地中數年不生刺芥。

士農必用曰㊺：蠶事之本，惟在謹於謀始，使不爲後日之患。蠶眠起不齊，由於變生之不一；變生之不一，由於收種之不得其法。故曰：「惟在謹於謀始。」

又曰：取簇中腰，東南明净厚實繭。蛾第一日出者，名苗蛾，不可用。屋中置柴草，上放不用蛾。次日以後出者，可用。每一日所出，爲一等輩。各於連上寫記〔三五〕，後來下蛾時㊻，各爲一等輩。二日相次爲一輩猶可，次三日者則不可，爲將來成蠶眠起不能齊，極爲患害。另作一輩養則可㊼。末後出者，名末蛾，亦不可用。鋪連於槌箔上，雄雌相配，當日可提掇連三五次，去其尿也。至未〔三六〕時後，款摘去雄蛾。放在苗蛾一處。

務本新書曰㊽：深秋，桑葉未黄，多廣收拾；曝乾擣碎，於無煙火處收頓。春蠶眠後用。

士農必用曰㊾：桑欲落時，捋葉。未欲落，捋傷來年桑眼；已落者，短津味。泥封收固〔四三〕。至臘月内，擣磨成麪。臘月内製者，能消蠶〔三七〕熱病。瓮器内，可多收飼蠶。餘剩做牛料，牛食甚美。

務本新書曰㊿：臘八日，新水浸菉豆，每箔約半升。薄攤晒乾。又净淘白米，每箔約半升。控乾。以上二物，背陰處收頓，以備大眠起，用拌葉飼蠶。

務本新書曰(51)：冬月，宜收牛糞堆聚。春月旋拾，恐臨時闕少。春暖，踏成墼子(52)，晒乾，苫起。燒〔三八〕時，香氣宜蠶。

士農必用曰(53)：臘月曝牛糞，春〔三九〕碾搥碎。一半收起，一半用水拌匀，杵築爲墼。

務本新書曰(54)：臘月刈茅草，作蠶蓐，則宜蠶。

士農必用曰(55)：收黄蒿豆稭桑梢。其餘梢乾勁，不臭氣者亦可。

士農必用曰(56)：修治苫薦，穀草黄野草皆可。但必令緊密。一頭截齊；一頭留梢者爲苫；兩頭齊截者，爲薦也。野語云：苫用茅草，上簇輕快，又不蒸熱。

士農必用曰(57)：蠶具及繰絲器皿，務要寬廣。槌、箔、椽、切刀、鐮、斧、軖、釜等。熱絲則釜宜大，冷絲則釜宜小，盆欲大。其竈，臨時治之。春磨米麪。蠶忙時，不及也。

黄省曾曰⑱：切桑之刀，宜闊而利。其方筐之制，縱八尺，廣六尺。其圓箔之造，在盤門張公橋。有火箱，蠶自蟻而三眠用之。

齊民要術曰⑲：修屋，欲四面開窗，紙糊〔四四〕，爲籬。崔寔曰：二〔四五〕月清明，治蠶屋，塗隙穴。收拾火氣。蠶小時，將牛糞墼子，燒令無煙，移入龕內頓放。如無壁龕等，止於槌箔四向，約量頓火。近兩眠則止。若寒熱不均，後必眠起不齊。又今時蠶屋內，素無禦寒熟火，止是旋燒柴薪，煙氣籠熏〔四六〕太甚，蠶蘊〔四七〕毒，多成黑蔫。

士農必用曰⑳：治火倉，屋當中，掘一阬，闊狹深淺，量屋大小。謂如一三〔四八〕間四椽屋，四方一面，可闊四尺，隨屋大小加減。阬周圍，塼坯接壘高二尺，長〔四九〕粘泥泥了。通計深四尺。細碎乾牛糞，阬底上鋪攤一層，厚三四指；臘月所收搥碎者。帶根節麄乾柴，於糞上鋪一層；五寸以上徑者，凡桑、榆〔四〇〕、槐等，堅硬者，皆可。柴上，又鋪糞一層。於柴空隙處，築得極實。慎不可虛，虛則火焰起，傷屋，又熟火不能長久。糞柴相間，椿阬滿㉑，上復用糞厚蓋了。約蠶生前七八日，糞上煨熟火，黑黄煙五七日。於蠶蛾生前一日㉒，少開門，出盡煙，即閉了。恐煖氣出。其柴糞陷下，已成熟火。蠶小喜煖，怕煙，不可用生火。又生火，或驟或歇，不能均勻，此火既熟，絶無煙氣，一兩月不減不動㉓，便如無火。用柴枝剔撥，便煙氣熏騰也。上必壘高二尺者，欲使火氣上騰，至室〔五〇〕中，散布均勻，又防寅夜人行，誤陷入也。其屋乾透，其壁皆煖；黑婆等諸蟲盡熏了。牛糞熏屋，大宜蠶也。蠶喜牛糞，牛喜蠶沙。糊窗。窗上故紙，却用净白紙替换〔五一〕。外莫捲草薦，旋扯故紙糊新紙，不使熱氣出去。每一窗上，嵌四大捲窗。宜密。

士農必用曰㊹：上下二箔上，皆鋪切碎稈草。中一箔，用切碎搗軟稈草爲薦，鋪按平匀；仍須四邊留箔楂五七寸㊺。揉净紙，粘成一段，可所〔四二〕鋪薦大，鋪於中箔薦上。揉紙極軟如綿。要旨云㊻：底箔，須鋪二領。蠶蟻生後，每日日高，捲出一領，晒至日斜，復布於生蠶箔底，明日又將底箔徹〔五二〕出，曬曝如前。番覆鋪藉，使受自然陽和之氣。停眠起食，然後徹去。

務本新書曰㊼：清明，將瓮中所頓蠶連，遷於避風温室，酌中處懸掛。太高傷風，太下傷土。穀雨日，將連取出，通見風日。那表爲裏㊽：左捲者，却右捲；右捲者，却左捲。每日交换捲那。捲罷，依前收頓。比及蠶生，均避風日〔五三〕，生發匀齊。要旨云：清明後種初變，紅〔四二〕和肥滿，再變尖圓，其中〔五四〕如春柳色；再變，蟻周盤其中，如遠山色。此必收之種也。若頂平焦乾，及蒼黄赤色，便不可養。此不收之種也。

士農必用曰㊾：蠶子變色，惟在遲速由己，不致損傷自變。視桑葉之生，以定變子之日；須治之三日，以色齊爲准。農語云：蠶欲三齊：子齊、蟻齊、蠶〔四三〕齊是也。其法：桑葉已生，自辰巳間，於風日中，將瓮内連取出，舒卷提掇。舒時，連背向日；晒至温，不可至熱。凡一舒一捲時，將元捲向外者，却捲向裏；元向裏者，却捲向外。横者竪捲，竪者横捲。以至兩頭捲來，中間相合。舒捲無度數，但要：第一日十分中變灰色者，變至三分收了；次二日，變至七分收了。此二日收了後，必須用紙密糊封了，如法還瓮内收藏。至第三日，於午時後，出連舒捲提掇，展連，手提之，凡半日，日數遍〔五五〕。須要變至十分。第三次，必須至午時後出連者，恐第一次先變者，先生螘也。蟻生，在巳午時之前，過午時便不生。

桑蠶直説曰(70)：欲疾生者，頻舒捲；捲之須虛謾。欲遲生者，少舒捲；捲之須緊實。

士農必用曰(71)：生蟻，惟在涼暖知時，開揹得法，使之莫有先後也。生蟻不齊，則其蠶眠起至老，俱不能齊也。其法：變灰色已全，以兩連相合，鋪於一净箔上，緊捲了兩頭繩束，卓立於無煙净涼房内。第三日晚，取出展箔，蟻不出爲上；若有先出者，鷄翎掃去不用。名行馬蟻，留則蠶不齊。每三連虛捲爲一卷，放在新煖蠶屋内。槌匝下，隔箔上。候東方白，將連於院内一箔上單鋪。如有露，於涼房中，或棚下。待半頓飯時，移連入蠶房，就地一箔上單鋪。少間，黑蟻齊生，并無一先一後者。和蟻秤連，記寫分兩。

博聞録曰(72)：用地桑葉，細切如絲髮，摻净紙上。却以蠶種覆於上，其子聞香自下，切不可〔四四〕以鵝翎掃撥。

務本新書曰(73)：農家下蟻，多用桃杖番〔五六〕連敲打。蟻下之後，却掃聚，以紙包裹，秤見分兩，布在箔上。已後，節節病生，多因此弊。今後，比及蟻生，當勻鋪蓐草，蓐宜搗軟。

煻火内燒棗一二枚⑭。先將蠶紙，秤見分兩，次將細細〔五七〕，摻在蓐上。蟻要勻稀〔五八〕，連必頻移。生盡之後，再秤空連，便知蠶蟻分兩。依此生蠶，百無一損。今時，謂如下蟻二〔五九〕兩，往往止布一蓆，重疊密壓，不無損傷。今後，下蟻三兩，決合勻布一箔。若分兩多少，驗此差分。又慎莫貪多：謂如己〔四五〕力，止合放蟻三兩，因爲貪多，便放四兩，以致桑葉房屋椽箔人力柴薪，俱各不給，因而兩失。

士農必用曰⑮：下蟻惟在詳款稀勻，使不至驚傷而稠疊。是時蠶母沐浴，净衣入蠶屋。蠶屋内焚香。又將院内鷄犬孳畜，逐向遠處，恐驚新蟻也。蟻生既齊，取新葉，用快利刀切極細，須下蟻時旋切，則葉查上有津。若用〔六〇〕刀預切，則查乾無津。用篩子，篩於中箔蓐紙上，務要勻薄。須用篩子〔六一〕能勻，不勻則食偏。篩用竹編，篩〔六二〕子亦可，秫黍稭亦可。如小椀大。篩底方眼，可穿過一小指也。將連合於葉上，蟻自緣葉上。或多時不下連，及緣上連背，飜過又不下者，并連棄了，此殘病蟻也。一箔蓐上下螘三兩。蠶至老，可分三十箔。每螘一錢，可老蠶一箔也。係長一丈闊二尺之箔，如箔小，可減螘。下螘多則蠶稠，爲後患也。養蠶過三十箔者，可更加下螘箔。養蠶少者，用筐可也。蓐如前法。

士農必用曰⑯：加減冷煖。蠶成螘時，宜極暖，是時天氣尚寒。大眠後宜涼，是時天氣已暄。又風雨陰晴之不測，朝暮晝夜之不同，一或失宜〔六三〕，蠶病即生。惟蠶屋得法，則可以應〔六四〕。蠶屋之制，周置捲窗，中伏熟火。謂如蠶欲暖，而天氣寒，閉苫窗撥火，則外寒不入，和氣内生。若遇大寒，屢撥熟火，不能勝其寒，則外燒糞墼，絶煙，置屋中四隅，和氣自然熏蒸。寒退則去餘火。蠶欲涼，而天氣喧，閉火而捲苫〔四六〕窗，則火氣內息，而涼氣外入。若遇大熱，盡捲苫窗，不能解其熱，則去其窗紙，上捲照窗，下開風眼。窗外槌下，洒潑〔四七〕新水，涼氣自然透達。熱退，則糊補其窗，閉塞風眼。使其蠶自初及終，不知有寒熱之苦；病少繭成，一室之功也。然寒不可驟加煖熱，當漸漸益火。寒而驟熱，則生黃輭等疾〔六五〕。熱不可驟加風涼，當漸漸開窗。熱而驟風涼，則變殭〔四八〕。此又不可不知也。又正熱猛著寒，便禁口不食。即用鏉子盛無煙熟牛糞火用杈托火鏉，於擡箔下往來，辟去寒氣，蠶自食葉。

務本新書曰⑦：蠶必晝夜飼。若頓數多者，蠶必疾老，少者遲老。二十五日老，一箔可得絲二十五兩；二十八日老，得絲二十兩。若月餘或四十日老，一箔止得絲十餘兩。飼蠶者，慎勿貪眠，以懶爲累。每飼蠶後，再宜遶箔看一遍，飼蠶葉要均匀〔六六〕。若值陰雨天寒，比及飼蠶，先用乾桑柴或〔六七〕去葉稈草一把，點火繞箔〔六八〕照過，熇出〔六九〕寒濕之氣，然後飼之，則〔七〇〕蠶不生病。一眠，候十分眠，纔可住食；至十分起，方可投食。若八九分起，便投葉飼之〔七一〕，直到老，決都不齊，又多損失。停眠至大眠，蠶欲向眠時〔七二〕，見黃光，便住食擡解。直候起齊慢飼。葉宜薄摻〔四九〕〔七三〕，厚則多傷慢食之病。蓋因生蠶得食力，須勤飼。最忌露水濕葉，并雨濕葉：飼之，則多生病。

韓氏直說曰⑱：抽飼斷眠法：蠶向眠時，量黃白分數，抽減所飼之葉。漸次細切，薄摻，頻飼。如十分中，有三分黃光者，即十分中減葉三分；比尋常，稍宜細切薄摻，頓數亦宜稍頻。如十分中，有五分黄光，即減五分，比先次，又細切薄摻，其頓數亦宜加頻。如十分中，有八分黄光，即減去八分；比先次切令極細，摻令極薄；其頓，亦令極頻。候十分黄光，不問陰晴，早夜急須擡過。預備箔蓐，可無失悞。擡過時住食，起齊時投食。此爲抽飼斷眠之法，謂抽減眠蠶之葉，不致覆壓；專飼未眠之蠶，使之速眠。不惟眠起得齊，且〔五〇〕無葉罨燠熱之病。前人謂「學取抽飼斷眠法，年年歲計得絲蠶」，不可不知也。

務本新書曰(79)：擡蠶要衆手疾擡。若箕内堆聚多時，蠶身有汗，後必病損，漸漸隨擡減耗。縱有老者，簇内多作薄皮。蠶沙宜頻除，不除，則久而發熱，熱氣熏蒸，後多白殭。每擡之後，箔上蠶宜稀布。稠則强者得食，弱者不得食，必遶箔遊走。又風氣不通，忽遇倉卒開門，暗值賊風，後多紅殭。布蠶須要手輕，不得從高摻下。如或高摻，其蠶身遞相擊撞，因而蠶多不旺。已後簇内，懶老翁、赤蛃是也。要旨云：蠶有白殭，是小時陰氣蒸損。天晴，急用簸箕三四具，轉蠶中庭，使日氣煦照。擡一箔，則復布一箔；得日氣，則盡解矣。野語云：蠶燠〔五一〕乾鬆者，其蠶無病。蠶燠成片濕潤白積者，蠶爲有病，速宜擡解。如正可擡，却遇陰雨風冷，則不敢擡。用茅草細切如豆，每一箔可用一斗，或二斗，匀撒蠶上，上再摻葉。移時，蠶因食葉，沿上其茅草，能隔燠沙〔七四〕。天晴再擡。如無茅草，稈草次之。

士農必用曰(80)：分擡之便，惟在頻款稀匀，使不致先〔七五〕濕損傷也。蠶滋多必須分之；沙燠厚〔五二〕，必須擡之。失分則不勝稠疊；失擡，則不勝蒸濕。故宜頻。蠶者，柔輭之物，不禁觸弄。小而分之，猶能愛護；

大而擡之，莫能顧惜也，未免久堆亂積，遠擲高抛；生病損傷，寔由于此。故宜安款而稀匀也。或有不齊，頻飼以督其後者，使之相及，而各取其齊也。蠶眠不齊，病原於初。今既然矣，當從此以治之。如於純黃之中，雜見其退白而向黃者，是與純黃〔五三〕不相懸遠，頻飼以督之，則猶得相及。飼頻則可速其眠故爾。如已見純黃，又多青白，此與純黃既遠，雖飼之之頻，則亦莫及。蓋蠶之變色，爲變之小；其眠，則絶食退膚，爲變之大也。爲蛹爲蛾，則變之尤〔五四〕大而至于化也。凡至純黃，則結嘴不食而眠；如人之大病，周身之氣血，一爲變换。一晝夜静安不擾〔五五〕，則眠爲得所。今以青白者尚多，飼而亂之，動而蹂之，則眠而〔七六〕失其所矣。比〔五六〕其青白者變黃而向眠，則此已過眠而動起。動起之初，欲得少食，亦如人之病起欲得少食，以接氣血也。以後者方眠，勒其食而不投，以困以餓；又必待後者動起而飼之。多病少絲，端爲可惜。故蠶經云(81)：「眠起不齊絲減少〔七七〕」，良謂此也。

務本新書曰(82)：初飼蟻法：宜旋切細葉，微篩，切刀宜快，快則粗細匀停。不住頻飼。一時辰約飼四頓，一晝夜通飼四十九頓，或三十六頓。懶者頗疑繁冗。予曰：新蟻，止食桑葉脂脉；若頓數不多，譬如寸乳嬰兒(83)，小時失乳，後必羸弱病生。蟻初生，須隔夜採東南枝肥葉，瓮中另頓，旋取細切。

士農必用曰(84)：飼蟻之法：當宿澆其桑，旋摘其葉。宿澆則多液，旋摘則不乾。利刃以細切之，疎篩以薄布之。非利刃則無液，非細切則蓋螘，非篩則不匀，非匀則偏食。然葉楂之微液，不能久存，少頃之間，即成枯涸〔五七〕。故須旋切而頻篩也。第一日飼，一復時，可至四十九頓；第二日，飼至三十頓；葉微加厚。第三日，飼至二十餘頓。又稍加厚。宜極煖宜暗。大凡：初螘宜暗，眠宜暗，將眠及眠起宜微明，向食宜明。後倣此。

士農必用曰[85]：擘黑法：第三日，巳午時間，於別槌上，安三箔。如前初安槌法。微帶燠薄揭蟻，款手擘如小綦子大〔五八〕，布於中箔，可盈滿。不留植〔七八〕也。可漸漸加葉飼。早晴，可捲東窗苫，使受〔七九〕東照。及當日背風窗。自此後，常日宜如此。天陰早暮且不宜；至夜則閉。凡迎風窗苫，及西照窗苫〔八〇〕，不可開，蠶畏風也。後皆倣此。雖大眠後喜涼，亦可以避其猛風也。漸漸變色，隨色加減食。至純黃，則不飼。是謂頭眠，不以早晚擡過。

士農必用曰[86]：擡頭眠：蠶眠：結觜不食，皮膚退換，蠶之一大變也。別槌上布四箔，上下隔塵潤，中二箔安蠶。用蓐如前。薄帶沙燠，揭蠶分如大綦子大，布滿中二箔。沙燠厚，則蒸蠶生病。一復時可六頓。次日可漸漸加葉，可開捲窗一半。初向黃時，宜極暖；眠定宜暖，起齊，宜微暖。擡頭眠飽食：正食時擡，名擡飽食。分如小錢大，布滿三箔。辨色加減食。

士農必用曰[87]：擡停眠：分如小錢微大，布滿六箔。起齊，頭食宜薄；一復時可四頓。次日可漸加葉。辨色加減。或全開捲窗。惟避當風窗。初向黃時宜暖，眠定宜微暖，起齊宜溫。擡停眠飽食，如前法。蠶可撥可摻，不須分揭，可布滿十二箔。然不可高拋遠置〔八一〕，恐損蠶身。辨色加減食。

務本新書曰[88]：大眠起，燠宜頻除，蠶宜頻飼。或西南風起，將門窗簾薦放下，此際不宜擡解。箔上布蠶，須相去一指，布蠶一箇，取臘月所藏菉豆，水浸微生芽，曬乾磨作細麵。臘月所藏白米，蒸熟作粉，亦可。第四頓投〔五九〕食，拌葉勻飼，解蠶熱毒，絲多易繰，堅韌有色。如葉少，去秋所收桑葉，再擣爲末。水洒新葉，微濕，摻末拌勻，接鬬飼蠶，比食豆麵，係本食之物。又萵苣亦可接。蠶屋南簷外，先所架立搭棚櫄柱，此時搭蓋〔六〇〕。

士農必用曰[89]：擡大眠，分如折二錢大[90]，布滿二十五箔。起齊投食。一復時可三頓。第一頓，宜薄；但可覆白[91]。第二頓，比前又薄；仍覆白。第三頓，如第一頓。覆白。此三頓食如不短，則其蠶至老食慢。次日可漸加葉。辨色加減頓數。可全開捲窗照窗。過熱，則更劙開窗紙。但不至熱，則不拘此例。初向黃時，宜微暖；眠定宜温；齊〔八二〕宜涼。可落蓐〔八三〕，大眠起，投食後，第六七頓，可落蓐。全去沙燠。蓐草息〔八四〕即是擡飽食。可分至三十箔。辨色加減食。正食時，每飼後，可挾葉筐，遶槌〔六一〕巡之，但見箔上有班黎處[92]，即摻葉補合。蠶至大眠後，正食時，鬬一分葉，即減一分絲也。但見有班黎處，是蠶先食葉透也；即當補合。不如此，則後來多有薄收〔八五〕也。拌米粉：臘月内成造者。至第七八頓食後，於巳午時間，將切下葉攤在箔上，玄扈先生曰：大眠後，尚切葉食，今人全不爾。不知北土何如？宜詳問之。亦不知今人不切無〔六二〕害否？宜兩試之[93]。新水洒拌極勻。待少時，納〔八六〕羅白粉子，拌令極勻，每葉一筐，用新水一升，粉子四兩。如無止用新水。一筐可飼一箔。所有之蠶，皆可飼一頓。拌桑麵：令蠶體充實，爲繭堅厚，爲絲堅韌也。切葉洒拌新水極勻，羅桑麵拌勻。於大眠後間飼三五頓。假令每頓飼葉二筐，今止用一筐，減葉一半。如蠶盛葉闕，大眠後間飼之，五頓亦無妨。蠶食不闕，不可用。擡沙：于大眠後，飼食第〔六三〕十一二頓間可擡。擡如前法，全去沙燠。不如此，則不禁〔六四〕蒸鬱，臨老生病，難以抽繅。蠶欲老，飼之宜細薄，宜頻。養老如養小，亦如人老，多〔八七〕食則傷。若不如此，則食葉不净，其葉蒸濕〔六五〕。帶葉入簇，所結繭亦濕潤，如經〔六六〕鹽水，此名簇汁〔八八〕繭，難抽繅。宜微暖。如人老，不禁寒涼；然亦可相度當時天氣涼暖消息斟酌。大意比大眠後未老時，宜微暖也。依按其法，蠶自螘至老，不過二十四五日。過此，日數愈多，桑愈費，而絲愈少也。

韓氏直說曰(94)：蠶自大眠後，十五六頓即老。得〔六七〕絲多少，全在此數日。葉足則絲多，不足則絲少。見有老者，依抽飼斷眠法飼之。候十蠶九老，方可就箔上撥蠶入簇。如是則無簇汗蒸熱之患，繭必早作，而〔八九〕多絲。養蠶無巧，食到便老。

桑蠶直說曰(95)：四眠蠶，別是一種，與養春蠶同。但第三眠，止擡開十五箔；擡飽食，二十箔；大眠，擡三十箔。

黄省曾曰(96)：蠶之自蟻而三眠也，俱用切葉。其替擡也，用糠籠之灰糝焉，則蠶體快而無疾，或布網而擡替。其飼火蠶也必勤，葉盡即飼，毋使飢吞火氣而病。其替蠶也，食半〔六八〕而替，則功省而蠶不勞。其三眠之起也，斤分於一筐。一筐之蠶，可以得繭八斤，爲絲一車而十六兩。其蟻之初出也，以薔薇之葉，焙燥揉碎之，糝之蟻上，聞香而集之於上，乃以鵝翎拂下。其厝火也，炭之團爇之〔六九〕，而灰以遏之，瓦以覆之，溫溫然而已。綿被以隔之，而後置之於被之上焉。若熾焉，或飢焉，則傷於火，其長也，焦黃不食而死。勿食水葉。食則放白水而死。雨中之所採也，必拭乾之，或風戾之。

簇以稻草爲之。殺疏之必潔，則不牽絲。乃握而束之，厚藉〔七〇〕以所殺疏之草殼，可以禦地濕，可以承墜蠶。乃以握許登之，勿覆以紙。至次日，少以稻稈糝焉，以屬其作綴之未成者。勿用菜箕。善絆擾而薄繭。七日而摘，半月而蛾生。交五月節，梅風吹之則生。凡蠶色之青也，爲老之候。其在簇而有雷，則以退紙覆之⑰，以護其畏。

繭長而瑩白者，細絲之繭；大而晦色青葱者，粗絲之繭。皆撏去其蒙戎之衣。其内潰而漬濕者，謂之陰繭；及薄而雜者，綿之繭；可爲粗絲。不可以經日，經日則絲爛而難抽；不可以焚香，焚香則蛆穴而難抽。大者謂之麄工。

繰之不可及也，淹而甕之泥之，每大缸，用鹽四兩，荷葉包之；於缸瓮之口，又塞實荷葉。至七日而蛾死。泥之也，仍數視之：少有隙，則蛾生。凡拈絲綿之線⑱，一分銀是拈一兩。其爲綿也，蛾口爲最，上岸次之，黃繭又次也，繭衣者爲最下。蛾口者，出蛾之繭也；上岸者，繰湯無緒，撈而出者也；繭衣，繭外之蒙茸，蠶初作繭而營者也。

蠶不可以受油鑊之氣，不可以受煤氣，不可以焚香，亦不可以佩香，零陵香亦在所忌。否則焦黄而死。不可以入生人，否則遊走而不安箔。蠶室，不可以食薑暨蠶豆。養之人，後高爲善：以筐計，凡二十筐，庸金一兩。看繰絲之人，南潯爲善：以日計，每日庸金四分，一車也六分。其上簇也而無火，則繰之也必不净。蠶婦之手，不可以擷苦蕒；手有苦蕒之氣，令蠶青爛。食之者，亦不可以入蠶之室。

韓氏直説曰⑲：稙蠶疾老，少病；省葉，多絲。不惟收却今年蠶，又成就來年桑。稙蠶生於穀雨，不過二十三四日老。方是時，桑葉發生，津液上行；其桑斫去，比及夏至，夏至後一陰生，津液不上行⑩。可長月餘；其條葉長盛，過於往歲。至來年春，其葉生又早矣。積年既久，其桑愈盛，蠶自早生。

韓氏直説曰：晚蠶遲老，多病；費葉，少絲。不惟晚却今年蠶，又損却來年桑。世人惟知婪多爲利，不知趨早之爲大利，壓覆蠶連，以待桑葉之盛。其蠶既晚，明年之桑，其生也尤晚矣。

務本新書曰⑩：蠶有十體：寒熱饑飽稀密眠起緊慢。謂飼時緊慢也。

蠶經曰⑩：蠶有三光：白光向食，青光厚飼，皮皺爲饑，黄光以漸住食。

韓氏直説曰⑩：蠶有八宜：方眠食宜暗；眠起以後宜明。蠶小并向眠時，宜暖宜暗；

蠶大并起時，宜明宜涼。向食時，宜有風，避迎風窗，開下風窗。宜加葉緊飼；新起時怕風，宜薄葉慢飼。蠶之所宜，不可不知。反此者，爲其大逆，必不成矣。

蠶經曰：蠶有三稀：下蟻，上箔，入簇。

蠶經曰：蠶有五廣：一、人；二、桑；三、屋；四、箔；五、簇。謂苫薦、蒿梢等。

務本新書蠶忌曰：忌食濕葉。忌食熱葉。蠶初生時，忌屋内掃塵。忌煎煿魚肉。不得將煙火紙撚於蠶房内吹滅。忌側近舂搗。忌敲擊門窗槌〔七一〕箔，及有聲之物。忌蠶房内哭泣叫喚。忌穢語淫辭。夜間無令燈火光忽射蠶屋窗孔。未滿月産婦，不宜作蠶母。蠶母不得頻換顔色衣服，洗手長要潔凈。忌帶酒人將〔九〇〕桑飼蠶，及擡解布蠶。蠶生至老，大忌煙熏。不得放刀於竈上箔上。竈前忌熱湯潑灰。忌産婦孝子入家。忌燒皮毛亂髮。忌酒、醋、五辛、羶魚〔九一〕、麝香等物〔九二〕。忌當日迎風窗。忌西照日。忌正熱著猛風暴〔九三〕寒。忌正寒陡令〔七二〕過熱。忌不潔凈人入蠶屋。蠶屋忌近臭穢。

務本新書曰[104]：簇蠶地宜高平，内宜通風，匀布柴草，布蠶宜稀；密則熱，熱則繭難成，絲亦難繰。東北位，并養六畜處，樹下阬上糞惡流水之地，不得簇。野語：如天氣暄熱，不宜日午簇蠶；蠶光〔九四〕，不禁日氣晒暴故也。

士農必用曰[105]：治簇之方，惟在乾暖，使内無寒濕。簇中繭病有六：一、簇汗〔七三〕；二、落簇；三、遊走；四、變赤蛹；五、變殭；六、黑色。簇汗之病，蠶老食葉不净，其葉蒸濕，帶葉入簇，故繭亦濕潤。此爲簇汗⑯。其餘五病，皆地濕天寒所致。玄扈先生曰⑰：亦不止爲地濕天寒，自擇種至上簇、無時不可得病也。蠶欲老，可簇地盤，燒令極乾，除掃灰净，於上置簇。玄扈先生曰：此是北法。南方正值梅天，萬難作此；所以皆須屋內簇，定須着火。

韓氏直説曰⑱：安圓簇於阜高處，打成簇脚，一簇可六箔蠶。十分中，有九分老者，宜少摻葉。名上馬桑。就箔上用簸箕般去。宜款手摻於簇上。自東南起頭，不令〔七四〕落地。務令稀匀。上復覆蒿梢〔七五〕，或豆藉。復摻蠶如前。至三箔覆梢，倒根在上。如此，則簇圓，又穩。自後蠶可近上。摻至六箔，覆蒿，令簇圓，上用箔圍苫繳。簇頂如亭子樣。防雨。至晚，又用苫將簇從下繳至上苫相接。日出高時捲去；至晚復繳。三日外，繭成不用。馬頭簇，亦依上苫繳。柴薪要廣，簇又玲瓏。中間宜架起〔九五〕。蠶多者，宜馬頭簇；放〔九六〕脚宜南北。曬簇，上蠶後第三日，辰巳時間，開苫箔，日曬。至未時，復苫蓋如前。如當日過熱，上榰單箔遮日色。

翻簇，上蠶時，被雨霑濕，雨纔止纔晴，即選一簇地盤，如雨濕了，則取乾牆土〔七六〕，厚覆。治簇之法如前。不以成繭不成繭，翻騰遷移別簇，封苫如前。小雨則不須，但可曝曬。又有一法：臨簇有雨，只於蠶屋中本槌下地面上安簇，開了門窗，使透風氣。早夜或陰雨變寒，則閉〔七七〕門窗，添牛糞火。比翻簇之法，又爲妙也。又一法：槌箔上，虛撒蒿；槌周圍，簇梢與蒿，箔苫圍之。蠶自作繭。猶勝於雨中簇也。

務本新書曰[109]：繭宜併手忙擇，涼處薄攤，蛾自遲出，免使抽繅相逼。

士農必用曰[110]：繅絲之訣，惟在細圓勻緊，使無褊慢節核，接頭爲節〔七八〕，疙疸爲核。麄惡不勻也。生繭繅爲上。如人手不及，殺過繭，慢慢繅。殺繭法有三：一、日晒；二、鹽浥；三、蒸。蒸最好；人多不會。日晒損繭，鹽浥者穩。熱釜，可繅粗絲單繳者，雙繳亦可。但不如冷盆所繅者，潔净光瑩也。釜要大，置於竈上。如蒸竈法。釜上，大盆甑接口，添水至甑中八分滿。甑中用一板欄斷，可容二人對繅也。繭少者，止可用一小甑。水須熱，宜旋旋下繭。多下，則繅絲〔九七〕不及，煮損。冷盆，可繅全繳細絲；中等繭，可繅雙繳。比熱釜者有精神，而又堅韌。雖曰冷盆，亦是大温也。盆要大〔九八〕，先泥其外。口徑二尺五寸之上者，預先翻過，用長粘泥泥底，并四圍；至唇，厚四指；將至唇，漸薄。日晒乾。名爲串盆。用時，添水八九分〔九九〕。水宜温煖常勻，無令乍寒乍熱。釜要小，口徑一尺以下者。小則下繭少，繭欲頻下，多下則煮過又不勻也。用突竈〔一〇〇〕，半破磚坯，圓壘一遭，中空，直桶子様。其高，比繅絲人身一半；其圓徑相盆之大小。當中壘一小臺；徑比盆底大。坐串盆於小臺上。其盆要比圓壘高一唇。靠元壘，安打絲頭小釜竈，比圓壘低一半，撴火透圓壘。竈子後，火煙過處，名撴火。與撴火相對，圓壘匝近上，開煙突口。做一卧突，長七八尺已上。先於安突一面，壘一臺，比突口微低。又相去七八尺外，安一臺，高五尺。或就用牆，或用木爲架子。用長一丈椽二條，斜磴在二臺上。二椽相去，闊一磚坯許，用磚坯泥成一卧突。二椽上，平鋪磚坯〔七九〕一層，兩邊側立，上復平蓋泥了，便成一卧突也。須與竈口相背，謂如竈口向南，突口向北是也。繅盆居中，火衝盆底與盆下臺。煙焰遶盆過，煙出臥突中，故得盆水常温又匀也。又得煙火與繅盆相遠，其繅絲人，不爲煙火所逼，故得安詳也。

軖車牀高與盆齊⑪。軸長二尺，中徑四寸，兩頭三寸。用榆槐木。四角，或六角。臂通長一尺五寸。六角不如四角，軖角少，則絲易解。臂者，輻條也。或雙輻，或單輻；雙輻者穩。須脚踏。又繅車竹筒子宜細，細似織絹繐筒子。鐵條子串筒，兩樁子亦須鐵也。兩竪樁子上，横串鐵條，鐵條穿筒子，既輕又利〔八〇〕也。不如此，則不能成絶妙好絲。古人有言：「工欲善其事，必先利其器。」餘如常法。打絲頭。用一人。小釜内，添水九分滿；竈下燃麄乾柴。柴細，旋添火，不匀停〔八一〕。候水大熱，下繭於熱水内。下繭，宜少不宜多，多則煮過，繅絲少。用筯輕剔，撥令繭滾轉盪匀。挑惹起囊頭，粗絲頭名囊頭。手撚住，於水面上，輕提掇數度，復提起。其囊頭下，即是清絲。摘去囊頭。如重手攪撥囊頭，又於手拐子纏數遭，可長五七尺，將繭上好絲，十分中去了三二分〔八二〕，實爲可惜。如輕手剔撥〔八三〕起囊頭，長不過五尺也。一手撮撚清絲，一手用漏杓窈〔八四〕繭，款送入温水盆内。杓底上，多鑽眼子，爲漏杓。漏瓢更好。將清絲掛在盆外邊絲老翁上。盆邊釘插一橛子，名絲老翁。玄扈先生曰：如此，分得極匀爲安詳；故即熱釜，亦宜如此。繅絲，用一人。將絲老翁上清絲，約十五絲之上，黄絲粗，減繭數。總爲一處，穿過錢眼，錢下，繭〔八五〕攢聚，名絲窩，又名絮盤。繳過篙頭。蛾眉杖子上，兩繳；杖子下，兩繳。掛於軖上，又取絲老翁上清絲，如前掛於軖子〔一〇〕。兩箇絲窩，其頭齊行。右脚踏軖，右轉；長切照覷，撥掠兩絲窩於内。有繭絲先盡，蛹子沉了者，繭絲斷了，繭浮出絲窩者，其絲窩減小；即取清絲，約量添加。務要兩絲窩大小長均。眼專覷，手頻撥頻添。添不過三四絲。失添則細了；多添則粗了。如或手添不迭，脚慢踏軖，其絲較争粗；如或手添得多了，脚緊踏軖，其絲較争細。手脚相應，亦可取匀也。玄扈先生曰：緊慢可爲粗細，却無此理。添絲，搭在絲窩上，便有接頭；將清絲用指面喂在絲窩内，自然帶上去，便無接頭也。此名全繳絲，圓緊無疙疸，上等也；中作紗羅，上等疋段。如蛾眉杖上只兩〔八六〕繳，名雙繳絲；不甚圓緊，有小疙疸，中等也；不中紗羅，中中等疋段。如蛾眉杖上只一繳，名單繳絲，又名歇口絲，褊慢，有大疙疸，不中疋段，只中絹帛，亦不堅壯。此單繳歇口絲，多只是熱釜中繅也。玄扈先生曰：今各處繅絲，皆只雙繳；亦無蛾眉杖。而秦王諸家[112]，亦并不言全繳、雙繳、單繳之異。蓋古法之廢已久，著書者，亦只抄寫節略舊文而已。未見今北繅車[113]，不知有蛾眉杖否？宜索一具觀之。

玄扈先生曰：愚意，要作連冷盆。釜俱改用砂鍋或銅鍋；比鐵釜，絲必光亮。以一鍋專煮湯，供絲頭。釜二具，串盆二具，繅車二乘；五人共作。一鍋二釜，共一竈門。火煙入於卧突，以熱串盆。一人執爨，以供二釜二盆之水。爲溝以瀉之，爲門以啓閉之。二人直釜，專打絲頭。二人直盆主繅。即五人一竈，可繅繭三十斤，勝於二人一車，一竈繅絲十斤也。是五人當六人之功。一竈當三繅之薪矣。并具圖於後[114]。

韓氏直説曰[115]：蠶成繭硬，紋理粗者，必繅快。此等繭，可以蒸餾，繅冷盆絲。其繭薄，紋理細者，必繰不快，不宜蒸餾。此止〔八七〕宜繰熱盆絲也。其蒸餾之法：用籠三扇，用軟草扎一圈，加於釜口，以籠兩扇坐於上。其籠不以大小。籠内匀鋪繭，厚三四指許。頻於繭上，以手背試之。如手不禁熱，可取去底扇，却續添一扇，在上亦不要蒸得過了，過了則軟了絲頭；亦不要蒸得不及，不及則蛾必鑽了。如手背不禁熱，恰得合宜。於蠶房槌箔上，從頭合籠内繭在上，用手微撥動。如箔上繭滿，打起，更攤一箔。候冷定，上用細柳梢微覆了。其繭，只於當日却要蒸盡；如蒸不盡，來日必定蛾出。如此繰絲，一月一般繰快〔一〇二〕。釜湯内，用鹽一兩，油半兩，所蒸繭，不致乾了絲頭。如餾繭多，油鹽旋入。

務本新書曰(116)：凡養夏蠶，止須些小，以度秋種。慮恐損壞萌條，有誤明年春蠶桑葉。今時養熱蠶，以紙糊窗因避飛蠅，遮盡往來風氣。天晴罨熱病生，陰則濕生〔八八〕白蹼。陰晴俱不便。當以紗糊窗，陳稈草作薦。紙條先貼紗邊，餘紙就糊窗上。中間以線繫紗在窗櫺上。蠶罷，以水潤紙，揭下明年再用。或用荻簾。粗麻線繫織。凡窗繫定，不嵓泥之〔一〇三〕，遮蔽飛蠅，透脱風氣。另擗〔八九〕一房，不令雜人出入。决要〔一〇四〕南北窗。以剪剪葉，旦暮擡分，兼夜頻飼。秋蠶，初生時，去三伏猶近，暑氣仍存，蠶屋多生濕潤，正要四通八連，風氣往來，蓋初生却要涼快。以陳稈草作薦，勿用麥稭。一日一擡，失擡多生白蹼。一眠宜溫，再眠如春。門窗俱掛薦簾，屋内須用無煙熟火。大眠全要暄暖，大忌北風寒氣。勿飼雨露冷葉。春秋蠶法，首尾顛倒，深宜體測。簇蠶時，相次秋高；恐值夜寒風冷，不能作繭。可於簇西北，埋柱繫椽箔，遮禦北風寒氣。三兩夜之間，便可作繭。玄扈先生曰：斟酌用火。

士農必用曰[117]：夏蠶，此別是一等〔九〇〕，俗謂三生蠶。春養出夏種，夏養出秋種，秋養出來春種。不可間闕，闕則絶其種。玄扈先生曰：今人呼二蠶，種甚細。然余家用春蠶種，夏月養之，仍得良繭也。自蟻至老俱宜涼。忌蠅蟲。先於蠶生前，用麥糠擁於蠶房壁脚下燒之。去濕氣及諸蟲子。擘黑後，須一日早晨一擡。其餘並與養春蠶同。此蠶不可多養。止欲收秋蠶種，多則損葉。然只可科採桑中冗〔九一〕條取葉也。秋蠶，一名原蠶。採〔一〇五〕葉不無傷桑。春蠶不幸遇天災，不得已養之，以補歲計。然不宜稙宜穉也。初宜涼，漸漸宜暖，與養春蠶正相反。其間體候，須欲得所。初可摘葉，蠶大則捋葉。初欲〔一〇六〕紗糊窗，漸漸天寒，上復用紙糊，留捲窗。簇與繅絲法如前。要旨熱蠶：槌底，亦宜用麥糠麥黠燒之。又大路上踏踐，起乾塵土，收三四石〔九二〕。生蠶日，于槌底攤平，可辟暑濕。簇秋蠶，多于簇心〔九三〕用熟火，或致焚燒；不若止於映北風處爲簇，簇底用麥黠均鋪，簇則用乾桑柴爲梢，新乾麥〔一〇七〕黠爲草。得自然溫暖之氣，不須用火矣。經雨則倒簇。玄扈先生曰：今人不養秋蠶，止以夏蠶作來春種，亦生。又云：「秋蠶以補歲計」，此言甚妙。秋時多晴，更比春蠶爲穩。今人先言二蠶不食頭葉，致昧秋蠶補歲計之理，不知二蠶何故不食頭葉？夏秋蠶俱要計算除蚊蠅。

校：

〔一〕虜 黔、魯作「地」，這是清康、雍、乾三代文字獄的烙印，魯本從黔本避忌諱改的。現依平、曙作「虜」。

〔二〕消 黔、魯譌作「濁」，依平、曙作「消」，與要術原引文合。

〔三〕蠶 黔、魯及中華排印本作「繭」，應依平、曙從要術引文作「蠶」，與淮南子原文合。

〔四〕諸 平本譌作「詩」，依中華排印本「照黔、曙改」，合王禎原文。

〔五〕臨祭以陪班 平本作「際以成陪班」，黔、魯作「際成以陪班」；暫依中華排印本「照曙改」。應依傳本王禎農書原文作「陪祭以成班」。

〔六〕公 黔、魯作「躬」；依平、曙作「公」，合王禎原文。

〔七〕夫 平本譌作「大」，依黔、曙、魯改，與王禎原文合。

〔八〕嫘 平、曙作「儽」，與王禎原文合；現依黔、魯改作「嫘」，與宋本史記合，也是現在通用的字。

〔九〕高 平本誤植在下句「四陛」之「四」字下，依黔、曙、魯改正，合王禎原文。

〔一〇〕祠 黔、魯及中華排印本作「祀」，依平、曙作「祠」，與王禎原文合。（案：宋史卷一〇二志五五吉禮五「先蠶」，原作「祠」字，王禎不誤。）

〔一一〕義 中華排印本作「儀」，依平、黔、曙、魯本作「義」，合王禎原文。（案：宋史藝文志三史部儀注類，有「盧多遜開寶通禮義纂一百卷」，止應作「義」。）

〔一二〕宛窳婦人寓氏公主　平本、魯本「婦人」誤植在「公主」下，依黔、曙、中華排印本從王禎原文改正。

〔一三〕祠　黔、魯及中華排印本作「祀」，依平、曙作「祠」，與王禎原文合。

〔一四〕于　平本譌作「干」，魯本、中華排印本作「於」；應依曙本改作「于」，合於王禎農書。（定扶校）

〔一五〕鄰　黔、魯作「轔」，暫依平、曙作「鄰」；今傳本詩經作「鄰」。

〔一六〕厥篚　黔、魯譌作「厥筐」，依平、曙合禹貢原文。

〔一七〕荆　平本、曙本承襲後來刊本要術的錯字作「則」，黔、魯作「則地」；下面一句「則有腹裂……」的「則」字，各本都承襲要術譌字作「荆」。現依要術校定本改正。

〔一八〕「一槌得安十箔」句，黔、魯誤植在下引「崔寔曰」節末了；依平、曙復原，合要術原文。

〔一九〕⿰木寺　本書各刻本皆作「持」，合於要術原文。但齊民要術今釋中，石聲漢在「持」下加注，指出「持」恐係「⿰木寺」字，即「蠶樀」、「蠶槌」。（參看今釋卷五種桑柘第四十五，一九五八年科學出版社版第二分册二九三頁；二〇〇九年中華書局版上册四一二頁。）故此處改「持」作「⿰木寺」。（定扶校）

〔二〇〕炙　黔、魯作「晒」，依平、曙作「炙」，與黃省曾原用的字相同。

〔二一〕用　平本譌作「周」，依黔曙、魯改作「用」，合黃省曾原文。

〔二二〕扁　黔、魯作「萹」，依平、曙作「扁」，合黃省曾原文（「扁」即有矮邊的竹筐）。

〔二三〕水　平本譌作「之」，依黔、曙、魯從黃書原字作「水」。

〔二四〕紙　平本譌作「子」，依黔、曙、魯改正，合王禎原文。

〔二五〕參星　平本作「三暑」，依黔、曙、魯改與王禎原文合。

〔二六〕槌　平、曙、魯本均譌作「搥」，依中華排印本改作「槌」（音 zhuì，專指擱蠶箔的木柱），合於王禎農書所引。下同改。（定扶校）

〔二七〕熟　黔、魯譌作「熱」，依平、曙從王禎原書作「熟」。

〔二八〕後　黔、魯譌作「候」，依平、曙從王禎原書作「後」。

〔二九〕脊　平本譌作「春」，依黔、曙、魯改作「脊」，與王禎原文合。

〔三〇〕手　平本譌作「子」，依黔、曙、魯改作「手」，與王禎原文合。

〔三一〕繰絲之訣　魯本作「抽繰之訣」，應依平、曙、中華排印本作「繰絲之訣」，合於農桑輯要所引士農必用。（定扶校）

〔三二〕竈上接一盆甑　平本「竈」譌作「釜」，「盆」譌作「杯」；黔、曙、魯「接一盆甑」四字作「甑須接口」。依王禎原書改正。

〔三三〕常　平、曙作「當」，黔、魯作「嘗」，都是譌字，依王禎原書改作「常」。

〔三四〕煮　平本作「鬻」，黔、魯譌作「鬲」。曙本改作「鬻」（此字亦可解作「煮」）。暫依殿本王禎農書作今日通用的「煮」。

〔三五〕寫記　黔、魯倒作「記寫」，依平、曙作「寫記」，與輯要引文同。

〔三六〕未　平、黔、魯作「末」，依曙本改作「未」，與輯要引文合。

〔三七〕蠶　平本譌作「蟲」，照黔、曙、魯改與輯要引文同。

〔三八〕燒　平、黔、魯作「煙」，依曙本改與輯要引文合。

〔三九〕春　平本作「春」，與輯要原引文合，不過上面脱漏了一個「至」字，應補。黔、曙、魯改作「舂」，失去原意；——估量没有人會用臼來舂乾牛糞。

〔四〇〕榆　黔、魯脱漏，依平、曙有此字合輯要原引形式。

〔四一〕可所　平、黔、魯均作「可所」，與輯要原引文同。曙本改作「可以」，無根據，而且不合原文意義。「可」解爲「大約」、「等於」；「所鋪薦大」，是「可」的受格。各本都在「薦」字斷句，因此解釋不通，曙本可能因此就臆改爲「可以鋪薦」。

〔四二〕紅　平、黔、魯承襲明本輯要的譌字作「經」，依中華排印本「照曙改」，合輯要校定本。

〔四三〕蠶　黔、魯譌作「眼」，依平、曙作「蠶」，與輯要引文合。

〔四四〕可　平本、曙本作「得」，與明本輯要同；黔、魯作「可」，與殿本輯要同。暫依黔、魯作「可」。

〔四五〕己　平本譌作「巳」，依魯本、曙本、中華排印本改作「己」，與農桑輯要合。（定扶校）

〔四六〕苦　平本譌作「苫」，依魯本、曙本、中華本改作「苦」，合於輯要。（定扶校）

〔四七〕潑　平本譌作「發」，依黔、曙、魯改與輯要引文合。

〔四八〕殭　平本作「彊」，依黔、曙、魯改作「殭」，與輯要引文合。

〔四九〕摻　本節的「摻」字，平本都作「掾」，是明代手寫體；黔、魯因此譌作近似的「操」字。現均依曙本改正，與輯要原引文同。

〔五〇〕且　黔、魯作「亦」，依平、曙作「且」，合輯要引文。

〔五一〕燠　黔、魯譌作「欲」，依平、曙作「燠」，與輯要原引文合。「蠶燠」，依石聲漢農桑輯要校注卷四注二八解釋爲「似乎是沾有蠶沙的葉滬」。

〔五二〕厚　黔、魯譌作「後」，依平、曙作「厚」，合輯要原引文。

〔五三〕純黄　此下黔、魯增一「者」字，依平、曙删去，下文「以督之」下，黔、魯脱一「則」字，依平、曙當有「則」。

〔五四〕尤　本書各刻本均作「尤」，與輯要原引文同；中華排印本獨作「蹂」。仍保留原字。

〔五五〕静安不擾　「静」，平本譌作「争」；「擾」，平、黔、魯均譌作「大」；依中華排印本「照曙改」合原引文。

〔五六〕比　黔、魯譌作「此」，依平、曙作「比」，與原引文合。

〔五七〕涸　黔、魯作「渴」，依平、曙作「涸」，與輯要明本同。

〔五八〕大　平本作「矣」，依黔、曙、魯改，合輯要原引文。

〔五九〕投　平本譌作「收」，依黔、曙、魯改，與輯要原引文合。

〔六〇〕搭蓋　黔、魯倒作「蓋搭」，依平、曙作「搭蓋」，合輯要原引文。

〔六一〕槌　魯本譌作「箈」，應依平本、曙本、中華排印本作「槌」，合於輯要原文。（定枎校）

〔六二〕無　黔、魯作「有」，字義雖相反，全句意義却相同。仍依平本、曙本作「無」。

〔六三〕第　魯本作「至」，依平、曙、中華本作「第」，與輯要引文合。（定枎校）

〔六四〕禁　黔、魯譌作「盡」，依平、曙作「禁」，合輯要原引文。

〔六五〕濕　平本譌作「温」，依黔、曙、魯改，合輯要原引文。

〔六六〕經　魯本譌作「浸」，依平、曙、中華排印本作「經」，與輯要引文合。（定枎校）

〔六七〕得　黔、魯作「即」，依平、曙作「得」，合輯要原引文。

〔六八〕食半　黔、魯倒轉，應依平、曙復原。

〔六九〕爇　黔、魯譌作「熱」，依平、曙作「爇」與原文合。

〔七〇〕藉　黔、魯譌「積」，依平、曙作「藉」與原文合。

〔七一〕槌　平、黔、魯作「竈」，大概因爲所見明刻本輯要這個字是空等，所以整理刻寫的人隨手添一個「竈」字。現依曙本改作「槌」，與校定本輯要合。

〔七二〕陡令　「陡」，平、黔、魯譌作「走」，依中華排印本「照曙改」。「令」，黔、魯譌作「冷」，依平、曙作「令」與輯要原引文合。

〔七三〕汙　平、黔、魯及中華排印本均譌作「污」；依曙本改作「汙」，與輯要原引文合。下同改。

〔七四〕令　平本譌作「合」，依黔、曙、魯改合輯要原引文。
〔七五〕蒿梢　平、曙誤倒轉，依黔、魯復原合原引文。
〔七六〕土　平本譌作「上」，依黔、曙、魯改合原引文。（下面「厚蓋」，原引文是「厚覆」。）
〔七七〕閉　平本譌作「開」，依魯、曙、中華排印本改作「閉」，合於輯要引文。（定枎校）
〔七八〕節　黔、魯譌作「結」，依平、曙作「節」與輯要引文及本句正文合。
〔七九〕上平鋪磚坯　黔、魯譌作「上椽平鋪磚」；「坯」，平本譌作「杯」，依曙本改正合輯要原引文。
〔八〇〕利　平本譌作「科」，依黔、曙、魯改。
〔八一〕匀停　黔、魯及中華排印本倒轉，應依平、曙復原，與輯要原引文合。
〔八二〕三二　黔、魯作「二三」，應依平、曙及中華排印本作「三二」。
〔八三〕「撥」字下，平本有「起」字，黔、魯本缺，應補。
〔八四〕窈　平、黔、魯作「窈」，與明本輯要合；曙本作「綽」，與殿本輯要同。案：「窈」字實係借作同音的「舀」字用，可保留明本的原字。
〔八五〕繭　黔、魯譌作「眼」，依平、曙作「繭」合原文。
〔八六〕兩　平本譌作「雨」，依黔、曙、魯改合原引文。
〔八七〕止　平、黔、魯譌作「上」，依中華排印本「照曙改」合原引文。
〔八八〕生　平本譌作「主」，依黔、曙、魯改合原引文。

〔八九〕擗　黔、曙、魯同殿本輯要作「闢」；應依平本作「擗」，與明本輯要同。「擗」是在舊有房屋中，用臨時性牆壁隔出一小間；「闢」是「開闢」。

〔九〇〕等　黔、魯作「種」，依平、曙作「等」，與輯要原引文同。

〔九一〕冗　平、黔、魯譌作「宂」，依曙改作「冗」，與原引文同。

〔九二〕收三四石　平本作「塾三四寸」；黔、魯作「墊三四寸」；依曙改合輯要原引文。

〔九三〕心　平、黔、魯譌作「必」，依中華排印本「照曙改」合原文。

注：

① 依農桑輯要（卷一）蠶事起本，摘引易繫辭下及「使民宜之」句下孔（穎達）疏。

② 摘自月令「季春」。原文是「命野虞無伐桑柘」，本書襲用齊民要術（卷五）種桑柘第四十五引文形式。

③ 本書襲用齊民要術種桑柘第四十五所摘引周禮及鄭玄注的形式。周禮原文，在夏官司馬「馬質」條。

④ 現見尚書夏書的大傳。本書是依齊民要術種桑柘第四十五節引的形式轉引的。

⑤ 本書據要術轉引；漏去起處的「蠶」字。引文亦見農桑輯要（卷四）論蠶性。案：宋慶元本太平御覽（八二五）資産部五「蠶」項所引，作「蠶，陽者；大火惡水，故食不飲。桑者土之液，木生火，故

蠶以三月葉；類會，精合，相食」。

⑥現見淮南子泰族篇。本書引文與現行本淮南子字句微有差别，——「原」，今本作「螈」；「登」字，今本作「收」；「禁之」下，有「者」字。——而與要術種桑柘第四十五及農桑輯要（卷四）據要術所轉引的形式相同，但多出一個「而」字。

⑦引文現見齊民要術（卷五）種桑柘第四十五。

⑧引文現見齊民要術（卷五）種桑柘第四十五。本書轉引，「人」字下脱「主」字，「絲」字下脱「繭」字。

⑨引文現見要術種桑柘第四十五。這部佚書的内容，大致止是一些傅會穿鑿的迷信。

⑩即王禎農書農桑通訣六蠶繅篇第十五前段。事實上，這一篇的内容與下節所引「王禎繭館序」（原在農器圖譜十六蠶繅門第一項），頗多重複。本節的兩個小注，原書即在繭館序中。

⑪觀：蠶繅篇原有注「去聲」。

⑫現見王禎農書農器圖譜十六蠶繅門第一項，是「繭館」圖的「譜」。

⑬這一套儀式，可以肯定絶不是三國以前的制度：——「女尚書」是三國魏明帝創置的官——王禎原文，叙述不够明確。

⑭金室：原書顯有誤字。大概是將簡寫的「蠶」，看錯鈔錯爲「金」字。

⑮「前漢文帝紀詔……景帝詔」，見班固漢書文帝紀十三年春二月申寅，詔曰：「朕親率天下農耕，以供粢盛；皇后親桑，以奉祭服，其具禮儀！」又景帝紀後元二年詔：「朕親耕，后親桑，以奉宗廟

粢盛祭服，爲天下先。……」

⑯援：本書承王禎原書誤字。從上文看，可以知道原應作「捋」，因字形相似寫錯。

⑰此條小注，係本書所加。

⑱這是王禎農器圖譜（十六）蠶繅門第二項「先蠶壇」譜文前段；譜末原來有一篇「贊」，本書未引。注文都是原有。

⑲陛：說文解字（卷一四下）還止解爲「升高階也」，玉篇才進一步限制爲「天子階也」。

⑳餼羊：論語八佾第三有一節：「子貢欲去（＝省掉）告朔（＝向宗廟呈報每月初一日）之餼羊（＝宰殺後不煮熟的羊，是一種徒有形式的祭品）。子曰：『賜也，女（＝你）愛（可惜）其羊，我愛其禮！』」後來就用「餼羊」作爲形式主義的代稱。

㉑此條小注，係本書所加。

㉒現見王禎農書，是農器圖譜十六桑繅門的第三項。

㉓壇壝牲幣：「壇」是「土臺」（見上面先蠶壇序王禎自注）。「壝」，周禮地官封人「主之社壝」注，解爲壇邊低垣。「牲」是宰殺來供祭祀的犧牲。「幣」是祭祀時埋藏的貨幣（後來改爲焚燒象徵性錢幣），可以說是向神進賄賂。

㉔指北宋秦氏蠶書「禱神」條。原文是「卧種之日，升香以禱『天駟』——『先蠶』也；割雞設醴，以禱苑窳婦人、寓氏公主，蓋蠶神也」。

㉕ 祈報：「祈」是事先要求，「報」是成功後道謝。

㉖ 此條小注，係本書所加。

㉗ 郭子章蠶論，未見到原書；馮應京經世實用編（卷十五）國朝重農考引有。郭子章是明穆宗時的進士（中國人名大辭典一〇四三頁有小傳）。這篇文章，在總結過去文獻中種桑成果一方面，有啟發作用；但將當時男女關係敗壞的責任，全説成女人的罪過，要用養蠶來糾正，則是錯誤荒謬的偏見。

㉘ 惟桑亡不宜：「亡」，借作「無」字用。

㉙ 公父文伯母：魯宗室季悼子的兒子公父穆伯，是公父文伯的父親，公父文伯的母親敬姜，相傳爲「識禮」的標準「賢妻良母」。這一段，出自國語魯語下，内容規定着女人最低度的養蠶、紡織、縫紝等勞動任務，階級愈高，勞動愈少。

㉚ 國家蠶桑：明太祖制定的農家栽種纖維作物任務，已見本書卷三所引國朝重農考。

㉛ 引文並注，現見齊民要術（卷五）種桑柘第四十五。

㉜ 「初」字，原引文有誤，應作「末」。下條小注中「初」字同誤。

㉝ 「麻」字，懷疑原引文有誤；可能是當作「擱高」解的「庋」。

㉞ 引文現見齊民要術種桑柘第四十五；内容是唯心的迷信。

㉟ 這一節注文要術原來作小字雙行，排在引雜五行書下，但與雜五行書全不相涉。懷疑是賈思勰

自己所作總結，補在原卷中空白地方，並不是對雜五行書的注。

㊱ 引文並注，現見要術（卷五）種桑柘第四十五。

㊲ 引文現見齊民要術種桑柘第四十五，玉燭寶典（卷三）也引有。

㊳ 這是王禎農書農桑通訣六蠶繅篇第十五的後段，原緊接上面所引王禎蠶繅篇之後。案：王禎這篇敘述，實際上是農桑輯要卷四全卷的節録。

㊴ 以下的一些小字注，都是本書摘取晚明黄省曾蠶經中字句，爲王禎原文補充及解釋。黄省曾文體拖沓委靡，又故意曲折作勢，本書引用時，作了適當的删改。

㊵ 以助高明下就：引導太陽（「高明」）光向下照射。

㊶ 這一節，見農桑輯要（卷四），標明引自士農必用。

㊷ 現見黄省曾蠶經二之宫宇。

㊸ 引文及注文現均見農桑輯要（卷四）「收種」章。

㊹ 現見農桑輯要（卷四）「收種」章末，即上節末句的另一個注。又書名標爲「農桑要旨」，不是「旨要」。所記未必真確，須待多次實踐來證明。

㊺ 引文及注，現見農桑輯要（卷四）「收種」章末；「蠶眠……」以下幾句，原作小注，又「眠」字上無「蠶」字。

㊻ 這個「蛾」字，借作「蟻」字用，指初出的幼蠶。

㊼「各於……則可」，輯要原作小注。

㊽引文現見農桑輯要校定本（卷四）養蠶篇「蠶事預備」章「收乾桑葉」條。起處「深秋」兩字，原作「秋深」；「眠」字上有「大」字。

㊾引文及全部注文，現見農桑輯要（卷四），緊接前節所引務本新書。

㊿引文及注，現見農桑輯要校定本（卷四）養蠶篇「蠶事預備」章「製豆粉米粉」條。本書末兩句，輯要引文無。

(51)引文及注，現均見農桑輯要校定本（卷四）養蠶篇「蠶事預備」章「收牛糞」條。「宜」字，原引文作「多」。

(52)墼子：凡粉末經溼潤後壓成的錠形或無定形團塊，稱爲「墼」；例如磚坯稱爲「土墼」，木炭團稱爲「炭墼」。

(53)引文見農桑輯要（卷四）「收牛糞」條。

(54)引文現見農桑輯要校定本（卷四）養蠶篇「蠶事預備」章「收蓐草」條。

(55)引文及注，現見農桑輯要校定本（卷四）養蠶篇「蠶事預備」章「收蒿梢」條。

(56)引文及注，現見農桑輯要校定本（卷四）養蠶篇「蠶事預備」章「修治苫薦」條。

(57)引文及注，現見農桑輯要校定本（卷四）養蠶篇「蠶事預備」章「治蠶具」條。

(58)現見黄省曾蠶經三之器具。

㊾本節所引齊民要術及「崔寔曰……」與前面所引重複；實際上，止是從明本農桑輯要（卷四）「修治蠶室等法」章「蠶室」條中轉引的。明本輯要，在「崔寔曰……」這個小注後，脫漏了元本輯要原有的一頁。下文所接「收拾火氣……」一段，其實出自務本新書，而且還是另一條（「火倉」）中的引文。

㊿引文及全部注文，現見農桑輯要（卷四）養蠶篇「修治蠶室等法」章「火倉」條。小注均原有。

⑪椿：借作「裝」字用。

⑫蛾：仍係借作「蟻」字用。

⑬月：疑當作「日」。

⑭引文及全部注文，現均見農桑輯要（卷四）「修治蠶室等法」章「安槌」條。

⑮楂：大概借作「茬」字用；即未修剪的邊緣。

⑯疑即蠶桑要旨。

⑰引文及所附小注要旨，現均見農桑輯要（卷四）「變色、生蟻、下蟻等法」章「變色」條。

⑱那表爲裏：「那」字，解作「移」，今日寫作「挪」。

⑲引文及注，現均見輯要（卷四）「變色、生蟻、下蟻等法」章「變色」條。

⑳現見輯要「變色」條末。「謾」字，應依殿本輯要作「慢」。

㉑引文及注，現均見輯要（卷四）養蠶篇「變色、生蟻、下蟻」章「生蟻」條。

㉜ 現見農桑輯要（卷四）「變色、生蟻、下蟻等法」章「下蟻」條。

㉝ 引文及注，均見輯要「下蟻」條。

㉞ 煻火：即無煙焰的火。

㉟ 引文及注，現均見輯要「下蟻」條。

㊱ 引文及注，現均見農桑輯要（卷四）養蠶篇「涼暖飼養分擡等法」章「涼暖總論」條。

㊲ 引文前段及注，現均見農桑輯要（卷四）養蠶篇「涼暖飼養分擡等法」章「飼養總論」條。其中有些字句，似乎參照便民圖纂（卷四）桑蠶類中「論飼養」條改動過。末段，不是輯要所引，不知出處。

㊳ 引文及注，均見農桑輯要（卷四）養蠶篇；依明本，在「涼暖飼養分擡等法」章「飼養總論」條下。

㊴ 引文全部及注文所引要旨、野語，均見農桑輯要（卷四）養蠶篇「涼暖飼養分擡等法」章「分擡總論」條。

㊵ 引文及注全部，現均見輯要「分擡總論」。

㊶ 蠶經：懷疑是金元之間的書，參看下面注⑩②。

㊷ 引文並小注，現均見農桑輯要（卷四）養蠶篇「涼暖飼養分擡等法」章中「初飼蟻」條。

㊸ 寸乳：難解，懷疑有錯字。「寸」可能是「恃」字爛剩；殿本輯要無此兩字。

㊹ 引文並注，現均見輯要（卷四）「初飼蟻」條。

㊺ 引文並注，現均見輯要（卷四）「擘黑」條。

⑧⑥引文並注，現均見輯要（卷四）養蠶篇「涼暖飼養分擡等法」章「頭眠擡飼」節。「頭眠」是第一次眠。

⑧⑦引文並注，現均見輯要（卷四）養蠶篇「涼暖飼養分擡等法」章「停眠擡飼」節。

⑧⑧引文並注，現均見輯要（卷四）養蠶篇「涼暖飼養分擡等法」章「大眠擡飼」節。

⑧⑨引文並注（除徐光啓所加一處外），現均見農桑輯要（卷四）「涼暖飼養分擡等法」章「大眠擡飼」條。

⑨⓪折二錢：宋代鑄的一種「大錢」，每一文當二文，所以稱爲「折二」。

⑨①覆白：「覆」是蓋過；「白」指蠶體顔色。「覆白」即用桑葉蓋到不見蠶。

⑨②班黎：疑係金代黄河流域某地口語，即「斑斕」的轉音。

⑨③這個注，體現了徐光啓的細密與慎重和注重實踐的精神。

⑨④引文及注文，現均見農桑輯要「大眠擡飼」條。

⑨⑤引文現見農桑輯要（卷四）「養四眠蠶」條。

⑨⑥黄省曾蠶經，除栽桑法引在下面卷三十二，又本卷前面引有幾節作爲小注之外，其餘部分，全在這裏。第一段，原題爲「五之育飼」，第二段是「六之登簇」，第三段是「七之擇繭」，第四段，「八之繅拍」，第五段，「九之戒宜」。本書對原文字句作了修改，比原文好。

⑨⑦退紙：即「廢紙」。

⑨⑧拈：原書如此，應是「撚」字寫錯。即將斷絲撚（參看卷三十四末條「撚綿軸」）成粗纙，作爲織「綿綢」用的經緯。這裏與下一節的「庸（＝傭）金」標準，透露了當時有錢人家剥削婦女勞動力的情

況，也留下了當時女工工值的紀録。

⑨⑨ 本節及下節引文，均見農桑輯要校定本（卷四）養蠶篇「蠶事雜録」章的「植蠶之利」、「晚蠶之害」兩條。

⑩⓪ 小注原有。夏至後，樹液不是「不上行」，而是本季節生長已達最高峯，以後環境逐漸逆轉，生長勢不能繼續維持。

⑩① 引文現見農桑輯要（卷四）養蠶篇。這條及以下到「雜忌」止的幾條，都屬於「蠶事雜録」；輯要原引文所標出處，本書一律在書名下加「曰」字；原來的條標題，本書都添字收爲正文。

⑩② 蠶經：不是北宋秦氏蠶書；是農桑輯要（卷四）養蠶篇「蠶事雜録」章所引的一部書，大致仍是黄河流域金朝人所作。下面的「三稀」「五廣」同樣是這部書中的資料。

⑩③ 引文現見輯要（卷四）「蠶事雜録」章「八宜」條。

⑩④ 引文及注文所引野語，現均見農桑輯要（卷四）養蠶篇「簇蠶繅絲等法」章「簇蠶」條。

⑩⑤ 引文及第一個注文（第二第三是徐光啓所加），均見農桑輯要（卷四）「簇蠶」條。

⑩⑥ 此爲簇汗：「簇汗」的來源，主要原因還在桑葉殘渣上，黏有蠶排泄物中吸潮的含氮化合物，不僅是葉上的水汽。

⑩⑦ 此條及下條這兩個小注，具體表現了徐光啓的精細與實事求是的分析。

⑩⑧ 引文及注文，現俱見輯要（卷四）「簇蠶」條。

⑩⑨ 現見農桑輯要(卷四)「擇繭」條。

⑪⓪ 引文及注文(除徐光啓所加三處外),現均見農桑輯要(卷四)養蠶篇「簇蠶繰絲等法」章「繰絲」條。

⑪① 軖:音 kuáng 或 qiāng,指繰車上的繰輪(參看卷三十三「繰車」節)。也有稱繰絲軒爲「軖」的。

⑪② 秦王:「秦」指作蠶書的秦觀(或秦湛);「王」指王禎。

⑪③ 北繰車:現將四庫全書本王禎農書農器圖譜中的「北繰車圖」,附在這裏。圖中各部件,均有注字說明,可供參考。徐光啓對當代和以前的「著書者」所作批判,道破了「著書人」脫離生産實踐的毛病,很值得思索警惕。

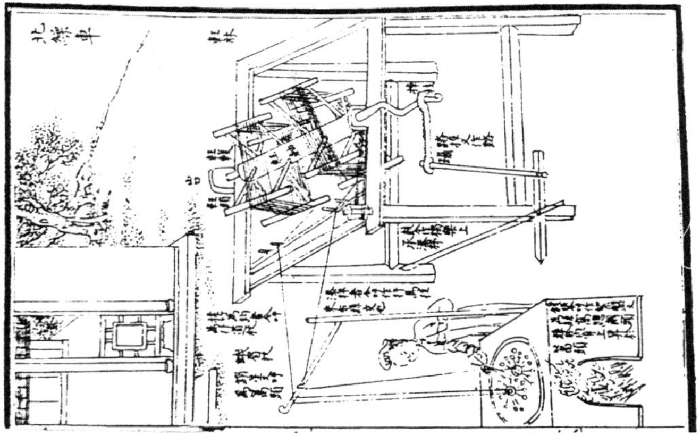

⑭ 這個圖，畢竟没有刻出來，很可惜。徐光啓講求實際改良技術的精神，在這一段文字裏表現得極具體突出。

⑮ 引文現見農桑輯要(卷四)「蒸餾繭法」條。

⑯ 引文及注，現均見農桑輯要(卷四)養蠶篇「夏秋蠶法」章。

⑰ 引文及注文(除徐光啓所加兩處外)，現均見農桑輯要「養夏秋蠶法」章。

案：

〔一〕「於」字下，要術及輯要引文均有「七」字，本書脱漏。應補。

〔二〕「月令」兩字，在蠶繅篇原是「經有」。

〔三〕紐串　應依繭館序注文作「組紃」，與禮記注文合。「紃」(xún)爲細帶。

〔四〕「築」字，應依王禎原文作「棘」，與尚書大傳合。本書卷三十三「蠶室」條所引同一段文章，亦是「棘」字。

〔五〕官　應依王禎原文作「宫」。

〔六〕「於」字下，應依王禎原文補「其」字。

〔七〕不徒名　傳本王禎農書作「不可廢」。

〔八〕祭　應依王禎引文及周禮原文作「蠶」；下面小注亦正作「蠶於北郊」，可證。

〔九〕置　應依王禎原文作「制」。

〔一〇〕宛窳　通典與王禎農書同作「苑窳」，農桑輯要作「苑窳」。

〔一一〕神伊　應依王禎原文作「精天」兩字。

〔一二〕筐　應依禹貢原文作「篚」。

〔一三〕姨桑　案：爾雅釋木原文，是「女桑桋桑」；即「女桑」又名「桋桑」，是矮型桑樹（字從「木」不從「女」）；郭子章在這裏了解不正確。

〔一四〕「拾」字，應依要術原引作「十」，可免誤會爲當「拾起來」解的動詞。

〔一五〕「出蛾」下，應依要術原引文補「生」字。

〔一六〕種　要術原引文作「重卵」。

〔一七〕「器」字下，應依要術原文補「口」字。

〔一八〕「黑蠶」下，應依要術補「兒蠶」兩字。

〔一九〕大　應依要術改作「魯桑」兩字。

〔二〇〕在　應依要術原文作「再」。

〔二一〕戈鶚　本書承襲要術後來刊本的譌字，應依校定本作「弋鶚」。「鈎弋」是在分歧處斬斷作成的單鈎狀樹枝；「鶚爪」，在具有幾個分叉的樹枝分歧處斬斷；「龍牙」，是上下一系列分枝。

〔二二〕「火」字，要術原文無。

〔二三〕生 應依要術原文作「疎」。
〔二四〕縈 應依要術校定本作「葉」。
〔二五〕練 應依要術作「繰」。
〔二六〕無用 應依要術作「緒斷」。
〔二七〕晚 應依要術作「脫」，解爲「倘使」。
〔二八〕用火易練而絲明 應依要術校定本作「用鹽殺繭，則易繰而絲肕」。
〔二九〕濇脆膁練長 應依要術校定本作「薄脆縑練」。
〔三〇〕「實」字衍，應依要術删去。
〔三一〕收繭 王禎原文作「收種繭種」，下面一個「種」字嫌重贅，但上一個却不可少。「種繭」，即留來作出「種蛾」用的繭。
〔三二〕「内」字，王禎原書無。案：農桑輯要所引士農必用（即王禎根據着來改寫的原文），這句是「將瓮中連取出」；「連」字決不可少。
〔三三〕上於行棒 殿本王禎農書，作「於欂棒間」。「欂」是和正梁平行、承受椽的木條；棒（qiàn）是向一側傾斜的屋頂。在欂下簷以上的牆壁，即「欂棒間」，也就是開「照窗」的「地方」。（後面卷三十三「蠶室」圖譜，本書和王禎書，也有同樣的差别，請參看卷三十三案〔三〕。）
〔三四〕並棄 應依王禎原作「並連棄之」。

〔三五〕「徹」字，王禎書作「撤」；農桑輯要所引務本新書原是「拆」字。

〔三六〕每槌上下閑鋪三箔　王禎原作「上下各鋪三箔」。

〔三七〕全在此數　「數」字下，輯要引士農必用原有「日」字；本書承襲了王禎農書的脱漏，應補。

〔三八〕「蚊」字，王禎原文無。

〔三九〕「凡繭」上，王禎原標明出處爲務本新書。

〔四〇〕「在連」上，輯要原引文均有「子」字，應補。

〔四一〕蠶連……浸浴　輯要原係小注。

〔四二〕蓋有功……如此　輯要原係小注。

〔四三〕固　輯要引文作「囥」。

〔四四〕「糊」字下，應依輯要引文及要術原文補「厚」字。

〔四五〕「二」字，應依輯要引文及要術原引文作「三」字。

〔四六〕籠熏　應依元本輯要原引文作「薫蒸」。

〔四七〕「藴」字下，應依元本輯要原引文「補熱」字。（案：以上從案〔四四〕起各處，本書承襲了明格致叢書本輯要的譌脱。）

〔四八〕三　要術原引文作「二」。

〔四九〕「長」字衍，應依輯要引文删去。

〔五〇〕室　應依輯要原引文作「空」。

〔五一〕「替换」下，輯要原引文尚有「糊了」兩字。

〔五二〕「徹」字，輯要所引要旨作「撤」；下同。

〔五三〕均避風日　應依輯要校定本作「均得温風和日」。

〔五四〕其中　殿本輯要作「微低」；明本輯要作「其中」；懷疑應兩存，作「其中微低」。

〔五五〕日數遍　殿本輯要作「十數遍」；從上句的「凡半日」看來，應依殿本作「十數遍」。

〔五六〕番　輯要殿本作「翻」，是後來通用的字，解爲轉過來。

〔五七〕細細　應依殿本輯要作「細葉」。

〔五八〕「蟻要匀稀」句上，應依輯要校定本補「續將蠶連翻搭葉上」。

〔五九〕二　應依輯要作「三」，與下文相應。

〔六〇〕用　應依輯要校定本作「鈍」，與正文「快利」相對應。

〔六一〕「篩子」下，應依輯要校定本補「乃」字。

〔六二〕「篩」字，應依輯要校定本作「葦」字。

〔六三〕宜　輯要原引文作「應」。

〔六四〕「應」字下，輯要原引文有「之」字。

〔六五〕生黄輭等疾　殿本輯要作「黄輭多疾」。

〔六六〕看一遍飼蠶葉要均勻　輯要原引文作「巡視；若有薄處，必再摻令勻」。

〔六七〕「乾桑柴或」四字，輯要無，似從便民圖纂採入。

〔六八〕「繞箔」下，輯要引文有「四向」兩字。

〔六九〕煏出　輯要引文作「逼去」；案：依圖纂作「煏去」更好。

〔七〇〕之則　這是圖纂的形式；輯要引文止有一個「蠶」字。

〔七一〕「葉飼之」三個字，輯要引文止用一個「食」字。下句，輯要作「直到蠶老」。

〔七二〕時　輯要引文作「若」字，屬下句。下面「便住食擡解」，輯要是「便合擡解住食」。

〔七三〕薄摻　輯要引文作「輕摻」。以下本書文字，與輯要引文及圖纂均不同。

〔七四〕「沙」字，應依輯要引文作「熱」。

〔七五〕先　應依輯要引文作「蒸」。

〔七六〕而　應依輯要原引文作「者」。

〔七七〕少　應依輯要原引文作「半」。

〔七八〕植　應依輯要原引文作「楂」；「楂」解作邊緣（參看前面注65）。

〔七九〕使受　應依輯要原引文作「蠶喜」。（定枎案）

〔八〇〕苫　應依輯要原引文作「户」字。

〔八一〕置　本書沿襲明刻輯要的譌字；應依輯要校定本作「擲」。

〔八二〕「齊」字上，應依輯要原引文補「起」字。
〔八三〕落蓐　這個小標題上的「可」字，應依輯要删去。
〔八四〕息　應依輯要原引文作「也」。
〔八五〕收　應依輯要原引文作「繭」字。
〔八六〕納　應依輯要原引文作「細」。
〔八七〕多　應依輯要原引文作「頓」。
〔八八〕汁　應依輯要原引文作「汗」；「簇汗」，以下引文中還多次見有。
〔八九〕「而」字上，應依輯要原引文補「硬」字。下面小注中「到」字，輯要原引文作「是」。
〔九〇〕「將」字，輯要原引文作「切」。
〔九一〕鱣魚　輯要原引文作「羶腥」。
〔九二〕「等物」以下，輯要原標明出士農必用，應補書名。
〔九三〕暴　輯要原引文作「驟」。
〔九四〕光　應依輯要原引文作「老」。
〔九五〕起　輯要原引文作「杆」。
〔九六〕放　應依輯要原引文作「簇」。
〔九七〕「絲」字，輯要原引文無，可删。

〔九八〕「大」字下，殿本輯要有「必須」兩字，引起下句。

〔九九〕「分」字下，應依輯要校定本補「滿」字。

〔一〇〇〕「突竈」上的「用」字，本書衍，應依輯要原文刪。

〔一〇一〕子　應依輯要原引文作「上」。

〔一〇二〕「如此繰絲，一月一般繰快」兩句，殿本輯要無，明本有。不好解，疑有錯漏。

〔一〇三〕凡窗繫定不嵒泥之　「凡」字，明本輯要作「可」，殿本作「當」較勝；「不嵒泥之」句，殿本無；「嵒」字顯然錯誤，可能仍是「當」，字形相似看錯鈔錯。

〔一〇四〕要　應依輯要原引文作「安」。

〔一〇五〕採　應依輯要原引文作「捋」。

〔一〇六〕欲　應依輯要原引文作「用」。

〔一〇七〕麥　應依輯要原引文作「黍」。

農政全書校注卷之三十二

蠶桑

栽桑法①

壹【桑】 爾雅曰②：桑辨〔一〕有葚，梔。郭璞曰：辨，半也。葚與椹同。半有椹，半無椹者名梔。女桑，俗稱桑之小而條長者。桋桑，山桑，似桑，材中爲弓及車轅。檿桑。即柘也。飼蠶，絲中琴瑟，亦材之美者也。典術云③：桑乃箕星之精。徐鍇曰④：桑音若，東方自然神木之名，乃蠶所食也〔二〕。

貳 王禎種植篇曰⑤：貨殖傳云⑥：「山居千章之材〔一〕，安邑千樹棗，燕秦千樹栗，蜀漢江陵千樹橘，齊魯千樹桑，其人皆與千户侯等。」其言種植之利博〔三〕矣。觀柳子厚郭橐駝傳稱⑦：「駝所種樹，或移徙無不活，且碩茂早〔四〕實以蕃，他人效之，莫能如也。」又知種樹之不可無法也。考之於詩：「帝省其山，柞棫斯拔，松柏斯兑⑧。」周之所以受命也。「樹之榛栗，椅桐梓漆⑨。」衛文公之所以興其國也。夫以王侯之富且貴，猶以種樹爲功，況於民乎？周禮太宰以九職任萬民⑩：一曰三農生九穀；二曰園圃之職〔二〕，次於三農。

其爲民事之重尚矣。然則種植之務，其可緩乎？種植之類夥矣，民生濟用，莫先於桑，故首述而備論之。

叁 王禎曰⑪：桑種甚多，不可偏舉。世所名者，荊與魯也。荊桑多椹，魯桑少椹。葉薄而尖，其邊有瓣者，荊桑也；凡枝榦條葉堅勁者，皆荊之類也。葉圓厚而多津者，魯桑也；凡枝榦條葉豐腴者，皆魯之類也。荊之類，根固而心實，能久遠，宜爲樹。魯之類，根不固，心不實，不能久遠，宜爲地桑。然荊之條葉，不如魯葉〔三〕之盛茂；當以魯桑條接之，則能久遠，而又盛茂也。魯爲地桑，而有壓〔五〕條之法，傳轉無窮，是亦可以久遠也。荊桑所飼蠶，其絲堅韌，中去聲。紗羅用；禹貢稱「厥篚檿絲⑫」。註曰：「檿，山桑也。」此蓋荊之美而尤者也。魯桑之類，宜飼大蠶；荊桑，宜飼小蠶〔四〕。

肆 博聞録曰⑬：白桑少子，壓枝種之。若有子可便種，須用地陰處。其葉厚大，得繭重實，絲每倍常。

伍 齊民要術曰⑭：桑柘熟時，收黑魯椹。黄魯桑不耐久。諺曰：「魯桑百，豐錦〔五〕帛。」言其桑好，功省用力。即日以水淘〔六〕取子曬燥。仍畦種。常薅令净。明年正月，移而栽之。率五尺一根。凡栽桑不得者，無他故，正患〔七〕犁撥耳。是以須穊，不用稀；且穊則長疾。大都種椹長遲，不如壓〔八〕枝之速，無栽者，乃種椹也。其下，常劚掘，種緑豆小豆。二豆，良美潤澤。栽後二年，慎勿採沐。小採者，長倍遲。大如臂許，正月中移之。亦不須禿〔六〕。率十步一樹。陰相接者，則妨禾豆。行欲小犄角，不用正相當。相當者，則妨犁。須取栽者，正月二月中，以鈎弋壓下枝〔九〕，令著地；條葉生，高數寸，仍以燥土壅之。土濕則爛。明年正月中，截取而種之。住宅上及園畔，固宜即定。其田中種者，亦如種椹法，先概種，二三年〔七〕，然後更移之。

陸 王禎曰⑮：齊民要術載⑯：收椹之黑者，剪去兩頭，惟取中間一截。蓋兩頭者，其子差細，種則成鷄桑、花桑；中間一截，其子堅栗，則枝榦堅强而葉肥厚。將種之時，先以柴灰淹揉〔一〇〕，次日，水淘去輕〔一一〕秕不實者。曬令水脉才乾，種乃易生。

柒 齊民要術曰⑰：凡耕桑田，不用近樹。傷桑破犁。所謂兩失。其犁不着處，劚斷〔八〕令起。斫去浮根，以蠶矢糞之。去浮根，不妨耬犁。

捌 十五年，任爲弓材，一張二〔九〕百。亦堪作履，一兩六十。裁截碎木，中作錐刀靶。一箇直三文。二十年，好作犢車材。一乘直萬錢。欲作鞍橋者，生枝長三尺許，以繩繫旁枝，木橛釘著地中，令曲如橋，十年之後，便是渾城〔二〇〕柘橋。一具，直絹一疋。欲作快弓材者，宜於山石之間、北陰中種之。其高原山田，土厚水深之處，多〔二一〕掘深坑，於坑之中〔二二〕種桑柘者，隨坑深淺，或一丈五，直上出坑，乃扶疎四散。此樹條直，異於常材，十年之後，無所不任。一樹直絹十疋。

玖 柘葉飼蠶，絲可作琴瑟等絃，清鳴響徹，勝於凡絲遠矣。

拾 氾勝之書曰⑱：種桑法：五月取椹著水中，即以手漬之。以水灌洗，取子陰乾。治肥田十畝，荒田久不耕者尤善，好耕治之。每畝以黍椹子各三升合種之。黍桑當俱生。鋤之，桑令稀疏調適。黍熟穫之。桑生，正與黍高平，因以利鐮摩〔一三〕地刈之。曝令燥。後有風調，放火燒之，常逆風起火⑲。桑至春生，一畝食三箔蠶。玄扈先生曰：取葚，與鷄鴨食之，糞中淘出種者，更不生葚⑳。

拾壹 王禎曰㉑：劚桑十二月爲上時，正月次之，二月爲下。大抵桑多者宜苦斫，桑少宜省劚。農桑要旨云：「平原淤〔一四〕壤，土地肥虚，荆桑魯桑，種之俱可。若地連山陵，土脉赤硬，止宜荆桑。」士農必用云：「種藝之宜，惟在審其時月，又合地方〔一五〕之宜，使之不失其中。」蓋謂栽培之宜，春分前後十日及十月，竝爲上時；春分前後，以及發生也；十月號陽月，又曰小春，木氣長發之月，故宜栽培以養元氣。此洛陽方佐〔一六〕千里之所宜，其他地方，隨時取中可也。大抵春時及寒月，必於天氣晴明巳午時，藉其陽和。如其栽子已出元土，忽變天氣〔一七〕風雨，即以熱湯調泥培之，暑月則必待晚涼，仍預於園中，稀種麻麥爲蔭。惟十一月栽種不生活㉒。

拾貳 四時類要曰㉓：種桑，土不得厚，厚即不生。待高一尺，又上糞土一遍。

拾叁 務本新書曰㉔：四月種椹，東西掘畦，熟糞和土〔一六〕耬平，下水。水宜濕透，然後布子。或和黍子同種。椹藉水〔一四〕力，易爲生發，久〔一五〕遮日色。或預於畦南畦西種檾〔一七〕，後藉檾蔭遮映。夏日長至三二寸，旱則澆之。若不雜黍種，須旋搭矮棚於上，以箔覆蓋，晝舒夜捲。處暑之後，不須遮蔽。至十月之後，桑與黍楷，同時刈倒，順風燒之，仍摻糞土〔一八〕蔽灰。春煖榮茂，次年移栽。

拾肆 一法：熟地，先耩〔一六〕黍一隴，另捲〔一七〕草索，截約一托㉕，以水浸軟，麵飯〔一九〕湯更妙。索兩頭，各歇三四寸，中間勻抹濕椹子十餘粒。將索臥於黍壠內，索兩頭以土厚壓，中間摻土薄覆。隔一步或兩步，依上臥一索，四面取齊成行。久旱宜澆。十月，刈燒加糞如前。冬春擁雪蓋糞。清明前後掃去。霖雨時〔二〇〕覷稀稠移補。比之畦種旋移，省力決活，早一二年得力。如舊有椹，春種更妙。後宜築園牆固護。或慮索繁碎，以黍椹相和於葫蘆內，點種過處，用箒掃勻〔一八〕。或慮天旱，宜就黍壠內，撥土平勻，順壠作區，下水種之。

拾伍 又法：春月，先於熟地內，東西成行，勻稀種檾。次將桑椹與蠶沙相和，或炒黍穀亦可。趁逐雨後，於檾北單耩，或點種，比之搭矮棚與黍同種，緣檾〔二一〕陰高密，又透風露。雖種十數〔一九〕畝，亦不甚委曲費力。

拾陸 士農必用曰㉖：種子宜新不宜陳。新椹種之爲上。隔年春種，多不生。蔭畦搭棚爲上，穄麻次之，黍苗又次之。桑芽出，間令相去五七寸，營造尺寸也，他倣此。頻澆。過伏，可長至三尺。割去穄麻。至十月内，附地割了〔二二〕，撒亂草，走火燒過。火不可大，恐損根。糞草蓋。至來春，杷〔二三〕耬去糞草，澆每一科，自出芽三數箇，留旺者一條。已成根，則不須蔭，可頻澆。至秋，魯桑可長五七尺，荆桑可長三四尺。魯桑，可移爲地桑，荆桑，可移入園養之。

拾柒 務本新書曰㉗：夫地桑，本出魯桑。若〔二四〕以魯桑萌條，如法栽培，揀肥旺者，約留四五條，鋤治添糞。條有定數，葉不繁多，衆葉脂膏，聚於一葉，其葉自大，即是地桑。栽地桑法：秋後〔二五〕，於熱〔二〇〕白地内，深耕一犁，就〔二六〕壠加糞，撥土爲區。如無牛，掘〔二七〕區亦可。春分前後，取臘月所埋桑條，揀有萌芽處，各盤七八寸或一尺。鍬區下水㉘，卧條栽之。覆土約厚三四指，深厚則難生，以手按匀。區東南西，種穄五七粒。五月〔二八〕之後，芽葉微高，旋添糞土。已後條高，便作地桑。或揀魯桑簞兒㉙，秋間埋頭深栽，更疾得力。

拾捌 士農必用曰㉚：地桑之功，惟在治之如法，不致荒燥。無樹桑之家，純用地桑，則人力倍省；有樹桑兼地桑之家，樹桑既成，地桑可止而勿用，加澆鋤〔二九〕之功，使之滋長。至其蠶大眠之後，或樹桑不能時至，則可就〔三〇〕取地桑〔三一〕，使晚蠶至終老〔三二〕，不致缺食。布地桑法：牆圍成園。將園内地，或牛犁、或钁劚熟；方五尺内掘一阬，每地一畝，合〔三三〕栽二百四十科。方深各二尺。阬内下熟糞三升，生糞不中，壯地少用。和土勻，下水一桶，調成稀泥。將畦内種成魯桑，連根掘出。一科自根上留身六七寸，其餘截去；截斷處，火鏉上烙過。每一阬，栽一根。將根坐於泥中，欲疾見功者，栽二根。按至阬底，提三五次。欲令根須皆順。按桑身，填〔三三〕與地平，擁周圍熟土，令阬滿，次日築實。匝阬四邊，築下土至半阬，根下土自實；不實，則根土不相著，多懸死。上半阬擁熟土，輕築令平滿〔三二〕。附身土，不可築實，實則芽難生。用虛土封，堆如大鏉子樣，可厚五七寸，周圍自成環池。水澆於内。芽出於土四五指，每一根止留一二條。澆鋤如法，當年可長五尺餘。次年，附根割條葉飼蠶。須用厚背鋼鎌，一割要斷，鈍鎌，一割不能斷，則條楂不齊〔三四〕，雨浸傷根。地桑不要〔三三〕放出身，只要躲〔二四〕從土中長出。身出土，名爲脚高；身上所長條不旺，又多被風雨擺折。割過處，每一根盤周圍，數芽出。每一科，可許〔三五〕留四五條，餘者間去。年年附地割之。根漸旺，留條漸多。野魯桑根科，栽之亦可。全如前法。地〔三五〕桑三年後正長旺，五年後，根相交，根交則不旺。春時，將相交根斫斷掘去，添上糞土，或澆過、或得雨，即復長旺，次後斟酌。其根欲大，將壓成栽子，圍别園如前法栽之。三年後，新桑茂盛。養蠶斫桑時，將舊桑根上，只留〔三六〕一條；隔年自成一根〔三六〕。分出，栽爲行桑。如此傳轉，無有盡期。然魯桑所〔三七〕飼蠶，其絲少堅韌；可斟酌栽荆桑樹，于大眠後，以〔三七〕葉間飼之。

拾玖 韓氏直説曰㉛：地桑須於近井園内栽之。有草則鋤，無雨則澆。比及蠶生，可澆三次，其葉自然早生。桑種自有早生者，遲生者。須擇其早生者，爲地桑則可。

貳拾　鍾化民曰㉜：種桑在正二月，至八月亦可種。根要理直，泥要挨緊。當以水糞澆灌，方有生意。玄扈先生曰：初種不用糞。

貳拾壹　桑有二種：一種有桑椹，即以桑椹植地，一二月即出。一種，將桑樹柔條，攀至於地，以泥壓於其上。每一桑眼，即發一枝。待至二三尺長，其桑有根，用剪剪下，移種於地上，即成桑樹。如今年壓，明年起；明年又壓，後年又起。生生不窮。

貳拾貳　黃省曾藝桑總論曰㉝：有地桑，出於南潯；有條桑，出於杭之臨平。其鬻之時，以正月之中上旬；其鬻之地，以北新關内之江將橋。旭旦也，擔而至，陳於梁之左右，午而散。大者，株以二釐，其長八尺。其種也，耨地而糞之，截其枚〔三八〕謂之嫁；留近本之枝尺餘許，深埋之。出土也寸焉，培而高之以泄水；墨其瘢㉞，或覆以螺殼，或塗以蠟而瀝青油煎封之，是防梅雨之所浸。糞其周圍，使其根四達；若直灌其本，則聾而死。未活也，不可灌水；灌以和水之糞。二年而盛。其在土也，月一鋤焉，或二；起翻也，必尺許。灌以純糞，遍沃於桑之地，使及其根之引者。不摘葉也三年則其發茂。禁損其枝之奮者。桑之下，厥草木留則茂。蠶之時，其摘也必潔淨，遂剪焉。南潯之剪，價以七分。必於交凑之處空其榦焉，則來年條滋而葉厚。歲歲〔三九〕剪條則盛。禁原蠶之飼，飼則來年枝纖而葉薄。桑之壅也以糞，以蠶沙，以稻草之灰，以溝池之泥，以肥土。其初藝之壅也，以水藻，以棉花之子。壅其本，則煖而易發。玄扈先生曰：以豆餅，以棉餅，以麻餅，以猪羊牛馬之糞。初春而修也，去其枝之枯者。樹之低小者，啓其根而糞泥壅之；不然，則葉遲而薄。凡擇桑之本也，皺皮者，其葉必小而薄；白皮而節疎芽大者，爲柿葉之桑，其葉必大而厚，是堅繭而多絲。高而白者，宜山岡之地，或牆隅而籬畔。五月也，收桑椹而水淘，少曬焉，畦而種之；至冬而焚其梢，及明年而分種之。短而青者，宜水鄉之地。正二月也，木鈎攀之，土壓。期年而截之，移而種之，歲糞也二。其壓也，濕土則條爛，焦土則根生。撒子而種，不若條而壓。其爲桑之害也，有桑牛，尋其穴，桐油抹之，則死；或以蒲母草。草之狀也如竹葉。其桑葉之葉癩也，亦以草汁而沃之。桑之下，可以藝蔬。其藝桑之園，不可以藝楊；藝之，多楊甲之蟲，玄扈先生曰：楊不可絕，宜勤捕之㉟。是食桑皮，而子化其中焉。二月而接也：有插接，有劈接，有壓接，有搭接，有换接。穀而接桑也，其葉肥大；桑而接梨也，則脆美；桑而接楊梅也，則不酸。勿用雞脚之桑。其葉薄，是薄繭而少絲。其葉之生黄衣而皺者，木將就槁，名曰金桑，蠶則不食。先椹而後葉者，其葉必少。有柘蠶焉，是食柘而早繭。其青桑，無子而葉不甚厚者，是宜初蠶。望海之桑，種之術與白桑同。是皆臘月開塘而加糞，即壅之以土泥，或二或三。六七月之間，乃去其蟲。開塘加糞，壅土宜遲。紫藤之桑，其種高大，是不用剪，其葉厚大，尤早種之也。宜邇於竈屋，不必開塘而糞壅。惟幼稚之時，待冬而糞，或二或三，以臘月爲佳。

貳拾叁 務本新書曰㊱：桑生一二年，脂脉根株，亦必微嫩。春分之後，掘區移栽。區北直上下裁成土壁；壁底旁鍬其土，下水三四升〔四〇〕。將桑箪兒，靠壁栽立，根科須得勻舒，以土堅覆。土壁，比〔四一〕區地約高三二寸。大抵一切草木根科，新栽之後，皆惡摇擺；故用土壁，遮禦北風，迎合日色也。今時移栽小桑，微帶根鬚，上無寸土。但經路遠，風日耗竭脂脉，栽後難活，縱活，亦不榮旺。却稱地法〔四二〕不宜，此係拙謬。今後應栽小樹。若路遠移多，約十餘樹，通爲一束；於根鬚上，蘸沃稀泥，泥上糝土，上以草包；或蓆蒲包。包内，另用淳泥固塞。仍擗夾車箱兩頭㊲，不透風日。中間順卧樹身，上以蓆草覆蓋。預於栽所，掘區下糞。樹到之時，晝〔四三〕便下水，依法栽培。秋栽法：平昔栽桑，多於春月全樹移栽。春多大風吹擺，加之春雨艱得，又天氣漸熱，芽葉難禁，故多不活。活亦遲得力。若是斫去元榦，再長樹身，桑聞鐵腥愈旺。地桑是其驗也。迤南地分，十月埋栽；河朔地法〔四四〕頗寒，故宜秋栽。霖雨内爲上時。區深一尺之上，平地約留樹身一二指；餘者斫去。栽罷，地須堅築，以土封瘢。比及地凍，於上約量添糞。春煖之後，就糞撥爲土盆，雨則可聚，旱則可澆。樹南，春先種穄。比及霖雨以來，芽條叢茂，就作地桑。或削去細條，存留旺〔四五〕者一二枝，次年便可成樹。或是就壓傍條，一樹又胤十餘㊳。比之全樹栽者，樹樹必活，桑亦榮茂也。十月木迷，宜栽埋頭桑。截去桑身，栽如秋栽法〔四六〕。冬月根脉下行，乘春併發；一年之間〔四七〕，長過元樹。栽二年之上桑，穀雨時，其間但有芽葉不旺者〔四八〕，以硬木貼樹身，去地半指，一斧截斷，快鋒更妙，糝土封其樹瘢。樹南，種黍五七粒。十餘日，始〔二八〕出芽條。旱則頻澆。立夏之後，不宜此法。大暑則不能㊴。一歲之中，除大寒時分，不能移栽，其餘月分皆可。

貳拾肆 農桑要旨云㊵：凡新栽桑，斫科採葉須得宜。初栽後，成科時，中心長條上葉勿採。其餘在傍脚科，止捋其葉，且勿剗斫。蓋令枝條〔二九〕繁密，就爲藩蔽，以防牛畜啮〔四九〕咬，犁〔三〇〕欏〔五〇〕拖挽之患。後中心枝既粗，即可剗斫在旁科條〔五一〕。本根既盛，脂脉盡歸中心枝，便可長成大樹。堅久茂盛，不生糖心〔三一〕。

貳拾伍 士農必用曰㊶：種藝之宜，惟在審其時月，又合地方之宜，使之不失其中。栽培所宜，春分前後十日，十月内並爲上時。春分前後，以及發生也；十月號陽月，又曰小春，木〔三二〕生長之月，故宜栽培，以養元氣。

貳拾陸 又曰：桑者易生之物，除十一月不生活，餘月皆可。仍須〔三三〕於園内，稀種檾或麻黍爲蔭。

貳拾柒 每歲三月三日晴雨，卜桑之貴賤㊷。

貳拾捌 養樹桑法㊸：牆圍成園，大小隨人所欲。將園内地，耕劚熟，方三尺許掘一阬。阬之方澤〔三四〕、下糞水，與栽地桑法同。將畦内種出荆桑，全條連根掘出，栽培亦如前法；但所築實土，與地平。上復用土封身一二尺，周圍自成環池。無雨則澆。待桑身長至一大人高，割去梢子，則横條自長。任令滋長，休科去新條。當春不宜科，科了數年不旺。十二月内或次年正月科，則不妨。如澆治有功，至秋可長大如壯椽。十月内，或次年春，可移爲行桑。若不如此于園内養成，從小便栽爲行桑者，多被風雨孳畜損壞。野荆桑不成身者，移根於園内養之，亦同。栽培如地桑法。芽出，留旺者一條。長至如大人高，其科養法如前。

貳拾玖 務本新書曰㊹：壓條法：寒食之後，將二年之上桑，全樹以兜橛祛定，掘地成渠。條上已成小枝者，出露土上；其餘條樹，以土全覆。樹根週圍，撥作土盆。旱宜頻澆。如無元樹，止就桑下脚窠，依上掘渠埋壓。六月不宜全壓。

叁拾 士農必用曰㊺：春氣初透時，將地桑邊傍一條，梢頭折〔三五〕了三五寸，屈倒於地空處。多用栽子，多屈幾條，隨人所欲。地上，先兜一渠，可深五指餘，卧條於内，用鉤橛子即〔三六〕釘住，條短則二箇，長則三箇。懸空不令著土〔五二〕。其後芽條向上生，如細杷齒狀。横條上約五寸留一芽，其餘剥去㊻。可飼小蠶。至四五月内，晴天，巳午時間，横條兩邊，取熱溏土㊼，擁横條上，成壠，横條即爲卧根。至晚，澆其根科。當夜卧根生鬚。至秋，其芽條茁爲條身。至十月，或次年春分前後。際臥根根頭㊽，截斷取出。土〔三七〕隨間空處斫斷。一如拐子樣〔五三〕。每一根爲一栽。此法，出胤栽子無窮。

叁拾壹 務本新書曰㊾：栽條法：秋暮農隙時分，預掘下區。藉地氣，經冬藏濕，又分減栽時併忙。區方深各二尺之上，熟糞一二升，與土相合，納於區内。土，宜北高南下，以留冬春雨雪。餘區準此。臘月内，揀肥長魯桑條三二枝，通連爲一窠，快斧斫下，即將楂頭於火内微微燒過。每四十五〔三八〕條，與稈草相間作一束，臥於向陽阬内，阬深長三、四尺。當預掘下，防冬深地凍難掘。以土厚覆。春分已〔五四〕後取出。却將元區跑開，下水三四升，布粟三二十粒。將條盤曲，以草索繫定，臥栽區内；覆土，約厚三四指。如或出露條尖三二寸，覆土宜厚尺餘。俱當堅築。仍以虛土，另封條尖。已後芽生，虛土自脫〔三九〕。先於區南種穄，地宜陰濕，時時澆之。若全臥栽者，已後逐〔五五〕旋添土。芽條長高，斫去傍枝，三年可以成樹。或就作地桑。

叁拾貳 栽桑梢：據埋頭栽桑，斫下桑梢，相連三二枝爲一窠，栽如前法。或於蘿蔔内穿過一枝，假藉氣力更妙。掘區堅埋，依前法。

叁拾叁 壠種桑條：秋耕熟地，二月再櫳勻，東西起暘。約量遠近，撥土爲區。將臘月元埋桑條，栽依前法。或是單根肥長桑條，依上栽之亦可。

叁拾肆 栽種桑條者，若舊桑多處，可以多斫萌條；若是少處，又慮斫伐太過，次年悮蠶。故具種椹、壓條、栽條之法，三者擇而行之。

叁拾伍 士農必用曰㊿：插條法：牆圍成園，掘阬如地桑法。大葉魯桑條上青眼動時，科條長一尺之上，截斷兩頭，烙過。每一阬内，微斜插三二條。待芽出，封堆虛土三五寸。每一根科，止留一條。至秋可長數尺。次年割條葉飼蠶。止怕當年三伏日，澆蔭不缺，無不活者。畦内插亦可。如當處無可採之條，預於他處擇下大葉魯桑，臘月割條，藏於土穴。如藏花果法〔四〇〕，接頭，透風，則乾了。候至桑樹條上青眼微動時，開穴藏條上眼亦動〔四一〕。截烙栽培，用度如前。

叁拾陸 玄扈先生曰㉛：齊民要術云：種椹而後移栽，移栽而後布行。務本新書云：畦種之後，即移爲行桑，無轉盤之法。二法皆可也。

叁拾柒 士農必用曰㊿2：園内養成荆魯桑小樹，如轉盤時，於臘月内，可去不便枝梢，小樹近上留三五條，椀口以上樹，留十餘條，長一尺以上；餘者皆科去。至來春，桑眼動時，連根掘來。於漫地内，闊八步一行，行内相去四步一樹，相對栽之。栽培澆灌如前法。桑行内種田〔五六〕：闊八步，牛耕一繳地也。行内相去四步，一樹破地四步。巳耎〔四二〕，可成大樹。相對，則可以橫耕。故田不廢墾，桑不致荒。荆棘圍護。當年橫枝上所長條，至臘月科令稀勻得所，至來年春，便可養蠶。

叁拾捌 士農必用曰[53]：科斫〔五七〕樹桑，惟在稀科時斫。依時斫也。使其條葉豐腴而早發，不致蠶之稺也。稀則條自豐，葉自腴。今年科不過時，則長條豐美；明年之葉自然早發，而又腴潤也。又科斫之利。惟在不留中心之枝：容立人于其内，轉身運斧，條葉偃落於外，比之擔負高几〔五八〕，遶樹上下，科有心之樹者，一人可敵數人之功。條不可冗，冗則費芟科之功，葉薄而無味。是故科斫爲蠶事之先務。時人不知預治於農隙之時，而徒費功力於蠶忙之日，人則倍勞，蠶復〔四三〕失所。如得其法，使樹頭易得其條，條上易得其葉，蠶不待食，葉以時至〔四四〕，又其葉潤厚。農語云：「鋤頭自有三寸澤，斧頭自有一倍桑。」秦中一〔五九〕法，名曰剶桑[54]：臘月中悉去其冗，所存之條甚疎。又於所存條根之上，僅留四眼，餘皆去之。其所留者，明年則爲柯〔六〇〕。其眼中所發青條，可長三數尺，其葉倍常，光潤如沃。蠶逼老而手採之，獨留一向外之條，滋養及秋，其長以至尋丈。臘月復科之如前。歲久，則所留之柯重繁，復從下斫去。既周而復始。洛陽、河東亦同，山東、河朔，則異於是：必留明〔四五〕條。疑風土所宜，然欲一試此剶桑之法，而未果也。

叁拾玖 又斫樹法：自移栽時，長五七尺高。便割去梢。既不留中心，其條自向外長。樹長大，中心可容立一人。如長成樹者，當中有身及枝者，亦可斫去也。

肆拾 科條法：凡可科去者有四等：一、瀝水條，向下垂者。一、刺身條，向裏生者。一、駢指條，相併生者，選去其一。一、冗脞條。雖順生却稠冗。臘月爲上，正月次之。臘月津液〔六一〕未上，又農隙。人家春科，只圖容易剥皮，却損〔六二〕了津液也。欲用桑皮，將臘月正月科下條，向陽土内培了；至二月中取之，自可剥。

肆拾壹　士農必用曰(55)：接換之妙，荆桑根株，接魯桑條也。惟在時之和融，手之審密，封繫之固，擁包之厚，【凡博〔六三〕接皆同，此最爲要訣。】使不致疎淺而寒凝也。春分前十日，爲上時，前後五日，爲中時；然取其條眼襯青爲時尤妙(56)。此不以地方遠近，皆可準也。然必待晴暖之日，以藉其陽和也。接不密，則氣液難通。擁包不固厚，則風寒入而害之〔四六〕也。果之一生者(57)，質小而味惡；既一接之，則質碩大而味美。桑亦如是。故接換之〔四七〕。

肆拾貳　接時，取遠處有者，預先取下，可〔四八〕節氣内，割取〔六四〕其條。其採取培養之法，全如採條桑〔四九〕内所説。如取接萌〔五〇〕處過遠者，可於未曾盛油新柿〔六五〕簍中，與蒲包〔五一〕穰一處椿了(58)，外密封不透。雖行千里，不致凍損。果木宜三年條，其藏及接法亦同。

肆拾叁　玄扈先生曰(59)：莫如當年條爲妙；三年之説，不然也。且接時必待月暗，自下弦至上弦皆可，晦尤妙；自上弦至下弦，皆忌；望尤險(60)。

肆拾肆　劈接法(61)：先附地平〔六六〕鋸去身榦。於砧盤傍，向下一寸半，皮肉上，用快刀子尖，向上左右斜批豁兩道，至平面；其下尖，其上闊一指。中間批豁斷者剔去。其批豁了處，如一鴉嘴樣渠子也。兩壁有斜面，無平底。其尖淺，向上漸深，至平面，可深至半指許。接頭可長五寸。其粗細如一指許者，於根頭一寸半內，量留一半；將其外一半，左右削兩刀子，成蕎〔六七〕麥楞樣，令頭尖。口内噙養温煖，嵌於砧盤傍所批渠子内，極要緊〔六八〕密。須使老樹肌肉，與接頭肌肉相對著。於一砧盤上，如此接至數箇，斟酌砧盤大小。用新牛糞和土成泥，封泥其接頭周遭，又用新桑皮纏繳牢固。上又用牛糞土泥封，泥了所繳桑皮，然後用濕土封堆接頭上，可厚五寸，大小斟酌其樹盤。周圍〔六九〕棘刺遮護。接頭生條芽出土，長高一二尺，約量留三二條。用依柱如前。玄扈先生曰：渠子淺深，量樹大小，及接頭粗細。其〔七〇〕緊要處，只在皮對皮，骨對骨耳。更緊要處，在縫對縫。

肆拾伍 又曰[62]：接大桑，宜劈接插接；小桑〔五一〕宜搭接壓〔五二〕接。附地接者，封泥壅培如前；半身截成砧盤接者，但其縫隙上用紙封，又用破薦片包繫〔五四〕，如仰盆子樣，內盛潤土培養。其接頭，勿令透風。用無底瓦罐盆子代薦片，亦可。土乾，則洒水。所包土上條芽〔七一〕長出，其所包土，亦休取去。至秋，條長成，接處長定，所包土不用也。如接頭都活，則斟量橫枝多少，樹之氣力，留之。

肆拾陸 壓接者[63]：可就於橫枝上截了，留一尺許。然尺寸不可定，惟取樹勢圓也。於接頭上眼外方半寸，刀尖刻斷皮肉，至骨欹揭下帶眼皮肉一方片。其眼底骨上，一小心子如米粒，此是一芽生氣之根。揭時，用指甲尖剗起，令其小心子帶於皮肉之上。口噙少時，取出，印濕痕於橫枝上，復噙養之。用刀尖，依濕痕四圍，刻斷皮肉，揭去露骨，將接頭上靨皮嵌貼上〔七二〕。其眼向上，勿令顛倒。上下兩頭，用新細薄桑皮繫了。斟酌其緊慢：太緊，則生氣不通；太慢，則不相附著。俱難活也。用牛糞和泥，眼四邊泥了，其所貼之靨多少，可量其樹之大小。

肆拾柒 又接小芽條[64]：可用搭接法。就畦內，將已種出荆桑隔年芽條，去地二寸許，向土削成馬耳狀。將一般粗細魯桑接頭，亦削成馬耳狀。兩馬耳相搭，細桑皮繫了，牛糞泥封，濕土擁〔七三〕培。其芽條出土，可留一二芽。至秋長如一大人高。明年，可移入園中養之。其法如前。全要大小一般，令其縫對縫〔五五〕。

肆拾捌 取藏接頭：側近有接頭者，土[65]。

肆拾玖 中種之[66]。其高原山田，土厚水深之處，多掘深阬；中〔五六〕種桑柘者，隨阬深淺，或一丈、丈五，直上出阬，乃扶疎四散。此樹條直，異於常材，十年之後，無所不任。

伍拾 博聞録曰[67]：柘葉多叢生，榦疎而直，葉豐而厚，春蠶食之。其絲，以冷水繰之，謂之冷水絲。柘蠶先出，先起而先繭。柘葉隔年不採者，春再生必毒蠶；如不採，夏月皆要打落，方無毒。

伍拾壹 齊民要術曰[68]：種柘法：耕地令熟，耬耩作壠。柘子熟時多收，以水淘汰令淨，曝乾散訖勞之。草生拔却，勿令荒没。三年，間劚去，堪爲渾心扶老杖。十年，中四破爲杖，任爲馬鞭胡床。十五年，任爲弓材，亦堪作履，裁截碎木，中作錐刀靶。二十年，好作犢車材。欲作鞍橋者，生枝長三尺許，以繩縛旁枝，木橛釘著地中，令曲如橋，十年之後，便是渾成柘橋。欲作快弓材者，宜於山石之間北陰。

伍拾貳 柘葉比桑葉澁薄⑲，十減二三；又招天水，生牛蠹〔五七〕等蟲。若種薥黍，其梢葉與桑等。如此叢〔五八〕亦不茂。如種菉豆、黑豆、芝麻、瓜、芋〔七四〕，其桑鬱茂，明年葉增二三分。種黍亦可。農家有云：「桑發黍，黍發桑」，此大概也。

伍拾叁 務本新書曰⑳：假有一村，兩家相合，低築圍牆，四面各一百步，若户多地寬，更甚省力。一家該築二百步。牆内空地計一萬步㉑，每一步一桑，計一萬株，一家計分五千株。若一家孤另一轉，築牆二百步，内空地止二千五百步，依上一步一桑法〔五九〕，止得二千五百株。其功之〔六〇〕不侔如此。恐起争端，當於園心以籬界斷。比之獨力築牆，不止桑多一倍，亦遞相藉力，容易勾當。

伍拾肆 務本新書曰㉒：桑皮抄紙：春初，剸斫繁枝，剥芽皮爲上，餘月次之㉓。桑木爲弓弩，射則耐挽拽。桑莪素食中妙物㉔。又五木耳：桑、槐、榆、柳、楮是也。桑、槐者爲良。野田中者恐有毒，不可食。

校：

〔一〕辨　平本譌作「辦」，依黔、曙、魯改，合爾雅原字。這個字，讀「片」，據爾雅郭璞注，解作「一半」。下同改。

〔二〕東方自然神木之名乃蠶所食也　平、曙都是這樣，至少和綱目李時珍的文字相同。黔、魯改作「日初出東方暘（魯本譌作「暘」，更無根據！）谷，所登榑（魯譌作「樽」）桑，桑木也。蠶所食神木，故加『木』『桑』下以别之」。大概是要湊足一行，所以加上這麼幾句。現保留平、曙原樣，作爲出自本草綱目的引文。

〔三〕博　黔、魯作「溥」，依平、曙作「博」與王禎原文合。

〔四〕早　魯本譌作「草」，當依平、曙作「早」。

〔五〕壓　平、黔、魯譌作「厭」，依中華排印本「照曙改」。

〔六〕淘　黔、魯譌作「陶」，依平、曙作「淘」。

〔七〕患　平本作「悉」，暫依黔、曙、魯改作「患」，其實也是臆改，要術原作「爲」。

〔八〕壓　平、黔、魯譌作「墨」，曙本譌作「黑」，應依中華排印本作「壓」，合要術原文。

〔九〕壓下枝　黔、魯作「壓桑下」，依平、曙合要術原文。

〔一〇〕揉　平作「䅜」，黔作「褖」，均係譌字；依曙、魯改。

〔一一〕輕　魯本譌作「青」，依平本、曙本、中華排印本作「輕」，合於王禎農書。（定枎校）

〔一二〕「多」字下，平、曙有「摇」字，黔、魯有「掊」字；依要術校定本删去。

〔一三〕摩　黔、魯譌作「磨」，依平、曙作「摩」，與要術原引文合。

〔一四〕淤　黔、魯作「沃」，依平、曙作「淤」，合原引文。

〔一五〕方　平、曙作「力」，依黔、魯改作「方」，與王禎原引及輯要引文合。

〔一六〕土　平本譌作「上」，依黔、曙、魯改，合輯要原引文。

〔一七〕檾　平、曙譌作「縈」，應依魯本、中華排印本改作「檾」，合於農桑輯要引文。後同改。（定扶校）

〔一八〕糞土　黔、魯缺「土」字，依平、曙當有「土」，與輯要原引文同。

〔一九〕麵飯　黔、魯作「麥麪」，依平、曙作「麵飯」，與輯要原引文合。

〔二〇〕時　平本作「持」；魯本、曙本、中華排印本作「特」，皆誤。應依輯要原引文改作「時」。（定扶校）

〔二一〕檾　平、曙作「縈」，中華排印本譌作「椹」；應依魯本改作「檾」，合於輯要原文。（定扶校）

〔二二〕了　黔、魯作「去」，依平、曙作「了」，合輯要原引文。

〔二三〕杷　本書各刻本皆誤爲「把」，應依輯要原引文改作「杷」。（定扶校）

〔二四〕若　平本作「次」，依黔、曙、魯改作「若」，合輯要原引文。（疑「次」字是「須」字寫錯。）

〔二五〕後　平本譌作「地」，依黔、曙、魯改作「後」，合輯要原引文。

〔二六〕犁就　平本作「爲如」，依黔、曙、魯改作「犁就」，合輯要原引文。（案：以上四處，平本俱沿襲明本輯要的錯字。）

〔二七〕掘　平本作「摳」，依黔、曙、魯改作「掘」，合輯要原引文。

〔二八〕月　黔、魯譌作「日」，應照平、曙作「月」。

〔二九〕鋤　平本譌作「三」，依黔、曙、魯改與輯要原引文合。（本條，平本譌誤均沿襲明本輯要。）

〔三〇〕就　平、魯本譌作「溉」，依黔、曙改與輯要原引文合。

〔三一〕老　平本譌作「者」，依黔、曙、魯改與輯要原引文合。

〔三二〕合　平本作「今」，黔、曙、魯作「令」；當依輯要引文改作「合」。（以上三條，均承襲明本字形相近的譌字。）

〔三三〕滿　黔、魯譌作「舖」，依平、曙作「滿」，與輯要原引文同。

〔三四〕條楂不齊　平、黔、魯「條」譌作「修」，「不」譌作「又」，依中華排印本「照曙改」，合原文。

〔三五〕地　平、黔、魯譌作「也」，依中華排印本「照曙改」，合輯要原引文。

〔三六〕留　平、黔、魯俱作「斫」，依中華排印本「照曙改」，合輯要原引文。

〔三七〕所　平本譌作「斫」，依魯、曙、中華排印本改作「所」，合於輯要引文。（定枎校）

〔三八〕枚　黔、曙、魯作「枝」，依平本作「枚」，與百陵學山本原書合。　案：「枚」即小枝條，下文的「枝」指大枝條，原書不誤。

〔三九〕歲歲　平本、曙本、中華排印本均作「歲歲」，魯本作「桑歲」，從文義分析，應作「歲歲」。（定扶校）

〔四〇〕三四升　平本作「三四外」，黔、魯作「三面外」，依曙本改，合輯要原文。

〔四一〕比　平本譌作「地」，依黔、曙、魯改，合輯要原引文。

〔四二〕法　黔、曙、魯作「氣」，依平本作「法」合原引文。

〔四三〕晝　平本譌作「書」，依黔、曙、魯改。

〔四四〕法　曙本作「氣」，依平、黔、魯作「法」，與原引文同。

〔四五〕旺　平本譌作「旰」，應依魯、曙、中華排印本改作「旺」，合於輯要引文。（定扶校）

〔四六〕法　各本空等，依輯要引文補「法」字。

〔四七〕間　黔、魯作「際」，依平、曙作「間」，合原引文。

〔四八〕栽二年之上桑榖雨時其間但有芽葉不旺者　平本脱「時」字，黔、魯、曙脱「上」字；暫兩存。輯要原引文，這裏也有譌脱。平本依明刻輯要，元本同；殿本作「栽二年之上，其間但有芽葉不旺者，於榖雨間」。案：「二年之上」，即「二年以上」（參看貳拾玖條「二年之上桑」句），「上」字應保留。「榖雨」兩字無上下文，不能解。

〔四九〕⿰口困　黔、魯作「咽」，依平、曙作「⿰口困」。這個字，字書中没有，似乎即今日的「啃」字。舊時原寫作「貇」；大致元代著人不知道有這個「古」字可用，就自造一個字標音。

〔五〇〕欏　本書各刻本皆作「攡」，應依輯要原引文改作「欏」。下同改。（定扶校）

〔五一〕科條　魯本作「條葉」，應依平、曙、中華本作「科條」，與輯要原引文合。（定扶校）

〔五二〕土　平譌作「上」，依黔、曙、魯改合原引文。

〔五三〕一如拐子樣　平本「一」字作正文，缺「如」字；依黔、曙、魯改，合輯要原引形式。

〔五四〕分已　平本誤倒作「已分」，依黔、曙、魯改合原文。

〔五五〕逐　黔、魯譌作「遂」，依平、曙作「逐」，合原文。

〔五六〕田　平本譌作「在」，依黔、曙、魯校正合原引文。

〔五七〕斫　黔、魯譌作「砍」，依平、曙作「斫」，合輯要原引文。

〔五八〕几　黔、魯、曙均作「杌」，中華排印本作「凡」，依平本作「几」，與元刻輯要合。

〔五九〕一　平本空等，依黔、曙、魯補。

〔六〇〕柯　黔、魯作「科」，依平、曙作「柯」，與輯要原引文合。（下文所留之「柯」，也應同樣校改。）

〔六一〕液　平、黔譌作「脉」，依曙、魯改作「液」，合輯要原引文。

〔六二〕損　黔、魯譌作「省」，依平、曙作「損」，合原引文。

〔六三〕博　黔、魯譌作「搏」，中華排印本作「摶」，依平、曙作「博」。案：「博」字可解釋爲「換取」。

〔六四〕取　黔、魯作「去」，依平、曙作「取」，合原引文。

〔六五〕柿　平本字不清晰，黔、魯作「𥫗」，曙作「柿」；依輯要引文作「柿」。「柿簍」，是荆、竹簍内外糊紙後，用柹漆塗過，不透水，不滲油，既輕便又相當牢固，是我國包裝液體的一種特殊容器，也是世界少見的創造。

〔六六〕地平　黔、魯誤倒，應依平、曙轉作「地平」，與原引文合。

〔六七〕蕎　平本、曙本譌作「喬」，應依魯本、中華排印本改作「蕎」，合於輯要原書。（定枎校）

〔六八〕緊　黔、魯及中華排印本作「堅」；依平、曙作「緊」，合原引文。

〔六九〕圍　黔、魯作「遭」，依平、曙作「圍」，合原引文。

〔七〇〕其　黔、魯脱去，依平、曙應有。

〔七一〕條芽　黔、魯倒轉，依平、曙作「條芽」，合原引文。

〔七二〕𪑌皮嵌貼上　黔、魯「𪑌」譌作「眼」，「上」譌作「之」，依平、曙作「𪑌皮嵌貼上」，合原引文。

〔七三〕擁　中華排印本作「壅」，應依平、魯、曙各本作「擁」，與輯要引文合。案：「擁」有「圍裹」之意，與「壅」的含意不完全相同。此處用「擁」而不用「壅」，值得注意。（定枎校）

〔七四〕芊　平本譌作「芊」，應依魯、曙、中華排印本改作「芋」。（定枎校）

注：

① 栽桑法：按常識説來，「栽桑法」似乎應當排在「養蠶法」前面。栽好了桑樹，飼料有來源，才可以養蠶。齊民要術中，「養蠶」是「種桑柘」的附録。陳旉農書，下卷專論蠶桑，次序是「種桑」、「收

蠶種」、「育蠶」、「用火」、「採桑」、「簇箔」、「藏繭」，種桑排在最前面。農桑輯要，卷三「栽桑」，卷四「養蠶」。王禎農書中農桑通訣部分，種桑是卷五種植篇主題，蠶繅篇在卷六。農器圖譜部分，「養蠶」在前，「桑具」在後；但所謂「桑具」止是「採桑」的工具，「蠶之用也，故次於蠶事之後」。本書卷三十一到卷三十四，總題爲「蠶桑」，起首是總論，接下來是「養蠶法」與「栽桑法」的叙述，再就是「蠶事圖譜」和「桑事圖譜」（附「織紝圖譜」），「蠶」和「桑」，次序顛倒了，究竟是因爲後兩卷沿襲了王禎的排列，所以前兩卷也改變常例，或者止是整理刻書時漫不經意隨手措置？值得懷疑。

本卷「栽桑法」所收材料，絶大部分根據農桑輯要卷三轉引。我們對勘後，推測起來，所用輯要版本大致止是胡文焕格致叢書中所刻。現所有農桑輯要傳本中，卷三問題最多；胡刻本至少缺去「科斫」章内容大部分，又錯簡七八處之多。清代武英殿聚珍本輯要，從永樂大典中輯出，標題紊亂之外，還脱漏了幾個很重要的字。幸而在一九五七年，劉文興先生曾爲我們移録了元刻本殘本的校記，才算可以正確地了解元代原書這一卷的内容。本書這一卷，除承襲了胡刻的全部錯漏之外，又新增加一些錯誤，成爲本書中最難校讀的一卷。爲了清理方便，我們把全卷各條（包括殘缺的在内），按原來次第編號，用大寫中文數字標記；這樣，前後檢對時，比較容易找到。所有這些大錯漏脱節，都在「注」中説明。經過這樣整理後，譌脱錯誤的地方，大致有了一些交待，但次序仍嫌零亂。爲了參考的便利，我們把現有的五十四條，分析歸納如次：（一）栽桑總論（將輯要的「論桑種」和本書新收關於栽培效益等材料歸在這裏）：壹、貳、叁、陸、拾壹。（二）培育秄生苗（輯要的「種椹」）：肆、伍、陸、拾貳、拾叁、拾肆、拾伍、拾陸。（三）扦插（包括取得插條的各種方法，即輯要的「壓條」、「栽條」）、移栽（輯要的「移栽」）：貳拾叁、貳拾肆、貳拾伍、貳拾陸、貳拾捌、貳拾玖、叁拾、叁拾壹、叁拾貳、叁拾叁、叁拾肆、叁拾伍。（四）管理（包括輯要的「地桑」、「修蒔」、「布行桑」、「科斫」、「義桑」等）：拾柒、拾捌、拾玖、貳拾、貳拾壹、貳拾貳、叁拾陸、叁拾柒、叁拾捌、叁拾玖、肆拾、伍拾貳、伍拾叁。（五）接換（輯要的「接換」）：肆拾壹至肆拾捌。（六）附録（輯要的「桑雜類」、「柘」）：伍拾肆、玖、伍拾壹、肆拾玖、伍拾、貳拾柒。

② 本書這一節所引爾雅，文句都在釋木第十四，但斷句法和注文位置却與傳本爾雅不同。爾雅原文及郭璞注，是：「桑辦有葚，梔」；（郭注）「辦，半也」；「女桑，桋桑」；（郭注）「今俗呼桑樹小而條長者，爲女桑樹」。「檿桑，山桑」，另在後面，郭注「似桑，材中作弓及車轅」。此外，「葚，與椹同。一半有椹，一半無椹，名『梔』」，現見本草綱目（卷三六）木部「桑」條「集解」中「頌曰」下，其中「一半有葚，一半無葚，名爲梔也」，出自陸德明經典釋文所引犍爲舍人爾雅注。「檿桑」下「柘也。飼蠶」兩句，不知出處，「絲中琴瑟，亦材之美者也」，大致仍採自蘇頌的文字。柘和檿桑完全不同，上句是錯誤的。

③ 本草綱目「桑」條「釋名」項「時珍曰」下引有。按：太平御覽及重修政和證類本草引用書目中，均有王建中典術，作者應是五代至北宋初的人。

④這裏所引的,不是徐鍇説文解字繫傳中文字,止是本草綱目(卷三六)「桑」條「釋名」項「時珍曰」中李時珍的話。第一個「音若」的字,也不應作「桑」,而應作「叒」。

⑤引王禎農書農桑通訣五種植篇第十三起處一段。

⑥史記貨殖列傳——案:王禎原文,這句是「司馬遷貨殖傳曰」,交待得很清楚。

⑦本書卷三十七引文較全,可參看。

⑧這是詩大雅文王之什皇矣第三章的前三句;意思是斬除雜樹灌木(柞棫),種上有用的材木(松柏),而且生長茂盛(「兑」=遂)。

⑨這是詩鄘風定之方中第一章第五、六句。

⑩周禮天官冢宰太宰「……以九職任萬民,一曰三農生九穀,二曰園圃毓草木……」

⑪這一段,實際上正是種植篇第十三中與桑有關的一段,緊接在上段後面。很懷疑徐光啓原稿本止打算録用這一段;所以特别加上「王禎曰」來標明;前一段預備另行處理。整理付刻時,没有好好體會原意,將前一段也鈔了進來,這裏却又保留了「王禎曰」三個字,形成脱節。案:這一段也不真是王禎的創作,而是就農桑輯要(卷四)「論桑種」章所引士農必用的注文,稍加改寫而成。

⑫禹貢中「青州」節。

⑬引文現見農桑輯要(卷三)栽桑篇「論桑種」章。

⑭引文並注,現均見要術(卷五)種桑柘第四十五;又農桑輯要(卷三)栽桑篇,分引在「論桑種」(前

兩句及原注)、「種椹」(至「常薅令净」)、「移栽」(至「慎勿採沐」)、「布行桑」(至「不用正相當」)及「壓條」(末段)各章。

⑮ 現見王禎農桑通訣五種植篇第十三。

⑯ 殿本王禎農書,這一節末了,有清代輯録人所加注文,說:「按收椹一條,乃節取陳旉農書,非齊民要術也……」事實上,「收椹之黑者」,却不見於陳旉農書,而是就要術中「桑椹熟時,收黑魯椹……」句改寫的,不能說「非齊民要術」,從此以下,則確是陳旉農書(下)種桑之法篇第一的節録。王禎原書,「載」字作「曰」;本書改「曰」作「載」,似乎是核對要術後考慮過的。

⑰ 見要術(卷三)種桑柘第四十五。本書現引形式,是明覆刻要術,剛好在這裏脱漏宋本的一葉(即現在的柒捌之間),上下文不相銜接,無法讀通。(案:捌條的上半,現見本卷伍拾壹條。將兩條連接起來,中間一節彼此重複的地方去掉,就可以基本恢復要術原文。)

⑱ 現見齊民要術種桑柘第四十五;亦見農桑輯要(卷三)「種椹」章。

⑲ 常:懷疑應作「當」。

⑳ 注文平本全部連圈。但事實未必如此。

㉑ 仍見農桑通訣的種植篇。其實「剶桑」的上中下時等句,引自齊民要術;以下的農桑要旨和士農必用,全見農桑輯要「移栽」章;最後「惟十一月栽種不生活」一句,也還是士農必用所有,王禎沒有添上任何第一手材料。

㉒「惟十一月栽種不生活」，案：「栽種」應依王禎原文倒轉作「種栽」，「栽」，即作插條的材料。

㉓據農桑輯要（卷三）「種椹」章引；原見四時纂要（卷一）正月篇「種桑」條。輯要引文和原文一樣，在「種桑」下還有「如種葵法」一句。

㉔拾叁至拾伍三條，現見輯要「種椹」章。

㉕一托：即一臂伸直的長度。

㉖引文並注，並見輯要「種椹」章。

㉗現見輯要（卷四）「地桑」章。

㉘鍬區下水：「鍬」（sōu），應解爲「用小鋤掘」。

㉙篳：字書中無合適解釋。依各處文義看，似乎是指可供扦插的插條。

㉚引文並注文，現均見輯要「地桑」章。

㉛引文及注文，現均見輯要「地桑」章。

㉜鍾化民，明史（卷二二七）列傳一一五有傳。萬曆八年（一五八〇年）進士。

㉝這一段，是黄省曾蠶經的第一段，原題爲「一之藝桑」，無「總論」兩字。

㉞墨：解作「塗抹」。

㉟這個注，體現了徐光啓以積極鬥爭來應付蟲害的態度，值得注意。

㊱引文及注文（除最末一處外），均見輯要（卷三）「移栽」章。

㊲擗：解作「(用席箔)塞緊」。

㊳胤：解作「衍生」、「派生」。

㊴小注，原文所無。

㊵除前兩句不知來由外，以後引文，現見輯要(卷三)「移栽」章。輯要原刻作小字，似乎是作爲上節所引務本新書注文的。

㊶現見輯要(卷三)「移栽」章。本書在這裏引用時，改動删節很大：「栽培所宜」以下，原是注文。「又曰」，也是原注文中的一段。案：拾壹條所引「王禎曰」的後段，正引用了同一節士農必用，大致和這裏的引文互相補足。

㊷這一條，輯要和王禎農書中都未見到；與士農必用有無關係，現在無從斷定。這種預卜，準確程度究竟有多大，也無從揣測。但大致同時或稍早的種藝必用中，却有「常以三月三日雨，卜桑葉之貴賤」的話，並引有杭州的諺語；與歲時廣記(卷一八)上巳「占桑柘」所引南宋博聞録相同，似乎説明這種傳説，起自江南。

㊸這是農桑輯要(卷三)「移栽」章所引士農必用的一節；緊接前面的貳拾貳後面。

㊹現見輯要(卷三)「壓條」章。起處「壓條法」三字，輯要引文原無。

㊺引文並注，現均見輯要「壓條」章。

㊻剥：疑應作「剶」。

㊼ 溏：稀而可流動的固體液體混合物。

㊽ 際：作動詞用，解作「以……作邊際」。

㊾ 以下至叁拾肆條，引文並注，均見輯要「栽條」，起處「栽條法」三字，本書所加。

㊿ 引文並注，現見輯要「栽條」章。

51 這一節，是農桑輯要(卷三)「布行桑」章的標題注，不知爲什麽標作「玄扈先生曰」？

52 引文並注，均見輯要「布行桑」章。

53 引文及注文，並見輯要(卷三)「科斫」章。

54 剥：懷疑仍當作「剶」。

55 引文及注，現見校定本輯要(卷三)「接换」章。明本輯要，這裏有錯簡脱漏：脱去「接廢樹」、「插接法」兩節；第三節「劈接法」(即現在的肆拾肆)，第四節「接大小樹」(肆拾伍)，脱去了小標題；第五節「靨接」(肆拾陸)；第六節「接小芽條」(肆拾柒)；「取接藏頭」分剖爲現在的肆拾捌及肆拾貳兩條。前後文失去聯繫；本書承襲了這個錯誤。請參看校定本輯要。

56 條眼襯青：「條」指枝條，「眼」指新芽。「襯青」，是透過外面的初生栓皮和芽鱗，呈現緑色，表示枝條形成層已開始活動，芽也開始增長。這是最可靠的生長開動徵候。

57 一生：即未接過的原砧木。

58 椿：今日寫作「裝」字。

㊾這一條，依本書一般體例，似應作小字，排在上引士農必用注文中或後面。

㊿嫁接成功與否，是否與「月相」有關，還待實驗證明。

⑥¹這是輯要所引士農必用「接換」的第三節。注文除末了一處外，均原有。

⑥²這是輯要所引士農必用「接換」的第四節；脱去「接大小樹」小標題。注文均原有。

⑥³這是輯要所引士農必用「接換」的第五節，注文均原有。原來小標題是「靨接」。「靨」音「壓」；南北朝起，從西亞、中亞傳入了一種風氣：婦女們在頰上、額上，貼着剪成各種花樣的金箔、絲織物小片，稱爲「靨子」、「貼子」。「靨接」即今日的「芽接」，在砧木上貼上一片芽，形狀很像「靨子」。

⑥⁴這是校定本輯要所引士農必用「接換」的第六節。

⑥⁵這是校定本輯要所引士農必用「接換」的第七節起處兩句；「土」字，應依原引文改作「臨」字。下文接前面的肆拾貳條。

⑥⁶這一節，是根據農桑輯要轉引的齊民要術（卷五）種桑柘第四十五篇「種柘法」後段；前段是本卷伍拾壹，剛好接上。前面捌條，直接引齊民要術，也是這節「種柘法」的後一段，却包含了伍拾壹和本段接續的地方，可以對勘。本書因爲根據有錯簡的明刻輯要和有脱頁的明刻要術引用，所以錯亂之外，又有重複；但是對勘之後，還可以清理出來。

⑥⁷引文現見輯要（卷三）「柘」章。（元本輯要原排在所引齊民要術「種柘法」後。明本輯要錯簡元本的半頁，因此，將要術「種柘法」拆散成伍拾壹和肆拾玖兩段，而且將後段排在本節前面。）

㊳ 現見要術種桑柘第四十五，農桑輯要（卷三）「柘」章也引有。原文的注，現均依輯要删去；但本卷前面捌條所引殘文中，還保留有一部分。

㊴ 這一節，明本輯要在卷三栽桑篇末了「柘」章所引齊民要術「種柘法」殘文後面，也就正是本書現引形式，不過輯要作小字。查對元本及清殿本輯要，這節原是「修蒔」章末所引農桑要旨後段殘文，不過没有起處的「柘葉比」三個字。這三個字與下文牽不上，實在不應有，是明本輯要任意補入的。

⑰ 引文並注，現均見農桑輯要（卷三）「義桑」章。

⑱ 一萬步：這個「步」，與下文「每一步一桑」、「內空地止二千五百步」的「步」，都是平方步；此外，「一百步」、「二百步」的「步」，則是長度的步。

⑲ 這是輯要「桑雜類」章（內容爲附産品的利用）中所引。

⑳ 這一節，後出的士農必用「科條法」（見上肆拾末）中，已有批判，值得注意。

㉑ 桑莪：即「桑鵝」，是桑上所生木耳。

案：

〔一〕材　王禎原作「楸」，「材」是今本史記的字，漢書作「萩」。

〔二〕園囿之職　應依王禎原文在上加「園圃毓草木」一句，這句的「囿」也應作「圃」。

〔三〕葉　應依輯要原引文作「桑」；本書承襲王禎農書的錯字。

〔四〕魯桑之類宜飼大蠶荊桑宜飼小蠶　王禎原文，止是「魯桑之類宜飼小蠶」。案：輯要所引士農必用的注文，有「荊桑之類宜飼大蠶」，（王禎引用時節去，尚無關係。）段末正是「魯桑之類宜飼小蠶」，王禎引用也沒有錯。本書這樣一改，改得非常荒謬：上卷所引齊民要術（在雜五行書引文下的小注中）有「凡蠶，小與魯桑者，乃至大，入簇，得飼荊、魯二桑；小食荊桑，中與魯桑，則有腹裂之患」的警告。徐光啓不致這樣糊塗，應是整理付刻時信手改字造成的錯誤。

〔五〕錦　應依校定本的要術及輯要作「綿」。下句「用力」，應依原書及原引文作「用多」。

〔六〕禿　應依要術原文及輯要引文作「髡」，解作剪去枝葉。

〔七〕一二年　要術原作「二三年」。

〔八〕斷　應依要術校定本作「地」。

〔九〕二　要術原作「三」。

〔一〇〕城　應依要術原文作「成」。

〔一一〕坑之中　應依要術刪去「之」字。

〔一二〕佐　應依輯要及王禎引文作「左」；「方左」即「附近」。

〔一三〕天氣　應依輯要及王禎引文作「天寒」。

〔一四〕水　應依輯要原引文作「黍」。

〔一五〕久　應依輯要原引文作「又」。

〔一六〕耩　應依輯要原引文作「構」。

〔一七〕捲　應依輯要原引文作「搓」。

〔一八〕勾　應依輯要原引文作「匀」。

〔一九〕十數　應依輯要校定本作「數十」。

〔二〇〕熱　應依輯要原引文作「熟」。

〔二一〕「地桑」下，應依殿本輯要補「補之」兩字。

〔二二〕填　應依殿本輯要作「頂」，指截斷後六七寸長的根頂。下文「芽出於土」，及注中「只要條從土中長出」，可以證明。

〔二三〕要　殿本輯要引文作「宜」，較靈活。

〔二四〕躲　應依殿本輯要作「條」。

〔二五〕許　應依殿本輯要作「計」。

〔二六〕根　應依殿本輯要作「樹」。

〔二七〕以　應依殿本輯要作「取」。

〔二八〕始　輯要原作「妬」。

〔二九〕條　應依原引文作「葉」。

〔三〇〕犂　應依原引文作「犁」。

〔三一〕糖　應依原引文作「糠」;「糠心」即「空心」。

〔三二〕「木」字下輯要引文有「氣」字。

〔三三〕須　應依輯要原引文作「預」。(拾壹條末,正作「預」字。)

〔三四〕澤　應依元刻本及殿本輯要作「深」字。

〔三五〕折　輯要原作「截」。

〔三六〕即　輯要原作「攀」。

〔三七〕「土」字,輯要引文無,應刪。

〔三八〕四十五　應依輯要校定本作「四五十」。

〔三九〕脱　元本、明本輯要作「兑」,殿本作「充」;本書的「脱」字最好。

〔四〇〕「法」字,輯要原引文無,應刪。

〔四一〕開穴藏條上眼亦動　「穴」字下,應依輯要原引文補「所」字。「動」字下,原引文有「但黄色」三字小注,不應刪去。

〔四二〕耎　應依輯要原引文作「久」。上面的「巳」字,懷疑原是「日」字。

〔四三〕復　輯要原引文作「亦」。

〔四四〕至　輯要原引文作「生」。

〔四五〕明　應依輯要校定本作「萌」；——參看拾柒條第一節「以魯桑萌條」，及叁拾肆條「可以多斫萌條」句。

〔四六〕之　輯要引文原作「生」。

〔四七〕此下，明本輯要缺去一頁。至少這個注文，應補「功，不容不知也」六字。

〔四八〕「可」字，應依校定本輯要作「預先於臘月」五字。

〔四九〕採條桑　應依原引文作「插條法」。

〔五〇〕萌　應依原引文作「頭」。

〔五一〕包　應依原引文作「棒」。

〔五二〕「大桑」、「小桑」兩處「桑」字，輯要原引文均作「樹」字。

〔五三〕「壓」字，輯要原引文作「靨」。

〔五四〕「繫」字，輯要原引文作「裹」。

〔五五〕注文，輯要所引是「接諸果亦同」；本書換用的注文，疑係新作。

〔五六〕「中」字上，應依要術原文及輯要引文補「於坑」兩個字。（比較案〔一〕所指捌條的「於坑之中種……」所多「之」字。）

〔五七〕生牛蠹　應依校定本輯要改作「牛，生蠹根吮皮」，即全句是：「又招天水牛（即今日稱爲「天牛」的鞘翅類昆蟲），生蠹根、吮皮等蟲。」

〔五八〕「叢」字下，應依校定本輯要補「雜桑」兩字（「雜」字下加逗點）。

〔五九〕「法」字，輯要原引文無。

〔六〇〕之　應依輯要原引文作「利」。「功」與「利」是一件事的兩個面。

農政全書校注卷之三十三

蠶桑

蠶事圖譜①

王禎曰：蠶繅之事，自天子后妃，至於庶人之婦，皆有所執，以共衣服②。故篇目以蠶室爲首，示率天下之蠶者〔一〕。其作用之門，如曲植鉤筐之類，與夫軖斧〔二〕繭絲之法，必先精曉習熟，而後可望於獲利。今條列名件，一一備述。又使世〔一〕之繒纊其身者③，皆知所自出也。

【蠶室】記曰④：「古者天子諸侯，皆有公桑蠶室，近川而爲之。築宮，仞有三尺，棘牆而外閉之。三宮〔二〕之夫人，世婦之吉者，使入蠶室；奉種浴於川，桑於公桑。」此公桑蠶室也。其民間蠶室，必選置蠶宅，負陰抱陽，地位〔三〕平爽，正室爲上，南西爲次，東又次之。若室舊，則當浄掃塵埃，預期泥補。若逼近臨時，牆壁濕潤，非所利也。夫締構之制，或草或瓦，須内外泥飾材木，以防火患。復要間架寬敞，可容槌箔；牕户虚明，易辨眠起。仍上於行槰〔三〕，各置炤牕。每臨蠶暮〔四〕，以助高明下就。附地，列置風竇，令可啓閉，以除濕鬱。考之諸蠶書云⑤：蠶時，先辟東間養蟻，停眠前後撤去。西牕宜遮西晒。尤忌西南風起，大傷蠶氣，可外置牆壁四五步以禦。所有蠶神室蠶神像，宜於高空處安置。凡一切忌惡之事，邪穢之氣，辟除觸潔，夙夜齋敬，不敢〔五〕褻慢。余觀蠶書云⑥：毋治堰，毋誅草，毋沃灰，毋室入外人。四者，神實惡之。如能依上法，自然宜蠶，不必泥於陰陽家，拘忌巫覡女巫也。等誘惑。至使回換門户，諂禱神祇，虛費財用，實無所益。故表而出之，以爲業蠶者之戒。

銘曰：世業農桑，既興我室。比臨蠶月，復事塗飾。桃茢祓除，神主斯立。曲植既具，錡〔六〕筐乃集。連蟻方生，若〔四〕不厭密。婦以母名，育有慈德，爰求柔桑，入此飼食。寒燠身先，是爲體測。上無疏薄，下無濕浥。簾箔垂門，龕火在壁。夜牕或遮，風竇時窒。頗忌北風，空障西日。他工莫興，外人勿入。庇護攸安，漸至捉〔七〕績。祈祀以時，願獲終吉，神實相之，簇如雪積。分繭秤絲，來告功畢。

【火倉⑦】凡蠶生室内，四壁挫壘空〔八〕龕，狀如三星，務要玲瓏，頓藏熟火，以通煖氣，四向匀停。蠶家或用旋燒柴薪，烟氣熏籠，蠶蘊熱毒，多成黑蔫。今制爲擡爐，先自外燒過薪糞，牛糞。拚〔五〕入室内。各龕約量頓火，隨寒熱添減。若寒熱不均，後必眠起不

火倉

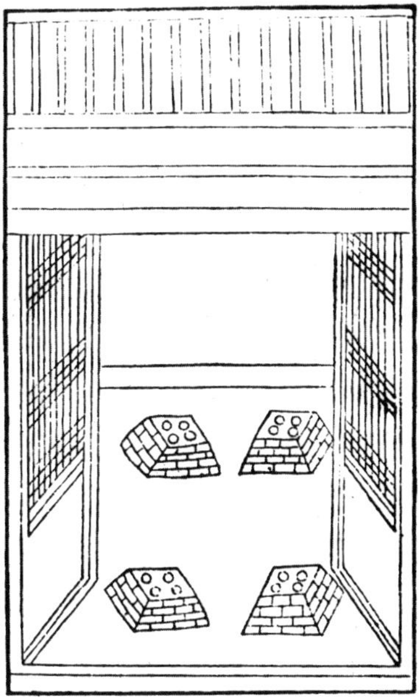

擡爐

齊。已上出諸蠶書。農書云⑧：「蠶，火類也，宜用火以養之。用火之法，須別作一爐，令可擡舁出入，火須在外燒熟，以穀灰蓋之，即不暴烈生焰。」夫擡爐之制，一如矮床。内嵌燒爐，兩旁出柄，二人舁之，以送熟火。

【蠶箔⑨】曲薄⑩〔六〕，承蠶具也。禮「具曲植」⑪，曲，即箔也。「周勃以織薄曲爲生。」顔師古注云⑫：「葦簿爲曲。」北方養蠶者多。農家宅院後，或園圃間，多種萑葦，以爲箔材，秋後芟取，皆能自織。方可四丈，以二椽棧之⑬，懸於槌上。至蠶分擡去蓐時，取其卷

蠶箔

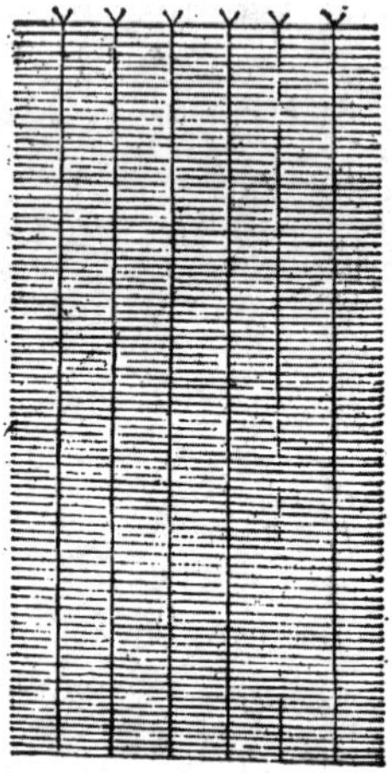

蠶筐

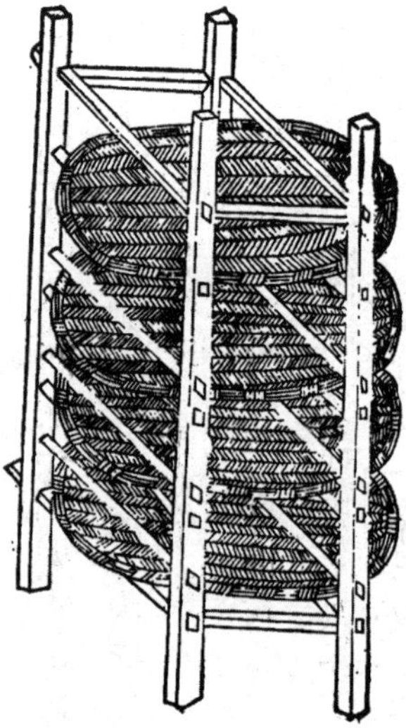

舒易用。南方萑葦甚多，農家尤宜用之，以廣蠶事〔九〕。

【蠶筐】⑭ 古盛幣帛竹器，今用育蠶，其名亦同。蓋形制相類，圓而稍長，淺而有緣，適可居蠶。蛾蠶及分居時用之，閣以竹架，易於擡飼。梅聖俞前蠶箔詩云⑮：「相與爲蠶曲，還殊作筠筐〔七〕。」北箔南筐，皆爲蠶具。然彼此論之，若南蠶大時用箔，北蠶小時用筐，庶得其宜，兩不偏也。

【蠶盤】 盛蠶器也。秦觀蠶書云：「種變方尺，及乎將繭，乃方尺四〔八〕。」織萑葦，範以蒼筤〔一〇〕竹。長七尺，廣五尺，以爲筐。懸筐中間九寸，凡槌十懸〔九〕，以居食蠶。」今呼筐爲槃。又有以木爲框，以竦簞爲底，架以木槌，用與上同。

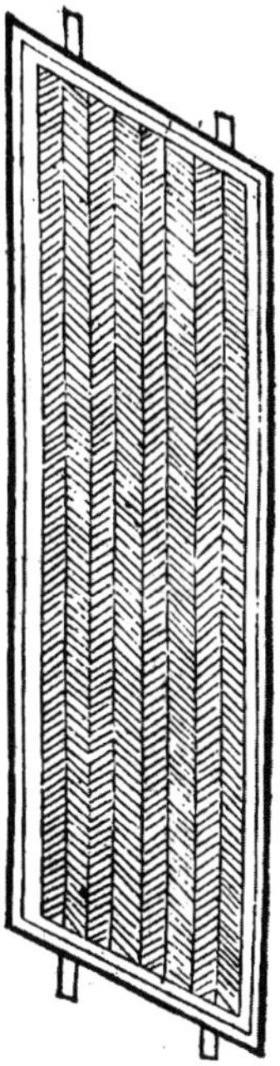
蠶盤

【蠶槌⑯】禮⑰：「季春之月，具曲植。」植，即槌也。務本直言云：穀雨日竪槌。立木四莖，各過梁柱之高。夫⑱槌隨屋每間竪之，其立木外旁，刻如鋸齒而深。各每莖，掛桑皮繞〔一〇〕繩。蠶不宜麻。四角，按二長椽。椽〔一一〕上，平鋪葦箔，稍下縋之。凡槌十懸，中離九寸，以居〔一二〕。擡飼之間，皆可移之上下。農桑直說云：每槌，上中下間〔一三〕鋪三箔，上承塵埃，下隔濕潤，中備分擡。

蠶槌

【蠶椽】　架蠶箔木也。或用竹長一丈二尺，皆以二莖爲偶，控於槌上，以架蠶箔。須直而輕者爲上，久不蠹者又爲上。爲蠶因食葉上椽〔一二〕之蠹屑，不能透砂⑲。事見農桑要旨。

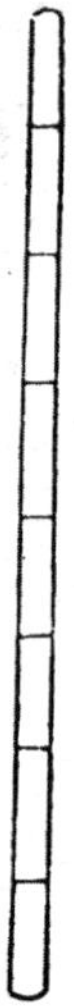

蠶椽

【蠶架⑳】　閣蠶槃筐具也。以細枋四莖豎之，高可八九尺；上下以竹通作横桄十層。層每〔一三〕皆閣養蠶槃筐，隨其大小，蓋筐用小架，槃用大架。此南方槃筐有架，猶北方椽箔之有槌也。

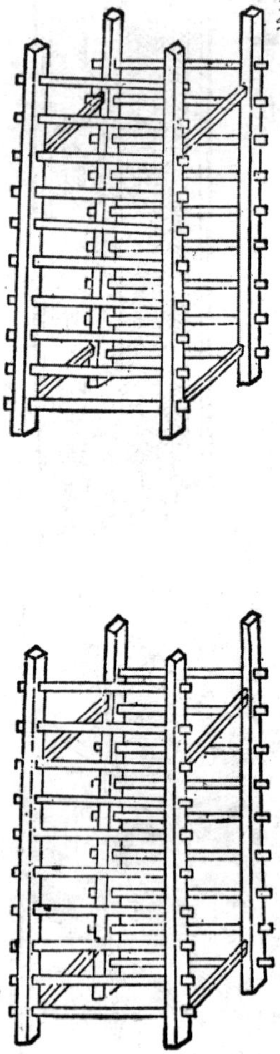

蠶架

【蠶〔一四〕網】　擡蠶具也。結繩爲之，如魚網之制。其長短廣狹，視蠶槃大小制之。沃以漆油，則光緊難壞；貫以綱索㉑，則維持多便。至蠶可替時〔一五〕，先布網於上，然後灑桑。蠶聞葉香，皆穿網眼上食。候蠶上葉齊，手共〔一三〕提〔一六〕網，移置制〔一四〕別槃，遺除〔一五〕拾去。比之手替，省力過倍。南蠶多用此法，北方蠶小時，亦宜用之。

蠶網

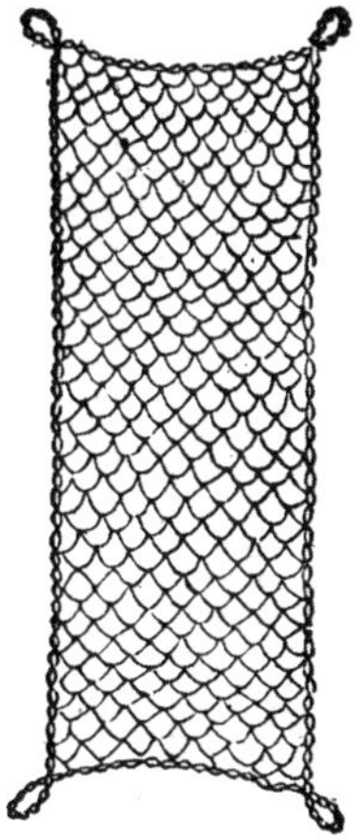

蠶杓

【蠶杓】㉒　集韻：「杓」作「勺」，量器也。周禮：「勺容一升，所以㪺舉朱切，挹也。酌也。酒。」說文曰㉓：「杓」音標。今云酌物爲杓。以勺從木，姑與今同。此作蠶杓，斲木刳之。首大如棒，柄長三尺許。如槃蠶空去聲。隙，或飼葉偏疎，則必持此送之，以補其處。至蠶老歸簇，或稀密不倫，亦用均布。儻有不及，復以竹接其柄。此南俗蠶法；北方箔簇頗大，臂指間去聲。有不能周偏，亦宜假此以便其事，幸毋忽諸。

【蠶簇】㉔　農桑直說云：簇用蒿稍叢柴苫薦等也。凡作簇，先立簇心：用長椽五莖，上撮一處繫定，外以蘆箔繳合，是爲簇心。仍周圍勻豎蒿梢布蠶。簇訖，復用箔圍及苫繳，簇頂如圓亭者，此團簇也。又有馬頭長簇：兩頭植柱，中架横梁，兩傍以細椽相搭爲簇心，餘如常法。此横簇，皆北方蠶簇法也。嘗見南方蠶簇，止就屋内蠶槃上，布短草簇之。人既省力，蠶亦無損。又按南方蠶書云㉕：簇箔，以杉木解枋〔一七〕長六尺闊三尺。以箭竹作馬眼槅插茅，疎密得中；復以無葉竹篠，從横搭之。簇背，鋪以〔一八〕蘆箔，而竹篾透背面縛之；即蠶可駐足，無跌墜之患。此皆南簇。較之上文北簇，則蠶有多少，故簇有大小難易之不同也。然嘗論之，南北簇法，俱未得中。何哉？夫南簇蠶少，規制狹小，殆

團簇

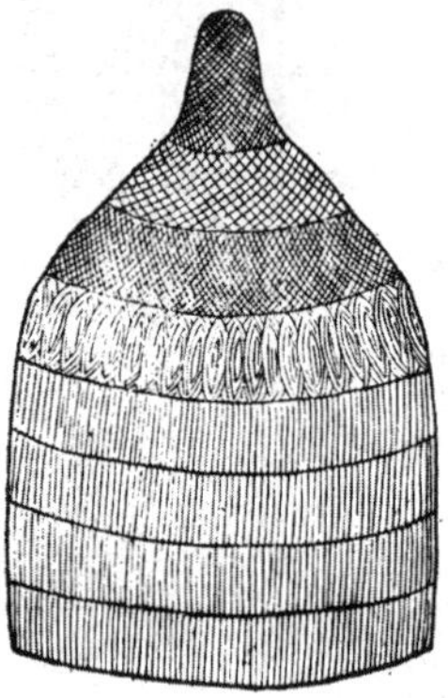

馬頭簇

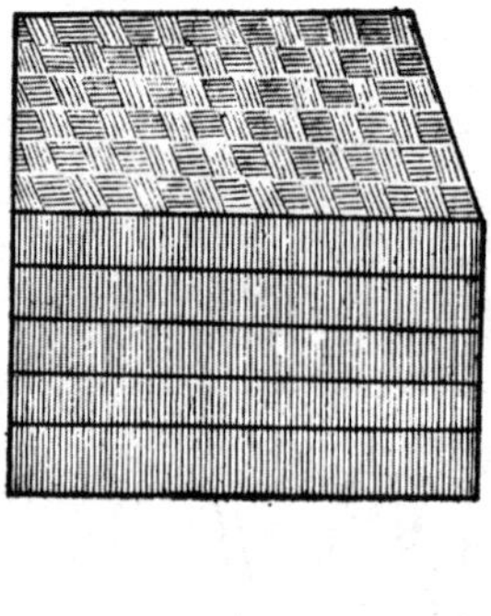

若戲技，故獲利亦薄。北簇雖大，其弊頗多，蒿薪積疊，不無覆壓之害，風雨浸〔一八〕浥，亦有翻倒之虞㉖。謂經雨倒簇也。蠶桑直説云：簇蠶時，雨被沾濕，纔晴，不以成繭不成繭，翻倒別簇。如雨少則曝乾。復外内〔一七〕寒燠之不匀，或高下稀密之易所，以致簇病内〔一八〕生，繭少皆由此故。習俗既久，

未能遽革。今聞善蠶者一法：約量本家育蠶多少，選於院内空地，就添椽木苫草等物，作連脊廈屋。尋常別用，至蠶老時，置簇於内。隨其長短，先構簇心，空直如洞。就地掘〔一九〕成長槽，隨宜闊狹，旁可人行，以備火患。謂用火法也。蠶書云：已入簇，微用熟炭火温之。待入網，漸漸加火，不宜中輟。稍冷〔二〇〕，游絲亦止㉗；繰之即斷，多煮爛作絮，不能一緒扣盡矣。外則用〔一九〕以層架，隨層卧布蒿稍，以均蠶居。既畢，用重箔圍之。若蠶少屋多，疏開牕户，就内簇之亦可。如此則上有芘覆，下無濕潤，架既寬平，蠶乃自若。又總簇用火，便于炤料。南北之間，去短就長，制此良法，宜皆用之，則始終無慊〔二一〕矣。

【繭甕㉘】蠶書云：凡泥〔二〇〕繭，列埋大甕地上。甕中先鋪竹簀，次以大桐葉覆之。乃鋪繭一重，以十斤爲率，摻鹽二兩，上又以桐葉平鋪。如此重重隔之，以至滿甕。然後密蓋，以泥封之。七日之後，出而繰之，頻頻換水，欲〔二二〕絲明快。蓋爲繭多不及繰，故〔二三〕即以鹽藏之，蛾乃不出。其絲柔韌潤澤，不〔二三〕得匀細。此南方淹繭法。用甕頗多，可不預備。嘗讀北方農桑直説云：生繭即繰爲上，如人手不及，殺繭慢慢繰者㉙。殺繭法有三：一曰日晒，二曰鹽浥，三曰籠蒸。籠蒸最好，人多不解，日晒損繭，鹽浥甕藏者穩。玄扈先生曰：鹽著於繭，到底浥濕。今人只於甕中藏繭，另用紙或箬或荷葉包鹽一二兩置繭上亦可。但只須甕口密封，不走氣耳。此必用鹽泥乃可。

繭籠

【繭籠㉚】蒸繭器也。農桑直説云㉛：用籠三扇，以軟草扎圈，加於釜口。以籠兩扇，坐於其上。籠内匀鋪繭，厚三指許，頻〔二二〕於繭上，以手試之。如手不禁熱，可取去底扇，却續添一扇在上。如此登倒上下，故必用籠也。不要蒸得過了。過則軟了絲頭；亦不要蒸得不及，不及則蠶必鑽了。如手不禁熱，恰得合宜，此用籠蒸繭法也。將已蒸過繭，于蠶房槌箔上，從〔二三〕頭合籠内繭在上，用手撥動。如箔上繭滿，打起，更攤一箔。候冷定，上用細柳稍微覆了〔二四〕。只于當日都要蒸盡，如蒸不盡，來日必定蛾出。如此，繅絲有〔二五〕一般快。釜湯内用鹽二兩、油一兩，所蒸繭不致乾了絲頭。如鍋小繭多，油鹽旋入。

【繅車㉜】繅絲自鼎面引絲，以貫錢眼，升繅於星〔二六〕。星應車動，以過添梯，乃至於

南繅車

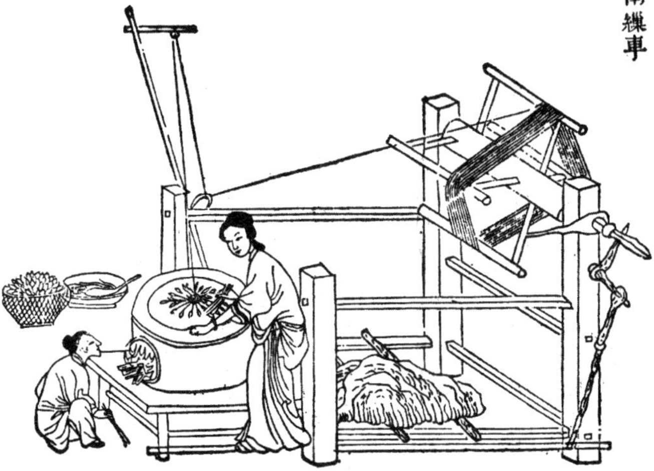

北繅車

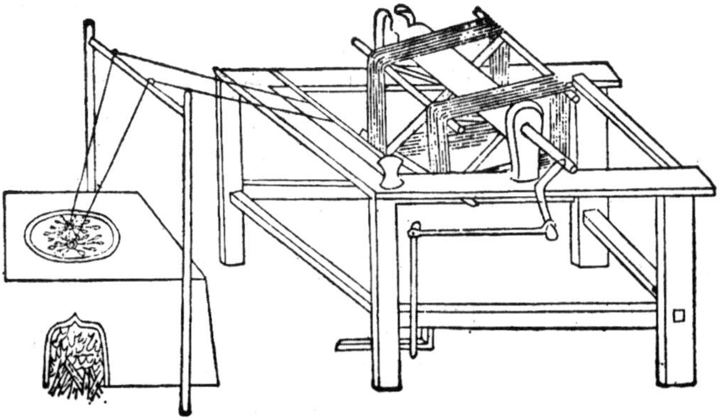

軖，繅輪也。方成繅車㉝。秦觀蠶書：繅車之制㉞：錢眼爲版，長過鼎面，廣三寸，厚九黍。中其厚，插大錢一。出其端，横之鼎耳，後〔二七〕鎮以石。鏁星爲三蘆管，管長四寸，樞以圓木。建兩竹夾鼎耳，縛樞於竹。中管之轉以車，下直錢眼，謂之鏁星。星應車動，以過添梯。農桑直説云：竹筒子宜細，鐵條子串〔二四〕筒；兩捲子，亦須鐵也。添梯車之左端，置環繩。其前尺有五寸，當牀〔二五〕左足之上，建柄，長寸有半。匽柄爲鼓㉟，鼓生其寅，以受環繩之應車運〔二六〕，如環無端，鼓因以旋。鼓上爲魚，魚半出鼓；其出之中，建柄半寸。上承〔二八〕添梯者，二人〔二九〕五寸片竹也。其上，揉竹爲鉤，以防絲〔三〇〕；竅左端以應柄。對鼓爲耳，方其穿，以閉〔三一〕添梯。故車運以牽環繩，繩簇鼓，鼓以舞魚，魚振添梯，故絲不過偏。制車如轆轤。必活兩輻，以利脱絲〔三二〕。竊謂上文云車者，今呼爲軖。軖必以床，農桑直説云㊱：軖床下鼎一尺，軸長二尺，中經四寸，兩頭二寸〔三三〕。用榆槐木，四角或六角。輻通長三尺五寸。六角不如四角。軖小則絲易解。以承軖軸。軸之一端，以鐵爲裊掉，復用曲木撮作活軸，左〔二七〕足踏動，軖即隨轉，自下引絲上軖。總〔二八〕名曰繅車。

【熱釜㊲】秦觀蠶書云：「繅絲自鼎面引絲直錢眼」，此繅絲必用鼎也㊳。今農家象其深大，以盤甑按〔三四〕釜，亦可代鼎。故農桑直説云：釜要大〔二九〕，置於竈上。如蒸竈法。可繅粗絲單繳者，雙繳者亦可。釜上大盤甑接口，添水至甑中八分滿。可容二人對繅。水須常熱。

宜旋旋下繭繅之，多則煮損。凡繭多者，宜用此釜，以趨速効。

熱釜

冷盆

【冷盆㊴】農桑直説云：冷盆可繅全繳細絲；中等繭，可繅下〔三五〕繳。比熱釜者有精神，又堅韌也。

玄扈先生曰：冷盆絶〔三〇〕略，當由王氏北人，不知冷盆之利耳。輯要稍詳，今人亦少用，可急試也。又曰：只説冷盆，令人如何用之？此則抄舊説，節略成書耳，非實有意欲前民用者也。

【蠶連㊵】　蠶種紙也。舊用連二大紙。蛾生卵後，又用線長綴，通作一連，故因曰連。匠者嘗別抄以鬻之。務本新書云：蠶連，厚紙爲上，薄紙不禁浸浴〔三六〕，如用小灰紙更妙。連須以時浴之。浴畢掛時，令蠶子向外，恐有風磨損。冬至日及臘月八日浴時，無令水極深。浸浴取出。比及月望，數連一卷，桑皮索繫定，務本新書云：蠶連不得用麻繩繫挂，如或不忌，後多乾死不生。本草陳藏器云：「以苧麻近種則不生」，當遠之。庭前立竿高挂，以受臘天寒氣。年節後，甕内豎連，須使玲瓏。安十數日，候日高時一出；每陰雨後，即便晒曝。恐傷濕潤。見風亦不可多時。此蠶連浴養〔三七〕之法，直至暖種而生。

蠶連

校：

〔一〕世　平本、曙本有，與原序合；黔、魯脱去，應補。

〔二〕宮　魯本、中華排印本譌作「公」，應依平本、曙本作「宮」，與原書合。（定扶校）

〔三〕位　平本、曙本作「位」，與原書同；黔、魯改作「勢」；保留平本的「位」字。

〔四〕每臨蠶暮　後兩字，平作「蠶暮」，與庫本原書同，很難解説。黔本、曙本、魯本作「蠶月」，可能是因爲「蠶暮」不好解，比照本條末「銘曰」中「比臨蠶月」句校改的。原書殿本作「薄暮」，大致也止是猜度後臆改。原書卷六蠶繅篇第十五（本書卷卅一引有）有同樣的一句，則是「早暮」兩字。「蠶月」，是養蠶整個季節；其中早期頗冷（因此須要「火倉」），晚期雖已温煖，但早晚還涼。因此敞開「照窗」讓日色進來，應是晚期早晨和傍晚時的需要。「照窗」的作用，與名稱相符合，是「以助高明下就」。比對原書兩處文字看來，「早暮」最合適。但交待總嫌不够明確。應當在下句補上一句「酌量捲起照窗捲窗」，才可以發揮照窗「以助高明下就」的作用。而且，還得補上另一句「餘時仍須封閉」。目前，這里暫保留平本與原書庫本的「蠶暮」，指春蠶末期。

〔五〕敢　平本、曙本作「致」，應依黔、魯改作「敢」，與原書合。

〔六〕錡　平、黔、魯作「錡」，曙作「鉤」。應依庫本原書作「籧」；蠶室不一定要有「錡」（＝釜）或「鉤」；而「籧」（＝筬摺）却是必要。如將「錡」字解爲「兵器架」，而借作架用，也不很合適。暫保留「錡」。

〔七〕捉　平、黔、魯作「捉」，與原書同。中華本「照曙改」作「促」。案：原書有小注「蠶欲老時，取以視絲明也」；耕織圖有捉績篇」。耕織圖詩確有題爲「捉績」的一首，即捉起來看。應作「捉」。

〔八〕空　平本、曙本譌作「室」，應依黔、魯改作「空」，與原書合。

〔九〕「以廣蠶事」句，平本、曙本有；黔、魯缺，應補。

〔一〇〕筤　平、魯、曙、中華排印本均譌作「莨」，應依王禎原書改作「筤」，下有小字「來唐切」。「筤」，音láng，幼竹也。（定枎校）

〔一一〕上下兩個「椽」字，平本均譌作從「手」旁的「掾」。依中華排印本「照黔、曙改」。

〔一二〕閒　平、曙、中華排印本均作「閑」，魯本作「閒」，與原書合。從文意看，此處應讀jiàn，作「間隔」、「隔開」解，應依魯本改作「閒」。（定枎校）

〔一三〕椽　平本譌作「緣」（庫本也作「緣」），應依曙本及魯本改作「椽」，與殿本原書合。

〔一四〕⿱臺金　依平、曙作「⿱臺金」，與原書合；黔、魯作「擡」。

〔一五〕時　黔本、魯本作「食」；暫依平本、曙本作「時」，與原書合。但以作「食時」兩字爲好。

〔一六〕提　黔本、魯本作「擡」；平本、曙本作「提」，與原書合。其實是提着來擡，作「提」更好。

〔一七〕枋　平本、曙本作「枋」，與原書合；黔本、魯本作「方」，雖是本來的「正體」（史記貨殖傳「方章之材」），但近來的習慣還是用有「木」旁的字。

〔一八〕浸　平、曙、中華排印本作「侵」，依魯本改作「浸」，合於王禎農書。（定枎校）

〔一九〕掘　平、曙作「掘」，與原譜同；魯譌作「握」。

〔二〇〕稍冷　「稍」字黔本、魯本作「少」；仍依平本、曙本作「稍」，與原書合。

〔二一〕慊　魯本譌作「嗛」，應依平、曙、中華排印本作「慊」，與王禎原書合。案：「慊」音xián時，可與「嫌」通用；但從文意看，在此「慊」應讀qiàn，作「不足」、「缺憾」解。（定枎校）

〔二二〕頻　平本譌作「頓」；依黔、曙、魯本改作「頻」，與原書合。

〔二三〕從　平本、黔本、魯本譌作「役」，原書作「後」。曙獨作「從」，與輯要原引文合，應依曙改。「從頭」，即按次序一扇一扇地倒（＝「合」）在箔上。最頂上一扇最熱，最先倒出。

〔二四〕串　平本、曙本作「串」，與原譜同；黔本、魯本作「貫」。

〔二五〕牀　平本譌作「牀」，依魯本、曙本、中華排印本改作「牀」，合於王禎原書。（定枎校）

〔二六〕環繩之應車運　平本、曙本都是這樣；黔、魯將「運」「應」兩字對換。原譜與蠶書，同樣是「環繩，繩應車運」，可能徐光啓手稿中第二個「繩」字依習慣用兩點代替；整理鈔寫時，誤認爲行書「之」字了。應依原書改正；暫保存平本形式。

〔二七〕左　平、黔、魯譌作「右」，應依曙本從原譜改作「左」。

〔二八〕總　平本、曙本作「總」，與原譜合；黔、魯譌作「繅」。

〔二九〕大　平本譌作「入」；黔、曙、魯作「大」，與原譜及輯要原引士農必用（不是農桑直說）同。

〔三〇〕絶　中華排印本「照黔改」，將平本、曙本作「絶」的「絶」字改作「節」字。大致黔本是比照後一節「節略成書」的「節」字改的。我們對照本書所引王禎農書各條，覺得這一條確是最疏略。尤其士農必用要求的「盆要大，釜要小」，而王書改作「盆要小」，全失原書用意，所以用「絶」字可能不是沒有道理的，仍保留「絶」字。案：徐光啓對王禎的這一段批判，「抄舊說，節略成書耳」，可以同意；「非實有意欲前（＝推進）民用者也」，似乎過重一些。

注：

①本卷圖及譜，全部據王禎農書農器圖譜十六蠶繅門的材料加工改編而成。原書前三條：「繭館」、「先蠶壇」、「蠶神」，删去了圖；「譜」，都移到了卷三十一「總論」中，其餘各條技術性圖譜，保留在這一卷，次序稍有調動。譜文有些删節，除「蠶室」一條留下了原來的「銘」之外，所有各條末了的韻文，全部都没有引：從農書的技術角度上看，删去這些材料，並無損失。除「蠶室」圖删去之外，其餘的圖有些增損；主要雖是照舊描繪，却也增加了精美程度。因爲全卷絕大部分都來自王禎原書，所以不再逐條加注説明；「校」、「注」、「案」中，也用「原書」「原圖」「原譜」代表王書，取得簡便。

②共：借作「供」字。

③繒纊：「繒」是綿綢，「纊」是綿絮。前者代表織成品，後者代表裝入材料，合起來代表蠶所供給的衣料。

④這一段文字，全見禮記祭義；「記曰」即「禮記曰」；用「記」字代表「禮記」，正是宋、元以來的習慣。原書的體例，每一條譜文都有小標題，而且標題一般也在圖中重複標出。這一條，原圖中標明「蠶室」，可見譜文小標題也應是「蠶室」；「記曰」兩字，應是譜文正文，即引禮記作爲全文的起處。這就是説，譜文標題，不是「『蠶室記』，（其文）曰」，而是「『蠶室』：禮記曰」。可是本書各本所加句讀，没有在「室」字下斷句的：平本一直到「侯」字才點斷；黔本、曙本、魯本，則在「曰」字下

加點，即把這一條的標題，看作「蠶室記」。案：禮記在明初「列入學官」，即作爲科舉時八股文題目的來源（見明史卷七○選舉二開卷第一節）；徐光啓在一五九七年中順天鄉試「中式第一名」，以後又多次做過「考官」，不會不覺察王禎這段引文出自禮記。至於此處斷句錯誤，這是平本句讀決非全出原稿的又一證明。

⑤諸蠶書：大概指農桑輯要所引務本新書；可能還包括士農必用、農桑要旨等。不是秦氏蠶書。下文「先辟東間……」的「辟」字，應依輯要原引務本新書作「擗」，解爲「封塞」，即臨時隔出。

⑥這幾句，現見秦氏蠶書「禱神」條結尾處。秦氏蠶書的作者，是秦觀或秦湛，尚難定論；多數人傾向歸給父親秦觀。因此，原書這個小注第一個字「余」，似乎是由字形結體相似的「秦」字爛去上半而鈔錯的。

⑦火倉：原圖止有「火倉」一幅；「擡爐」即在火倉房屋側面。本書將原圖外景削除之外，「擡爐」也分出另作一幅。「火倉」原圖的爐，是正立方體形；本書改作角臺形。案：「火倉」的名稱，原出農桑輯要（卷四）「火倉」條所引務本新書。依務本新書的叙述，應當在小屋中作成「壁龕」形式（即藏在厚土牆中），而且應當像「參」（不是王禎在這裏所説「三星」！是「參宿」；參看卷卅一引王禎蠶繅門。）星一樣，高低散置，使熱力均勻。止有在大屋裏才壘作土臺。王禎原書和本書的圖，止適於大屋。如果依本書卷卅一所引輯要轉引士農必用要求的，則是屋中地下掘坑，作成地爐，不應突出地面。

⑧ 指陳旉農書（下）用火採桑之法篇四。

⑨ 蠶箔：殿本原圖很粗糙，止兩端有蘆條。庫本很細緻，但也缺少本書所繪一端繩結。

⑩ 曲薄：「曲」字原來是「蠶薄」（後來寫作「箔」）的特用名；見説文解字（卷一二下）曲部部首。史記（卷五七）絳侯世家「勃以織薄曲爲生」注文「蘇林曰：『薄一名曲……』」索隱引韋昭曰「北方謂薄爲曲」；許慎注淮南云「曲，葦薄也」。

⑪ 指禮記月令「季春之月……具曲植」，鄭玄注「曲薄也」。

⑫ 漢書（卷四〇）周勃傳：「勃以織薄曲爲生」顔注，仍是引許慎的話。

⑬ 棧：平行的橫木條，上面可以舖木板或箔子之類，稱爲「棧」。作動詞用，即「作棧」。

⑭ 蠶筐：殿本原圖粗略，筐底是空白的；本書加繪了篾織的情形。庫本已有初步的透視原理，可看出椽和底作法的不同。

⑮ 梅聖俞詩，原書引在前一條「蠶箔」後面，這裏再提到，所以才説「前蠶箔詩」；現在這個「前」字没有着落。

⑯ 蠶槌：庫本原圖很細致。右邊一間屋，門口垂着葦箔，屋頂有煙囱冒煙，表示裏面有火爐。左邊一間屋，前面敞開，表示裏面的結構，有兩個各見四層蠶槃的槌架。蠶槃用綁在蠶架上的橫椽支持。旁邊矮凳上有一個桑籠。前面有兩個女人，一個坐着洗手，一個站着的剛洗完手，還在滴水。殿本則非常簡略：止畫了一間屋，裏面有些槅扇，不易分辨究竟是什麽。本書的圖，雖然細

緻得多，但由於當時我國畫法中，還沒有發展出「透視」觀念，無從表示立體關係，仍舊不容易看出結構道理。庫本顯然出自清代名手，已學習了一些透視的道理，所以給人的印象較明確。

⑰ 指禮記月令。

⑱ 夫：疑係「其」字寫錯；王禎農書中，「其」字錯成「夫」字的例不少。

⑲ 「爲蠶因食葉上椽之蠹屑，不能透砂」，解爲「爲的是（恐怕）蠶因爲吃了葉上從椽上掉下的蛀粉（=『蠹屑』）之後，不能排（=『透』）糞（=『砂』）」。

⑳ 蠶架：殿本原圖止有一件，但已能表明結構和用法。庫本並列兩件。本書將兩件分爲兩幅，畫法上没有什麽改進。

㉑ 綱索：疑應作「綱索」；「綱」是穿在網邊上的較粗繩索，提綱，網就容易提起。

㉒ 蠶杓：庫本圖很精緻。殿本原圖雖粗糙些，但還有立體感；本書所畫，反而不很明白。

㉓ 說文解字（卷六上）木部「杓」字說解「枓柄也；从木从勺」。原注音「甫搖切」，應讀「瓢」音。徐鉉加注「臣鉉等曰：今俗作希若切（即讀「芍」音），以爲「杯杓之杓」。原書所引，與傳本說文全不相似。下面一句「以勺從木」，「以」應是「从」字寫錯。

㉔ 蠶簇：庫本原圖「團簇」一件，「上簇」一件。「上簇」所繪，是一個兩人小組，在搬苫席；另兩個人抬着蠶網，表示在蠶室外空地上架簇的情形，左邊畫有小半截「馬頭簇」。本書將「上簇」改作「馬頭簇」圖，用意很好，可惜「馬頭簇」的結構，看不明白。案：「馬頭簇」的作法，依原書叙述，只是

一個南北向的茅蓋屋頂形式：兩頭各豎一條木柱，上面綁一條横梁，然後在横梁上斜擱一些小椽條，再蓋苫、布柴枝或蒿杆；北頭稍高，南頭略低，像馬頭連馬頸的形狀。「團簇」，則是用五條椽，一頭紮在一處，然後將下頭散開斜擱着，再鋪苫擱蒿杆，整個像一個圓形的茅亭頂或「團焦」。

㉕南方蠶書：未查出根據。

㉖案這節，實出農桑輯要（卷四）養蠶篇「簇蠶」章所引韓氏直説最後一節「翻簇」。「翻」的意義，是人主動地「轉换」到乾簇上，不是風雨把簇翻倒。

㉗游絲：繭煮過，抽出的緒，從繭面到「錢眼」這一段，游動不定，稱爲「游絲」。

㉘繭甕：原圖配景，本書大部分省去，保留了後面背景中的繭簇、蠶槃和槌，一些已封口的繭甕和擱有鹽缸的小桌。新添了一隻貓，值得注意。

㉙慢慢繰者：「者」字，是元代北方口語中的一個語尾字，代表「命令」、「請求」等「指示性陳述」，等於「着呀」。

㉚繭籠：庫本原圖很細緻。一個女人，在空地上蒸繭，繭籠三層，上下一樣大。另一女人搬一籃繭走下階來，後面房屋開着的窗中，有一個少女向空地上看望着。殿本原圖，分作兩幅：一幅是一個人搬着繭筐，一幅是另一個人在蒸繭，繭籠畫的很簡略，不易認識。本書，去掉前半幅，留下實際操作的部分，是一種改進。繭籠三扇，也可以看出即是借用正常作飯的「籠屜」。——不過三扇應當是同樣大小，至少現在没有見過上小下大的。

㉛與農桑輯要（卷四）「蒸餾繭法」所引韓氏直說，幾乎全同；不過原文的正文，有一部分，王禎書引用時改作小注了。「如此登倒上下，故必用籠也」和「此用籠蒸繭法也」幾句，語氣可以看出是王禎加上的議論。

㉜繅車：庫本原圖兩幅。一幅南繅車，遠比本書細緻：配景之外，車的各部分結構顯明。釜中一個「錢眼」，由在前的一個女人用筷子在操作；後面一個女人在指點。北繅車圖中，一個女人用筷子在操作兩個錢眼；並有詳細字注，說明各個部件。殿本南繅車分作兩個半幅，兩半聯繫不起來。本書的一幅，不及庫本細緻：但有一個小孩拿着火筷在看火，補足了殿本原圖有灶無火的缺略。北繅車沒有人，和殿本原圖一樣。

㉝「自鼎面引絲……」，案：原譜這幾句，與後面「秦觀蠶書：繅車之制」，同樣出自秦氏蠶書。這幾句，是蠶書中「化治」條。「化治」條原文是：常令煮繭之鼎，湯如蟹眼。必以筯：其緒附於先；引，謂之「餵頭」。毋過三系！（疑當作「緒」），過則系麤，不及則脆。其審舉之。凡系，自鼎，道「錢眼」升於「鎖星」；星應車動，以過「添梯」，乃至於「車」。

㉞「秦觀蠶書：繅車之制」以下，鈔自蠶書的「錢眼」、「鎖星」、「添梯」和「車」四條，但刪去「錢眼」條末「緒總錢眼而上之，謂一之錢眼」等十一個字。秦書現在流傳不多；原文使用考工記式的文體，比較艱澀。我們現在嘗試着將「化治」到「車」這連續的五條，用近代語轉寫如下，以供參考。

化治

經常使煮繭的鍋(中),熱水(=「湯」)有蟹眼(般大小的氣泡)。必須用筷子,(讓繭)緒附着在(筷子)末端(=「先」);牽引它,稱爲「餵頭」。不要超過三條緒,(合成一條)「系」,超過,系就嫌粗,不到三條,又會太脆弱;務必要小心(=「審」)操作(=「舉」)。所有系,通過(=「道」)「錢眼」上升到「鎖星」上;鎖星隨(=「應」)(軠)車轉動,經過「添梯」,達到(軠)車上。

錢眼

預備一片木板,比鍋(口直徑)長些,三寸闊,九鼇(=「黍」粒的長度)厚。在厚的正中央,插一枚大錢。板兩端,跨出鍋耳外面,(板上)加石頭壓(=「鎮」)住。緒集合(=「總」)(通過)「錢的眼上來,所以叫錢眼」。(案:後來稱爲「絲窩」,參看庫本中「北繅車」圖的字注。)

鎖星

預備三條(中通的)蘆管,每條管四寸長。用圓形木條(穿過)作爲「樞」。在鍋耳側面,豎兩條竹竿,把樞綁牢在竹竿上,中間一條管由(軠車)帶着轉動,下面對準(=「直」)「錢眼」。這就叫「鎖星」(「北繅車」圖稱爲「篙頭」)。

添梯

(軠)車左頭,安一個繩圈。安圈處向前一尺五寸,在車架(=「牀」)左邊一條脚上,連一個柄;柄長一寸半。柄緊套(=「臿」)上一個「鼓」;鼓作出腰(=「寅」),套入繩圈中。繩圈隨軠車轉動

(=「運」),像環一樣不停止(=「無端」),鼓也就隨着軠車旋轉。鼓上安一個「魚」;「魚」一半高出鼓上。在高出的(魚尾)中間,豎一個半寸長的柄,向上承受着「添梯」。添梯是二尺五寸長的一條竹片。添梯上,用火彎過(=「揉」)的竹鈎,防守着系。添梯對着(魚尾的)柄。左端有一個孔,對着鼓,作一個方孔的耳,關住(=「閑」)添梯(「北繅車」圖稱爲「行馬」)。軠車轉動,牽動繩圈,繩圈纏着鼓,鼓就舞動魚,魚摇擺添梯,系就不會偏。

車

軠車的結構像轆轤,必定有兩條輻(「北繅車」寫作「輻」)是活動的,便於將系脱下。

㉟ 匼:音ǎn(唐、宋可能讀ǎm),廣韻、集韻不收,見新唐書(卷一〇一)蕭復傳,可能止是北宋初年的字,解作「迎合」,即緊密套住。

㊱ 與農桑輯要(卷四)引士農必用中一段相似。

㊲ 熱釜:「熱釜」即煮繭的鍋,應當接在繅車前面,和繅車連爲一件工具。原圖,庫本似乎是用北繅車的,還有一個添梯的痕跡,兩個錢眼中的系,通過添梯由圖後方達到軠車上。殿本,這個痕跡的添梯更簡略了,而且系和添梯沒有聯絡,直接通到軠輻上。本書將添梯畫得頗粗大,位置也有些傾斜,系如何受添梯控制,却看不出。又熱釜應當用火,庫本原釜下有灶口,也有些柴枝在地下。殿本和本書,沒有灶口;本書圖似乎把柴枝搬到了灶口前面的架上。

㊳ 鼎:秦氏蠶書中所説的「鼎」,未必真是周、秦銅器中的三足鼎,可能只是一個「釜」,即本身帶有

圓筒部分的鍋——現在湘南、鄂西、桂北、四川，還將這樣的「釜」稱爲「鼎鍋」。——爲了文章的典雅，不用「釜」而用「鼎」字。王禎以爲「必用鼎」，以至於「農家」要「象其深大」，恐怕有些過分肯定。

㊴冷盆：圖中的繅車，似乎是南繅車，添梯和鎖星合併了。冷盆前左邊的一堆繭，原圖没有。案：「冷盆」的作法，本書没有説明白，農桑輯要（卷四）「繅絲」條原引士農必用，有一套很細緻的描寫，應參看。

㊵蠶連：庫本原圖，精美得很；以水榭爲主題，「蠶連」成了附帶的點綴。殿本原圖，仍留有房屋作背景。本書圖，最直截了當。

案：

〔一〕「以蠶室爲首，示率天下之蠶者」，原書這兩句，是「以繭館爲首，示率天下之蠶者」，即用「（表）示率（＝領導）天下（＝全國）之蠶者（＝養蠶的人）」，來説明「繭館爲首」的意義。「繭館」，是「皇后親蠶」的宫室。皇后作爲統治階級的代表，臨時在繭館裏象徵式地摸弄一下蠶連和養蠶用具，稱爲「親蠶」，就算是「領導了全國的養蠶人」；對以王禎爲代表的舊時「士大夫階級」來説，是完全正確合理的。本書删去了原書前三條，「蠶室」便成了「篇目之首」，所以用「蠶室」兩個字代替原序的「繭館」，原是必要。但是這樣換過之後，下一句所「示」的東西已經不存在，便失去了意義，最好是全句去掉。保留下來，顯然是整理時的疏忽。

〔二〕斧　應依原書作「釜」。

〔三〕仍上於行榛　平本、曙本作「仍上於行榛」，與庫本原譜同（「榛」字下，庫本有音注「口練切」）。黔本、魯本作「仍於欞榛」，與殿本原譜同，這裏與上面卷三十一所引原書（卷六）蠶繅篇第十五同一句原文的情形正相同。參看卷三十一案〔三三〕。

〔四〕若　應依原譜作「苦」。

〔五〕「⿰扌舁」字，應依原書省去「手」旁。下同。（「舁」字本身一共由四個「手」字組成，不須要再加「手」了。）

〔六〕薄　這節的「薄」字，王禎原書均作「簿」，「薄」「簿」在此處通用，即用竹或葦編的養蠶用具。後作「箔」。（定柣案）

〔七〕本節，在這以上所有「筐」字，俱應依原譜作「篚」。

〔八〕尺四　應依原書所引作「四丈」，才合於秦氏蠶書原文。

〔九〕十懸　王禎「十」字誤作「下」；本書作「十」，與秦氏蠶書原文合，「凡槌十懸」，是說「每一槌上，擱十個槃」。

〔一〇〕繞　原書作「圜」。

〔一一〕「居」字下，應依原書補「箔」字。

〔一二〕層每　應依原書倒轉作「每層」。

〔一三〕手共　應依原書倒轉；「共手提綱」，即兩人提着抬起來。

〔一四〕「制」字，原書所無，應删（可能由於與上一字音近下一字形近而寫錯）。

〔一五〕除　應依原書作「餘」；「遺餘拾去」，即留在網上的（爲數不多），可以手拾過去。

〔一六〕鋪以　應依原書將「以」字移在下句第一字「而」下。

〔一七〕「外内」兩字，原書倒轉。

〔一八〕「病内」兩字，原書倒轉。

〔一九〕用　應依原書作「周」。

〔二〇〕泥　應依原書改作「浥」。原書本有「於立切」的小注，止適用於「浥」字，下文引農桑直説「殺繭法」，有「三曰鹽浥」，都可以説明這裏正是「浥」。

〔二一〕欲　原書作「即」。

〔二二〕故　原書作「取」，屬上句。

〔二三〕不　原書作「又」。

〔二四〕了　殿本原書作「之」，庫本作「了」。下面另有「其繭」兩字領起。案：輯要原引文是「了」字，本書和庫本原書作「了」，是合適的；「其繭」兩字，輯要引文也有，不可少。

〔二五〕有　本書與原書庫本作「有」，應依殿本作「又」，解作「加」；「又一般」即「加一番」。

〔二六〕升鑠於星　應依原譜作「升於鑠星」，與蠶書原文一樣。

〔二七〕後　本書作「後」，與原譜同：蠶書本是「復」字，應依蠶書。

〔二八〕「上承」下，本書承原譜漏去「添梯」兩字；應依蠶書原文補。

〔二九〕人　應依原譜作「尺」，與蠶書合。

〔三〇〕絲　本書承原譜譌字；應依蠶書原文作「系」。

〔三一〕閑　本書承原譜譌字；應依蠶書原文作「閑」。「閑」字原來的解釋是「以木距門」（即「門撑」）；作動詞用，解作「闌住」、「關住」，——習慣語中有「防閑」的説法。

〔三二〕必活兩輻以利脱絲　「活」，殿本原譜譌作「添」；本書的「活」字與蠶書合；句末「絲」字蠶書原作「系」。

〔三三〕經四寸兩頭二寸　應依原譜作「經四寸兩頭三寸」。

〔三四〕按　平、曙作「按」，黔、魯作「安」，都是錯字；應依譜作「接」。

〔三五〕下　本書承襲原譜的「下」字，應依農桑輯要所引士農必用原文作「雙」。

〔三六〕浸浴　原譜作「浴畢」。

〔三七〕浴養　原譜作「育養」。

農政全書校注卷之三十四

蠶桑

桑事圖譜 織紝附①

王禎曰：夫蠶之用桑，必有鈎筐等器，以供其事。然遠近之間，習俗不通，故其制度巧拙絶異。彼有併力而不及，此或一工而兼倍。今特采輯，去短從長，使知所擇。夫桑具，蠶之用也。故次於蠶事之後。

【桑几】狀如高櫈，平穿二桄，就作登級。凡柔桑不勝梯附，須登几上，乃易得葉。齊民要術云②：「採桑必須高几。」士農必用云③：「擔負高几，遶樹上下。」今蠶家採彼女桑④，茲爲便器。圖不載。

【桑梯】說文曰⑤：「梯，木階也。」夫桑之稺者，用几採摘；其桑之高者，須梯剝斫。梯若不長，未免攀附，勞〔一〕條不還，則鳩脚多亂。樛枝折垂⑥，則乳液旁出。必欲趁手高下，隨意去留，須梯長可也。齊民要術云：「採桑必須長梯。」「梯不長則高枝折」，正謂此也。

桑梯

斫斧

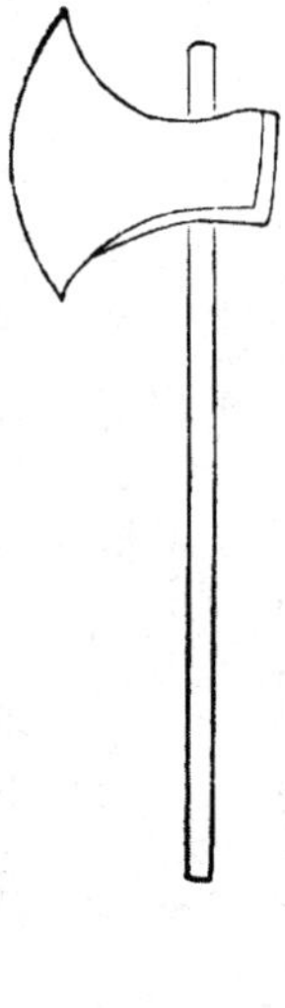

【斫斧】桑斧也。其斧銎匾而刃闊，與樵斧不同。詩謂⑦：「蠶月條桑，取彼斧斨，以伐遠揚。」士農必用云：「轉身運斧，條葉偃落於外。」即謂「以伐遠揚」也。凡斧所剟斫，不煩再刃者爲上；至遇枯枝勁節，不能拒遏，又爲上；如剛而不闕，利而不乏，尤爲上也。然用斧有法，必須轉腕回刃，向上斫之：枝查既順，津脉不出，則葉必復茂⑧。故農語云：「斧頭自有一倍葉。」以此知科斫之利勝，惟在夫善用斧之効也〔一〕。

【桑鈎】採桑具也。凡桑者，欲得遠揚枝葉，引近就摘，故用鈎木，以代臂指扳〔二〕援之勞。昔者親蠶〔三〕，皆用筐鈎採桑。唐上元初，獲定國寶十三，內有採桑鈎一。以此知古之採桑，皆用鈎也。然北俗伐桑而少採，南人採桑而少伐。歲歲伐之，則樹脉易衰；久採之，則枝條多結。欲南北隨宜，採斫互用，則桑斧桑鈎，各有所施，故兩及之。

桑籠

桑鈎

切刀

【桑籠】⑨集韻云：「籠，大篝也。」即今謂有係筐也⑩。桑者便於携挈〔四〕。古樂府云：「羅敷善採桑，採桑城南頭，青絲爲籠繩，桂枝爲籠鈎。」今南方桑籠頗大，以擔負之，尤便於用。

【切刀】⑪斷桑刃也。蠶蟻時用小刀，蠶漸大時用大刀，或用漫鑱。蠶多者，又用兩端有柄長刃切之，名曰懶刀。懶刀如皮匠刮刀⑫，長三尺許，兩端有短木柄，以手按刀，半裁半切，斷葉雲積〔五〕，可供十筐。先於長欖上，鋪葉勻厚；人於其上，俯按此刀，左右切之。一刃之利，可桑百箔。

【桑網】⑬盛葉繩兜也。先作圈木，緣圈繩結網眼，圓垂三尺有餘，下用一繩紀⑭爲網底。桑者挈之，納葉於內。網腹既滿，歸則解底繩傾之。或人挑負，或用畜力〔六〕馱送，比之筐盤，甚爲輕便。北方蠶家多置之。

桑碪

【桑碪】⑮ 爾雅曰⑯：「碪，謂之榩。」郭璞注曰：「碪，木礩也。」碪從「石」，榩從「木」，即木碪也。碪，截木爲碢，圓形豎理，切物乃不拒刃。此北方蠶小時，用刀切葉碪上；或用几，或用夾。南方蠶無大小，切桑俱用碪也。玄扈先生曰：木碪傷葉，吳中用麥秸造者爲佳。

【劖刀】 剶桑刃也。刀長尺餘，闊約二寸，木柄一握。南人斫桑、剶桑，俱用此刃。北人斫桑用斧，劖桑用鐮。鐮刃雖利，終非本〔七〕器，殆不若劖刀之輕且順也。若南人斫桑用斧，北人劖葉用刀，去短就長，兩爲便也。

劖刀

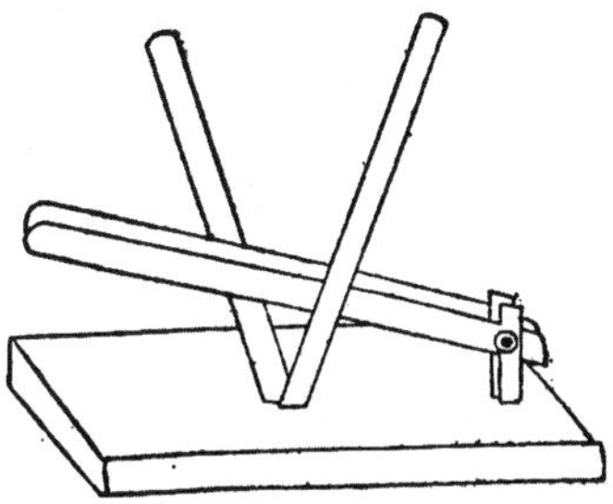

桑夾

【桑夾】挾桑具也。用木礩，上仰，置叉股，高可二三尺；於上順置鍘刃。左手茹葉，右手按刃切之。此夾之小者。若蠶多之家，乃用長椽二莖，駢豎壁前，中寬尺許。乃實納桑葉，高可及丈；人則躡梯上之，兩足後踏屋壁，以胸前向壓住；兩手緊按長刃，向下裁〔八〕切。此桑夾之大者。南方切桑，唯用刀碪，不識此等桑具。故特歷説，庶倣用之，以廣其利。今人自三眠以後，食切葉二頓，即食帶枝全葉矣⑰。

附織絍圖譜

王禎曰：織絍，婦人所親之事。傳曰⑱：「一女不織，民有寒者。」古謂「庶士以下，各衣其夫。秋而成事〔二〕，烝〔九〕而獻功，愆則有辟」是也。凡紡絡經緯之有數，梭維機杼之有法，雖一絲之緒，一綜之交，各有倫叙。皆須積勤而得，累工而至，日夜精思，不致差誤〔三〕，然後乃成幅匹。如閨閫之屬務之，不惟防閑驕逸，又使知其服被之所自，不敢易也⑲。

【絲籰⑳】絡絲具也。方言曰㉑：「援，兖、豫、河、濟之間，又謂之轅。」郭璞注云：所以絡絲。說文曰㉒：「籰，收絲者也。」或作𧤗，從角間聲。今字從竹又從矍，竹器，從人持之矍矍然，此籰之義也。然必竅貫以軸，乃適於用。爲理絲之先具也。

絲籰

絡車

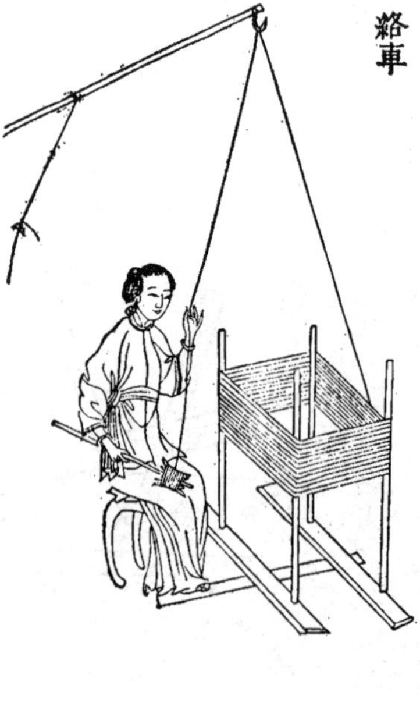

【絡車㉓】方言曰㉔：「河、濟之間，絡謂之給。」郭璞注曰：所以轉籰給事也。說文云㉕：「車柎爲柅。」易姤曰：「繫於金柅。」金者，堅剛之物；柅者，制動之主。通俗文曰：「張絲曰柅。」蓋以脫軖之絲，張於柅上；上作懸鉤，引致緒端〔一〇〕，逗於車上。其〔一一〕車之制，必以細軸穿籰，措於車座兩柱之間，謂一柱獨高，中爲通槽，以貫其籰軸之首；一柱下而管其籰軸之末。人既繩牽軸動，則籰隨軸轉，絲乃上籰。此北方絡絲車也。南人但習掉籰取絲，終不若絡車〔一二〕安且速也。今宜通用。

【經架㉖】牽絲具也。先排絲籰於下，上架橫竹，列環以引衆緒，總於架前經簰。與牌同。一人往來，挽而歸之紖軸，然後授之機杼。

【緯車㉗】方言曰㉘：「趙、魏之間，謂之歷鹿車；東齊海岱之間，謂之道執〔四〕；今又謂繀〔五〕車。」通俗文曰：「織纖謂之繀，受緯曰莩。」其柎〔一三〕，上立柱置輪，輪之上，近以鐵條中貫細筒，乃周輪與筒，繚環繩。右手掉綸〔六〕，則筒隨輪轉；左手引絲上筒，遂成絲繀，以充織緯。

【織機㉙】織絲具也。按黃帝元妃西陵氏，曰儽祖，始勸蠶稼。月大火而浴種，夫人副褘而躬桑。乃獻繭〔七〕絲，遂稱織紝之功，因之廣織，以給郊廟之服。見路史㉚。傅子曰〔一四〕：「舊機五十綜者五十躡，六十綜者六十躡。馬生〔八〕者，天下之名巧也，患其遺日喪巧〔九〕，乃易以十二躡。」今紅音工。女織繒，惟用二躡，又爲簡要。凡人之衣被於身者，皆其所自出也。

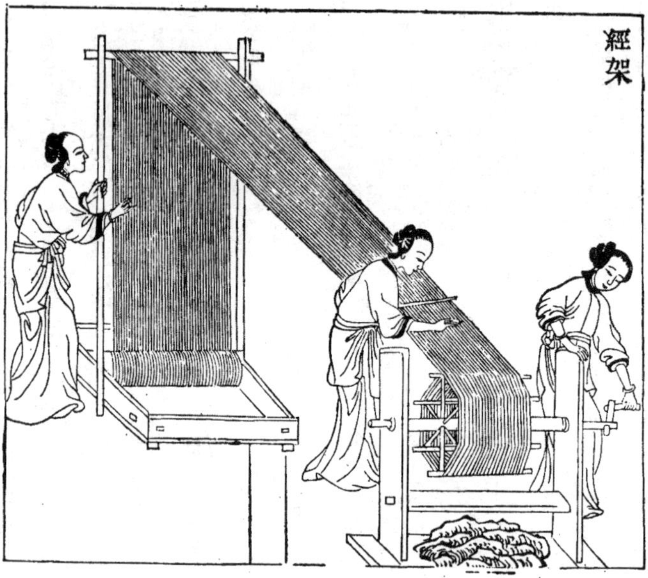

經架

緯車

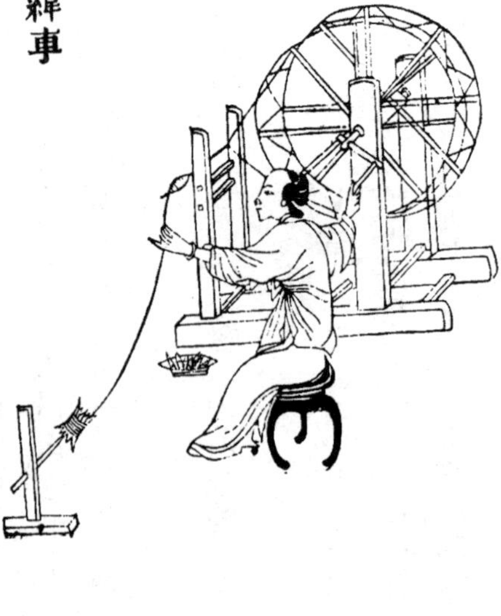

【梭㉛】通俗文曰：織具也，所以行緯之莎。

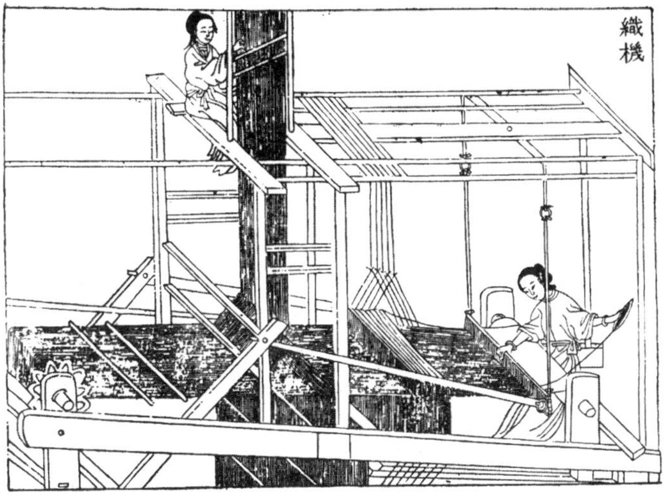

梭

砧杵

【砧杵㉜】 擣練具也。東宮舊事曰㉝：「太子納妃，有石砧一枚，又擣衣杵十」。荆州記曰㉞：「秭歸縣〔一五〕有屈原宅，女嬃廟。擣衣石猶存。」蓋古之女子，對立，各執一杵，上下擣練於砧。其丁冬之聲，互相應答。今易作卧杵，對坐擣之，又便且速，易成帛也。

王禎曰㉟：纊絮禦寒，古今所尚，然制造之法，南北互有所長。故特總輯，庶知通用。今附於後。

【綿矩㊱】 以木框方可尺餘，用張繭綿，是名綿矩。又有揉竹而彎者，南方多用之。其綿外圓内空，謂之猪肚綿。及有用大竹筒，謂之筒子綿。就可改作大綿，裝時未免拖裂。北〔一六〕方大小用瓦。蓋所尚不同，各從其便。然用木矩者，最爲得法。酈善長水經註曰㊲：「房子城西，出白土，細滑如膏，可用濯綿，霜鮮雪耀，異於常綿。世俗言房子之纊也。」抑亦類蜀郡之錦，得江津矣。今人張綿用藥，使之膩白，亦其理也。但爲利者，因而作僞，反害其真，不若不用之爲愈。因及之，以爲世戒。

【絮車㊳】 構木作架，上控鉤繩滑車，下置煮繭湯甕。絮者掣繩上轉滑車，下徹甕内鉤繭，出没灰湯，漸成絮段。莊子所謂洴澼絖〔一七〕者。疏云：「洴，浮也。澼，漂也。絖，絮也。」古者纊、絮、綿一也；今以精者爲綿，粗者爲絮。因蠶家退繭造絮，故有此車煮之法。常民藉以禦寒，次於綿也。彼有擣繭爲胎，謂之牽縭者，較之車煮，工拙懸絶矣。

綿矩

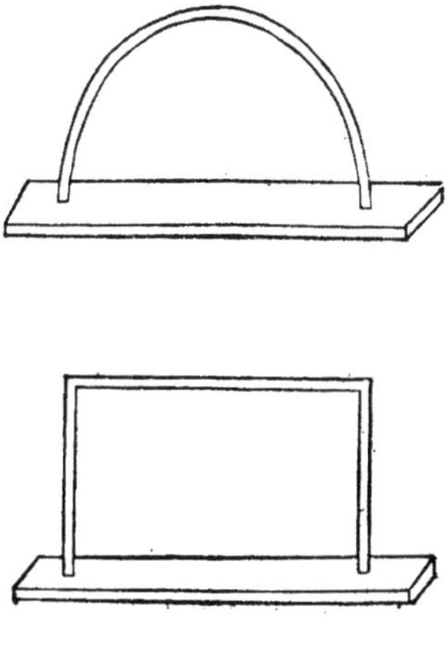

撚綿軸

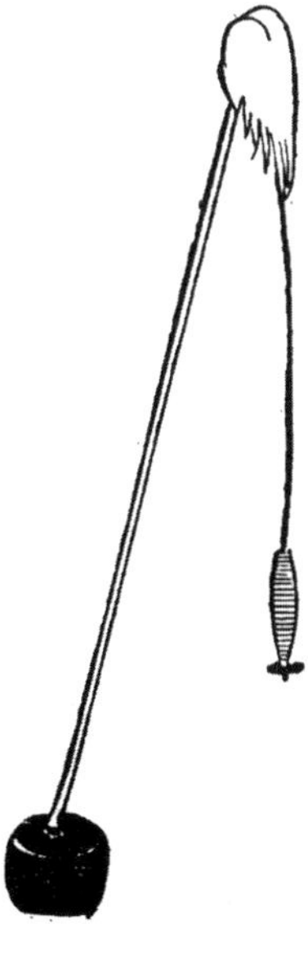

【撚綿軸㊴】制作小碢，或木或石，上插細軸。先用叉頭掛綿，上軸懸之。撚作綿

絲，即爲紬縷，可代紡績。

校：

〔一〕故農語……之効也　平本、曙本有，黔本、魯本缺少這一節，並在上句「茂」字下加一個「矣」字；將這節空下的地位，補了「桑鉤」圖。現依平本、曙本删去「矣」字，補入正文，同時將黔本、魯本的「桑鉤」圖也補入。桑鉤原圖，庫本、殿本都是天然的樹枝，不是黔本所補帶鋻的鐵鉤長柄。

〔二〕扳　魯本作「攀」，應依平、曙、中華排印本作「扳」，合於王禎農書。案：古代「扳」音pān時，作「攀折」解，是「摘取」的意思，同「攀」。（定扶校）

〔三〕蠶　黔本、魯本譌作「桑」；應依平本、曙本作「蠶」，與原譜同。

〔四〕攜挈　黔、魯作「提携」；依平本、曙本、中華排印本作「携挈」，與原書同。

〔五〕積　平本、曙本作「積」，與原譜合；黔、魯作「集」，恐係誤寫。

〔六〕力　平本譌作「刀」；依後來各本改作「力」，與原譜合。

〔七〕本　魯本譌作「木」；應依平、曙、黔作「本」，與原譜同。

〔八〕裁　平本、曙本作「栽」，是字形相似的「裁」字稍譌；黔、魯改作「截」。應依庫本、殿本原譜作「裁」；既然本書各本都有錯誤，止有照原譜改正。

〔九〕烝　魯本作「蒸」，平本、曙本、中華排印本均作「烝」，與王禎原譜同。案：「烝」、「蒸」此處通用，

義爲「冬祭」。（定扶校）

〔一〇〕緒端　魯本顛倒作「端緒」；應依平、曙、中華排印本作「緒端」，與王禎原譜同。（定扶校）

〔一一〕其　黔本、魯本作「以」；應依平本、曙本作「其」，與原譜同。

〔一二〕車　黔、魯作「絲」；應依平本、曙本作「車」，與原譜合。

〔一三〕柎　本書各本皆作「拊」，應依原譜改作「柎」。

〔一四〕傅子　「傅」字各本譌作「傳」，應依原譜改作「傅」。現傳本晉傅玄傅子（卷四）有馬先生傳。——馬先生即馬鈞，三國蜀人，相傳是指南車和翻車的創作者。

〔一五〕秫　平本、曙本譌作「秣」；應依黔、魯改作「秫」，與原譜及御覽引文合。

〔一六〕北　平本、黔本作「北」，與原譜同；魯本譌作「此」。

〔一七〕絖　平本譌作「統」，依黔、曙、魯改正，與原譜及莊子原文合。見莊子逍遥遊。

注：

① 這卷圖及譜，以王禎農書（卷二一）農器圖譜十七蠶桑門及十八織紝門的前一段爲材料。次序有顛倒零亂。圖略有改變；譜主要的改動是删去附記韻文。

② 見要術（卷五）種桑柘第四十五篇：「採桑必須長梯高几。」

③ 引文現見農桑輯要（卷三）栽桑篇「科斫」條；係原文「科斫之利」的內容。本書卷卅二也引有。

④女桑：出爾雅（參看本書卷卅二第一節）。

⑤説文解字（卷六下）木部「梯」字。

⑥樛：枝條向下彎曲。

⑦指詩國風豳風七月篇第三章。毛傳解釋説：「斨，方斧也。遠，枝遠也；揚，條揚（＝向上揚着生長）也。」鄭玄箋解釋「條桑，枝落之（＝將樹枝斫落），採其葉也」。

⑧「用斧有法……葉必復茂」，這項操作的要求，是將斧刃向上倒斫。倒斫的結果，如一斧伐過去，枝條全斷下來（即上文所説「不煩再刃」），自然很理想。即使一斧，没有把枝條斫斷，則留下未斷的在上面，不至於向下折斷，壓傷下面的枝條；也不至於撕破很大一片樹皮，而造成過大的傷口；暴露面小，樹液損失不多，新芽受損的較少，容易再發生。這些因素合起來，可以使新葉很快長出。

⑨桑籠：原圖，軟「係」在籠口平面内，不易分辨，本書改繪成突出籠口平面以上的「挈」（＝提手），較易認出。但桑籠是否都通用硬質的「挈」，似乎還難説定。據所引古詩，「青絲爲籠繩」，應以軟繩係爲較普通的情形。

⑩係：用一條繩，穿過器物頂上或旁邊的「耳」或其套住的部分，借這條繩，可以將這器物提起來。這條繩稱爲「係」；係所穿過的，即將係約束在器物上的部分，則稱爲「關」。「關係」這個名稱，最初所指的是這種實物聯繫。

⑪切刀：王禎原書，切刀排在後面劖刀之下，順序似乎也很合理。本書重新排列的理由，我們還没有體會到。切刀圖中，刀尖所加另一節，可能是「懶刀」的「兩端有柄」情形。原圖和本書的圖，都不够明晰。

⑫皮匠：指從事鞣皮或製皮技術工人，不是南方習慣所指「鞋匠」（注係原譜本有的）。

⑬桑網：原圖有老小兩人，老人背負滿網的桑葉，小孩將桑枝向網中裝納。本書省去了老人；並加了網底另結的繩，表示用法。

⑭紀：這個字，用在這裏，所有過去字書的用法，都不能講解，懷疑是「結」字鈔錯。

⑮桑碪：王禎原書，「桑碪」在「切刀」之後，切刀須要桑碪，排列是合理的，原圖有背景，本書省去。

⑯今本爾雅釋宫第五：「碪」字原作「椹」，從「木」不從「石」。郭注作「斫木櫍也」，孫炎注（見邢昺爾雅疏引）「斫材質也」。王禎原引文及解釋均有錯誤。

⑰小注，原譜没有；顯然是徐光啓根據當時情形加入的。

⑱這裏所説的「傳」，似乎泛指古代的書籍，不是專指某一種書。「一女不織，民有寒者」，見齊民要術序引管子（案與管子原文字句不同），後來許多人的文章中也常出現。「古謂庶士以下」，大致應是國語魯語公父文伯母的話：「自庶士以下，皆衣其夫。社而賦事，烝而獻功。男女效績（＝報告成績），愆（＝「僁」；即不合標準）則有辟（＝刑罰）。」（韋昭注：「庶士，下士也；下至庶人。」「『社』，春分祭社也；『事』，農桑之屬也。冬祭曰『烝』，烝而獻五穀布帛之功也」。）

⑲ 易：解作「看得平凡容易」。（例如禮記祭義中「慢易之心」；公羊傳文十二年「君子易怠」。）

⑳ 絲籆：原圖是四輻六輻的各一件；本書止有六輻的一件。

㉑ 楊雄方言第五「籆，榬也；（郭注『所以絡絲者』）兗、豫、河、濟之間，謂之榬」；王禎所引，與今傳本字不同。（郭注「者」字，從抱經堂刊盧文弨重校本；逸史本作「也」。）

㉒ 説文解字（卷五上）竹部「籆」説解：「收絲者也。从竹，蒦聲。重文䈝，籆或从角从間。」案：方言、説文，都是「籆」字，從「蒦」，不從「矍」。王禎這個寫法，大概根據廣韻、集韻，廣韻（卷五）入聲「十八藥」「籰」紐音「王縛切」（當時讀 wok，現讀 yuè），集韻「十八藥」同。籆亦作筬，絡絲的工具。

㉓ 絡車：原圖次序在「緯車」後，「織機」前，都是雙幅。庫本，右幅一個女人，在屋内「席地而坐」，似乎在用「北式」的絡車，將「柅」上的絲轉到籆上。室外空地上，有人在烹茶。左幅與本書所畫的女人工作情形相同，用手「掉」籆；旁邊有三個小孩在嬉戲。殿本止有工作着的兩個女人，其餘人物省去了；右幅中的「北式」絡車，更簡陋，看不出輪轉機構。

㉔ 就在「籆」後，有一句「絡謂之格」；郭注「所以轉籆絡車也」。（從抱經堂刊盧文弨重校本；古今逸史本作「給車」。）

㉕ 今傳本各種説文解字（包括莫友芝的唐寫本説文解字木部箋異在内）（卷六上）木部的「杘」（chī）字及重文「柅」，説解都是「籆，柄也」，並無「車柎爲柅」這一句。「柎」字，也止有「闌足也」的説解。

㉖ 經架：原書經架在「絲籆」後，「緯車」前。原圖後面的架下，有一排籆，與原譜中説明相符。本書

改繪爲絡在軸上的絲。中間操作的人，左手拿着的，應當是一個梳形的工具。

㉗ 緯車：庫本、殿本原圖，都有兩架緯車，後面一架與本書圖相似，但不見左側應有的「繀籰」，止有前面裝在高牀上的一架，另帶繀籰。本書在架車牀前補上了「莩筒」。原圖的莩筒都看不清晰。

㉘ 仍是方言第五，在「絡謂之格」後的一條：「繀車，趙、魏之間謂之『轣轆車』，東齊海岱之間謂之『道軌』。」

㉙ 織機：本書的圖比較庫本和殿本原圖，有很大的改進；顯然反映着明末江南織造高度發達的情況。

㉚ 路史：案今傳本羅泌路史，僅到「無懷氏」爲止；不載黃帝、堯、舜的事。王禎這句話，不知另外有何根據？——路史原有四十卷，可能傳本有殘闕。

㉛ 梭：庫本原圖，可能是清代人改繪的，是今日通用的兩頭尖鋭形式；中間並嵌有織莩。殿本原圖與本書同。

㉜ 砧杵：庫本後面兩人對坐用「臥杵」，前面另有兩人主擣。殿本是臥杵，與本書同，但有房屋背景。

㉝ 現見太平御覽（卷七六二）「碪」條引。

㉞ 與上節同，御覽這兩條是相連的。

㉟ 現見王禎農書（卷二十一）農器圖譜十九纊絮門序。

㊱綿矩：庫本原圖，一件是直角相交的兩片木板，水平一片上有一個竹弓；一件是一片原木板上有一個方框。殿本兩件都畫成籃的形式，大致是瓦器。本書兩件，大致與庫本相同，不過帶竹弓的止有一片水平木板。

㊲傳本水經注中未查得。漢、晉房子縣，在今日河北省高邑縣西南。所說「白土」，即碱性的長石分解産物，可以供漂洗之用。

㊳絮車：原書這條在最前面。

㊴撚綿軸：庫本原圖兩人在室中對面坐，各用一條豎立的軸在撚綿；殿本止有一個人。本書省去人及背景，加上縰莩，更明晰。

案：

〔一〕勞　本書的「勞」字，與庫本原譜同；殿本原譜作「旁」。案：齊民要術種桑拓第四十五，「採者必須長梯高几……」下小注，是「梯不長，高枝折；人不多，上下勞；條不還，枝仍曲；採不净，鳩脚多……」庫本和本書的「勞」字，可能是遷就要術上一小句末的「勞」而弄錯的。殿本的「旁」字更合適。

〔二〕秋而成事　原譜是「社而賦事」，與國語同。

〔三〕誤　原譜作「互」；解作交錯。

〔四〕執　應依原譜及所引方言作「軌」。

〔五〕「縱」字下，原譜注「音碎」。

〔六〕綸　應依原譜作「輪」。

〔七〕「獻繭」下，應依原譜補「稱」字。

〔八〕馬生　傅子原作「先生」；御覽（卷八二五）「機杼」條作「馬生」。

〔九〕遺日喪巧　應依原譜及御覽（卷八二五）「機杼」條引文作「遺日喪功」。

農政全書校注卷之三十五

蠶桑廣類

木棉

禹貢曰①：「島夷卉服，厥篚織貝。」蔡沈傳曰：卉服，葛及木棉之屬。南夷木棉之精好者，亦謂之吉貝。以卉服來貢；而吉貝之精者，則入篚焉。裴淵廣州記曰：蠻夷不蠶，採木棉〔一〕爲絮。方勺泊宅編曰②：南海蠻人，以木棉紡織爲布，布上出細字雜花，尤工巧。名曰吉貝布，即古白氎布也。范政敏遯齋閑覽曰③：林邑等國，出吉貝布，木棉爲之。南州異物志曰④：木棉，吉貝木所生。熟時，狀如鵝毳，細過絲綿；中有核如珠珣，用之，則治出其核。昔用輾軸，今用攪車尤便。但紡不績，在意外抽，牽引無有斷絶。其爲布，曰斑布。繁縟多巧，曰城；次麄者，曰文縟；又次麄者，曰烏驎。張勃吴録曰⑤：交阯定安縣，有木棉。樹高丈，實如酒杯口，有綿如蠶之綿也。又可作布，名曰白緤，一曰毛布。諸番雜志曰⑥：木棉，吉貝木所生。占城、闍婆〔二〕諸國，皆有之。今已爲中國珍貨，但不自本土所産，不能足用。李延壽南史曰⑦：高昌國有草，實如繭。中絲爲細纑，名曰白疊。取以爲帛，甚軟白。沈懷遠南越志曰⑧：桂州出古終藤，結實如鵝毳，核如珠珣。治出其核，約如絲綿，染爲斑布。李時珍本草綱目曰⑨：木棉，有草木二種。交廣木綿，樹大如抱，其枝似桐，其葉大，似胡桃葉。入秋開花，紅似山茶〔一〕花；黄蕋，花片極厚；爲房甚繁，短側相比。結實，大如拳；實中有白綿，綿中有子。今人謂之斑枝花，訛爲攀枝花。江南、淮北所種木棉，四月下種，莖弱如蔓；高者四五尺。葉有尖如楓葉。入秋開花，黄色，如葵花而小，亦有紅紫者。結實，大如桃；中有白綿。綿中有子，大如梧子。亦有紫綿者。八月採梂，謂之綿花。然則張勃所謂木棉，蓋指似木之木棉也；李延壽、沈懷遠所謂木棉，則指似草之木棉也。此種出南番，宋末始入江南，今則徧及江北與中州矣。不蠶而綿，不麻而布，利被〔二〕天下，其益大哉！又南越志言：南詔諸蠻，不養蠶，惟收娑〔三〕羅木子中白絮。紉爲絲，織爲幅，名娑羅籠段。祝穆方輿志言⑩：平緬出娑羅樹，大者高三五丈。結子有紉綿〔三〕，織爲白氎，名〔四〕兜羅綿。此亦斑枝花之類，各方稱呼不同耳。玄扈先生曰：吉貝之名，獨昉于南史。相傳至今，不知其義，意是海外方言也⑪。小説家所謂木棉，其所爲布曰城，曰文緆，曰烏驎，曰斑布，曰白氎，白緤，曰屈眴者⑫，皆此。故是草本，而吴録稱木棉者，南中地煖，一種後，開花結實以數歲計，頗似木芙蓉，不若中土之歲一下種也。故曰十餘年不換，明非木本矣。吉貝之稱木，即禹貢之言卉，取別于蠶綿耳。閩廣不稱木棉者，彼中稱攀枝花爲木棉也。攀枝花中作裀褥；雖柔滑而不韌，絶不能牽引，豈堪作布？或疑木棉是此，謂可爲布，而其法不傳，非也。吴録所言木棉，亦即是吉貝。或疑其云樹高丈，當是攀枝，不知攀枝高十數丈。南方吉貝，數年不凋，其高丈許，亦不足怪。蓋南史所謂林邑吉貝，吴録所謂永昌木棉，皆指草本之木棉。可爲布，意即娑羅木。然與斑枝花絶不類。又中土所織棉布，及西洋布，精麤不等，絶無光澤。而余見曹溪釋惠能所傳衣，曰屈眴布，即白氎布，云是西域木棉心所織者，其色澤如蠶絲，豈即娑羅籠段耶？抑西土吉貝，尚有他種耶？又嘗疑洋布之細，非此中吉貝可作。及見榜葛剌吉貝⑬，其核絶細，綿亦絶軟，與中國種大不類。乃知向來所傳，亦非其佳者。又曰⑭：中國所傳木棉，亦有多種：江花出楚中。棉不甚重⑮，二十而得五，性强緊。北花出畿輔、山東，柔細中紡織，棉稍輕，二十而得四，或得五。浙花出餘姚，中紡織，棉稍重，二十而得七。吴下種，大都類此。更有數種稍異者：一曰黄蒂，穰蒂有黄色，如粟米大；棉重。一曰青核，核青色，細于他種；棉重。一曰黑核，核亦細，純黑色，棉重。一曰寬大衣，核白而穰浮，棉重。此四者，皆二十而得九。黄蒂稍强緊，餘皆柔細中紡織，堪爲種。又一種曰紫花，浮細而核大，棉輕，二十而得四。其布以製衣，頗樸雅，市中遂染色以售，不如本色者良，堪爲種。又曰：余見農人言吉貝者，即勸令擇種，須用青核等三四品；棉重，倍入矣。或云：凡種植必用本地種；他方者，土不宜種，亦隨地變易。余深非之。乃擇種者，竟獲棉重之利；三五年來，農家解此者十九矣。嗚呼！即如彼言，吉貝自南海外物耳，吾鄉安得而有之？而今且奄有下土，衣被九有哉？又曰：嘉種移植，間有漸變者；如吉貝子色黑者漸白，棉重者漸輕也。然在近地，不妨歲購種；稍遠者，不妨數歲一購。其所由變者，大半因種法不合；間因天時水旱；其緣地力而變者，十有一二耳。

孟祺農桑輯要曰⑯：栽木棉法：擇兩和不下濕肥地⑰。於正月地氣透時，深耕三遍，擺〔五〕蓋調熟，然後作成畦畛。每畦，長八步，闊一步。内半步作畦面，半步作畦背。不〔六〕劚二遍，用杷耬平，起出覆土〔四〕，於畦背上堆積。至穀雨前後，揀好天氣日下種。先一日，將已成畦畛，連澆三次〔七〕。用水淘過子粒，堆於濕地上，瓦盆覆一夜。次日取出，用小灰搓得伶利⑱；看稀稠，撒於澆過畦内。將元起出覆土，覆厚一指。再〔五〕勿澆。待六七日，苗出齊時，旱則澆溉。鋤治常要潔净。稠則移栽，稀則不須。每步只留兩苗，稠則不結實。苗長高二尺之上，打去衝天心⑲，旁條長尺半，亦打去心。葉葉不空，開花結實，直待綿欲落時爲熟。旋熟旋摘，隨即攤於箔上，日曝夜露。待子粒乾，取下。用鐵杖一條，長二尺，麄如指，兩端漸細，如趕餅杖樣。用梨木板，長三尺，闊五寸，厚二寸，做成床子。逐旋取綿子，置於板上；用鐵杖回旋〔八〕，趕出子粒，即爲净綿。撚織毛絲，或綿裝衣服，特爲輕暖。

王禎農桑通訣曰⑳：木棉穀雨前後種之。立秋時，隨穫隨收。其花黃如葵。其根獨而直。其樹不貴乎高長，其枝榦貴乎繁衍。不由宿根而出，以子撒種而生。所種之子，初收者未實，近霜者又不可用，惟中間時月收者爲上。須經日晒燥，帶綿收貯。臨種時再晒，旋碾即下。玄扈先生曰：此慮冬月碾子收藏，風日所侵，恐致油浥；若受水濕，仍當鬱爛故也。余聞老農云：棉種必於冬月碾取。謂碾必須晒。秋冬生氣收斂，于時晒曝，不傷萌芽；春間生意茁發，不宜大晒也。二説，皆有理。余意：謂春碾者，秋收時，簡取種棉，曝極乾，置高燥處。臨種時，略晒即碾，當無害。秋碾者，碾下種，用草裹置高燥處，不受風日水濕，可無鬱浥。惟春時旋買棉花碾作種，即不可：恐是陳棉，或嘗受濕烝故。若旋買棉核作種，尤不可：恐是陳核，或經火焙故。今意創一法㉑：不論冬碾、春碾，收藏、旋買，但臨種時，用水浥濕過半刻，淘汰之。其秕者、遠年者、火焙者、油者、鬱者，皆浮；其堅實不損者，必沉。沉者，可種也。又曰：木棉核，果當年者，亦須淘汰擇取。

浮者，秕種也；其羸種，亦沉。取其沉者微撚之：羸者，殼軟而仁不滿；其堅實者乃佳。或疑導擇損功㉒，此不足慮也。若依世俗密種，畝用子一斗，誠難果如法。科間三尺撮種之，畝用子一升以外足矣。

其種，本南海諸國所産。後福建諸縣皆有，近江東、陝右亦多種，滋茂繁盛，與本土無異。種之則深荷其利。悠悠之論，率以風土不宜爲説。按農桑輯要云㉓：「雖託之風土，種藝不謹者有之；種藝雖謹，不得其法者有之」，信哉言也。玄扈先生曰：農桑輯要作于元初。當時便云：「木棉種陝右，行之其他州郡，多以土地不宜爲解。」獨孟祺、苗好謙、暢師文、王禎之屬，能排貶其説。抑不知當時之人，果以數子爲是耶否耶？至于今率土仰其利，始信數君子非欺我者。嗚呼，豈獨木棉哉？後之視今，猶今之視昔也。

便民圖纂曰㉔：棉花，穀雨前後，先將種子，用水浸片時，漉出，以灰拌匀。候芽生，於糞地上每一尺作一穴，種五七粒。待苗出時，密者芟去，止留旺者二三科。頻鋤，時常掐去苗尖，勿令長太高。若高，則不結子。至八月間收花。玄扈先生曰：木棉，一步留兩苗，三尺一株，此相傳古法。依此則能雨㉕、耐旱，肥而多收。圖纂作于近代，云「一尺一穴」者，太密，此邇來稠種少收之濫觴也。又曰：吴人云：「千稭萬稭，不如密花。」此言最害事！稀不如密者，就極瘠下田言之，所謂「瘠田欲稠」也。田之肥瘠，在糞多寡，在人勤惰耳。已則瘠之而稠之，自令薄收，非最下惰農，當作此語邪？若田肥，自不得密；密即青酣㉖，不實；實亦生蟲。故稀種則能肥；肥則實繁而多收。今肥田密種者，既無行次，稍㉗即强弱相害，苗愈長，愈不忍痛芟之。櫛比而生，不交遠風，雖望之鬱葱，而有葉無枝，有花無實矣。既慮其然，則瘠其苗，非從事之下邪？棉之幹長數尺；

枝間數尺，子百顆；畝收二三石，其本性也。今人密種少收，皆其夭閼不遂者耳㉘。齊魯人種棉者，既壅田下種，率三尺留一科。苗長後，籠乾糞，視苗之瘠者，輒壅之。畝收二三百斤以爲常。餘姚海堧之人，種棉極勤，亦二三尺一科，長枝布葉，科百餘子。收極早，亦畝得二三百斤。其爲畦：廣丈許，中高旁下。畦間有溝。深廣各二三尺。秋葉落積溝中爛壞；冬則就溝中起生泥壅田。歲種蠶豆。至春，翻罨作壅，即地虛，行根極易，又極深，則能久雨，能久旱，能大風。此皆稀種，故能肥；能肥，故多收。若如吾鄉之密種，而又用齊魯之糞肥，餘姚之草肥，安得不青酣？不蟲蠹耶？但慮酣之爲患，不知稀之得力，又慮稀之少收，不知〔六〕肥之得力，人情之習于故常如此哉！彼兩方人，聞吾鄉之密種薄收也，每大笑之。

張五典種法曰：種之時，在清明穀雨節，以霜氣既止也。種之方〔七〕，或生地用糞，耕蓋後種；或花苗到鋤三遍，高聳〔八〕，每根苗邊，用熟糞半升培植。鋤非六七遍盡去草茸不可。種之疎密：苗初頂兩葉時，止剗去草顆；宜密留，以備死傷。再鋤尚宜稍密。三鋤則定苗顆，宜疎不宜密。大約每花苗一顆，相距八九寸遠；斷不可兩顆連並。苗之去葉心，在伏中晴日，三伏各一次。有苗未長大者，隨時去之。花性忌燥㉙，燥則濕烝而桃易脱落。花忌苗並，並則直起而無旁枝，中下少桃。種不宜晚，晚則秋寒。早㉚則桃多不成實，即成亦不甚大，而花軟無絨。去心不宜於雨暗日；雨暗去心，則灌聾而多空幹。此北方種花法也。北方地高寒，尚宜若此；況此中地濕燥，何可不以北法行之？按：張，山東信陽人㉛。萬曆乙卯按吴，行部至海上，時六月初，察視田間，花苗多稺弱；恨其三五爲族，即根以上尺許無蓓蕾，恨其密也。曰：「江左賦繁〔九〕役重，全賴田收；而樹藝無法，歲得半入，此傷農之大者。」極論其理，甚詳悉；手書此則，刻而傳之。海上官民軍竈，墾田幾二百萬畝；大半種棉，當不止百萬畝。若此言必行，畝益棉三十斤，足供賦額；五十斤，足繇役。豐歉獲收，家户殷給，悉仁言之利矣。

玄扈先生曰：棉花密種者有四害：苗長不作蓓蕾，花開不作子，一也。開花結子，雨後鬱烝，一時墮落，二也。行根淺近，不能風與旱，三也。結子暗蛀，四也。

又曰：總種棉不熟之故，有四病：一、秕，二、密，三、瘠，四、蕪。秕者，種不實；密者，苗不孤；瘠者，糞不多；蕪者，鋤不數。

又曰：凡田，來年擬種稻者，可種麥；擬棉者，勿種也。諺曰「歇田當一熟」，言息地力，即古代田之義。若人稠地狹，萬不得已，可種大麥或稞麥，仍以糞壅力補之，決不可種小麥。凡高仰田，可棉可稻者，種棉二年，翻稻一年，即草根潰爛，土氣肥厚，蟲螟不生。多不得過三年，過則生蟲。三年而無力種稻者，收棉後，周田作岸，積水過冬；入春凍解，放水候乾，耕鋤如法，可種棉。蟲亦不生。

又曰：棉田，秋耕爲良。穫稻後，即用人耕。又不宜耙細：須大墢岸起㉜，令其凝冱。來年凍釋，土脉細潤。正月初轉耕，或用牛轉。二月初，再轉。此二轉，必櫢蓋令細〔一〇〕。

清明前作畦畛，土欲絶細，畦欲闊，溝欲深。既作畦，便於白地上鋤三四次。雨後鋤爲良，則土細而草除。鋤白一當鋤青二，去草自其芽櫱故。

又曰：凡棉田，於清明前先下壅：或糞、或灰、或豆餅、或生泥，多寡量田肥瘠。剉豆餅，勿委地，仍分定畦畛，均布之。吾鄉密種者，不得過十餅以上，糞不過十石以上。懼太肥，虚長不實，實亦生蟲。若依古法，苗間三尺，不妨一再倍也。有種晚棉，用黄花苕饒㉝草底壅者，田擬種棉，秋則種草；來年刈草壅稻，留草根田中，耕轉之。若草不甚盛，加別壅。欲厚壅，即並草䅖〔二〕覆之。或種大麥蠶豆等，並䅖覆之，皆草壅法也。草壅之收，有倍他壅者。惟生泥，棉所最急，不論何物，壅必須之，故姚江之畦間有溝，最良法。凡水土氣過寒，糞力盛峻熱。生泥能解水土之寒，能解糞力之熱，使實繁而不蠹。諺曰：「生泥好，棉花甘國老㉞。」但下糞須在壅泥前，泥上加糞，併泥無力。

又曰：種棉有漫種者，易種難鋤，穴種者反之。漫種者，下種宜密；鋤時，簡別而痛芟之，令絶疎。穴種者，穴四五核；鋤時簡別去留之。留不得過二。留二者，高五六寸，則以塊亞其中而平分之，使根榦相去，面面生枝，終不如孤生者良。簡別之法，老農云：「一二次，鋤去大葉者，此大核少棉種也。三鋤後，去小葉者，此秕不實種也，或實而油浥病種也。」第此爲雜種言耳。若純用墨核等佳種，精擇之，自無大核雜種，即全去小者。

又曰：棉子用臘雪水浸過，不蛀，亦能旱。或云鰻魚汁浸之。凡種皆然。種棉須土實。漫種者，既覆土，用木磟碡實之；穴種者，覆土後，以足踐之。

又曰：苗高二尺，打去衝天心者，令旁生枝，則子繁也。旁枝尺半，亦打去心者，勿令交枝相揉，傷花實也。摘時，視苗遲早：早者，大暑前後摘；遲者，立秋摘。秋後勢定，勿摘矣，摘亦不復生枝。

又曰：鋤棉須七次以上，又須及夏至前多鋤爲佳。諺曰：「鋤花要趁黃梅信，鋤頭落地長三寸。」

又曰：鋤棉者，功須極細密。昔有人傭力鋤者，密埋錢於苗根。鋤者貪覓錢，深細爬梳，棉則大熟。

又曰：棉田溝側，勿種豆。疑慮傷災，利其微獲者，是下農夫也。畦中尺寸空餘，少俟即枝條森接。補豆一簇，并害傍苗十數，尤癡絕。赤豆害棉更甚。

又曰：凡種植，以早〔三〕爲良。吾吳濱海，多患風潮；若比常時先種十許日，到八月潮信，有旁根成實數顆，即小收矣。但早種遇寒，苗出多死。今得一法：於舊冬或新春初耕後，畝下大麥種數升。臨種棉，轉耕，并麥苗稖覆之。麥根在土，棉根遇之即不畏寒。麥兼四氣之和，性故能寒也。用此法，可先他田半月十日種。

又曰：今人種麥雜棉者，多苦遲，亦有一法：預於舊冬耕熟地，穴種麥。來春，就於麥隴中，穴種棉。但能穴種麥，即漫種棉，亦可刈麥。

又曰：吉貝遇大水，淹没七日以下，水退尚能發生。若淹過八九日，水退必須翻種矣。遇大旱，戽水潤之，但戽水後一兩日，得雨復損苗。須較量陰晴，方可車戽。若能稀種，行根深遠，即車後得雨，亦無妨也。

陶九成南村輟耕録曰㉟：松江府東去五十里許，曰烏泥涇。其地土田磽瘠，民食不給，因謀樹藝，以資生業，遂覓木棉之種〔九〕。初無踏車、椎弓之製，率用手剖去子，線弦竹弧，置案間振掉成劑，厥功甚艱。國初時，有嫗黄婆者〔一〇〕，自崖州來，乃教以作造杆彈紡織之具，至於錯紗配色，綜綫挈花，各有其法，以故織成被褥帶帨㊱，其上，折枝、團鳳、棋局、字樣㊲，粲然若寫。人既受教，競相作爲，轉貨他郡，家既就殷。未幾，嫗卒，莫不感恩灑泣而共葬之，又爲立像祠焉。越三十年，祠毁，鄉人趙愚軒重立。

丘濬大學衍義補曰：按自古中國布縷之征，惟絲枲二者而已。今世則又加以木棉焉。府〔一一〕人調法，民丁歲輸絹綾絁及綿，輸布及麻。是時，未有木棉也。宋〔一二〕林勳作政本書㊳：匹婦之貢，亦惟絹與綿；非蠶鄉，則貢布麻。元史種植之制：丁歲種桑棗雜果，亦不及木棉，則是元以前，未始以爲貢賦也。考之禹貢，揚州：「島夷卉服」，注以爲「吉貝」，則虞時已有之㊴；島夷時或以充貢，中國未有也。故周禮以九職任民，嬪婦惟治蠶枲，而無木棉焉。中國有之，其在宋元之世乎？蓋自古中國所以爲衣者，絲麻葛褐，四者而已。漢唐之世，遠夷雖以木棉入貢，中國未有其種，民未以爲服，官未以爲調。宋元之間，始傳其種入中國。關陝閩廣，首得其利。蓋此物出外夷，閩廣海通舶商，關陝壤接西域故也。然是時猶未以爲徵賦，故宋、元史食貨志皆不載。至我國朝，其種乃徧布於天下，地無南北皆宜之，人無貧富皆賴之，其利視絲枲蓋百倍焉。故表出之，使天下後世知卉服之利，始盛於今代。

玄扈先生曰：陶宗儀稱松江以黄嫗故㊵，有棉布之利。而仲深先生亦云㊶：「其利視絲枲百倍。」此言信然。然其利，今不在民矣。嘗考宋紹興中，松郡税糧十八萬石耳。今平米九十七萬石；會計加編，徵收耗，剩，起解，鋪墊，諸色役費，當復稱是。是十倍宋也。壤地廣袤，不過百里而遥；農畝之入，非能有加于他郡邑也。所繇共百萬之賦，三百年而尚存視息者，全賴此一機一杼而已。非獨松也，蘇杭常鎮之幣帛枲紵，嘉湖之絲纊，皆恃此女紅末業，以上共賦税，下給俯仰。若求諸田畝之收，則必不可辦。故論事者，多言「東南之民，勤力以事上，比于孝順孫」，不虚耳。松江志又言：「綾、布二物，衣被天下」，原此中之布，實不如西洋之麗密。曾見浙中一種細布，亦此中所未見者。徒以家紡户織，遠近通流，遂以爲壤奠㊷，爲利源也。第事勢推移，無數百年不變者：元人稱關陝而外，諸郡土地不宜吉貝，識者非之。今之藝吉貝者，所在而是焉；何樹藝之獨然，而織絍之獨不然也邪？安能禁他郡邑之人不爲黄嫗邪？今北土之吉貝賤而布貴，南方反是；吉貝則泛舟而鬻諸南，布則泛舟而鬻諸北。此皆事之不可解者。

若以北之棉，敎南之織，豈不反賤爲貴。反貴爲賤？余居恒謂北方之人，必有從事者。若云彼土風高，不能抽引，此語誠然，顧豈無善巧之法。而總料其不然，亦未免爲悠悠之論。故常揣度：後此數十年，松之布當無所洩；無所洩，即無以上共賦稅，下給俯仰，宜當早爲計者，人情多未以爲然也。而數年來，肅寧一邑所出布疋，足當吾松十分之一矣。初猶莽莽，今之細密，幾與吾松〔一四〕之中品埒矣；其價值〔一五〕僅當十之六七，則向所云吉貝賤故也。夫以一邑漸及之他邑，何難？既能其一，進之其十，何難？由下品而中，由中品而上，何難？吾欲利，而能謂人已邪？北土既爾，他方復然，則後此數十年，松之布竟何所洩哉？至于此，即當事者必有輕重經通之策。第吾儕自朝謀夕，竊謂宜及今兼事蠶桑，以濟布匹之窮。或者又復以土地不宜爲言。嗚呼，慮始之難，甚哉，昔人有言：「未事豫言，固常爲虛；及其已至，又無所及。」余唯幸余言之不驗也。夫即余言之不驗，而以數十日之功，收蠶桑之利；餘日以事紡織，亦安所不便乎？

玄扈先生曰：近來北方多吉貝，而不便紡織者，以北土風氣高燥，綿毳斷續，不得成縷；縱能作布，亦虛疎不堪用耳。南人寓都下者，多朝夕就露下紡；日中陰雨亦紡。不則徙業矣。南方卑濕，故作縷緊細，布亦堅實。今肅寧人乃多穿地窖，深數尺；作屋其上，檐高於平地僅二尺許，作窗櫺以通日光。人居其中，就濕氣紡織，便得緊實，與南土不異。若陰雨時，窖中濕烝太甚，又不妨移就平地也。刱始何人，殊有意致。但南中用糊有二法：其一，先將綿纑作絞，糊盆度過，復於撥車轉輪作纑；次用經車縈迴成紝。吳語謂之漿紗。其一，先將綿纑入輕車成紝，次入糊盆度過；竹木作架，兩端用繂急維，竹帚痛刷，候乾上機。吳語謂之刷紗。南布之佳者，皆刷紗也。今肅寧尚未作此，亦緣風土高燥，塵沙坌起故耳。法當如前作窨，令長二三十丈，廣三四丈；冒以長廊，循檐作窗櫺開闔，以避就風日，於中經刷。或輕陰無風，纖塵不起，亦不妨移向平地。若作如此方便，其成布，當盛吳下。第功力頗費；當如農桑輯要所云「義〔一六〕桑」之法，聚衆力成之。若有力者，作此計日賃用，亦大收僦直也。

農桑通訣所載攪車，用兩人，今止用一人。紡車容三繀，今吳下猶用之。間有容四繀者，江西樂安至容五繀。往見樂安人於馮可大所道之㊸，因託可大轉索其器，未得。更不知五繀向一手間何處安置也。聊舉一二。其他善巧，所在有之，且智巧日窮不盡，後之制作，若能虛訪勤求，即吳宮機絶，尚有進乎技者，何況其他。嗟乎，又豈直杼軸之間，蕞爾細事已哉！

孟祺農桑輯要言：「一步留兩苗。」又言：「旁枝長尺半，亦打去心。」此爲每科相去皆三尺，古法也。便民圖纂言：「每一尺作一穴。」此爲每科相去皆一尺，近法也。今或相去二三寸、一二寸，乃至三五成族，是謂無法，自取薄收耳。祺又言：「苗長二尺，打去衝天心」，此亦古法。須三伏者，方盛長時，令旁生枝也。吾鄉人知去心者，百中有一二，然非早種、稀留、肥壅，亦自無由高大，去心何益？北土用熟糞者，堆積乾糞，罨覆踰時，熱烝已過，然後用之，勢緩而力厚，雖多無害。南土無之，大都用水糞、豆餅、草薉、生泥四物。水糞積過半年以上〔一七〕，與熟糞同，此既難得。旋用新糞，畝不能過十石，過則青酣，一爲糞性熱，一爲花科密也。豆餅亦熱，畝不能過十餅，過者與糞多同病。若能稀種，科間一尺，此二物者可加一倍；間二尺，可加三倍；間三尺，可加五倍也。更能於冬春下壅後耕蓋之，可加至十倍。既不傷苗，二三年後尚有餘力矣。草壅甚熱，過於糞餅。糞因水解，餅亦勻細；草壅難勻，當其多處，峻熱傷苗，故有時倍收，有時耗損。用此一物，特宜詳慎。生泥者，或開挑溝底，或罱取草泥，罨蒸去熱。此種最良。凡先下糞餅草薉，用此覆之，大能緩其勢，益其力。姚江法全用草壅，加以生泥，科間二尺；方之吾鄉，畝收數倍也。蓋生泥中具有水土草薉，和合淳熟。其水土，能制草薉之熱；草薉，能調水土之寒。故良農重之，有「國老」之稱矣。余勸人稀種棉，本疏中言之詳矣。余法須苗間三尺。或未信，宜先一尺二尺試之。今更有一論，推明必然之理：吾鄉種棉花，極稔時，間有一二大株，俗稱爲花王者，於榦上結實；旁枝甚多，實亦多。人以爲神異，賽祭祈禱，或罄其所入，此至愚也。余謂下一花子，便當得一花王㊹；其不花王者，皆夭閼不遂者耳。意此中花種，久受屈抑，少全氣之核；種之又遲又密又瘦，故皆不獲遂其本性。萬一中有豐滿之核，種復早，又偶值稀疏之處〔一八〕，偶遇肥饒之地，偶當豐稔之時，此四五事皆相得，則花王矣。然安能一一湊合若此，所爲萬萬中有一，而花王絶少也。若依吾法，歲歲擇種：取其高大繁實者，特留作種，淘汰擇取精核。又早種，科間三尺，科用糞數升，而遇豐年，豈不遍地花王哉？即歉歲，亦數倍恒時矣。若不信此言，請詳花王何物，試言其理：花合有王，他卉木不合有王乎？他卉木能遂其性者，多矣，獨花未也；必予地三尺而後可。按柱史所疏種花法㊺，異吾土者，略有三指：一曰稀，二曰肥，三曰早。稀之爲利，稀則耐肥，而能爲利，余既備論之。今特論所云早者：按吾鄉北極出地三十度，山東濟南三十六度，相去六度，寒煖甚懸絶。柱史言，其邑陽信，俱於清明種木棉，無過穀雨者。則吾鄉當在清明前無疑。但此時霜信未絶，苗出土，經霜則萎。今定於清明前五日爲上〔一九〕時，後五日爲中時，穀雨爲下時。決不宜過穀雨矣。如此早種，即早實早收。縱遇風潮之年，亦有近根之實，不至全荒也。吾鄉向稱早種者，在立夏前；遲或至小滿後。詢其緣由，皆不獲已：其一，爲惜麥。北方地寬，絶無麥底，花得早種。吾鄉間種麥雜花者，不得不遲。今請無惜麥，必用荒田底。即種麥，亦宜穴種，可得早種花，後收麥，旋以厚壅起之也。其一，爲力不辦翻耕：北土堅强，兼少梅雨，故早種無耗損，纔〔二〇〕及夏至，已得結桃。南土虛浮濕烝，翻耕首年十全無患，三年以後，土仍虛浮，復生地蠶。早種者，或遇梅雨，濯露其根，遂多萎壞。或遇地蠶，斷根食葉，一蟲之害，赤地步武。今請數翻耕。即不辦，亦宜冬灌春耕，以實其田，殺其蟲。又不辦，亦宜穴種花，令根深不至濯露，可無死慮。蟲傷者，耕地訖，將種再耕之勞之，殺其蟲；既被蟲食者，檢殺其蟲，移栽補之。但今人不知擇種，即秕者半；不秕之中，羸者半。凡遇梅雨輒死；或梅中草盛，輒死。皆羸種，而咎早種乎？此物即不死，亦少成少實。凡密種者，其地力人力糞力，半爲此物所耗，豈不可惜。故擇種要矣。又孟祺言：「穊則移栽。」棉花帶土移栽，一體成實。人言茶與棉移栽不生，皆妄也。移栽不生，亦羸種稠生故耳。不移栽，旋下子補種，又晚矣。大抵棉花早種必是，晚種必非。吾輩宜據理商求，以圖成早種之是；勿執辭推諉，以曲蓋晚種之非。明此義者，視世間萬事盡然，何獨藝棉而已乎？

每見議者，執言「此中棉花，早種多死；立夏前後種者，即不死。此寒凍所致」。乃山東相去六度更寒，清明下種却不死，其理難明也。深求其故，所以不禁寒凍者，大抵在於根淺。根淺之緣，復有數事：一者，種病；二者，漫種浮露；三者，太密；四者，太瘦。種病如胎病，又少壅，兩者皆無力可生根。漫種者，子粒浮露，根不入土。密則無處行根，根不遠，不遠亦不深。故雨濯其根，風寒中其根，多立死。凡種樹，須築實其根。土若有罅，風中其根亦死，此恒理也。犯此多病，時在死法中。更梅時鋤却一再遍，土尤虛浮。淒風寒雨，十日半月，苗葉有餘，根力不足。故早種者中寒則死，梅中尤多死。反不若遲種者，根苗俱穉，與草同生，過梅天已入盛夏，不懼寒凍，可得苟全也。而生計薄矣。譬人通身是疾，不禁霧露，晏行早宿，行路無幾。何如不病者，櫛風沐雨，日中而趨百里乎？欲求不病，擇種，一矣；稀，二矣；厚壅，三矣。穴種者，下種後，覆土一指，足踐實之。漫種者，下子後，亦覆土厚一指，木磟碡實之。若能穴種，復作畦壠者，苗生，耨壠草遺土附苗根也，四矣。此四法者，皆令根深，能風雨，亦且能旱，即早種何慮死？其他蟲傷草熱，則人事不精，非關寒凍，略見上文，未遑具論也。舊傳早種一法：擬種棉地，先耕地，種大麥，轉耕，並麥苗掩覆之，耙蓋下種。餘姚亦早種棉，却先種蠶豆，轉耕掩覆之，二法略同。此是何理？蓋皆令地虛，苗得深遠行根，便能寒，且能風雨旱，亦深根之義耳。且隨地翻罨，草壅必匀，勝刈他草下壅。餘姚法，罨豆後，仍上生泥，泥不止去草熱，亦令草少蟲少。種疊地花者，不可不知。

余爲吉貝疏，説棉頗詳。恐不能徧農家，玆刻宜可遍。或不逮不知書者，今括之以四言：儻知書者口授之，婦女嬰兒必可通也。曰：「精揀核，早下種，深根短榦，稀科肥壅。」

王禎木棉圖譜叙曰㊻：中國自桑土既蠶之後，惟以繭纊爲務，殊不知木棉之爲用。夫木棉産自海南，諸種藝制作之法，駸駸北來。江淮川蜀，既獲其利；至南北混一之後，商販於此，服被漸廣，名曰吉布，又曰綿布。考之異物志云：木綿之爲布，曰斑布；繁縟多巧者，曰城；次麁者，曰文縟；又次麁者，名曰烏驎。其幅疋之制，特爲長闊；茸密輕暖，可抵繒帛。又爲毳服毯段，足代本物。按裴淵廣州記云：「蠻夷不蠶，採木綿爲絮。」又諸番雜志云：「木綿，吉貝〔二〕木所生；占城、闍婆諸國皆有之。」今已爲中國珍貨，但不自本土所産，不能足用。且比之桑蠶，無採養之勞，有必收之效；埒之枲苧，免績緝之工，得禦寒之益。可謂不麻而布，不繭而絮。雖曰南産，言其通用，則北方多寒，或繭纊不足，而裘褐之費，此最省便。列製造之具於此，庶遠近滋習。農務助桑麻之用，華夏兼蠻夷之利〔三〕，將自此始矣。

【木綿攪車㊼】木綿初採，曝之，陰或焙乾。用此以治出其核。昔用輾軸，今用攪車尤便。夫攪車，用四木作框，上立二小柱，高約尺五。上以方木管之。立柱各通一軸；軸端俱作掉拐，軸末柱竅不透。二人掉軸，一人喂上綿英，二軸相軋，則子落於内，綿出於外。比用輾軸，工利數倍。凡木綿雖多，今用此法，即去子得綿，不致積滯。

玄扈先生曰：今之攪車，以一人當三人矣。所見句容式，一人可當四人；太倉式，兩人可當八人。

【木綿彈弓㊽】以竹爲之，長可四尺許。上一截，頗長而彎；下一截，稍短而勁。控以繩絃。用彈綿英，如彈氊毛法。務使結者開，實者虛。假其功用，非弓不可。

木綿攪車

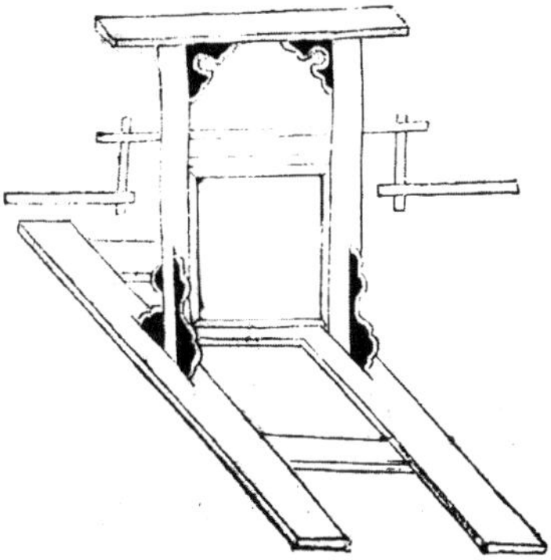

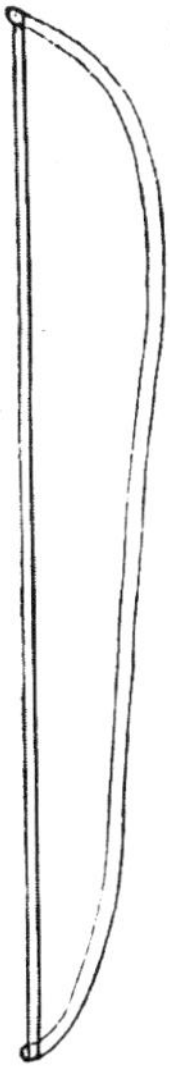

木綿彈弓

木綿捲筳

玄扈先生曰：今以木爲弓，蠟絲爲弦。

【木綿捲筳㊾】淮民用蜀黍梢莖，取其長而滑。今他處多用無節竹條代之。其法，先將綿毳，條於几上，以此筳捲而扞之，遂成綿筒。隨手抽筳，每筒牽紡，易爲匀細，皆捲筳之效也。

【木綿紡車㊿】其制比麻苧紡車頗小。夫輪動弦轉，莩繀隨之51。紡人左手握其綿筒，不過二三續於莩，繀牽引漸長，右手均撚，俱成緊縷，就繞繀上。欲作線織，置車在左，再將兩繀線絲合紡，可爲綿線。

木綿紡車

木綿撥車

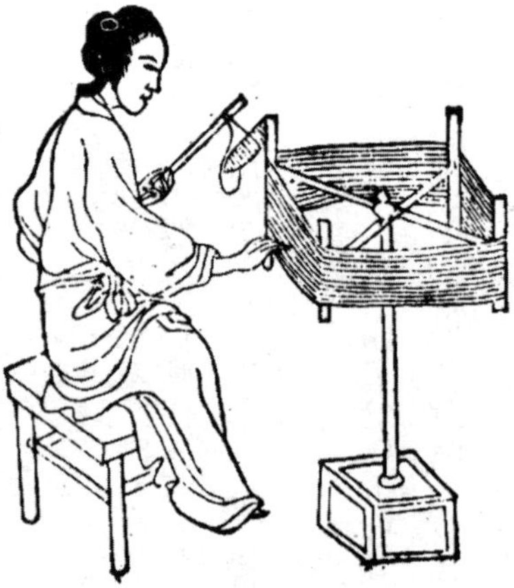

南州異物志曰：「吉貝木，熟時狀如鵝毳。但紡不績，在意外[一三]抽，牽引無有斷絕。」此即紡車之用也。

玄扈先生曰：置車在左，不便。若轉輪右旋，可作，亦不便。今人以線爲絃，繞莩一周，下成單繳，即輪右左轉，而能括莩右旋矣。

【木綿撥車㊾】其制頗肖麻苧幡[一四]車，但以竹爲之，方圓不等，特更輕便。按舊說，先將紡紇綿繀，於稀糊盆内度過，稍乾，然後將綿繀頭，縷撥於車上，遂成綿紝。

【木綿軖床㊿】其制如所坐交椅。但下控一軖，四股軖軸之末，置一掉枝，上椅豎列八繀，下引綿絲。轉動掉枝，分絡軖上。絲紝既成，次第脱卸。比之撥車，日得八倍。始出閩建，今欲傳之他方，同趨省便。詩云：「八繀綿絲絡一軖，巧憑坐椅作軖床。試將觸類深思索，【工巧要訣】麻苧鄉中用亦良㉞。」

【木綿線架㊺】以木爲之。下作方座，長闊尺餘，卧列四繀。座上，鑿置獨柱，高可二尺餘。柱上横木，長可二尺。用竹篾均列四彎〔二二〕，内引下座四繀，紡於車上，即成綿線。舊法，先將此〔二三〕繀〔二五〕絡於籰上，然後紡合；今得此制，甚爲速妙。

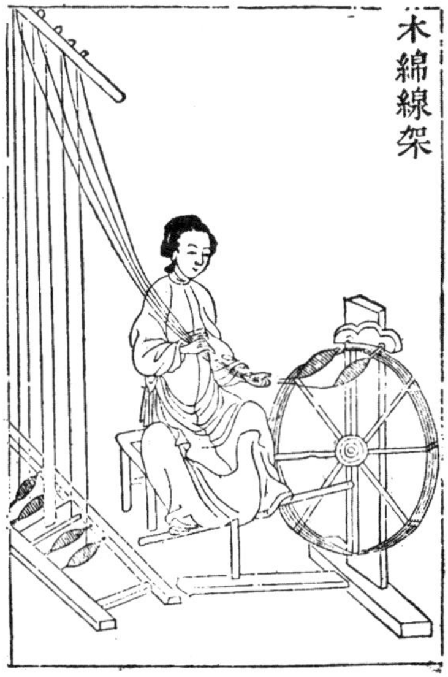

校：

〔一〕荼　平本、曙本作「茶」，與綱目合；黔、魯譌作「查」。

〔二〕被　平本、曙本作「被」，與綱目合；黔本、魯本作「遍」。

〔三〕娑　本節幾個「娑」字，黔本、魯本均譌作「婆」；依平、曙作「娑」，與綱目原引文合。

〔四〕土　平本作「上」；依黔、曙、魯改作「土」，與輯要原文合。

〔五〕再　魯本、中華排印本作「更」，依平、曙作「再」，與農桑輯要原文合。（定枎校）

〔六〕不知　平本、曙本作「不知」是正確的；黔、魯改作「不如」不合理。

〔七〕方　平本、曙本作「力」，依中華排印本「照黔改」作「方」。

〔八〕花苗到鋤三遍高聳　平本、曙本都是這樣，中華排印本「照黔改」爲「鋤到三遍，花苗高聳」。未見張五典種法原文，不知本來是怎樣的，平本、曙本的句法，也不是完全不合理。暫不改動。

〔九〕緐　平本、曙本作「緐」，黔、魯作「煩」；仍依平、曙。

〔一〇〕橯　本書各刻本均譌作「撈」，從文義看，應作「橯」。（音 lào 摩田器。參看卷二十一「勞」條。）（定枎校）

〔一一〕穐　依平本、曙本作「穐」，是齊民要術中常用的字；黔、魯本改作「掩」，意義還是一樣。

〔一二〕早　平本、曙本作「旱」；依中華排印本「照黔改」作「早」，與下文的「早種」合。

〔一三〕宋　本書各刻本都譌作「來」；中華排印本改作「宋」，與丘濬原書合。

〔一四〕「松」字上，黔本、魯本有「吾」字，平本、曙本無。暫保留。

〔一五〕「值」字上，黔本、魯本增「價」字，平本、曙本無。暫保留。

〔一六〕義　平本、曙本作「義」，黔、魯本譌作「藝」。「義桑」是兩家共同作圍牆來種桑的方式，見農桑輯要（卷三）引務本新書。本書卷三十二末所引務本新書第一節，已將方法收入，不過未提出原有的「義桑」名稱。

〔一七〕上　平本作「土」，是譌字；應依黔、曙、魯改。

〔一八〕處　平本譌作「虜」，應依黔本、曙本、魯本改。

〔一九〕上　平本譌作「土」，依黔、曙、魯改正。

〔二〇〕纔　平本、曙本作「裁」；依黔本、魯本改作近代慣用的「纔」字，可免誤會。

〔二一〕貝　平本譌作「具」，依黔、曙、魯改。

〔二二〕四彎　平本、曙本的「四彎」，黔本、魯本改作「横木」；今保留初刻形式，與王禎原書合。

〔二三〕此　平本、曙本的「此」與王禎原書合。黔本、魯本作「綿」。

注：

① 這是尚書禹貢所記揚州土產和「賦」「貢」中的語句。其中「織」字，有幾家認爲應作「纖」，即未織成的初步加工纖維。「貝」字，有幾家用詩經中的「貝錦」作註解；另外的人，則認爲止是作貨幣

用的「海蚈」。「卉服」，可以肯定是用植物性（「卉」）材料作衣服，以與動物性的「皮服」（不帶毛的皮）、「裘」（帶毛而毛向外的）、「絲」相對。「島夷」，指長江下游以南的居民；在禹貢作者的看法中，是落後野蠻民族。這一個地區，天氣潮溼溽熱；「皮服」和「裘」的需要不如北方迫切，蠶桑大概還没有興起。天然植被一直比「中國」繁盛，因此從簡單地採取菰、蒲、荷、芡……等現成葉片（如楚辭中所説的「被薜荔兮帶女蘿」，「芰荷爲衣」等，一直到現在還在世界其他地區某些後進民族中存在。）到取得天然現成纖維（如椶櫚和自然朽爛的葑），進到抽取生活植物的韌皮部，包括大麻、苧麻、葛……各種蔓生莖，乃至速生樹樹皮等，加工紡績織成精粗程度種種不同的衣着，應當是事實。因此「島夷卉服」，完全是正確的概括。至於是否將這些衣服或衣料作「貢品」或「賦」，納入王朝，那就得先決定：

（甲）禹貢本身的時代；

（乙）這一篇中「經濟地理」方面紀録的每句每字真實性；

（丙）「貢」「篚」等字的實際解釋；

再作分析。棉花，可以肯定在當時（漢以前）的揚州還没有。蔡沈用三國時代中原人才知道的「吉貝」來説明「卉服」和「貝」，忘了歷史年代，是錯誤的。

案：古代我國黄河中游及下游地地區的統治階級，由於交通不便，見聞有限，以爲自己王朝統治着的王國，就是整個世界，——自稱爲「天下」，而自己便是這整個世界的中心人物——「天子」，其餘便是自己的從屬——「王臣」。其他地區，自己統治不到的，既不是「王土」，那裏的人民，又不是「王臣」，則止能是「不知禮義」的賤一等的人。估計人家文化武力物力和自己相差不太遠，甚或比自己還强些的，便稱之爲「夷」；有時，還假想着「有那麽一天」，能征服他們，就説他們是「奴」、「虜」。要是了解得不多，或者確切知道在某一方面人家比自己稍爲後進一點，則用從「犬」（例如「玁狁」「狄」……）、從「豸」（例如「貊」「貉」……）、從「蟲」（例如「蠻」「閩」……）的標識字來代表那些地區和人民，把他們當作下等動物看待。最初，這種愚昧自高自大的行爲，像禹貢作者將淮以南的地區稱爲「島」，當地人民稱爲「夷」，還可以原諒；但像孟軻譏誚楚人「南蠻鴃舌」，就已經是無教養無禮貌的謾駡，應該批評。兩漢以後，交通稍有進展，世界或「天下」擴大了，仍將自己統治力達不到的地區稱爲「戎」、「虜」、「蠻」、「夷」……此後，統治階級妄自尊大，堅持着這種錯誤的行爲，漸漸成爲習慣，這些名稱幾乎就成了統治者相互咒駡的慣用語。如南北朝時，北方統治者駡南朝爲「島夷」，南朝稱北朝爲「索虜」。「習慣成自然」後，統治階級的人，雖然還把這類名稱作爲「相駡語」看待，在一般群衆中，輕蔑侮辱乃至歧視的意味，却逐漸消失了；像「漢子」、「老漢」、「蠻子」……等，從明代小説起，到今日一般口語中應用時，已經不再代表民族的區別。另外，唐帝國，有許多非漢民族的將軍，唐代一律稱爲「蕃將」——即「藩國」的人作將領，——後來「蕃」字和由它導出的「番」字，就獲得了「非漢族原有」這一個衍生的意義。本卷所討論的對象，不是「中國」原産；因此所引各種紀載史料中，「蠻」、「夷」、「蕃」等字，隨時出現。個別的固然不免帶有輕蔑其他民族的意義，應予批判；但多數止是表明非「中國」（即五嶺以北，陰山以南，陝西以東，海岸以西這「四至」範圍中）原有而已。止要統治階級不橫加阻撓，勞動人民的生産鬥争經驗，彼此之間，從來就是無私地交流着。他們也許從未想到像這樣的交流，應當留下文字記載；我們爲了了解交流的歷史，不得不借助於統治者及其附從階級所作紀録，在批判他們文字中的壞習慣之外，對所記史實還是可以接受的。

② 嘯園叢書本泊宅編（卷三）：「閩、廣多種木棉，樹高七八尺，樹如柞。結實如大菱，而色青；秋深即開，露白綿，茸茸然。土人摘取，出殼，以鐵杖杆盡黑子，徐以小弓，彈令紛起，然後紡績爲布，名曰『吉貝』。今所貨木棉，特其細緊（此處疑脱「者」字）爾。當以花多爲勝：横數之，一百二十花，此最上品。海南蠻人織爲巾，上作細字，雜花卉，尤工巧，即古所謂白疊巾也。」按：泊宅編所記，多數是宋元祐到政和年間（公元一〇八六年至一一一七年）的事；作者方勺家居浙江湖州西溪；對福建省的情形，似乎很熟悉。

③ 涵芬樓排印本説郛卷三二所載范政敏遯齋閑覽「吉貝」條：「閩嶺以南多木棉。土人競植之，有至數千株者。採其花爲布，謂『吉貝布』。余後因讀南史『海南諸國傳』，言『林邑等國，出古貝木，其花盛時，如鵝毛；抽其緒，紡之以爲布，與紵布不異。亦染成五色，織斑布』，正此種也。蓋俗呼『古』爲『吉』耳。」

④ 太平御覽（卷八二〇）「布」項引文是：「五色斑布，以（疑當作「似」）絲布，古貝木所作。此木熟

時，狀如鵝毳，中有核如珠珣（原注音「公後切」，說明這個字不是珣。）細過絲緜。人將用之，則治出其核。但紡不績，在（鮑本作「任」）意小抽引，無有斷絕。欲爲斑布，則染之五色，織以爲布。弱輭厚緻，上（疑脱漏「有」字）毳毛。外徼人，以斑布文最繁縟多巧（即須要更多的工夫與技巧）者，名曰『□（宋本原空等一字，鮑本作「城」，疑仍有誤。）城』；其次小麤者，『文辱』；又次麤者，名曰『烏驎』。」案：「昔用輾軸，今用攪車」兩句，係王禎農書農器圖譜十九「木棉攪車」條中王禎自己所加，不是御覽引異物志原有。

⑤引文現見齊民要術卷十「木緜」條。廣韻（下平聲）「二仙」「棉」字注引，太平御覽（卷九六〇）木部九「木緜」條引，所標來歷，都止是「吴録地理志」，沒有張勃的姓名。但御覽「經史圖書綱目」中，是「張勃吴録」。「丈」，要術及御覽均作「大」；廣韻及御覽，「口」作「中」，又無「白」字；「一曰」，要術、御覽都作「一名」。

⑥本書這一段，係從王禎農書農器圖譜十九纊絮門「木棉序」中録出。王禎的根據，自然止能是元初及以前的書。「闍婆」這名稱，最早見於唐書，則這書也不會太早。南宋有一部諸蕃志，是「提舉福建路市舶」（＝管理福建海上貿易）的宗室趙汝适所作，書名內容，都令人推想到可能與諸番雜志有關。現查叢書集成依學津討原本排印的趙汝适諸蕃志（下）「吉貝」條，是「吉貝樹類小桑，萼類芙蓉；絮長半寸許，宛如鵝毳；有子數十。南人取其茸絮，以鐵筯碾去其子，即以手握茸就紡，不煩緝績。以之爲布。最堅厚者，謂之『兜羅綿』，次曰『番布』，次曰『木棉』，又次曰『吉

布』。或染以雜色，異紋炳然。有闊至五六尺者」。與王禎引文根本無涉。很可能「諸番雜志」並不是一部書名，而是指往時史志中各種有關南蕃的叢雜記載。

⑦ 李延壽南史（卷七九）列傳六十九「高昌國……有草實如繭，繭中絲如細纑，名曰『白疊子』，國人取織以爲布。布甚軟白，交市用焉」。本書引文，字句略有更改。

⑧ 現止有本草綱目（卷三六）木部「木綿」條「集解」項「時珍曰」中，有這麽一段引文；還未見到更早的著録。案：太平御覽（卷八二〇）「布」項引南越志，是「桂州豐水縣，有古終（宋本作「終」，鮑本作「緑」）藤，俚人以爲布」。（桂州的豐水縣，是九世紀初唐憲宗元和初年，將永豐縣改名建置的；見唐書志二一，「桂州下都督府」。沈懷遠是南朝宋時人，不會引用四百多年後的地名。因此，這條南越志未必是沈懷遠所作書中的文字；御覽也並未標出沈懷遠姓名。）下一條，即上面所引南州異物志「五色斑布……」條，其中有「狀如鵝毳，中有核如珠珣，細過絲綿，將用之則治出其核……績爲斑布……」等，内容和綱目引文相近。懷疑可能是李時珍誤將御覽中這相連的兩條，認作同一條，合併後約略引用，因此查不出根據。

⑨ 據綱目（卷三六）「木綿」條「集解」項「時珍曰」，本書引用與李時珍原文頗有出入。除個别字句上的改動外，「訛爲攀枝花」下，删去所節引李延壽南史及張勃吴録各一節（均已另見上文）；「八月採梂，謂之綿花」下，删去所引「沈懷遠南越志一節」（即本書上面所引來源不明的一節）。「然則張勃所謂木棉，蓋指似木之木棉也；李延壽、沈懷遠所謂木棉，則指似草之木棉也」，目前刻本綱

目中没有，可能止是本書隱括李時珍前後兩處案語寫成。李時珍這兩處的原文是：「李延壽南史所謂『林邑諸國出古貝，花中如鵝毳，抽其緒，紡爲布』，張勃吴録所謂『交州永昌木棉，樹高過屋，有十餘年不换者；實大如杯，花中綿輭白，可爲緼絮及毛布』者，皆指似木之木綿也，及李延壽南史所謂『高昌國有草，實如繭，中絲爲細縷，名曰白疊。取以爲帛，甚軟白』；沈懷遠南越志所謂『桂州……（案已見本書上引）……斑布』者，皆指似草之木綿也。」案：南史（卷六八）「林邑國」，有「……古貝者，樹名也，其華成時如鵝毳，抽其緒，紡之以作布。布與紵布不殊，亦染成五色織爲斑布」，正是前節所引遯齋閑覽叙述的根據；李時珍引文，相去不遠。張勃吴録，本書也引有，所記是交阯定安縣，不是永昌，也没有「樹高過屋，有十餘年不换者」（案：這兩句實見元周達觀真臘風土記）和「可爲緼絮」等文句；除非李時珍所見另有一種。張勃吴録，則引文必有錯誤。末段所引南越志，止是晚唐樊綽蠻書的異名「南夷志」之譌，李時珍可能是根據宋李石續博物志轉引。李石續博物志（卷七）「驃國（即今日緬甸）諸蠻，並不養蠶。收娑羅木子，破其殼，中如柳絮，細織爲幅服之，謂之娑羅籠段」。「南詔」的名稱起於隋唐；至少南朝宋的沈懷遠所作南越志中不會有「南詔諸蠻」的話。

⑩ 清倪燦宋史藝文志補録有祝穆方輿勝覽七十卷。未見到原書。

⑪ 「意是海外方言也」，吉貝這名稱，確如徐光啓所假定，是海外方言，來自南洋群島。勞費爾在他所著中國伊朗編（林筠因中譯本第三一九面注五；原書四九一面注④）中，以爲當今的語言裏，

巴那語的 köpaih 要算和漢語的「古貝」最相近了。我們不知道巴那語中這個字的最早紀録是什麼時候？它與姚察梁書、李延壽南史時間關係如何？因此勞費爾「所以我認爲中國人是從印度支那語裏獲得這個詞」的推斷，原則上我們同意，但由那個語系中哪一語種「獲得」，還很可以考慮。

⑫屈眴：「眴」音「舜」。這個名稱，最早暫時止見到南宋法雲所編翻譯名義集（卷七）沙門服相篇第六十一，原注解：「此云（＝漢語）稱爲大細布；緝木棉華心織成，其色青黑。即達摩所傳袈裟。」下文所説「曹溪釋慧能所傳衣，曰屈眴布」，也是這個傳説的承襲。達摩的袈裟或慧能所傳的（棉布）衣，在廣東北部曹溪寺那樣潮溼的氣候中，又經常供人瞻仰，到明末還保存完好，恐怕很難置信。但這個名稱，代表印度原産的棉布，則應是實在的。

⑬榜葛剌：明史（卷三二六）有記載，所指應是印度半島東北的孟加拉區域，現在分屬巴基斯坦和印度，過去是有名的産棉區。

⑭徐光啓根據當時見到的史料，和他自己訪問觀察的經驗，對棉花來到中國的歷史，作了這樣一個總結。總結内容，大體正確之外，分辨攀枝花、草本棉花和木本棉花，也有獨到的見解，非常可寶。現在我們根據中國農學遺産選集甲類第五種陳祖椝主編棉（上編，一九五七年）所輯録的全部文獻，和後來發現的史料，——包括日本天野元之助教授中國農業史研究（一九六二年）第二編棉作的發展第二節棉花傳入中國中的補充，和我們自己最近掇拾所得——將明末以前關於棉

及棉織品輸入的史跡，作一個簡單節略，以供參考。希望研究我國棉花栽培史的同志們，指正補充：

（一）先秦：中國中原地區，所利用的植物性纖維，主要的有大麻與葛兩項；肯定没有棉及棉製品。（大麻和葛的利用，本書下一卷有資料。）江南，可能有苧麻、蒲、椶櫚……等所謂「卉服」；但未必有棉。五嶺以南的情形，目前還不能斷定。

（二）兩漢：史記貨殖列傳所説當時中原商品，有「榻布」一項。漢書承襲了這句，寫作「荅布」；南朝宋裴駰注史記引漢書音義（三國魏）孟康的解釋，認爲「白疊」。唐顔師古則提出反對：以爲『荅』者，厚之貌；按『白疊』，木綿所織，非中國有也」。木綿和白疊，的確非當時中國原有；「榻」、「荅」寫法不同，和「疊」同樣是記音字，可以作爲一個旁證。顔師古所説「荅」是「厚之貌」的解釋，不見於玉篇、廣韻等字書；荅布即「厚布」，别無證據。反過來，作爲商品，則「非中國有」並不能成爲否定「白疊」不出現於中國市場上的理由。當時中國的「蜀布」，可以由身毒運去大夏，被張騫見到（見史記卷一二三「大夏」及漢書卷六一張騫本傳），則中亞、西亞出産的「白疊」布，同樣可以由西方或西南旱路達到中原，也不難想到。「白疊」，據勞費爾中國伊朗編（林筠因譯本三一七面，正文及注④、⑤，原書四八九面）的考證，是中古波斯語 dib 或 dêp 的對音，但這兩個字是錦緞而不是棉布。估計應是中亞或西南亞某種語言中的字，來源暫難肯定。日本漢學家藤田豐八在所著中西交涉史——南海篇中，反對「疊」爲伊朗語的 dip 或 dêp，而以爲白疊就是「pakhfak」，並以漢書贊及焦贛易林中「葉」韻與「德」韻通叶，證明「疊」字兩漢讀fak。藤田不懂漢代人有「借叶」的辦法，又不能説明爲什麽止寫作「緤」、「疊」、「荅」乃至於「褺」等止有「p」音隨的字，而不直接用「德」「得」等字，我們認爲藤田的説法根據不充分。總之，初期的内陸交通，道路紆回曲折；先見到這類新奇的布，僅僅知道它的原料不是麻、葛，更不是蠶絲。到底是什麽纖維作成？可以有猜測，可以有誤會，也可以有商人的隱瞞欺騙和譌傳；也不能排除與細羊毛的混淆。因此，初期輸入的「榻布」、「疊布」、「荅布」或「白緤」、「白疊」、「白氎」，——是否完全是棉織品，很難斷定。

後漢書南蠻傳記載「前漢武帝末，珠崖太守會稽孫幸，調廣幅布獻之。蠻不堪役，遂攻郡殺幸」。這一段記載，我們認爲正能説明海南島當時的織布技術已經很發達，比中原還要先進得多。後來元初黄道婆從海南島將棉紡技術傳入江南，也應當以海南原有高水平技術爲基礎。究竟西漢時海南島人所織的布，是否以棉爲原料，很難肯定。漢書（卷二八下）地理志：武帝「元封元年，略以爲儋耳、珠崖郡；民皆服布如單被，穿中央爲『貫頭』，男子耕農，種禾稻、紵麻，女子桑蠶織績」……有紵麻、蠶桑，而没有提到「白疊」或木棉，恐怕前漢初年海南還没有利用棉花。後漢書列傳十四馬援傳，公孫述在蜀接見馬援時，「爲援制都布單衣」，李賢注引東觀漢記（記文「都」作「荅」）之外，並引有（南朝宋）「何承天纂文曰：『都致』、『錯履』、『無極』皆布名」。東觀漢記的「荅布」，范曄改作「都布」；范曄根據如何，我們不知道。何承天所謂「都致」，應是南朝宋所用名稱，是否就與馬援傳中的「都布」同一，也無從揣斷。這裏有一點值得考慮：「都」字的讀音，可以由 dau→dav→dap 這一系列轉變，歸到「緤」、「疊」的讀法上，與東觀漢記的「荅布」等同。公孫述小朝廷在蜀，正在當時商人輸入棉布的路上，也引人聯想到它是西邊進口的「疊」。

太平御覽（卷八二〇）引華嶠後漢書記載西南民族哀牢人用「梧桐木華，織以爲布」；范曄後漢書則説哀牢有自織的「帛疊」，又有「梧桐木華，績以爲布」。「梧」字，我們認爲是誤衍的，與後來廣志「剽國（今緬甸）有桐木」，是同一種植物，即木本棉花。這裏面，「帛疊」即「白疊」，應是沿用當時中原的市場名稱，源自古伊朗語；而「桐木」，則是西南原來的語言。

〔附記〕中國農業遺産選集棉（上編），第一三面第三條，據文選卷五吴都賦劉淵林注，引有東漢楊孚異物志一條：「木棉樹高大，其實如酒杯，皮薄；中有如絲棉者，色正白，破一實，得數斤。廣州、日南、合浦皆有之。」注：「編者按：異物志的木棉，是不是現在所説的棉花，是有問題的。」這一條材料，如果確是東漢人的文字，應當算「木棉」這名稱最早的記載；所指實物，大致止能是攀枝花，不會是木本棉花。可惜這幾句文章，無從肯定它確實出自東漢人楊孚之手。六臣注文選（卷五）左思吴都賦中，這一條注「劉曰」（指劉逵即劉淵林）下所引異物志，引文下限究竟在哪一句？原很含糊；「木緜……」是否確在劉引異物志之内，並無絶對證明。即使劉逵所引異物志確實包括了「木緜」在内，也還不能斷定這異物志絶對是楊孚所作無疑。因爲唐以前以異物志爲名的著作，共有七種之多；劉逵没有提出楊孚，我們不能代替決定。因此，我們暫不將這條算入兩漢。

(三)三國到西晉：三國吴與交阯(應包括今日越南和廣西南部、廣東西南角)曾有頻繁往來。吴國萬震南州異物志所記「古貝」，和張勃吴録所記交阯定安縣的「木緜」，都是木本棉花；可以説明當時除了從這些地方得到棉織品之外，也正確地了解到原料植物的形態習性。張勃吴録中「名曰白緤」一句，意義有些含混。究竟是交阯的土名，還是張勃以中原沿用已久的商品名稱轉述，我們認爲可疑。由下一句「一名毛布」看來，似乎第二種情形的可能性更大。另一方面，萬震所給的三種布名(「城城」、「文辱」、「烏驎」)，倒可能是當時南方民族的口語。西晉郭義恭廣志有一項是「驃國有桐木，可以織成布」。與後漢書「哀牢夷」及東晉常璩華陽國志所記永昌郡古哀牢國的「梧桐木」，内容相同。驃國和哀牢國接壤，可以説三種記載，都是記載當時在今日雲南、緬甸邊境上的居民，已經用木本綿花織布，植物名稱是「桐」(或「橦」)，見左思蜀都賦)。另外，廣志還有一條「木棉濮」(濮＝「僰」，正是和哀牢及驃相近地區的民族)，和一條木綿樹。西晉賈充晉令禁止一般大衆服「越」、「疊」；越布，指極細的葛布(見下卷)，「疊」仍是白疊。我們可以歸結説，到西晉爲止，中原和江南地區，已經有

(甲)由西亞、中亞傳入的「白疊」；

(乙)由雲南邊境傳入的「桐華布」；

(丙)由交阯傳入的「古貝」，或「木綿布」。

其中，第一類所謂「白疊」，至少有一部分必定是棉布；至於「桐華布」和「吉貝」，則止能是棉布。中原和江南漸漸了解到「桐木」和「吉貝」的形態習性，不過還沒有把這種植物引入栽培。另外由於知道了棉花的形態與習性，就借用蠶緜的「緜」或「綿」字，來作爲這種新奇纖維的名稱，加上一個「木」字來説明它來自樹木。但攀枝花的種絮，也是一種「綿」：當時的人，還不能分辨，因此郭義恭廣志中另一條：「木緜樹赤華……」所稱爲「木綿」或「木緜」的，仍包括攀枝花在內。「白疊」的原料則是西亞和中亞的草本棉花。後來梁書高昌國，將它稱爲「白疊子」。唐初玄應一切經音義中，關於「白氎」的音義，至少引用了三國魏張揖埤蒼、晉呂忱字林，都解爲「毛布」，而不能確指它是植物，更不曾説到有「木綿」或「木緜」的名稱。這就是説，到唐初爲止，由西亞、中亞輸入的白疊，始終未能完全與毛織品劃清界限。

（四）東晉、南北朝到隋：東晉裴淵廣州記，所記南方的木緜，究竟是木本棉花或攀枝花，還不容易判斷；但所記「古終藤」，則正是「橦木」或「桐木」，即木本棉花。這個名稱，可能就是阿拉伯及南歐諸國棉花名 qufun kofon 的來源：——阿拉伯人在海上貿易中，從我國南邊的民族得到「古終」的名稱，而不是從阿拉伯語借入。稍早的常璩華陽國志所記永昌郡「梧桐木」，一方面承襲了郭義恭廣志中所記哀牢民族和驃國的「梧桐」，一方面聯繫着後來的「古終」，即我國西南和南方「撣族」、「傣族」（包括所謂「俚」在內）所用名稱。勞費爾在他的中國伊朗編（原書四九一面，林譯三一九面）指出 Schott、Hirth、Mayyers 和 Waffers 等認爲這個名稱出於阿拉伯語的錯誤，批判很正確。可惜勞費爾没有倒轉來想一想，傣族語言正可以給阿拉伯人借用。另外，也有可能兩種語言中這一個共用的名稱，同出自另一個共同的來源。

現存南北朝著作中，沈約宋書（卷九七）列傳五七（「夷蠻」）西南夷「呵羅單國，治闍婆洲（＝爪哇）。元嘉七年，遣使獻……天竺國白疊、古貝，葉波國古貝等物」一節，很值得注意：這裏，天竺國的白疊與古貝並舉，應當是兩種不同的紡織品。可能當時送來的白疊止是毛織品，或者草本棉花織的稱「白疊」，木本的稱「古貝」；也可能是誤衍了「古貝」兩個字；還有一個可能，是爲了誇耀「四夷賓服」，故意把一種東西的兩個異名並列着顯示「貢品」衆多，南朝文人的風氣，有些使人懷疑這一點。魏收魏書（卷一〇二）見有「波斯國，出……錦疊、氍毹」，又「康國王衣……白疊」；不過魏書這幾卷原已遺散，現存文字，是趙宋刻書時據北史鈔補的，並不是魏收原書内容。此外是否還有關於棉布的紀録，我們見聞有限，不能肯定。不過，目前大家樂於引用的一則南越志，我們認爲與南朝沈懷遠無關。玉篇傳本，止有糸部的「緜」字，木部的「棉」字也寫作「柄」、「⿰木面」，與棉花無關；「⿰木面」字仍舊止解釋爲毛布。根本没有提到棉花，或棉織物。

唐代根據南北朝史料寫成的梁書、周書、隋書，散見有不少關於棉布的紀録。特別是唐初姚思廉繼承他父親姚察完成的梁書本紀三，總結梁武帝蕭衍的儉德，有「身衣布衣，木緜皂帳；一冠三載，一被二年」這麽幾句，歷來多人都愛引用；我們認爲這似乎是我國内地人自己用棉布製成衣物的最早真確記載。木緜，當時應已是江南人用慣的名稱。「皂帳」，太平御覽（卷六九九）

有兩條：一條是漢文帝用「書囊」（＝裝「簡牘」——當時的公文用竹片木板寫——的粗布口袋）縫起來作「皂帳」（引自晉令，無從核對原書）；一條是傅子記魏武帝（曹操）嫁女時，止用「皂帳」陪嫁（現見三國志魏書本紀一註文中）。歷來大家對梁書中皂帳的解釋是「黑布」；比照這兩條看來，可能「皂」止是未經漂染的本色布，並不一定是「染成黑色」。「皂斗」即「橡碗」，向來是作媒染劑染「青黑」的；如不加藍澱，染成的顏色便是非黑非黃的黃褐色。湘中方言至今稱這種顏色爲「皂色」（「皂」字讀陽去），也可以作爲證明。梁書中「木緜皂帳」的出現，使我們推想到當時市場上輸入的棉布，已經有精有粗，不止一種。

其餘各條，都在列傳四八「諸夷」這一卷。「海南諸國」中林邑國「……又出瑇瑁、貝齒、吉貝、沉木香。『吉貝』者，樹名也，其華成時如鵝毳；抽其緒，紡之以作布，潔白與紵布不殊，亦染成五色，織爲斑布。……男女皆以橫幅吉貝繞腰以下，……其王……罩吉貝繖，以吉貝爲幡旗」。記「吉貝」的資料，這一則實在比李延壽南史還早一些；李延壽除了將「吉」字改寫爲「古」之外，其餘的字句都没有改動。另外丹丹國「……獻……古貝」，干陁利國「出斑布，古貝……」，狼牙脩國「以古貝爲干縵，其王及貴臣，乃加雲霞布……」，婆利國「其國人披古貝如帊……」

「西北諸戎」中的渴盤陁國，「于闐西小國也，……衣古貝衣，……」這些條，都作「古貝」；與林邑國的「吉貝」不同。「古貝」、「吉貝」，自然是字形相似而寫錯；究竟原來應是「古」或「吉」，我們現在不能（也不必）作斷案。同時，海南諸國的扶南國：「今……其王……以白疊敷（＝鋪）前……」

西北諸戎的高昌國：「草實如繭，繭中絲如細纑，名爲『白疊子』。國人多取織以爲布，布甚軟白，交市用焉。」後一條，是「白疊」最早的明確記載。

海南諸國中，中天竺「土俗出……金縷織成，金皮罽，細摩（「摩」字不見他書，疑有誤。）、白疊、好裘、毾㲪……」「天監（梁武帝）初……奉獻……古貝等」，却又出現了「白疊」與「古貝」並列的情形，如果不是無意的矛盾，則止有作爲毛織與棉織或草本棉與木本棉的分别。

周書由令狐德棻領導李延壽等撰成；其中婆斯國（卷五〇列傳四二異域下）「出……白疊、毾、氍毹、毾㲪……」白疊以下的，都是毛織物，因此似乎仍不能排除有毛織物混淆。

魏徵領導修撰的隋書（卷八三）列傳四七赤土國，「男女通以朝霞朝雲雜色布爲衣」之外，迎接中國使臣時，「先遣人送……白疊布四條，以擬供使者」。真臘「國王着朝霞古貝，……常服白疊……」（卷八四）列傳四八（西域）康國「王衣綾羅錦繡白疊。……出氍㲣錦疊」，婆斯國「出……錦疊、細布、氍㲣、毾㲪、護那、越諾布、檀，金縷織成……」這些「白疊」，可能是白色的棉布，和紅色的朝霞、古貝對待；「錦疊」與「金縷織成」並舉，則排除了「疊」是金絲布銀絲布的可能。

經過檢對，我們覺得李延壽南史、北史中，關於「古貝」、「木緜」、「白疊」等的資料，都録自宋書呵羅單國，梁書林邑、丹丹、干陁利、狼牙脩、婆利、中天竺、高昌、渴盤陁及隋書真臘、康國，没有任何新添的内容，不必再分析了。

（五）唐代：「正史」中關於棉和棉布，並没有增加多少材料。例如新唐書（卷二二二下）南蠻傳的

「環王」，國名是新的，但實際内容，「王衣白氎古貝……妻服朝霞短裙……」止是承襲唐書（卷一九七）的林邑國；唐書林邑國傳，不比梁書「海南諸國」中林邑國的記載加詳。其餘婆利、高昌，也都是梁書已有的。唐書婆利國中新加「䕨者名古貝，細者名白氎」倒給了我們一個明確分辨。尤其兩部唐書都是宋初的書；事後追述，可能已經附加入後來演變，不能直接反映唐代情況。尤其「古貝」與「氎」的分辨，未必代表唐代人觀點。新加的陁洹國、墮婆登國，也僅僅提到有「白氎」和「古貝」而已。唐代文藝作品中，雖頗見有「木棉花」；但正如楊慎的判斷，可能止是「攀枝花」，不是紡織用棉花。酉陽雜俎、嶺表録異、北户録……等筆記小説中，没有發現棉花；可能因爲它已經不新奇，没有記録的興趣。另一方面，一系列新興的佛教文獻，却供給了我們許多極有意義的記録。

首先是大唐西域記，玄奘自記去印度學佛取經往來行程，據訪問和觀察所得，記載應當都真實可靠，其中提到「氎」的有卷一「窣利」人「多衣氎」，卷二「天竺」（印度）君王的寳坐「師子床敷（＝鋪）以細氎」，一般大衆「其所服者，謂憍奢耶衣及氎布等」。濫波國「多衣白氎」，卷三「烏仗那國人多衣白氎」，「迦溼彌羅國人服毛褐，衣白氎」，卷四「秣菟羅國出細斑氎」，卷十一波剌斯國人「服錦氎」，卷十二瞿薩旦那人「多衣絁紬、白氎」等多處，却没有「古貝」、「木綿」、「橦木」的任何記録。

其次，專門註釋各種譯本佛經中疑難字句的兩部一切經音義，我們覺得很值得重視。第一部是貞觀末年（公元七世紀中葉）玄應所作的二十五卷，後來又稱爲衆經音義的。其中，有三條「氎」：卷十一阿含經（九）、卷十三佛般泥洹經（上）和卷十八佛本行集經（三九），都解釋爲「毛布」，而没有提到「木綿」或「古貝」。兩條「綿」：卷廿一解除密經（一）的「蠹羅綿」和卷廿四的阿毗達磨倶舍論（十一）「妬羅綿」，都注説「舊言『兜羅綿』」。卷十七倶舍論（九）「古貝」條，注「謂五色氎也；樹名也；以花爲氎也」。但是在卷一大方等大集經（十五）有一條「劫波育」，注説「或言『劫貝』者譌也；正言『迦波羅』，高昌名『氎』，可以爲布。罽賓以南，大者成樹；以北（原譌作「此」，依下引另一節及翻譯名義集所引校正）形小，狀如土葵。有殻，剖以出華，如柳絮，可紉以爲布也」。又，卷十四四分律（二）「拘遮羅劫貝」注「或言『劫波育』，或言『劫波娑』，正言『迦波羅』；此（＝我們這裏）譯云樹花名也。可以爲布。高昌名『氎』；氎是衣名。罽賓以南，大者成樹；以北，形小，狀如土葵。有殻，剖以出花，如柳絮，可紉以爲布，用之爲衣也」。另外稍遲的一部慧琳八世紀末九世紀初（據景審所作序文，具體年代是建中末年至元和二祀，即七八三到八〇七年；但宋高僧傳卷五則説是貞元四年迄元和五載，即七八八至八一〇年）撰集的一百卷一切經音義中，「氎」字有音義的，至少有二十條，詳略不同。卷二七法華經譬喻品一條：「切韻『細毛布』。今謂不然：别有氎花織以爲布。其毛所作。諸褐罽也。」又卷三三轉世身經「有抽毳紡氎」，注説「氎者，西國木綿草，花如柳絮。彼國土俗，皆抽撚以紡成縷，織以爲布，名之曰『氎』」。卷卅五一字奇特佛頂經（上）「氎縷」條：「西國草花蕊也，如此國薊花絮。撚爲縷作布。……本無此字，譯者權制之，故無定體……」卷四一大波羅蜜多經(三)「氎花」，是「西國草花絮也；與此國柳絮、薊花絮、蒲花絮相類；細、㲲、綿」。卷六八的阿毗達摩大毗婆娑論(二)(案這部論是玄奘譯的)「氎絮」條，注末有一句，「今南方交阯亦有之」。「兜羅綿」，卷三、卷四、卷七、卷二六、卷六四共有五條，分别寫作「堵羅綿」、「覩羅綿」、「兜羅綿」、「兜羅貯」(疑當作「紵」)，解釋爲梵語的「細綿絮」、「西國細綿」、「此云木綿也」、「草木花絮木綿也」；它的來源是「蒲臺花、柳花、白楊、白疊花」，它的特徵「細㲲」，以「若用此綿，觸人眼睛，淚不出」作爲説明。另外，卷廿六涅槃經(廿)有一條「劫貝娑花」，「與都絮同，可以爲綿」。詢之梵(＝印度)僧，『白氈(顯是「氎」字之譌)是也」。不但條文較玄應的音義多，而且注釋也更詳確。

關於「氎」、「劫貝」、「兜羅綿」和木本或草本棉花，由這三部書中所見各項，可以歸結出幾點：

(甲)玄奘觀念中的「氎」，仍是從漢到隋，以經音義中所引切韻「細毛布也」爲代表的傳統説法，不能肯定其中没有毛織品；玄應在這一點上也還不免有些混淆。慧琳原是疏勒國人，後來到長安住了多年，不但熟悉中原風俗語言，對玉門關外物産及習慣，也比中原人了解得透徹。因此，他才根據自己的經驗，肯定了兩國的「白氎」完全是植物纖維，對這一個長久的混亂，第一次作了明確的澄清。

(乙)「古貝」是織「氎」的材料，玄應説得很明白。

(丙)「古貝」和「劫貝」，雖不能由兩部經音義來肯定，但「劫貝」＝「劫波育(毹)」＝「劫貝娑」

＝「迦婆羅」＝高昌的「氎」＝今日的棉花，貞觀末年已經明確了。棉花，在罽賓（＝克什米爾）以北，止有草本，以南「大者成樹」；草本的，狀如土葵（即野生的 Malva），觀察十分正確。「劫波育」、「劫婆羅」、「劫貝娑」等，都是梵語；勞費爾所説「顯然『古貝』這個譯音不是根據梵語 Karbāsa」（林譯三一九面注⑤）是錯了的。梁書中見過「吉貝」這名稱；當時「吉」字的音隨，可以和「r」對音。「劫」字的音隨「P」，則用來對第二音節的聲母。過去所用「古貝」，「古」字未必没有由「吉」字看錯鈔錯的可能。

（丁）由上面的（乙）和（丙），我們可以推定當時「古貝」、「吉貝」，乃至「木綿」，事實上包括草本和木本的棉花。

（戊）「兜羅綿」，後來寫作「堵」、「覩」、「妬」、「蠹」等形式，説明它是對音字；經音義也明確地指出是梵語。這個名稱，在唐以前的譯文中就出現了。兩部經音義中，没有一處提到它可以紡織；慧琳確切地説明了它是細而輭的植物種子茸毛。慧琳音義卷二七妙法蓮花經譬喻品注有一條「丹枕」，註釋説「案天竺無木枕；皆以赤皮疊布爲枕，貯以兜羅綿及毛絮之類，枕而且倚」。「丹枕」，不是我國過去傳統的「枕頭」，而是「墊子」；用毛絮和兜羅綿作「心」。慧琳所引唐初道宣四分戒經注，「兜羅綿」是「蒲臺花、柳花、白楊（疑脱「花」字）、白疊花等絮是也」。蒲臺、白疊，至今應用；柳花、白楊，恐怕未必有人能收集得够作「枕心」之用。慧琳兩處提到「木綿」，仍是指白疊，不過都是用來描寫細輭，止和「枕心」有關。到南宋法雲翻譯名義集（卷七）沙門法相服篇第六十一「兜羅綿」的解釋，「兜羅，此云『細香』；苑（指慧苑）音義翻『冰』；或云『兜沙』，此云『霜』，——斯皆從色爲名。或名『妬羅綿』：『妬羅』，樹名；綿從樹生，因而立稱，如『柳絮』也。亦翻『楊華』。或稱『兜羅毦』者，毛毳也。熏聞云，『謂佛手柔軟，加以合縵（＝圓而豐滿），似此綿也』」，仍是説「枕心」的情形。因此，我們覺得「攀枝花」很有可能是「兜羅綿」中的一種材料——如果不是最重要的材料。攀枝花既不能供紡織，它本身生長地區限制又很嚴格；當時運輸條件，又不會容許將「墊子」之類的東西運到中原，所以一般中原乃至江南人都難有熟悉它的機會。而見過它的人，又不一定能了解它和木本棉花的差別。因此，直到明代，才將攀枝花和木本棉花不同這一點確定下來；兜羅綿是什麽植物，自然也更糾紛不定。

晚唐樊綽蠻書（最近北京大學向達教授有新校注本，中華書局一九六二年出版）物産篇中提到了「娑羅籠段」，是後來宋李石續博物志和宋祝穆方輿志中娑羅各條的來源。娑羅真是棉織物。

（六）北宋中葉：具體，説仁宗到哲宗，即一〇二三到一一〇〇年這八十年中，中原和江南的人對福建、廣東經濟植物的了解與興趣，增進得頗快；棉花、攀枝花的分别，漸漸確定下來。「棉」字已見廣韻，這時成了「官定」通用的字；「吉貝」的名稱，也逐漸固定用「吉」字。神宗時的遯齋閑覽（作者説郛引作范政敏，但宋史藝文志五小説家類，載陳正敏劍溪野話三卷，又遯齋閑覽十四卷）已記着「閩嶺已南多木棉，土人競植之，有至數千株者，採其花爲布，號『吉貝』，……」是東南沿海種棉的第一次正式紀録。王明清熙豐日曆所記一段故事(原文見中國農業遺産選集棉上編二三頁),説明神宗時(一〇六八年——一〇八五年)廣州的木綿織造,已很發達。到十二世紀中葉以後,方勺泊宅編(卷三)和李石續博物志(八),都説「閩、廣多種木棉,……」泊宅編對「捍子」和棉布品質規格,有詳細記載。南宋趙汝适諸蕃志、范成大桂海虞衡志,對海南島種棉織布的先進情況,紀録也很詳細。宋史(卷四〇六)列傳一五六崔與之傳,記載他在海南島時,愛惜大衆的故事之一,是免除海南島婦女當差織棉布。據周去非嶺外代答所記海南島之外,廣東大陸上的雷州、化州、廉州,棉織工藝也已很發達。十三世紀末,胡三省注資治通鑑梁紀十五引史炤釋文,有「木綿,江南多有之」;説明北宋江南已開始種植;他對種植技術,叙述很詳盡正確。值得我們注意的是閩、廣、江南種植的棉花,都止稱爲木棉或吉貝,而不叫「白疊」。這一點,一方面説明當時引入的種類,木本和草本可能都有着。另一方面,也説明引入的來源,止在於南方各省,可能由海道先傳到廣東,然後向北擴展到福建,最後才到江南。

(七)元代:農桑輯要(卷二)「木棉」和「論苧麻木棉」兩條,是「新添」材料。「新添」,究竟是第一次撰成時(一二七三年)原有,還是後來屢次重刻中添入的,在未見到初刻和後來各次重刻本前,無從斷定。但後一條中「木棉亦西域所産」,可以説明下面「木棉種於陝右」一句中,陝右木棉的來歷,應當是今日新疆的某一區域,至遠也不過中亞;——也就是舊時「白疊子」的原産地,而不是——也不可能是——木本棉花。明丘濬大學衍義補(引文見本書)中的推論是正確的。當時在黃河上中游和下中游推廣木棉的成績，在元史和新元史中，找不出資料。元史世祖本紀，至元二十六年（一二八九年）夏四月，設置了浙東、江東、江西、福建木棉提舉司，「責民歲貢木棉十萬匹」；又食貨志，成宗元貞二年（一二九六年）「定徵江南夏税之制，……夏税則輸以木棉布、絹、絲綿等物」，似乎棉布重點仍止在江南（包括閩、廣）。丘濬大學衍義補説「元史種植之制……亦不及木棉；則元以前，未始以爲貢賦也」和「元史食貨志不載」，都不確切。

陶宗儀輟耕録所記黄道婆，止説「國初（元初）人」；到清代褚華木棉譜才指實她在「元元貞中，攜紡織具歸」。究竟是元代什麼時候，還待參證。

（八）明代：江南種棉和紡織，已經很發達。明太祖朱元璋開始建立「吴國」時，就下令「凡民，田五畝至十畝者，栽桑、麻、木棉各半畝；十畝以上倍之」（以上已見本書卷三馮應京國朝重農考引），並且定下：「麻，畝徵八兩；木棉，畝四兩」的税率。這兩個數字，可以作爲根據來推算當時産量大致水平。丘濬大學衍義補説「其種乃徧布於天下，地無南北皆宜之，人無貧富皆賴之」，即使有些夸張，但十五世紀末，可能國内各地，或多或少都已種棉。十六世紀末，「登、萊三面海，宜木棉，少五穀」（見棉上編引松窗夢語）；宋應星天工開物「乃服」中「布衣」一節，記載「凡棉布，寸土皆有，而織造尚淞江，染漿尚蕪湖，……廣南爲布藪（＝集中點）……」可以説明這些情形。

明初幾個皇帝對雲南的經營，和以後幾朝，將某些達官向雲南貶謫，至少也發生了另外一種效果：即對中緬邊境，了解比過去深切得多；攀枝花和木本棉花的分别，在雲南特别容易得到實際觀察機會。楊慎升庵外集中兩段材料（見棉上編四三及二〇七面），作了一個良好開端；此後雖然也還時有混淆，但大多數人便根據楊慎的看法，以兩廣（如顧岕海槎録）和福建（如王世懋閩部疏）的情形作印證，到底還是明晰漸多，混亂漸少。

⑮棉不甚重：這裏說的「棉重」，指棉絨在子棉中所佔的比例：棉絮愈長愈多，棉絨比例愈大，棉子相對地愈少，棉的品質也就愈高。徐光啓所舉的「二十而得……」這些數字，即二十斤子棉能取得多少斤棉絨。

⑯現見農桑輯要（卷二）播種篇「木綿」條，係「新添」原始記載。

⑰兩和：指土壤中「沙」和「土」配合適當的情形。

⑱伶利：元代所謂「伶利」，和今日的「利落」（即「不粘」）相當，不指「聰明」、「精明」。

⑲衝天心：即頂芽。

⑳現見王禎農書（卷一〇）百穀譜十「木綿」條。

㉑此下這一套浮選棉種的方法，確是徐光啓的創造。浮選，齊民要術已記有：收種第二，對一切穀物種子，在「將種前二十日，……水洮（＝淘）——浮秕去則無莠——曬令燥」；種水稻第十一，也提出「淨淘種子，——浮者不去，秋則生稗」；目的還不夠明確。現在用來對一種引入作物，要解決容易失去發芽力的脂肪質種子上所遇到的困難，不但目的很明確，而且還特別提出了「去弱」的新標準，原理也非常正確明白。

㉒導擇損功：「導」字，借作「蕖」字，即揀選顆粒均匀的穀粒。「損」即耗費。
㉓這是輯要（卷二）播種篇最後一條「論苧麻木棉」中的重要結論。
㉔現見便民圖纂耕獲類「種棉花」條。
㉕能：依漢書食貨志一「能風與旱」中「能」字的用法，解作「耐」。
㉖青酣：即「徒長」、「瘋長」。
㉗「稍」字下懷疑漏去一個「長」或「大」字。
㉘夭閼：依莊子逍遥遊中「莫之夭閼」的用法，「夭」解作挫折，「閼」解作「阻擋」。
㉙燥：指高温，不指乾燥。
㉚早：疑是「旱」字。
㉛山東信陽：山東諸城縣東南一百二十里有信陽場，是一個鹽場。萬曆乙卯，是公元一六一五年。案：明史卷二一九列傳一七七張銓傳，「銓父五典，歷官南京大理卿」，可能即本書所引張五典。不過明史説張銓是「沁水人」；沁水縣在山西省，與小注中的「山東」不合，也許是另一個同姓名的人。徐光啓曾提到「柱史言其邑陽信」，參看注㊺。柱史所指仍是張五典，其邑「陽信」，則又另外是山東東北角的一個縣。同一節中，徐提到「山東濟南三十六度」，可以肯定所説種植方式是山東的。據王重民教授新編徐光啓集（下）九二面大司馬海虹先生文集叙注，張五典確是山西沁水人，字和衷，别號海虹。他是徐光啓的「座師」，徐不應當把他的籍貫纏錯；這些矛盾，可能

出自整理重刻時的臆改。

㉜岸：作動詞用，即像崖岸一樣高出。

㉝苕饒：現在寫作「翹摇」；「黄花翹摇」，即「金花菜」「黄花苜蓿」「南苜蓿」（Medicago hispida）。

㉞甘國老：「甘草」别名「國老」；中藥處方中，很少不用甘草的，因此用「甘草」來表示「不可缺少」。

㉟現見叢書集成據津逮秘書排印本輟耕録（卷二四）「黄道婆」條；删去原文起處及末處各數句。作者陶宗儀字九成，元末松江人。

㊱帨：音shuì，各種大小的手巾。

㊲「折枝、團鳳、棋局、字樣」：「折枝」，是小朵花；「團鳳」是以鳳爲圖案的圓形花（「團龍」止許皇家用；「團鳳」大衆可以用）；「棋局」，即方形圖案，「字樣」是文字；這些都是當時棉布上的花紋。

㊳林勳：北宋末的進士；南宋初，作本政書十三篇，引古代政策作證，説明税收情況；「婦貢絹綿，非蠶鄉（＝不養蠶的地區）則以布麻代」，是他的中心建議。（案：本書作「政本書」係承襲丘濬的錯誤。）

㊴虞時已有之：當時相信禹貢是大禹所作，記載舜朝廷所得貢賦。

㊵指上文所引輟耕録。

㊶仲深先生：丘濬字仲深，即大學衍義補作者。

㊷壤奠：「壤」即土地；「奠」是供獻出來的物産。「壤奠」連起來，解作當地土産貢品（見尚書康王之

誥）。

㊸ 馮可大：馮應京（見卷三注①）字可大，見明史（卷二三七）本傳。

㊹ 徐光啓對花王的出現，分析完全正確。

㊺ 柱史：是柱下史的省稱，也就是「御史」。這裏所指是張五典。張五典「按吳」，即御史「出巡」，考核地方行政情況。

㊻ 這是王禎農書農器圖譜十九附録的木棉序。以下各圖及譜，均據王禎原圖譜；圖有改動，譜也有些删節，主要的是除木棉軠床一條之外，其餘譜末的韻文都删去了。依前第三十三、三十四卷例，不再逐條註明來歷；並用「原書」「原圖」「原譜」，代表王禎原書。

㊼ 木綿攪車：庫本原圖，左右兩個輾軸的位置高下不同，可以看出操作機制；輾軸以下，是兩個盛斗，不是像本書這樣一律抹成黑色。殿本圖，保存了庫本這些結構，止支柱基部缺少庫本及本書所有的固定護板。魯本完全另繪成後來兼用脚踏的形式。

㊽ 木綿彈弓：本書附圖不够精密。殿本王禎原圖，弓背上端寬厚，與今日所用彈棉弓相似；庫本完全是近來所用的形式。

㊾ 木綿捲筳：筳音 tíng，即小竹木條，庫本原圖帶有小搓板和一個筳椎。

㊿ 木綿紡車：圖比王禎原圖少了一筐棉筒。案：這個紡車，既用脚踏轉運，則軸上應有「掉枝」和脚踏相連。殿本王禎原圖和本書的圖上，看不出這一項結構。庫本把這個結構畫出了。

㊿1 莩維：解釋見前卷「緯車」條。

㊿2 木綿撥車：庫本原圖，有兩個人對坐，各用一車；殿本和本書一樣，止留有左邊的一個人。

㊿3 木綿軖床：原圖有芭蕉拳石背景，本書省去。原書的床架，兩架共用一個底，上寬下窄，不易平衡。本書改用「交椅」式，兩個架在中間相互撑持，是一個大改進。

㊿4 本書引用王禎農器圖譜很少保留附詩的；這首詩之所以保留了下來，大概就是由於這句的啟發性大。

㊿5 木綿綫架：原圖，脚踏掉拐的結構很明顯；本書看不出了。

案：

〔一〕棉 太平御覽（卷八二〇）「布」項所引廣州記，「棉」字作「綿」，下面還有「皮員當（案當作「篔簹」，是一種大竹的名稱）竹，剥古緣（疑當作「終」）藤，績以爲布」等句。

〔二〕「闍」字，字書所無，應依王禎農書引文作「闍」。

〔三〕結子有紉綿 綱目原引作「結子有綿；紉綿……」

〔四〕「名」字綱目引文原無。

〔五〕擺 輯要作「櫷」。

〔六〕不 應依輯要校定本作「深」（大概是根據原書爛了的字鈔錯）。

〔七〕「次」字，輯要原作「水」。

〔八〕回旋　輯要作「旋旋」。

〔九〕遂覓木棉之種　這句在這裏，與上下文不貫串。原書本是「遂覓種於彼」，彼指原書起處「閩、廣多種木綿」，本書删節，出了一點紕繆。

〔一〇〕有嫗黄婆　輟耕録原文是「有一嫗名黄道婆」，無論如何，「道」字必須補上。

〔一一〕府　應依丘濬原文作「唐」。

〔一二〕殿本王禎農書，這兩句少「農務」與「華夏」等字。

〔一三〕在意外　王禎原書作「任意小」。太平御覽所引南州異物志作「在意小」。無論如何，「小」字必須復原。

〔一四〕幡　應依原譜作「蟠」。

〔一五〕縰　殿本王禎農書作「縷」。

農政全書校注卷之三十六

蠶桑廣類

麻① 苧麻　大麻　檾〔一〕麻　葛附

【苧麻②】爾雅曰：「黂③，枲實。」又曰：「枲，麻。」又曰：「莩〔一〕，麻母。」禮記曰：「苴，麻之有黂。」崔寔〔二〕注：「苴麻，麻之有蘊者，苧〔二〕麻是也。」陶弘景曰：「苧麻，今績苧麻是也。」陸璣草木疏云：「苧，一科數十莖。宿根在地，至春自生，不須別種。荆、揚間，歲三刈。官令諸園種之，剥取〔三〕其皮，以竹刮其表，厚處自脱，得裏如筋者，煮之用緝。」蘇頌曰：「苧根，舊不載所出州土；今閩、蜀、江、浙有之。其中，可以績布。苗高八九尺，葉如楮葉，面青背白，有短毛。其根黄白而輕虚，二月、八月採。」王禎曰：「苧有二種：一曰『紫麻』，一曰『白苧』。本南方之物，近河南亦多藝之。」寇宗奭曰：「苧，如蕁麻。花如白楊而長成穗，每一朵凡數十穗，青白色。」李時珍曰：「苧，家苧也。又有山苧、野苧。凡麻絲之細者爲『絟』，粗者爲『紵』。」玄扈先生曰④：詩言：漚紵，傳稱紵衣。中土之有紵，舊矣。而賈思勰不言種苧之法，崔寔始言「苧麻」。繇是推之，五代以前，所謂紵、所謂枲者，殆皆苴麻之屬；而今所謂苧者，特南方有之。陸璣始著其名，唐甄權乃以入藥方。至宋掌禹錫云：「南方績以爲布。」顯是北方所無。而釋詩者，尚未知陸所謂苧，非詩所謂紵也。

【大麻⑤】即火麻、黄麻⑥。爾雅翼所謂漢麻也。雄者名枲麻、牡麻；雌者名苴麻。吴普云：麻蕡是實〔四〕，麻勃是花。實中之仁，先藏地中者及麻葉，皆有毒。食之殺人。寇宗奭曰：麻子，海東毛羅島來者，大如蓮實。其次，出上郡北地者，大如豆。南地子小。蘇頌曰：麻子處處種之。績其皮可以爲布。農家擇其子之有班黑文者，謂之雌麻。種之則結子繁，他子則不結也。李時珍曰：大麻，即今黄麻。大科如油麻。葉狹而長，狀如益母草葉；一枝七葉或九葉。五六月開細黄花，隨結實，大如胡荽子，可取油。剥其皮作麻。其稭，白而有稜；輕虚，可爲燭心。

【檾麻⑦】許氏説文曰：檾，枲屬。爾雅翼云：檾高四五尺，或五六尺，葉似苧而薄，實如大麻子。或作苘，或作䔛。種必連頃，故謂之䔛也。周禮典枲：麻草。注：「草，葛䔛也。」王禎曰：檾，其長如竹〔三〕，葉大如扇，上團如葵。花黄，結子蓬如橡斗然。李時珍曰：苘，即今白麻，多生卑濕處。六七月開黄花。結實如半磨形，有齒，嫩青老黑；中子扁黑，狀如黄葵。其莖輕虚，北人取皮作麻，以莖蘸硫黄作焠燈⑧，引火甚速。其嫩子，小兒亦食之。

齊民要術曰⑨：凡種麻地，須耕五六遍，倍蓋之。以夏至前十日下子。亦鋤兩遍。仍須用心細意抽拔，全稠鬧⑩；細弱不堪留者，即去却。一切但依此法，除蟲災外，小小旱，不至全損。何者？緣蓋磨數多故也。

農桑輯要種苧麻法⑪：三四月種子者⑫，初用沙薄地爲上，兩和地爲次，園圃内種〔四〕

之。如無園，瀕河近井處，亦得。先倒劚土一二遍，然後作畦，闊半步，長四步。再劚一遍。用脚浮躡，或杴背浮按稍實；不然，著水虛懸。再杷〔五〕平。隔宿用水飲畦⑬，明旦細齒杷浮耬起土，再杷平。隨時用濕潤畦土半升，子粒一合，相和勻撒。子一合，可種六七畦。撒畢不用覆土，覆土則不出。於畦內，用極細梢杖三四根，撥刺令平可。畦搭二三尺高棚，上用細箔遮蓋。五六月內炎熱時，箔上加苫重蓋；惟要陰密，不致晒死。但地皮稍乾，用炊箒細洒水於棚上，常令其下濕潤。或子未生芽，或苗出力弱，不禁注水陡澆故也。如遇天陰及早夜，撤〔六〕去覆箔。至十日後苗出。有草即拔。苗高三指，不須用棚。如地稍乾，用微水輕澆。約長三寸，却擇比前稍壯地，別作畦移栽。臨移時，隔宿先將有苗畦澆過；明旦，亦將做下空畦澆過。將苧麻苗，用刀器帶土撅出，轉移在內，相離四寸一栽。務要頻鋤。三五日一澆。如此將護，二十日之後，十日半月一澆。至十月〔七〕後，用牛驢馬生糞，蓋厚一尺。預選秋耕擺〔五〕熟肥地，更用細糞糞過，來年春首移栽。地氣已動爲上時，芽動爲中時，苗長爲下時。栽法：掘區成行，方圍相去一尺五寸。將畦中科苗移出，栽於區內；擁土區中，以水湮之。若夏秋移栽，須趁雨水地濕。分根連土，於側近地內分栽亦可。移栽年深宿根【宿根忌見星月】者，移時用刀斧將根截斷。長可三四指。栽時成行，作區方圍各離一尺五寸。每區卧栽三二根，棋盤相對。擁土畢，然後下水。候三五日復澆。苗高勤鋤。旱則澆之。若地遠移栽者，須根科少帶原土，蒲包封裹〔八〕，外復用席包掩合，勿透風日。雖數百里外，栽之亦活。栽培法如前。初年長約一尺，便割一鐮，麻未堪用。再候長成，所割即堪績用。至十月，即將割過根楂⑭，用牛馬糞蓋厚一尺，不至凍死。玄扈先生曰：如此蓋厚，則栽得過冬，所以中土得種。若北方，未知可否？吾鄉三十度上下地方，蓋厚一二寸即得矣。至二月初，杷去糞，令苗出。以後歲歲如此。壓條滋胤〔九〕，如桑法移栽，亦可。第三年，根科交胤〔一〇〕，稠密不移，必漸不旺。即將本科周圍稠密新科，再依前法分栽。每歲可割三鐮。每割時，須根傍小芽出土，約高五分，其大麻，即〔一一〕爲可割。大麻既割，其小芽榮長，便是下次再割麻也。若小芽過高，大麻不割，不惟小芽不旺，又損已成之麻。大約五月初一鐮，六月半一鐮，八月半一鐮。唯中間一鐮，長疾，麻亦最好。刈倒時，隨即用竹刀，或鐵刀，從梢分批開，用手剥下皮，即以刀刮其白瓤，其浮上皴皮自去。縛作小棸，搭於房上，夜露晝曝。如此五七日，其麻自然潔白，然後收之。若值陰雨，即於屋底風道内，搭涼⑮；去聲。恐經雨黑漬故也。所剥之麻，春夏秋渴〔六〕暖時分，績與常法同。若於冬月，用温水潤濕，易爲分擘也。如〔七〕乾硬難分，其績既成，纏作纓子，於水瓮内浸一宿。紡車紡訖，用桑柴灰淋下水内浸，一宿撈出。每纑五兩，可用净水一盞〔八〕，細石灰拌勻，置於器物内，停放一宿。至來日澤〔九〕去石灰，却用黍稭〔一二〕灰淋水煮過，自然白輭。曬乾再用清水煮一度。別用水擺拔極净，曬乾逗成纑，鋪經絖〔一二〕織造，與常法同。此麻一歲三割，每畝得麻三十斤，少不下二十斤。目今陳、蔡間，每斤價錢〔一〇〕三百文，已過常麻數倍。善績者，麻皮一斤，得績一斤。細者，有一斤織布一疋；次，斤半一疋；又次，二斤三斤一疋。其布柔韌潔白，比之常布，又價高一二倍。然則此麻，但栽植有成，便自宿根，可謂暫勞永利矣。

齊民要術曰⑯：種苧〔一一〕麻法：止取實者，種班黑麻子。班黑者饒實。崔寔曰：苴麻子黑，又實而重。擣治作燭，不作麻。耕須再遍。一畝用子二升，種法與大〔一二〕麻同。三月種者爲上時，四月爲中時，五月初爲下時。大率二尺留一科。穊則不成〔一三〕。鋤常令净。荒則少實。既放勃，拔去雄。若未放勃去雄者，則不成〔一四〕子實。凡五穀地畔近道者，多爲六畜所犯，宜種胡麻麻子。胡麻，六畜不食；麻子齧頭則科大。收此二實，足供美燭之費也。慎勿於大豆地中雜種麻子。扇〔一五〕地兩損，而收並薄。六月中，可於麻子地間，散蕪菁子而鋤之，擬收其根。

氾勝之書曰⑰：種麻，預調和田。二月下旬，三月上旬，傍雨種之。麻生布葉鋤之，率九尺一樹⑱。樹高一尺，以蠶矢糞之。樹三升，無蠶矢，以溷中熟糞糞之，亦善；樹一升，天旱以流水澆之；樹五升，無流水，曝井水，殺其寒氣以澆之。【凡用泉水灌田，皆宜作池曝之，以殺其寒氣也。】雨澤適時，勿澆。澆不欲數。養麻如此，美田則畝五十石，及百石；薄田尚三十石。穫麻之法，霜下實成，速斫之。其樹大者，以鋸鋸之。崔寔曰⑲：二三月，可種苴麻。麻之有實者爲苴。

玄扈先生曰：苧，初種用子；一種之後，宿根自生。數年之後，根多糾結，即須分栽耳。今安慶、建寧諸處，亦多掘根分栽。無種子者，亦如壓條栽桑，趣易成、速效而已。然無根處取，遠致爲難，即宜用種子之法。凡苗長數寸，即用糞和半水澆之。割後旋澆，澆必以夜，或陰天；日下澆苧，有鏽瘢。又最忌猪糞。

又曰：今年壓條，來年成苧。或云：月月可栽。

又凡種大麻⑳〔一四〕，用白麻子。白麻子爲雄麻。顔色雖白，齧破枯焦〔一五〕無膏潤者，秕子也；亦不中種。市糴者，口含令〔一六〕少時，顔色如舊者佳。如變黑者，裛㉑。崔寔曰：牡麻，青白無實；兩頭鋭而輕浮。麻欲得良田，不用故墟。故墟亦良，有點葉夭折之患㉒，不任作布也。地薄者，糞之。糞宜熟。無熟糞者，用小豆底亦得。崔寔曰：「正月糞疇。」疇，麻田也。耕不厭熟，縱横七遍以上，則麻無葉也㉓。田欲歲易。抛子種則節高㉔。良田一畝，用子三升；薄田二升。穊則細而不長，稀則粗而皮惡。夏至前十日爲上時；至日爲中時；至後十日爲下時。麥黄種麻，麻黄種麥，亦良候也。諺曰：「夏至後，不没狗。」或答曰：「但雨多，濕〔一七〕橐駝！」又諺曰：「五月及澤，父子不相借。」言及澤也〔一八〕。夏至後者，匪惟淺短，皮亦輕薄。此亦趨時不可失也。澤多者，先漬麻子令芽生。取雨水浸之，生芽疾；用井水則生遲。浸法：著水中，如炊兩石米頃〔一九〕出，著席上，布令厚三四寸。數攪之，令均得地氣。一宿則芽出。水若滂沛，十日亦不生。待地白背耬耩，漫擲子，空曳〔一六〕勞。截雨脚即種者㉕，地濕，麻生瘦。待白背者，麻生肥。澤少者，暫浸即出；不得待芽生。耬頭中下之。不勞曳撻。麻生數日中，常驅雀。布葉而鋤。勃如灰便刈。刈拔各隨鄉法。未勃者生收，皮不成；放勃不收，即驪〔二〇〕。㮚欲小，稕欲薄；㮚，古典反；小束也。稕，普胡反，爲其易乾也。一宿輒翻之。得霜露，則皮壞〔二一〕也。穫欲净。有葉者，易爛。漚欲清水，生熟合宜。濁水，則麻黑；水少，則麻脆。生則難剥，太爛則不任。煖泉不冰凍，冬日漚者，最爲柔肕也〔一七〕。

衞詩曰：「蓺麻如之何？衡從其畝。」

氾勝之書曰：種枲太早，則剛堅，厚皮多節；晚，則不堅。寧失於早，不失於晚。穫麻之法：穗勃勃如灰，拔之。夏至後二十日漚枲，枲和如絲。

崔寔曰：夏至先後五日〔二二〕，可種牡麻。

種大麻法曰㉖：「十耕蘿蔔九耕麻。」地宜肥熟；須殘年開墾，俟凍過則土酥。來春鋤成行壠。正月半前後下種。種子取班〔二三〕黑者爲上。撒後以灰蓋之。密則細，疎則粗。布葉後，以水糞澆灌；恐葉焦死〔二四〕。亦不可立行壠上，恐踏實不長。七月間收子；麻布包之懸掛，則易出。

種苘麻法㉗：地宜肥濕。早者四月種，遲者六月亦可。繁密處芟去則長。

蘇恭曰㉘：綀麻，宜九十月採。陰乾爲佳。

農桑通訣曰㉙：苘與黄麻同時熟。刈作小束，池内漚之。爛去青皮，取其麻片，潔白如雪，耐水爛〔二五〕，可織爲毯被，及作汲綆牛索，或作牛衣雨衣草履〔一八〕等具。農家歲歲不可無者。

附葛

【葛】詩「葛之覃兮㉚」。按葛一名黄斤，一名鹿藿，一名鷄齊。有野生，有家種。春長苗引藤蔓，延治之可作布。根外紫内白大如臂；長者五六尺。葉有三尖，如楓葉。七月着花，纍纍成穗。莢如小黄豆，宜七八月採之㉛。

採葛法㉜：夏月葛成，嫩而短者留之；一丈上下者，連根取，謂之頭葛。如太長，看近根有白點者不堪用，無白點者，可截七八尺，謂之二葛。

練葛法：採後，即挽成綑，緊火煮爛熟〔一九〕。指甲剥看，麻白不粘青，即剥下。長流水邊，捶洗凈，風乾。露一宿，尤白。安陰處，忌日色。紡之以織。

葛根：端陽日採。破之晒乾，敷蟲蛇傷。平時採之，亦可蒸，及作粉食。

葛花：採之，晒乾煠食。

洗葛衣法：清水揉梅葉洗，前〔二六〕夏不脆。或用梅樹葉擣碎，泡湯入磁盆内洗之。忌用木器，則黑。

王禎麻苧圖譜叙曰㉝：麻苧之有用具，南北不無異同，民俗豈能通變？如南人不解刈麻，北人不解治苧，及有漚浸，審生熟之節，車紡分大小之工。凡絺綌繩綆，皆其所出。今併所附類，一一條列，庶使南北互相爲法云。

玄扈先生曰㉞：苧性畏寒，不宜北土；北方地氣所絶，無如之何。然紵衣漚紵，即又北方自古有之。宜試種爲得。

【刈刀㉟】 穫麻刃也。或作兩刃，但用鎌柄，旋插其刃。俯身控刈，取其平穩便易。北方，種麻頗多，或至連頃；另有刀工，各具其器，割刈根莖，劃削稍葉，甚有速効。南東〔二七〕惟用拔取，頗費工力。故録此篇首，示〔三〇〕其便也。

刈刀

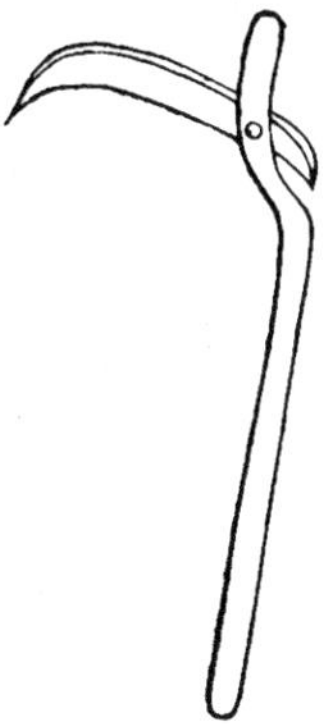

漚池

【漚池㊱】　漚，浸漬也；池，猶泓也。凡藝麻之鄉，如無水處，則當掘地成池，或甃以磚石，蓄水於內，用作漚所。大凡北方治麻，刈倒即栞之，臥置池內〔二一〕。水要寒煖得宜，麻亦生熟有節；須人體測得法，則麻皮潔白柔韌，可績細布。南方但連根拔麻，遇用則旋浸旋剥。其麻片黄皮粗厚，不任細績。雖南北習尚不同，然北方隨刈即漚於池，可爲上法。又問之南方造苧者，謂苧性本難輭，與漚麻不同，必先績苧，已〔二八〕紡成纑；乃用乾石灰，拌和累日。夏天三日，冬天五日，春秋約中。既必〔二九〕，抖去，別用石灰煮熟㊲。待冷，於清水中濯淨。然後用蘆簾平鋪水面，如水遠，則用大盆盛水，鋪簾或草〔二二〕，攤纑浸曝，每〔三〇〕日換水亦可。攤纑於上，半浸半曬。遇夜收起瀝乾；次日如前。候纑極白，方可起布。此治苧池漚〔三一〕之法，須假水浴日曝〔二三〕而成；北人未之省也。今書之，冀南北通用。至有理。可推廣其意，別用之也㊳。

【苧刮刀㊴】　刮苧皮刃也。煅鐵爲之，長三寸許，捲成小槽，内插短柄。兩刃向上，以鑼〔三二〕爲用，仰置手〔二四〕中，將所剥苧皮，横覆刃上，以大指就按刮之，苧膚即脱。農桑輯要云：「苧刈倒時，用手剥下皮，以刀刮之，其浮皴自〔二五〕去。」今制爲兩刃鐵刃〔三三〕，尤便於用。

【績簍】　盛麻績器也。績，集韻云㊵：「緝〔三四〕也。」簍，説文曰㊶：「籠」也，又「姑簍」也。

字從「竹」，或以條莖編之，用則一也。大小深淺，隨其所宜制之。麻苧蕉葛等爲之(三五)。絺綌，皆本於此。有日用生財之道也。

苧刮刀

績籚

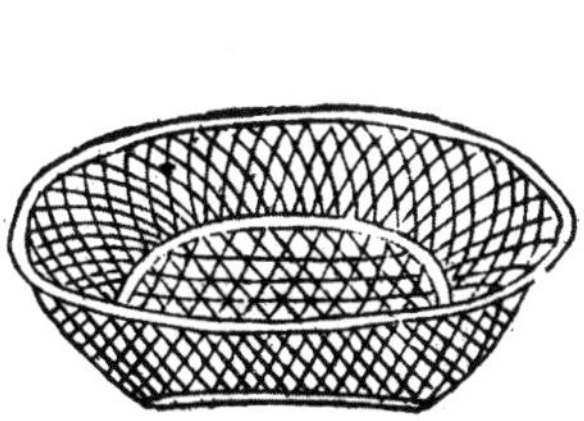

【小紡車㊷】此車之制，凡麻苧之鄉，在在有之。前圖具陳，茲不復述。隋書㊸：鄭善果母，清河崔氏，恒自紡績。善果曰：「母何自勤如是耶？」答曰：「紡績婦人之務，上自王后，下至大夫妻，各有所製。若惰業者，是爲驕逸。吾雖不知禮，其可自敗名乎？」今士大夫妻妾，衣被孅美，曾不知紡績之事。聞此鄭母之(二六)言，當自悟也。

【大紡車㊹】其製長餘二丈，闊約五尺。先造地柎。木框(二七)四角立柱，各高五尺，中穿橫桄，上架枋木。其枋木兩頭山口，卧受捲纑、長軠、鐵軸。次於前地柎上，立長木

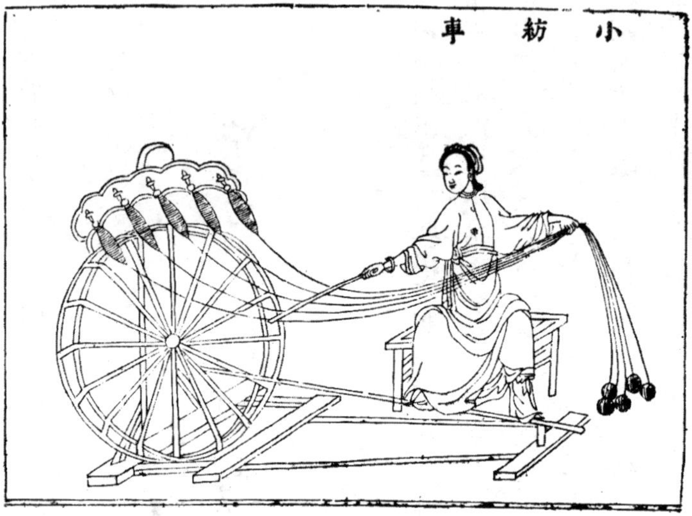
小紡車

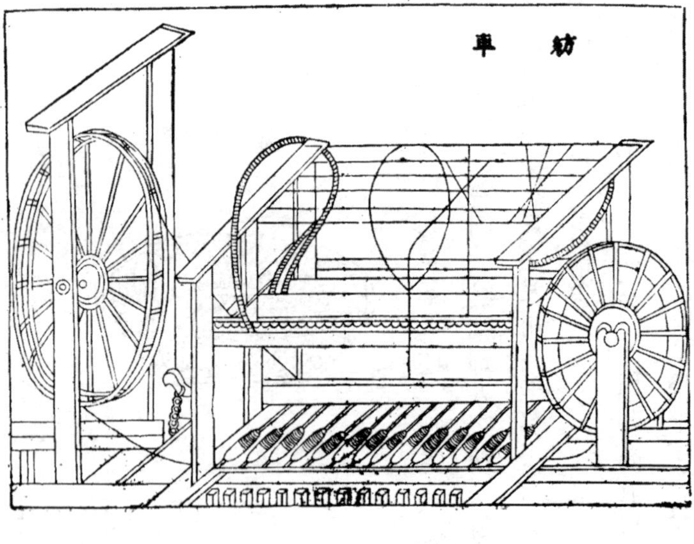
紡車

座，座上列臼，以承籰底鐵簨。夫〔三六〕籰，用木車成筩子，長一尺二寸，圍一尺二寸。計三十二枚，内受績纏。籰上，俱用杖頭鐵環，以拘籰軸。又於額枋前，排置小鐵叉，分勒績條，轉上長軖。仍就左右，别架車輪兩座，通絡皮弦，下經列籰，上拶轉軖旋鼓。或人或畜，轉動左邊大輪。弦隨輪轉，衆機皆動，上下相應，緩急相宜，遂使績條成緊，纏於軖上。晝夜紡績百斤。或衆家績多，乃集於車下，秤績分纑，不勞可畢。中原麻布之鄉，皆用之。又新置絲線紡車，一如上法；但差小耳。比之露地桁〔二八〕架合線，特爲省易。因附於此。

【蟠車㊺】 纏纑具也。又謂之撥車；南人謂撥拊，又云車柎，南北人皆慣厓習見，已圖於前，兹不必述。

【纑刷】 疏布縷器也。束草根爲之，通柄長可尺許，圍可尺餘。其纑縷杼軸既畢，架〔三七〕以叉木，下用重物掣之。纑縷已均，布者以手執此，就加漿糊。順下刷之，即增光澤，可授機織。此造布之内，雖曰細具，然不可闕。

【布機㊻】 釋名曰㊼：「布列諸縷。」淮南子曰：「伯餘之初作布也〔三八〕，伯餘，黄帝臣也。 緂麻索縷，手經指掛。後世爲之機杼，幅疋廣長、疎密之制存焉。」農家春秋績織，最爲要具。行臺監察御史詹雲卿造布之法曰：揀〔三九〕一色白苧麻，水潤分成縷，粗細任意，旋緝旋搓。本俗，於腿上搓作纑，逗成鋪，不必車紡。亦勿熟漚，只經生纑，論帖穿苧如常法。

以發過稀糊㊽，調細豆麪刷過，更用油水刷之。於天氣濕潤時，不透風處，或地窨子中，洒地令潤，經織爲佳。若風日高燥，則纑縷乾脆難織。每織必先以油水潤苧，及潤纑。經

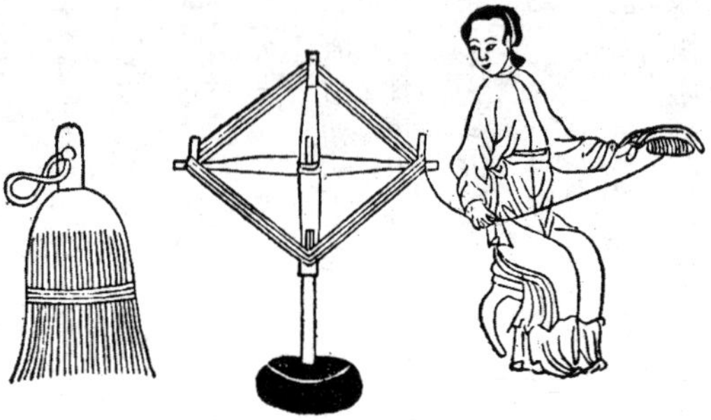

蟠車　纑刷

織成生布，於好灰水中，浸蘸曒乾，再蘸再曒。如此二日，不得揉搓。再蘸濕了，於乾灰内周徧滲浥兩時久。納於熱灰水内，浸濕，於甑中蒸之；文武火養二三日。頻頻翻覷，要

識灰性，及火候緊慢〔二九〕。次用淨水澣濯。天晴再三帶水搭曬如前。不計次數，惟以潔白爲度。灰須上等白者，落黎桑柴豆稭等灰。入少許炭灰妙。北方古有此法，今獨肅寧用之㊾。

鐵勒布法：將揀下雜色苧麻，水潤分縷，隨緝隨搓，經〔三〇〕織皆如前法。水煮過便是。先將生苧麻，折作二尺五寸長，不斷，曬乾蒸過，帶濕剥下，去粗皮，如常法。水潤，緝搓如前。

麻鐵黎布法：將雜色老火麻，帶濕曲折作二尺五寸長，曬乾收之。欲用時，旋於木甑中蒸過，趁濕剥下，曬乾。以木椑子兩箇，夾麻，順歷數次，至麻性頗軟，堪緝爲度。水潤緝績，紡作纑；生織成布，水煮便是。

王禎曰：此布妙處，惟在不搓，揉了〔四〇〕麻之骨力，好灰水蘸曬，布子潔白而已。雖曰蘸曬頗煩，而省纏縈熟纑等工亦多，比之南布，或有價高數倍者，真良法也。鏤板印布，與世之治生君子共之。

【繩車㊿】 絞合紝緊作繩也(51)。其車之制，先立簨簴〔三一〕一座，植木止之。簨上加置橫板一片：長可五尺，闊可四寸。橫板中間，排鑿八竅，或六竅；各竅内置掉枝，或鐵或木，皆彎如牛角。又作橫木一莖，列竅穿其掉枝。復別作一車，亦如上法，兩車相對。約量遠近，將所成紝緊，各結於兩車掉枝之足。車首各一人，將掉枝所穿橫木，俱各攪轉；

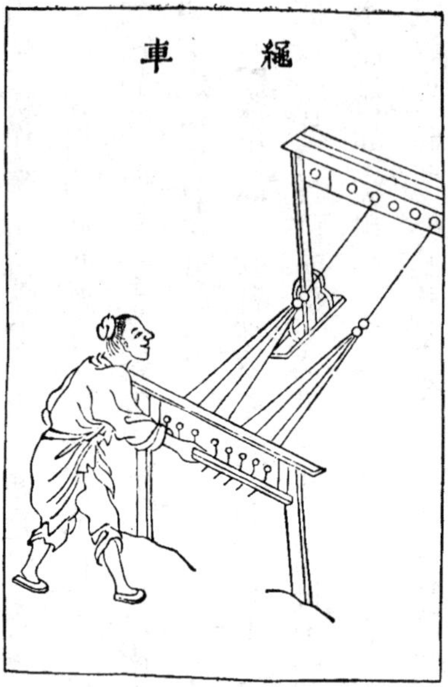

候紝股勻緊，却將三股或四股，撮而爲一，各結於掉枝一足，計成一繩。然後將另制瓜木㉒，置於所合紝緊之首，復攬其掉枝，使紝緊成繩；瓜木自行，繩盡乃止。凡農事中，用繩頗多，故田家習制此具。遂列於農譜之內。

【紝車】 續麻枲〔三一〕紝緊具也。造作簨簴，高二尺。上穿横軸，長可二尺餘，貫以軖轂。左手引麻牽軖，既轉，右手續接麻皮成緊。縱纏上軖。紝縷既盈，乃脱軖付之繩車，或作别用。

【紉車】 繟繩器也。通俗文曰：「單繟曰紉」，揉木作棬〔三二〕，中貫軸柄，長可尺餘。

以棬之上角。用繟麻皮。右手執柄轉之，左手續麻股。既成緊，則纏於棬上；或隨繩車，

紉車

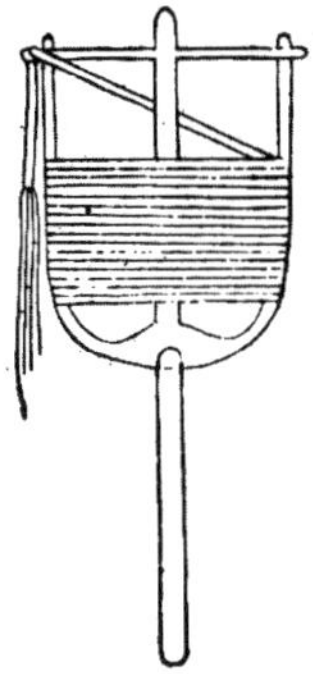

旋椎

用之以助糾絞紝緊。又農家用作經織麻屨、牛衣、簾箔等物，此紉車復有大小之分也。

【旋椎】 掉麻紴具也53。截木長可六寸，頭徑三寸許，兩間斫細，樣如腰鼓，中作小竅，插一鉤[三四]篗，長可四寸，用繫麻皮於下[三五]。以左手懸之，右手撥旋。麻既成緊，就纏椎上；餘麻挽於鉤内，復續之如前。所成經緯，可作粗布，亦可織屨。農隙時，老稚皆能作。此雖係瑣細之具，然於貧民不爲無補。故繫於此。

校：

〔一〕檾　本卷中此字平本、曙本均譌作「[illegible]」，應依魯本、中華排印本改作「檾」。（定枎校）

〔二〕崔寔　平、曙、魯本譌作「崔實」，依中華排印本改作「崔寔」。（定枎校）

〔三〕取　魯本作「去」，應依平本、曙本、中華排印本作「取」，與輯要引文同。（定枎校）

〔四〕實　平、曙本作「寔」，依魯、中華排印本改作「實」。下文多處義爲果實之「實」字譌作「寔」，同改，不另出校。（定枎校）

〔五〕杷　此處及下句的三個「杷」字，本書各本均譌作「把」，應依輯要改作「杷」。（定枎校）

〔六〕撤　平本、黔本、魯本及中華排印本譌作「撤」，依曙本改作「撤」，與輯要原文合。

〔七〕月　魯本作「日」，依平、曙、中華排印本作「月」，合於農桑輯要。（定枎校）

〔八〕裹　平、黔、魯本譌作「裹」，依曙本改作「裹」，與原書合。

〔九〕胤　平本作「胤」，與明刻本輯要同；曙、黔、魯本均作「茂」，是依殿本輯要改。案：「胤」字依説文解字（卷四下）「肉部」解釋爲「子孫相承續」。當名詞用，解爲後裔；當動詞，解爲蕃衍、派生。因此，原來作「胤」字是合適的。清代避世宗胤禛名諱，最初還止通用宋代缺末筆的老規矩；後來幾次文字獄，把「讀書人」教乖了，搬出唐朝改字改文章的辦法來，「經史」中的「胤」字一律改作「允」；其餘書中，往往改成其他同意義的甚至不相干的字。輯要卷二、三許多「胤」字，在排印武英殿叢書時，都抽換了，這裏是一個例。中華排印本以爲「平作胤」是錯字，「照曙改」，似乎改得不合適。

〔一〇〕胤　這一個「胤」字，平本仍和明刻本輯要一樣；殿本輯要改作「結」之後，曙本大致是依殿本輯要改的；黔、魯本則改作「蔭」。中華排印本「平作胤，照曙改」，也不一定正確。

〔一一〕即　平、曙本均作「即」，與王禎原書合；黔、魯本譌作「既」。

〔一二〕楷　平、魯本譌作「楷」，中華排印本依曙本改作「稭」，合於輯要原書。（定扶校）

〔一三〕胤　依平本作「胤」，與明刻本輯要同。殿本輯要改作「緯」，倒是常用字；曙本作「緯」，根據殿本。「胤」可以解作「累積」、「延續」；從延續中導出「緯」的意義。可能元代某些方言系統中，有將「胤」解爲「緯」的用法，黔本、魯本作「蔭」。中華排印本「照曙改」。

〔一四〕成　平本譌作「或」；中華排印本「照曙改」，黔、魯亦作「成」，與要術原文合。

〔一五〕扇　平本、曙本作「扇」，與要術原文同；黔、魯本譌作「麻」。（「扇」，解爲遮蔽。）

〔一六〕曳　平本、魯本、中華排印本均譌作「洩」；應依曙本改作「曳」，與要術原文合。（定扶校）

〔一七〕最爲柔肕　平本作「即爲柔明」；中華排印本「照曙改」，與要術原文合。

〔一八〕履　平、曙、中華排印本均譌作「覆」，應依魯本改作「履」。（定扶校）

〔一九〕熟　平本、曙本作「熟」，與群芳譜原文合；黔、魯本作「熱」，係譌字。

〔二〇〕示　平本作「亡」，是譌字；中華排印本「照黔、魯改」作「志」。我們覺得曙本作「示」，與王禎原書合，更爲合適。

〔二一〕池内　平本、曙本均作「池内」，與王禎原書同；黔、魯本作「於池」。

〔二二〕草　平本譌作「卓」；黔、曙、魯本作「草」，與王禎原書合。

〔二三〕曝　魯本作「曬」；應依平本、曙本、中華排印本作「曝」，與王禎原書合。（定扶校）

〔二四〕手　平本、曙本譌作「乎」；應依魯本、中華排印本改作「手」，與王禎原書合。（定扶校）

〔二五〕自　平本譌作「目」；應依魯、曙、中華排印本改作「自」，與王禎原書合。（定扶校）

〔二六〕之　黔本、魯本漏「之」字；應依平、曙本補入，與王禎原書合。

〔二七〕框　平、黔、魯本譌作「相」，應依曙本從王禎原書改作「框」。

〔二八〕桁　平本譌作「術」；依黔、曙、魯本改作「桁」，與王禎原書合。

〔二九〕慢　魯本譌作「漫」；應依平、曙、中華排印本作「慢」，合於王禎原書。（定扶校）

〔三〇〕「經」字平本空等，依中華排印本「照曙補」，與王禎原書合。

〔三一〕簴　平本譌作「虞」，依魯、中華排印本改作「簴」，合於王禎農書。曙本作「虡」，「虡」「簴」通。下同改，不另出校。（定扶校）

〔三二〕麻枲　平本譌作「豚枲」；曙本已改正與王禎原書同，但「枲」字不清晰；黔、魯本止改正「麻」字，「枲」仍譌作「臬」。

〔三三〕棬　此節中三「棬」字，各本均譌作「捲」，應依王禎原書改作「棬」。

〔三四〕鈎　平本譌作「鈞」；依魯本、曙本、中華排印本改作「鈎」，與王禎農書合。（定扶校）

〔三五〕下　魯本譌作「上」，依平、曙、中華排印本作「下」，合於王禎原書。（定扶校）

注：

① 麻：兩漢以前所謂麻，專指雌雄異株大麻 Cannabis sativa；其中，纖維品質特別好，像蠶絲一樣

潔白柔軟的，稱爲「紵」。南方苧麻，到前漢中葉才漸漸有織成的布，運到中原。徐光啓在這一點上的推論是正確的。中原種苧麻，從西晉起，檾麻的馴化，大概不會比苧麻早多少。本卷所叙述，以後來栽培改進後品質遠高於大麻的苧麻爲主體，有時却也將大麻混雜在內。我們盡可能地在各處注明；不過不少地方還不能十分肯定，止好「闕疑」。

②標題下説明，清理核對之後，大致來源如下：（甲）「爾雅曰」，現見爾雅釋草；前兩句原來相連。第一句，郭璞注「禮記曰『苴，麻之有蕡』」。第二句，郭注：「別二名。」（＝分別兩個名稱的涵義不同：即「枲」是没有蕡的——指雄株——的特稱，「麻」是公用的總名。）第三句，另在後面，郭注「苴麻盛子者」，即指雌株。案：這樣集中引用的形式，顯然是承襲齊民要術（卷二）種麻第八標題下的小注。（乙）「禮記曰」，鈔爾雅郭注（見甲），因而承襲了郭璞的錯誤。今傳本禮記中，没有這句；止見於儀禮喪服第十一傳，原文是「苴絰者，麻之有蕡者也」。（丙）「崔寔注」，這是齊民要術（卷二）種麻子第九標題下注（不是禮記注）。要術引文：「苴麻，麻之有藴者；莩麻是也，一名蕡。」本來是崔寔四民月令「二月，可種植禾，苴麻」這句中「苴麻」兩字下的自注。要術種麻子第九（見下引要術「種苧麻法」，參看注⑯）及玉燭寶典（卷三）引作「麻之有實者爲苴也」；可能才真是崔寔自注的原來形式。（丁）「陶弘景曰」，大致是據本草綱目（卷一五）「苧麻」條「集解」項下「時珍曰」中的引文。政和證類本草（卷一一）草部下品之下「苧根」條所引，是「陶隱居云，即今績（金刻本譌作「續」）苧爾」；綱目引作「苧，即今績苧麻是也」。（戊）「陸璣草木疏云」，從綱目「苧

麻」條「集解」項「頌曰」中的引文抽出；並改動引文個别字句。「宿根在地」，綱目原是「宿根在土中」，與農桑輯要（卷二）引文及傳本詩疏合；「不須别種」，綱目是「不須栽種」，也與輯要及證類本草引文同；傳本詩疏作「不歲種」。「諸園種之」上，本書補「官令」兩字，與輯要同；傳本詩疏作「今官」。「種之」下，綱目有「歲再刈」三字，與證類本草引文同；輯要及傳本詩疏無。（己）「蘇頌曰」，據綱目「集解」引；摘去所引詩疏之外，字句也有删節。（庚）「王禎曰」，現見王禎農書（卷十）百穀譜十「苧麻」條起處，中間節去數句。（辛）「寇宗奭曰」，據綱目「苧麻」條「集解」項下「宗奭曰」。叢書集成據陸心源藏宋本排印的本草衍義（卷一二）「苧根」條，内容同，止没有綱目所加第一字「苧」。（壬）「李時珍曰」，牽合綱目「苧麻」條「集解」和「釋名」兩項中「時珍曰」組成。「苧……野苧」見「集解」，後兩句見「釋名」。

③ 黂：早期讀音爲「背」（可能也讀作「沛」）；或寫作「蕡」、「葩」；後來却讀作「奔」或「墳」。

④ 徐光啓下面這段推論，除「崔寔始言苧麻」一句，因承所見齊民要術刊本的譌字而錯誤之外，大體正確。三國以前，中原未必有苧麻。詩陳風「東門之池，可以漚紵」，止是大麻中潔白些的。陸璣詩草木鳥獸蟲魚疏（上）（引文見前，參看注②）中，已有「今官園種之」的話。後漢初年袁康、吴平所作越絶書中，記有會稽的一個山名叫作「苧蘿山」，可能是南方的苧第一次在記載中出現。南方所稱爲苧的，應當就是陸璣（三國吴人）所説「荆、揚間，歲三刈」，而引種到官園中去的植物。與袁康、吴平等同時的班固漢書卷二八地理志下，「武帝元封元年，……以爲儋耳、珠厓郡；……種

禾稻紵麻」，所指是海南島物産。稍遲，張衡南都賦中「其原野，則有桑、漆、麻、苧」（麻、苧並稱，苧在麻後，更可以斷定是兩種植物），仍是南方物産。大致三國吴時，已有大量的真苧麻布——稱爲「越布」——販運到中原，得到珍視。

⑤大麻標題下説明，主要根據本草綱目（卷二二）穀部之「大麻」條「釋名」「集解」的材料改寫而成。現在大字部分，是綱目「釋名」下所列異名；小字部分：（甲）「吴普云：……食之殺人」，是「集解」「時珍曰」所引本經。案：重修政和證類本草（卷二四）米穀部上品「麻蕡」條，無「吴普云……」；孫星衍據大觀本草輯出的神農本草經（叢書集成排印本）（卷一）「麻蕡」條下注，首引「吴普曰」：「麻子中仁……先藏地中者，食殺人；『麻藍』一名『麻蕡』，一名『青欲』，一名『青葛』……麻勃一名『花』……」注明出御覽。查宋慶元本及鮑本御覽（卷九九五）百卉部二「麻」條所引，仍止稱吴氏本草：「青欲」，作「青羊」；「麻勃一名『麻花』」。李時珍或者另有根據，否則是誤引。（乙）「寇宗奭曰……子小」，見「集解」引「宗奭曰」，本書引用，字句已稍有改易；與證類本草引文及本草衍義（卷二〇）原文，距離更大。（丙）「蘇頌曰……不結也」，節録綱目「集解」中「頌曰」。（丁）「李時珍曰」以下，節録綱目「集解」「時珍曰」。案：雄麻名「柔麻」、「牡麻」，綱目都注明出自詩疏。但詩疏中並無這兩個名稱；止見於儀禮、喪服傳：「牡麻者，枲麻也」；又周禮天官典枲疏，也引自喪服傳。

⑥黄麻：李時珍原注明「俗名」，即明代的俗名，與今日椴樹科的黄麻（Corchorus capsularis）完全

無涉。

⑦ 檾麻標題下説明，前段幾乎全鈔自王禎農書（卷十）百穀譜十「檾」條，止在所引爾雅翼中補了一句「或作苘」，但却與爾雅翼（卷八）「檾」條不同。羅願原文是「或作萴，又作苘」。——後面又加了本草綱目（卷一五）「苘麻」條「釋名」下「時珍曰」的「種必連頃，故謂之萴也」，與羅、王兩書都不相涉。接着的「周禮……萴也」，與下面的「王禎曰」，又出王禎農書「檾」條；可是王禎原文，也被割破了幾處（參看案〔三〕）。後段，引自綱目「苘麻」條「集解」項下「時珍曰」，仍有刪節。

⑧ 焠燈：舊式的硫黄火柴，稱爲「焠燈」；早十多年，北京口語中還保留着，一般寫爲「取燈」。

⑨ 現見要術卷首後人所攙入的雜説。

⑩ 鬧：據孟方平同志見告，現在山東口語中，還把壯大稱爲「鬧」，則「全稠鬧」應是「止留下壯苗」，與下文「細弱不堪留者，即去却」相對應。（案：北宋初宋祁詩「紅杏枝頭春意鬧」，「鬧」字可以解爲壯盛。）

⑪ 見輯要（卷二）播種篇「苧麻」條「新添」資料。案：本書係根據明代刻本輯要鈔録的，個別字句有勝於現見殿本輯要的地方；尤其平本保留元代原書中幾個「胤」字，極有意義。

⑫ 種子：「種」讀去聲，作動詞用；「種子」即培育實生苗，與下文「栽法」的「扦插」相對應。

⑬ 飲：作他動詞，讀去聲。現在長江上中游口語中還將澆水稱爲「飲（去聲）水」。

⑭ 楂：即「茬」，現在常寫作「槎」。

⑮ 涼：輯要原注（讀）「去聲」，即今日通用的「晾」字。

⑯ 現見要術（卷二）種麻子第九。賈思勰第一次所總結的技術叙述，已全部在這裏。

⑰ 案：止是據齊民要術（卷二）種麻子第九轉引。

⑱ 九尺一樹：前注釋要術時，對「九尺」這距離曾提出懷疑。後來瀋陽孟方平同志來信見告，東北確有這樣的種法。案：漢尺一尺，約等於今日的三分之二市尺；九尺，實際是兩公尺。爲了種少量植株取種，可以採用這種大株距。孟同志曾將這種植株實物的莖幹斷面，印出印模寄我，直徑在三釐米以上，所以成熟後，的確該「以鋸鋸之」，才可以避免落子的損失。

⑲ 亦係據要術種麻子第九轉引。

⑳ 「又」字以下的文字，全是齊民要術（卷二）種麻第八篇中賈思勰所記所引的技術資料。

㉑ 裛：與「浥」通。指受潮霉壞的種子。

㉒ 黠：是「藍」字之譌，要術傳本都是這麽錯了的。「藍」音 jie，是麥稈、麻莖的通稱。

㉓ 「則麻無葉也」，要術原文有誤；應在「無」字下補「敗」或「枯」、「黄」等字。

㉔ 拋子種則節高：這是迷信的傅會，没有事實根據，也没有任何實際理由。

㉕ 截雨脚：即雨剛停止。

㉖ 現見便民圖纂（卷二）耕獲類「種黄麻」條；本書引用時，删去了起處的「古云」兩字。案：「十耕蘿蔔九耕麻」，元魯明善農桑衣食撮要正月「種麻」條起處，即引作「古人云」，從明中葉圖纂的時代

說來，已確係古老諺語，稱爲「古云」是對的。

㉗ 現見便民圖纂（卷三）「種絡麻」條。

㉘ 現見本草綱目（卷一五）「檾麻」條「集解」引「恭曰」。

㉙ 實見王禎農書（卷十）百穀譜十「檾」條末。

㉚ 葛之覃兮：見詩國風周南葛之覃兮。毛傳「覃，延也」，即蔓延。

㉛ 小注，檃括群芳譜（利二）桑麻葛譜「葛」條標題下說明。王象晉原採本草綱目（卷一八）「葛」條「釋名」與「集解」項「時珍曰」的資料改寫而成。

㉜ 從「採葛法」起，以下各段，除「葛花」外，都鈔自群芳譜的桑麻葛譜。「葛花」一節，摘自本草綱目（卷八）「葛」條「集解」「時珍曰」。

㉝ 這是王禎農書農器圖譜二十麻苧門的序文。案：本卷後半各項，連圖並譜，都録自王禎農器圖譜麻苧門，不過原譜所附的韻文，全部删削了，另外字句也有些删節。以下，除與原書相差頗大的地方，作「注」「案」說明外，其餘就不重複交待了。

㉞ 徐光啓這幾句文章，表明他對北方種苧已有正確觀察與豐富經驗，但還想以不懈的努力，克服困難。這種態度與精神，在他是始終一貫的。不過，理論根據却有自相矛盾之處：紵衣與漚紵，他已經正確推論出來，並不是真正的苧麻，這裏便不能以「北方自古有之」作爲「宜試種」的理由。

㉟ 刈刀：王禎原書，刈刀和苧刮刀同列爲麻苧門的第二項。本書將「刈刀」提到第一項，可能是因

爲依工作程序安排時，刈在漚之前。因爲將次序改了，所以譜末句，也將原文的「録於此」改作「録此篇首」。本書各版本的刈刀圖，鎌柯上裝刀刃處加了一個栓，殿本原圖中没有，庫本有。

㊱漚池：王禎原圖譜，這是第一項，殿本原圖分三格，各劃斜平行線若干條，看不出有什麽用意。本書各版本，都是一側留有一條空白，其餘繪上波紋，也看不出意義。庫本原書，圖很精美。除人物及田舍背景之外，有一個池塘，和大小幾個漚池相連，池邊有高出的「畔」；依立體法，畔的頂面和側面可以分别。猜想中，本書側面一條空處，也是作立體表現的一種嘗試。

㊲石灰煮熟：生石灰入水，自然放熱，不能煮；熟石灰，煮也不會增加溶解度；這句原文可疑——許是「别用石灰水熟煮」；即將石灰處理過的麻，再用石灰水又煮。

㊳小注係本書新加，疑出徐光啓之手。

㊴庫本原圖，可以看出應是横斷面作「人」字形的厚脊兩刃刀，這樣便於把握，而且也容易稍加磨治。

㊵集韻入聲「二十三錫」「績」紐，「績」字注解是「説文：緝也」。

㊶案：説文解字無「䉂」字，不知王禎根據什麽？方言（卷九）「車枸簍，宋、魏、陳、楚之間謂之『筷』；或謂之『䉂籠』……秦、晉之間，自關而西，謂之『枸簍』……」大概王禎所説「籠也」，「姑（＝枸）簍」，根據就是方言。廣韻上平聲「一東」「穹」紐，「三鍾」「銎」紐、「蛩」紐，都有「䉂」字，都解爲「䉂籠」。籠字下注：「䉂籠，竹車葦」，大致即車頂上「穹隆」形式的「篷」，並不是盛麻纑的專門容器。

殿本王禎農書原圖，非常粗糙。外面光光的，裏面縱横有些道道，大致表示竹織成。庫本原圖及本書所畫，像一個盆式的大口淺竹筐。湖南、四川早二十多年所用「麻籃」，則是竹織方形的高筒，帶有四個脚，底略圓，製作很精緻。

㊷小紡車：庫本王禎原圖，非常精緻。人在屋中坐着，有外景；紡車後面，可以看出支持轉輪和幾個「繶子」的豎架；輪和掉枝（脚踏）的關係，也表示得很明白。殿本的圖，雖然美觀程度差些，但還可以看出用掉枝（拐木），轉動紡輪的結構。本書各本的圖，細致美觀，却看不出紡輪如何用脚踏轉動。

㊸見隋書卷八〇烈女傳鄭善果母傳。

㊹大紡車：庫本原圖，中間枋木上的長軖鐵軸和旋鼓可以看出。殿本也還可以表示大略；弦的佈置運轉，也還可以猜度。本書各版本，圖精美得多，但看不出結構運轉。

㊺蟠車：庫本原圖有外景。

㊻布機：王禎原圖，是北方全部的木架機圖。庫本精美，有外景；殿本比較粗糙。本書改繪南方所用以竹弓作架的，細緻精美。

㊼劉熙釋名卷四釋采帛第十四「布，布也。布列衆縷爲經，以緯横成之也」。（＝布的意義是分別置放。分別置放許多縷作爲經，再用緯横加在裏面作成。）王禎所引，意義不顯豁。

㊽發過：即經過發酵，澱粉已經發生部分水解，生成了各級糊精，因此乾燥後有光澤。

㊾ 小注顯係徐光啓所加。

㊿ 「紝車」「繩車」的圖，次序和王禎原書同，譜却顛倒了。紝車，原圖止用三條（前面兩條後面一條）柱支持；本書是前後各兩條共四條柱。繩車，庫本原圖和本書一樣，兩個架一個固定在地中，一個是有底架可以移動的形式；殿本很粗略，看不出這種分別。「瓜木」，止本書圖中繪有，原圖無。

51 紝緊：「紝」，據王禎自注，讀「枝」；「緊」，讀「去聲」（即音「僅」）。紝緊，是將散纖維組成的一股或一縷，準備再糾紐的。

52 瓜木：長楕圓形木塊，刻有縱槽，像「瓜」一樣，是絞繩時常用的一件小工具。

53 紴：即上文「紝車」……等的「紝」字。

案：

〔一〕茡　應依爾雅作「茡」。

〔二〕苧　本書的「苧」字，係承明代要術版本譌字之誤。應依要術從金澤文庫本校定作「茡」。

〔三〕其長如竹　王禎原文，作「其長也如竹」；下句「上團如葵」，王禎原作「上團如蓋」。「也」字刪去，關係不大。「蓋」字，指植株苗冠形狀像一柄撑開的傘，正是粢麻喜光的特徵，應依王書原文；——王象晉群芳譜（利二）桑麻葛譜中「粢麻」條中，也有「葉團如蓋」的一句。

〔四〕「種」字上，應依輯要原文補「栽」字，才能把全文中種子（「種」）與扦插（「栽」）都包括在内。

〔五〕擺　本書各刻本均作「擺」，輯要作「𣘙」。（定枎案）

〔六〕渴　應依殿本輯要作「温」。

〔七〕也如　應依殿本輯要作「不然」。

〔八〕浄水一盞　明本及殿本輯要均作「一浄水盞」，不可解。本書作「浄水一盞」，語句明白多了。但從實際操作上説，已經纏作繆子的五兩麻纑，分量不小；用一盞水拌匀石灰，如何去處理這麽多麻纑，很難理解。參看本卷下文圖譜部分「漚池」條所引南方辦法：「乃用乾石灰，拌和累日……」懷疑「水」是「小」字看錯，這四個字的次序也有顛倒。原文可能應是「一小盞浄細石灰」，即一小盞清潔（＝「浄」）乾石灰粉末。這樣用乾灰拌匀，就好理解了。這種鹼處理法，過於劇烈；後來改用灰汁（即碳酸鉀、鈉混合溶液），比較安全。

〔九〕澤　應依殿本輯要作「擇」。

〔一〇〕錢　輯要原作「鈔」。

〔一一〕「苧」字，輯要原無，也絶不應有。一方面，徐光啓早已説過，當時並無苧麻；一方面，這裏所記的是苴麻，與苧麻不同。大概仍是由明本要術中「崔寔曰……茡麻是也」的「茡」錯成「苧」，所以把這一段仍寫作「苧」，和下文「大」麻相對稱。

〔一二〕「大」字，要術原無。

〔一三〕成　要術原作「耕」。

〔一四〕大麻　要術原無「大」字；「麻」字作爲單名，專指雄株，即「枲」。

〔一五〕「焦」字，要術原文爲「燥」。

〔一六〕「令」字衍，應依要術原文删去。

〔一七〕濕　應依要術作「没」。

〔一八〕「也」字上，要術尚有「急説非辭」四字。

〔一九〕「頃」字下，要術尚有「漉」字。

〔二〇〕生收皮不成放勃不收即驪　「生」字要術本無，「即」字上要術有「而」字；「驪」，解作黄而帶黑。

〔二一〕壞　要術原作「黄」。

〔二二〕先後五日　應依要術及寶典引文作「先後各五日」。

〔二三〕班　便民圖纂原文作「斑」。（定扶案）

〔二四〕「恐葉焦死」上，應依圖纂原文補「澆時須陰天」，否則下句無來歷。

〔二五〕「耐水」下，應依王禎原書補「不」字。

〔二六〕前　應依群芳譜作「經」。

〔二七〕東　王禎原書作「方」。

〔二八〕已　王禎原書作「以」。

〔二九〕必　應依王禎原書作「畢」。
〔三〇〕「每」字，王禎原書無。
〔三一〕治苧池漚　王禎原作「則漚苧」。
〔三二〕「鏀」字，應依王禎原書作「鈍」。
〔三三〕「刅」字，應依王禎原書作「刀」。
〔三四〕輯　應依王禎原書作「緝」。
〔三五〕爲之　應依王禎原書倒轉作「之爲」。
〔三六〕夫　應依王禎原書作「其」。
〔三七〕架　殿本王禎農書譌作「加」。
〔三八〕伯餘之初作布　依王禎原書引文，「餘」應作「余」，「布」應作「衣」，才合於所引淮南子（在卷十三氾論訓篇）。
〔三九〕「揀」字上，王禎原書有「毛絁布法」的小標題。
〔四〇〕了　王禎原作「存」，似較好。

農政全書校注卷之三十七

種植

種法

齊民要術曰①：凡作園籬法：於墻基之所，方整耕深〔一〕。凡耕作三壟，中間相去各二尺。秋上酸棗熟時，收於壟中概種之。至明年秋，生高三尺許，間斸〔一〕去惡者，相去一尺留一根，必須稀概均調，行五〔二〕條直相當〔二〕。至明年春，剶〔三〕去横枝〔四〕。剶必留距②。若不留距，侵皮痕大，逢寒即死。此剶樹常法也③。剶訖，即編爲巴〔五〕籬，隨宜夾縛〔六〕，務使舒緩。急則不復得長故也。又至明年春，更剶其末，又編之。高七尺便足。欲高作者，亦任人意。匪直奸人慙笑而返，狐狼亦息望而迴。行人見者，莫不嗟嘆，不覺白日西移，遂忘前途尚遠，盤桓瞻矚，久而不能去。枳棘之籬，折柳樊圃〔七〕，斯其義也。種樹書曰：棘能辟霜④；花果，以棘圍之〔八〕，即茂。其種柳作之者，一尺一樹；初時斜插，插時即編。其種榆莢者，一〔九〕同酸棗。如其栽榆與柳，斜直高與〔三〕人等，然後編之。數年長成，共相蹙迫，交柯錯葉，特似房櫳；

既圖龍蛇之形，復寫鳥獸之狀。緣勢嶔崟，其貌非一。若值巧人，隨〔一〇〕便採用，則無事不成，尤宜作杌〔四〕。其盤紆茀鬱，其〔五〕文互起，縈布錦繡，萬變不窮。

玄扈先生曰：凡作園，於西北兩邊種竹以禦風。則果木畏寒者，不至凍損。若於園中度地開池，以便養魚灌園，則所起之土，挑向西北二邊，築成土阜，種竹其上尤善。西北既有竹園禦風，但竹葉生高，下半仍透風，老圃家作稻草苫縛竹上遮滿之。若種慈竹，則上下皆隱蔽矣。

凡作園籬諸品⑤：冬青：取其榦可作骨，取子作藥，取其葉冬夏不凋。病在二十年後即爛壞。或云以猪糞壅之則久，宜試。二三八九月移。爵梅：取其條葉作刷緑布，取其榦可作骨，取其遠年者根株盤結，可作几杌等器。正二月移。五加皮：取其榦可作骨，取其刺可却姦，取其芽可食，取其根皮作藥作酒。正月插。金櫻子：取其刺可却姦，取其花香味可翫，取其子可作藥。正月插。梅：取其花香味可翫，取其榦可作骨，取其榦上微有刺。移種不拘時。枸杞：取其芽可食，取其子作藥，取其根作藥，取其榦作骨。正八九月插。飛來子：取其花可食，種不拘時。椒：取其刺可却姦，取其榦可作骨，取其實可食、可作藥。取其葉可作味，核可作油。四月種。茱萸：取其榦可作骨，取其實可食、可作藥。梔子：取其榦可作骨，取其花香，單臺者取其子作藥、作染色，取其葉不凋。貓奶子：取其榦可作骨，取其刺可却姦，取其葉冬夏不凋，取其花香，取其嫩葉可食，名神仙茶。此移種者。迎春花：取其花早，種於籬内。酸棗：取其榦可作骨，取其枝可却姦，取其子可食〔一一〕，取其仁，藥材。移種不拘時。木筆：取其榦可作骨，取其花美。分移於籬内。桑：取其榦可作骨，取其葉可飼蠶，取其椹可食，可作藥。壓條。枳：取其榦可作骨，取其刺可却姦，取其枝可蓋墻，可賣⑥，取其子可傳〔一二〕生接博。移種。槿：取其榦可作骨，取其花。不拘時插。野薔薇：取其刺可却姦，取其花可蒸露。可插可移。穀樹：取其榦可作骨，取其汁可作膠書金字，取其子中藥材，取其皮可造紙，取其木可種蕈。楝：取其榦可作骨，且速成。榆：取其榦可作骨，且速成，莢可食。白楊：取其榦可作骨。速成，修取爲薪，且不若楊柳之多蛀也。宜插。刺杉：取其榦可作骨，刺可却姦。皂莢：榦作骨，且速成。芽可食。有刺，可却姦。種山礬：不凋，花香，易成。插金銀花：花香，中藥。移椿樹：易成，芽可食。種枇杷：易成，冬月開花。花藥材，榦葉俱青。插小葉樹：易成。芽可食。木龍：易成。葉貼毒瘡。不凋。

齊民要術曰⑦：凡移栽一切樹木，欲記其陰陽，不令轉易。陰陽易位則難生。小小栽者，不須記也。大樹髡之⑧，不髡風搖則死。小則不髡。先爲深坑。内樹訖⑨，以水沃之，著土令如薄泥；東西南北，搖之良久，搖，則泥入根間，無不活者，不搖，根〔一三〕虚多死，其小樹，則不須〔一六〕爾。然後下土堅築。近上三〔一四〕寸不築，取其柔潤也。時時灌溉，常令潤澤。每澆，水盡即以燥土覆之。覆則保澤，不覆則乾涸⑩。埋之欲深，勿令撓動。凡栽樹訖，皆不用手捉，及六畜觸〔七〕突。戰國策曰⑪：夫柳縱横顛倒，樹之皆生。千〔一五〕人樹之，一人摇之，則無生矣。凡栽樹，正月爲上時，諺曰：正月可栽樹〔八〕，言得時易生也。二月爲中時，三月爲下時。棗，雞口；槐，兔目；桑，蝦蟇眼；榆，負瘤散⑫；自餘雜木，鼠耳、蝱翅〔一六〕各其時⑬。此等名目，皆是葉生形容之所象似；以此時栽種者，葉皆即生。早栽者，葉晚出。雖然大率寧早爲佳〔一七〕，不可晚也。樹大率種數既多，不可一一備舉。凡不見者，栽蒔〔一八〕之法，皆求之此條。

崔寔曰⑭：正月，自朔暨晦，可移諸樹：竹、漆、桐、梓、松、柏、雜木。唯有果實者，及望而止。過十五日，則果少實。

務本新書曰⑮：一切移栽，枝記南北。根深，土遠，寬掘。土〔九〕以蓆包包裹，不令見日。大車上般載，以人捧拽，緩緩而行。車前數百步，平治路上車轍；務要平坦，不令車輪摇擺。於處所，依法栽培，樹樹決活。古人有云：「移樹無時，莫令樹知。」區宜寬深，以水攪土成泥，仍糁新粟大麥百餘粒，即下樹栽。樹大者，須以木扶架。若根不動摇，雖丈許之木可活。仍須芟去繁枝，則不招風。

務本直言云⑯：近聞諸般材木，比之往年，價直重貴。蓋因不種不栽，一年少如一年，可爲深惜。古人云：「木奴千，無凶年。」木奴者，一切樹木皆是也：自生自長，不費衣食，不憂水旱；其果木材植等物，可以自用；有餘，又可以易换諸物。若能多廣栽種，不惟無凶年之患，抑亦有久遠之利焉。

種樹書曰⑰：凡移樹，不要傷根鬚。須闊掘，勿去土〔一九〕，恐傷根。玄扈先生曰：土封縱小，無絶根鬚⑱。其法，宜先寬掘土封。漸用竹木剔去旁土，勿傷細根；約量人力可致者，以繩束之。新坑，務掐令闊大⑲，令根鬚條直，不可卷曲。移樹者〔二〇〕，以小牌記取南枝，不若先鑿窟，沃水攪泥，方栽。築令實，不可踏。仍多以木扶之，恐風摇動其顛，則根摇，雖尺許之木，亦不活；根不摇，雖大可活。更莖〔二一〕上，無使枝葉繁，則不招風。又曰：移樹木，用穀調泥漿水，於根下沃之〔二二〕，無不活者。又曰：凡栽植，忌西風。又曰：凡植〔二三〕果木，先於霜降後，鋤掘轉成圓垛，以草索盤定泥〔二四〕土；復以鬆土填滿四遭，用肥土〔二五〕澆實，次年正二月，移至今〔二六〕種處，宜寬作區〔二七〕，安頓端正，然後下土半區，將木棒〔二八〕斜築根垛底下，須實。上以鬆土加之，高於地面二三寸。度其淺深得所，不可培壅太高，但不露大根爲限。若本身高者，必〔二九〕用樁〔三〇〕木扶縛，庶免風雨摇動。灌以肥水〔三一〕。天晴，每朝水澆。半月根實，生意動則已。大樹禿；稍小，不必禿〔三二〕。若路遠未能便種，必須遮蔽日色；垛碎〔三三〕日炙，則難活矣。凡移果樹，宜寬深開掘。先入糞和泥乾。次日用土蓋根。無宿土者，深栽泥中，輕輕提起樹根，使與地平，則其根舒暢〔二一〕易活。必三四日後，方可用水澆灌，勿令搖動。柳宗元作郭槖駝傳曰⑳：駝所種樹，或移徙，無不活，且碩茂蚤實以蕃。他植者雖窺伺傚慕，莫能如也。有問之，對曰：「槖駝非能使木壽且孳也，以能順木之天，以致其性焉爾㉑。凡植木之性，其本欲舒，其培欲平，其土欲故，其築欲密。既然已，勿動勿慮，去不復顧。其蒔也若子〔二二〕，其置也若棄。則其天者全而其性得矣。故吾不害其長而已，非有能碩而茂之也；不抑耗其實而已，非有能蚤而蕃之也。他植者則不然，根拳而土易，其培之也，若不過焉則不及。苟有能反是者，則又愛之太恩，憂之太勤。旦視而暮撫，已去而復顧，甚者爪其膚以驗其生枯，搖其本以觀其疎密。而木之性日以離矣。雖曰愛之，其實害之；雖曰憂之，其實讎之〔二三〕。故不我若也。」

玄扈先生曰㉒：凡諸木俱宜在下弦後、上弦前移種。地氣隨月而盛；觀諸潮汐，此理易晰矣。方氣盛時㉓，生氣全在枝葉；故移則傷其性，接則失其氣，伐用則潤氣滿中，久而生蠹也。

分栽者，於樹木根傍生小株，每株就本根連處截斷。未可便移，須待次年方可移植別處。或叢生，亦必按時月分植，則易活也。

壓條者，身截半斷，屈倒於地。熟土兜一區，可深五指餘，卧條於內，用木鈎子，攀拗在地，以燥土壅近身半段，露稍頭半段勿壅。以肥水灌區中。至梅雨時，枝葉仍茂，根必生矣。次年此日，初葉將萌，方斷連處。是年霜降後移栽尤妙。

凡扦插花木㉔，先於肥地熟斸細土成畦，用水滲定。正二月間，樹芽將動時，揀肥旺發條，斷長尺餘，每條上下削成馬耳狀。以小杖〔二四〕刺土，深約與樹條過半，然後以條插入，土壅入。每穴相去尺許。常澆令潤，搭棚蔽日。至冬換作煖蔭，次年去之。候長高移栽。初欲扦插，天陰方可用手。過雨十分㉕，無雨難有分數矣。大凡草木有餘者，皆可採條種。尋枝條嫩直者，刀削去皮二寸許，以蜜固底，次用生山藥搗碎，塗蜜上，將細軟黃泥裹外，埋陰處。自然生根。

春花：以半開者，摘下即插之蘿蔔上㉖，實土花盆内種之。灌溉以時。花過，則根生矣。不傷生意，又可得種，亦奇法也。立夏日㉗，取交春一個時辰内扦插各色樹木，入地四五寸，無不活者。當年即便生結。又云：於正二月上旬，取樹木嫩枝扦插，勝於種核，五年方大。扦插全活，則二年已生矣。

食經曰㉘：種名果法：三月上旬斫好直枝，如大母指，長五尺，内著芋魁種〔二五〕之。無芋，大蕪菁根亦可用。

務本新書曰㉙：凡桑果以接博爲妙㉚：一年後便可獲利。昔人以之譬螟子者，取其速肖之義也。凡接枝條，必擇其美；宜用宿條向陽者，庶氣壯而茂；嫩條陰弱〔二四〕而難成。根株各從其類。然荆桑亦可接魯桑，梅可接杏，桃可接李。接工，必有用具〔二五〕：細齒截鋸一連，厚脊利刃小刀一把〔二五〕。要當心手凝穩，又必趁時㉛。以春分前後十日爲宜，或取其條襯青爲期㉜，然必待時暄可接㉝，蓋欲藉陽和之氣也。一經接博，二氣交通，以惡爲美，以彼易此，其利有不可勝言者矣。接博，其法有六㉞：一曰身接。先用細鋸截去元樹枝莖，作盤砧，高可及肩。以利刃小刀，際其盤之兩旁，微啓小罅，深可寸半。先用竹籤之，測其深淺，却以所接條，約五寸長，一頭削作小篦子，先噙口中，假津液以助其氣。却内之罅中，皮肉相對插之。訖用皮樹〔二六〕封繫，寬緊得所；用牛糞和泥，斟酌封裹之。勿令透風，外仍上留二眼，以泄其氣。玄扈先生曰：開砧，宜用老鴉嘴爲妙㉟。「高如馬，低如瓦」。二曰根接。鋸截斷元樹身，去地五寸許。以所接條，削篦〔二六〕插之，一如身接法。就以土培封之，以棘枝〔二七〕圍護之。三曰皮接。用小利刃刀子，於元樹身，八字斜剉〔二七〕之。以小竹籤測其淺深，以所接枝條，皮肉相向插之。封護如前法。候接枝發茂，以斷〔二八〕去其元樹枝莖，使之莖茂〔二九〕耳。四曰枝接。如皮接之法，而差近之耳。五曰靨接㊱。小樹爲宜。先於元樹横枝上截了，留一尺許。於所取接條樹上，眼外方半寸，刀尖刻斷皮肉至骨，併帶凝〔三〇〕揭皮肉一方片，須帶芽心揭下〔二八〕㊲。口噙〔二九〕少時取出，印濕痕於横枝上。以刀尖依痕刻斷元樹靨處，大小如之，以接按〔三一〕之。上下兩頭，以桑皮封繫，緊慢得所，仍用牛糞泥塗護之。隨樹大小，酌量多少接之。六曰搭接。將已種出芽條，去地三寸許，上削作馬耳。將所接條，併削馬耳。相搭接之，封繫如前法，糞壅〔三〇〕。

農桑輯要曰㊳：正月取樹本，大如斧柯，及臂〔三一〕者〔三二〕皆堪接，謂之樹砧。砧若稍大，即去地一尺截之。若去地近截之，則地力大壯矣。若夫〔三三〕所接之木稍小，即去地七八寸截之。若砧小而高截，則地氣難應，須以細齒鋸截。鋸齒麄，即損其砧皮。取快刀子於砧緣相對側劈開，令深一寸，每砧對接兩枝。候俱活，即待葉生，去一枝弱者〔三四〕。所接樹，選其向陽細嫩枝如筯麄〔三五〕者，長四〔三六〕寸許。陰枝即少實。其枝須兩節，兼須是二年枝，方可接。接時微批一頭入砧處，插入砧緣劈處，令入五分。其入須兩邊批所接枝皮處。插了，令與砧皮齊。【皮對皮骨對骨毫末不差更好。】切令寬急得所。寬即〔三一〕陽氣不應，急則力大夾煞，全在細意酌度。插枝了，別取本色樹皮一片，長尺餘，闊二三分〔三七〕，纏所接樹枝，并〔三八〕砧緣瘡口，恐雨水入。纏訖，即以黃泥泥〔三九〕之。其砧面並枝頭，并以黃泥〔四〇〕泥之。對插一邊，皆同此法。泥訖仍以紙裹頭，麻繩縛〔四一〕之，恐泥落故也。砧上有葉生，即旋去之。乃以大〔四二〕糞壅其砧根，外以刺棘遮護，勿使有物動撥其枝〔四三〕。春雨得所，尤易活。其實內子相類者，林檎梨，向木瓜砧上，栗子向櫟砧上，皆活。蓋是類也㊴。

張約齋種花法注云㊵：春分和氣盡，接不得；夏至陽氣盛，種不得。玄扈先生曰：春接樹，必待貼頭回青，無有不活。大都在春分前後，亦有宜待穀雨者；何云「春分不接」也？種，則立夏後便不宜矣。立春、正月中旬，宜接櫻桃、木樨、徘徊黃薔薇；正月下旬，宜接桃、梅、杏、李、半支〔四四〕紅、臘梅、梨、

棗、栗、柿、楊梅、紫薔〔四五〕薇。|浙人亦云：然宜試之，恐彼中稍暖故得早耳㊶。二月上旬，可接紫笑、綿橙、匾橘。已上種接，莖〔四六〕於十二月間沃以糞壤兩〔四七〕，至春時，花果自然結實。立秋後，可接林檎、川海棠、黄海棠、寒球、轉身紅、視〔四八〕家棠、梨葉海棠、南海棠。以上接〔四九〕法，並要〔五〇〕時將頭與木身，皮對皮，骨對骨，用麻皮緊緊〔五一〕纏上。用箬葉寬覆之。如萌出相〔五二〕長，即撒去箬葉，無有不盛〔五三〕也。但取實内核相似，葉相同者，皆可接換。下向根貼，謂之樹貼。如桃貼接杏、接梅，櫟貼接栗，蓋此類也。枳接柑橘，亦宜本色接換，本色美者最妙。若貼大，宜高截；貼小，宜近地截。截訖，用利刀銛貼上齒痕。尋樹本佳者，取到接頭：須經二年肥盛嫩枝，如筯大者，斷長三四寸以上。根頭一寸半，用薄刀子刻下中半，刻成判官頭樣；削其骨，成馬耳狀。又將馬耳尖頭薄骨，翻轉割去半分。將接頭口内〔三三〕噙養温暖，以借生氣，然後將刀，於貼盤左右皮内膜外，批豁兩道或三道。納所噙接頭于渠子内，極要快捷緊密㊷。須使老樹肌肉，與接頭肌肉相對着。或二或三；皆了，用竹籜攔寸許，劈開，雙手〔三四〕齊貼面于接頭外面所批痕處包裹定，麻皮纏〔三五〕。復用竹籜，包其貼頂，縛定。次用爛泥，封其纏處。舊麻縛着。上用寬兜，盛土培養。接頭勿令透風見日；土乾則洒水〔三六〕所包土上。條芽長出，非接頭上者，悉令去之，以防分力。培土上，露接頭一二眼，通活氣。上用竹籜蔽之，以防日雨㊸。種樹書曰㊹：凡接花木，雖已接

活，内有脂力未全，包生接頭處，切要愛護。如梅雨浸其皮，必不活。又曰：凡接矮果及花，用好黄泥晒乾，篩過，以小便浸之；又晒乾，篩過，再浸之，凡十餘度。以泥封樹皮，用竹筒破兩半封裹之，則根立生。次年斷其皮，截根栽之。又曰：接樹，須取向南隔年〔五四〕者接之，則着子多。經數次接〔五五〕者核小；但核不可種耳㊺。不可接者，乃用過貼：先移葉相似之小樹于其畔，可以枝相交合處，以刀各削其半，對合着，竹籜包裹，麻皮纏固，泥封之。大樹所合枝，傍截半段；小樹所合枝，去稍弱，不必半段。欲花果兩般合色，則勿去其稍。來年春，始截斷；復待長定，然後移栽〔五六〕。貼綉毬花：先取八仙花，栽培于瓦盆中。次年春連盆移就綉毬花畔。將八仙花梗，離根七八寸許，刮去半邊皮，約二三寸。又將綉毬花嫩枝，亦刮去皮半邊。彼此挨合一處，用麻繩縛，頻用水澆。至十月，候皮生合爲一處，截斷綉毬本身，入土栽培，自然暢茂。周歲斷者，尤妙。貼玉蘭花，先以木筆，同上法爲之㊻。

玄扈先生曰〔五七〕：接樹，有三訣：第一，襯青；第二，就節；第三，對縫。依此三法，萬不失一。

便民圖曰㊼：修葺法：正月間，削去低枝〔五八〕小亂者，勿令分樹氣力，則結子自肥大。

又曰㊽：凡樹脚下，常令耘草清净。草多則引蟲蠹，亦能偷力乏樹。弗使下有坑坎；雨後水漬〔三七〕，根朽葉黃，宜令平滿，高如[49]地面三五寸。

玄扈先生曰：凡果木，皆須剪去繁枝，使力不分。不信時，試看開花結果之際，凡無花無果細枝，後來亦須發葉，豈不減力？若預先芟去，則力聚於花果矣。又凡果，俱三年老枝上所生，則大而甘。又曰：凡樹，欲取材，如椐、榆、杉、柏之類，可令挺〔三八〕枝無旁枝。其他取花葉芽實者，皆令枝旁生；剥削令至六七尺，其下可通人行可也。如此便于採掇。凡本樹未發芽前半月以上，俱可修理。

種樹書曰[50]：澆灌法：凡木早晚以水沃其上[51]，以唧筒唧水其上[52]。必須用停久冷糞，正宜臘月；亦必和水三之一[53]。草之類[54]，宜四季用肥：如正月，則用五分糞，五分水；二月，三分糞，七分水；三四月，二分糞，八分水；五六七八月，十一二月，八分糞，二分水。臘月，純糞不妨。遇天旱，只宜白水澆，或加一分糞。二月，或用澆肥，多有所忌：假如二月樹上已發嫩條，必生新根；澆肥，則根枯而死[55]。如萌未發者，不妨。三月亦然。又有一等不怕肥者，如石榴、茉莉之屬，雖多肥不妨。五月、夏至，梅雨時，澆肥根必腐爛。八月亦不可澆肥。白露雨至，必生細根；肥之則死。六七月，花木發生已定者，皆可輕輕用肥。謹依月令等級澆之，及小春時，便能發旺。如柑橘之類則不可；但用肥，則必皮破脂流〔三九〕，冬必死矣。玄扈先生曰：蘇人種柑橘，用肥培壅。一切樹木，俱宜十一二月正月，餘皆不可〔四〇〕。合用灰糞和土，或麻餅屑，和土壅根，高三五寸。澆水有〔四一〕定，不可太過[56]。

收種下種法[57]：凡收子核，必擇其美者作種，必待果實熟甚擘取。于牆下向陽煖處，深寬爲坑，以牛馬糞和土，以半于坑底鋪平。取核尖頭向上排定，復以糞土覆之，令〔四二〕厚尺餘。至春生芽，萬不失一。忌水浸風吹，皆令仁腐。一切草木種子，俱瓢盛懸掛爲佳。凡取種子，必充實老黑者，晒乾，以瓶收貯高懸。弗近地氣，恐生白摸則無用[58]。隔年亦不生。及時秧子，勿使遲誤，亦不宜太早。地不厭高，土肥爲上；鋤不厭數，土鬆彌良。各要按時及節。臨下子時，必日中晒曝擇净，然〔五九〕，合浸者浸之；不浸，便用撒入土內。子細者，撒在土面，下子訖，即以糞沃其上。成行與打潭種者亦然[59]。下子者〔四三〕必要晴；雨則不茁。三五日後，又要雨；旱則不生，須頻澆水。種樹書曰[60]：凡果須候肉爛和核種之；否則不類其種。便民圖曰[61]：採果實法：凡果實初熟時，以兩手採摘，則年年結實。果子熟時，須一頓摘其美者；遲留之，雖待熟亦不美。勿先摘動。被人盜吃，飛禽就來窺食，切宜謹之。

遯齋閒覽曰[62]：用人髮掛枝上，則飛鳥不敢近。

種樹書曰[63]：凡果實未全熟時摘；若熟了，即抽過筋脉，來歲必不盛。玄扈先生曰：宜少留，以養其力。有過不採者[64]，甚壞樹。果實異常者，根下必有毒蛇。切不可食[65]。

文子曰[66]：冬冰可折，夏木可結，時難得而易失。木方盛，雖日採之而復生；秋風下霜，一夕而零。故採摘不可不慎也[67]。

玄扈先生曰：凡鳥來食果：或張網罩樹，多損樹枝；或持竿鼓柝，甚費力。須用弩射取一二，置竿首，倚竿于樹。其鳥悉不來。

便民圖曰[68]：治蠹蟲法，正月間，削杉木作釘，塞其穴，則蟲立死。正月一日五更，把火遍照一切果樹下，則無蟲災。或清明日亦可。農桑輯要曰[69]：木有蠹蟲，以芫花納孔中，或納百部葉，蟲立死。

種樹書曰[70]：果樹生小青蟲，虰蜻肹掛樹自無。

玄扈先生曰：凡治樹中蠹蟲，以硫黄研極細末，和河泥少許，令稠遍塞蠹孔中。其孔多而細，即遍塗其枝榦。蟲即盡死矣[71]。又法：用鐵線作鈎取之[72]。又：用硫黄雄黄作烟塞〔六〇〕之，即死。或用桐油紙油燃塞之，亦驗[73]。如生毛蟲，以魚腥水潑根[74]，或埋蠶蛾于地下[75]。

便民圖曰[76]：凡果樹，茂而不結實者，於元日五更，以斧班駁雜砧，則子繁而不落。謂之嫁果。十二月晦日夜同。若嫁李樹，以石頭安樹丫中。又曰：正月間，根芽未生，於根旁寬深掘開，尋攢心釘地根鑿去，謂之騸樹。留四邊亂根勿動，仍用土覆蓋築實，則結子肥大，勝插接者。農桑輯要曰[77]：凡木，皆有雌雄；而雄者多不結實。可鑿木作方寸大，以雌木填之，乃實。以銀杏雄樹試之，便驗。社日，以杵舂百果樹下，則結實牢。不實者，亦宜用此法。種樹書曰[78]：鑿果樹，納少鍾乳粉，則子多且美。又：樹老，以鍾乳末和泥，於根上揭去皮，抹之，復茂。

玄扈先生曰：雄木無用；而衆雌之中，間有一二雄者更妙。諺云：「群雌間一雄，結實飽蓬蓬。」

崔氏曰[79]：衛果法：正月盡二月，可剝樹枝。二月盡三月，可掩樹枝。埋樹枝土中，令生二歲以上，可移種矣。凡五果，花盛時遭霜則無子。常預於園中，往往貯惡草糞；天雨新晴，北風寒切，是夜必霜。此時放火作熅，少得烟氣，則免於霜矣[80]。種樹書曰[81]：草木羊食者，不長。凡花最忌麝香；瓜尤忌之。臢栽蒜薤之類[82]，則不損。又法：於上風頭，以艾和雄黃末焚，即如初。種樹書曰[83]：木自南而北，多枯寒而不枯〔六一〕。只於臘月，去根旁土，麥穰〔六二〕厚覆之，燃火〔六三〕深培如故，則不過一二年，皆結實。若歲用此法，則南北不殊。猶人炷艾耳。

齊民要術曰[84]：凡伐木，四月七月，則不蟲而堅肕。榆莢下，桑椹落，亦其時也。然則凡木有子實者，候其子實將熟，皆其時也。非時者，蟲蛀且脆也。凡非時之木，水漚一月，或火煏取乾，蟲則不生。水浸之木，更益柔韌〔四四〕。周官曰：仲冬斬陽木，仲夏斬陰木。鄭司農云：陽木，春夏生者；陰木，秋冬生者，松柏之屬。鄭玄曰陽木，生山南者；陰木，生山北者。冬則斬陽，夏則斬陰，調堅輭也〔四五〕。今〔六四〕案柏〔四六〕之性，不生蟲蠹；四時皆得，無所選焉。山中雜木，自非七月、四月兩時殺者，率多生蟲，無山南山北之異。鄭君之説，又無取則。周官伐木，蓋以順天道、調陰陽，未必爲堅韌之與〔四七〕蟲蠹者也。禮記月令：孟春之月，禁止伐木。孟夏之月，無伐大樹。逆時氣也。季夏之月，樹木方盛；乃命虞人，入山行木，毋〔四八〕斬伐。季秋之月，草木黄落，乃伐薪爲炭。仲冬之月，日短至，則伐木取竹箭。淮南子曰：草木未落，斧斤不入山林。九月，草木解也。崔寔曰：自正月以終季夏，不可伐木，必生蠹蟲。或曰：以上旬伐之，雖春夏不蠹，猶有剖析間解之害，又犯時令，非急不〔四九〕伐。十一月，伐竹木。十二月，斬竹伐木不蛀[85]。斫松：在下弦後，上弦前，永無白蟻。他樹亦同[86]。

校：

〔一〕斸　本書各刻本都譌作字形相似的「斷」；依中華排印本「照齊民要術改」。「斸」同「劚」，讀竹(zhú)，本爲大鉏一類的農具，可以引申爲「掘」「挖」。

〔二〕條直相當　本書刻本「相」字下誤多一字；平、黔、魯本是「明」，曙本是「於」，依中華排印本「照齊民要術删」。「條直」，是成條成直線；「相當」即相對。

〔三〕剝　和本書多處引齊民要術的錯誤一樣，這個字止有曙本作「剝」，與要術合；平、黔、魯本都譌作「剥」。以下逕依要術改正，不一一出校。

〔四〕枝　平、黔、魯本譌作「之」；依曙本改作「枝」，與要術合。

〔五〕巴　魯本作「笆」；平、曙、中華排印本作「巴」，與要術合。（定扶校）

〔六〕縳　平本譌作「剥」；曙、黔、魯作「縳」，與明刻本要術同，仍不是宋本正字；現依校定本作「縳」，讀 juàn，解作結紮。

〔七〕圃　平、黔、魯均譌作「園」；應依曙本改作「圃」，與要術原引及詩字合。

〔八〕以棘圍之　平本作「以棘園中」，曙本、黔本、魯本作「種棘園中」。種樹書（中）花篇，格致叢書本與本書平本同，夷門廣牘本作「以棘圍之」。案：誰也不會專種棘來作園，作「棘園」是不合理的。這句各本無一是全對的，我們破我們自己「止作『案』而不改」的例，改從夷門廣牘本種樹書，以求合理解決。

〔九〕一　魯本作「亦」；平本、曙本、中華排印本作「一」，與要術合。（定扶校）

〔一〇〕隨　本書各本作「其」，依中華排印本照齊民要術改。

〔一一〕食　平本譌作「實」，依曙、魯、中華排印本改作「食」。（定扶校）

〔一二〕傳　平本、曙本作「傳」，依黔、魯本改作「傳」。案：「枳」是許多柑橘類嫁接（接博）用的砧木。

「傳生」，解爲蕃殖合適。

〔一三〕根　平、黔、魯本缺；依中華排印本「照曙本增」，與要術合。

〔一四〕上三　平、曙作「上二」，黔、魯作「土二」；依中華排印本「照齊民要術改」作「上三」。

〔一五〕千　平本、中華排印本作「十」，曙本此字没印完整；依魯本改作「千」，合於要術原文。（定枎校）

〔一六〕翅　本書各刻本譌作「趐」，沿襲明刻本要術譌字；依中華排印本「照齊民要術改」。

〔一七〕大率寧早爲佳　本書各刻本作「寧大早爲佳」，依中華排印本「照齊民要術改」。

〔一八〕蒔　平、黔、魯本譌作「時」；依中華排印本「照曙改」，合要術原文。

〔一九〕須闊掘勿去土　平本缺「掘」字；曙、黔、魯有「掘」字，「不可」改作「勿」；依中華排印本「照曙改」。案：種樹書各種刻本，這句有紛歧；以夷門廣牘本爲最合理；曙本可能是依夷門廣牘本校改的。

〔二〇〕椿　平、黔、魯本依譜原譌字作「椿」；中華排印本「照曙改」，更合理。

〔二一〕暢　平、曙本依譜原字作「暢」；黔、魯本改用「鬯」字，意義相同。現仍保留平本原字。

〔二二〕子　黔、魯本譌作「予」，依平、曙本作「子」與柳文合。

〔二三〕讎　平、魯、曙各本作「離」，中華排印本改作「讎」，合於柳宗元原文。「讎」音 chóu，同「仇」。（定枎校）

〔二四〕杖　平本譌作「杕」，應依魯、曙、中華排印本改作「杖」。（定枎校）

〔二五〕具　本書各本譌作「其」，應依王禎原文改作「具」，即工具。

〔二六〕篦　平、黔、魯本作「篦」，與王禎原書同，也與上面「身接」法小注中削作「小篦子」相對應。中華排印本「照曙改」作「篾」，却承襲了曙本的錯誤。（篦）字，所指不是今日梳頭用的密齒篦梳，而是外科用的「鈹針」，即四面（兩寬兩窄）尖削，共同向尖上細小的扁平（四面錐形）。

〔二七〕棘枝　「枝」字平本作「之」，黔、魯本作「周」，中華排印本「照曙本改」作「刺」；既然都是錯字，據王禎原書改作「枝」。

〔二八〕揭下　平本「下」字有損缺，似乎是「丁」字；黔、魯本便改作「于」；依曙本改作「下」，與王禎原文合。

〔二九〕噙　平、曙本作「禽」，依魯、中華排印本改作「噙」，合於王禎農書。（定枎校）

〔三〇〕封繫如前法糞壅　王禎原文是「封繫糞壅如前法」；平、曙「糞壅」兩字誤置在「法」字下；黔、魯又在句末「壅」字下補一「之」字。暫保留平本形式，但應依王禎原文改正才合理。

〔三一〕臂　黔、魯本譌作「小」；依平、曙本作「臂」，與輯要原引文合。

〔三二〕即　依平本、曙本作「即」，與輯要引文及纂要原文合；黔、魯本作「則」。

〔三三〕内　依平、曙本作「内」；黔、魯本譌作「肉」，顯係字形相似弄錯。

〔三四〕手　平本作「指」，曙本作「口」，黔、魯作「手」。暫改作「手」。

〔三五〕包裹定麻皮纏 平本無「纏」字，曙、黔、魯本無「定」；暫時兩字都保留。

〔三六〕水 平本作「之」，暫依曙、黔、魯本改作「水」。

〔三七〕漬 平本譌作「清」，依曙、黔、魯本改正。

〔三八〕挻 平本、曙本作「挺」。黔、魯本作「挻」；説文解字（卷一二上）手部，解爲「長也」；徐鍇説文解字繫傳引（詩商頌殷武）「松桷有挻」（案傳本詩作「梴」）爲例，則「挻」字（讀 shān）可能更好。

〔三九〕則必皮破脂流 平本、中華排印本作「則皮被破脂流」，依魯本、曙本改。（定扶校）

〔四〇〕「餘皆不可」四字，黔、魯本在下文「高三五寸」下，依平、曙留此處。

〔四一〕有 平本、曙本、中華排印本皆作「實」，依魯本改作「有」。（定扶校）

〔四二〕令 平本譌作「今」，依曙、黔、魯本改正。

〔四三〕者 平、曙、中華排印本均作「者」，魯本作「日」。（定扶校）

〔四四〕更益柔韌 本書各刻本「更益」作「皆亦」，中華排印本照齊民要術改，連「韌」字也改作「肕」。「更益」應依要術原文；「韌」字比較通俗，暫不改。

〔四五〕調堅輭也 本書各刻本缺「輭」字，中華排印本照齊民要術增，是必須的。

〔四六〕今案柏 本書各刻本作「今案北」，依中華排印本「照齊民要術改」。

〔四七〕與 平本譌作「異」，依中華排印本「照曙本改」；黔、魯也作「與」。

〔四八〕毋 平本作「爲」，黔、魯本作「勿」；依中華排印本「照曙本改」作「毋」。案：月令原文作「毋有」，要術原文作「無有」。暫作「毋」。

〔四九〕不　平本譌作「非」，依中華排印本「照曙改」。

注：

① 這是要術（卷四）園籬第三十一全篇，除譌字及新加小注兩處外，無改動。

② 距：切斷樹枝時，留下像雞距形的一小段。

③ 此剝樹常法也：這一句，不是要術原有，懷疑是徐光啓自加的總結。

④ 棘能辟霜：棘並不能防除（＝「辟」）霜害；但棘枝葉叢密，連近地面處也不甚透風；遮住裏面的樹，可以有保温的效果。

⑤ 這些作園籬的植物，我們嘗試推定種類如下：

一、竹：大致是毛竹。慈竹、苦竹等，止能用（Bambusoideae）這個亞科名稱來包括。

二、冬青：應指冬青科的冬青，即（Ilex sinensis）（綱目卷三六可參證）。

三、爵梅：疑是鼠李屬、條葉可染緑（綱目卷三六）的植物（Rhamnus spp）。

四、五加皮：Acanthopanax gracilistylus。

五、金櫻子：Rosa laevigata。

六、梅：Prunus mume。

七、枸杞：Lycium chinensis。

八、飛來子：未能檢定。

九、椒：Zanthoxylum Piperafum。

一〇、茱萸：Zanthoxylum ailanthoides。

一一、梔子：Gardenia jasminoides。

一二、貓奶子：即枸骨 Ilex aguifolius。

一三、迎春花：Jasminun nudiflorum。

一四、酸棗：Zizyphus vulgaris var. spinosq。

一五、木筆：Magnolia Kobus。

一六、桑：Morus spp(af. alba)。

一七、枳：Poncirus trifoliafus。

一八、槿：Hibiscus syriacus。

一九、野薔薇：Rosa spp(af. mulfifloro)。

二〇、穀(楮)：Broussonetia papyrifera et B. kasinoki。

二一、楝：Melia azedarach。

二二、榆：Ulmus spp (af. pumila)。

二三、白楊：Populus tomentosa et al。

二四、刺杉：Cryptomeria sinensis et al。

二五、皂莢：Gieditsia Sinersis。

二六、山礬：Symplocos caudata。

二七、金銀花：Lonicera japonica。

二八、椿樹：Cedrela sinensis。

二九、枇杷：Eriobotrya japonica。

三〇、小葉樹：未能查出。

三一、木龍：未能查出。

這些植物學名曾送我國植物專家訂，未得解決。後經石君盡力研究改正如此。希讀者多指教。

樹幟誌。

⑥可賣：兩字費解；至少枳樹枝條商品價值不會很高。懷疑這兩個字應在下文「取其子」下面。但本節没有一處提到買賣，所以即使在下面，也仍應改作「可藥材」。枳實、枳殼都是常用藥。

⑦全録齊民要術（卷四）栽樹第三十二篇賈思勰的文字。

⑧髡：切去枝葉。

⑨内：借作「納」。

⑩「覆則保澤，不覆則乾涸」，案：要術下一個「覆」字作「然」。

⑪見戰國策魏策，惠施勸田需。原文本借楊樹爲譬喻，要術引用時改作「柳」。

⑫「榆，負瘤散」，王象晉群芳譜（利七）木譜二「榆條」標題説明，有「未葉（＝葉未開展）時，枝上先生瘤，纍纍成串；及開，則爲榆莢」。所謂「瘤」，指未展開的花芽，一粒粒像瘤，貼在樹枝上；後來散開，即成爲榆莢。

⑬從「棗，雞口」至「蚕翅各其時」的大意是：樹木葉芽初綻開的形狀，棗樹像雞口，槐樹像兔眼，桑樹像蝦蟇眼，榆樹像小瘤子散開，其它各樹種有的像老鼠耳朵，有的像牛虻翅膀等等，葉芽呈這種形狀時，正是適合移栽的時候。

⑭現見齊民要術栽樹第三十二；又玉燭寶典正月卷引崔寔四民月令。

⑮引文現見農桑輯要（卷六）竹木篇「諸樹」條。

⑯引文現見王禎農書（卷五）農桑通訣種植篇第十三。

⑰本書所引第一條、第二條、第三條，均見種樹書「木」項；文字有删改。「竹」項中有「若遇火日及有西風，則不可移。花木亦然」，可能是第四條的根據。第五條「凡植果木……」，實見群芳譜（利六）木譜一卷首「移植」項第四條，有删補。第六條「凡移果樹……」，見夷門廣牘本種樹書附刻農桑輯要「正月」第一條，大有删改。（案：夷門廣牘本所附農桑輯要，實際上止是節録魯明善的農桑衣食撮要。）群芳譜（亨四）果譜一卷首「栽果」項，也引用了内容相似的一節。

⑱「土封縱小，無絶根鬚」，這兩句，似乎是當作總結口訣寫的。「土封」，即包函根系的一個「土墩」或「垛」。（「封」字最初的意義，是一堆土，上面有一棵樹或一條樹枝。）「縱」是「讓」、「盡量容許」；「無」借作「毋」，即不要；「絶」是「弄斷」。像這條所指示的方法，先大些掘出一個土封，再將根畔附着的土，去掉大部分，保留比較幼嫩的支根（＝「根鬚」），讓它們很快再生新根，恢復吸收活動，便容易成活。

⑲搯：即現在的「掏」字。

⑳現見柳宗元文集（四部叢刊本唐柳先生集）（卷十七），本書止摘録其中特别精彩的二段。（案：農桑輯要卷五果實篇「諸果」條，自博聞録轉引，也是摘録，比本書所引更少，但起訖相同。群芳譜木譜卷首，全文引用。）

㉑「以能順木之天，以致其性焉爾」，這兩句，也確是全篇精華所在。

㉒以下這幾條，初步大致可以肯定是徐光啓就各家説法選擇後自作的總結。末段引用食經是爲用蘿蔔插花枝取得成活插條的方法供給證據，不是無目的無次序地收録。

㉓氣盛：這一節的推理，根據不够。樹木生長機能，能否順適地發展，固然要受環境條件影響，但月上下弦所表示的「地氣」對植物能有多大作用，很可懷疑。

㉔案：群芳譜果譜卷首「扦果」第二條，内容與這一條前半段相似。

㉕過：應是「遇」字寫錯。

㉖即插之蘿蔔上：用蘿蔔養活插條，可以有較穩定的水分乃至小分子有機物質供應；蘿蔔根中還可以有生長素激動素類物質供應，有利於生根，這個方法相傳已久（見下面所引食經），可能是有理由的。

㉗「夏」字，疑是「春」字之誤；至少與下面「交春」有矛盾。

㉘引文現見齊民要術（卷四）栽樹第三十二。

㉙這一篇關於嫁接技術的總結，現見王禎農書（卷五）農桑通訣五種植篇第十三近末尾處；並未指明出自何書，王禎引書在標明出處這一點上，不如農桑輯要謹嚴，因此，有可能是漏記。輯要（卷三）農桑篇「接換」一條，止引了一長段士農必用，作爲嫁接技術的總結，而沒有引務本新書。編輯要的人，在其他篇章裏，常兼采務本新書和士農必用，而且新書在必用之前，表示新書是較早的書。如果現在這一篇總結確實出於務本新書，編輯要的人不會放棄不用。另一方面，這篇總結內容比輯要所引士農必用更豐富完備細緻，也不像比士農必用更早的書。因此，我們暫時假定它是王禎的創作，或王禎採自比輯要遲些的某一種書，而不是務本新書；本書標識有誤。

㉚「接博」兩字，「博」字，有解爲「交換」的一個用法；（鄭玄詩箋解釋陳風東門之枌，説「交博好也」，即交互友好。）這裏，應作「换」解。輯要引士農必用，標題作「接換」，也就是「接博」。至今粵語系統方言，還將嫁接稱爲「博」或「接博」。

㉛「心手凝穩，又必趁時」，可與士農必用所提的「時之和融，手之審密，封繫之固，擁包之厚」四個條

件中前兩項對比，「凝」字應依王禎原文作「款」，即輕而穩妥。

㉜條襯青：「襯」是「墊在下面」；「條襯青」，即樹枝（「條」）透過表皮，呈現緑色，也就是形成層開始活動的徵候。士農必用提出「條眼（＝芽）襯青」作爲標識，加多用「芽」作標識，也很合理。

㉝必待時暄：士農必用提出的要求是「必待晴暖之日」，比較明白易解。嫁接後，必須兩方面形成層都能有够快的活動，造成新組織，互相聯繫愈合。温度過低，對形成層活動不利，所以要「晴暖之日」爲好。

㉞「接博，其法有六」，士農必用所記的接换法，止有「插接」（即「根接」）、「劈接」、「靨接」、「搭接」等四種；這裏增加了「身接」、「皮接」兩種形式。但「皮接」與「枝接」並無多大差别。

㉟老鴉嘴：一頭尖鋭一頭漸大，像烏鴉喙形的工具。

㊱靨：北朝時起，婦女用一小片着色的絲綢，甚至金銀箔等，帖在面部，作爲妝飾，模擬或誇張「酒渦」（「靨」字的本意），稱爲「靨」。芽接時，就像在面部帖靨一樣，添上一片外物，所以舊時稱爲「靨接」（參看卷三十二注㉙）。

㊲芽心：指已具備而未發的「芽」。

㊳現見輯要（卷五）果實篇「接諸果」章所引四時類要。日本影印的朝鮮本四時纂要（卷一）正月篇有這一則。金代種藝必用補遺也有。這一篇總結的時代，大約是九世紀後半；它應當代表着由公元第六世紀齊民要術進到十二世紀士農必用與十四世紀王禎農書中間，我國嫁接技術進展

史的一個階段。大致可以看出：（甲）對工具的講究有了進步，要求「細齒鋸」。（乙）對接穗有了具體要求，「二年枝，具有兩節」。（丙）接口加了「本色樹皮包裹」一項安全措施。（丁）對於包裹的「寬急」（＝鬆緊程度）有了明確要求。（戊）接果加糞壅，並用棘刺圍。（己）對砧木與接穗的親緣關係——「類」——有了極肯定的認識。要術中「桑梨」「棗、石榴上插梨」的傳說，不再提了。但嫁接的方式，却仍止是「插接」，還没有發明「靨接」、「搭接」。（庚）正式提出「砧」的名稱。

㊴類：這個「類」字，應作爲代表親緣關係的抽象名詞解釋。

㊵引文現見南宋張世南（宋理宗時人）遊宦紀聞（卷六）及種樹書（下）菜篇末（也就是全書最後一節。種花法附在菜篇後面，似乎可以説明：這一段，原書定稿時還没有收入；等到書快刻成，才臨時鈔寫補入）。南宋張鎡，字功父，號約齋，是張俊的後人。據周密武林舊事（卷十）書末所附張鎡自己寫的「賞心樂事」和「桂隱百課」，可以知道他以「勳舊」的資格，家貲豪富，在臨安南湖有廣大的宅院和園林，並且講究種花樹——梅花就有四百株。這一段「種花法」，大概是由真正從事勞動的「園丁」們經驗總結而得。起處「注云」兩字，紀聞和種樹書中都没有，也不會有，無疑是衍文；「注」字可能是「法」字寫錯。

㊶這一個小注，懷疑仍是徐光啓所加。

㊷摙：南史（卷七〇）何遠傳「摙水還之」，解作擔運；這裏不合適。懷疑借作「撵」，即「追走」。

㊸「但取實内核相似……以防日雨」，這一節，不是張約齋種花法的後段；但查不到出處。齊民要

術、四時纂要、種藝必用及補遺、農桑輯要、王禎農書、農桑衣食撮要所載嫁接技術，本書大部分都已引用（卷二十九及本卷），没有什麽殘餘。種樹書的材料，幾乎也都收在本卷了，便民圖纂止有一條，非常簡略。宋氏雜部和群芳譜中，雖然還有些本書未録的材料，但没有這一段，和這些書的文體與内容比較後，懷疑這是元末人寫下的文字。技術内容，比金、元各書没有多少進步，而且可以看出，不少語句，是承襲輯要所引士農必用「接换」一節的，還有襲自輯要所引四時纂要的。

本節上幾處「貼」字，看來似乎都應是「砧」字寫錯。「樹砧」、「砧盤」，是金、元兩代的術語，「桃砧」「櫟砧」，容易了解，「砧大高截，砧小近地截」，也見於四時纂要及上文所引農桑通訣。用利刀銛（應是「刮」）平砧上「齒痕」（＝鋸留下的粗糙面），和後段的「砧面」、「砧頂」，都以作「砧」字較好解説。「判官頭」，見士農必用；本世紀二十年代湖南木工還用這個名稱，代表上面帶方而突出，中間向内收斂，下面又帶方而稍向前突出的形狀。依照所叙述的情況刻削後，接穗下頭尖端的形狀應當是這樣的。

㊹這一段四條，第一條見花篇，也見於種藝必用補遺。後三條見果篇，第二條第四條，見種藝必用。

㊺果子接多次，核小不可種，在卷二九「柿」條中，有一節「柿子接及三次，則全無核」，意義相似。

㊻「不可接者，乃用過貼……同上法爲之」，這一段，與種樹書無關，現見群芳譜（亨四）果譜卷首「過貼」條。原文起處「壓條接換俱不可者」，本書引用時改作「不可接者」，又原文「乃用過貼」下還有一句「即寄枝也」。案：這種方法，士農必用稱爲「搭接」；「寄枝」是宋氏雜部所用名稱。

㊼現見便民圖纂（卷五）樹藝上「修諸果樹」條；農桑衣食撮要正月篇「修諸色果木樹」一條，内容相同。

㊽與便民圖纂無關。群芳譜（亨四）果譜卷首「衞果」條，有内容全同、文句略異的一條。

㊾如：疑應作「於」字。群芳譜末句是「比地面高三五寸爲妙」。

㊿現見種樹書木篇。「澆灌法」的小標題，係本書新加。

51「水沃其上」的「上」字，值得懷疑。如果僅僅指小形的盆栽樹，則從「上面」澆下去（＝「沃」）有可能；如果是一般庭園樹木，便很難從「上面」澆，因此，「上」字可能原是「土」字。這樣下面一句「以唧筒唧水其上」的「上」字，就應當解釋爲「末梢枝葉」。

52唧筒：現在兒童玩具中，稱爲「唧筒」的是一個一端裝有有柄活塞、一端開孔的小形竹管。將有孔的一端，没入水面以下，提起活塞柄，水進入竹管中。再將竹管倒轉，孔端向上，向上推動活塞柄，水便成一條水柱，可以噴到一丈以上的高度。噴水時，水柱激動空氣，發出「唧」聲，所以稱爲「唧筒」。種樹書中的「唧筒」，可能止是這種小玩具的「巨型」。這類「唧筒」，有活塞，没有活門；

使用時必須移轉方向，才可以使水柱從孔中噴出，所以和「抽水機」或「水泵」不同。原理雖和「嗡筩」（見前卷二十泰西水法下「八曰挹」）相似，但用法不一樣。（案：南宋温革分門瑣碎録「木總説」有一條「凡種樹，早晚以水沃其下，唧筒唧水其上」，可能是這條的來源。）

53 「必須用停久冷糞，正宜臘月，亦必和水三之一」，群芳譜（亨四）果譜卷首，有「澆果」一條，有相似的幾句，「大約花木忌濃糞；須用停久冷糞如（疑仍當作「和」）水澆；新糞止宜臘月，亦必和水三分之一」。

54 「草之類」上面，懷疑漏去一個「花」字。「草之類」以下，到有小注處止，群芳譜果譜卷首「澆果」中，有類似的叙述。但群芳譜這一段的結構不同。

55 桔：應是「枯」字寫錯。

56 這一節出處未查得。種樹書（中）木篇有一條「凡木，擣麻油查雜糞灰壅之則枝葉茂」。參看本書卷三十「橘」條。

57 這一段，似乎是採録幾處材料，牽合組成。（甲）「凡收子核，必擇其美者作種」，可以説是收種最基本的原則。下句「必待果實熟甚擘取」，則有條件，止能是多肉可擘的果實；文句應倒轉作「果實必待成熟擘取」，才合理。因此這三條的來源，可能就是不同的兩處。（乙）「于牆下向陽煖處」到「仁腐」，群芳譜（亨四）果譜卷首「種果」條第二節，内容基本相同，字句頗有差别。譜已標明範圍，「若桃杏之類」。（丙）「一切草木種子，俱瓢盛懸掛爲佳」，與下文「以瓶收貯高懸」重複；顯然也是來源不同的兩段湊成。（丁）「及時秧子，勿使遲誤，亦不宜太早」以下，是「下種」，可能與上文不是同一來源。（「秧」作動詞，「秧子」，即由種子培養秧苗。）（戊）「地不厭高」到末句，見群芳譜果譜卷首「種果」條第一節，字句略有出入。

㊽ 摸：這個字不見於字書，懷疑原稿是「醭」字。行書看錯鈔錯。「醭」指「霉類」。

㊾ 打潭種：即「穴播」。

㊿ 現見種樹書（下）果篇。

61 （甲）到「年年結實」止，現見便民圖纂（卷五）樹藝上「采果實法」條。亦見種藝必用及種樹書（下）果篇，字句略有不同。（乙）「果子熟時」至「雖待熟亦不美」，未查得出處。（丙）「勿先摘動……切宜謹之」，便民圖纂（卷五）「止鴉鵲食果」條，內容相似，文字不同。群芳譜果譜卷首「摘果項」末，與本書後三句相同。這種迷信傳説，已見種藝必用和種樹書。

62 涵芬樓本説郛所收遯齋閒覽無此條。農桑輯要（卷五）果實篇「諸果」章末，據歲時廣記轉引遯齋閒覽，是「凡果木久不實者，以祭社餘酒灑之，則繁茂倍常。用人髮掛樹上，則飛鳥不敢近。方結實時，最忌白衣人；過其下，則其實盡落」。全是唯心的迷信。（案：閒覽這三條，第一第三條種藝必用有內容相似的兩則，第二條種樹書引有；第三條種樹書所引與種藝必用同。）

63 兩條均見種樹書下果篇；亦均見種藝必用。第一條的事實根據不太大，第二條全是迷信。

64 「過」字下，懷疑應尚有「時」字。

⑥⑤這一個説法，起自唐代筆記小説五行記；完全是穿鑿傅會，不合事實。

⑥⑥現見文子（卷六）上德篇，齊民要術（卷四）栽樹第三十二也引有。

⑥⑦故採摘不可不慎也：案這句與文子無關。

⑥⑧現見便民圖纂（卷五）樹藝上，共是兩條。第一條「治果木蠹蟲」，到「則蟲立死」止；第二條到「則無蟲災」止，是「辟五果蟲」。「或清明日亦可」，未查到出處。第一條有事實作根據的，可參看本書卷三十「橘」條所引圖纂及注㊾。第二條，是從齊民要術承襲的迷信（見要術卷四種棗第三十三）。兩條均見種藝必用及種樹書。第一條，據農桑輯要（卷五）果實篇「諸果」章所引，標明出自博聞録。

⑥⑨現見輯要（卷五）果實篇「諸果」章引博聞録。「芫花」和「百部」，殺蟲效力都很大。

⑦⓪現見種樹書（下）果篇。參看卷二十九「桃」條關於除蚜蟲的一節及注。

⑦①硫黄治蟲，最早的記載，是歐陽修洛陽牡丹記末段：「花開漸小於舊者，蓋有蠹蟲損之。必尋其穴，以硫黄簪之。其旁又有小穴如針孔，乃蟲所藏處。花工謂之『氣窗』，以大針點硫黄末針之。蟲既死，花復盛。此醫花之法也。」（案：物類相感志這部僞書中，也有「花木蟲死，以硫黄塞之」的話，但書的年代未必早於歐陽修。）

⑦②鐵線鈎蟲，王禎農書（卷五）種植篇第十三一個小注中已有記録；本書文字，與王禎全同。種樹書（下）用來治林檎蛀蟲；又本書卷三十九「菊」條也有。

⑬ 烟熏除蟲，也見於王禎農書（卷五）種植篇第十三小注；本書的文字，與王書全同。

⑭ 魚腥水潑根，種藝必用記有，用來除月桂花葉蟲；種樹書除治月桂蟲外，也用來治林檎蟲。可能是用以引誘蟻類，作爲「天敵」來防治。

⑮ 埋蠶蛾見種樹書，也是爲治林檎蟲的。本書這兩句，文句與俞書全同。

⑯ 兩條均見便民圖纂（卷五）樹藝類上。第一條是「嫁果樹」，第二條是「騸諸果樹」。案：第一條承襲齊民要術（卷四）種棗第三十三的「嫁棗」和種李第三十五的「嫁李法」（參看本書卷二十九，「棗」「李」兩條及注④）。四時纂要（卷一）正月篇「嫁樹法」和種藝必用也有同樣内容，文句和圖纂相似。第二條，南宋初韓彦直橘録中已有過；種藝必用應用到「花木」；種樹書直鈔種藝必用。宋氏樹畜部（卷一）「善（＝騸）木」條，除時間作「臘月間」外，内容和文句與圖纂幾乎全同，可能圖纂（一五〇二年刻本）是宋書（一五〇四序）的根據。

⑰ 現見農桑輯要（卷五）果實篇「諸果」章；兩則都引自博聞録。前一則種藝必用補遺也引有；後一則見種藝必用。

⑱ 見種樹書（下）果篇，更早已在種藝必用中載過了。這種處理法還得用實驗檢證。

⑲ 這一節，是崔寔四民月令正月的一則；齊民要術（卷四）栽樹第三十二引有，標作「崔寔曰」，（没有「衛果法」三個字，也並不是「衛果」。）玉燭寶典正月卷引文同。

⑳ 「凡五果」至「則免於霜矣」這一節，現見齊民要術（卷四）栽樹第三十二，未標明出處，是賈思勰自

記的原始資料。上節「衞果法」，可能應作這一節和下面引種樹書兩則的總標題。

⑧1 第一則在卷中木篇，早已見於南宋温革分門瑣碎録「木總説」。第二則「花最忌麝香」，並非種樹書原文，而是便民圖纂（卷五）「治麝香觸花」。但種樹書（下）却實有間種「葱薤」「蒜」以免麝香爲害的兩條相連。其中第一條大致是録自博聞録（見農桑輯要卷五瓜菜篇「瓜」條末引）的。酉陽雜俎（卷一九）已記下花與瓜忌麝的話。

⑧2 賸：應作「塍」，解爲「畦」。

⑧3 現見種樹書（中）木篇。本書大概係根據格致叢書本引，錯漏不少。

⑧4 這是要術（卷五）伐木第五十五篇中「伐木」。所引周官，是地官山虞；禮記月令五條，分別在五個月；引淮南子，見主術篇；「崔寔曰」是崔寔四民月令。（玉燭寶典引文，在正月和十一月兩卷。）

⑧5 「十二月，斬竹伐木不蛀」，大概根據農桑輯要（卷六）竹木篇「伐木」章所引四時類要。四時纂要十二月篇原文是「務斬伐竹木。此月不蛀」。

⑧6 「斫松」一節，出處未查得。恐可靠程度不大。

案：

〔一〕耕深　應依要術原文倒轉作「深耕」。

〔二〕五　應依要術原文作「伍」；「行伍」，行是横列或直行；伍是五個人排列。

〔三〕與　要術原作「共」。

〔四〕杌　要術原作「机」，即「几」字；説文解字的説解，是「承物者」，包括今日的茶几以及各種「坐子」；「杌」是宋代新造字，即小凳。

〔五〕其　要術原作「奇」。

〔六〕須　要術原文作「煩」。

〔七〕觸　要術原文作「觝」，意義比「觸」字稍重。

〔八〕可栽樹　應依要術原文「可栽大樹」。

〔九〕土　應依輯要原文作「上」字，屬於下句。即「上以薦包包裹」之後，才能有「不見日」的效果。

〔一〇〕「移樹者」上，種樹書多「今」字。

〔一一〕莖　夷門廣牘本種樹書作「芰其」，似乎更好。

〔一二〕沃之　夷門廣牘本種樹書作「日沃水」；格致叢書本作「日沃之」。「日」字必須補。

〔一三〕凡植　應依群芳譜原文作「凡移植」。

〔一四〕泥　群芳譜原作「根」字較好。

〔一五〕土　應依群芳譜原文作「水」。

〔一六〕今　譜原作「合」。

〔一七〕區　譜原作「坑」；下文同。

〔一八〕「木棒」上，譜原有「細」字。

〔一九〕「必」字，譜原文無。

〔二〇〕灌以肥水　譜無此四字。

〔二一〕大樹禿稍小不必禿　譜不在這一節；本書從譜同項中上面第二節所引齊民要術移來。要術原來用「髡」字，意爲剪去一部分枝條。王象晉改作「禿」，不通。

〔二二〕碎　譜原作「被」，似更好。

〔二三〕「種」字上，應依要術原引文補「中」字。

〔二四〕嫩條陰弱　應依王禎原書作「嫩條向陰者氣弱」。

〔二五〕把　王禎原書作「杴」。

〔二六〕皮樹　應依王禎原書倒轉作「樹皮」。

〔二七〕剉　應依王禎原書作「劉」，即用刀刃刻下。

〔二八〕斬　應依王禎原書作「漸」；「以漸」，即「用逐漸的方式」。

〔二九〕莖茂　應依王禎原書作「獨茂」。

〔三〇〕「帶凝」兩字，應依王禎原書止作「款」字；解釋見前注「心手凝穩」。

〔三一〕接按　應依王禎原書倒轉作「按接」。

〔三三〕正月取樹本大如斧柯及臂者　纂要原文是「接樹：右取樹，本如斧柯大及臂大者」；種藝必用補遺無兩「大」字。「柯」解作木質的「柄」，斧柯即斧柄。

〔三三〕若夫　應依輯要引文及纂要原文作「夾煞」；種藝必用補遺作「夾殺」。「煞」是隋、唐俗字，由「殺」字寫走樣變成。

〔三四〕一枝弱者　纂要原作「二枝之弱者」，即二枝中的弱者。

〔三五〕麄　朝鮮本纂要作「大」字。

〔三六〕四　輯要定本的引文與纂要原文均作「四五」，比較靈活。

〔三七〕二三分　纂要原作「半過」。

〔三八〕「枝并」兩字纂要原無，輯要及必用補遺有。

〔三九〕泥泥　輯要引文及纂要原文都是「泥封」。

〔四〇〕並以黄泥　纂要原作「並令如法」；下文「對插一邊皆同此法泥訖」纂要原無；輯要及必用補遺有。

〔四一〕繩縛　輯要及必用補遺引文及纂要原文都止有一個「纏」字。

〔四二〕大　應依輯要、必用補遺、纂要作「灰」字，大糞用不得！

〔四三〕其枝　輯要校定本及纂要作「其根枝」，必用補遺無「根」字。

〔四四〕文　遊宦紀聞及種樹書都作「丈」。

〔四五〕薔　聞及書都没有這個字；「紫薇」是一種觀賞樹花，「薔」字應删去。

〔四六〕莖　應依閩及書改作「並」。

〔四七〕「兩」字書缺，應依閩作「兩次」。

〔四八〕視　應依閩及書改作「視」。

〔四九〕「接」字下，應依閩及書補「種」字。

〔五〇〕「要」字下，應依閩及書補「接」字。

〔五一〕緊緊　閩與書均不重疊。

〔五二〕出相　應依閩及書作「茁稍」。

〔五三〕盛　閩及書都作「成」。

〔五四〕「隔年」下，種樹書原有「近下」兩字。

〔五五〕「經數次接」上，應依種藝必用及種樹書補「果實」兩字作爲主語，「果實」下尚有「凡」字。

〔五六〕「大樹所合枝……然後移栽」等句，群芳譜没有。

〔五七〕此句養餘月令（卷四）引有，標題作農遺雜疏。

〔五八〕枝　圖纂原作「邪」（即「斜」）字，低、斜、小、亂四種情形都應當修剪掉，「邪」字較好。

〔五九〕「然」字下，應依群芳譜補「後」字。

〔六〇〕「塞」字，應依王禎農書作「熏」。

〔六一〕枯寒而不枯　當依夷門廣牘本作「苦寒而不枯」。

〔六二〕「麥穰」上，應依夷門廣牘本補「取」字。

〔六三〕「燃火」下，應依夷門廣牘本補「成灰」；火燃着時深培，没有意義。

〔六四〕今　應依齊民要術删去。

農政全書校注卷之三十八

種植

木部

【榆①】爾雅曰：「榆，白枌。」又曰：「蘊莖。」注曰：枌榆，先生葉，却著莢，皮色白。蘊莖，今之刺榆。廣志曰：有姑榆，有郎榆。案今世有刺榆，木甚牢韌，可以爲犢車材；梜〔一〕榆，可以爲車轂及器物。山榆，可以爲蕪荑。凡種者，宜種刺梜兩種，利者爲多。其餘軟弱，例非佳好之木也。

齊民要術曰②：榆性扇地，其陰下五穀不植。隨其高下廣狹，東西北三方，所扇各與樹等。種者宜於園地北畔，秋耕令熟；至春榆莢落時，收取漫散，犂細畊〔二〕勞之。榆生共草俱長〔三〕。明年正月初，附地芟殺，以草覆上，放火燒之。一根上必十數條俱生；止留一根强者，餘悉掐去之。一歲之中，長八九尺矣。不燒則長遲也。後年正月二月移栽〔一〕之。初生即移者喜曲，故須叢林長之。三年乃移栽〔四〕。初生三年，不用採葉，尤忌採〔五〕心。採心，則科茹太〔六〕長，更須依法燒之，則依前茂矣。不用剶〔七〕沐。剶者，長而細，又多瘢痕。不剶，則短麁而無病。諺曰：「不剶沐〔八〕，十年成轂」，言易麁也。必欲剶者，宜留二〔二〕寸。於壍坑中種者，以陳屋草布壍中，散榆莢於草上，以土覆之。燒亦如法。陳草還似〔九〕，肥良勝糞，無陳草者，用糞糞之亦佳。不糞雖生而瘦。既栽移者，燒亦如法也。

又種榆法：其於〔三〕地畔種者，致雀損穀〔四〕；既非叢林，率多曲戾；不如割地一方種之。其白土〔五〕薄地，不宜五穀者，唯宜榆及白楊〔一〇〕。地須近市。賣柴莢〔六〕葉省功也。梜榆、刺榆、凡榆〔七〕三種，色別種之，勿令和雜。梜榆，莢葉味苦，凡榆莢味甘。甘者，春時將煮賣，是須別也〔一一〕。先耕地作壟，然後散榆莢。壟者看好，料理又易。三寸一莢，稀概得中。散訖勞之。榆生共殺燒斫，一如前法③。三年春，可將莢葉賣之。五年之後，便堪作椽。不梜者即可斫賣，一根十文。梜者鏇作獨樂及盞④。一箇三文。十年之後，魁、椀、瓶、榼、器皿，無所不任。一椀七文，一魁二十，瓶榼器皿〔一二〕，一百文也。十五年後，中爲車轂及蒲桃瓮⑤。瓮二口，值二百〔一三〕；車轂一具，值絹三疋。其歲歲科簡剶治之功⑥，指柴顧人，十束雇一人，無業之人争來就作，賣柴之利已自無貲。歲出萬束，一束三文則三十貫，莢葉在外也。况諸器物，其利十倍。於柴十倍，歲收三十萬。斫後復生，不勞更種，所謂一勞永逸。能種一頃，歲收千疋。唯須一人守護指揮處分。既無牛耕〔一四〕種子人功之費，不慮水旱風蟲之災。比之穀田，勞逸萬倍。男女初生，各與小樹二十株。比至嫁娶，悉任車轂；一樹三具，一具值絹三疋，成絹一百八十疋。聘財資遣，麤得充事。

崔寔曰⑦：二月，榆莢成，及青收，乾以爲旨蓄。旨，美也；蓄，積也。司部收青〔一五〕，小蒸，曝之。至冬，以釀酒，滑香，宜養老。詩云：「我有旨蓄，亦以御冬」也。色變白，將落，可作䳌（醔）酳。隨節早晏，勿失其適。醔，音牟；酳，音頭：榆醬。

農桑通訣曰⑧：榆醬能助肺，殺諸蟲，下氣。榆葉曝乾，搗羅爲末，鹽水調匀，日中炙曝；天寒，於火上熬過，拌菜食之，味頗辛美。榆皮，去上皺〔八〕澁乾枯者，將中間嫩處剉乾磑爲粉，當歉歲亦可代食。昔沛豐歲饑，民以榆皮作屑煮食之，人賴以濟焉。

玄扈先生曰：榆根皮作麵，可和香劑。嫩葉煠浸淘净可食。榆錢可羹，又可蒸糕餌⑨。榆皮濕搗如糊，粘瓦石極有力。汴洛以石爲碓嘴，用此膠之⑩。

【楸、梓、榎】爾雅曰⑪：槐，小葉曰榎；大而皵楸，小而皵榎。椅梓。鼠梓。又曰：如木楸曰喬。郭璞注曰：槐當爲楸。楸細葉者爲榎〔九〕；老乃皮粗皵者，爲楸，小而皮粗皵者爲榎。椅梓，即楸。楰楸屬。今人謂之苦楸。江東人謂之虎梓。詩義疏曰：楸梓之疏理色白〔一六〕而生子者爲梓。説文曰：「櫝，楸也。」然則楸梓二木相類者也。白色有角者名爲梓；似楸有角者名爲角楔，或名子根；黄色無子者爲柳楸，世人見其色黄，呼爲荆黄根也⑫。楸之與梓本同末異。梓名木王，植于林，諸木皆内拱；造屋有此木，則群材皆不震。楸木濕時脆，燥則堅，良材也。榎，櫝也。亦楸屬，葉大而早脱，故謂之楸；葉小而早秀，故謂之榎⑬。

齊民要術曰⑭：宜〔一七〕割地一方種之。梓楸各別，無令和雜。

又曰：種梓法：秋耕地令熟。秋末冬初，梓角熟時，摘取曝乾，打取子。耕地作壟，漫散即再勞之。明年春生有草，拔〔一〇〕令去，勿使荒没。後年正月間，斸移之。方步〔一八〕兩步一樹。此樹須大，不得概栽。即〔一九〕無子，可於大樹四面，掘坑取栽移之。一〔二〇〕方兩步一根；兩畝一行⑮。一行百一〔二一〕十株，五行合六百株〔二二〕。十年後，一樹千錢；柴在外。車、板、盤、合、樂器，所在任用。以爲棺材，勝於松柏。

玄扈先生曰：春月斷其根，瘞于土，遂能發條，取以分種⑯。

又曰：花葉飼猪，並能肥大，且易養⑰。

【松、杉、柏、檜⑱】爾雅曰：柏，椈；柀，樅；檜，柏葉松身。李時珍曰：松，百木之長，猶公，故字从公。四時常青，不改柯葉。三針者，爲栝子松，七針者爲果松。千歲之松，下有茯苓，上有兔絲。又有赤松、白松、鹿尾松。杉，一名樧，一名沙，一名檆。有赤白二種：赤杉實而多油；白杉虛而乾燥。樹類松而榦端直。柏，一名椈，陰木也。凡木皆向陽，柏獨向陰指西，古以生泰山者爲良。今陝州、宜州、密州皆佳，而乾陵尤異：木之文理，多爲雲氣人物鳥獸，狀態分明；徑尺一株，可值萬錢。川柏亦細膩；以爲几案，光滑悦目。檜，一名栝，今人名圓柏。以别側柏。

事類全書云⑲：栽松：春社前帶土栽培，百株百活。舍此時，決無生理也。斫松木，須五更初，便削去皮，後無白蟻。山人斫老松根，取松脂燃之，以代油燭，亦貧家之利。

農桑通訣曰⑳：插松：用驚蟄前後五日，斬新枝，斸坑入枝，下泥杵緊。相視天陰，即插；遇雨，十分生；無雨，即省〔二三〕分數。種松柏法：八九月中，擇成熟松子，柏子同。去臺㉑收頓。至來春春分時，甜水浸子十日。治畦下水土〔二四〕糞，漫散子於畦內，如種菜法，或單排點種，上覆土厚二指許。畦上搭短棚蔽日。旱則頻澆，常須濕潤。至秋後去棚，長高四五寸。十月中，夾薥稭籬以禦北風。畦內亂撒麥糠覆樹，令稍上厚二三寸止。南方宜微〔二五〕蓋。至穀雨前後，手爬去麥糠澆之。次冬封蓋亦如此。二年之後，三月中帶土移栽：先橛〔二六〕區，用糞土相合內區中，水調成稀泥，植栽于內。擁土令區滿，下水塌實。無用杵築脚踏。次日，有裂縫處，以脚躡合。常澆令濕。至十月祛〔二〕倒，以土覆藏，勿〔二七〕使露樹。至春去土，次年不須覆。栽大樹者，於三月中移，廣留根土，謂如一丈樹，留土方〔二八〕三尺地；遠移者二尺五寸。一丈五尺樹留土三尺，或三尺五寸。用草繩纏束根上〔二九〕。樹大者從下剸去枝三二〔三〇〕層，樹記南北，運至區處，栽如前法。

種樹書曰㉒：栽松，須去尖大根，惟留四邊鬚根，則無不盛〔三一〕。春分後，勿種松；秋分後，方宜種。法：大概與竹同，只要根實，不令動搖，自然活。

齊民要術曰㉓：油松法：將青松斫倒，去枝。于根上鑿取大孔，入生桐油數斤，待其滲入，則堅久不蛀。他木同。

本草曰㉔：松花用布鋪地，擊取其蘂，和沙糖作餅，甚清香。不能久留。

又曰：松子出遼東、雲南者尤大，食之香美。

又曰：松脂，一名松膏，一名松香，一名松膠，一名松肪，一名瀝青。皆爲物用。

玄扈先生曰：插杉法㉕：江南宣、歙、池、饒等處，山廣土肥。先將地耕過，種芝麻一年。來歲正二月氣盛之時，截嫩苗頭一尺二三寸。先用橛舂穴，插下一半，築實。離四五尺成行，密則長，稀則大，勿雜他木。每年耘鋤。至高三四尺，則不必鋤。如山可種，則夏種粟，冬種麥，可當芸鋤。杉木斑文有如雉尾者，謂之野雞斑，入土不腐，作棺尤佳，不生白蟻。燒灰最能發火藥。今南方人造舟屋多用之。

又曰㉖：種柏：九月中柏子熟時採。俟來年二三月間，用水淘取沉者，着濕地。二三日淘一次，候芽出。將劚熟地調成畦，水飲足，以子勻撒其中。覆細土半寸，再以水壓下。二三日澆一次，勿太濕，勿太乾。既生，四圍豎矮籬護之，恐爲蝦蟇所食㉗。常澆水糞。俟長高數尺，分栽。

又曰㉘：秋時剪小枝二三尺，亦可插活。

農桑通訣曰㉙：檜：種如松法。插枝者，二三月檜芽蘖動時，先熟劚黄土地成畦，下水飲畦一遍。滲定再下水，候成泥漿〔三〕，斫下細如小指檜枝，長一尺五寸許，下削成馬耳狀。先以杖刺泥成孔，插檜枝於孔中，深五六〔三〕寸以上。栽宜稠密，常澆令潤澤。上搭矮棚蔽日，至冬换作煖廕。次年二三月去後〔三四〕，候樹高，移栽如松柏法。

洞庭陸氏曰㉚：移松、杉、柏、檜：冬至及年盡，雖不帶土根亦活。正月，九分活；二月，七分活；清明後，半活。

便民圖曰㉛：松、杉、檜、柏〔一二〕，俱三月下種。次年三月分栽。

【椿】禹貢曰杶㉜。一作櫄，一作橁。今名香椿㉝。農桑輯要曰㉞：木〔一三〕實而葉香，有鳳眼草者，謂之椿。木疎而氣臭，無鳳眼草者，謂之樗。又云：有花而莢者，謂樗；無花不實者，謂椿。

玄扈先生曰：椿宜于春分前後栽之。

又曰：其葉自發芽及嫩時，皆香甘；生熟鹽醃，皆可茹㉟。

【梧桐㊱】爾雅曰：榮，桐木。又曰：櫬，梧。郭璞注云：即梧桐也。今人以其皮青，號曰青桐。又名櫬皮。其木無節直生，理細而性緊。四月開花，五六月結子。莢長三寸許，五片合成，老則開裂如箕，名曰橐鄂㊲。子綴其上，大如黄豆。雲南者更大；可生噉，亦可炒食。遁甲書云㊳：梧桐可知月正、閏歲。生十二葉，一邊六葉。從下數，一葉爲一月，有閏則十三葉。視葉小處，則知閏何月。立秋之日，如某時立秋，至期一葉先墜。又有白桐，一名華桐㊴，一名泡桐。華而不實。蔡邕月令曰：「桐始華」，桐，木之後華者也。岡桐：一名油桐，一名荏桐，一名罌子桐，一名虎子桐。實大而圓，取子作桐油入漆及油器物、艌船㊵，爲時所須。人多僞爲之；惟以蔑圈撣起，如鼓面者爲真。海桐生南海及雷州，白而堅韌，可作繩，入水不爛。

齊民要術曰㊶：青桐：九月收子，二三月中，作一步圓畦種之。方大則難裹。所以須圓小。治畦下水，一如葵法。五寸下一子，少與熟糞和土覆之。生後數澆，令潤澤。此木宜濕故也。當歲即高一丈。至冬，豎草於樹間令滿，外復以草圍之，以葛十道束置。不然則凍死也。明年三月中，移植於廳齋之前，華净妍秀〔三五〕，極爲可玩〔三六〕。明〔三七〕年冬不須復裹。成樹之後，剥〔三八〕下子一石。子於葉上生，多者五六，少者二三也。炒食甚美。多噉亦無妨也。白桐無子。冬結似子者，乃是明〔一四〕年之花房。亦遶大樹掘坑，取栽，移之。成樹之後，任爲樂器。青桐則不中用。於山石之間生者，樂器則鳴。青白二桐〔三九〕，並堪車、板、盤、合、欙〔四〇〕等用作〔四一〕。

玄扈先生曰：正二月内，以黄土拌鋸〔一五〕末少許，或盆或地上，俱可種。上覆土末寸半許，時時用水澆灌，使土長濕。待長尺餘移栽。冬間不用苫蓋。

又曰㊷：江東江南之地，惟桐樹黄栗之利易得㊸。乃將旁近山場，盡行鋤轉，種芝蔴。收畢，仍以火焚之，使地熟而沃。首種三年桐。其種桐之法：要在二人並耦，可順而不可逆。一人持桐〔一六〕油一瓶，持種一籮，一人持小鋤一把，將地劉起，即以油少許滴土中，隨以種置之。次年苗出，仍要耘耔一遍。此桐三年乃生，首一年猶未盛，第二年則盛矣。生五六年亦衰，即以栗櫟剥之。一二年，其栗便生，且最大，但其味略滯耳。首種三年桐，爲利近速，圖久遠之利，仍要樹千年桐，法亦如前。種黄栗之法：候秋季〔一七〕，落子多收。擇高厚之處，掘地爲坑，下用礱糠鋪底，將種放下，上用稻草蓋定，以土覆之。俟來年春氣盛時，治地成畦，約一尺二寸成行分種，空地之中，仍要種豆，使之二物争長，又可使直而不曲。待長一二尺，即將山場依前法燒鋤過，約闊五尺成行，移苗栽之。次年耘耔。

【椒】爾雅曰㊹：檓，大椒。椒檓帥。醜，莍。郭璞注曰：今椒樹叢生實大者，名爲檓。范子計然曰：蜀椒出五都〔四二〕。秦椒出天水。案：今青州有蜀椒種。本商人，居椒爲業，見椒中黑實，乃遂生意種之。凡種數千株〔四三〕，有一根生，數歲之後，更〔四四〕結子實，芳香、形色，與蜀椒不殊，氣勢微弱耳，遂分布種移，略通〔四五〕州境也㊺。陸璣〔一八〕詩疏云：椒樹似茱萸，有針刺。葉堅而滑澤，味辛香。蜀人作茶，吴人作茗。皆以其葉合煮爲香。今成皋諸山，有竹葉椒，其木亦如蜀椒；小毒，熱，不中合藥，可入飲食中，及蒸鷄豚。東海諸島上，亦有椒，枝葉皆相似，子長而不圓，甚香；其味似橘皮，島上麞鹿食其葉，其肉自然作椒橘香。今南北〔四六〕所生一種椒，其實大於蜀椒，與陶氏及郭、陸之説正相合。當以實大者爲秦椒㊻，即花椒也。崖椒：俗名「野椒」。不甚香，而子灰色；野人用炒鷄鴨食，出施州。彼土四季採皮入藥㊼。蔓椒〔一九〕：蔓生，氣臭如狗彘，生雲中山谷及丘塚間。采莖根，煮，釀酒㊽。地椒：出北地。如蔓椒之小者，煮羊肉香美㊾。胡椒：出摩伽陁國，呼爲「味履支」㊿。今南番諸國，及交趾、滇南、海南諸地，皆有之。已遍中國，爲日用之物矣(51)。番椒亦名秦椒(52)，白花，子如禿筆頭，色紅鮮可觀，味甚辣。椒樹最易繁衍，四月生花，五月結實，生青，熟紅(53)。

齊民要術曰㊹：熟時收取黑子。俗名椒目。不用人手數近；促〔四七〕之，則不生也。四月初，畦種之。治畦下水，如種葵法。方三寸一子，篩土覆之，令厚寸許，復篩熟糞以蓋土上。旱輒澆之，常令潤澤。生高數寸，夏連雨時可移之。移法：先作小坑，圓深三寸，以刀子圓劚椒栽，合土移之於坑中，萬不失一。若拔而移者，率多死。若移大栽者，二月三月中移之。先作熟穰泥，掘出即封根，合泥埋之。行百餘里猶得生之。此物性不耐寒：陽中之樹，冬須草裹；不裹即死。其生小陰中者，少稟寒氣，則不用裹。所謂習以〔二〇〕性成。一木之性，寒暑易〔四八〕容；若朱藍之染，能不易質，故觀鄰識士，見友知人也。候實口開，便速收之。天時晴〔四九〕，摘下薄布曝之，令一日即乾，色赤椒好。若陰時收者，色黑失味。其葉及青摘取，可以爲菹，乾而末之，亦足充事〔二一〕。

務本新書曰㊺：三鄉椒種：秋深熟時揀粒，秋深〔五〇〕摘下，蔭乾。將椒子包裹，掘地深埋。春暖取出，向陽掘畦種之。二年後，春月移栽。樹小時，冬月以糞覆根；地寒處，以草裹縛。次年結子。椒不歇條，一年繁勝一年。

玄扈先生曰：中伏後，晴天帶露收摘。忌手捻。陰一日，曬三日，則紅而裂。遇雨薄攤當風處頻翻，若淹則黑不香。若收作種，用乾土拌和，埋于避雨水地內，深一尺，勿令水浸生芽。其自開口者殺人㊻。

又曰：椒子爲油亦可食，微辛甘。晉中人，多以炷燈也。造油如小油法。

【榖】小雅曰[57]：「其下惟榖[58]。」説文曰：榖，楮也。有二種：一種，皮有斑花文，謂之榖，今人用爲冠者。一種，皮白無花，枝葉相類。或云，斑者是楮，白者是榖。陸璣詩疏云[59]：構，幽州謂之榖桑，或曰林桑。荆、揚、交、廣謂之榖。酉陽雜俎云[60]：榖田久廢，必生構。葉有瓣曰楮。無曰構。李時珍曰[61]：楮本作柠，其皮可績爲紵故也。

齊民要術曰[62]：宜澗谷間種之，地欲極良。秋上楮子熟時，多收净淘，曝令燥。耕地令熟，二月耬耩之，和麻子漫散之[63]，即勞。秋冬仍留麻勿刈，爲楮作煖。若不和麻子種，率〔二二〕多凍死。明年正月初，附地芟殺，放火燒之。一歲即没人。不燒者瘦，而長亦遲。三年便中斫。未滿三年者，皮薄，不任用。斫法：十二月爲上，四月次之。非此兩月而斫者，則多枯死也。每歲正月，常放火燒〔五一〕。自有乾葉在地，足得火然。不燒，則不滋茂也。二月中，間斫去惡根。斸者，地熟楮科，亦以留潤澤也。移栽者，二月蒔之，亦三年一斫。三年不斫者，徒失錢，無益也。指〔二三〕地賣者，省功而利少；煮剥賣皮者，雖勞而〔五二〕大。其柴足以供然。自能造紙，其利又多。種三十畝者，歲斫十畝；三年一徧，歲收絹百疋。

陶弘景曰[64]：南人呼榖紙，亦爲楮紙。武陵人作榖皮衣，甚堅好。

陸氏詩疏云[65]：食其嫩芽，可當菜茹。

李時珍曰[66]：榖有雌雄，雄者不結實。歉歲，人采花食之。雌者，實如楊梅。半熟時，水澡〔二四〕去子，蜜煎作果食。

廣州記云[67]：蠻夷取穀皮，熟搥爲揭裹罽布，以擬毡，甚煖也。其木腐後生菌耳，味甚佳。

農桑通訣曰[68]：南方鄉人，以穀皮作衾，甚堅好。鬻之實爲貧家之利焉。

【槐】爾雅曰[69]：「櫰，槐〔五三〕大葉而黑。」「守宮槐，葉晝〔五四〕聶宵炕。」又曰：「槐棘醜，喬。」郭璞注曰：槐葉大色黑者，名櫰；葉晝聶合而夜炕布者，名守宮槐。槐有青黃白黑數色。黑者爲猪屎槐，材不堪用，花可染黃。槐之生也，季春五日而兔目，十日而鼠耳，更旬而始規，二旬而葉成。諸槐功用，大略相等。有極高大者，材實重，可作器物[70]。

齊民要術曰[71]：槐子熟時，多收；擘取數曝，勿令蟲生。五月夏至前十餘日，以水浸之。如浸麻子法也。六七日，當芽生。好雨種麻時，和麻子撒之。當年之中，即與麻齊。麻熟刈去，獨留槐。槐既細長，不能自立，根別樹木〔五五〕，以繩攔之〔二五〕。冬天多風雨，繩攔宜以茅裹。不則傷皮，成痕瘢也。明年，斸地令熟，還於槐〔二六〕下種麻。脅槐令長。三年正月，移而植之。亭亭條直，千百若一。所謂「蓬生麻中，不扶自直[72]」。若隨宜取栽，匪直長遲，樹亦曲惡。宜於園中割地種之，若園好，未移之間，妨廢耕墾也。

玄扈先生曰：收取花，可染黃，并可入藥[73]。

又曰：初生嫩芽，煠熟，水泡去苦味，可薑醋拌食。晒乾亦可代茶飲也[74]。

【楊柳】[75] 爾雅曰：「楥，柜柳。」「檉，河柳；旄，澤柳；楊，蒲柳。」又曰：「桑柳醜，條。」郭璞注云：「檉，今河旁赤莖小楊。旄，生澤中者。楊，可以爲箭。」説文曰：「柳，小楊」；易生之木也。柳，一名雨師，一名赤檉，一名人柳，一名三眠柳，一名觀音柳，一名長壽仙人柳。性柔脆。北土最多。枝條長軟，至春晚，葉長成，花中結細子，上帶白絮如絨，名柳絮，又名柳絨，隨風飛舞。着毛衣，即生蟲；入池沼，隔宿化爲浮萍[76]。

楊有二種：白楊，青楊。白楊，一名高飛，一名獨搖。微帶白色。高者，十餘丈。青楊又有二種：一種梧桐青楊，身聳直高大；一種身矮多歧枝，不堪用。楊與柳自是二物：柳枝長脆，葉狹長；楊枝短硬，葉圓闊[77]。

齊民要術曰[78]：種柳：正月二月中，取弱柳枝，大如臂，長一尺半，燒下頭二三寸，埋之令没，常足水以澆之。必數條〔二七〕俱生。留一根茂者，餘悉掐去〔二八〕。别豎一柱，以爲依主〔二九〕。每一尺，以長繩柱欄之〔三〇〕。若不欄，必爲風所摧，不能自立。一年中，即高一丈餘。其旁生枝葉即掐去，令直聳上。高下人任〔五六〕取足，便掐去正心，即四散下垂，婀娜可愛。若不掐心，則枝不四散，或斜或曲，生亦不佳也。六七月中，取春生少枝種，則長倍疾。少枝，葉青氣壯〔三一〕，故長疾也。下田停水之處，不得五穀者，可以種柳。八九月中，水盡，燥濕得所時急耕；則钃榛〔五七〕之。至明年四月，又耕熟，勿令有塊。即作塲〔五八〕壠：一畝三壠，一壠之中，逆順各一到；塲中寬狹，正似葱壠。從五月初，盡七月末，每天雨時，即觸雨折取。春生，少枝〔五九〕長疾，三歲成椽。比於餘木，雖微脆，亦足堪事。一畝，二千六〔六〇〕百六十根；三十畝，六萬四千八百根。根直八錢，合收錢五十一萬八千四百文。百樹得柴一載，合柴六百四十八載；直〔六一〕錢一百文，柴合收錢六萬四千八百文。都合[79]：收錢五十八萬三千二百文。歲種三十畝，三年種九十畝；歲賣三十畝，終歲無窮。

陶朱公術曰[80]：種柳千樹，則足柴。十年以後，髡一樹得一載；歲髡二百樹，五年一週。

憑柳：可以爲楯、車輞、雜材及椀[81]〔六二〕。

種箕柳法[82]：山澗、河旁及下田不得五穀之處，水盡乾時，熟耕數遍。至春凍釋，于山陂河坎之旁，刈取箕〔六三〕柳，三寸絶〔六四〕之，漫散即勞，勞訖引水停之。至秋任爲簸箕。五條一錢，歲收萬錢。山柳赤而脆，河柳白而韌。

便民圖曰[83]：種杞柳：二月間先將田用糞壅灌，戽水耕平。以柳鬚斷作三寸許，每人一握，隨田廣狹，併力一日齊種。頻以濃糞澆之。有草即用小刀剜出。田勿令乾。八月斫起，刮去柳皮，晒乾爲器。根旁敗葉掃净，則不蛀。至臘月間將重長小條復斫去，長者亦可爲器。舊根常留。

齊民要術曰[84]：種白楊：秋耕地熟。至正月二月中，以犁作壟；一壟之中，以犁逆順各一到。塲中寬狹，正似作葱壟。作訖，又以鍬掘底一坑作小塹。所〔六四〕取白楊枝，大如指，長三尺者，屈着壟中。以土壓上，令兩頭出土，向上直豎。二尺一株。明年正月中，剥去惡枝。一畝三壟，一壟七百二十株，一株兩根；一畝，四千三百二十根〔三三〕。三年，中爲蠶樀；都格反。五年，任爲屋椽；十年，堪爲棟梁。以蠶樀爲率：一根五錢，一畝歲收二萬一千六百文。柴又作梁，掃住〔六五〕在外。歲種三十畝，三年九十畝，一年賣三十畝，得錢六十四萬八千文。周而復始，永世無窮。比之農夫，勞逸萬倍。去山遠者，實宜多種，千根以上，所求必備。

【白楊】性甚勁直，堪爲屋材。折則折矣，終不曲撓。榆性軟，久無不曲，比之白楊，不如遠矣。凡屋材，松柏爲上，白楊次之，榆爲下也〔三四〕。

博聞録曰[85]：楊柳根下，先埋大蒜一枚，不生蟲。

種樹書曰[86]：種水楊，須先用木椿釘穴，方入楊，庶不損皮，易長。臘月二十四日種楊樹，不生蟲。

【女貞】山海經曰「貞木」[87]。李時珍曰[88]：女貞木，凌冬青翠，有貞守之操，故以貞女狀之。東人因女貞茂盛，亦呼爲冬青，與冬青同名異物，蓋一類二種也。二種皆因子自生，最易長。其葉厚而柔長，緑色，面青背淡。女貞：葉長者四五寸，子黑色；冬青：葉微圓，子紅色爲異。其花皆繁，子並纍纍滿樹。近時以放蠟蟲，故俱呼爲蠟樹。

唐、宋以前，澆燭所用白蠟，皆蜜蠟也。此蟲白蠟，自元以來，人始知之。今則爲日用物矣。四川、湖廣、滇南、閩嶺、吳越東南諸郡有之，以川、滇、衡、永産者爲勝。

便民圖曰[89]：臘月下種，來春發芽，次年三月移栽。長七尺許，可放蠟蟲。栽女貞[90]：略如栽桑法，縱横相去一丈上下，則樹大力厚。須糞壅極肥，歲耕地一再過，有草便鋤之，令枝條壯盛，即多蠟也。

李時珍曰[91]：蠟蟲，大如蟣虱。芒種後，延緣樹枝，食汁吐涎，粘於嫩莖，化爲白脂，乃結成蠟，狀如凝霜。處暑後剥取，謂之蠟渣。過白露則粘住難刮矣。其渣煉化濾净，或甑中蒸化瀝下器中，待凝成塊，即爲蠟也。其蟲微〔六六〕時白色，作蠟；及老，則赤黑色，乃結苞於樹枝。初若黍米大，入春漸長，大如雞頭子，紫赤色。纍纍抱枝，宛若樹之結實也。蓋蟲將遺卵作房，正如雀甕、螵蛸之類爾。俗呼爲蠟種，亦曰蠟子。子内皆白卵，如細蟣，一包數百。次年立夏日摘下，以箬葉包之，分繫各樹。芒種後苞拆卵化，蟲乃延出葉底，復上樹作蠟也。樹下要潔净，防蟻食其蟲。玄扈先生曰：女貞之爲白蠟，勝國以前[92]，略無紀載，今則遍東南諸省皆有之。向嘗疑焉：以爲古人著書，未暇遠徵遐僻耳，非果昔無今有也。然見婺州人言[93]，彼中放蠟，不過二十年；吳興人言，不過十許年[94]；即余邑，五年前亦無人知此。自余庚戌營先隴[95]，始樹女貞數百本，擬作蠟。近年來，村中亦多自生蠟蟲。頃，寄子半用吳興子[96]，半用土子，土人言「土子爲勝」。則昔無今有，理亦有之。事固非目前所見，遽可懸斷也[97]。

汪機本草彙編曰[98]：蟲白蠟，與蜜蠟之白者不同，乃小蟲所作。其蟲食冬青樹汁，久而化爲白脂，粘敷樹枝，人謂蟲矢着樹而然，非也。至秋刮取，以水煮溶，濾置冷水中，則凝聚成塊矣。碎之文理如白石膏而瑩澈。人以和油澆燭，大勝蜜蠟也。玄扈先生曰：蟲白蠟純用作燭，勝他燭十倍。若以和他油，不過百分之一，其燭亦不淋[99]，故爲用頗廣。多植無害。

宋氏雜部曰[100]：冬青：子可種，堪入酒。至長盛時，五月養以蠟子。七月收蠟，不宜盡採；留迨〔三五〕來年四月，又得生子取養。蠟曬乾，以越布[101]蒙於甑口，置蠟布上，置器甑中。釜內水沸，蠟遂鎔下入器，凝則堅白而爲燭材。其滓盛之以絹囊，復投於熱油中，則蠟盡，油遂可爲燭。凡養蠟子，經三年，停亦三年。

又曰[102]：巴蜀擷其子[103]，漬淅米水中。十餘日，搗去殼〔三六〕種之。蠟生則近跗伐去，發肄[104]再養蠟。養一年，停一年。採蠟必伐木，無老榦。

玄扈先生曰：女貞收蠟有二種：有自生者，有寄子者。自生者，初時不知蟲何來，忽遍樹生白花，枝上生脂如霜雪，人謂之花。取用煉蠟。明年復生蟲子。向後恒自傳生。若不曉寄放，樹枯則已；若解放者[105]，傳寄無窮也。寄子者取他樹之子，寄此樹之上也。其法：或連年，或停年，或就樹，或伐條。若樹盛者，連年就樹寄之，俟有衰頓，即斟酌停年，以休其力。培壅滋茂，仍復寄放，即宋氏雜部所謂「養一年，停一年」者也。伐條者，取樹栽〔三七〕徑寸以上者種之。俟盛長，寄子生蠟，即離根三四尺，截去枝榦，收蠟，隨手下壅。冬月再壅。明年旁長新枝芽蘖。以後恒擇去繁冗，令直達。又明年，亦復修理，恒加培壅。第三年，可放蠟子。四年再放，五年復放。迨收蠟，仍剪去枝。如是更代無窮，此所謂「經三年，停三年」者也。凡寄子皆于立夏前三日内，從樹上連枝剪下，去餘枝，獨留寸許，令子抱木，或三四顆，乃至十餘顆，作一簇；或單顆，亦連枝剪之。剪訖，用稻穀浸水半日許，灑取水(106)。剥下蟲顆，浸水中一刻許，取起用竹箬虚包之。大者三四顆，小者六七顆，作一苞，韌草束之，置潔净甕中。若陰雨，頓甕〔三八〕中可數日。天熱，其子多迸出，宜速寄之。寄法：取箬包剪去角，作孔如小豆大，仍用草係之樹枝間。其子多少，視枝小大斟酌之：枝大如指〔三九〕者可寄；枝太細、榦太粗者勿寄也。寄後數日間，鳥來啄箬苞攫取子，勤驅之。天漸暖，蟲漸出苞。先緣樹上下行，若樹根有草，即附草不復上矣，故樹下須芟刈極净也。次行至葉底棲止。更數日，復下至枝條，嚙皮入咂食其脂液，因作花。約略蟲出盡，即取下苞；視有餘子，并作苞(107)，别寄他樹。秋分後檢看花老嫩：若太嫩，不成蠟；太老不成蠟(108)。太老不可剥矣。剥時或就樹，或剪枝，俱先洒水潤之，則易落。乘雨後，或侵晨帶露華采之尤便。次取蠟花，投沸湯中鎔化。候稍冷，取起水面蠟，再煎，再取滓沉鍋底，勺去之，若蠟未净，再依前法煎澄之。既净，乘熱投入繩套子，候冷牽繩起之，成蠟堵也。

又曰：浸穀水漬蠟子，剥下苞〔四〇〕之，此是婺州法。吴興人⑩⑨，但于立夏後剪子，到小滿前三日，連舊枝作苞寄之，亦生蠟。檇李及吾邑⑪⓪，有自生之子，不煩寄放，亦生蠟。可見傳生之物，氣足爲上。若吾鄉傳有土子，不論節氣，但俟其氣足欲迸時速剪下寄之，可也。

又曰：立夏前二日剪子，此是常法。但浙東氣暖，從他方鬻子還，恐蟲迸出，故以此爲期。若吴興在北，吾邑又在吴興北，則吾鄉往吴興及浙東買子者，宜立夏後剪，小滿前後寄也。若浙東從吾鄉鬻子，仍須立夏前剪去耳。吾鄉以北愈寒，寄宜愈遲。依此消息之。

又曰：蠟子若本地所無，傳貿他方者，可行千里。如浙中。獨金華業此最盛，而鬻子于紹興、台州、湖州；川中獨南部、西充、嘉定最盛⑪①，而鬻子于潼川⑪②。其間相去各數百里。蓋蠟子在立夏前氣已足，可剪；小滿前，雖未出，可寄耳。亦須疾行，遲則蟲先期出，不及寄，折損多矣。諺云「走馬販蠟」，謂此。若依前法，先作苞置器中，蟲出不離箬苞中，尚可遲二三日寄也。

又曰：金華之於湖州也，嘉定之於潼川也，歲鬻子以去而不傳子，明年又鬻之。叩之，則云：「金華、嘉定，但生花不生子，故然。」金華尚有土子，其價以半；嘉定絶無之，鬻子之價，十倍潼川，此理殊不可曉。嘗臆度之：大都樹少⑬多生花，樹老多生子。樹卑多生花，樹高多生子。一樹之中，寄子多則生花，寄子少則生子。又北種販至南，多生花，南種販至北，多生子。如湖州子販至金華，盡生花；金華子販至閩中，又生花。故金華子多入閩〔四二〕而轉販于吴興。若金華種販至湖州，又生子矣。吴興在北，金華在南，閩又在金華南也。又如潼川販至嘉定，盡生花；若嘉定種販至潼川，又生子矣。潼川在北，嘉定在南也。蓋花性喜煖，子性能寒；其以老少異，以高下異，以南北異，理則一耳。

又曰：或云：樹生花，即無子；生子，即無花。此間有之，不盡然也。大概多花子並生者。但欲留種，不宜早收。花絶不可見⑭。至春中，方着枝如螺靨；入夏頓長，則花與子不相見耳。子盛長時，有膏如餳蜜。去之，即子枯。

附：冬青。陳藏器曰：冬青木，肌白有文，作象齒笏。其葉，堪染緋。李時珍曰：凍青，亦女貞別種也。山中時有之。但以葉微團而子赤者，爲凍青；葉長而子黑者，爲女貞。玄扈先生曰：女貞，吴下稱冬青；産蠟處皆稱蠟樹。此冬青，吴下稱水冬青，或稱細葉冬青⑮。

宋氏雜部曰⑯：水冬青葉細，利于養蠟子。

玄扈先生曰：冬青樹凋枯，以猪糞壅之即茂。或云，以猪溺灌之。

附：水槿。玄扈先生曰：水槿，葉似女貞，而邊有鋸齒。五葉攢生，不花。李所謂水蠟樹，必此也。蜀中又有一種插蠟[117]，葉似菊，尤易生。插之一年，便可寄子，三四年大如酒杯口，即衰壞，須更插矣。此與水槿〔四二〕異種。水槿雖扦插易生，却難大，又蜀中蠟子，生女貞樹上少，生插蠟樹上者多；故當以蜀種爲勝。

李時珍曰[118]：有水蠟樹，葉微似榆；亦可放蟲生蠟。

宋氏雜部曰[119]：水槿：細葉小黄花，又名水椐。臘月斬其條而插之，易成大。木材可爲器。宜養蠟子以取蠟。

附：櫧。山海經曰[120]：「前山有木，其名白櫧[121]」。郭璞注曰：櫧子似柞，子可食。冬月采之。木作屋柱棺材，難腐也。汪穎食物本草曰：櫧子生江南，皮樹如栗，冬月不凋。子，小於橡子。櫧子有苦甜二種，治作粉食餻食，褐色甚佳[122]。李時珍曰[123]：櫧子，處處山谷有之。其木大者數抱，高二三丈。葉長大，如栗；葉梢尖而厚堅光澤，鋸齒峭小〔六七〕，凌冬不凋。三四月開白花，成穗如桑花〔六八〕，結實大如槲子，外有小苞，霜後，苞裂子墜〔四三〕，子圓褐而有尖，大如菩提子，内仁如杏仁。生食苦澀，煮炒乃帶甘；亦可磨粉。甜櫧子粒小，木文細白，俗名麵櫧。苦櫧子粒大，木粗赤文〔六九〕，俗名血櫧，其色黑者〔四四〕名鐵櫧。

李時珍曰[124]：甜櫧子亦可産蠟。

玄扈先生曰：余所聞，樹可放蠟者數種，以意度之，當不止此。即如飼蠶之樹，世人皆知有桑柘矣，而東萊人育山繭者，於樹無所不用，獨楊樹否耳。諸樹中獨椒繭最上，桑柘次之，椿次之，樗爲下。由此言之，事理無窮，聞見之外，遺佚甚多，坐井自拘，何爲哉[125]？

【烏臼】玄中記曰[126]：荊、揚〔四五〕有烏臼。烏臼樹高數仞，葉似梨杏，花黃白紫黑色[127]。極易生長。

玄扈先生曰：烏臼樹，收子取油，甚爲民利。他果實總佳，論濟人實用，無勝此者。江浙人種者極多。樹大或收子二三石。子外白穰，壓取白油〔四六〕，造蠟燭；子中仁，壓取清油，然燈極明。塗髮變黑，又可入漆，可造紙用。每收子一石，可得白油十斤，清油二十斤。彼中一畝之宮，但有樹數株者，生平足用，不復市膏油也。臨安郡中[128]，每田十數畝，田畔必種臼數株，其田主歲收臼子，便可完糧。如是者租額亦輕，佃户樂于承種，謂之熟田。若無此樹，要當于田收完糧[129]，租額必重，謂之生田。兩省之人，既食其利，凡高山大道，溪邊宅畔，無不種之，亦有全用熟田種者。用油之外，其查仍可壅田[130]，可燎爨，可宿火[131]。其葉可染皂；其木，可刻書及雕造器物。且樹久不壞，至合抱以上，收子逾多。故一種即爲子孫數世之利。吾三吳人家，凡有隙地即種楊柳。余逢人即勸，令之拔楊種臼，則有難色。凡所利於楊者，歲取枝條作薪耳；取臼子者，須連枝條剥之[132]，亦何嘗不得薪也。凡他方美利不能相通者，其故有二：種植力本人罕出；途路江湖客遊人，無意種植。若夫殊方異種，偶爾流傳，遂成土利，未有不從客遊人攜來者。余生財賦之地，感慨人窮，且少小游學，經行萬里，隨事咨詢，頗有本末。若力作人能相憑信，無論豐凶，必能〔四七〕補于生計耳。

又曰：臼不須種，野生者甚多。若收子即佳種種出者，亦不中用；必須接博乃可[133]，未接者江浙人呼爲草臼。種草臼，榦如酒杯口大，便可接；大至一兩圍，亦可接。但樹小低接，樹大高接耳。接須春分後數日，接法與雜果同。其種之佳者有二：曰葡萄臼，穗聚子大，而穰厚；曰鷹爪臼，穗散而殼薄。又聞山中老圃云：臼樹不須接博，但于春間將樹枝一一捩轉，碎其心無傷其膚，即生子，與接博者同[134]。余試之良然。若地遠無從取佳貼〔四八〕者，宜用此法。此法農書未載，農家未聞，恐他樹木亦然，宜逐一試之。

又曰：採臼子在中冬，但以熟爲候。採須連枝條剥之，但留取指大以上枝。其小者總無子，亦宜剥去。則明年枝實俱繁盛。其剥刀長三四寸，廣半寸，形如却月鉤[135]。刃〔四九〕在鉤内，以竹木竿爲柄。刀著柄端，令刃向上，剥時向上鑱之，不傷枝榦。剥下枝，仍充燎爨。揀取浮子曬乾，入臼春落外白穰，篩出之，蒸熟作餅，下榨取油如常法，即成白油如蠟，以製燭。若穰少不滿一榨者，即作餅，入他油餅雜榨之。榨下盛油餅中，置一草帚，候油出冷定，臼[136]油即凝附草帚，不雜他油矣。其篩出黑子，用石磨麤礲碎，簸去殼，存下核中仁，復磨或碾細蒸熟，榨油如常法，即成清油。凡製燭，每臼油十斤，加白蠟三錢，則不淋[137]；蠟多更佳。常時肆中賣者，臼油十斤，雜清油十斤，白蠟不過一二錢，其燭則淋。

又曰：養魚池邊勿種臼。落葉入水，變黑色[138]，令魚病。

又曰：種烏臼，取白油、清油；種女貞樹，取白蠟，其利濟人，百倍他樹。古來遂無人曉此。北魏賈思勰，撰齊民要術，既不著女貞，獨有烏臼一則，乃雜入殊方異物中。陳藏器，唐人也；日華子[139]，五代人也。各言烏臼油可染髮。亦止是清油，不及白油。藏器説女貞，亦言木虻在葉中，卷葉如子，羽化爲虻。亦不知虻之爲蠟。至元人開局撰農桑輯要，王禎著農書二書，是千年以來農家之裒然者[140]，亦絶不及二物，又何望近代俗書也。白蠟之利，今世最盛于蜀，其次浙。烏臼最盛于江浙。豈元人修書，詳于北産；聞見所限，未及遠徼吴、蜀耶？抑邇年始食其利，前此未著耶[141]？若吴、蜀舊有，爲元人所遺，可見他方嘉種，亟宜遷貿。若宋元未有，近代始食其利；可見生財無盡，亟宜講求。恒農土著，安知頃畝之外，必求利物活人者，其責不在冥冥之民也[142]。

又曰：烏臼，楂之屬，但取膏油，似不入救荒品中。但膏油不可闕，而民間所用，多取諸麻菽荏菜。麻菽非穀耶？荏菜非穀也？藝荏菜者非穀田耶？烏臼之屬，比諸麻菽荏菜，有十倍之收。且取諸荒山隙地，以供膏油，而省麻菽以充糧，省荏菜之田以種穀，其益于積貯，不爲少矣。

【漆】秦風曰⑭：「山有漆。」説文云⑭：「木汁可以髤物。」一作桼，如水滴而下。生漢中山谷，梁、益、陝、襄皆有，金州者最善。廣州者，性急易燥。今廣、浙中出一種漆，六月取汁漆物，黃澤如金，即唐書所謂黃漆也。廣南漆作飴糖氣，沾沾無力。樹似榎而大，高二三丈，身如柹，皮白，葉似椿，花似槐，子似牛李子。木心黃。六七月，刻取滋汁⑮。

春分前移栽，易成有利。一云臘〔五〇〕月種⑯。

取用者，以竹筒釘入木中取汁，或以剛斧斫其皮開，以竹管承之，滴汁則爲漆也。凡取時須荏油解破，故淳者難得。可重重別制：拭之色黑如瑿若鐵石者，爲上等，黃嫩若蜂窠者不佳。凡驗漆：惟稀者，以物蘸起，細而不斷，斷而復收。更又塗于乾竹上，蔭之速乾者並佳。試訣有云：「微扇光如鏡，懸絲急似鈎。撼成〔五一〕琥珀色，打着有浮漚。」⑰

農桑通訣曰⑱：用漆在燥熱及霜冷時，則難乾；得陰濕，雖寒月亦易乾。物之性也。若苦霑〔七〇〕人，以油治之。凡漆器不問真僞，送〔七一〕客之後，皆須以水净洗，置牀薄上，於日中半日許曝之，使乾，下晡乃收，則堅牢耐久。若不即洗者，鹽醋浸潤，氣徹則皺，器便壞矣。其朱裏者，仰而曝之。朱本和油，性潤耐日。故盛夏連雨，土氣蒸熱〔五二〕，什器之屬，雖不經夏用，六七月中各須一曝使乾。俗人見漆器暫在日中，恐其炙壞，合著陰潤之地。雖欲愛慎，朽敗更速矣[149]。

又曰：凡木畫〔五三〕、服翫、箱椀〔七二〕之屬，入五月盡，七月九月中，每經雨，以布纏指，揩令熱徹。膠不動作，光净耐久。若不揩拭者，地氣蒸熱，徧上生衣。厚潤徹膠，便皺；動處起發，颯然破矣。

【皂莢[150]】廣志曰「雞栖子」。一名皂角，一名烏犀，一名懸刀。有三種：一種小如猪牙，一種長而肥厚多脂而粘，一種長而瘦薄枯燥不粘。以多脂〔七三〕爲佳。今所在有之。樹高大，枝間有刺，夏開花，秋後實。

玄扈先生曰[151]：猪牙者良。其角亦有長尺一二寸者。種者，二三月種。不結角者，南北二面，去地一尺鑽孔，用木釘釘之，泥封竅即結。或曰：樹不結，鑿一大孔，入生鐵三五斤，以泥封之，便開花結子。既實，以篾束其本數匝，木楔之，一夕自落。用以洗垢滌膩最良。角與刺，俱堪入藥，亦物之利益于世者。

【椶櫚】山海經曰[152]：「石翠之山，其木多椶。」一名栟櫚，出嶺南、西川，今江南亦有之。木高一二丈，無枝條，葉大而圓，有如車輪，萃于樹杪。其下有皮，重疊裹之。每皮一匝爲一節。二旬一采皮，轉復生上。六七月生黄白花；八九月，結實作房如魚子，黑色。九月十月，采其皮用[153]。

便民圖曰[154]：椶櫚，二月間撒〔五四〕種。長尺許，移栽成行。至四尺餘，始可剥。每年四季剥之；半年一剥亦可。其皮作繩，入水千歲不爛。昔有人開塚得一索，已生根[155]。

李時珍曰[156]：椶櫚：葉大如扇，上聳，四散岐裂，其莖三稜，四時不凋。其幹正直，身赤黑皆筋絡。宜爲鍾〔七四〕杵，亦可旋爲器物。其皮有絲毛錯縱如織，剥取縷解，可織衣帽褥椅之屬。每歲必兩三剥之，否則樹死，或不長也。

【柞[157]】爾雅曰「栩杼」。郭璞注曰：「柞樹。」俗人〔七五〕呼杼爲橡子，以橡殼爲杼斗，以剜剜〔五五〕似斗。

齊民要術曰[158]：宜於山阜之曲，三徧熟耕，漫散橡子，即勞之〔七六〕。生則薅治，常令淨潔。一定不移。十年中椽，可雜用。一根值十文錢。二十歲中屋欂〔五六〕。一根值百文錢。柴在外，斫去尋生，料理還復。

玄扈先生曰：橡子，儉歲可以爲飯，豐年牧猪食之，可以致肥[159]。

【楝[160]】爾雅翼曰：楝葉可以練物，故謂之楝。說文曰：苦楝木也。一名金鈴子。有雌雄兩種：雄者無子，根毒，食之使人吐不止。雌者有子，可入藥。以蜀川者爲佳。今處處有之。樹高丈餘，易長〔五七〕。三四月開花，實如圓棗。

齊民要術曰[161]：以楝子于平地耕熟，作壟種之。其長甚疾。五年後可作大椽。北方人家欲搆堂閣，先於三五年前種之，其堂閣欲成，則楝木可椽。

農桑通訣曰[162]：子熟時雨後種，如種桃李法。成樹移栽。

【棠梨[163]】爾雅曰："杜，甘棠。"又曰："杜，赤棠；白者，棠。"郭璞注曰："今之杜梨。"詩曰："蔽芾甘棠"，毛云："甘棠，杜也。"詩義疏云："今甘〔七七〕棠梨，一名杜梨。如梨而小，味〔七八〕酢可食"也。唐詩曰："有杕〔五八〕之杜"，毛云："杜，即棠也。"與白棠同，但亦〔七九〕有赤白美惡，子赤〔八〇〕白色者爲白棠，甘棠也。酢滑而美。赤棠，子澀而酢，無味。赤棠木理赤，可作弓幹。"案今棠葉有中染絳者，有惟中染土紫者，杜則全不用。其實三種，則〔八一〕爾雅、毛、郭以爲同，未詳也。丹鉛録云[164]："尹伯奇采楟花以濟飢"，注言"楟即山梨"，乃今棠梨也。

齊民要術曰[165]：棠熟時，收種之。否則春月移栽。八月初，天晴時，摘葉薄布，曬令乾，可以染絳。必候天晴時，少摘葉，乾之；復晴則〔八二〕摘，慎勿頓收。若遇陰雨則浥，浥不堪染絳也。成樹之後，歲收絹一百疋。亦可多種，利乃勝桑也。

附：海紅〔五九〕[166]。一名海棠梨。鄭樵通志云："海棠子名海紅。"即爾雅赤棠也。狀如木瓜而小。二月開花，八月熟〔六〇〕。

【椰[167]】上林賦曰"胥餘"。又名越王頭。相傳林邑王與越王有怨，使刺客乘其醉，取其首懸于樹，化爲椰子，其核猶有兩眼，故俗謂之越王頭。而其漿猶如酒也。南州異物志曰：椰樹，大三四圍，長十丈。通身無枝，至百餘年。有葉狀如蕨菜，長丈四五尺，皆直竦指天。其實生葉間，大如升，外皮苞之如蓮狀。皮中核堅過於石。裏肉正白，如鷄子著皮，而腹内空含汁。大者含升餘。實形團團然，或如瓜蔞。横破之可作爵形，並應器用。故人珍貴之。廣志曰：椰出交趾，家家種之。

交州記曰：椰子有漿。截花以竹筒承其汁，作酒飲之，亦醉也。

寇宗奭曰：椰子，開之有汁，白色如乳如酒，極香，别是一種氣味。强名爲酒。中有白瓠，形圓如栝樓〔八三〕，上起細壠，亦白色而微虚，其紋若婦人裙褶。味亦如汁，與着殼一重白肉，皆可糖煎爲菓。其殼可爲酒器，如酒中有毒，則酒沸起或裂破。今人漆其裏，即失用椰子之意。

玄扈先生曰：椰用甚多，南中人樹之者，資生之類，大率在焉。

【梔子(168)】司馬相如賦曰(169)：「鮮支、黄礫〔六一〕。」注曰：即支子。佛書稱薝蔔，又名林蘭，又名越桃，又名禪友。有兩三種，小異，以七稜者爲佳。三四月開花，夏秋結實，經霜乃收。蜀中有紅梔子，花紅色，染物則赭紅色。

齊民要術曰(170)：十月選成熟梔子，取子淘净，曬乾。至來春三月，選沙白地斸畦。區深一尺，全去舊土，却收地上濕潤浮土，篩細填滿畦〔八四〕區，下種稠密如種茄法。細土薄糝，上搭箔棚遮日，高可一尺。旱時一二日用水於棚上，頻頻澆洒，不令土脉堅垎。四十餘日，芽方出土，薅治澆溉。至冬月，厚用蒿草藏護。次年三月移開，相去一寸一科，鋤治澆溉宜頻。冬月用土深擁根株，其枝梢用草包護。至次年三四月又移，一步半一科，栽成行列。須園内穿井，頻澆〔八五〕。冬月用土深擁。須北面〔八六〕夾〔六二〕籬障以蔽風寒。第四年開花結實。十月收摘，甑内微蒸過〔八七〕曬乾用。梅雨時，以沃壤一團，插嫩枝其中，置鬆畦内，常灌糞水。候生根移種亦可[171]。

種樹書曰[172]：黄梔子，候其大時，摘青者曬收。至黄熟，則消花水矣。大朵重臺者，梅醬糖蜜製之，可作羹果[173]。

【楂】玄扈先生曰[174]：楂木生閩、廣、江右山谷間，橡栗之屬也。其樹易成，材亦堅韌。若修治令勁挺者，中爲杠。實如橡斗，斗無刺爲異耳。斗中函子，或一或二或三四，甚似栗而殼甚薄。殼中仁皮色如榧，瓤肉亦如栗，味甚苦，而多膏油。江右、閩、廣人，多用此油。燃燈甚明，勝于諸油，亦可食。楂在南中，爲利甚廣，乃字書既無此字，而偏方〔六三〕雜記，亦未之見。或直書爲茶，尤非也。獨本草有櫧子，云：「小于橡子，味苦澁；皮樹如栗。」或者櫧楂聲近，土俗音訛耶？其不言子可爲油，或昔人未食其利，如烏臼女貞之類耶？不敢傅會，姑志之以俟再考。

玄扈先生曰：種楂法：秋間收子時，簡取大者，掘地作一小窖，勿令及泉，用沙土和子置窖中。至次年春分取出畦種。秋分後分栽。三年結實。

又曰：作油法：每歲于寒露前三日，收取楂子，則多油，遲則油乾。收子宜晾之高處，令透風，樓上尤佳。過半月則罅發，取去斗。欲急開，則攤曬一兩日，盡開矣。開後取子曬極乾；入碓〔六四〕磑中碾細，蒸熟榨油如常法。

又曰：楂油能療一切瘡疥，塗數次即愈。其性寒，能退濕熱。用造印色，生者亦不沁。或云，以澤首⑰，尤勝諸膏油，不染衣，不膩髮。其查可爨⑯。用法：每餅作四破，先于冷竈中罨架起，下用乾柴發火。發火後用餅屑漸次撒入，則起燄。燒熟者可以宿火，勝用炭墼。

校：

〔一〕栽　本卷的「栽」字，平本有多處譌作「裁」，正文小注中都有。現依曙、黔、魯本改作「栽」，不再一一作校記注明。

〔二〕二　黔、魯作「一」；依平、曙作「二」，與要術原文合。

〔三〕於　平、黔、魯本作「餘」；依曙本改作「於」，與要術原文合。

〔四〕穀　平本譌作「谷」，依曙、魯、中華排印本改作「穀」，與要術原文合。（定扶校）

〔五〕白土　曙本作「白土」，與要術原文合；平、黔、魯本譌作「田土」。

〔六〕莢　平本、曙本作「夾」；依黔本、魯本改作「莢」，與要術原文合。

〔七〕「梜榆刺榆凡榆」上，中華排印本校加「白榆」兩字，並有校記説明：「平本缺『白榆』二字，照齊民要術增。」本書其他各種刊本，以及我們所見到過的各種版本齊民要術，却未見這增加的「白榆」兩字。據我們的體會，「凡（＝普通）榆」與「白榆」是同一種樹，原文下面小注已説明白了。「梜」、「刺」、「凡」共計已滿「三種」的數目，不需要再重複「白榆」，所以不補。

〔八〕皺　魯本、中華排印本作「皴」；應依平本、曙本作「皺」，合於王禎農書。（定枎校）

〔九〕榎　曙作「櫝」；依平、黔、魯作「榎」，與傳本爾雅合。下句中的「小而皮粗皵者爲榎」的「榎」字，情形相同。

〔一〇〕拔　平、曙、黔、魯本都譌作「枝」；依中華排印本改作「拔」，與要術原文合。

〔一一〕祛　平本作「祛」，與王禎引文及輯要原文同；曙、黔、魯本改作「屈」；仍保留「祛」字。

〔一二〕「檜柏」二字，平本、曙本倒轉；依黔、魯改作「檜柏」，如圖纂。

〔一三〕木　平、黔、魯本譌作「本」；曙本作「木」與輯要原文合，應照改。

〔一四〕明　平本、曙本作「明」，與要術原文合；黔、魯本作「來」，文義亦可通。仍作「明」。

〔一五〕鋸　平本、曙本都作「鉅」，黔、魯本改作「鋸」是合理的。

〔一六〕桐　平本譌作「洞」，依曙、黔、魯本改正。

〔一七〕秋季　平本、曙本作「秋季」；黔、魯本倒轉，仍依舊本。

〔一八〕陸璣　各本均譌作「陸機」，「詩疏」即毛詩草木鳥獸蟲魚疏，作者爲陸璣。後同改。

〔一九〕「蔓椒」上，黔本、魯本衍一「北」字；依平本、曙本删。

〔二〇〕以　魯本譌作「與」；應依平、曙本及中華排印本作「以」，合於要術。（定枎校）

〔二一〕充事　平本作「充事」，與要術原文同。「充事」原是北朝習用語，並不錯。農桑輯要（卷六）引用時，不了解古代語言和當時不同，將「事」改作「食也」。大致曙本、黔本、魯本也都照輯要改作「食」。中華排印本保留「事」字很好；但「照齊民要術校增」「養生」二字。大概沒有了解到要術原有「養生」兩字，屬於下句。養生要論，是一部佚書的名稱。

〔二二〕率　平本譌作「卒」；依黔、曙、魯本從要術原文改作「率」——解爲「一般」。

〔二三〕指　刻本俱作「楮」字，中華排印本「照齊民要術改」爲「指」字，是正確的。「指地賣」，即「指定地面包斤地包賣」。

〔二四〕澡　平本、曙本譌作「操」；當依黔、魯本改作「澡」，與綱目原文合。

〔二五〕以繩欄之　各種刻本，這句都是這樣，也和要術原文相同。中華排印本在「欄」字下增「攔」字，說「照齊民要術增」，但要術絕大多數版本並没有這個「攔」字，止有漸西村舍本加上了，不知劉富曾根據什麼？現仍删去。

〔二六〕「槐」字，本書各刻本均缺，依中華排印本「照齊民要術增」。

〔二七〕條　平本、曙本作「條」，與要術原文合，黔、魯本改作「枝」，大概不明白「條」的原文，是根上的不定芽發展而成的枝。

〔二八〕餘悉掐去　「悉掐」兩字，平、黔、魯本作「皆斫」，曙本作「者斫」，依要術原文改作「悉掐」。

〔二九〕主　平、黔、魯本譌作「生」；應依曙本改作「主」，與要術原文合。

〔三〇〕欄之　本書各刻本和要術多數版本一樣，「欄」下没有「攔」字。中華本「照齊民要術增」，可能是根據漸西村舍本要術的誤校，現仍删去。

〔三一〕氣壯　平本作「無壯」；黔本、魯本作「氣旺」；中華本作「而壯」，與明鈔南宋本要術合；曙本作「氣壯」，與金澤文庫本要術及農桑輯要（卷六）「柳」條引文合，照曙本改。

〔三二〕「箕」字，平本譌作「其」；應依黔、曙、魯本改作「箕」，與要術原文合。

〔三三〕一畝四千三百二十根　「根」字，平本、曙本與要術原文均作「株」。從文義上看，「一壟七百二十株，一株兩根；則一畝三壟，每畝止有二千一百六十株，必須以一株壓在土中，兩端各出一根爲兩根的根」數計算，才有四千三百二十。黔本、魯本改作「根」字是合理的。要術原文有誤。過去止覺得這個數字過大誇大，都没有細細計算，未能發覺。

〔三四〕凡屋材松柏爲上白楊次之榆爲下也　平本作「直木性多曲，次之撓爲下也」，文句不可解。應依黔、曙、魯本從要術原文改正。

〔三五〕迨　魯本作「待」，平本、曙本、中華排印本作「迨」。「待」、「迨」可作「等到」解。（定枎校）。

〔三六〕㲉　平本原來空等，可以看出原整理人在這個字的處理上還很慎重；黔、曙、魯本補「㲉」字，並無根據；宋氏原書是「膚」字，——即連肉帶皮，也就是種子以外的部分。

〔三七〕栽　平本原作「栽」，曙、黔、魯、中華本（據曙本）校改作「截」。案：「栽」字，依齊民要術、四時纂要農桑輯要、王禎農書等農書的傳統用法，指「扦插所用插條」；徐光啓在其他地方也照這個傳統用法使用。這裏「取樹栽」，正是從其他樹上「伐下的條」，選取「徑寸以上者」作爲「栽」來蕃殖，而不是「截取」樹來伐條。因此仍依平本作「栽」。王象晉群芳譜（利七）木譜二「女貞」條

「息樹」項，襲用徐光啓這段敘述時，也保留了「栽」字，可供旁證。

〔三八〕甕　平本、曙本作「甕」，與上文相應；黔、魯及中華排印本譌作「壅」，便無從解釋。應依平、曙本。

〔三九〕指　平本、曙本作「指」不誤，黔本、魯本譌作「脂」。

〔四〇〕苞　平本、曙本作「苞」，黔本、魯本作「包」；中華本「照黔改」作「包」。案：「苞」字儘可能作動詞用。徐光啓多處都用「苞」作名詞，代表包成的小包裹，上面有一處用「包」字作動詞，黔本改「苞」字，固然不錯，不改也未嘗不可以。

〔四一〕閫　平本、曙本作「閫」，下無「中」字，黔本、魯本有；中華排印本也保留。有没有，文義上没有多大區別；但下句「閫」字下都無「中」字，暫仍删去，前後較一致。

〔四二〕槿　平本作「種」，顯然是字形相似鈔錯；依黔、曙、魯本改正。

〔四三〕子墜　平本作「子内」，曙本作「子見」，黔、魯及中華排印本作「子出」；現據綱目原文改正作「子墜」。

〔四四〕者　平本譌作字形相似的「音」；依黔、曙、魯本改作「者」，與綱目原文合。

〔四五〕揚　平本、曙本作「陽」，與要術傳本合；黔、魯、中華排印本改作「揚」，從原文意義上説，是適合的。

〔四六〕白　平、曙作「臼」，黔、魯作「白」。從下文看來，應從黔、魯改作「白」，「白油」與「清油」對比相互區別。

〔四七〕能　平本作「或」；曙本此處缺損，無法辨認；魯本、中華排印本作「能」。此處暫依魯本、中華本改作「能」，語氣更肯定。（定扶校）

〔四八〕貼　魯本譌作「種」，應依平本、曙本、中華排印本作「貼」。「貼」是指「芽接」時，在砧木上貼上的帶芽眼的那一貼片。參看卷三十二注㊿。（定扶校）

〔四九〕刃　黔、魯本作「刀」，應依平、曙本作「刃」。

〔五〇〕臘　平、曙本作「臘」是，黔、魯、中華本俱譌作「蠟」。

〔五一〕成　魯本作「化」，應依平本、曙本、中華排印本作「成」，合於本草綱目原書（定扶校）。

〔五二〕蒸熱　此處及下文的「熱」字，平本均譌作「熟」；黔、曙、魯本不誤。

〔五三〕畫　平本、曙本作「畫」，與要術原文合；黔、魯本譌作「盡」。

〔五四〕撒　平本、曙本作「撒」，與圖纂原文合；黔、魯及中華排印本譌作「散」。

〔五五〕剜剜　第一個「剜」字，平本作「剜」，與傳本要術同；黔、曙、魯及中華排印本改爲「刓」，不知根據如何？王禎引文，止有一個「剜」字。

〔五六〕榑　平本作「榑」；黔、曙、魯及中華排印本作「榑」，與要術原文合。案：「榑」字用在這裏，很難解釋，仍須考訂。

〔五七〕長　平本空等，中華排印本依曙本補「長」字，黔、魯本補「生」字。暫依綱目「楝長甚速」作

「長」。

〔五八〕枎　平本譌作「杖」；黔、曙、魯本均已改正；中華排印本據曙本改。

〔五九〕海紅　本書各種刻本都作「海紅」，與本條内容及卷首目録相合；中華排印本作「紅梅」，恐怕是排印有錯誤。

〔六〇〕八月熟　魯本作「八月子熟」，平本、曙本、中華排印本均作「八月熟」。（定枎校）

〔六一〕礫　各刻本均譌作「爍」；中華排印本已改正，但無校記。

〔六二〕夾　平本譌作「莢」；黔、曙、魯本已改正，中華本依曙本校改。

〔六三〕偏方　平本、曙本作「偏方」；黔、魯及中華排印本譌作「偏」。「偏方」，即大衆中流傳着，因爲没有「君臣佐使」之類的配合，所以没有收入「正統」醫書的藥方，亦稱「單方」。

〔六四〕碓　魯本譌作「確」，應依平本、曙本、中華排印本作「碓」，文意才通。（定枎校）

注：

① 本條標題下注文，以齊民要術（卷五）種榆白楊第四十六「榆」的標題注爲基礎，稍有增補。（甲）引爾雅及郭注，「榆，白枌」及「枌榆……色白」，要術原引有；「又曰：蘊荎」及「蘊荎，今之刺榆」，係新引補入。（乙）引廣志，見要術。（丙）「案今世……木也」，係賈思勰所作總結。本書引用，將「枌榆」改爲「梜榆」；「山榆」下「人」字漏去；「凡種榆者」的「榆」字漏去；「利益爲多」，「益」改作

「者」。這些處都應依賈氏原文爲好。「例非佳木也」，「佳」字下增「好之」兩字，意義不大。

② 以下這兩節，和下面所引四民月令是要術（卷五）種榆白楊第四十六中關於榆的正文。

③「榆生……一如前法」，這裏要術原文是「榆生，共草俱長，未須料理。明年正月，附地芟殺，放火燒之。亦任生長，勿使掌（讀作「撑」）近。又至明年，正月，斸去惡者。其一株上，有七八根生者，悉皆斫去，唯留一根麤、直、好者」，本書將這一大段省略了，這樣「芟殺燒斫，一如前法」的「前法」，便没有地方尋找。這顯然是整理時「删者十之三」（見原「凡例」）上出的毛病。

④ 獨樂：小兒玩具，現在一般寫作「陀螺」（根據石聲漢齊民要術今釋卷五補）。

⑤ 㼚：可能就是「瓨」，現在寫作「缸」（根據石聲漢齊民要術今釋卷五補）。

⑥ 科簡剥治：「科簡」相當於現代森林學中的疏伐，剥治是修剪。

⑦ 這是齊民要術種榆白楊第四十六的引文。玉燭寶典所引，標明出崔寔四民月令，在二月卷中。「二月」，原引文作「是月也」；「可作」是「可收爲」。

⑧ 現見王禎農書（卷十）百穀譜九「竹木」項「榆」條末了。案：王禎這一段文章，是輯録而成；「榆醬」「殺諸蟲」，出食療本草；「榆葉曝乾」到「味頗辛美」，全鈔農桑輯要所引務本新書；榆皮加工代食，見蘇頌圖經本草及寇宗奭本草衍義。

⑨「榆根皮……糕餌」，這幾句，現亦散見群芳譜（利七）木譜二「榆」條「取用」項。究竟是王象晉原鈔自徐光啓，或整理本書的人鈔群芳譜，暫不能肯定。

⑩「榆皮濕擣……用此膠之」，見綱目「榆」條「集解」項引「(陳)承曰」(案：係宋哲宗時的人，所著書本草別說)，文字全同。

⑪本條所引爾雅，正文都見爾雅釋木。「槐，小葉曰榎，大而皵楸，小而皵榎，椅梓」幾句，原書是相連的。「鼠梓」，應是「楰，鼠梓」一句，在前面；本書漏去「楰」字。(下面所引注中也有，所以這裏的「楰」字必須補入。)「如木楸曰喬」原是釋木後段總結部分的一句。所引郭璞注，槐、楸、榎、椅梓，分別在正文各句下面。「楰，鼠梓」的郭注，今傳本都止是「楸屬也；今江東有虎梓」。本書「今人謂之苦楸」，原是北宋邢昺爾雅疏(卷九)「楰，鼠梓」句下的疏中：「……詩小雅云『北山有楰』。陸璣疏云：『其樹，葉、木理如楸；山楸之異者，今人謂之苦楸』是也」；與郭注無關。「江東人謂之虎梓」，現見本草綱目(卷三五)「梓」條「集解」項引「頌曰」下；重修政和證類本草(卷一四)「梓白皮」條所引圖經，也有這一句，都並沒有說明是郭璞的話。

⑫「詩義疏曰」起到「呼爲荊黃根也」止，實際上是齊民要術(卷五)槐柳楸梓梧柞第五十中關於「楸梓」的注。詩義疏部分，現見陸璣詩草木鳥獸蟲魚疏(上)「梓椅梧桐」條。說文解字(卷六上)木部，相連幾個字，「檟，楸也」；「椅，梓也」；「梓，楸也」；「楸，梓也」；「槢，梓屬……」(沒有「榎」字，「檟」就是榎)，的確糾纏得很。因此，賈思勰才憑他自己的判斷，作出後面的總結。本書引了賈思勰這一段總結，「角杸」的「杸」，「子根」和「荊黃根」兩個「根」，都應依要術原文作「楸」字。

⑬「楸之與梓」起到小注末，都是群芳譜（利六）木譜一「梓」、「楸」兩條中的文字；「楸」條，「楸生山谷間，……與梓樹本同末異」；（案：「本同末異」出自陳藏器本草拾遺，綱目「梓」條「集解」下引有。）「梓」條，「梓……一名木王，植於林，諸木皆内拱，造屋有此木，則群材皆不震」。（案：「木王」的話，出自陸佃埤雅卷一四「梓」條。「屋有梓，群材不震」，出自羅願爾雅翼卷九「梓」條。）「溼時脆，燥則堅，良材也」，見「楸」條；實出自綱目「楸」條「集解」下「時珍曰」。後幾句，見「附録榎」，鈔自綱目「楸」條「釋名」項「時珍曰」。

⑭這兩節，都是要術「楸梓」栽培方法的正文。

⑮「兩畝一行」這幾句，原文文字不明顯。可以這樣解釋：方兩步一株。一畝，是一步濶二百四十步長；要兩畝合併栽，才能辦到兩步一株，兩畝並列，是兩步濶二百四十步長，這樣可以容下一百二十株。要是十畝，横排一列，共濶十步，可以種五行，得六百株，合於所説五行六百株的説法。但是，這種計算方式，與事實不合：相距兩步一行，五行所占地面，止有八步濶；十步可種六行，兩步一株，二百四十步可以種一百二十一株；合計十畝應種七百二十六株。要是每邊都留下一步寬的餘地，總數可以是六百株，可是根所占的地便不够十畝了。

⑯這一節，現見群芳譜「梓」條「種藝」下；不知是王象晉鈔自本卷，還是整理本書的人鈔群芳譜條，而誤標「玄扈先生曰」。

⑰這一節，群芳譜「梓」條「製用」項下引有，起處多「桐梓二樹」一句，並標明出自博物志，但今傳本

博物志中没有這條，其他書是否引有，暫未查得。

⑱本條標題下注文，除引爾雅外，都鈔自群芳譜（利六）木譜一「松」、「柏」、「杉」三條及柏下附録「檜」。（甲）「爾雅曰」，見爾雅釋木，柏、椴在前段，檜在後段總結性部分。（乙）「李時珍曰」到「鹿尾松」，譜在「松」條下標題注中。本書删去中幾句及末段。案：譜根據本草綱目（卷三四）「松」條「釋名」及「集解」兩項中「時珍曰」。（丙）「杉……端直」，見譜「杉」條；亦據綱目（卷三四）「杉」條「釋名」及「集解」鈔出。（丁）「柏……悦目」，見譜「柏」條；本書略有删節。譜又以綱目（卷三四）「柏」條「釋名」「集解」兩項中「時珍曰」、「頌曰」、「陳承曰」等内容爲主要根據。（戊）檜，見譜「柏」條附録「檜」，實出綱目「柏」條「集解」下「時珍曰」末段。

⑲引文現見王禎農書（卷十）百穀譜九「松」條起處，到「貧家之利也」爲止，標題出處同，文字亦全同。本書删去第二條「無白蟻」下「血忌日尤好」一句，删得很好。（案：金末元初的種藝必用補遺，有「松必用春後社前，帶土栽培，百株百活；舍此時决無生理也」。又農桑輯要卷六竹木篇「松」章，引博聞録兩條，與王禎所引事類全書前兩條同。博聞録是南宋理宗時人陳元靚輯録的書，可能比種藝必用補遺早一些。事類全書是什麽時代的書不知道。「山人斫老松根……」一節，是事類全書的文字還是王禎的，目前也難確定。）

⑳現見王禎農書（卷十）「松」（杉柏檜附）條，原作「插杉」。案：王禎這些文字，全録自農桑輯要（卷六）竹木篇「松」（杉柏檜附）條。殿本王禎農書有九字不同。本書所引，却與輯要更相似。

㉑ 臺：指「果軸」而言。

㉒ 現見種樹書（中）木篇，原係不相連的三條。第一條，已見於墨客揮犀（卷五）「蘇伯材奉議云」。第二條「春分後，勿種松，秋分後，方可種」，已見於種藝必用補遺。

㉓ 齊民要術中没有這條。文體既不像要術；而且桐油，南北朝人似乎還不曾利用（當時應用的乾性油止是「荏油」），也可以説明這條不是要術所能有。

㉔ 本節與本草綱目（卷三四）「松」條「松花」副條的内容，（「時珍曰」：「今人收黄，和白沙糖印爲餅膏，充果餅食之，且難久收；治輕身療病之功，未必勝脂葉也。」）距離頗大；救荒本草中根本没有「松花」。第一條的各句，群芳譜「松」條「松花」項下小注，都包含在内；末句譜是「宜速食，不耐久留」。第二條，也在譜的「松子」項中。第三條，似乎仍是摘録譜的「松脂」項，至少異名次序全同，而和綱目不一樣。但「皆爲物用」這句話没有見到；——這句話的意義，也捉摸不出來。

㉕ 案：群芳譜「杉」條「扦插」項下的文字，幾乎和這一節首段（至「則不必鋤」爲止）完全一樣，止在「山廣土肥」下多一句「堪插杉苗」；本書的「來歲正二月」，譜作「來歲芒種時」；又譜在「高三四尺則不必鋤」上有「或種穀麥，以當耘鋤」，本書却在下面。這一節後段「杉木斑文有如雉尾……」等，也全見群芳譜「杉」條標題下。（綱目「杉」條「集解」項「時珍曰」，文字有些差别。）

㉖ 這一節，群芳譜「柏」條「種植」項，全部相同。

㉗ 蝦蟇不會吃柏樹苗，這項記載有錯誤。

㉘ 群芳譜「柏」條「灌溉」項末二句，完全和這一條相同。案：這是「扦插」，不是「灌溉」，群芳譜的編排有誤。

以上三節，究竟是群芳譜鈔本書，還是本書鈔群芳譜而誤記爲「玄扈先生曰」，很難確定。

㉙ 現見王禎農書（卷十）百穀譜九「松」（松柏檜附）條；事實上王禎完全鈔自農桑輯要（卷六）「松」條「新添」資料末段。

㉚ 洞庭陸氏：未查到出處。洞庭可能指太湖中東西洞庭山。

㉛ 現見便民圖纂（卷五）樹藝類上「松杉檜柏」條。

㉜ 禹貢所記荆州貢品，有「杶榦栝柏」，注「杶，木名又作櫄」。

㉝ 注中所舉異名，大致以群芳譜（利七）木譜一「椿」條爲根據；群芳譜又根據本草綱目（卷三五）「椿」條「釋名」改寫。案：「橁」字，綱目說「左傳作橁」，指左傳襄十八年冬十月伐齊之戰中「孟莊子斬其橁以爲公琴」；杜預注説是「木名」；李時珍才把「橁」認爲「杶」。

㉞ 現見輯要（卷六）竹木篇「椿」章，是「新添」（＝第一手）材料。

㉟ 這一條，亦見於群芳譜「椿」標題下，文字全同。

㊱ 本條標題下注文，大致組成如下。（甲）引爾雅及郭注，到「號曰青桐」止，以齊民要術（卷五）槐柳梓梧桐第五十中「梧桐」一條的小注爲根據，稍有刪節。「今人以其皮青，號曰青桐」是賈思勰的案語。（乙）「又名櫬皮」起到「一葉先墜」，根據群芳譜（利七）木譜一「梧桐」條，頗有刪節，字句

却很少改動。案：王象晉這節文字，除遁甲書以外，全襲自本草綱目（卷三五）「梧桐」條「集解」項「時珍曰」。（丙）「又有白桐」到「後華者也」，見群芳譜「梧桐」條附録「白桐」；大有删削。譜以綱目（卷三五）「桐」條「集解」項「時珍曰」爲主要材料。（丁）「岡桐」到「爲真」，見群芳譜「梧桐」條附録的「岡桐」，頗有删削。譜襲自綱目（卷三五）「罌子桐」條「集解」項「時珍曰」。（戊）「海桐」以下，摘鈔群芳譜「梧桐」條附録的「海桐」；譜以綱目（卷三五）「海桐」條「集解」項爲根據。（案：本條小字注文，實際上包括着四類植物：一是玄參科泡桐屬的幾個種；一是梧桐科梧桐屬的梧桐；一是大戟科罌子桐屬的三個種；至於「海桐」，所指可能止是豆科的「刺桐」而不是近來所謂海桐花科的「海桐」。過去往往將一切長着大形葉片的植物都稱爲「桐」，除了這四類之外，還有馬鞭草科的「赬桐」，金絲桃科的「胡桐」，山茶科的「楊桐」，珙桐科的「珙桐」……這些名稱，也許會給植物系統學者們一些麻煩，但是大衆歡喜照以自己的觀察命名，盡可以不必考慮它們真正的親緣關係。）

㊲ 櫜鄂：第一個字讀gāo，解作（在側面開口的）袋，用來盛弓或箭的。「鄂」即「萼」字。梧桐蒴果，熟後沿胞背裂開，五個心皮，止在原來的「萼」上聚合，很像五個側面開口的口袋，所以叫「櫜鄂」。

㊳ 由名稱上，可以知道這是「巫術」之類的遺跡。「梧桐知閏」、「梧桐知秋」，是很古老的傳說。北宋陳翥的桐譜雜説第八，説明它出於遁甲。

㊴ 華桐：泡桐，一名白桐。爾雅的「榮，桐木」，即指泡桐或白桐；因此本草綱目「桐」條「釋名」下有

「榮桐」這個異名，此外，引蘇頌圖經本草中「黃桐」，陶弘景名醫别録中的「椅桐」，都還有根據。王象晉所舉「華桐」，不知根據什麽。

㊵ 艌：明代字典正字通有這個字，解釋是「或謂挽舟索謂之『艌』；本作『牽』或作『縴』。……音『牽』去聲。今葺理舊船，讀若『念』者，有音無義，方俗語也」。這就是説，「艌」是明代俗字：有兩個意義：一個是拉船的纜索，讀 qiàn；一個是補船（案：木船要用桐油石灰填縫），讀 niàn。

㊶ 現見要術（卷五）槐柳楸梓梧柞第五十，是栽培梧桐（青桐）泡桐方法的全部正文。本書引用，改了幾個字。

㊷ 這段所説桐樹，指罌子桐，即油桐。

㊸ 黃栗：據文中「即以栗檵剥之」（＝就用栗作接穗嫁接上去），則可能是罌子桐屬的「石栗」。但石栗在江浙没有人栽培。吴其濬植物名實圖考中所説「黃栗」，是殼斗科櫧屬的植物；江浙也有，但不能在罌子桐樹椿上嫁接。究竟是什麽，希望能得到説明。

㊹ 兩句均在爾雅釋木。「榝，大椒」郭注即下面所引。「椒、榝、醜莍」，在釋木後段總結性説明中。榝讀 shài，（和「曬」字同音；本書所注「帥」字，應是明代吴語系統中「榝」字的音讀。）即「茱萸」，正是「花椒屬」的植物。果序相像，所以説「椒榝醜（＝形狀相似）莍（＝小形乾核果果序）。」

㊺ 「范子計然曰：……略通州境也」，現見齊民要術（卷四）種椒第四十三，原是標題「椒」的注文。「案今……」以下，是賈思勰的原始材料。

㊻從「陸璣」到「當以實大者爲秦椒」，是本草綱目（卷三二）「秦椒」條「集解」項所引「（蘇）頌曰」的後段，全文一字不易。所引陸疏，應是陸璣毛詩草木鳥獸蟲魚疏；今傳本在上卷，是「椒聊之實」句的疏文；今傳本字句與蘇引微有不同；大致蘇頌引入圖經本草時，曾有改竄。

㊼這一節，前半摘自本草綱目（卷三二）「崖椒」條「集解」項「時珍曰」；「出施州」以下，見同項「頌曰」。

㊽這一節，現見本草綱目（卷三二）「蔓椒」條「集解」項引「別録曰」。

㊾這一節，現見本草綱目（卷三二）「地椒」條「集解」項「時珍曰」。

㊿這一節，現見本草綱目（卷三二）「胡椒」條「集解」項「（唐）慎微曰」。

51這一節，現見本草綱目（卷三二）「胡椒」條「集解」項「時珍曰」。

52番椒：即今日的「辣椒」，是西班牙人從美洲帶到東半球來的；明末才輸入我國。李時珍未收入本草綱目；所以吴其濬植物名實圖考（卷六）蔬類「辣椒」條説：「蔬譜、本草皆未晰，唯花鏡有『番椒』，即此」，其實本書這一條記録比花鏡還早。

53這一節，現見綱目「秦椒」條「集解」項「時珍曰」。案：「椒」這條標題下小字注文中，所記植物，主要是芸香科花椒屬的幾個種與變種，以及後來輸入的兩類大小相同的植物。花椒屬都具有小形果實，果皮二裂，内含黑色或褐色圓形種子，形狀像豆子（「菽」），因此總稱爲「椒」（讀音原與「菽」相近）。後來輸入胡椒後，因爲形狀辣味有些相似，所以稱爲「胡（＝外國）椒」。再遲，茄科的辣椒輸入時，由於辣味相似，仍舊叫它作「椒」，不過，加上「番」（現在江西、湖南南部方言中還保存）「海」（四川方言中今日還保存）等字表明來歷，或加「辣」字表示性質。近代歐洲語言中，利用原有胡椒的名稱，附加南美地名，或就胡椒原名，稍改語尾，作爲辣椒的通名，情形和我們一樣。

(54) 這一節，是要術種椒第四十三的正文；本書照録，無删節。

(55) 據農桑輯要（卷六）藥草篇「椒」條轉引。「向陽掘畦種之」下，删去了「性不耐寒，冬月以草厚覆」這兩句重要的叙述。

(56) 其自開口者殺人：花椒果皮含有大量萜類，芳香油之外，還有幾種多烯酰胺；大量服用，毒性還是頗大的。我國古來常用椒末和濃椒湯作爲殺人或自殺的毒藥。——所謂「酖」，一般都是用「開口椒」煮成的濃湯（參看太平御覽卷九五八「椒」條所引張璠漢記及魏氏春秋同異、齊書；御覽所引齊書，文字與今傳本有異）。但陶弘景則説「閉口者殺人」，綱目所收的方子，内服的也有幾個提出要「去合口者」。其實開口閉口，同樣有毒。

(57) 在詩小雅鴻雁之什鶴鳴第二章。

(58) 此下這一段小注，全録自王禎農書（卷十）百穀譜十「穀楮」條起處，文字全同。（甲）説文曰説文解字（卷六上）木部，穀、楮、檸三字相連，説解，是：「穀，楮也」；「楮，穀也」；「檸」是「楮」字的「或體」：——「楮或從『寧』」。（乙）「有二種……」到「枝葉相類」，「穀」字上，王禎原引文有「斑」字。案：王禎實據蘇頌圖經本草，現見重修政和證類本草（卷一二）「楮實」條所引圖經。「相類」上圖經有「大」字。（丙）「斑者是楮，白者是穀」，見證類本草引「日華子曰」；引文兩句起處都有「皮」字。

㊾ 這是根據綱目「楮」條「釋名」項下「頌曰」轉引的。今傳本毛詩草木鳥獸蟲魚疏（上）「其下維穀」條，是「穀，幽州人謂『穀桑』，或曰『楮桑』。荆、楊、交、廣謂之『穀』，中州人謂之『楮』。殷中宗時，『桑穀共生』是也。今江南人績其皮以爲布，又擣以爲紙，謂之『穀皮紙』，長數丈，潔白光輝，其裏（案：疑應作「理」）甚好。其葉初生，可以爲茹」。案：陸疏明白地告訴了我們，不同地方，穀（即構）與楮的名稱是混用的；像殷中宗時的「中州人」，却也稱它爲「穀」。

⑥⓪ 這裏實在是據綱目「楮」條「集解」項「恭曰」所轉引的。案：綱目所謂蘇恭，本名蘇敬，宋代避諱改「敬」爲「恭」，是唐高宗顯慶中人，比着酉陽雜俎的段成式早百多年，無從引段書。因此可以推定綱目的「恭」字應是「頌」字寫錯。重修政和證類本草（卷一二）「楮實」條，所引圖經（即蘇頌所修）也引有這句，不過未標明酉陽雜俎。

⑥① 見綱目「楮」條「釋名」項「時珍曰」。

⑥② 這是要術（卷五）種穀楮第四十八正文（並小注在内）的全部。

⑥③ 麻子：指大麻。

⑥④ 現見綱目「楮」條「集解」項「弘景曰」。

⑥⑤ 據綱目「楮」條「集解」項「恭曰」轉引。案：「恭」應作「頌」，已見上注⑥⓪。陸疏原文，見上注㊾。

⑥⑥ 見綱目「楮」條「集解」項「時珍曰」。

⑥⑦ 現見綱目「楮」條「集解」項「時珍曰」末段轉引，標明出自裴淵廣州記。案：太平御覽（卷九六〇）木部九「穀」條，引裴淵廣州記「蠻夷取穀皮，熟搥爲褐，裹髻布，鋪以擬氈」。「其木腐後生菌耳」，可參看本書卷二八「菌」條所引四時類要。

⑥⑧ 現見王禎農書（卷十）百穀譜九「穀楮」條末。

⑥⑨ 引爾雅及郭注，「櫰」、「守宮槐」兩條在釋木中相連；「槐棘醜喬」一條，是釋木末段總結性陳述中的一句。郭注，分別屬於前兩條，本書删去了郭注中兩個字。

⑦⓪ 群芳譜（利八）木譜二「槐」條，與本書這一節，内容完全相同。止「花可染黄」句譜作「染黄甚鮮」，又「諸槐功用」至「可作器物」一段原在「槐有青黄白」前面，没有「諸槐」二字。可能係就群芳譜改寫而成。案：「槐之生也，季春五日而兔目，十日而鼠耳，更旬而始規，二旬而葉成」，本草綱目（卷三五）「槐」條「集解」項下「時珍曰」，起處就是這麽幾句。更早的引文見藝文類聚（卷八八）「槐」條，標明引自莊子；太平御覽（卷九五四）「槐」條則標明出淮南子；現查莊子、淮南子都没有。

⑦① 這是要術（卷五）槐柳楸梓梧柞第五十中種槐方法的全文。

⑦② 「蓬生麻中，不扶自直」，見荀子勸學篇、大戴禮記（卷五）曾子制言第五十四、王充論衡（卷二）率性篇。

⑬ 槐花作藥材,最早記載見蘇頌主編的圖經本草(現見重修政和本草卷一二「槐實」條引);用作染料,最早見於寇宗奭本草衍文(卷一二)「槐花」條。

⑭ 參看本書卷五六引救荒本草「槐樹芽」條後「玄扈先生曰」,共三條。

⑮ 本條標題下的説明,分作兩段。第一段是「柳」,組成大致如下。(甲)引爾雅及郭注,見釋木;「楥,柜桏」在最前面;郭注説「未詳,或曰:『桏』當爲『柳』」;柜柳似柳,皮可以煮作飲」。「柜柳」即「欅柳」,是榆科的 Zelkova acuminata pl,與柳無涉。「檉,河柳;旄,澤柳;楊,蒲柳」,三條相連;郭注本書已引在下面。「桑柳醜條」,在釋木末段。案:本草綱目中,欅、柳、檉柳、水楊四條相連。欅是榆科植物;爾雅所説的「檉」,與李時珍所記載的「檉柳」,是否同一植物,還得考慮。(李所謂「檉柳」,是 Tamarix 屬的種類;郭璞注中所説「檉」,是河旁赤莖小楊,未必相同,——可能止是柳屬的種類。)「蒲柳」或「水楊」,也是柳屬的另一種。(乙)引説文,現見説文解字(卷六上)木部。(丙)「易生之木也」以下,見群芳譜(利七)木譜二「柳」條,本書改竄引用。案:群芳譜實際襲取本草綱目(卷三五)「柳」條「集解」和「檉柳」條「釋名」,混淆了「柳」和李所謂「檉柳」這兩種截然不同的植物,牽合在一處。「易生之木也」,屬於柳;「性柔脆」以上所列異名,全屬檉柳,與楊柳科的柳不相涉。「性柔脆」以下,全屬柳。

⑯ 「着毛衣,即生蟲」與「入池沼,隔宿化爲浮萍」,完全是觀察錯誤的傅會。

⑰ 楊下的説明,組成如下。(甲)「楊有二種,白楊,青楊」,據群芳譜(利七)木譜二「楊」條。(乙)「白

楊，一名高飛，一句獨搖」，是齊民要術（卷五）種榆白楊第四十六，「白楊」標題下小注。（丙）「微帶白色」以下，據群芳譜「楊」條，删改寫成。案：我國古書中——尤其文藝作品——楊和柳經常混淆；但止將柳稱爲「楊柳」，或混稱爲「楊」（如「垂楊」、「楊枝」多數指柳），稱楊爲柳的很少見到。齊民要術對楊與柳，分别却極謹嚴；楊附在榆下，柳附在槐下，分在兩篇中叙述。

⑱ 現見要術（卷五）槐柳楸梓梧柞第五十。

⑲ 「都」字，可以解作「總合」；現在語言中的「都」，實際上正是「總合」「一併」的意思。

⑳ 現見要術槐柳楸梓梧柞第五十引。

㉛ 這一節，見要術槐柳楸梓梧柞第五十，原接上一節「種柳又法」之後。「憑柳」這個名稱，可能不是「品種」名，而止是用材方法上的「術語」。「楯」是今日語言中的「欄幹」；車輞是車輪外廓；枕，即枕頭。——古代用硬物作「枕」，有陶枕、玉枕、竹枕、木枕（加漆或不加漆）；枕字旁邊的「木」，可以證明。——這些，都是「倚靠」（＝「憑」）的物件；因此，較粗大的柳材，稱爲「憑柳」，和作「箕」的「箕柳」（見下節）相對應。

㉜ 仍見要術，是專取枝條編織簸箕用的一種種植方法，並不是另一個品種。

㉝ 現見便民圖纂（卷三）耕獲類「種杞柳」條，文字全同。

㉞ 此下兩節，均見要術（卷五）種榆白楊第四十六，關於白楊的部分；後一節，原在前面；小注原有，本書稍加删節。其餘文字全同。

㊽現見農桑輯要（卷六）竹木篇「柳」條；種藝必用補遺有相似的語句，種樹書亦引有。本書所引「埋」字，比那些書中的「種」字好。

㊾現見種樹書（中）木篇。後一節，先見於種藝必用補遺，止「蟲」字作「刺蟲子」。

㊿見山海經東山經東次三經（古本爲第十三篇）「太山上多金玉、楨女」。注「女楨也，葉冬不凋」。

⑧⑧這一節引李時珍，係彙録本草綱目幾處文字寫成。（甲）「女貞木……貞女狀之」，見綱目（卷三六）「女貞」條「釋名」項。（乙）「東人……纍纍滿樹」，見綱目「女貞」條「集解」項；本書引用，有删節；又本書「冬青：葉微圓」，綱目作「凍青……」。（丙）「近時以放蠟蟲，故俱呼爲蠟樹」，綱目「女貞」條「集解」項「時珍曰」，止有「但呼爲蠟樹」。（丁）「唐、宋以前」以下，在綱目（卷三九）蟲部「蟲白蠟」條「解解」項下「時珍曰」前段，稍有删節。

⑧⑨實見便民圖纂（卷五）樹藝類上「冬青」條，文字全同。

⑨⓪「栽女貞……」這一段，不是便民圖纂中文字；止有群芳譜（利七）木譜二「女貞」條「種植」項，起處與這一節幾乎全同。

⑨①現見本草綱目（卷三九）「蟲白蠟」條「集解」項「時珍曰」後段，（前段，本書引在標題説明中；中間一段，記蠟樹的性狀；下面緊接現引這一段。）文字幾乎全同。（最後還有一段記水蠟樹性狀及甜櫧樹，本書割裂引在後面。）

⑨②勝國：已亡之國，稱爲「勝國」（見周禮）；意思是今日的政府，從那個國得到了勝利。這裏，指元

朝。「勝國以前，略無記載」，是實在情形。（最早的記載，是宋末元初周密癸辛雜識，見後本條總注。）

⑬ 婺州：浙江金華縣，隋代建爲婺州。

⑭ 「吴興人言，不過十許年」，若依周密癸辛雜識所載（周是吴興人），吴興應當在元初就已有了蠟蟲。如果周密的記録不是後人僞作，則吴興人放蠟的副業，可能曾經中斷過，也可能當地人記憶不甚正確。

⑮ 庚戌營先隴：「先隴」是前代人的墳墓。庚戌應指公元一六一四年（即萬曆三十八年）。封建社會中，祖墓上的樹是「神聖」的；徐光啓在祖墓上種女貞樹預備養蠟蟲，是一種大膽的反抗。

⑯ 寄子：即將已有的白蠟蟲的「子」（越冬的蠟巢，雌成蟲和卵一並在内），人工地「寄」在新樹枝上，爲他們準備生長蕃殖的新環境，以便收蠟；見後。「吴興子」，是由吴興運來的「蠟子」；「土子」，是當地（上海）的「自生蠟蟲」。

⑰ 這一節文字，充分説明了徐光啓重視實踐、重視群衆經驗的科學態度，也説明了他對新興事物的敏感。不過，便民圖纂記載了冬青可放蠟蟲，宋詡宋氏樹畜部更多次提到養放白蠟蟲，而且舉了三種可以放養蠟蟲的樹，則江南養放蠟蟲，似乎在弘治年代已有了。（便民圖纂始刻於弘治壬戌，即公元一五〇二年，見錢曾讀書敏求記。宋詡的書，刻於弘治甲子，即公元一五〇四年。）爲什麽上海和浙江却這樣遲？值得注意。

⑱ 現在綱目（卷三九）「蟲白蠟」條「集解」項「機曰」，本書已將這一條全部鈔録在這裏。案：本草綱目卷一序例説，汪機本草會編是嘉靖中所作。嘉靖是明世宗的年號，起於公元一五二二年，終於一五六六年。綱目着手於一五五二年，成書於一五七八年；則會編可能是十六世紀三十至四十年代的書。

⑲ 燭亦不淋：蠟燭燃點時，油脂必須先銷熔成爲液態，才能循燭心上升，汽化燃着。燃着後，温度繼續升高，油脂銷熔稍快稍多一些，便會從燭周圍向下流出，成爲「燭淚」。燭淚如不能及時再凝固，整條燭便會很快液化，這就是「淋」。

⑳ 現見宋氏樹畜部卷一「冬青」條；文字全同。北京圖書館藏初刻本，有著者自序，所署年月爲弘治甲子（一五〇四年）六月既望（公曆七月下旬），姓名爲白沙宋詡。

㉑ 越布：指細布，特别是苧麻織的夏布。（案：三國到晉代，稱南方運向黄河流域的商品細布爲「越布」；見賈充晉令。以後，這個名稱便失掉了意義；明中葉文人，由於好奇好古，才把它發掘出來。）

㉒ 「又曰」以下，在原書是小字夾注。

㉓ 其子：指樹的種子。

㉔ 肄：即再生的「蘖條」。

㉕ 解放：「解」是「了解」、「懂得」；「放」即上文的「寄放」。

(106) 灑：懷疑是字形相近的「漉」字。「漉取水」，是將稻穀濾去（=「漉」），止取浸液。

(107) 并：解爲「合併」。

(108) 「太老不成蠟」五字，疑誤衍。（可能由於與上句「太嫩不成蠟」對比，在「太老」下多寫了「不成蠟」三字後，又多寫了「太老」兩字。）

(109) 吴興：今日浙江湖州市和吴興縣。

(110) 檇李：今日嘉興，春秋時稱爲「檇李」。

(111) 嘉定：轄境相當於今日四川省洪雅、夾江、峨眉山、樂山、峨邊、犍爲、榮縣、威遠等。

(112) 潼川：今日四川省三台縣。

(113) 少：讀shào，解作幼年、少年。

(114) 花絶不可見：指留種時，「子」已經達到成熟期間，不再生「花」。到「入夏頓長」時，舊「子」中的卵，已全部孵化，舊的死雌蟲，也都枯萎消滅，新「子」暫時還未生成，因此「花子不相見」。

(115) 「冬青」注文，現見本草綱目（卷三六）「冬青」條。「藏器曰」一節，在「釋名」下；「李時珍曰」在「集解」下。

(116) 見宋詡宋氏樹畜部（卷一）「冬青」條標題下。

(117) 插蠟：可能即「水蠟」，也就是周密癸辛雜識中所説「葉類茱萸」的樹。這種樹，大概是近來樂山、峨眉等縣種在田塍和路邊的「水蠟樹」。生長很快，質地松軟，樹液較多，再加上蠟蟲吮吸樹液，營養不够，所以極容易「衰壞」，需要經常更新。水槿與「水蠟樹」不同，徐光啓的推論很對。

⑱見本草綱目（卷三九）「蟲白蠟」條。

⑲現見宋詡宋氏樹畜部（卷一），原刻本「易成大，木可爲器」句，「木」字下無「材」字。本書所多的這個「材」字，容易使人誤會將「木」字屬上句，讀作「易成大木」。水槿很少有大樹，「成大木」極不容易；由上一條徐光啓所説「扦插易生，却難大」，也可以知道。「成大」，止是「成長」的一種説法，不一定説它長成大樹。

⑳山海經中山經第五：「又東南二百里曰前山，其木多櫧。」今傳本的郭注，是「音諸。似柞；子可食，冬夏生。作屋柱難腐。或作『儲』」。（冬夏「生」的「生」字，齊民要術卷十引文作「青」，似較勝。）本書所引，不是山海經原文，而是據綱目「櫧子」條「集解」項「時珍曰」（在後面的引文之後）轉録的；改易原文的責任，應由李時珍負。

㉑「白」字無意義，應當是「曰」。

㉒「郭璞注曰……褐色甚佳」，這幾句，現見本草綱目（卷三〇），「櫧子」條「集解」項。到「子小於橡子」止，是唐陳藏器本草拾遺的話；以下才是汪穎食物本草。本書標識有誤。

㉓現見綱目（卷三〇）「櫧子」條「集解」項下「時珍曰」。

㉔見綱目（卷三九）「蟲白蠟」條「集解」項「時珍曰」，是最末一句。

㉕女貞條，分量很重，材料很豐富、精確，事實上是一篇精彩的總結。和樹藝門中的「甘藷」、本卷的

「烏臼」、「楂」一樣，根據調查、觀察、實踐，整理了許多重要的經驗與知識，然後作成系統的科學性報告，是本卷的重點，也是全書很突出的第一手資料。徐光啓對備荒，有深切的認識，也有周密的考慮。下文「烏桕」條末了，攤出了他的看法：想到用「荒山隙地」，栽培一些木油蠟植物，爲大衆廣闊油源，供給照明資料，「省麻菽以充糧，省荏菜（指蕓薹）之田以種穀」。用白蠟制燭，可以免「淋」，可以從兩方面節省油的消費量。因此，栽培各種蠟樹、放養蠟蟲，除去爲農村增加收入之外，還是很有積極意義的事。這一篇，原稿顯然還帶有「長編」意味，排列上有些不十分妥貼的地方，——有幾處，可能止是整理付刻時「增者十之三」增得不合適，——但大體上可以看出原來的寫作計劃，是經過細密考慮的。就其中所包括的原始資料説，二千四百字的大字正文，次序有線索可尋：第一節，總述女貞與白蠟的關係及白蠟的用處；第二節，以當時金華縣（婺州）流行的「寄子」方法爲典範，敘述蠟蟲生蠟生子的過程和各項操作手續；第三節，記取蠟的技術；第四節，敘述江浙各地區「寄子」季節性情形；第五節，就蠟蟲生長蕃殖的要求，提出了合理寄子時期的原則性總結；第六節，討論推廣時「傳子」季節的選擇；第七節，敘述四川與江浙兩地區蠟蟲作蠟與「生子」之間的相關變化，引出第八節的總結。以後各節，記載其他可以放養蠟蟲的植物，並提出結論，要廣泛調查研究，找尋養蠟植物；「事理無窮」，勸大家不要「坐井自拘」。此外，三百五十多字的小字注文，第一節從關於利用女貞放養白蠟蟲的歷史記載，總結江浙取得蟲白蠟的發展史，看出這件新事物廣濶的前途；第二節説明蟲蠟製燭的優點；以後幾段，分別説明養蠟植物和蠟蟲取種問題，都是很可寶貴的參考材料。所有這些資料，今後在生産上還有參考意義，不僅是「史料」而已。

飼放白蠟蟲，徐光啓所根據的材料止是本草綱目；並且説元以前「略無記載」。綱目（卷三九）「蟲白蠟」條「集解」項的材料，也止上溯到汪機本草會要爲止。李時珍自己作了斷案，説「唐、宋以前，澆燭入藥，所用白蠟，皆蜜蠟也。蟲白蠟，則自元以來人始知之」（現見本書引文），大致是正確的；但「元以來」是何人何時何書，却没有肯定指出；止在「主治」項下，引了元末朱震亨的本草衍義補（綱目未明確指出書名，現據綱目「序例上」注），朱震亨第一次記下了蟲白蠟在外科方面的應用；李時珍從本草學角度以朱震亨爲上限，無可非難。現在看來，白蠟至少在宋末元初已經開始應用。現傳津逮祕書本周密（南宋末年浙江吴興人）所作癸辛雜識續集下，最末一條，標題「白蠟」；内容是：

江浙之地，舊無白蠟。十餘年間（疑係「前」字）有道人自淮間帶白蠟蟲子來求售：狀如小芡實，價以升計。其法，以盆桎（原注「桎字未詳」；疑係「插」字）樹——樹葉類茱萸葉，生水傍，可扦而活，三年，成大樹。每以芒種前，以黄草布作小囊，貯蟲子十餘枚，遍掛之樹間。至五月，則每一子中，出蟲數百，細若蟻蠓；遺白糞於枝梗間，此即白蠟。（這裏可能脱落一兩個字）則不復見矣。至八月中，始剥而取之；用沸湯煎之，即成蠟矣。其法如煎黄蠟同。又遺子於樹枝間；初甚細，至來春，則漸大。二三月，仍收其子，如前法散育之。或聞細葉冬青樹亦可用。其利甚博，與育蠶之利相上下。白蠟之價比黃蠟常高數倍也。

這一段文章，叙述細致，可惜「盆桎樹」三個關鍵性的字，不够明白肯定，——不知道究竟「盆桎」是樹名，或者是在盆裏「植」或插上樹枝？其餘「傳子」、「寄子」、「煎蠟」等，都很具體真實。本草綱目引用書目中，有癸辛雜識；但當時還止有商氏稗海本，稗海没有續集和後集，因此，李時珍大概還没有見到這一項紀載。雜識續集中，有「至元丙申」、「乙未」、「至元三十一年」、「至元癸巳」等紀年的條文：至元癸巳是公元一二九三年，至元三十一年是一二九四年；（乙未、丙申分别是一二九五年和一二九六年，已是元成宗元貞元年和二年，不應再稱「至元」，這裏面頗有問題！）這就是説，續集成書，決不能早於十三世紀末。續集中「白蠟」一條的時代，至早也是一二九四年；上推十餘年，充其量止能在一二七五年至一二七六年，即南宋覆滅的德祐、景炎之間。當時淮上與兩浙正是對峙的邊境線，未見得輕易許人帶着樹和蠟蟲，從淮上到兩浙來。再往遲推三四年，正是元朝將領以武力脅服兩浙各地的時候，也不見得能有人考慮到種下樹來等到三年後收利。如果將成書年代稍微推遲幾年，算在十四世紀初，同時將十餘年的「餘」字數值壓小些，將白蠟蟲由淮上傳到江浙，作爲十三世紀八十年代和九十年代的事，就比較現實些。淮上並不是白蠟蟲的原産地；可能是先從川東經過湖北到達淮水流域，再往南滲透的。這樣的傳播，用當時的交通情况衡量，也需要一段時間。而原産地總也得有上十年的利用培育歷史，才會向外擴散。由此推算了原産地開始利用白蠟和培養白蠟蟲，可能不會遲於十三世紀中葉。但也不會太早。

白蠟蟲造蠟和蕃殖的交替過程，表面現象周密癸辛雜識的記載已很具體。徐光啓所作分析，更加詳細與正確。可是，本世紀三十年代，昆蟲學書籍中，還認爲産蠟的是雌蟲，而近年來，却將造蠟的過程，歸給雄蟲了。白蠟，從蠟蟲的代謝看來，顯然是無用的排泄物：樹液中，糖類含量遠比蛋白質高；蟲吸取樹液，利用其中少量的蛋白質，綜合成爲自己身體的原生質後，過剩糖類利用不了的，便走上脂肪綜成的道路，由酯酶催化，綜成長鏈一價醇一價酸的單酯，夾雜一定分量糖液，排出體外，這就是原始的粗白蠟。癸辛雜識稱它爲「白糞」，徐光啓稱爲「花」。蟲生長愈快時，排出的白蠟也愈多。小蟲剛出殼不久，生長速度最高，蠟的累積最快。稍大，累積量多些，糖液被細菌或霉類利用時，往往産生黑褐色的物質，把蠟都污染了，變成黏稠的一層，這就是李時珍所謂「吐涎」，徐光啓所謂「有膏如錫蜜」蠟，一般生物都不大能利用，因此可以殘留較久，湊合着成爲成長雌蟲的保護層；在裏面産下越冬的卵，卵也可以得到保護。

樹液量（總分量）與質（糖與蛋白質的比例，蛋白質的組成，濃度……）兩方面的變化，都可以影響蠟蟲初期數量、生長速度，與産蠟多寡和蕃殖期「子」的分量。大致説來，糖比例愈高，白蠟生成便愈多愈快。因此，不同時期，産蠟量不同；嫩枝與老枝上寄住的蠟蟲，産蠟量也不會一樣。氣候因素，特别是温度濕度，也能限制白蠟蟲生長、蕃殖和産蠟量；温度濕度不適合，生長蕃殖會受到影響，一般都體會得到。産蠟原止是物質代謝的一個方面：呼吸强度隨温度而變化時，糖量的要求不同；因此，「過剩」糖分走向綜成蠟的强度也就不一樣。大氣濕度能控制蟲的許多活動，——包括運動、呼吸——也能影響分泌物中糖水部分的蒸發。這些，對産蠟量都可以有影響。因此徐光啓發現了「生花」與「生子」的相關，有許多變化。白蠟蟲，雖可以靠蠟來減低寒冷與乾燥的威脅，但蠟的防護作用究竟是有限的；環境温度濕度急劇重大的變化，影響還是很大。早春「寄子」時，小蟲在舊蠟被中初孵出，自己還没有來得及作成新蠟被前，分外嬌嫩，固然對温濕度分外敏感。（因此「寄子」的時期，必須因地制宜，好好選擇。）秋末，雌蟲能否順利産卵，卵能否順利越冬，決不盡由蠟被控制決定。所以「生子」後子的「氣」足不足；「傳子」能否成功，都有季節性影響。白蠟蟲的分布，始終有地域性限制，食料植物能否成功地適應而生長，固然是重要因素，但環境温濕總變化的作用更大；食料樹的種類，變幅還不算小，也可以證明食料的決定並非唯一的。培養白蠟蟲要獲得成功，除了了解生活史之外，還必須知道它各個時期營養中糖與蛋白質的要求，以及對温濕度的反應與適應範圍。

(126) 玄中記在隋、唐兩代已經散佚，本書止能是根據齊民要術（卷十）「烏臼」條轉引。下面小注「高數仞，葉似梨杏……黑色」，出自蘇敬（見本草綱目卷三五「烏臼」條「集解」項引「恭曰」）；「極易生長」，暫作本書第一手材料看待。

(127) 紫：顯然是同音的「子」字寫錯。花既然「黃白」，不會再是「紫黑色」；綱目所引「恭曰」，也有「子黑色」的話。

⑱臨安郡：即杭州（南宋的臨安府）。

⑲田收完糧：單用田地所收獲的來繳納租税（而没有烏臼作爲補助）。

⑳查：借作「渣」、「澹」，即榨油後剩下的「枯餅」。

⑪宿火：即留作火種。火柴没有大量製成前，是每個家庭生活中的一件大事。

⑫本條中的「剥」字，懷疑原稿都是「劀」字，——即修剪樹枝。

⑬必須接博乃可：「接博」的解釋見前卷。

⑭「但於春間……與接博者同」，這裏面，包含着一種與「環割」剛剛相反的處理；爲什麽這樣可以加强結實率，是一個很好的研究課題。

⑮却月鉤：「却月」，是下弦後的月形；却月鉤，即像鉤鐮一樣的鐵器。

⑯這個「臼」字，指明是臼樹的油，和他油不混；所以雖指「白油」，却不能作「白」字。下面兩處「臼油十斤」，也是一樣。案：柏蠟熔點較高熱榨時，和油一起榨出；冷却時，先附着在固體物表面凝固分出。這個方法，極方便極經濟。

⑰淋：解釋見上注⑲。

⑱「落葉入水，變黑色」，烏柏葉含有大量花青素，所以在霜中呈現紅色。花青素在偏碱性環境中，變爲深紫黑色。柏葉汁在空氣中暴露後，失去二氧化碳，酸度降低，就自己變黑，過去利用柏葉汁染布之外，還可以將米染成「烏米飯」，理由也就在這裏。

⑬⑨「陳藏器……日華子」，重修政和證類圖經本草（卷一四）「烏臼木」條，引陳藏器本草云「烏臼葉，好染皂。子，多取壓爲油，塗頭，令白變黑。爲燈極明」（綱目卷三五「烏臼木」條「集解」項下也引有）。又「臣禹錫等謹按日華子又云『子涼，無毒；壓汁梳頭，可染髮……』」。

⑭⑩褎然者：「褎」是「袖」（衣袖）的古寫法。王先謙漢書補注爲董仲舒傳中「褎然爲舉首」所作解釋：在穿衣時衣領衣袖都是向上舉起來的，「袖然」應解爲像衣袖一樣，被人向上推舉；也就是大衆公認「拔尖」。

⑭①「元人修書，詳于北産……前此未著耶？」，這一節文章裏，徐光啓總結了他所見到的有關烏桕文獻——實際上止有齊民要術一條，證類本草兩條，本草綱目一條——後，發覺利用桕蠟，過去没有人記載過，「古來遂無人曉此」。他對於這件事歸納出兩個原因來。（甲）過去農書，都側重北方物産，所以忽略了南方特有的烏桕；（乙）過去没有人知道利用桕蠟。這兩個歸納，都有相當程度的確切，也都有待補充的地方。烏桕確是淮河以南的植物，黄河流域的寒冬，對烏桕的生存非常不合適。賈思勰平生活動的地區，止在黄河中游和下游，當時不可能見到女貞與烏桕的實物。但是賈思勰已留意鈔録了玄中記中有關烏臼的一條，大概因爲玄中記除記下它産於「荆、揚」（也就是淮河以南和長江流域）之外，還説它「迮（＝榨）之，如胡麻子；其汁，味如豬脂」，説明桕油可以作爲食用油，合於他所提的「山澤草木任食，非人力所種者」（見齊民要術卷十五穀果蓏菜茹非中國物産者篇標題注）的標準。玄中記究竟是像路史注所説，爲郭璞的著作，或者如胡立

初所懷疑，「亦吳（案指三國吳）人所作」，暫時很難作出結論；但公元第六世紀，早已成書，則應當是事實。五世紀末葉，江南的文藝作品，像讀曲歌中「打殺長鳴雞，彈去烏臼鳥」，與蕭衍西洲曲（應是他壯年列名於「竟陵八友」中時的詩）「日暮伯勞飛，風吹烏臼樹」等，可以説明烏臼在江南是常有的樹木。賈思勰對於這類詩句，可能不知道，也可能雖知道而由於它們没有説到利用，不足取材，所以要術中没有引到。李時珍本草綱目中，止引用唐末陸龜蒙（九世紀末）兩句詩，不提及這些六朝麗句，便將烏柏記載史切短了四百年；徐光啓止根據李時珍，也就不容易覺察江南烏柏還有在陸龜蒙以前的詩可作憑證。柏子油（即徐光啓所謂「清油」），唐陳藏器第一次記入本草拾遺：「可壓油，然燈極明」；這是徐光啓注意到了的。陳是四明（浙江）人，這條記録，很可能正是就他家鄉的習俗記下的。宋初陶穀清異録器具篇，記南唐烈祖李昪稱帝之後，宫中不用蠟燭，止用柏子油灌在「燭」裏照明，——所謂「燭」，下面還有「捧燭鐵人」，可能止是一個鐵燈盞，——仍是江南的事。與陶穀大約同時的大明日華子諸家本草也載有柏油，作爲髮油；不過他是自記見聞，或者承襲陳藏器，不能確定。南宋初，莊季裕雞肋編（上）也記有「烏柏子油如脂，可灌燭」。宋末元初，周密所作癸辛雜識續集下，記有南宋陳謂在婺州（金華）山中，遇見一個隱士正在搗柏子作油；別集上，又記載南宋方回有「柏燭一甌茶」的詩句，大致是在杭州或建德所作。總之，除日華子本草之外，這些故事，都止在江浙兩省的範圍中。根據金末元初黄河流域資料編成的農桑輯要，没有記載柏油，也就不難理解。王禎是否知道有柏樹柏油，我們不能斷定；他的農書中種植栽培各項，很少軼出農桑輯要的範圍，因此没有柏樹、柏油，可能正是「聞見所限」。南唐李昇，止用柏油，不是柏蠟，可以肯定；方回的「柏燭」，是柏油燈還是蠟燭，也不明確。十六世紀初，宋詡樹畜部（卷一）「柏」條，才確切記明：「其子外白膜，蒸鎔之，凝爲燭材；其子内白肉，杵榨之，爲清油而燃燈。」宋詡以前，也許還有記録，我們没有查到。

由這些補充資料，我們可以對徐光啓的歸納，暫時定案如下：「元人修書，詳于北産，聞見所限，未及遠徽吴、蜀」。因此没有記載柏油，確是事實；但「古人」如指元以前的人，却並不是「無人曉此」。柏蠟，如證實始見於宋詡，以前實在没有，則也真是「邇年始食其利，前此未著」，但「邇年」至少已將近百年，而不是三五十年。

⑭² 其責不在冥冥之民也：這句，作者表明了他是以悲天憫人的態度，站在統治者的立場，來同情農民的，不知道群衆才真是智慧的源泉。

⑭³ 案：今傳本詩經秦風中，没有「山有漆」這麽一句；晨風第二、第三章，有「山有苞櫟，隰有六駁」，「山有苞棣，隰有樹檖」，「山」上没有「漆」；車鄰第二、第三章，「阪有漆，隰有栗」，「阪有桑，隰有楊」；有「漆」而不在「山」。可能是將唐風的山有樞第三章起句「山有漆，隰有栗」誤記爲秦風。

⑭⁴ 說文解字中，「漆」字在水部，止解爲水名，即今日關中的漆水河；解爲「木汁可以髤（讀 xiū，解爲用桼來桼，即作動詞用）物」的，是「桼」字，自爲一部；它的說解，是「木汁可以髤物，象形：桼如水滴而下……」這樣割裂牽附後，讀不懂了。

145 這一段小字注文，似乎是以群芳譜（利七）木譜二「漆」條標題下説明爲基礎。先引説明中段，作爲引子；中間插入本草綱目（卷三五）「漆」條「集解」項「時珍曰」的「今廣、浙……沾沾無力」，删去兩句；再將譜標題説明的起處，移植在後面，拼凑而成。其實譜也還是全部承襲綱目「漆」條「集解」顛倒竄易寫成。「生漢中山谷（證類本草引文作「川」，似更好）、梁、益」，承自名醫別録，「陝（應依證類本草所引圖經作「峽」）、襄」，承自「（蘇）頌曰」；「金州者最善」，承自「（韓）保昇曰」（金州是今日陝西安康）；「廣州……」又回到「弘景曰」。「樹似榎而大」，出自「時珍曰」，原指「黄漆」説的；「高二三丈」，出自「保昇曰」，「身如柹」，又引「時珍曰」，以下便都是「保昇曰」。

146 這一條，現見群芳譜「漆」條「種植」項；前兩句，出自綱目「漆」條「集解」項「時珍曰」。

147 本節全見綱目「漆」條「集解」。「以竹筒……爲漆也」，見「頌曰」；「凡取時……不佳」，又「凡驗漆……並佳」，均見「宗奭曰」；「試訣」以下，出「時珍曰」。

148 現見王禎農書（卷十）百穀譜十「漆」條。漆中所含「漆酚」，借漆酶催化，由大氣氧氧化後，變成惰性極高的高分子多聚體；氧化時，需要温度低而濕度大，所以至今以「陰油曬漆」表示環境不適合。

149 「凡漆器不問真僞……朽敗更速矣」，這一節，本書現直接連在上節所引農桑通訣下，未提行。案引文與下一節「又曰：……颯然破矣。」，都出自齊民要術（卷五）漆第四十九下。

150 這一條，標題下的説明，似乎以群芳譜（利七）木譜二「皂角」條的説明爲基礎而稍加改寫的。群芳譜實際上仍是取材於本草綱目(卷三五)「皂莢」條。(甲)引廣志,見綱目「釋名」項「時珍曰」。(乙)各項異名,句法次序與譜同;但譜「皂角」在標題中,本書換入正文。(丙)三個品種,譜全鈔自綱目「集解」項下「時珍曰」。(丁)記述生態,譜櫽括綱目「集解」項「時珍曰」及「恭曰」的文字寫成。

⑮1 王禎農書(卷十)百穀譜九竹木篇「皂莢」條,比這一條僅多起處「皂莢有二種,生雍州川谷及魯鄒縣;今處處有之,如」這麽二十五個字。現標「玄扈先生曰」,顯有錯誤。案:王禎仍是彙鈔得來,前兩句出自陶弘景(證類本草引有);「種者……即結」,見農桑輯要(卷六)竹木篇「皂莢」章「新添」材料;「或曰……自落」,轉引輯要「皂莢」條所引博聞録;末數句才是王禎自作總結。

⑮2 山海經中,山多楥的,至少有十三處,其中有西山經的「石脆之山」和「翠山」,但没有「石翠山」。但本草綱目(卷三五)「楥桐」條「集解」引「頌曰」末句,却是山海經云:「石翠之山,其木多楥。」

⑮3 本條標題小注,全出自本草綱目(卷三五)「楥櫚」條「集解」項所引「頌曰」,文字全同;止將末一句作大字移在前面了。

⑮4 現見便民圖纂(卷五)樹藝類上「楥櫚」條。

⑮5 「其皮作繩……已生根」,與圖纂無關。現見群芳譜(利七)「楥櫚」條「典故」項下。譜實際上襲自綱目「楥櫚」條「集解」項下「藏器曰」,止是將「土」字改作「水」。楥索生根是誤會。

⑮6 現見綱目「楥櫚」條「集解」項「時珍曰」;本書引用時,有删節。

⑮⑦本條標題説明，全襲用王禎農書（卷十）百穀九「柞」條起處。王禎則取材於齊民要術（卷五）槐柳楸梓梧柞第五十「柞」標題下的説明。爾雅及郭注之外，其餘是賈思勰的案語。要術原説明，下面還有幾句，現引在本條末，誤標爲「玄扈先生曰」。

⑮⑧這是要術槐柳楸梓梧柞第五十中關於「柞」的全部正文及小注。

⑮⑨這幾句，是要術「柞」標題説明引用後殘留下來的，不是徐光啓的文字。

⑯⓪本條標題下的説明，主要以本草綱目（卷三五）「楝」條，加上王禎農書一句，改寫而成。（甲）引爾雅翼，今傳本爾雅翼（卷九）釋木「楝」條，止有「可以練，故名楝」。這裏是據綱目（卷三五）「楝」條「釋名」項下「時珍曰」中，李時珍改寫後的形式轉引的。（乙）「説文曰：苦楝木也」，出自王禎農書（卷十）百穀譜九「柞」（「楝附」）條「楝」項。所指説文，不是説文解字——許書中没有「楝」字。（丙）「一名金鈴子」，見綱目「楝」條「釋名」。（丁）「有雌雄兩種……雌者有子，可入藥」，見「楝」條「集解」引「恭曰」。（戊）「以蜀川者爲佳」、「樹高丈餘」、「三四月開花」，均見「集解」引「頌曰」。（己）「易長」，可能以「集解」中「時珍曰」「楝長甚速」爲根據；「實如圓棗」，「時珍曰」中有「其子正如圓棗」句相當。

⑯①要術没有這一條；但王禎農書（卷十）百穀譜九「柞」（「楝附」）條後段，除「平地」作「平田」外，文句字字與本節相同。

⑯②現見農桑輯要（卷六）竹木篇「楝」章，係「新添」資料。

163 本條標題下説明，似以齊民要術（卷五）種棠第四十七篇標題注爲主要根據，稍加改寫而成。（甲）引爾雅及郭注，比要術多出「又曰：杜，赤棠」；「白者，棠」的正文。（乙）「詩曰」以下到末了，與要術全同，止個别字有差異，分見案〔七七〕、〔七八〕、〔七九〕、〔八〇〕；「案今棠」以下，是賈思勰所作結論。

164 楊慎原書中未查得，但本草綱目（卷三〇）果部「棠梨」條「集解」下「時珍曰」末了，却有「楊慎丹鉛録言尹伯奇采楟花以濟饑；注者楟即山梨，乃今棠梨也，未知是否？」

165 這是要術種棠第四十七篇栽培技術記録的全部正文和小注。

166 「海紅」條標題説明，全見本草綱目（卷三〇）「海紅」條，「釋名」項下記着唯一的異名「海棠梨」，未注出處。（案：温庭筠詞有「池上海棠梨，雨晴紅滿枝」；則這個名稱，唐德宗時已有。）「集解」項下，前段的「狀如木瓜而小，二月開紅花，實至八月乃熟」，本書引在後面；原文下面緊接「鄭樵通志云……」，現移前面。（案：鄭樵通志卷七六果類「梨」條，説「杜甘棠……謂之棠梨，其花謂之海棠花，其實謂之海紅子」。「又曰杜赤棠」，是另一件事，原文文字很含混，李時珍誤會爲屬於上面，不是没有原因的。甘棠是不是海棠花，還得考證。鄭樵没有到過西北、西南，對陝西、四川的植物没有認識，憑福建、浙江的情況作論斷，不見得合適。）

167 本條標題下説明及部分正文，是彙集本草綱目（卷三一）「椰子」條與齊民要術（卷十）「椰子」條的資料合成的。（甲）「上林賦曰」起，到小注中「其漿猶如酒也」，見綱目「釋名」所引南方草木狀，其實與今傳本草木狀也有些差别，是李時珍改寫後的形式。（乙）引南州異物志、廣志、交州記三段，據要術轉引。（丙）「寇宗奭曰」，據綱目「集解」轉引，與本草衍義原文不同。

⑯⑧ 本文標題下説明，以本草綱目（卷三六）灌木類「巵子」條「釋名」「集解」兩項中的資料爲根據。「又名禪友」以上在「釋名」項「時珍曰」中；「有兩……爲佳」，見「集解」項下「弘景曰」；「三四月開花，夏秋結實」，出「集解」「頌曰」，原作「二三月」；「經霜乃收」，仍出「弘景曰」；以下見「集解」「時珍曰」。

⑯⑨ 見上林賦；漢書（卷五七上）所引，注文「師古曰，鮮支，即今支子樹也；黄礫，今用染者，黄屑之木也……」。

⑰⓪ 要術（卷五）種紅藍花梔子第五十二，篇標題中有「梔子」，正文中却不着一字。本書所引，不是要術。引文，現見農桑輯要（卷六）藥草篇「梔子」章，係「新添」的第一手資料。

⑰① 「梅雨時，……移種亦可」這一條，見群芳譜（貞一）花譜「梔子」條「栽種」項下。

⑰② 現見種樹書（中）。案：出南宋温革分門瑣碎録，金末元初的種藝必用補遺也引有。字句不全相同。「消花水」三字不可解；當依種藝必用補遺作「消化爲水」。

⑰③ 「大朵重臺者……可作羹果」，現見群芳譜「梔子」條「製用」項。

⑰④ 徐光啓所謂「楂」，即山茶科山茶花屬的「茶樹」。因爲它的葉、花、果實、種子，都和飲用的「茶」相像，不過花果形狀大得多，所以至今江西、湖南還叫「茶樹」，寫作「茶」字，並不錯誤。櫧是殼斗科植物，和茶樹相差很遠。

⑰⑤ 澤首：作爲塗髮的「膏澤」，塗在頭髮上。茶油是不乾性油，而且萜類甾類含量很高，界面活動大，所以「不染衣，不膩髮」；而且，枯餅一直用作除垢劑，很少用作肥料，和其他油粕不同。

⑰⑥ 查：應是「渣」字，即榨油後所剩油粕或枯餅。

案：

〔一〕「梜」字，要術原作「枌」。

〔二〕畊　應依要術原文作「晪」。

〔三〕榆生共草俱長　要術原在下一節「散訖，勞之」下面；現在移在這裏，却又省去「未須料理」一句，意義似有欠缺。

〔四〕栽　要術原作「種」。

〔五〕採　要術原作「捋」，可能是字形相似鈔錯。小注中「採」字同。

〔六〕太　應依要術原文作「不」。

〔七〕剶　應依要術作「剶」（音 chuān），解爲删切樹枝。小注中「剶」字同。本卷還有多處同樣的情形，不再注明。

〔八〕不剶沐　應依要術作「不剶不沐」；「沐」，解作切斷樹梢（見管子輕重丁及輕重戊）。

〔九〕還似　應依要術校定本作「速朽」。

〔一〇〕楊　要術原作「榆」，應照改。

〔一一〕是須别也　應依要術在「是」下補「以」字。

〔一二〕器皿　應依要術原文作「各直（＝值）」。

〔一三〕二口值二百　要術原文是「一口直三百」。

〔一四〕耕　要術原作「犁」。

〔一五〕「青」字下，應依要術及玉燭寶典引文補「莢」字。

〔一六〕色白　應依要術及詩疏引文作「白色」。

〔一七〕「宜」字上，要術原有「亦」字，與上文「榆」相呼應。

〔一八〕「步」字衍，應依要術原文删去。

〔一九〕即　應依要術原文作「楸既」。

〔二〇〕一　應依要術原文作「亦」。

〔二一〕一　應依要術原文作「二」，方能與下文「五行合六百樹」合。

〔二二〕株　要術原作「樹」，與下文「一樹千錢」相呼應。

〔二三〕省　應依王禎引文及輯要原文作「有」。

〔二四〕土　輯要原作「上」，較好。王禎作「土」，本書與王禎同。

〔二五〕微　本書與王禎引文同作「微」；輯要原作「撒」，似較勝。

〔二六〕橛　本書與輯要同，王禎作「掘」。

〔二七〕勿　王禎引文及輯要原文作「毋」。

〔二八〕方　王禎引文漏去，輯要原有，本書保留，較好。

〔二九〕上　輯要作「土」，似較好；本書同；王禎作「上」。

〔三〇〕三二　本書作「三二」，與輯要同；王禎倒作「二三」。

〔三一〕盛　種樹書原依墨客揮犀作「偃蓋」（即向一側傾斜）。

〔三二〕「漿」字，殿本輯要原作「將」，屬於下一句，似比殿本王禎農書及本書所引的爲好。

〔三三〕六　王禎引文及輯要原文都是「七」字。「五七寸」，折衷後是六寸，「五六」，折衷後是五寸半，相差不大，但輯要的原來形式却另有道理。

〔三四〕去後　王禎引作「後去」，殿本輯要原是「去之」。

〔三五〕秀　要術原作「雅」。

〔三六〕玩　要術原作「愛」。

〔三七〕明　要術原作「後」。

〔三八〕剥　要術原作「樹别」，解爲「每一棵樹，分别……」。

〔三九〕桐　要術原作「材」。

〔四〇〕「櫟」字上，要術原有「木」字。

〔四一〕「作」字衍，應依要術原文删。（可能這個「作」字，是補在上文「樂器則鳴」上的，寫時放錯了地方。）

〔四二〕五　應依要術原引文作「武」。

〔四三〕株　應依要術原文作「杖」，下句起處，應依要術補「止」字。

〔四四〕更　應依要術原文作「便」。

〔四五〕通　應依要術校定本作「遍」。

〔四六〕北　綱目引文作「地」；重修政和證類本草作「北」，與本書引文同。

〔四七〕促　應依要術原文作「捉」。

〔四八〕易　應依要術原文作「異」。

〔四九〕時晴　應依要術原文作「晴時」。

〔五〇〕「秋深」兩字，與上文重複無意義，應依輯要原文作「大者」。

〔五一〕「燒」字下，應依要術原文補「之」字。

〔五二〕「而」字下，應依要術原文補「利」字。

〔五三〕「槐」字下，爾雅郭注原文有「樹」字。

〔五四〕「晝」字下，郭注原有「日」字。

〔五五〕「根別樹木」的「樹」字，要術原作「豎」。

〔五六〕人任　應依要術原文作「任人」。

〔五七〕钃棱　當依要術原文作「鏰棱」。

〔五八〕塲　本節兩處「塲」字，均應依要術作「暘」。

〔五九〕「春生少枝」下，要術原文還有「長一尺以上者，插著壟中，——二尺一根——數日即生，少枝」共二十個字。這二十個字，應補入。（也許本書並不是特意删去，而是刻寫時漏去了一行，整二十個字，又遇上隔行都是「少枝」兩字，看錯鈔漏刻漏。）

〔六〇〕六　應依要術原文作「一」。

〔六一〕「直」字上，應依要術原文再補一個「載」字。

〔六二〕椀　應依要術原文作「枕」。

〔六三〕絶　應依要術原文作「截」。

〔六四〕所　應依要術原文作「斫」。

〔六五〕柴又作梁掃住　應依要術原文作「柴及棟樑椽柱」。

〔六六〕微　應依綱目原文作「嫩」，大概因字形相似而鈔錯。

〔六七〕峭小　綱目原文作「峭利」。

〔六八〕桑花　應依綱目原文作「栗花」。

〔六九〕木粗赤文　應依綱目原文倒轉作「木文粗赤」。

〔七〇〕苦䨓 殿本王禎農書作「䨓漬」。
〔七一〕送 要術原作「過」。
〔七二〕椀 要術原作「枕」。
〔七三〕「多脂」下，譜引文及綱目原文均有「者」字，宜補入。
〔七四〕鍾 應依綱目原文作「鐘」；「鐘杵」，即用來撞鐘的橫木柱。
〔七五〕「俗人」上，應依王禎原引文及要術補「案」字。
〔七六〕「㔹之」上，應依要術原文補「再」字。
〔七七〕「甘」字，要術引文及陸疏（上）「蔽芾甘棠」條原文都没有，應删。
〔七八〕味 要術作「甜」。
〔七九〕亦 陸疏原文作「子」；要術引文没有這個字的位置。止可依陸疏作「子」。
〔八〇〕「赤」字衍，陸疏及要術引文俱無；應删。
〔八一〕則 應依要術原文作「別異」。
〔八二〕「晴則」兩字，要術現傳本止作「更」字。
〔八三〕白色如乳如酒極香……形圓如栝樓 本草衍義（卷一五）原文止是「如乳，極甘香」；「强名爲酒」，原文在後段；「中有白瓠」，原文作「中又有一塊瓤」，——至少「瓤」字比較「瓠」字好。「栝樓」作「瓜蔞」，……其餘删改尚多。

〔八四〕「畦」字，輯要原文無。

〔八五〕「頻澆」下，輯要原文還有「頻鋤」兩字。

〔八六〕「北面」下，輯要原文還有「厚」字。

〔八七〕「過」字，輯要原文無。

農政全書校注卷之三十九

種植

雜種上

【竹①】爾雅曰：「莽數節，桃枝四寸有節，粼堅中，簢筡中，仲無笐，篙箭萌，篠箭簜。」禹貢曰：「揚州厥貢篠簜，荆州厥貢箘〔一〕簵。」竹紀云②：竹之品類六十有一。黄魯直以爲竹類至多，竹紀所類皆不詳，欲作竹史，不果成。方竹：產澄洲。體如削成，勁挺堪爲杖。桃源山亦有方竹；隔洲亦出③，大者數丈。寧波志云：葛仙翁煉丹于定海靈峰，植竹筯，化爲竹而方。斑竹：即吴地稱湘妃竹者。其斑如淚痕，杭產者不如。亦有二種：出古辣者佳，出陶虚山者次之。土人裁爲筯甚妙。亦有大如甌者。棕竹有三種：上曰筋頭，梗短葉垂，堪置書几；次曰短栖，可列庭階。次曰樸竹，節稀葉硬，全欠温雅，但可作扇骨料耳。性喜陰，畏寒風，冬月藏不通風處，三月方可見天。原不見日。秋分後，可分。須出盆視其根鬚，不甚堅固處，劈開栽盆。欲變化爲〔一〕盆，則盆大更旺，灌用浸豆水極肥；舍此俱不堪用。貓竹：一作茅竹，又作毛竹。榦大而厚，異于衆竹。人取以爲舟。雙竹：篠篁嫩篠，對抽並胤，王子敬謂之扶竹。蘄竹：生蘄州，以色瑩者爲簟，節疎者爲笛，帶鬚者爲杖。慈孝竹：大叢長榦中聳，群篠外護，向陽高臺種茂。柯亭竹，生雲夢南。以七月望前生。明年七月望前伐。未期伐則音浮，過期伐則音滯〔二〕。觀音竹，每節二三寸，産占城。黄金間碧玉，産成都，青黄相間。龍公竹，大徑七尺，一節長丈二尺。葉若焦，出羅浮山。龍孫竹④，生辰州山谷間，高不盈尺，細僅如針。徑尺竹，可爲甑，出湖湘。四季竹，節長而圓，中管籥⑤；生山石者，音清亮。月竹，每月抽笋，不堪食，出嘉定州。十二時竹，産蘄州。其竹繞節凸生，地干十二字⑥。篦簩竹：出篦簩國，可礪指甲。新州有此種，製成琴樣，爲礪甲之具。用久微滑，以酸漿漬之，過宿快利如初。亦可作箭。大夫竹，凌雲圍三尺，鄜延一人伐此竹，見内二仙翁，相謂「平生勁節，惜爲主人所伐」，遂騰空去。鳳尾竹，纖小猗那。植盆可作清玩。龜文竹，産陽縣〔三〕寶陀岩。製扇甚奇。人面竹，出剡山，節極促，四面參差。竹皮如魚鱗，面凸，頗類人面。黑竹，如藤，色如鐵。思摩竹，出交廣。筍自節生，既成竹，至春節中復生筍。無節竹，出瓜州。大節竹，出黎母山，一節一丈。踈節竹，六尺一節。通竹，出溱州，直上無節。扁竹，出濡須。藤竹，出占城。船竹，出員丘。弓竹，長百尋却曲如藤，得木乃倚。出東方。質有文章；須膏塗火灼乃見。沛竹，出南荒，長百丈。丹青竹，葉黄、碧丹相間，出熊耳山。十抱竹，出臨賀。慈竹，内實節踈，性弱形緊，而細可代藤。桂竹，高四五丈，圍二尺。狀如甘草，而皮赤。出南康以南，傷人即死。桃竹，葉如棕，身似竹，密節而實中，厚理瘦骨，蓋天成拄杖也。出巴渝間。出豫者細文，一節四尺，北人呼爲桃絲竹。相思竹，出廣東，兩兩生笋。始興郡有筀竹，大者圍二尺，長四丈。交趾有簗竹。八月爲竹小春。竹之萌曰笋，竹之節曰約，竹之叢曰篔。竹之得風而體夭屈曰笑。竹死曰箹。

齊民要術曰⑦：宜高平之地，近山阜，尤是所宜。下田得水則死。黄白軟土爲良。正月二月中，斸取西南引根并茎，芟去葉⑧，於園内東北角種之。令坑深二尺許，覆土厚五寸。竹性愛向西南引，故〔四〕園東北角種之。數歲之後，自當滿園。諺云：「東家種竹，西家治地」，爲滋蔓而來生也。其居東北角者，老竹，種不生〔五〕亦不能滋茂，故須取西南引少根也。稻麥糠糞之，二糠各自堪糞，不令和雜。不用水澆。澆則淹死。勿令六畜入園。二月食淡竹筍，四月五月食苦竹筍。蒸煮炰酢，任人所好〔二〕。其欲作器者，經年乃堪殺。未經年者，軟未成也。

農桑通訣曰⑨：種竹宜去稍葉，作稀泥於坑中，下竹栽，以土覆之。杵築定，勿令脚踏，土〔三〕厚五寸。竹忌手把，及洗手面脂水澆，著即枯死。月庵種竹法：深闊掘溝，以乾馬糞和細泥，填高一尺。無馬糞，礱糠亦得。夏月稀，冬月稠。然後種竹。須三四莖作一叢，亦須土鬆淺種，不可增土於株上。泥若用钁打實，則筍不生。種時斬去稍，仍爲架扶之，使根不摇，易活。又法：三兩竿作一本移，其根自相持，則尤易活也。或云：不須斬稍，只作兩重架尤妙。夢溪云：種竹：但林外取向陽者，向北而栽。蓋根無不向南。必用雨下，遇有西風則不可。花木亦然⑩。諺云：「栽竹無時，雨下便移。多留宿土，記取南枝。」志林云：竹有雌雄，雌者多筍，故種竹，常擇雌者。凡欲識雌雄，當自根上第一枝觀之：有雙枝者，乃爲雌竹；獨枝者，乃爲雄竹。

種樹書曰⑪：種竹處當積土，令稍高於傍地二三尺，則雨潦不浸損。錢唐人謂之竹脚。移時須是根垛大，維以草繩，仍向背不失其舊爲佳。種竹須將竹母〔四〕斬去，只留四五尺，仍斜植之。用礱〔五〕糠和泥抱根，然後用净土傅其上。或鋪少大麥於其中，令竹根着麥上，以土蓋之，其根易行。一法，擇大竹，就根上去三四寸許截斷之。去其上不用，只以竹根截處打通節，實以硫黄末，顛倒種之。第一年生小竹，隨即取〔六〕之，次年亦去之，至第三年生竹，其大如所種者。種時以舊茅茨夾土，則竹根尋地脉而生。禁中⑫種竹，一二年間無不茂盛。園子云：「初無他術，只有八字：踈種，密種，淺種，深種。」踈種，謂三四步種一棵，欲其地虚行鞭。密種，謂種雖踈，每窠却種四五竿，欲其根密。淺種，謂其種時不甚深。深種，謂種時雖淺，却用河泥壅之。竹林中有樹，切勿去之。蓋竹爲樹枝所礙，雖風雪不復攲斜。筀竹根多，穿害堦砌。惟聚皂莢刺埋土中障之，根則不過。或用鐵屑栽，油麻萁尤妙。玄扈先生曰：筀竹根强，能害他竹，不宜雜種。必須障之，其法莫如深溝耳。或云，以炭屑實之，太費。或云，以煤灰實之。移竹惟五月十三日，謂之竹醉日，又謂竹迷日，又謂龍生日，栽竹則茂盛。玄扈先生曰：五月實竹笋已出，生氣内歛⑬，故可移栽。竹以六月爲臘也；龍生竹醉，無理可通。或曰：不必五月，但每月二十日皆可。又一云：正月一日，二月二日，三月三日，皆可種，無不活者。每月倣此。如要不間年出笋，用正月一日，二月二日。又云，用辰日。山谷所謂「根雖〔七〕辰日斸，笋看上番成」。又曰：「宜用臘日」；杜少陵詩：「東林竹影薄，臘月更宜栽。」然臘月之説大謬。少陵所謂臘，正指夏月。少陵通達，非業所及也。麥以五月爲秋，竹以六月爲臘，冬伐竹不蛀。夏伐必蛀，正謂潤澤在焉故也。此論大謬矣⑭。竹之滋澤，春發於枝葉，夏藏於榦，冬歸於根。如冬伐竹，經日一裂，自首至尾不得全。盛夏伐之最佳，但於林有損。夏伐竹，則根色紅〔六〕而鞭皆爛，然要好竹，非盛夏伐之不可。七八月尚可。自此，滋澤歸根，而不中用矣。如要竹不蛀，取五月以前，但此月以前，竹不生，皆根爛。竹與菊根皆長向上，添泥覆之爲佳。

晉起居注曰⑮：惠帝二年，巴西郡竹生紫色花，結實如麥。皮青，中米白，味甜。玄扈先生曰：此恒有。萬曆辛丑，余鄉亦有此。余嘗目見其米，實與稞麥不異耳。

玄扈先生曰：移竹，泥垛須厚，所云「多留宿土」是也。平地止掘深尺許，將泥垛移置其上，四週以鬆泥蓋之；不用脚踏搥打。日日以水澆之，度其實乃已。又須搭架以防風摇。又法，移竹種：離生枝節上四五節斫斷，即不帆風。不須用架，尤簡便。若竹有花，輒槁死⑯。花結實如稗，謂之竹米。一竿如此，久之則舉林皆然。其治之之法，於初米時，擇一竿稍大者，截去近根三尺許通其節，以糞入之則止。瑣碎録云：引竹法：隔籬埋貍或貓於牆下，明年筍自迸出。竹以三伏内及臘月中斫者不蛀。竹有六七年，便生花⑰。所謂「留三去四」，蓋三年者留，四年者伐去。諺曰：「一人種竹十年盛，十人種竹一年盛。」言須大科移置，方不傷其根也。若只二三榦作一科，四面根皆斸斷，安得有生氣耶？

又曰：浙中人代園種竹，甚有理。所謂「祖孫不相見」也。余別有圖說。此法甚得利，而工人用竹者，則以平園爲勝。謂山間代園之竹，嫩而不堅，不如平地園林者竹老而堅韌也。蓋事不能兩利如此。

又曰：竹生花生實，輒滿林枯死。此有二病⑱：其一，私者：竹園既久，根多蟠結故也。治之之法，將園地分段，掘起宿根。間一段、起一段，使其根舒展，次年還復盛矣。其一，公者：遍地皆然。此必水潦之年，或水災之後也。此則無法可治。但不可因其枯瘁，遽起竹根，只須留以待之。一二年後自然復發，依然故林。倘是老園，亦宜用間段掘根。彼拙者不知此理，逕自掘盡，謂復栽之。無論因循不栽，即復栽，豈能一二年遽盛耶？

又曰⑲：簗竹爲藩，可禦大寇。余謂南中宦遊者言之，禦寇長策，惟有村居者，家有此藩而已。今南土苗亂，或至村落無居人，而不知作此何哉？此竹亦可移至北土，而無人爲我致之，徒有舌敝唇焦耳。簗竹實中，勁强有毒，鋭似刺，虎中之，則死。

又曰：種簗竹以禦寇，余曾爲廣西大參張叔翹言之。渠寇至廣右，賷捧入都，大以吾言爲然。後安南之寇來侵，土司沿江有筏，皆不能渡。當益信余言不誣耳。

【筍⑳】爾雅曰：「筍，竹萌」也。説文曰：「筍，竹胎」也。孫炎曰：「初生竹，謂之筍。」詩義疏云：筍皆四月生，唯巴〔七〕竹笋八月生，盡九月。成都有之。篃冬夏生。始數寸，可煮，以苦酒〔八〕浸之〔八〕，可下酒及食。又可米藏，及乾，以待冬月也。陸佃云㉑：字從勹〔九〕從日。包之日爲筍，解之日爲竹。又曰：字從竹從旬。旬内爲筍，旬外爲竹也。

農桑通訣曰㉒：採筍之法，視其叢中斜密者芟取之。竹鞭方行處不宜採，採則竹不繁。採時可避露，日出後掘深土取之。半折取鞭根，旋得投密器中，以油單覆之，勿令見風，風吹則堅。筍味甘美有毒，惟香〔九〕與薑能殺其毒。煮宜久熟，生則損人。然食品之中，最爲珍貴。故禮云：「加豆之實，筍菹〔一〇〕魚醢。」詩云㉓：「其簌伊何？維筍及蒲。」蓋貴之也。

永嘉記曰㉔：含篛〔一一〕竹，笋六月生，迄九月，味與箭竹笋相似。凡諸竹笋，十一月掘土取，皆得長八九寸。長澤民家，盡養黄苦竹。永寧南漢，更年上笋，大者一圍五六寸。明年應上。今年十一月笋，土中已生，但未出；須掘土取。可至明年正月出土，訖五月。方過六月，便有含篛筍。含篛筍迄七月八月。九月已有箭竹筍，迄後年四月。竟年常有筍不絶也。種樹書曰㉕：陰雨土虚，則鞭行。明年筍莖交出也。

竹譜曰㉖：棘竹筍味淡，落人鬚髮。䇺節出〔一〇〕筍無味。雞頭竹筍肥美。篃竹筍冬生者也。

食經曰㉗：淡竹筍法：取筍肉五六寸者，按鹽中一宿。出鹽令盡㉘。煮糜一斗，分五升與一升鹽相和，糜熟須令冷㉙。内竹筍醎糜中，一日拭之。内淡糜中，五日可食也。

【茶㉚】爾雅曰：檟，苦茶。郭璞注曰：樹小，似梔子，冬生。葉可煮作羹飲。今呼早采者爲茶，晚取者爲茗，一名荈〔一二〕。蜀人名之苦茶。茶經云：一曰茶，二曰檟，三曰蔎，四曰茗，五曰荈。早採曰茶，次曰檟，又其次曰蔎，晚曰茗，至荈則老葉矣。蓋以早爲貴也。六經中無茶，蓋茶〔一三〕即茶也。詩云：「誰謂茶苦？其甘如薺。」以其苦而甘味也。南越志云：茗，苦澀，亦謂之「過羅」。有高一尺者，有二尺者，有數丈者，有兩人合抱者。出巴山峽川。有建州大小「龍團」，始于丁謂，成于蔡君謨。熙寧末，有旨下建州：製「蜜〔一四〕雲龍」一品，尤爲奇絶。蜀州「雀舌」、「鳥嘴」、「麥顆」，蓋嫩芽取形似之。又有「片甲」者，早春黄芽，葉相抱如片甲也。「蟬翼」，葉軟薄如蟬翼也。清異録云：開寶中，竇儀以新茶飲予，味極美。奩面標云：「龍陂山子茶」；龍陂，是顧渚山之别境。洪州鶴嶺茶，其味極妙。蜀之雅州蒙山頂，有「露芽」、「穀芽」；皆云「火前」者，言採造于「禁火」之前也。火後者次之。一云：雅州蒙頂茶，其生最晚，在春夏之交。常有雲霧覆其上，若有神物護持之。又有五花茶者，其片作五出花雲脚；出袁州界橋，其名甚著。不若湖州之「研膏」、「紫筍」；烹之，有緑脚垂下。吴淑賦云：「雲垂緑脚。」有「紫筍」者，其色紫而似筍。唐德宗每賜同昌公主饌，其茶有「緑花」、「紫英」之號。草茶盛于兩浙，「日注」第一。自景祐以來，洪州雙井「白芽」，製作尤精，遠在「日注」之上。遂爲草茶第一。宜興湣湖出「含膏」㉛。宜城縣有丫山，形如小方餅。「横鋪」茗芽産其上。其山東爲朝日所燭，號曰陽坡，其茶最勝。太守薦之京洛人士，題曰「丫山陽坡横文茶」。一名「瑞草魁」。又有建州「北苑」、「先春」，洪州西山「白露」，安吉州顧渚「紫笋」，常州宜興「紫笋」、「陽羨春」，池陽「鳳嶺」，睦州「鳩坑」，南劍「石花露」、「鋑芽」、「籛芽」，南康「雲居」，峽州小江園「碧澗寮」、「明月寮」、「茱萸」，東川「獸目」，福州方山「露芽」，壽州霍山「黄芽」，六安州「小峴春」：皆茶之極品。玉壘關外寶唐山，有茶樹，産懸崖。笱長三寸五寸，方有一葉兩葉。太和山「騫林茶」，初泡極苦澀；至三四泡，清香特異，人以爲茶寶。涪州出三般茶：最上「賓化」，製于早春；其次「白馬」；最下「涪陵」。收茶在四月。嫩則益人，粗則損人。樹如瓜蘆，葉如梔子。花如白薔薇而黄心，清香隱然；實如栟櫚，蒂如丁香，根如胡桃。

四時類要曰㉜：熟時收取子，和濕沙土拌，筐籠盛之。穰草蓋，不爾，即凍不生。至二月中〔一〕出種之於樹下，或北陰之地。開坎圓三尺，深一尺，熟斸著糞和土。每阬中種六七十顆子〔二〕，蓋土厚一寸强。任生草，不得耘，相去二尺，種一方。旱時以米泔澆。此物畏日，桑下竹陰地種之皆可。二年外方可耘治。以小便、稀糞、蠶沙澆擁之，又不可太多，恐根嫩故也。大槩宜山中帶坡峻〔三〕，若於平地，即於兩畔深開溝壟洩水。水浸根必死。三年後收茶。

玄扈先生曰㉝：茶之爲法〔四〕，釋滯去垢，破睡除煩，功則著矣。其或採造藏貯之無法，碾焙煎試之失宜，則雖建芽浙茗，秪爲常品。故採之宜早，率以清明穀雨前者爲佳，過此不及。然茶之美者，質良而植茂，新芽一發，便長寸餘，其細如針，斯爲上品。如雀舌麥顆，特次材耳。採訖以甑微蒸，生熟得所。生則味硬〔一五〕，熟則味減。蒸已用筐箔薄攤，乘濕略揉之。焙勻佈火烘〔一六〕令乾，勿使焦。編竹爲焙，裹篛覆之，以收火氣。茶性畏濕，故宜篛。收藏者，必以篛籠，剪篛雜貯之，則久而不浥。宜置頓高處，令常近火爲佳。凡煎試須用活水，活火烹之。故東坡云：「活水仍將活火烹」者是也。活水謂山泉水爲上，江水次之，井水爲下。活火謂炭火之有焰者。常使湯無妄沸，始則蟹眼，中則魚目，纍然如珠，終則泉湧鼓浪。此候湯之法，非活火不能爾。東坡云：「蟹眼已過魚眼生，颼颼欲作松風聲。」盡之矣。茶之用有三：曰茗茶，曰末茶，曰蠟茶。凡茗：煎者擇嫩芽，先以湯泡去熏氣，以湯煎飲之，今南方多效此。然末子茶尤妙：先焙芽令燥，入磨細碾，以供點試。凡點：湯多茶少，則雲脚散；湯少茶多，則粥面聚。鈔茶一錢七，先注湯，調極勻，又添注入，迴環擊拂，視其色鮮白，着盞無水痕爲度。其茶既甘而滑。南方雖産茶，而識此法者甚少。蠟茶最貴，而製作亦不凡：擇上等嫩芽，細碾入羅，雜腦子諸香膏油，調齊如法，印作餅子，製樣任巧。候乾，仍以香膏油潤飾之。其製有大小龍團帶胯之異。此品惟充貢獻，民間罕見之。間有他造者，色香味俱不及。蠟茶珍藏既久，點時先用温水微漬，去膏油，以紙裹槌碎，用茶鈴微炙，旋入碾羅。旋碾則色白，經宿則色昏。新者不用漬。茶鈴屈金鐵爲之。砧用石，椎用木，碾餘石皆可〔一七〕。茶之用笔〔一八〕，胡桃、松實、脂麻、杏、栗任用，雖失正味，亦供咀嚼。然茶性冷，多飲則能消陽。山谷益以薑鹽煎飲，其亦以是歟？因併及之。夫茶靈草也，種之則利博，飲之則神清。上而王公貴人之所尚，下而小夫賤隸之所不可闕，誠民生日用之所資，國家課利之一助也。

又曰：博物志云㉞：「飲真茶，令人少眠」，此是實事。但茶佳乃效，又須末茶飲之。但葉烹者，不效也㉟。

【菊㊱】爾雅曰：「蘜，治蘠。」郭璞注曰：「今之秋華菊也。」埤雅云：「蘜，窮也。」花事至此而窮。種有數百，另有譜。黃、白者，皆可入藥；其莖青而作蒿氣者，俱不堪。薏也，非菊也。苗可入茶，花子入藥。然野菊大能瀉人，惟真菊延年。花乃黃中之色，氣味和正。花葉根實皆長生藥。其性介烈，不與百花同盛衰，是以通仙靈。甘菊，花大如錢，花邊草葉，中一大平心，色黃。苗可鹽滾湯綽過，茶花可供藥造酒。真菊延齡，野菊瀉人，不可不辨。

務本新書曰㊲：宜白地栽，甜水澆。苗作菜食，花入藥用。三四月，帶根土掘出。作區，下糞水調成泥，擘根分栽。每區一二科，後極滋胤〔一五〕。

玄扈先生曰㊳：凡藝菊有六事。一、貯土。擇肥地一方，冬至後，以純糞瀼之。候凍而乾，取其土浮鬆者，置場地之上，再糞之。收水後，乃收於室中。春分後，出而曬之，日數次翻之，去其蟲蟻及其草梗。草梗不去，則蒸而腐焉，是生紅蟲，生土蠶，生蚰蚓，爲菊之害。土净矣，乃善藏，以待登盆之需。登盆也俱用此土。又以待加盆之需。菊登於盆，或遭〔一六〕三日以上之雨，土實根露。則以土加而覆之。一則當〔一七〕日之曝，不枯其根；一則收雨之澤，不爛其根。二、留種。冬初〔一八〕而菊殘也，一衰，即并英葉而去其上莖，其幹留五六寸焉。或附於盆，或出於盆，埋〔一九〕之圃之陽，鬆土之内。臘之月，必濃糞澆之以數次。菊之性耐於寒故，須土糞多，則煖而不冰，可以壯菊本，可以禦隆寒，可以潤澤而不至於枯燥。三、分秧。春分之後，是分菊〔一九〕秧。根多鬚，而土中之莖黄白色者，謂之老，鬚少而純白者謂之嫩。老可分，嫩不可分。分之於新鋤之鬆地。不宜太肥，肥則籠菊頭而不能長發。陰天之天可分，有日分之則枯乾而難活。種之其宿土也盡去，否則恐有蟲子之害。既秧於土矣，以越席架而覆之，毋令經日，經日則難醒。每日晨灌之，晚灌之。天之陰不可傷於水。秧心發芽矣，可去其覆席。先用半糞之水，復用肥水灌之。葉上不可以沾糞。沾之則葉枯。用河之水，則純河之水；用井之水，則純井之水；不可雜焉。四、登盆。立夏之候，菊苗成〔二〇〕矣，可五六寸許，是爲上盆之期。將上盆也，數日不可以澆灌，使苗受勞而堅老，則在盆可以耐日。起秧苗也，掘根之土必廣而大，少則露根而傷其本。用臘前所瀼之土壅之。其灌也視陰晴而爲增損，使土壯而入根。服盆而生葉，則用肥水灌之；久雨，加臘土以浥之。其種也根深則不耐水，淺不耐日；隨土而稍深焉。蓋菊之根，其生也向上，故常覆土爲加。五、理緝。菊之尺許矣，是宜理緝：欲長也，則去其旁枝；欲短也，則去其正枝。花之朵〔二〇〕視其種之大小而存之：大者四五蘂焉，次者七八蘂焉，又次十餘蘂焉，小者二十餘蘂焉。惟甘菊寒菊，獨梗而有千花，不可去也。六、護養。菊稍長也，竹而縛之，毋令風得摇之。雨之久也宜出水，盆内亦然。菊傍之多蟻也，則以鼈甲置於傍，蟻必集焉，移之遠所。夏至之前後，有蟲焉，黑色而硬殼，其名曰菊虎。晴煖而飛出，不出於巳午未之三時，宜候而除之。菊之爲菊虎所傷也，傷之處仍手微摘之，磨去其牙，蟲毒可以免。秋後之生蟲，如虎之多也，必多栽易壯盛之菊於圃之周。菊有香焉，蟻上而糞之，則生蟲。蟲〔二一〕長而蟻又食之，則菊籠頭而不長。其蟲之狀如白虱，以棕線作帚而刷之，扇以承之，揮之於遠所。秋後而不見蟲也，宜認糞跡。是有象榦之蟲，其色與榦無殊也，生於葉底。上半月，在於葉根之上榦；下半月，在於葉根之下榦。凡草木盡然，其膏脂，以晦朔爲升降故耳，此物理也。或破榦取之，以紙撚縛之，常以水而潤其紙條，花乃無恙。或用鐵線，磨爲邪㊴鋒之小刀。上半月於蛀眼向上而搜蟲，下半月在蛀眼向下而搜蟲。有菊牛焉，沿之則蔓〔二二〕，種臺葱則可以辟。麻雀愛取菊之葉而爲巢，取之則蔓。四之月，雀乃爲巢時，宜慎也。

校：

〔一〕箘　平本、曙本、中華本譌作「𥳍」，應依魯本照齊民要術引文改作「箘」。音jùn，一種細長節稀的美竹。（定扶校）

〔二〕蒸煮炰酢任人所好　本書各刻本，均作「蒸煮包酢在人所好」；依中華排印本「照齊民要術改」作「蒸煮炰酢任人所好」。（案：「酢」字仍有問題，懷疑應作「鮓」。）

〔三〕土　平本作「水」，顯然錯誤。黔、曙、魯本作「土」。王禎引作「上」；輯要也作「土」。再追上去，纂要所承襲的要術（引文見上）也還是「土」字。應作「土」字無疑。

〔四〕母　平本譌作「毋」；應依魯本、曙本、中華排印本改作「母」，合於種樹書。（定扶校）

〔五〕礱　平、黔、魯本作「壟」，中華排印本「照曙改」爲「礱」。案：曙本作「礲」，與種藝必用補遺同；種樹書各版本之間不一致。依大多數習慣，用「礱」字最合適。

〔六〕色紅　平、黔、魯本作「色」，與種樹書同。中華排印本「照曙改」作「傷」，曙本的根據如何，不知道；案：種藝必用補遺是「色紅」兩字。顯然種樹書脱了一個「紅」字。現依必用補遺補入。

〔七〕巴　平本譌作「已」，黔、曙、魯本作「巴」。中華排印本「照曙改」，與要術引文及詩疏合。（案：陸璣詩疏今傳本，字句微不同，無「成都有之，篃冬夏生」八字及末「又可米藏」以下。）

〔八〕浸　平、曙本譌作「漫」；黔、魯本作「浸」，與要術引文及詩疏原文合。依中華排印本「照黔改」。

〔九〕勹　平本譌作「句」；黔、曙、魯及中華排印本作「旬」；應依埤雅作「勹」——即「包」字。埤雅原文：「竹……其萌曰『筍』，從『勹』從『日』；『勹』之日爲『筍』，解之日爲『竹』。一曰：從『旬』，旬內爲筍，旬外爲竹……」。（案：陸佃這種穿鑿，顯然是承受了王安石字說的影響。「筍」字也寫作「笋」，可不能穿鑿爲「竹之尹爲笋」，來配合「竹之皇爲篁」、「竹之民爲笢」。）

〔一〇〕菹　平、曙本均譌作「爼」；依黔、魯本改作「菹」，與王禎引文及周禮天官醢人原字同。中華排印本「照黔改」。

〔一一〕含箨　「含」字，平本不從「竹」，與要術原引文同；魯本、曙本、中華排印本三處均作「筨」，下文兩處，平本有錯成「舍」字的情形，正是由於不從「竹」而引起的。黔、曙、魯本改作從「竹」的「筨」，大概根據陳彭年所修玉篇和廣韻；其實「竹」頭並非原有（中華排印本「照黔、曙改」，也不必要）。「箨」音 tuǒ。

〔一二〕莽　平本譌作「舜」，依黔、曙、魯本改正。

〔一三〕茶　平本作「茶」，應依魯、曙、中華排印本從王禎農書改作「荼」。下句「誰謂荼苦」同改。（定扶校）

〔一四〕蜜　魯本、中華排印本譌作「密」；應依平本、曙本作「蜜」，合於群芳譜。（定扶校）

〔一五〕胤　黔、魯避清世宗胤禛名諱改作「生」，依平、曙復原合輯要原引文。

〔一六〕遭　魯本作「隨」；平、曙、中華排印本作「遭」，合於黄原文。（定扶校）

〔一七〕當　平本空等，曙本補「當」字，黔、魯本補「受」字，中華排印本「照黔補」。案「當」字讀去聲，解作抵禦，比「受」字强。黄省曾原文作「蔽」。

〔一八〕初　平、曙本作「初」，黔、魯本作「到」，依平、曙本合黄原文。

〔一九〕埋　平本譌作「理」，應依魯本、曙本、中華排印本改作「埋」。（定枎校）

〔二〇〕朵　黔、魯本作「深」，無意義。依平、曙作「朵」合黄原文。「朵」原來指未綻的花芽。

〔二一〕蟲　黔、魯作「或」；平、曙作「蟲」，合黄原文。

注：

① 本條標題下説明，材料來源，大致如下。（甲）引爾雅，現見爾雅釋草，原是相連的七條（解釋可參看爾雅郭璞注及邢昺疏）。（乙）「簜」，是一個副標題，所引尚書禹貢，係齊民要術（卷十）「竹」條引文的形式，不是尚書原文。（丙）小注部分，除近末尾處「始興郡有筀竹……交趾有䈽竹」之外，全見群芳譜（利一）竹譜「竹」標題下，次序全同，文句稍有改變。「始興郡……䈽竹」，係山海經中山經「雲山有桂竹，甚毒，傷人必死」下的注文，要術（卷十）引有，本書作「筀」，係字形相似寫錯。

② 群芳譜竹譜前面，有兩篇「首簡」；第一篇，引戴凱之竹紀。案：戴凱之所作竹譜，後人徵引甚多，現有龍威祕書、漢魏叢書、百川學海等刻本，古今圖書集成博物彙編草木典（卷一八六）也引有全文。群芳譜所引正是竹譜；可是却改題爲「竹紀」，而没有説明理由。僧贊寧筍譜「四之事」

中，有一節：「戴凱之作竹譜，搜括竹類，言有六十一焉。……」黄庭堅（黄魯直）想作竹史的故事未查到。

③ 方竹出澄州及隔州（不是洲）見段公路北户録（卷三）。澄州指今日廣西中部上林縣東部的唐代澄州郡。

④ 龍孫：案本草綱目（卷三七）「竹」條「集解」項「時珍曰」中有，「辰州，龍絲竹，細僅如鍼，高不盈尺」；本書及群芳譜作「龍孫」，恐有誤。贊寧筍譜「俗聞呼筍爲『龍孫』」，是一般竹筍的名稱。

⑤ 中管籥：「管籥」，即用長圓筒形材料，作成的「吹奏樂器」。案：「吹奏」樂器，我國以「管籥」爲統名，大半以從「竹」的字爲名稱，如笙、簫、笛、管、籥、篪、籥、竽、籟……歐洲不産竹，最初採用蘆葦管，所以用「蘆葦」作爲吹奏樂器統名的很多。

⑥ 「地干」，群芳譜原作「子丑寅卯等」，則「地干」應是「地支」。

⑦ 這是要術（卷五）種竹第五十一篇中「種竹」技術指導的全部正文及小注。

⑧ 芟去葉：移栽時去葉，可以減低蒸騰耗水，同時防止動摇，有助於提高成活率。

⑨ 現見王禎農書（卷十）百穀譜九「竹」條，删節甚多。案：王禎原文，實際上是隱括農桑輯要（卷六）竹木篇「種竹」章寫成。輯要第一段原引要術，王禎也有，即本書前一節，已另標明齊民要術；從「種竹」到「枯死」，原引四時類要，現見四時纂要（卷一）正月篇，輯要原引即有删節。「月庵種竹法」到末段，輯要標明出博聞録。小注，輯要和王禎農書都没有；本書從種樹書中引用。實見於

金末元初的種藝必用補遺。（案：輯要所引博聞録，種藝必用補遺都已引用。）「夢溪云」一節，現見胡道靜所輯夢溪忘懷録鈎沉中，係沈括的著作。本書引用時，將「遇火日及西風」中的「火日」兩字删去，極有見地。（「火日」，指天干逢「丙」「丁」的日子，屬於叢辰的迷信。）志林託名於蘇軾，其中僞材料甚多；這一條，就不見得真實。

⑩「遇有西風則不可，花木亦然」，在我國西風都是乾而冷的，促進蒸騰，有礙於成活。

⑪現見種樹書（中）竹篇。本書有顛倒牽合。案：種樹書中這些材料，現均見種藝必用補遺。

⑫禁中：指皇帝的宫中。

⑬欿：解爲空虛。（莊子達生篇「欿敔」，陸德明經典釋文解爲「空也」。）案：這一小節小注，可以説明徐光啓對事物要求有正確認識，不理會唯心的傅會。

⑭小注，懷疑是徐光啓所加。末句「此論大謬矣」，是對「然臘月之説大謬」的批評。

⑮據胡立初考證，晉起居注原書已亡，本書自齊民要術（卷十）轉引。

⑯「若竹有花，輒槁死」以下，及下段所引瑣碎録，均見農桑輯要（卷六）竹木篇「種竹」條。用灌糞來抑制竹子開花的辦法，輯要原引自志林，即在前引「竹有雌雄」一節後，現在切斷分引，而且粘在「玄扈先生曰」後面，顯係整理時的錯誤。

⑰「竹有六七年，便生花」，「七」字疑是「十」字鈔錯。這句話，見綱目「竹」條「集解」「時珍曰」。這是一個古老的傳説。

⑱此有二病：竹是多年生禾本科植物。每個生長季節中，地下莖（竹鞭）節上，發生一定數量的蘖。分蘖最初在地面下，進行一段加粗的生長，形成一個頗大的「珠芽」，即所謂「筍」。筍出土後，如有發展機會，即可長成一「竿」新竹；新竹的粗細，決定於筍的粗細，每竿新竹，都可以生成若干新竹鞭；這些新竹鞭，又都可以出筍成竹，如果環境條件較好，很快就可以每年加速地長成一個竹叢。最初一段時期，新筍與新竹的直徑，繼續有些增大，到一定時期，便漸漸穩定，不再增加。人工蕃殖的竹林，往往止以很少量的舊有竹鞭與幾竿竹（＝幾個舊分蘖）作爲起點，由它們出筍成竹，形成竹叢。這種竹叢，表面上看像一個「群體」，從來源實質説，却止是從一個舊個體所得的分蘖小群，具有一個共同的根系，實際上止能算作一個個體。止要環境順適，這種「營養性發展」可以順利進行時，竹叢可以繼續擴大。如果這個個體生長超過一定年限，而它的環境，逐漸惡化——主要地是土壤中物質供應愈來愈貧乏緊張，便會促起「性成熟」，由營養性蕃殖轉向有性蕃殖，開花結實。個體達到性成熟所需年數，各種竹類不同。據記載，最短的是二十七年，最長的還不知道，可能在百年以上；一般是六十年左近，所以「竹有六十年」的説法，大體上正確。但是繼續移栽（人工代替進行營養性蕃殖），却有延遲性成熟的效果。一個竹叢既止是一個個體，所有較老成的分蘖（即「竿」）便會在幾乎完全相同的一個短時間内全部同時達到性成熟而開花結實；種子成熟後，同時枯槁死亡；表面看來，是滿林地枯死了。這就是徐光啓所説的「私」病。環境惡化之初，新竹鞭已經没有多大發展，新筍也出得很少，所以地面上不大會有不開花的

新竹殘留。開花結實時，地下莖的養分也被移用而耗竭，竹鞭上也不會有多少可以再發展的新芽。這時，除掉更新以外，别無重新發展的機會。如果在土壤條件惡化剛開始時，大量施肥，原理上是可以挽回「頹勢」的，所以「通節灌糞」的辦法，有一定的道理。還有，如果個體未達到「性成熟」，同時土壤條件還湊合可以適於繼續生長，地上的局部分蘖因凍傷或乾燥而死去時，伐去死竿，不讓死竿的有毒代謝副産物流入「根系」也可以有挽回的希望。同一地區的許多竹林，事實上往往是從幾個甚至同一個舊個體用人工無性蕃殖所得的許多竹叢，所以實際上也就等於一批同等年齡的個體。如果大環境的變化——特别是旱、潦，或持續幾年的嚴冬與炎夏，——促起了竹的「性成熟」，則可以引起頗大地面的竹林同時開花。這就是徐光啓所説的「公」病。

⑲這兩節借篥竹幫助防守，從技術上説，當時是有效的。徐光啓是漢族「士大夫」，站在「士大夫」的大漢族立場，用這種方法來對付兄弟民族的錯誤，自己當時無法了解。

⑳本條標題下説明，大字部分全録齊民要術（卷五）種竹第五十一篇「筍」項的標題下注文。案：依本書通例，這些説明，應是小字夾注的形式，現在部分却刻成了大字。

㉑現見陸佃埤雅（卷一五）「竹」條。

㉒現見王禎農書（卷十）百穀九「竹」條「筍」副條。原書前面還有一節，即本書前節小字注所引「陸佃云……」的全文。（案：王禎這節文章，前大半段實録自贊寧筍譜「三之食」。）

㉓詩大雅蕩之什韓奕章（案「簌」應作「蔌」）。

㉔這一節起，到「食經曰」節爲止，除小注所引種樹書之外，所有正文文字都是齊民要術（卷五）種竹第五十一篇「筍」項的正文；也就是原標題注以外的全部材料。因此，可以推想本書「竹」「筍」一條，原稿的情形比整理後刻成的現狀，可以大不相同。懷疑徐氏原來手稿，「竹」這一節，止有齊民要術、農桑輯要（不是農桑通訣！）、種樹書中的引文，與徐自己所寫的幾段，完全依時代排列。「筍」這一節，引齊民要術「筍」標題之後，即引農桑通訣（從「陸佃云」起）一段；再引這幾段，而以引種樹書爲結束。現有「竹」下的説明，原稿中大致是没有收入的；大小字，也許原稿没有作出完善安排。

㉕見種樹書（中）竹篇「竹有醉日」條。

㉖案：戴凱之竹譜，是一篇韻文；每段有注。要術所引各項，應是注文，核對時有不少問題。（甲）「棘竹」，原注末是「筍味，落人鬚髮」；漏去了要術引文的「淡」字。（乙）「䇺節」，要術南宋本作「簦節」。竹譜中兩個名稱都没有。止有「⿱竹聊⿱竹豐二族」，字形相似；注文中「有⿱竹聊筍亦無味」一句，可以相當。（案：原注文下文是「江漢間謂之『苦⿱竹聊』……音『聊』……」）今日兩湖稱「箬」、「篛」爲liáo，李時珍本草綱目寫作「遼」，則「⿱竹聊」可能是「箬」、「篛」。（丙）「雞頭」，竹譜止有「雞脛」；注文説「無所堪施，筍美」。「雞脛」細長，可以作爲這種「纖細」的竹名；但細長與肥有些不相容；「肥」字可能是多餘的。（丁）「篃竹」，注文「其筍冬生」。（案：前面「筍」標題下説明所引陸璣詩疏中多出一句「篃冬夏生」，是陸疏中所無的，可能是賈思勰借竹譜的話，爲陸疏作注。）

㉗引文現見齊民要術（卷五）種竹第五十一末。

㉘出：懷疑原應是「去」字；「去鹽」，即除掉鹽。

㉙熟：懷疑原應是「熱」字，形狀相似而寫錯。

㉚「茶」條標題下注文，大致來源如下。（甲）引爾雅及郭注，可能據齊民要術（卷十）「榛」條。（乙）「茶經云……甘味也」，見王禎農書（卷十）百穀譜九「茶」條首段。（丙）「南越志云」起至末，都是群芳譜（利一）茶譜標題下的説明，不過本書將起處描寫生態的一段移到了最後。群芳譜中這一段，大致是雜採當時流傳的各種「茶譜」「茶録」之類的書中文字，綴合而成。其中標明出處的，有南越志、清異録、「吴淑賦」三條。南越志本書早佚，引文現見太平御覽（卷八六七）「茗」項，「有高一尺者……出巴山峽川」，採自唐陸羽茶經「一之源」開端幾句。「有建州大小龍團……尤爲奇絶」，採自北宋末熊蕃宣和北苑貢茶録序文；「草茶……遂爲草茶第一」，見歐陽修歸田録；此外，最末一節，全襲陸羽茶經「一之源」。其餘各節，懷疑未必是直接鈔録第一手材料，而是據晚明刻本陸樹聲茶寮記及附録，夏樹芳茶董、屠隆茶箋與陳繼儒茶董補等書彙聚而成。如「唐德宗賜同昌公主茶」，現見唐蘇鶚杜陽雜編（下），原文是「其茶則緑華紫英之號」，譜引作「其茶有……」，與陳繼儒摘録的相同。

㉛宜興滬湖出「含膏」：據李肇唐國史補，是「岳州有滬湖之含膏，常州有嘉興（即宜興）之紫筍」，群芳譜鈔錯了。

㉜ 本書引文，係從農桑輯要（卷六）藥草篇「茶」條轉引。四時纂要（卷二）原文，分爲「種茶」和「收茶子」兩條，均在二月篇，「收茶子」在後。

㉝ 這一節，實際上是王禎農書（卷十）百穀譜九「茶」條後段（引四時類要之後）的全文，不是徐光啓所作，整理人誤認。王禎曾做過旌德縣（屬今安徽省）知縣。旌德是茶區；當地農村種茶、製茶、飲茶的技術，到王禎作知縣時，已有很長的歷史。王禎這一段文章，可能有一部分材料，出自採訪；但大部分仍是承襲蔡襄茶録、宋子安東溪試茶録等譜録，乃至於寇宗奭本草衍義（卷一四「茗苦茶」條）和宋代文藝作品中的叙述。

㉞ 引文亦見齊民要術（卷十）（案「茶」字原作「荼」）。

㉟ 「此是實事，……不效也」這一節，可能是徐光啓自己寫的。

㊱ 本條標題的説明，取材大致如下。（甲）引爾雅及埤雅，現見群芳譜（貞三）花譜三「菊」條。前段群芳譜又以本草綱目（卷一五）「菊」條「釋名」項「時珍曰」所引埤雅爲據，與傳本埤雅不同。（乙）「種有數百」以下至「非菊也」，現見群芳譜「菊」標題説明末；隱括綱目「菊」條「集解」下「時珍曰」「頌曰」寫成。（丙）「苗可入茶……通仙靈」，採自農桑輯要（卷六）菊草篇「菊花」條所引博聞録。（丁）「甘菊，花大如錢……供藥造酒」，暫作第一手材料看待。（戊）「真菊延齡」兩句，見李石續博物志（二），綱目「菊」條「集解」「時珍曰」則引景焕牧豎閑談。

㊲ 引文現見農桑輯要（卷六）「菊花」條。

㊳這一篇養菊總結，全鈔黄省曾的藝菊書，止刪去一些「之」「而」等所謂「虚字」，（黄省曾的文體，軟弱拖遢，句中愛用許多絶無必要的「之」、「而」……等字，本書這一節，删得很痛快。）不知爲什麽却標爲「玄扈先生曰」。黄省曾有關農業的著作中，收集第一手資料最多的是藝菊書；案：王世懋學圃雜疏花疏「菊」條，起處説「菊，至江陰、上海、吾州（指太倉）而變態極矣」，説明當時蘇州、上海附近花卉園藝中，種菊的水平很高；也就可以説明這篇總結資料比較詳盡實在的原因所在。

㊴邪：現在的「斜」字；不正就是「邪」。

案：

〔一〕爲　應依群芳譜原文作「多」。

〔二〕未期伐則音浮……滯　剛好與群芳譜原文相反。

〔三〕産陽縣　群芳譜「陽縣」作「崇陽縣」，「産」字放在句末「岩」字後。

〔四〕「故」字下，要術原文有「於」字。

〔五〕「生」字，應依要術重出；下一個「生」字，領起下一句。

〔六〕取　當依種樹書及種藝必用補遺作「去」。

〔七〕雖　種樹書作「雖」；應依種藝必用補遺所引作「須」，與山谷詩（外集）「和師厚栽竹」詩原句同。

〔八〕「苦酒」下，要術引文及詩疏原文有「豉汁」兩字。

〔九〕「香」字下，應依王禎原文補「油」字。

〔一〇〕「出」字，應依要術鈔南宋本原引文作「二」。

〔一一〕「中」字，輯要引文有，纂要原無。

〔一二〕每阬中種六七十顆子　纂要無「中」及「十」兩字。案：「茶」的種子，發芽率低，李時珍也記有「須百顆乃生一株」的經驗，「十」字不可少。

〔一三〕峻　纂要作「峻」；殿本輯要作「岅」，似較勝。

〔一四〕法　王禎原作「物」。

〔一五〕硬　王禎原作「澀」。

〔一六〕焙匀佈火烘　王禎原作「入焙匀佈，火焙」。

〔一七〕碾餘石皆可　殿本王禎農書無此五字。似乎出自蔡襄茶録中「茶碾」節；「餘」字顯然有誤，可能是「銀」或「鐵」。

〔一八〕笔　王禎原文作「芼」，這裏鈔寫有誤。「芼」字讀 máo；禮記内則有「芼羹」的話，解釋爲將生的或冷的食物，投入煮沸的湯（一般是肉湯，也可能是菜湯乃至白水）中，立即食用。現在桂林方言，將「米粉」（即麵條粉絲之間的一種食品）在沸湯中泡熱，還稱爲「芼」。這樣的飲法，現在湖南、江西北部還保存着，有「薑鹽茶」、「脂麻豆子茶」等名目。

〔一九〕分菊　黄書原作「宜分」。

〔二〇〕成　應依黄書原文作「盛」。

〔二一〕蔓　應依黄書原文作「萎」，下同。

農政全書校注卷之四十

種植

雜種下

【紅花①】博物志曰：張騫得種於西域。一名紅藍，一名黃藍，以其花似藍也。今處處有之，色紅黃，葉緑有刺②，夏開花，花下有梂，花出梂上，梂中結實，大如小豆。

齊民要術曰③：花地欲得良熟。二三月間候雨後〔一〕速下，或漫散種，或耬下，一如種麻法。亦有鋤掊而掩種者，子科大而易料理。花出，欲日日乘涼摘取，不摘則乾。摘必須盡。餘留〔二〕即合。五月子熟，拔曝令乾，打取之。子亦不用鬱浥。五月種晚花，春初即留子，入五月便種。若待新花熟後取子，則太晚矣。七月中摘，深色鮮明，耐久不黦④，勝春種者。負郭良田，種〔三〕頃者歲收絹三百疋。一頃收子二百斛，與麻子同價；既任車脂，亦堪爲燭，即是直頭成米。二百石米，已當穀田；三百疋絹，端〔四〕然在外。一頃收〔五〕花，日須百人摘；以一家手力，十不充一。但駕車地頭，每旦當有小兒僮女，百十餘群，自來分摘，正須平量，中半分取。是以單夫隻妻〔六〕亦得多種。

便民圖纂曰⑤：八月中鋤成行壠，春穴下種，或灰或雞糞蓋之。澆灌不宜濃糞。次年花開，侵晨採摘。微搗去黄汁，用青蒿蓋一宿，捻成薄餅，晒乾收用。勿近濕牆壁去處。

齊民要術曰⑥：殺花法：摘取即碓擣〔一〕使熟，以水淘，布袋絞去黄汁。更擣，以粟飯漿清而醋者淘之；又以布袋絞〔七〕汁，即收取染紅，勿棄也。絞訖，著甕器中，以布蓋上。雞鳴更擣〔二〕令均，於蓆上攤而曝乾，勝作餅。作餅者，不得乾，令花浥鬱也。

又曰：作胭脂法：預燒落藜⑦藜藋〔八〕及蒿作灰，無者，即草灰亦得。以湯淋取清汁，初汁純厚大釅，即教〔三〕花不中用，惟可洗衣。取第三度湯〔九〕者，以用揉〔四〕花和，使好色也。揉花。十許遍，勢盡乃止〔五〕。布袋絞取純〔一〇〕汁，著甕〔一一〕椀中。取醋石榴兩三個，劈取子擣破，少著粟飯漿水極酸〔六〕者和之⑧；布絞取瀋，以和花汁。若無石榴者，以好醋和飯漿亦得〔一二〕。若復無醋者，清飯漿極酸者，亦得空用之。下白米粉大如酸棗，粉多則白。以净竹箸不膩者，良久痛攪，蓋冒。至夜，瀉去上清汁，至淳處止；傾著帛〔七〕練角袋子中懸之。明日乾浥浥時，捻作小瓣，如半麻子，陰乾之，則成矣。

又曰：合香澤法⑨：好〔八〕清酒以浸香。夏用冷酒，春秋温酒令煖，冬則小熱。雞舌香、俗人以其似丁子，則爲〔一三〕丁子香也。藿香、苜蓿⑩、蘭〔一四〕香，凡四種，以新緜裹而浸之。夏一宿，春秋再宿，冬三宿。用胡麻油兩分，猪腹〔一五〕腹宜作脏或胰。一分，内銅鐺中，即以浸香酒和之，煎數沸後，便緩火微煎，然後下所浸香煎。緩火至暮，水盡沸定⑪，乃熟。以火頭内澤中：作聲者，水未盡；有煙出無聲者，水盡也。澤欲熟時，下少許青蒿以發色，綿冪鐺觜瓶口瀉〔一六〕。

又曰：合面脂法：牛〔一七〕髓，牛髓少者，用牛脂和之。若無髓，空用脂亦得也。温酒浸丁香、藿香二種，浸法如煎澤法。煎法一同合澤，亦著青蒿以發色。綿濾著瓷漆盞中，令凝。若作脣脂者，以熟朱〔九〕和之，青油裹之。其冒霜雪遠行者，常齧蒜令破，以揩脣，既不劈裂，又令辟惡賊〔一八〕。面患皴者，夜燒梨令熟，以糠湯洗面訖，以煖梨汁塗之，令不皴。赤蓬〔一〇〕染布，嚼以塗面，亦不皴也。

又曰：合手藥法：取豬脏〔一九〕一具，摘去其脂。合蒿葉，於好酒中痛挼，使汁甚滑。白桃人二七枚，去黄皮，研碎，酒解，取其汁。以綿裹丁香、藿香、甘松香、橘核十顆，打碎。著脏汁中，仍浸置勿出，瓷〔二〇〕貯之。夜煮細糠湯，净洗面拭乾，以藥塗之。令手軟滑，冬不皴。

又曰：作紫粉法：用白米英粉三分，胡粉一分，不著胡粉，不著人面。和合匀調。取〔二一〕葵子熟蒸，生布絞汁和粉，日曝令乾。若色淺者更蒸，取汁重染如前法。

又曰：作米粉法：粱〔一一〕米第一，粟米第二。必用一色純米，勿使有雜。師〔一二〕使甚細，簡去碎者。各自純作，莫雜餘種。其雜米、糯米、小麥、黍米、榛〔二二〕米作者，不得好也。於槽〔一三〕中下水，脚蹋十偏；净淘，水清乃止。大甕中多著冷水以浸米。春秋則一月，夏則二十日，冬則六十日。唯多日佳。

不須易水，臭爛乃佳。日若淺者，粉不潤〔二三〕美。日滿，更汲新水，就甕中沃之。以手杷〔一四〕攪，淘去醋氣，多與徧數，氣盡乃止。稍〔二四〕出，著一砂盆中，熟研。以水沃攪之，接取白汁，絹袋濾，著別甕中。麄沈者更研之〔二五〕；水沃接取如初。研盡，以杷子就甕中良久痛抨，然後澄之。接去清水，貯出淳汁，著大盆中。以杖〔一五〕一向攪，勿左右迴轉，三百餘匝停置，蓋甕，勿令塵污。良久清澄，以杓徐徐去清。以三重布帖粉上，以粟糠著布上，糠上安灰。灰濕，更以乾者易之，灰不復濕乃止。然後削去四畔麄白無光潤者，别收之以供麄用。麄粉，米皮所成，故無光潤。其中心圓如鉢形，酷似鴨子白光潤者，名曰粉英。英粉，米心所成，是以光潤也。無風塵好日時，舒〔一六〕布於牀上，刀削粉英如梳〔一七〕，曝之，乃至粉乾足⑫，將住反。手痛挼勿住。痛挼則滑美，不挼則澀惡。擬人〔一八〕客作餅及作香粉，以供粧摩身體。

又曰：作香粉法：唯多著丁香於粉合中，自然芬馥。亦有愛香木絹和粉者，亦有水没香以汁溲粉者，皆損色，又賣香，不如全著合中也〔二六〕。

玄扈先生曰：苗生嫩時亦食⑬。其子擣碎煎汁，入醋拌蔬食極肥美。又可爲車脂及燭。

【藍⑭】爾雅曰：「葴，馬藍。」郭璞注曰：今大葉冬藍也。李時珍曰：藍凡有五種：蓼藍，葉如蓼，五六月，開花成穗，淺紅色，子亦如蓼。歲可三刈。菘藍，葉如白菘。馬藍，葉如苦蕒。吴藍，長莖如蒿而花白。木藍，長莖如決明，葉似槐；七月開花，淡紅色。別有一種甘藍，可食。

齊民要術曰⑮：藍，地欲得良，三徧細耕。三月中，浸子令芽生，乃畦種之。治畦下水，一同葵法。藍三葉，澆之，晨夜再澆之。薅治令淨。五月中新雨後，即接濕耬耩拔栽〔二七〕。夏小正曰：「五月，浴〔一九〕灌藍蓼。」三莖作一科，相去八寸。栽時宜併功急手，無令地燥也。白背，即急鋤〔二〇〕，栽時既濕，白背不急鋤，堅确也〔二八〕。五徧爲良。七月中作坑，令受百許束，作麥稈〔二九〕泥泥之，令深五寸，以苫蔽四壁。刈藍倒豎於坑中；下水，以木石鎮壓，令没。熱時一宿，冷時再宿，漉去荄⑯；内汁於甕中。率：十石甕，著石灰一斗五升，急抨〔二一〕普彭反。之，一食頃止，澄清，瀉去水。別作小坑，貯藍澱著坑中⑰；候如强粥⑱，還出甕中盛之，藍澱成矣。種藍十畝，敵穀田一頃；能自染青者，其利又倍矣。

崔寔曰⑲：榆莢落時可種藍，五月可刈藍，六月種冬藍。冬藍，木藍也。

農桑通訣曰⑳：木藍松藍，可以爲澱者。蓼藍，但可染碧，不堪作澱。藍一本而有數色：刮行〔三〇〕、青緑、雲碧、青藍、黄；豈有「青出于藍，而青於藍」者乎？藍非獨可染青，絞其汁飲之，最能解蟲〔二二〕豸諸藥等毒，不可闕也。

便民圖纂曰㉑：正月中，以布袋盛子浸之。芽出撒地上，用糞灰覆蓋。待放葉，澆水糞。長二寸許，分栽成行，仍用水糞澆活㉒。至五六月，烈日内將糞水潑葉上，約五六次，俟葉厚方割。離土二寸許。將梗葉浸水缸内晝〔二一〕夜濾浄。每缸内，用礦灰：色清者，灰八兩；濃者，九兩。以木朳打轉，澄清去水，是謂頭靛。其在地舊根，旁須去草浄，澆灌〔二二〕一如前法。待葉盛，亦如前法收割浸打，謂之二靛。又俟長，亦如前澆灌，斫則齊根，浸打法亦同前，謂之三靛。其濾出柤，壅田亦可。

【紫草㉓】爾雅曰：「藐，茈草。」郭璞注曰：一名紫莀。廣志曰：隴西紫草，紫之上者〔二三〕。本草經曰：一名紫丹。博物志曰：平氏山之陽，紫草特好也。

齊民要術曰㉔：黄〔二四〕白軟良之地，青沙地亦善，開荒，黍穄下大佳㉕。性不耐水，必須高田。秋耕地，至春，又轉耕之。三月種之：耬耩地，逐壟手下子。良田，一畝用子二升；薄田，用子三升。下訖，勞之。鋤如穀法，唯浄爲佳。其壟底草則拔之。壠底用鋤，則傷紫草。九月中子熟刈之。候稃芳蒲反。燥載聚，打取子。濕載，子則鬱浥。即深細耕。不細不深，則失草矣。尋壟以耙耬取整理。收草，宜併手力，速竟爲良，遭雨，則損草也。一扼隨以茅結之，擘葛彌善。四扼爲一頭。當日則斬齊。顛倒十重許，爲長行置堅平之地，以板石鎮之令扁。濕鎮，直而長；燥鎮，則碎折；不鎮，賣難售也。兩三宿，豎頭著日中曝之，令浥浥然。不曝則鬱黑，太燥則碎折。五十頭作一洪。洪，十字大頭向外，以葛纏絡。著敞屋下陰涼處棚棧上；其棚下，勿使驢馬糞及人溺。又忌煙，皆令草失色。其利勝藍。若欲久停者，入五月，内著屋中，閉户塞向，密泥，勿使風入漏氣。過立秋，然後開，草出〔二四〕色不異。若經夏在棚棧上，草便變黑，不復任用。

務本新書曰㉖：種訖，拖瓶櫳之，或以輕鈍〔二五〕碾過。秋深子熟，旁去其土，連根取出，就地鋪𥠖。頗乾，輕振其土，以茅莖〔二四〕束，切去虛稍。以之染紫，其色殊美。

附：地黃㉗。種：須黑良田，五徧細耕。三月，以上旬爲上時，中旬爲中時，下旬爲下時。一畝下種五石。其種，還用三月中掘取者，逐犁後，如禾麥法下之。至四月末，五月初，生苗訖。至八月盡，九月初，根成，中染。若須留爲種者，即在地中，勿掘之。待來年三月，取之爲種。計一畝可收根三十石。有草，鋤不限徧數。鋤時，別作小刃鋤，勿使細土覆心。今秋收訖，至來年，更不須種，自旅生也。唯鋤〔二六〕之。如此，得四年不要種之，皆餘根自出矣。

【枸杞㉘】爾雅曰：「杞，枸檵。」郭璞注曰：「今枸杞也。」一名枸棘，一名天精，一名地仙，一名却老，一名苦杞，一名甜菜，一名地節，一名羊乳。枸、杞，二木名；此木，棘如枸之刺，莖如杞之條，故兼稱之。處處有之。春生苗葉軟薄，堪食。其莖幹，高三五尺，叢生。六七月，開花，紅紫色，隨結實：微長，生青熟紅，味甘美。根皮，名地骨皮。古以韋山〔二七〕爲上，近以甘州者爲絕品。今陝之蘭州、靈州以西，並是大樹。子圓如櫻桃，乾時可作果食。

種樹書曰㉙：收子及掘根，種于肥壤中。待苗生，剪爲蔬食，甚佳。

博聞録曰㉚：種枸杞法：秋冬間收子，浄洗日乾。春，耕熟地作町，闊五寸。紐草稕㉛

如臂大，置畦中；以泥塗草稕上，然後種子；以細土及牛糞蓋令徧。苗出，頻水澆之。又可插種。

務本新書曰㉜：枸杞，宜故區畦種。葉作菜食，子根入藥。秋時收好子，至春畦種，如種菜法。又三月中，苗出時，移栽如常法。伏内壓條，特爲滋茂。一法：截條長四五指許，掩於濕土地中亦生。

農桑通訣曰㉝：春夏採葉，秋採莖實，冬採根。朱孺子幼事道士王元正，居大若巖。汲于溪，見二花犬，因逐之，入于枸杞叢下。掘之，根形如二犬。食之，忽覺身輕。諺云：「去家千里，勿食蘿摩枸杞。」言其補精氣也。

【茱萸】禮記曰㉞：「三牲用藙。」注曰：「藙，茱萸也。」李時珍曰㉟：此即欓子也。蜀人呼爲艾子。楚人呼爲辣子。古人謂之藙及椒子，因其辛辣、蜇口慘服〔三八〕，使人有殺、毅、黨然之狀，故有諸名。蘇恭謂茱萸之開口者爲「食茱萸」，孟詵謂茱萸之閉口者爲「欓子」，馬志謂粒大、色黄黑者，爲「食茱萸」；粒緊小、色青緑者，爲「吴茱萸」。山茱萸則不任食也㊱，其樹處處有之；江淮蜀漢猶〔三九〕多。木高丈餘，三月開花，七八月結實㊲。

齊民要術曰㊳：二月栽之。宜故城隄冢高燥之處。凡於城上種蒔者，先宜隨長短掘壍，停之經年，然後於壍中種蒔，保澤沃壤，與平地無差。不爾者，土堅澤流，長物不達〔四〇〕，經年倍，樹木尚小。候實開便收之，挂著屋裏壁上，令陰乾，勿使煙熏。煙熏，則苦而不香也〔二五〕。用時去中黑子。肉、醬、魚鮓，偏宜所用〔二六〕。

萬畢術曰㊴：井上宜種茱萸，茱萸葉落井中，有化〔四一〕水者，無瘟病。

風土記曰㊵：俗尚九月九日，謂之上九。茱萸到此日，氣烈熟色赤，可折其房以插頭。云辟惡氣，禦冬。

【决明】爾雅曰㊶「薢茩」。郭璞注曰：藥草决明也，即「青箱子」。有二種：一種，「馬蹄决明」，入藥最良；一種，「茳芏决明」，又小異。二種皆可作酒麴。嫩苗及花角，惟茳芏可食；馬蹄韌苦，不堪食也。

四時類要曰㊷：二月取子，畦種同葵法。葉生便食，直至秋間，有子。若嫌老，番種亦得。若入藥，不如種馬蹄者。

博聞録曰㊸：園圃四旁，宜多種，蛇不敢入。

【黄精〔二七〕】博物志曰㊹：天老云：「太陽之草名黄精。」詳見救荒本草㊺。

四時類要曰㊻：二月，擇取葉相對生者，是真黄精，擘長二寸許，稀種之。一年後甚稠。種子亦得。其葉甚美，入菜用；其根堪爲煎㊼。术與黄精，仙家所重。

【五加】異物志云㊽：「文章作酒，能成其味。以金買草，不言其貴。」即五加也。一名五花，一名文章草，一名白刺，一名追風使，一名木骨，一名金鹽，一名犲〔四一〕漆，一名犲節。又名五佳，五葉交加〔二八〕者良㊾。

玄扈先生曰[50]：取根，深掘肥地，二尺埋一根，令没舊根，甚易活。苗生，從一頭剪取。每剪訖，鋤土壅之。久服，輕身耐老，明目下氣，補中益氣精，堅筋骨，强志意。葉可作蔬菜食。五七月採根，陰乾造酒。有服五加皮散而獲延年者，不勝計。或即爲散，以代湯茶，餌之，驗亦同。

又曰[51]：正二月取枝插，亦易活。

【百合[52]】一名䪥，一名强瞿，一名蒜腦藷，一名夜合。根如葫蒜，數十片相累。或云是蚯蚓相纏結，變作之。其葉短而闊，微似竹葉，白花四垂者，百合也。葉長而狹，尖如柳葉，紅花不四垂者，山丹也。莖葉似山丹而高，紅花帶黄而四垂，上有黑斑點，其子先結在枝葉間者，卷丹也。又有一種色微緑者，開花最遲，俗名真百合。

四時類要曰[53]：二月種百合。此物尤宜雞糞。每阬深五寸，如種蒜法。又云取根曝乾，搗爲麪，細篩，甚益人。

玄扈先生曰[54]：宜肥地，加雞糞，熟鋤。春取根大者，劈雜于畦中，如種蒜法，五寸一科。二月半，鋤之滿三遍，則不鋤不長。三年大如盞。頻澆則花開爛熳，清香滿庭。秋分亦可分。

【薏苡】漢書曰[55]：馬援在交阯，常餌薏苡，載還爲種。一名芑實，一名屋菼，一名贛米，一名鮮〔四三〕蠡，一名薏珠子，一名西番蜀秫，一名回回米，一名草珠兒，處處有之。出交阯者最大。春生，苗莖高三四尺，葉如黍，五六月結實。以顆小色青味甘粘牙者良。形尖而殼薄，米白如糯米，此真薏苡也，可粥可麪，可同米釀。其一種，圓而殼厚者，即菩提子也[56]。

玄扈先生曰[57]：九月霜後收子。至來年三月中，隨耕地，於壠内點種，橯蓋令平。有草則鋤。

【芭蕉】[58] 廣志曰：芭蕉，一曰芭苴，或曰甘蕉。莖如荷芋，重皮相裹，大如盂升。子有角，子長六七寸，有蔕，三四寸；角著蔕生爲行列，兩兩共對，若相抱形。剥其上皮，色黄白，味似葡萄，甜而脆，亦飽人。其根大如芋魁，大一石，青色。南方異物志曰：甘蕉，草類，望之如樹。株大者一圍餘。葉長一丈，或七八尺，廣尺餘。華大如酒杯，形色如芙蓉。莖〔四四〕末百餘子，大名爲房[59]，根似芋魁，大者如車轂。實在華中〔四五〕。每華一闔，各六子，先後相次。子不俱生〔二九〕，華不俱落。此蕉有三種：一種，子大如拇指，長而鋭，有似羊角〔三〇〕，名羊角蕉，味最甘好。一種，大如鷄卵，有似羊〔四六〕乳，味微減羊角蕉。一種，蕉大如藕，長六七寸，形正〔四七〕，名方蕉，少甘味，最弱，其莖如芋。取濩而煮之[60]，則如絲，可紡績。玄扈先生曰：今南中，獨漳浦甘蕉絶美味。

齊民要術曰：其莖解散如絲，織以爲葛，謂之蕉葛。雖脆而好；色黄白，不如葛色。出交阯建安。

異物志曰：甘蕉如飴蜜，甚美，食之四五枚可飽，而餘滋味猶在齒牙間。

顧微廣州記曰：甘蕉與吴花實根葉不異，直是南土暖，不經霜凍，四時花葉展。其熟甘，未熟時亦苦澀。玄扈先生曰：此謬矣！吴下所有者，蘘荷也[61]。

【萱[62]】詩曰：「焉得諼草。」注曰：「諼草忘憂。」婦人佩其花，則生男，故名宜男。鹿食九種解毒之草，萱〔三一〕乃其一，故又名鹿葱。董子云：欲忘人之憂，則贈之丹棘。吴人謂之療愁。有單臺，有重臺；有秋萱，有夏萱。又有一種，以色言之，則名金萱；以香言之，名麝香萱。五月開花，姿韻可愛。今田野間，處處有之。

玄扈先生曰：春間芽生移栽。栽宜稀，一年自稠密矣。春剪其苗，若枸杞食，至夏，則不堪食。種時用根向上，葉向下。當年開花，皆千葉也[63]。

又曰：五月採花，八月採根。今人多採其嫩苗及花跗作葅〔三二〕食[64]。

【芥藍】王禎農桑通訣曰[65]：芥之嫩者爲芥藍，極脆。東坡詩云[66]：「芥藍如菌蕈〔三三〕，脆美牙頰響。」玄扈先生曰：芥藍，芥屬也，葉色如藍，故南人謂之芥藍，仍可擘取食，故北人謂之擘藍。其葉大于菘，根大于芥，薹苗大于白芥，子大于蔓菁。花淡黄色。其苗葉根心，俱任爲蔬；子可壓油。亦四時可種，四時可食，大略如蔓菁也。但食根之菜，如芥蘆菔蔓菁之屬，魁皆在土中；此則魁在土上，爲異耳。收根者，須四五月種；少長，擘食其葉；漸擘，魁漸大。八九月，并根葉取之。葉作葅，或作乾菜；根剥去皮，或煮食，或糟藏醬豉。留根，至明春復發，苗可採食。三月花，四月實。子每畝收可三四石。

玄扈先生曰：種芥藍，宜耕熟地，厚壅之。土强者，多用草灰和之。耕熟後，或漫散子，取次耘之；或種，苗長數寸，移植之；或就平地種，或作埒；大略與種蔓菁同法。但須疎行，則魁大子多，每本令相去一尺餘。

又曰：凡菜種多冬榮夏枯，獨芥藍乾枯收子之後，根復生蘖，經數年不壞。蓋一種之後，無論子粒傳生，即原本亦供數年採拾。冬月，悉取葉，空留根，來年亦生。或并斸去大根，稍存入土細根，來年亦生。

又曰：芥藍莖葉，用芝蔴油煮，如常煮菜法食之，并飲〔三四〕其汁，能散積痰。其葉及子，亦能消食積，解麵毒。

又曰：菜名藍者，不止因葉色似藍，北人直用作澱，可染紬帛，勝于福青。

【蓴(67)】魯頌曰：「薄採其茆(68)。」注云：茆，鳧葵也。詩義疏云：茆與葵相似。葉大如手，赤圓。有肥，斷著手中，滑不得停也。莖大如箸，皆可生食。又可約滑羹。江南人謂之七蓴菜，或謂之水葵。本草云(69)：雜鯉魚作羹。亦逐〔三五〕水。而性滑，謂之淳菜，或謂之水芹。服食之，不可多。

齊民要術曰(70)：近陂湖，可於湖中種之；近流水者，可決水爲池種之。以深淺爲候：水深則莖肥葉少，水淺則葉多而莖瘦。蓴性易生，一種永得。宜潔淨，不耐污；糞穢入池，即死矣。種一斗餘許，足用〔四八〕。

【葦(71)】爾雅曰：葦，醜艻；葭，華；蒹，薕；葭，蘆；菼，薍，其萌虇。郭璞註曰：葦，其類皆艻秀；葭，即今蘆也；蒹，似萑而細；葭，葦也；菼，似葦而小，實中。今江東呼蘆笋爲虇；然則蘆葦之類，其初生者皆名蘿。花，名蓬蕽。詩疏云：虇，或謂之荻，至秋堅成，即刈，謂之萑[四九]。生下濕地，長丈許。今處處有之。

農桑輯要曰[72]：葦，四月，苗高尺許。選好葦，連根栽成土墩，如椀口大；於下濕地内，掘區栽之。縱横相去一二尺，欲得力，則密藏[五〇]。至冬，放火燒過。次年春，芽出，便成好葦。十月後刈之。

一法：二月，熟耕地作壠，取根卧栽，以土覆之。次年成葦。

又壓栽法：其葦長時，掘地成渠，將莖袪倒，以土壓之，露其稍。凡葉向上者，亦植令出土下，便生根；上便成笋，與壓桑無異。五年之後根交，當隔一尺許，斸一鑁，即滋旺矣。其花絮沾濕地，即生蘆，然不如根栽者[73]。三月初生，其心挺出。其下本，大如箸，上鋭而細。有黄黑勃，著之，汙人手。把取正白，噉之，甜脆。一名「蘧蒢」，揚州謂之「馬尾」，幽州謂之「旨苹」[74]。

【蒲[75]】爾雅曰：「莞，苻蘺。其上，蒚。」郭璞註曰：今西方人呼蒲爲莞蒲。蒚，謂其頭臺首也。今江東謂之苻蘺；西方亦名蒲蒚[五一]中莖爲蒚，用之爲席。又名甘蒲，又名醮石。花上黄粉，名蒲黄。

農桑通訣曰[76]：四月，揀綿蒲肥旺者，廣帶根泥，移出于水地内栽之。次年即堪用。其水深者，白長；水淺者，白短。

玄扈先生曰[77]：春初生嫩葉，出水時，取其中心入地白蒻，大如匕柄者，生啖之，甘脆。

以酣〔五二〕浸食，如食笋法，亦美。周禮所謂「蒲菹〔三六〕」也。亦可煠食、蒸食及晒乾磨粉作餅食。詩曰：「惟笋及蒲」，是矣。八九月收葉，可作扇，又可作包裹。

【蓆草⑦⑧】玄扈先生曰：小暑後，斫起以備織蓆。留老根在田，壅培發苗。至九月間鋤起，擘去老根，將苗去稍分栽，如插稻法，用河泥與糞培壅。清明穀雨時，復用糞或豆餅壅之，即耘草。立梅後⑦⑨，不可壅。若灰壅之，則生蟲退色。

【燈草⑧⑩】玄扈先生曰：種法與蓆草同。最宜肥田，瘦則草細。五月斫起晒乾，以尖刀釘板櫈上劃開。其心可點燈及爲燭心，其皮可製雨簑。

校：

〔一〕擣　本書各刻本均作「持」；中華排印本作「擣」，與要術校定本合。

〔二〕「更擣」下，平、黔、魯本有「以粟」兩字，曙本是「以粟」；中華排印本「照曙改」。案：要術原文，無此兩字，有了反而解不通，今删去。

〔三〕教　本書各刻本作「放」；中華排印本照明本要術改作「殺」；應依金澤文庫本要術改作「教」。

〔四〕揉　本書各刻本作「菜」，依中華排印本「照齊民要術改」作「揉」。

〔五〕十許遍勢盡乃止　「遍」，本書各刻本均譌作「變」；「止」，譌作「生」。依中華排印本改正與要術原文合。

〔六〕酸　平、曙、中華排印本作「醋」，應依黔、魯本改作「酸」，兩字意義雖同，但作「醋」與要術原文不合。

〔七〕帛　本書各刻本均譌作「白」，應依要術改作「帛」。

〔八〕好　本書各刻本作「如」，依中華排印本「照齊民要術改」作「好」。

〔九〕朱　本書各刻本作「朱」，與要術校定本合；中華排印本「照齊民要術改」作「米」，因爲所據明鈔本要術這個字恰好是譌字，改後反而錯誤。

〔一〇〕蓬　本書各刻本譌作「連」；中華排印本「照齊民要術改」作「蓬」，是。（「赤蓬」，可能指茜草科的「蓬子菜」，根可作染料用。）

〔一一〕梁　本書各刻本譌作字形相近的「染」，中華排印本「照齊民要術改」作「梁」，已進了一步；但仍不是正確的字，應作「粱」。

〔一二〕小注第一字「必」，本書各刻本譌作「如」。下句正文第一字「𥬯」，本書各刻本，承明刻要術各本的謬誤，將左右兩個偏旁，誤認爲兩個字，分別收入上面小注的兩行行底：右邊的「市」，平本承明刻要術作「第」，黔、曙、魯進一步改作「粟」；左邊的「臼」，則都譌作「白」。中華排印本「照（宋本）齊民要術改」正，甚好。𥬯，音fěi或fèi，解作「舂」。

〔一三〕槽　平、黔、魯本譌作「糟」；中華排印本「照曙改」作「槽」，與要術原文合。案：要術「槽」字上還有一個「木」字。

〔一四〕杷　本書各本均譌作「把」，應依要術原文改作「杷」。

〔一五〕杖　本書各刻本均譌作「板」，依中華排印本「照齊民要術改」作「杖」。

〔一六〕舒　平、黔、魯本譌作同音字「書」，依中華排印本「照曙改」作「舒」，與要術原文合。「舒」解作「攤開」。

〔一七〕刀削粉英如梳　「刀」，平、黔本譌作「刁」；曙、魯本作「刀」不誤。「如」字，平、黔本不誤；曙、魯本改作「日」。「梳」字，各刻本均脱。依中華排印本「照齊民要術改」正。

〔一八〕人　平、黔、魯本作「人」，與要術原文合；中華排印本「照曙改」作「魄」，曙本原誤。

〔一九〕浴　平本作「洛」，是譌字；依中華排印本作「浴」，與要術原文同。曙、黔、魯作「敂」，則是據傳本夏小正改正的。案：傳本夏小正的「敂」字，歷來解作「別種」；要術的「浴」字，非常獨特，應予保留，供進一步考證之用。

〔二〇〕三莖作一科……即急鋤　本書各刻本，在上面小注所引夏小正之後，正文「三莖作一科，相去八寸」之前，多一節小注，標明「玄扈先生曰」，下面則是「相去八寸」下的原注；又將「栽時既溼……」作爲「三莖……八寸」的小注，缺漏「白背即急鋤」五字的正文。現依中華排印本「照齊民要術改」正。

〔二一〕抨　黔、魯本譌作「拌」；平、曙本作「抨」，與要術原文合；也適應於小注的音切。案：要術原文，「抨」上還有「手」字；「急手」是「手快的人」。

〔二二〕蟲　平本「蟲」字重複，黔、曙、魯本删去一個，與王禎原書合。

〔二三〕灌　黔、魯作「潑」；應依平、曙作「灌」，與圖纂原文合。

〔二四〕筴　平本譌作「策」；黔、曙、魯本作「筴」，與輯要引文合。

〔二五〕苦而不香　「苦」字，平本譌作「若」；「香」字，平、黔、魯都作「辛」。應依曙本改作「苦而不香」，與要術原文合。（中華排印本校記「照黔、曙改」，「黔」字恐有誤。）

〔二六〕鮓偏宜所用　「鮓」字，平、黔、曙均譌作「鮮」；「偏」字，各刻本均譌作「偏」；「宜」，平、黔、魯作「可」；「所」字，曙本脱去。中華排印本「照齊民要術改」，但「偏」字仍訛，現並依要術校定本改正。

〔二七〕精　黔、魯譌作「清」，應依平、曙。

〔二八〕加　平、曙作「如」；依黔、魯改作「加」，與綱目原文合。

〔二九〕生　黔、魯譌作「主」；依平、曙作「生」，與要術引文合。

〔三〇〕羊　黔、魯譌作「半」；依平、曙作「羊」，與要術引文合。

〔三一〕萱　平本譌作「宣」，依黔、曙、魯改正。

〔三二〕葅　平本譌作「俎」，依黔、曙、魯改正。

〔三三〕蕈　黔、魯譌作「草」；依平、曙作「蕈」，與王禎原書合。

〔三四〕飲　平、曙作「歓」；暫依黔、魯作「飲」。（「歓」是稍微喝一點就停止；「飲」，則没有限制。）

〔三五〕逐　黔、魯譌作「遂」；依平、曙作「逐」，與要術及綱目引文合。

〔三六〕葅　平本譌作「爼」；應依魯、曙、中華排印本改作「葅」，合於周禮。（定扶校）

注：

①本條標題下説明，採自本草綱目（卷一五）「紅藍」條「釋名」「集解」兩項。（甲）引博物志，據綱目「集解」中「志曰」轉引。今傳本博物志没有這句；但段公路北户録（卷三）「山花燕支」條末注文，引「博物志云：張騫使西域還，得大蒜、安石榴、胡桃、蒲桃、沙葱、苜蓿、胡荽、黄藍（可作燕支）也」，則馬志所引博物志，確實有張騫從西域傳入紅花的説法，不過名稱是「黄藍」。（乙）「一名紅藍，一名黄藍」，「紅藍」，據綱目，出開寶本草。「黄藍」，綱目未説明出處；但至少見於段公路所引博物志「以其花似藍也」。句中「花」字有誤，紅藍是菊科植物，頭狀花序與大青、蓼藍、木藍都不相似。綱目「釋名」引「頌曰」，説「葉頗似藍」，應是「葉」字。（丙）「今處處有之」，見綱目「集解」下「頌曰」；有删節。

②「緑」字懷疑應是字形相似的「緣」；葉緣，即葉邊。葉子不緑的植物不多，不須要特别指出「葉緑」；「葉緑」與「有刺」也黏不上。

③現見齊民要術（卷五）種紅藍花梔子第五十二；紅花的栽培技術記載，全部正文都在這裏了。

④黦：顏色（特别是紅色）變暗淡。

⑤現見便民圖纂（卷三）耕穫類「紅花」條。

⑥「殺花法」、「作胭脂法」、「合香澤法」、「合面脂法」、「合手藥法」、「作紫粉法」、「作米粉法」、「作香粉法」等八條，都是要術（卷五）種紅藍花梔子第五十二中附録的材料，本書全文徵引，除錯漏甚多外，没有改動。

⑦落藜：吴其濬植物名實圖考（卷四）引徐鍇説文解字繫傳「今落帚，或謂落藜，初生可食，藜之類也」。（案是卷一下草部「藜」字「繫傳」）則落藜是藜科的「地膚」Kochia scoparia，即「掃帚菜」。藜科植物苗系，含有大量鈉鹽，是取碱的材料。齊民要術今釋中，未詳細考證，誤斷爲「蒺藜」之誤，現在更正。

⑧飯漿水：這是我國舊時傳統的一種飲料，由稀薄澱粉漿，經過發酵製成，含有頗多的乳酸與醋酸。案：這一套操作，是利用未熟果實汁液中的多羧酸，和發酵所得乳酸醋酸，來使紅藍花中的色素，變成鮮紅色。

⑨香澤：澤是梳頭用油。

⑩苜蓿：苜蓿不香，所指可能是相近的草木樨。

⑪水盡沸定：這一套操作，是用稀薄乙醇，溶提小分子芳香油，然後過渡到脂肪中去。

⑫足：依原小注，應讀 cù，解作「極完備地合於要求」。

⑬ 亦食：懷疑原是「亦可食」，寫刻時漏了「可」字。

⑭ 這一條標題下的説明，大概是這樣組成。（甲）引爾雅及郭注，現見爾雅釋草之外，要術（卷五）種藍第五十三開端即是這幾句。（乙）「李時珍曰」，録自本草綱目（卷一六）「藍」條「集解」項下，止摘取幾句。李時珍列舉的這幾種靛植物：蓼藍是 Polygonum tinctorium Lour；菘藍大致即大青 Isatis tinctoria Li；馬藍是爵牀科的 Strobilanthes flaccidifolius Nees；木藍可能是 Indigofera；吴藍不知道指什麽；甘藍可能是 Brassica alboglabra（「芥藍」，在吴語中與「甘藍」容易混淆），未必是今日的「包心菜」；齊民要術自序中有「蓼中之蟲，不知藍之甘」的話，所指可能是與蓼相似而無辣味的「蓼藍」。

⑮ 這是要術（卷五）種藍第五十三篇關於種藍和製澱的全部技術記載。

⑯ 荄：説文解字對「荄」的説解是「草根也」；讀 gāi。案：製澱一般止用莖葉，不用根。這裏，止能作爲莖葉解。禾本科的莖葉稱爲「稭」、「藍」、「秸」；豆莖葉稱「萁」；正和「荄」音義相近。

⑰ 澱：由藍製得的固體沉澱染料，稱爲「藍澱」；後來寫作「顯」、「靛」、「澱」等形式。

⑱ 强粥：即濃厚的粥。

⑲ 這是用齊民要術（卷五）種藍第五十三引文的形式。據玉燭寶典所引崔寔四民月令三月卷，有「榆莢落，可種藍」；五月卷，有「可别稻及藍」，則「刈」字當作「别」；六月卷，有「可種蕪菁冬藍」。

⑳ 現見王禎農書（卷十）百穀譜十「藍」條；前一節在起處，後一節在最末。

㉑全録便民圖纂（卷三）耕穫類「種靛」條。

㉒活：懷疑是「潑」字鈔寫錯誤。

㉓本條標題下説明，全據齊民要術（卷五）種紫草第五十四篇標題注轉録。（但引爾雅及郭注，各删去要術有而傳本爾雅及郭注所無的「世」「華」兩字；引廣志，脱去第二句句首的「染」字。）

㉔這是齊民要術種紫草第五十四正文全部。

㉕「開荒，黍穄下」，解爲「新開的荒地」和「原來種過黍穄的地」。

㉖本書引文，現見農桑輯要（卷六）藥草篇「種紫草」條。末兩句輯要引文没有；止見王禎農書（卷十）百穀譜十「藍」條末；緊接在「切去虚梢」後。（但王禎並未標明務本新書；這兩句，是王禎所加還是原有，更難確定）。

㉗此條全録齊民要術（卷五）伐木第五十五篇後附出的「種地黄法」。據要術（卷三）雜説第三十篇中「河東染御黄法」，當時地黄是作染料用的；用作藥物，也許遲一些。

㉘本條標題下説明，除引爾雅及郭注（案：王禎農書卷十百穀譜十「枸杞」條也引有爾雅及郭注）外，其餘小字部分，主要就群芳譜（利四）藥譜二「枸杞」條的文字摘引，止據本草綱目（卷三六）「枸杞」條「釋名」項增加了「蕁杞」、「地節」、「羊乳」三個異名。其實群芳譜仍是檃括綱目文字寫成，没有增加新材料。

㉙今傳各本種樹書中，關於枸杞的兩條，都與這節引文不同。案：本書係據綱目（卷三六）「枸杞」

條「集解」項「時珍曰」末段「種樹書言……」轉録的，文字與李時珍完全一樣。

㉚ 大概據農桑輯要（卷六）藥草篇「枸杞」條轉引；王禎農書也有完全相同的一段，但未標出來歷。案：博聞録實在還是韓鄂四時纂要（卷五）十月篇「收枸杞子」條改寫的。

㉛ 稕：説文解字（卷七上）新附字，説解是「束稈也」，讀「之閏切」（zhǔn）。（廣韻四去聲「二十二稕」解釋同）

㉜ 大概據農桑輯要（卷六）藥草篇「枸杞」條轉引。「秋時……」，在輯要是「新添」的第一手材料，以下「又三月……」及「一法……」兩節，也是「新添」；都與務本新書無關。本書原刻各本，都緊接在務本新書「子根入藥」句下；大概整理人不懂得輯要中「新添」兩字的意義，所以把輯要的材料和務本新書混同了。

㉝ 現見王禎農書（卷十）百穀譜十「枸杞」條。（「身輕」以下，原接「種枸杞法」，即上面所引博聞録，再下有「子折入藥，輕身益氣」兩句，然後才是「諺云」……）案：朱孺子的故事，綱目「枸杞」條「枸杞子」副條「發明」項下「時珍曰」，標明出續仙傳。（綱目序例書目中没有這個書名，據圖書集成博物彙編草木典卷二八三枸杞部外編引文，應是續神仙傳夷門廣牘本。續神仙傳中有朱孺子，但止有姓名籍貫，没有事跡。）「去家千里……」在同一附條「發明」項所引「弘景曰」，即南北朝齊梁間的諺語。

㉞ 禮記内則「三牲用藙」，注「藙，煎茱萸也……」。

㉟ 現見本草綱目（卷三二）「食茱萸」條「釋名」項「時珍曰」。

㊱ 山茱萸則不任食也：出齊民要術（卷四）種茱萸第四十四標題下小注。

㊲ 「其樹處處有之……七八月結實」，這一節，從綱目（卷三二）「吴茱萸」條「集解」項「頌曰」中摘出。

㊳ 這是要術（卷四）種茱萸第四十四栽培及加工的全部記載。

㊴ 這條，内容現見要術種茱萸第四十四引，但止標作「術曰」；綱目「吴茱萸」條「集解」項引「時珍曰」，才加作「淮南萬畢術」，不知有何根據。

㊵ 大概據綱目「吴茱萸」條「集解」項「頌曰」引。太平御覽（卷九九一）「茱萸」條也引有。

㊶ 引爾雅及郭注，見爾雅釋草「薢茩，芵光」，郭注「芵明也；葉黄鋭，赤華，實如山茱萸。或曰陵也，關西謂之薢茩」。本書所引郭注，止標了一個目，並未引注文。（「藥」字可能是一個「艸」頭的字寫錯，誤黏在這裏。）「草决明即青箱子」，是群芳譜（利五）藥譜三「决明」條標題下的話。陶弘景説「草决明即萋蒿子」；本經（卷三）「青箱子」經文，有「子名草决明……一名草蒿，一名萋蒿」。「有二種」以下，摘録綱目（卷一六）「决明」條「集解」項「時珍曰」的一些文句。

㊷ 大概據農桑輯要（卷六）藥草篇「决明」章引文轉引。原在四時纂要（卷二）二月篇，「種决明」條。朝鮮本「二月」作「春」；「番」字上有「作」字。——「作番」，即「分作幾次」。種藝必用的文字，與朝鮮本纂要全同。殿本輯要「番」字譌作「糞」。

㊸ 大致仍是據農桑輯要（卷六）「决明」章轉引。種藝必用補遺也有這條，文字稍有不同，可能與博

聞録同出一源，陳元靚鈔録時有删改。

㊹指海本博物志（卷七）第三條，黄帝問天老曰：「天地所生，豈有食之令人不死者乎？」天老曰：……」這當然是荒唐無稽的捏造。

㊺詳見救荒本草，參看本書卷五三「黄精苗」條。

㊻現見農桑輯要（卷六）藥草篇「黄精」章。原出四時纂要（卷二）二月篇。朝鮮刻本，「精」字作「菁」。

㊼煎：讀去聲，即煮熟煎乾的「蜜煎」。

㊽本草綱目（卷三六）「五加」條「集解」項「時珍曰」，引譙周巴蜀異物志名「文章草」，有贊云：「文章作酒……」。

㊾各種異名，均見本草綱目（卷三六）「五加」條「釋名」項；有五佳、五花、文章草、白刺、追風使、木骨、金鹽、豺漆、豺節。時珍曰：「此藥以五葉交加者良，故名五加……譙周巴蜀異物志名文章草，有贊云『文章作酒……』」。

㊿案：群芳譜（利五）藥譜三「五加」條「種植」項前段，與本節「土壅之」以上全同；標題下説明近末處是「久服輕身耐老，明目下氣，補中益精，堅筋骨，强志意（以上各句，實出陶弘景名醫别録），黑鬚髮，令人有子。或止爲散，代茶餌之，亦驗」，與本節末段同。究竟是王象晉承襲本書，還是本書整理人採群芳譜攙入徐光啓原稿，無從斷定。

⑤1 懷疑止有這條才是徐光啓原稿。

⑤2 本條標題下説明，大致組成如下。（甲）各種異名，前三種出自本草綱目（卷二七）「百合」條「釋名」項。「一名夜合」，未查得出處。（案：説文解字卷七下韭部「䪻」字，説解是「小蒜也」；玉篇韭部「䪻」字注「百合蒜也」。羅願爾雅翼才勉强將百合蒜和小蒜解作百合。）（乙）「根如葫蒜……變作之」，見綱目「百合」條「集解」引「弘景曰」。（案：蚯蚓變成百合，是荒唐無據的神話。）（丙）「其葉短而濶……卷丹也」，見綱目「百合」條「正誤」項「時珍曰」。（丁）「又有一種……真百合」，未查得出處。

⑤3 大致根據農桑輯要（卷六）藥草篇「百合」章轉引；小注原有，但「擣」字，殿本作「搏」。四時纂要（卷二）二月篇「種百合」條，是「此物尤宜雞糞。每坑深五寸，著雞糞；糞上，著百合瓣，如種蒜法」。另一條「百合麪」的正文，本書現作小注。

⑤4 養餘月令（卷一）「藝種」項引有農遺雜疏百合一條，與這一節有些相似。農遺雜疏是徐光啓早些時的著作，養餘月令引用時，是不是改竄過，須要核對後才能定論。

⑤5 馬援在交阯，是後漢光武帝建武十七年至二十年（公元四一年至四四年）的事，不會在漢書中出現；應是後漢書之誤。今本後漢書列傳一四馬援傳「……初，援在交阯，常餌薏苡實，……南方薏苡實大，援欲以爲種，軍還，載之一車……」。本書所引，與馬援傳亦不盡同，大概是根據本草綱目（卷二三）「薏苡仁」條「集解」項引「弘景曰」的文句，並未查對本傳原文，所以連後漢書也誤

寫爲漢書了。

㊱ 小注全襲自群芳譜（亨一）穀譜「薏苡」條標題說明，删節後寫成。譜實際上根據救荒本草「回回米」條（本書卷五二）及綱目（卷二三）「薏苡仁」條的「釋名」與「集解」的「屋菼」，綱目「釋名」「時珍曰」中，指出是苗名；「贛米」，李時珍以爲出別録。但綱目「集解」引「弘景曰」，作「簳珠」。「解蠡」，出自本經；「薏珠子」出自圖經本草。「西番蜀秫」、「回回米」、「草珠兒」，均見救荒本草。「處處有之，出交阯者最大」，出自別録。「春生苗……五六月結實」，出圖經本草（綱目「集解」引「頌曰」）。「以顆小……」一句出雷公炮炙論（綱目「集解」引「斅曰」）。以下見「集解」「時珍曰」。

㊲ 這一條，現見農桑輯要（卷六）藥草篇「薏苡」章。係輯要「新添」資料，不知爲什麼標作「玄扈先生曰」。

㊳ 本條，除標明「玄扈先生曰」的兩個小注之外，其餘全用齊民要術（卷十）「芭蕉」條所引公元六世紀以前的文獻：晉郭義恭廣志，三國吳萬震南方異物志，以及後漢楊孚異物志和南朝宋末年顧微廣州記。「其莖解散如絲，……出交阯建安」，據要術引文起訖看來，仍是郭義恭廣志（即本書所用第一條餘下的一節）。

㊴ 大名爲房：懷疑是「六各爲房」，即每六個成爲一房。

㊵ 濩：解爲久煮。見詩周南葛覃。

㊶ 徐光啓還不確切了解甘蕉、芭蕉、蘘荷是三種不同的植物，以爲江浙（＝「吴下」）的芭蕉，既不是

甘蕉，就止能是蘘荷。參看本書（二八卷）蘘荷條「玄扈先生曰」的小注。

(62) 本條標題下説明，前段以本草綱目卷十六「萱草」條的「釋名」「集解」兩項爲依據。（甲）引詩及注，「詩指衞風伯兮」；「諼」字借作「萲」，萲是「萱」的古寫法（或寫作「藼」「蕿」）。這裏交待不够明白。（乙）「婦人佩其花」到「謂之療愁」，都在綱目「釋名」項「時珍曰」，本書引用時，有顛倒删節。（丙）「有單臺……」以下，未查得出處。但宋詡樹畜部（卷二）「萱」條，已有「春花、夏花、秋花、冬花，有紅、黄、重葉、單葉，麝香萱」。

(63)「春間芽生移栽。……皆千葉也」，群芳譜「萱」標題下説明的末段，與此節字句大意相同。

(64)「五月採花……作菹食」，綱目「萱草」條「集解」下「頌曰」的後半，就是這幾句；因此「又曰」，不能解爲玄扈先生又曰。

(65) 現見王禎農書（卷八）百穀譜四「芥」條。

(66) 案：王禎所説芥藍，是芥的一種，專用嫩葉供食；究竟是什麽，不能肯定。東坡詩中的芥藍，可能應與農桑輯要（卷五）瓜菜篇引自務本新書的「藍菜」相同，也就是王禎農書的「藍菜」，即 Brassica alboglabra Bailey（今日四川還稱爲「藍菜」）。至於徐光啓在這個小注中所説的，是擘藍，又另是一種植物，即 Brassica oleracea var. caulorapa.

(67) 本條標題下説明，取材於齊民要術（卷六）養魚第六十一篇後段「蓴」條標題下的注。（甲）要術原引作「詩云」，改爲「魯頌曰」；這句是泮水第三章第二句。（乙）詩義疏本書所引，與要術大體相同，止有個別字（「赤」要術作「亦」；「約」要術作「汋」）相異。今傳本詩疏，則頗有差別：今本是「茆，與荇葉（疑應作「菜」）相似。葉大如手，赤、圓、有肥者（「者」字疑衍），著手中，滑不得停。莖大如匕柄。葉（疑仍應作「皆」）可生食，又可鬻滑羹。南人謂之『蓴菜』，或謂之『水葵』。諸陂澤水中皆有」。（丙）「本草云」，本書删去了要術原引的一節，末兩句漏去兩字，應依要術補完作「服食之家，不可多噉」。

68 茆：讀「柳」，與「茅」的別體「茆」意義不同。

69 案：本草綱目（卷一九）「蓴」條「發明」項，引「弘景曰」有「雜鱧魚作羹食，亦逐水。而性滑，服食家不可多用」。政和本草引「陶隱居曰」，文字同；但末字作「敢」，即「噉」字寫錯。又「鯉」字，必須依本草兩書改作「鱧」，即「烏魚」。

70 這是要術（卷六）養魚第六十一篇「蓴」的栽培技術記載全文。

71 本條標題下説明。（甲）前段集録爾雅釋草及郭注，至「皆名虇」止。（乙）「花，名蓬蕽」，出本草綱目（卷一五）「蘆」條「集解」項「藏器曰」。（丙）「詩疏云」，摘引陸璣詩草木鳥獸蟲魚疏。（丁）「生下溼地……」，採群芳譜（貞六）卉譜二「蘆」條標題注。各字讀音如下：芀 tiáo；葭 jiā；薕 lián；菼 tǎn；薍 wàn；萑 huān；虇 juǎn。

72 現見輯要（卷六）竹木篇「葦」條，係「新添」即第一手材料。

73 「其花絮沾濕地……根栽者」，現見群芳譜（貞六）卉譜二「蘆」條「種植」項下，與農桑輯要無涉。

⑭「三月初生……幽州謂之『旨苹』」，案係齊民要術（卷十）「烏蓲」條所引詩義疏的形式；今傳本陸璣詩草木鳥獸蟲魚疏到「上鋭而細」止，下接「揚州人謂之馬尾，以今語驗之，則『蘆』『亂』別草也」。

⑮本條標題説明，前段引爾雅釋草及郭注；「又名甘蒲」以下，引本草綱目（卷一九）「香蒲蒲黄」條「釋名」。

⑯現見農桑輯要（卷六）竹木篇「蒲」章，係輯要「新添」的第一手材料。

⑰這一節，「春初生嫩葉」到「周禮所謂蒲菹也」，在綱目（卷一九）「香蒲蒲黄」條「集解」項「頌曰」，有相同的文句；同項「時珍曰」中，有與「亦可煠食……」到「可作扇」爲止相似的文句。「又可作包裹」，即長江和珠江兩流域至今應用很廣的「蒲包」（粵語系統稱爲「葵包」）。

⑱這一條，全見便民圖纂（卷三）「種蓆草」條，止刪去了原文「小暑後斫起」後的「曬乾」兩字，「玄扈先生曰」五字應刪去。

⑲立梅：即「梅雨開始」，見卷十一「四月」條。

⑳這一條，仍見便民圖纂（卷三）「種燈草」條；「玄扈先生曰」五字多餘。

案：

〔一〕二三月間候雨後　要術原文是「二月末，三月初種也。種法：欲」。

〔二〕「餘留」二字，應依要術原文顛倒作「留餘」。

〔三〕「種」字下，應依要術原文補「一」字。

〔四〕「端」　要術原文作「超」。

〔五〕「收」字，要術原文無。

〔六〕妻　要術原作「婦」。

〔七〕「絞」字下，應依要術原文補「去」字。

〔八〕藿　要術明鈔本譌作「藿」，（中華排印本因此改了，不過未作校記。）本來的「藿」字，與明刻要術同，是正確的。

〔九〕湯　應依要術原文作「淋」。

〔一〇〕純　應依要術原文作「淳」，解作「濃厚」。

〔一一〕甕　應依要術作「瓷」。

〔一二〕「得」字下要術校定本有「用」字。

〔一三〕則爲　要術作「故爲」；「爲」字上疑尚有「謂」字。

〔一四〕「蘭」字上，應依要術原文補「澤」字。

〔一五〕腹　要術原作「脂」；依要術原文，則本書的一個小注便没有必要了。

〔一六〕「綿」字上，要術原文有「以」字；「瀉」字下，要術原文還有「著瓶中」三字。

〔一七〕「牛」字上，應依要術原文補「用」字。

〔一八〕「賊」字，要術原文没有；下面小注起處，應依要術補「小兒」兩字。

〔一九〕脏　應依要術原文作「脏」，即現在的「胰」字。下面「著脏汁中」的「脏」字同。

〔二〇〕「瓷」字下，應依要術校定本補「瓶」字。

〔二一〕「取」字下，應依要術補「落」字。落葵成熟果實，含有大量色素，可以染澱粉；至今四川西部還用落葵染澱粉作糕餅。

〔二二〕榛　應依要術原文作「榛」。

〔二三〕潤　要術原文作「滑」。

〔二四〕「稍」字，要術原文重疊作「稍稍」。

〔二五〕研之　要術原文無「之」字。

〔二六〕「亦有……」整個小注，本書各刻本以及中華排印本，均譌脱不成句讀。依要術原文，「愛」應作「擣」；「木」應作「末」；「絹」下漏去「篩」字，「没」應作「浸」；「賣」應作「費」；「署」應作「著」。

〔二七〕「拔栽」下要術原文有「之」字。

〔二八〕堅確也　「堅」字上，要術原有「則」字。案：「確」字，應依要術慣例作「垎」；要術傳本有誤。

〔二九〕稃　應依要術原文作「稃」，即稃殼、碎屑。

〔三〇〕刮行　王禎原作「刮竹」。

〔三一〕「晝」字上圖纂嘉靖本有「一」字，本書同萬曆本脱去。

〔三二〕紫之上者　要術原引文，句首有「染」字。

〔三三〕「黄」字上，應依要術原文補「宜」字。

〔三四〕草出　應依要術原文倒轉作「出草」。

〔三五〕鈍　應依輯要引文作「砘」。（「砘車」是一種鎮壓用農具，圖見卷二一。）

〔三六〕「鋤」字上，要術原有「須」字。

〔三七〕韋山　應依綱目「集解」項下「時珍曰」的原文「取常山者爲上」作「常山」，與别録「生常山平澤」相合。（案：西夏曾在今日甘肅省靈武縣東南設置「韋州」，是近幾百年來上等枸杞的出産地。王象晉可能據此改「常」爲「韋」。但地名是「韋」而不是「韋山」；而且，西夏對王象晉説來可以是「古」，在本草學却不是「古」。）

〔三八〕「服」字，應依綱目原文作「腹」。

〔三九〕猶　應依綱目原引文作「尤」。

〔四〇〕不達　應依要術作「至遲」；下文「經年倍」下，應依要術補「多」字。

〔四一〕有化　要術原作「飲此」。下文「瘟」，要術原作「温」。綱目全句作「人飲其水無瘟疫」。

〔四二〕「犲」字不知音義，綱目原文俱作「豺」。（疑是據群芳譜引，譜作「犲」。）

〔四三〕鮮　應依群芳譜原文作「解」，綱目「釋名」引本經正作「解」。

〔四四〕太平御覽（卷九七五）所引，「莖」字上還有一個「著」字，似應照補。

〔四五〕實在華中　要術引文是「實隨華」；藝文類聚所引是「實隨華長」，「長」字應補。

〔四六〕羊　要術、類聚、御覽都是「牛」字，類聚這句下還有「名牛乳蕉」。

〔四七〕「正」字下，要術原文還有一個「方」字。

〔四八〕足用　要術原文是「足以供用」。

〔四九〕藿　當依詩疏原文及綱目引文作「萑」；原應作「雈」，一般都借用「萑」字。

〔五〇〕欲得力則密藏　輯要原作「欲疾得力則密栽」，至少「栽」字必須改正。

〔五一〕萵　今本爾雅郭注没有這個字。「蒲中莖」即萵，郭璞已説得很明白。

〔五二〕酣　顯然係「醋」字寫錯，綱目原引文作「醋」。

農政全書校注卷之四十一

牧養

六畜雜附

禮記月令曰①：「季春之月，合累牛騰馬，遊牝于牧。」「累」、「騰」，皆乘匹之名。「仲夏之月，遊牝別群，則縶騰駒。」孕任〔一〕欲止，爲其牝〔二〕氣有餘，恐〔一〕相蹄齧也。「仲冬之月，牛馬畜獸有放逸者，取之不詰。」

陶朱公曰②：子欲速富，當畜五牸。牛、馬、猪、羊、驢，五畜之牸。然畜牸，則速富之術也。

齊民要術曰③：服牛乘馬，量其力能，寒温飲飼，適其天性；如不肥充繁息者，未之有也。

凡馬驢〔二〕駒，初生忌灰氣，遇新出爐者輒死。經雨者則不忌。

四時類要曰④：凡驢馬牛羊，收犢子駒羔法：常于市上伺候，含〔三〕重垂欲生〔三〕，輒買取。駒一百五十日，羊羔六十日，皆能自活，不復藉乳。乳母好堪爲種産者，因留之以爲種。惡者還賣。不失本價，坐嬴〔四〕駒犢。

還更買懷子〔四〕孕者，一歲之中，牛馬驢得兩番，羊得四倍。羊羔臘月正月生者，留以作種，餘月生者，剩而賣之。用二萬錢爲羊本，必歲收千口。所留之種，率皆精好，與世〔五〕絶殊，不可同日而語之。何必羔犢之饒，又羸酪〔六〕之利也？羔有死者，皮好作裘褥〔七〕，肉好作乾腊，及作肉醬，味又甚美。

玄扈先生曰：居近湖草廣之處，則買小馬二十頭，大騍馬兩三頭；又買小牛三十頭，大牸牛三五頭；搆草屋數十間，使二人掌管牧養。二人仍各授一便業，以爲日用飲食之資。久而群聚，增人牧守。湖中自可任以休息。養之得法，必致繁息，且多得糞，可以壅田。

【馬】爾雅曰⑤：「騊駼，馬。」又曰：「宗廟齊毫，戎事齊力，田獵齊足。」郭璞注曰：齊毫，尚純也；齊力，尚强也；齊足，尚疾也。

相馬經曰⑥：馬頭爲王，欲得方；目爲丞相，欲得光；脊爲將軍，欲得强；腹脇爲城郭，欲得張；四下爲令，欲得長。凡相馬之法，先除三羸五駑，乃相其餘。大頭小頸，一羸；弱脊大腹，二羸；小頸〔八〕大蹄，三羸。大頭緩耳，一駑；長頸不折，二駑；短上長下，三駑；大骼短脅，四駑；淺髖薄騧〔九〕，五駑。騮馬、驪肩，鹿毛，「閵黄」〔一〇〕馬，驒駱馬，皆善馬也。馬生墮地無毛，行千里；溺舉一脚，行五百里。相馬五〔五〕藏法：肝欲得小，耳小則肝小，肝小識人意。肺欲得大，鼻大則肺大，肺大則能奔。心欲得大，目大則心大，心大則猛利不驚，目四滿則朝暮健。膂欲得小，腸欲得厚且長，腸厚則腹下廣方而平。脾欲得小，膁腹小則脾小，脾小則易養。望之大，就之小，筋馬也；望之小，就之大，肉馬也；皆可乘致。致瘦，欲得見其肉；謂前肩「守肉」。致肥，欲得見其骨。骨謂頭顱。馬龍顱突目，平脊大腹，脞重有肉，此三事備者，亦千里馬也。水火欲得分。水火在鼻兩孔間也。上唇欲急而方，口中欲得紅而有光，此馬千里馬。上齒欲鉤，鉤則壽；下齒欲鋸，鋸則怒。頷下欲深，下唇欲緩。牙欲去齒一寸，則四百里；牙劍鋒，則千里。嗣骨欲廉，如織杼而闊，又欲長。頰〔六〕下側八〔一一〕骨是。目欲滿而澤，眶欲小，上欲弓曲下欲直。素中欲廉而張。素，鼻孔上。陰中欲得平。股下。主人欲小。股裏上近前也。陽裏欲高則怒。股中上之〔一二〕主人。額欲方而平。八肉欲大而明。耳下。玄中欲深。耳下近牙。耳欲小而鋭如削筒，相去欲促。鬉欲戴中骨高三寸〔七〕。鬉中骨也。易骨欲直。眼下直下骨也。頰欲開赤長〔一三〕。膺下欲廣。一尺以上，名曰挾一作扶。尺，能久走。鞅欲方。頰前。喉欲曲而深，胸欲直而出。髀間前向。髡間欲開，望視之如雙髡。頸骨欲大，肉次之。髻欲桎而厚且折。季毛欲長多覆，肝肺無病。髮後毛是。背欲短而方，脊欲大而抗。脢筋欲大。夾脊筋也。飛髡見者怒。胸欲〔一四〕筋也。三府欲齊。兩髂〔一五〕及中骨也。尻欲頹而方。尾欲減，本欲大。脅肋欲大而窪，名曰上渠，能久走。龍翅欲廣而長。升肉欲大而明。脾〔一六〕外肉也。輔肉欲大而明。前脚下肉。腸欲充，腔小〔一七〕。腔膁。季肋欲張。

短肋。懸薄欲厚而緩。脚腔〔一八〕。虎口欲開。股肉。腹下欲平滿善走，名曰下渠，日三百里。陽肉欲上而高起。髀外近前。髀欲廣厚。汗〔八〕溝欲深明。直肉欲方，能久走。髀後肉也。輸一作翰。鼠欲方。直肉下也。腩肉欲急。髀裏也。間筋欲急短而減，善細走。輸鼠下筋。機骨欲舉，上曲如懸匡。馬頭欲高。距骨欲出，前間骨欲出，前後曰〔九〕外鳧臨蹄骨也。附蟬欲大。前後目。夜眼。股欲薄而博，善能走。後髀前骨。臂欲長，而膝本欲起，有力。前脚膝上句〔一九〕前。肘腋〔一〇〕欲開，能走。膝欲方而庳〔一一〕。髀骨欲短。兩肩骨欲深，名曰前渠。怒蹄欲厚三寸，硬如石，下欲深而明，其後開如鷂翼，能久走。相馬從頭始，頭欲得高峻如削成。頭欲重，宜少肉，如剥兔頭。壽骨欲得大，如緜絮苞圭石。壽骨者，髮所生處也。白從額上入口，名「俞膺」，一名「的顱」，奴乘客死，主乘棄市，大凶馬也⑦。馬眼欲得高，眶欲得端正，骨欲得成三角，睛欲得如懸鈴，紫豔光。目不四滿，下脣急，不愛人，又踐〔二〇〕不健食。目中縷貫瞳子者，五百里；下上徹者，千里。睫亂者傷人。目下〔二一〕而多白，畏驚。瞳子前後肉不滿，皆凶惡。若旋毛眼眶上，壽四十年；值眶骨中，三十年；值中眶下，十八年。在目下者，不借⑧。睛却轉後白不見者，喜旋而不前。目睛欲得黃。目欲大而光。目皮欲得厚。目上白中有横筋，五百里；上下徹者，千里。目中白縷者，老馬子。目赤睫亂，齧人。反睫者善奔，傷人。目下有横毛不利人。目有火字在者〔二二〕，壽四十年。目偏長一寸，三百里。目欲長大。旋毛在目下，名曰承泣，不利人。目中五采盡具，五百里，壽九十年。良多赤〔二一〕，血氣也；駑多青，肝氣也；走多黃，腸氣也；材知多白，骨氣也；材〔二二〕多黑，腎氣也。駑用策〔二三〕乃使訛〔二四〕也。白馬黑目不利人。目多白却視有態，畏物喜驚。馬耳欲得相近而前豎，小而厚。一寸，三百里；三寸，千里。耳欲得小而前竦。耳欲得短殺者良，植者駑，小而長者亦駑。耳欲得小而促，狀如斬竹筒。耳方者，千里；如斬筒，七百里；如雞距者，五百里。鼻孔欲得大。鼻頭文如王、火，字欲得明。鼻上文如王公，五十歲；如火，四十歲；如天，三十歲；如小，二十歲；如今⑨，十八歲；如四，八歲；如宅，七歲。鼻如水文，二十歲。鼻欲得廣而方。脣不覆齒，少食。上脣欲得急，下脣欲得緩；上脣欲得方，下脣欲得厚而多理。故曰：「脣如板鞮，御者啼。」黃馬白喙，不利人。口中色，欲得紅白如火光，爲善材；多氣，良，且壽。即〔一四〕黑，不鮮明，上盤不通明，爲惡材；少氣，不壽。一曰相馬氣，發口中，欲見紅白色，如穴中看火〔一五〕，此皆老壽。一曰口中〔二五〕欲正赤，上理文，欲使通直，勿令斷錯。口中青者，三十歲，如虹腹下皆不盡壽，駒齒死矣。口吻欲得長。口中色欲得鮮好。旋毛在吻〔一六〕後爲銜〔一七〕禍，不利人。刺芻欲竟骨端。刺芻者，齒間肉。齒左右蹉不相當，難御。齒不周密，不久疾；不滿不厚〔一八〕，不能久走。一歲，上下生乳齒各二；二歲，上下生齒各四；三歲，上下生齒各六。四歲，上下生成齒二；成齒，皆背三入四方生也。五歲，上下著成齒四；六歲，上下著成齒六。兩廂黃，生區，受麻子也。七歲，齒兩邊黃，各缺區平受米；八歲，上下盡區如一受麥。九歲，下中央兩齒臼受米；十歲，下中央四齒臼；十一歲，下六齒盡臼。十二歲，下中央兩齒平；十三歲，下中央四齒平；十四歲，下中央六齒平。十五歲，上中央兩齒臼；十六歲，上中央四齒臼；若看上齒，依下齒次第者〔二六〕。十七歲，上中央六齒皆臼。十八歲，上中央兩齒平；十九歲，上中央四齒平；二十歲，上中央六齒平。二十一歲，下中央兩齒黃；二十二歲，下中央四齒黃；二十三歲，下中央六齒盡黃。二十四歲〔一九〕，上中央二齒黃；二十五歲，上中央四齒黃；二十六歲，上中央六齒盡黃。二十七歲，下中二齒白；二十八歲，下中四齒白；二十九歲，下中盡白〔二〇〕。三十歲，上中央二齒白；三十一歲，上中央四齒〔二一〕白；三十二歲，上中盡白。頸欲得䐈而長。頸欲得重，頷欲折，胸欲出，臆欲廣。頸項欲厚而强。迴毛在頸不利人。白馬黑毛〔二七〕不利人。肩肉欲寧。寧者，却也。雙鳬欲大而上。雙鳬：胸兩遂〔二八〕肉如鳬。脊欲得平而廣，能負重。背欲得平而方。鞍下有迴毛，名負尸，不利人⑩。從後數其脅肋，得十者良。凡馬十一者二百里，十二者千里，過十三者，天馬，萬乃有一耳。一云：十三肋，五百里；十五肋，千里也。腋下有迴毛，名曰挾尸，不利人。左脇有白毛直下，名曰帶刀，不利人。腹下欲平，有八字。腹下毛，欲前向。腹欲大而垂。結脉欲多；大道筋欲大而直。大道筋，從腸〔二九〕下抵股者是。腹下陰前兩邊生逆毛入腸〔三〇〕帶者，行千里；一尺者五百里。三封欲得齊如一。三封者，即尻上三骨也。尾骨欲高而垂。尾本欲大〔三一〕，尾下欲無毛〔二二〕。汗〔二三〕溝欲得深。尻欲多肉。莖欲得粗大。蹄欲得厚而大。踠欲得細而促。髂〔三二〕骨欲得大而長。尾本欲大而張〔三三〕。膝骨欲圓〔二四〕而長，大如杯盂。溝上通尾本者，蹹殺人。馬有雙腳脛亭行六百里，迴毛起踠〔二五〕膝是也。胜欲得圓而厚，裏肉生焉。後腳欲曲而立。臂欲大而短。骹欲小而長。腕〔三四〕欲促而大，其間纔容靬。烏〔二六〕頭欲高。烏頭，後足外節。後足輔骨欲大。輔足骨者後足骹之後骨。後左右足白，不利人。白馬四足黑，不利人。黄馬白喙，不利人。後左右足白，殺婦。相馬視其四蹄：後兩足白，老馬子；前兩足白，駒馬子。白毛者，老馬也。四蹄欲厚且大。四蹄顛倒若豎〔二七〕履〔三五〕，不可畜。

便民圖曰⑪：看馬捷法：頭欲高峻。面欲瘦而少肉。眼下無肉多咬人。胸堂欲闊。肋骨過十二條者良。三山骨欲平，則易肥。四蹄欲注實，則能負重。腹下兩邊生逆毛到膁者良。

相馬毛旋歌括云⑫：項上須生旋，有之不用誇。還緣不利長，所以號騰蛇。後有喪門旋，前兼有挾尸。勸君不用畜，無事也須疑。牛額并銜禍，非常害長多；古人如是說，此事不虛歌。帶劒渾閑事，喪門不可當；的盧如入口，有福也須防。黑色耳全白，從來號

「孝頭」；假饒千里足，奉勸不須留。背上毛生旋，驢騾亦有之；只惟鞍貼下，此者是駞尸。銜禍口邊銜，時間禍必逢；古人稱是病，焉敢不言凶？眼下毛生旋，遥看是淚痕。假饒福也病，無禍亦防侵。毛病深知害，妨人不在占，大都知此類，無禍也宜嫌。檐耳駞鬃項，雖然毛病殊，若然兼豹尾，有實不如無。

玄扈先生曰：五明爲國馬，四足白去之，三足白可自乘，二足白速去之，一足白留之。訣曰：一明留，二明丢，三明收取，四明售，五明國馬載王侯。

齊民要術曰⑬：久步即生筋勞，筋勞則發蹄痛凌氣。一曰：生骨則發癰腫。一曰：發蹄，生廱也。久立則發骨勞，骨勞即發癰腫。久汗不乾則生皮勞，皮勞者騕而不振。汗未善燥而飼飲之，則生氣勞，氣勞者，即騕而不起〔二八〕。驅馳無節，則生血勞，血勞則發强行。何以察五勞？終日驅馳，舍而視之：不騕者，筋勞也；騕而不時起者，骨勞也；起而不振者，皮勞也；振而不噴者，氣勞也；噴而不溺者，血勞也。筋勞者，兩絆却行三十步而已。一曰：筋勞者，騕〔二九〕起而絆之，徐行三十里而已。骨勞者，令人牽之起，從後笞之起而已。皮勞者，夾〔三六〕脊摩之熱而已。氣勞者，緩繫之櫪上，遠餧草噴而已。血勞者，高繫〔三〇〕，無飲食之大溺而已。飲食之節：食有三芻，飲有三時。何謂也？一曰惡芻，二曰中芻，三曰善芻。善，謂飢時與惡芻，飽時與善芻；引之令食。食常飽，則無不肥。剉草粗，雖是豆穀，亦不肥充。細剉無節，簁而〔三七〕食之者，令馬肥不啌，自然好矣。何謂三時？一曰，朝飲少之；二曰，晝飲則胸膺〔三八〕水；三曰暮極飲之。一曰：夏汗冬寒，皆當節飲。諺曰：「旦起騎穀，日中騎水」；斯言旦飲須節水也。每飲食，令行驟，則消水。小驟數百步亦佳。十日一放，令其陸梁舒展，令馬硬實也。夏即不汗，冬即不寒，汗而極乾。

便民圖曰⑭：馬者，火畜也。其性惡濕，利居高燥之地。日夜餵飼。仲春群，蓋順其性也；季春必啗，恐其退也；盛夏午間必牽於水浸之，恐其傷于暑也；季冬稍遮蔽之，恐其傷于寒也。啗以猪膽犬膽和料餵之，欲其肥也。餵料時，須擇新草，篩簸豆料。若熟料，用新汲水浸淘放冷方可餵飼。一夜須二三次起餵草料。若天熱時，不宜加熟料，止可用豌豆大麥之類生餵。夏月自早至晚，宜〔三一〕飲水三次，秋冬只飲一次可也。飲宜新水，宿水能令馬病。冬月飲畢，亦宜緩騎數里。卸鞍不宜當簷下，風吹則成病。

飼父馬令不鬬法⑮：多有父馬者，別作一坊，多置槽廐。剉芻及穀頭〔三九〕，各自別安。唯著籠頭，浪放不繫。非直飲食遂性，舒適自在；至于黃〔四〇〕溺，自然一處，不須掃除。乾地服〔四一〕臥，不濕不汙〔三二〕。百匹群行，亦不鬬也。

飼征馬令硬實法：細剉芻，杴擲揚去葉，專取剉，和穀豆秣等〔四二〕。置槽于迥〔四三〕地，雖復雪寒，仍令安廠下。一日一走，令其肉熱，馬則硬實而耐寒苦也。

凡以猪槽飼馬，以石灰泥馬槽，馬汗繫著門：此三事皆令馬落駒。術曰：常繫獮猴于馬坊，令馬不畏〔三三〕辟惡，消百病故〔四四〕也。

治〔四五〕馬病疫氣方：取獺屎煮以灌之。獺肉及肝更〔四六〕良，不能得肉、肝，只用屎耳。

治馬患喉痹欲死方：纏刀子，露鋒刃一寸，刺咽喉令潰破，即愈。不治必死也。

治馬黑汗方：取燥馬屎置瓦上，以人頭亂髮覆之，火燒馬屎及髮令煙出，着馬鼻下熏之，使煙入馬鼻中，須臾即瘥也。又方：取猪脊引脂、雄黃、亂髮凡三物，著馬鼻下燒之，使煙入馬鼻中。須臾即瘥。

治馬中熱方：煮大豆及熱飯，噉馬，三度愈也。

治馬汗凌方：取美豉一升，好酒一升。夏著日中，冬則温熱。浸豉使液，以手搦之，絞去滓，以汁〔三四〕灌口，汗出則愈矣。

治馬疥方：用雄黃、頭髮二物，以臘月猪脂煎之，髮〔四七〕消。以揩摶〔四八〕疥令赤，及熱塗之。即愈也。又方：湯洗疥，拭令乾，煮麵糊熱塗之。即愈也。又方：燒柏脂塗之良。又方：研芥子塗之差。六畜疥悉愈。然柏瀝芥子，並是燥藥，其徧體患疥者，直〔四九〕歷落班駁，以漸塗之，待差更塗餘處，一日之中，頓塗徧體，則無不死。

治馬中水方：取鹽着兩鼻中，各如雞子黄許大，捉鼻，令馬眼中淚出，乃止。良也。

治馬中穀方：手捉甲上長鬉〔三五〕，向上提之，令皮離肉，如此數過，以鈹刀子刺空中皮，令突過，以手當刺孔，則有如風吹人手，則是穀氣耳。令人溺上，又以鹽塗，使人立乘數十步。即愈耳。又方：取餳如鷄子大，打碎和草飼馬。甚佳也。又方：取麥蘖末三升，和穀飼馬亦良。

治馬脚生附骨（不治者，入膝節，令馬長跛）方：取芥子熟擣，如雞子黄許。取巴豆三枚，去皮留臍〔三六〕，三枚亦擣熟。以水和令相著。和時，用刀子；不爾，破人手。當附骨上，拔去毛；骨外，融蜜蠟周而〔五〇〕擁之。不爾，恐藥燥瘡大。著蠟罷，以藥傅〔三七〕骨上。取生布，割兩頭作三道，急裹之。骨小者，一宿便盡，大者不過再宿。然須要數看，恐骨盡便傷好處。看附骨盡，取冷水净洗瘡上，刮取車軸頭脂作餅子，著瘡上〔三八〕，速以净布急裹之。三四日解去，即生毛而無瘢。此法甚良，大勝灸者。然瘡未瘥，不得輒乘。若瘡中出血，便成大病也〔五一〕。此方可治趼。

治馬被刺脚方：用穬麥和小兒哺塗，即愈。

治馬灸〔三九〕瘡：未瘥，不用令汗。瘡白痂時，慎風。得瘥後，從意騎耳。

治馬瘙蹄方：以刀刺馬踠叢毛中，使出血〔五二〕愈。**又方**：融羊脂塗瘡上，以布裹之。**又方**：取鹹土兩石許，以水淋取一石五斗，釜中煎取三二斗。剪去毛，以泔清净洗。乾，以鹹汁洗之。三度即愈。**又方**：以湯洗净，燥拭之，嚼芥〔五三〕子塗之，以布帛裹。三度愈。若不斷，用穀塗五六度即愈。**又方**：剪去毛，以鹽湯净洗，去痂〔四〇〕燥拭，於破瓦中煮人屎，令沸熱塗之。即愈。**又方**：以鋸子割所患蹄頭，前正當中斜割之，令上狹下闊，如鋸齒形；去之，如剪箭括。向深一寸許，刀子摘令血出；色必〔四一〕黑。出五升許，解放。即愈〔五四〕。**又方**：先以酸泔清洗净，然後爛煮猪蹄取汁，及熱洗之。瘥。**又方**：取炊釜底湯净洗，以布拭水令盡。取黍米一升，作稠粥。以故布廣三四寸，長七八寸；以粥糊布上，厚裹蹄上瘡處。以散麻纏之，三日去之。即當瘥也。**又方**：耕地中拾取禾茇東倒西倒者。若東西橫地，取南倒北倒者。一壟取七科，三壟凡取二十一科。净洗，釜中煮取汁，色黑乃止。剪却毛，泔净洗，去痂。以禾茇汁熱塗之，一上即愈。**又方**：尿清〔五五〕羊糞令液。取屋四角草，就上燒，令灰入鉢中，研令熱〔五六〕。用泔洗蹄，以糞塗之，再三。愈。又方：煮酸棗根取汁，净洗訖。水和酒糟，毛袋盛，漬蹄，没瘡處。數度，即瘥也。又方：净洗了，擣杏仁和猪脂塗。四五上，即當愈。

治馬大小便不通，眠起欲死，須急治之，不治一日即死。以脂塗人手，探穀道中，去結屎〔四二〕。以鹽納溺道中，須臾得溺，便當瘥也。

治馬卒腹脹眠臥欲死方：用冷水五升，鹽二觔，研鹽令消，以灌口中。必愈。

(B)治馬發黄方⑯：用黄柏、雄黄、木鼈子仁，等分爲末，醋調，塗瘡上，紙貼之。初見黄腫處，便用針；遍即塗藥。

(B)治馬疥瘙方：馬疥瘙及瘙痒：用川芎、大黄、防風、全蝎各一兩，荆芥穗五兩，爲末。分作五服，白湯調，冷灌之。

(B)治馬梁脊破方：成〔四三〕瘡不能騎坐。如未破，將馬脚下濕稀泥塗上，乾即再易濕者。三五次自消。或只用溝中青臭泥亦可。已破成瘡者，用黄丹、枯白礬、生薑（燒存性）、人天靈蓋（燒存性），各等分爲末。入麝香少許。瘡乾，用麻油調；若瘡濕有膿，用漿水同葱白煎湯洗净。傅〔四四〕之。立效。

(B)治馬中結方：川〔四五〕山甲（炒黄色）、大黄、郁李仁各一兩，風化石灰一合，如無灰，以朴硝〔五七〕代之，共爲末〔五八〕，作一服，用麻油四兩、釅醋一升調勻灌之。立效。如灌藥不通，用猪牙皂角爲細末，同麻油各四兩和勻，填糞門中。再灌前藥一服即愈。

（H）常啖馬藥方：鬱金、大黄、甘草、貝母、山梔子、白藥、黄藥、欵冬花〔四六〕、黄柏、黄連、知母、桔梗，各等分，爲末。每服二兩，以油蜜和灌之。若駒，則隨其大小，量爲加減。啖後不得飲水，至渴餵飼〔五九〕。

（B）治馬諸病方：用白鳳仙花，連根葉熬成膏，抹于馬眼角上。汗出即愈。

（B）治馬諸瘡方：夜合花葉、黄丹、乾薑、檳榔、五倍子爲末，先以鹽〔六〇〕水洗瘡，後用麻油加輕粉調傅。

（H）治馬傷料方：用生蘿蔔三五個，切作片子啖之。效。

（H）治馬傷水方：用葱、鹽、油相和，搓作團。納鼻中，以手掩〔六一〕其鼻，令氣不通。良久使淚出。即愈。

（B）治馬錯水方：緣馳驟喘息未定，即與水飲，須臾，兩耳并鼻息皆冷，或流冷涕，即此證也。先燒人亂髮，燻兩鼻；後用川烏、草烏、白芷、猪牙皂角、胡椒，各等分，麝香少許，爲細末。用竹筒盛藥，一字吹入鼻中。立效。又法：葱一握，鹽一兩，同杵爲泥，罨兩鼻内。須臾打通〔六二〕，清水流出，是其效也。

（H）治馬患眼方⑰：用青鹽、黄連、馬牙硝、蕤仁，各等分，同研爲末。用蜜煎，入磁瓶内盛貯。點時，旋取多少，以井水浸化，點〔六三〕。

（B）治馬頰骨脹方：用羊蹄根草四十九箇燒灰，熨骨上。冷即换之。如無羊蹄根，以楊柳枝如指頭大者，炙熱熨之。

（C）治馬喉腫方：螺青、川芎、知母、川鬱金、牛蒡、炒薄荷、貝母，同爲末。每服二兩。蜜二兩，用〔六四〕水煎沸，候温。調灌之。（H）又方：取乾馬糞置瓶中，以頭髮覆蓋，燒煙，熏其兩鼻。

(C)治馬舌硬方：用款冬花、瞿麥、山梔子、地仙草、青黛、硼砂、朴硝、油煙墨，等分，爲細末。每用五錢許，塗舌上，立瘥。

(C)治馬傷脾方：川厚朴，去麄皮，爲末，同薑、棗煎灌。一應〔六五〕脾胃有傷，不食水草，褰唇似笑，鼻中氣短，宜速與此藥治之。

(C)治馬心熱方：甘草、芒硝、黄柏、大黄、山梔子、瓜蔞爲末，水調灌。一應心肺壅熱，口鼻流血，跳躑煩燥，宜急與此藥治之〔六六〕。

(C)治馬肺毒方：天門冬、知母、貝母、紫蘇、芒硝、黄芩、甘草、薄荷葉，同爲末，飯湯入少許，醋，調灌。療肺毒，熱極，鼻中噴水。

(C)治馬肝壅方：朴硝、黄連，爲末，男子頭髮，燒灰存性，漿水調灌。一應邪氣衝肝，眼昏似睡，忽然眩倒，此方主治。

(H)治馬卒熱肚脹方⑱：用藍汁二升，井花水二升，或冷水和灌之。立效。

(C)治馬流沫方：當歸、菖蒲、白术、澤瀉、赤石脂、枳殼、厚朴，加甘草爲末〔六七〕，每服一兩半。酒一升，葱白三握，水煎，温灌之。

(C)治馬氣喘方：玄參、葶藶、升麻、牛蒡、兜苓〔六八〕、黄耆、知母、貝母同爲末，每服二兩。漿水調，草後灌之，一應喘嗽皆治。

(B)治馬啌喘毛焦方：用大麻子，揀净，一升，餵之。大效。

(C)治馬結糞方：皂角（燒灰存性）、大黄、枳殼、麻子仁、黄連、厚朴，爲末，清米泔調灌。若腸突，加蔓荆子末同調。

(C)治馬傷蹄方：大黄、五靈脂、木鼈子（去油）、海桐皮、甘〔四七〕草、土黄〔六九〕、芸薹子、白芥菜子，爲末，黄米粥調藥，攤帛上，裹之。

(H)治療馬結熱起卧戰不食水草方：黄連二兩杵末，白鮮皮一兩杵末，油五合，猪脂四兩，細切。右以温水一升半，和藥調停，灌下。牽行抛糞，即愈。

(H)治新生小駒子瀉肚方：藁本末三錢，七〔七〇〕大麻子，研汁調，灌下咽喉，便效。次以黄連末，大麻汁解之。

(H)治馬氣藥方：青橘皮、當歸、桂心、大黄、芍藥、木通、郁李仁、瞿麥、白芷、牽牛子。右件一十味，各等分，同搗，羅爲末。用温酒調灌。每疋馬，藥末半兩。

(H)治馬急起卧方：取壁上多年石灰，細杵，羅。用油、酒調二兩，用水灌之〔七一〕，立效。

(H)治馬食槽内草結方：好白礬末一兩，分爲二服。每貼和飲水後，啖之。不過三兩度，即内消却。此法神驗。

(C)治馬腎搐方：烏藥、芍藥、當歸、玄參、山茵蔯、白芷、山藥、杏仁、秦艽，每服一兩。酒一大升，同煎；温灌。隔日再灌。

(C)治馬尿血方：黄耆、烏藥、芍藥、山茵蔯、地黄、兜苓、枇杷〔七二〕爲末，漿水煎沸，候冷調灌。應卒熱、尿血，皆主療之。

(C)治馬結尿方：滑石、朴硝、木通、車前子爲末，每服一兩，温水調灌，隔時再服。結時〔七三〕甚，則加山梔子、赤芍藥同末。

(C)治馬膈〔四八〕痛方：羌活、白藥、甜瓜子、當歸、没藥、芍藥爲末。春夏，漿水加蜜；秋冬，小便調。療膈痛，低頭難〔四九〕，不食草。

附驢⑲：大都類馬。驢覆馬，生贏〔五〇〕則准〔七四〕，常以馬覆驢，所生騾者，形容壯大，彌復勝馬。然〔七五〕選七八歲草驢，骨口〔七六〕正大者。母長則受駒，父大則子壯。草驢〔七七〕不産，産無不死，養草驢常須防，勿令離〔七八〕群也。

治驢漏蹄方⑳：鑿厚磚石，令容驢蹄，深二寸許。熱燒磚，令熱〔五一〕赤。削驢蹄，令出漏孔，以蹄頓著磚孔中，傾鹽、酒、醋，令沸，浸之。牢捉勿令脚動。待磚冷，然後放之，即愈。入水遠行悉不發。

(H)治驢打磨破潰方㉑：馬齒菜、石灰，一處搗爲團。晒乾後，復搗，羅爲末。先口含鹽漿水洗净，用藥末貼之。驗。

【牛】爾雅曰㉒：犘牛，犦牛，犤牛，犩牛，犣牛，犝牛，犑牛。角一俯一仰，觭皆踴觢。

黑脣犉，黑眥犄，黑耳犚，黑腹牧，黑脚犈，其子犢，體長犻，絶有力，欣犌。

農桑通訣曰㉓：牛之爲物，切于農用。善畜養者，勿犯寒暑，勿使太勞。固之以勞捷〔七九〕，順之以涼燠。時其飢飽，以適其性情；節其作息，以養其血氣。若然〔八〇〕，則皮毛潤澤，肌體肥腯，力有餘而老不衰，其何困苦〔五二〕羸瘠之有？於春之初，必去牢欄中積滯蓐糞。自此以後，但旬〔五三〕日一除，免穢氣蒸鬱爲患；且浸漬蹄甲，易以生疾。又當以時祓除不祥，净爽乃善。方舊草凋朽，新草未生之時，宜取潔净藁草細剉之，和以麥麸穀糠碎豆之屬，使之微濕，槽盛而飽飼之。春秋草茂放牧，飲水然後與草，則腹不脹。至冬月，天氣積陰，風雪嚴凛，即宜處之煖燠之地，煮糜粥以啖之。又當預收豆楮之葉，春〔五四〕碎而貯積之，以米泔和〔五五〕剉草糠麸以飼之。玄扈先生曰：冬月以棉餅飼之。古人有卧牛衣而待旦，則知牛之寒，蓋有衣矣。飯牛而牛肥，則知牛之餒，蓋啖以菽粟矣。衣以褐〔八一〕薦，飯以菽粟，古人豈重畜如此哉？以此爲衣食之本故耳。此所謂「時其飢飽，以適性情」者也。每遇耕作之月，除已牧放，夜復飽飼。至五更初，乘日未出，天氣涼而用之，則力倍于常，半日可勝一日之功。日高熱喘，便令休息，勿竭其力，以致困乏。此南北〔八二〕晝耕之法也。若夫北方陸地平遠，牛皆夜耕，以避晝熱。夜半，仍飼以芻豆，以助其力。至明耕畢，則放去。此所謂「節其作息，以養其血氣」也。且古者分田之制，必有萊牧之地，稱㉔田爲等差。故養牧得宜，而無疾苦。觀宣王考牧之詩，可見矣。令夫藁秸不足以充其飢〔五六〕，水漿不足以濟其渴，凍之曝之，困之瘠之，役之勞之，又從而鞭箠之，則牛之斃者過半矣。飢欲得食〔五七〕，渴欲得飲〔五八〕，物之情也。至于役使困乏，氣喘汗流，耕者急于就食，或放之山，或逐之水。牛困得水，動輒移時，毛竅空疎，因〔八三〕而乏食，以致疾病生焉。放之高山，筋力疲乏，顛蹶而僵仆者，往往相藉也。利其力而傷其生，烏識其爲愛養之道哉？牛〔五九〕之爲病不一：其用藥，與人相似，但大爲劑以飲之，無不愈者。便溺有血，傷於熱也，以致〔八四〕便血之藥治之。冷結則鼻乾而不喘，以發散藥投之。熱結即鼻汗而喘，以解利藥投之。其或天行疫癘，率多薰蒸相染，其氣然也。愛之，則當離避他所，祓〔六〇〕除沴氣，而救藥或可偷生㉕。傳曰：「養備動時」，則天下〔八五〕能使之病。然有病而治，猶愈于不治。若夫醫治之宜，則亦有説：周禮「獸醫㉖：掌〔八六〕療獸病，凡療獸病，灌而行之，以發其惡，則〔八七〕藥之」，其來尚矣。

齊民要術曰㉗：牛歧胡有壽。歧胡，牽兩腋，亦分爲三也。眼去角近，行駛。眼欲得大，眼中有白脉貫瞳子，最快。二軌齊者快。二軌：從鼻至髀爲前軌，甲〔八八〕至髂爲後軌。頸骨長且大，快。壁堂欲得闊。壁堂，脚肢〔八九〕間也。倚欲得如絆馬，聚而正也。莖欲得小。膺庭欲得廣。膺庭，胷〔六一〕也。天關欲得成。天關，脊接骨也。儁骨欲得垂。儁骨，脊骨中夾〔九〇〕欲得下也。洞胡無壽。洞胡，從頭至臆也。旋毛在珠淵無壽。珠淵，當眼下也。上池有亂毛起，妨主㉘。上池，兩角中，一曰戴麻也。倚脚不正有勞病，角冷有病，毛拳有病。毛欲得短密，若長踈，不耐寒氣。耳多長毛，不耐寒熱。單膂無力。有生癖即决者有大勞病。尿射前脚者快，直下者不快。亂睫者觝人。後脚曲及直，並是好相，直尤勝。進不甚直，退不甚曲，爲下。行欲得似羊行。頭不用多肉。臀欲方，尾不用至地，至地少〔九一〕力。尾上毛少骨多者有力。膝上縛肉欲得硬。角欲得細，横竪無在大。身欲得促，形欲得如卷。卷者，其形側〔九二〕也。插頸欲得高。一曰體欲得緊。大膁踈肋難飼。龍頭突目〔六二〕，好跳。又云：不能行也。鼻如鏡，鼻難牽。口方易飼。蘭株欲得大。蘭株，尾株。豪筋欲得人〔九三〕就。豪筋，脚後横筋。豐岳欲得大。豐岳，膝株骨也。蹄欲得竪。竪如羊角。垂星欲得有努〔九四〕肉。垂星，蹄上有肉覆蹄，謂之努肉。力柱〔六三〕欲得大而成。力柱，常〔九五〕車。肋欲得密，肋骨欲得大而張。張而廣也。髀骨欲得出儁骨上。出背脊骨上也。易牽則易使，難牽則難使。泉根不用多肉及多毛。泉根，莖所出也。懸蹄欲得横。如八字也。陰虹屬頸，行千里。陰虹者，有雙筋白毛骨屬頸，甯公所〔九六〕。陽鹽欲得廣，陽鹽者，夾尾株前兩膁也。當陽鹽中間，脊骨欲得窌。窌則雙膂，不窌則爲單膂。常有似鳴者有黄。

便民圖曰㉙：相母牛法：毛白乳紅者多子，乳踈而黑者無子。生犢時，子卧面相向者吉，相背者生子踈。一夜下糞三堆者，一年生一子；一夜下糞一堆者，三年生一子。

農桑直説曰㉚：餵養牛法：農隙時，入暖屋。用場上諸糠穰，鋪牛脚下，謂之牛鋪，牛糞其上。次日又覆糠穰。每日一覆，十日除一次。牛一具三隻㉛，每日前後餉，約飼草三束，豆料八升。或用蠶沙乾桑葉，水三桶浸之。牛下餉嚥㉜透刷飽飯〔九七〕畢。辰巳時間，上槽一頓可分三和，皆水拌。第一和，草多料少；第二，比前草減半，少和料；第三，草比第二又減半，所有料全繳拌。食盡即往使耕，嚥了牛無力。夜餵牛，各帶一鈴。草盡，牛不食，則鈴無聲，即拌之。飽即使耕。俗諺云：「三和一繳，須管要飽。不要嚥了，使去最好。」水牛飲飼，與黄牛同。夏須得水池，冬須得煖廠牛衣。

家政法云㉝：四月伐牛骨〔九八〕茭。四月毒草，與茭豆不殊。齊俗不收，所失大也。

（Q）治牛腹脹欲死方㉞：研麻子取汁，温令微熱，擘口灌之，五六升許，愈。此治〔九九〕生豆，腹脹垂死者，大良。

（C）又方㉟：用燕子屎一合，調灌之。

（Q）治牛肚反〔一〇〇〕及嗽方：取榆白皮水煮極熱，令甚滑，以五升灌之。即瘥也。

（Q）治牛中熱方：取兔腸肚，勿去屎，以裹草，吞之。不過再三，即愈。

（Q）治牛虱方：以胡麻油塗之，即愈。豬脂亦得。凡六畜虱，脂塗悉愈。

（Q）治牛病：用牛膽一个，灌牛口中。瘥。（H）又方：真安息香，于牛欄中燒如燒香法；如初覺有一頭至兩頭是疫，即牽出，以鼻吸之。立愈。（Q）又方：十二月〔一〇一〕兔頭燒作灰，和水五升，灌口中。良。

（H）治牛鼻脹方：以醋灌口〔一〇二〕中，立差。

（Q）治牛疥方：煮烏豆〔一〇三〕汁，熱洗，五度，差。一本作烏頭汁。

（C）治牛瘴疫方：用真茶末二兩，和水五升，灌之。又治牛卒疫㊱，而動頭打脇㊲，急用巴豆七箇，去殼，細研出油，和灌之。即愈。又燒蒼术，令牛鼻吸其香。止。

（C）治牛尿血方：川當歸、紅花爲細末；以酒二升半，煎取二升，冷灌之。又法：豉汁調服〔一〇四〕鹽灌。

（C）治牛患白膜遮眼方：用炒鹽并竹節，燒存性，細研，一錢，貼膜。效。

（C）治牛氣噎方〔一〇五〕：以皂角末吹鼻中，更以鞋底拍尾停骨下。效。

（C）治牛觸人方：牛顛走，逢人即〔一〇六〕膽大也。用黃連、大黃，各半兩爲末雞子清、酒一升，調灌之。

（C）治牛尾焦不食水草方：以大黃、黃連、白芷各五錢爲末雞子清、酒，調灌之。

（C）治牛氣脹方：净水洗汗韈，取汁一升，好醋半升許，灌之。愈。

（C）治牛肩爛方：舊綿絮二兩，燒存性，麻油調抹。忌水五日。愈。

（C）治牛漏蹄方：紫礦爲末〔六四〕，猪脂和，納入蹄中，燒鐵篦烙之。愈。

（C）治牛沙疥方㊳：喬〔一〇七〕麥隨多寡，燒灰淋汁，入綠礬一合，和塗。愈。

（B）治水牛患熱方：用白术二兩半，蒼术四兩二錢，紫苑〔一〇八〕、藁本各三兩三錢，牛膝三兩二錢，麻黃三兩，去節，厚朴三兩一分㊴，當歸三兩半，共爲末。每服二兩，以酒二升煎放温，草後灌之。

(B)治水牛氣脹方：用白芷一兩，茴香、官桂、細辛各一兩一錢，桔梗一兩〔一〇九〕，芍藥、蒼术各一兩三錢，橘皮九錢五分，共爲末。每服一兩，加生薑一兩，鹽水一升，同煎，候温，灌之。

(B)治水牛水瀉方：青皮、陳皮，各二兩一錢；白礬，一兩九錢，蒼术、橡斗子、乾薑，各三兩二錢；枳殼，一兩九錢；芍藥、細辛，各二兩五錢；茴香，二兩三錢；共爲末。每服一兩；生薑一兩，鹽三錢，水二升，煎。灌之。

【羊】爾雅曰㊵：羊：牡羒，牝牂。夏羊：牡羭，牝羖。角不齊，觤角三觠㊶，羷。羳羊黄腹。未成羊羜。絶有力奮。

便民圖曰㊷：羊者，火畜也。其性惡濕，利居高燥。作棚宜高，常除糞穢。若食秋露水草，則生瘡。

齊民要術曰㊸：常留臘月正月生羔爲種者上；十一月二月生者次之。非此月數生者，毛必焦卷，骨髓細小。所以然者，是逢寒遇熱故也。其八九十月生者，雖值秋熱〔一一〇〕，比至冬暮，母乳已竭，春草未吐〔一一一〕，是故不佳。其三四月生者，草雖茂美〔六五〕，而羔小。未食，常飲熱乳，所以亦惡。六七月生者，兩熱相仍，惡中之甚。其〔六六〕十一月及二月生者，母既含重，膚軀充滿〔六七〕，草雖枯亦不羸瘦。母乳適盡，即得春草，是以亦〔一一二〕佳也。大率十口一〔一一三〕羝。羝少則不孕，羝多則亂群。不孕者必瘦，瘦則非惟不蕃息，經冬或死。羝無角者更佳。有角者喜相觝觸，傷胎所由也。供〔一一四〕廚者，宜刺「刺」一作「剩」。之〔一一五〕。刺法：生十餘日〔六八〕，用布裹齒，捶碎之〔六九〕。牧〔七〇〕羊必須老人〔一一六〕，及心性宛順者，起居以時，調其宜適。卜式云：「牧民何異於是者？」若使急性人及小兒者，攔約不得，必有打傷之災；或遊〔七一〕戲不看，則有狼犬之害；懶不驅行，無肥充之理；將息失所，有羔死之患也。惟遠水爲良，二日一飲。頻飲則傷水而鼻膿。緩驅行，勿停息。息，則不食而羊瘦；急行，則坌塵而蚛〔七二〕顙也。春夏早放，秋冬晚出。春夏氣和〔七三〕，所以宜早；秋冬霜露，所以宜晚。養生經云：「春夏早起，與雞俱興；秋冬晏起，必待日光」，此其義也。夏月〔一一七〕盛暑，須得陰涼。若日中不避熱，則塵汗相漸，秋冬之間，必致癬疥。七月以後，霜氣降後〔一一八〕，必須日出，霜露晞解，然後放之。不爾，則逢毒氣，令羊口瘡腹脹也。圈不厭近。必須與人居相連，開窗向圈。所以然者，羊性怯弱，不能禦物。狼一入圈，或能絶群也。架北墻爲廠。爲屋即傷〔七四〕熱，熱則〔一一九〕疥癬。且屋處慣煖，冬月入田，尤不耐寒。圈中作臺，開竇，無令停水。二日一除，勿使糞穢。穢則污毛；停水，則挾蹄；眠濕，則腹脹也。圈内，須並墻豎柴柵，令周匝。羊不揩土，毛常自浄；不豎柴者，羊揩墻壁，土鹹相得〔七五〕，毛皆成氊。又豎柵頭出墻者，虎狼不敢踰也。

羊一千口者，三四月中種大豆一頃，雜穀并草留之，不須鋤治。八九月終〔一二〇〕，刈作青茭。若不種豆穀者，初草實成時，收刈雜草，薄鋪使乾，勿令鬱浥。豋豆、胡豆〔七六〕、蓬、藜、荆、棘爲上；大小豆萁次之；高麗豆萁尤有〔一二一〕所便。蘆、薍二種，則不種〔一二二〕。凡秋刈草，非直爲羊然，大凡悉皆倍勝。崔寔曰：「十月〔一二三〕七日，刈蒭茭。」既至冬寒，多饒風霜；或春初雨落，青草未生時，則須飼，不宜出放。

積茭之【妙】法：于高燥之處，豎桑棘木，作兩圓柵，各五六步許。積茭著柵中，高一丈亦無嫌。任羊遶柵指〔一二四〕

食，竟日通夜，口常不住。終冬過春，無不肥充。若不作柵，假有千車茭，擲與十口羊，亦不得飽：群羊踐蹈〔一二五〕而已，不得一莖入口。不收茭者：初冬乘秋，似如有膚〔七七〕。羊羔乳食其母，比至正月，母皆瘦死，羔小未能獨食水草，尋亦俱死。非直不滋息，或滅群斷種矣。余昔有羊二百口，茭豆既少，無以飼。一歲之中，餓死過半。假有在者，疥瘦羸弊〔七八〕，與死不殊，毛復淺短，全無潤澤。余初謂家自不宜，又疑歲道疫病。乃飢餓所致，無他故也。人家八月收穫之始，多無庸假；且買〔一二六〕羊雇人，所費既少，所存者大。傳曰：「三折臂始〔一二七〕爲良醫」；又曰：「亡羊治牢，未爲晚也。」世事略皆如此，安可不存意哉！寒月生者，須然火於其邊。夜不然火，必凍死也。凡初產者，宜煮穀豆飼之。白羊留母二三日，即母子俱放。白羊性狠〔七九〕不得獨留。并母久住，則令乳之〔一二八〕。羖羊但留母一日。寒月者，內羔子坑中；日夕〔八〇〕母還，乃出之。坑中煖，不苦風寒，地熱使眠，如常飽者也。十五日後，方喫草，乃放之。白羊三月得草力，毛牀動，則鉸之。鉸訖，于河水之中，净洗羊，則生白净之毛也。五月毛牀將落，鉸〔一二九〕取之。鉸訖，更洗如前。八月初，胡葈子未成時，又鉸之。鉸了，亦洗如初。其八月半後鉸者，勿洗：白露已降，寒氣侵人，洗即不益。胡葈子成，然後鉸者，匪直著毛難治，又歲稍晚，比至寒時，毛長不足，令羊瘦損。漠北塞〔一三〇〕之羊，則八月不鉸，鉸則不耐寒。中國必須鉸，不鉸，則毛長相著，作氈難成也。

便民圖曰㊹：棧羊法：向九月初，買膁羯羊。多則成百，少則不過數十羫。初來時與細切乾草，少着糟水拌。經五七日後，漸次加磨破黑豆，稠糟水拌之。每羊少飼，不可多與，與多則不食，可惜草料，又兼不得肥。勿與水，與水則退膘溺多。可一日六七次上草，不可太飽〔一二一〕，則有傷，少則不飽，不飽則退膘。欄圈常要潔凈。一年之中，勿餵青草，餵之則減膘破腹，不肯食枯草矣。

家政法云㊺：養羊法：當以瓦器盛一升鹽，懸羊欄中。羊喜鹽，自數還啖之，不勞人牧〔八一〕。羊有病，輒相污。欲令别病，法當欄前作瀆，深二尺，廣四尺。往還皆跳過者，無病；不能過者，入瀆中行過，便别之。

術曰㊻：懸羊蹄著户上，辟盜賊。

龍魚河圖曰㊼：羊有一角，食之殺人。

玄扈先生曰：牧養須已出未入，不使食沾星露〔八二〕之草，則無耗。羊一群，擇其肥而大者而立之主。一出一入，使之倡先。或圈于魚塘之岸，草糞則每早掃于塘中，以飼草魚；而羊之糞，又可飼鰱魚。一舉三得矣。露草上有緑色小蜘蛛，羊食之即死，故不宜早放。

作氈法㊽：春毛秋毛，中半和用。秋毛緊强，春毛軟弱，獨用太偏，是以須雜。三月桃花水〔一二二〕氈第一。凡作氈，不須厚大，惟緊薄均〔八四〕調乃佳耳。二年敷卧，小覺垢〔一二三〕，以九月十月，賣作鞾〔一二四〕氈。明年四五月出氈時，更買新者。此爲長存，不穿敗。若不數换，非直垢汙，穿穴〔八五〕之後，便無所直，虚成糜費。此不朽之功，豈可同年而語也。

令氈不生蟲法：夏月敷席不〔一三五〕卧上，則不生蟲。若氈多，無人卧上者，預收柞柴燥灰〔八六〕，入五月中，羅灰徧著氈上，厚五寸許，卷束于風涼之處閣置，蟲亦不生。如其不爾，無不生蟲。

羝羊，四月末五月初鉸之。性不耐寒；早鉸，寒則凍死。雙生者多，易爲繁〔八七〕息。性既豐乳，有酥酪之饒，毛堪酒袋，兼繩索之利。其潤益，又過于白羊也。

作酪法：牛羊乳皆得。別作和作，隨人意。牛産日，即粉穀如〔一三六〕糕屑，多著水煮，作則〔一三七〕薄粥，待冷飲牛。若〔一三八〕不飲者，莫與〔八八〕水，明日渴自飲。牛産三日，以繩絞牛項頸〔一三九〕，令徧身脉脹倒地，即縛，以手痛挼乳核，令破，以脚二七徧蹴乳房，然後解放。羊産三日，直以手挼痛〔一四〇〕令破，不破〔一四一〕脚蹴。若不如此破核者，乳脉細微，攝身則閉，核破脉開，捋〔八九〕乳易得。曾經破核後産者，不須復治。牛産五日外，羊十日外，羔犢得乳力，强健能噉水草，然後取乳。之〔一四二〕時，須人斟酌：三分之中，當留一分，以與羔犢。若取乳太早，及不留一分乳者，羔犢瘦死。三月末四月初，牛羊飽草，便可取酪，以取〔一四三〕其利。至八月末止。從九月一日後，止可小小供食，不得多作；天氣枯寒〔一四四〕，牛羊漸瘦故也。大作酪時，日暮牛羊還，即間羔犢，別著一處。凌旦早放，母子別群。至日東南角，噉露草飽，驅歸捋之。訖，還放之，聽羔犢隨母。日暮還別。如此，得乳多，牛羊不瘦。若不先放先捋者，比覺〔一四五〕日高，則露解，常食燥〔九〇〕草，無復膏潤；非直漸瘦，得乳亦少。捋訖，於鐺釜中緩火煎之。火急，則著底焦。常以正月二月，預收乾牛羊矢〔九一〕，煎乳第一好。草既灰汁，柴又喜焦，乾糞火輭〔一四六〕無此二〔九二〕患。常以杓揚乳，勿令溢出。時復徹底縱橫直勾，慎勿圓攪，喜斷。亦勿口吹，則〔一四七〕解。四五沸便止。瀉著盆中，勿便揚之，待小冷，遂取乳皮著別器中以爲酥。

屈木爲棬，以張生絹袋子，濾熟乳著瓦瓶中卧之〔九三〕。新瓶，即直用之，不燒。若舊瓶已曾卧酪時〔一四八〕，輒須灰火中燒瓶令津出，迴轉燒之，皆使周匝熱徹，好乾，待冷乃用。不燒者有潤氣，則酪斷不成。若日日〔九四〕燒瓶，酪猶有斷者，作酪屋中有蛇蝦蟇故也㊾。宜燒人髮，羊牛角，以辟之，聞臭氣，則去矣。其卧酪，待冷煖之節，温温小煖于人體，爲合宜適〔九五〕。熱卧則酪醋，傷冷則難成。濾乳訖，以先成甜酪爲酵。大率熟乳一升，用酪半匙，著杓中，以匙痛攪令散，瀉著熟乳中。仍以杓攪使均調。以氊絮之屬，茹瓶令煖。良久以單布蓋之。明旦酪成。若去城中遠，無熟酪作酵者，急揄〔九六〕醋飧，研熟，以爲酵。大率一斗乳，下一匙酵〔一四九〕，攪令均調，亦得成。其酢酪爲酵者，酪亦醋；甜酵傷多，酪亦醋。其六七月中作者，卧時令如人温〔一五〇〕，直置冷地，不〔九七〕須温茹。冬天作者，卧時少令熱於人體。降〔一五一〕餘月，茹令極熱㊿。

作乾酪法：七月八月中作之。日中炙酪，酪上皮成掠取；更炙之〔九八〕，又掠。肥盡無皮乃止。得一斗許，于鐺中，炒少許時，即出於盤上〔一五二〕曝浥。浥時作團〔九九〕，大如梨許。又曝使乾，得經數年不壞。以供遠行。作粥作漿時，細削著水中煮沸，便有酪味。亦有全擲一團著湯中，嘗有酪味，還漉取曝乾。一徧〔一五三〕則得，五徧煮，不破。看勢兩漸薄，乃削研用者倍〔一五四〕矣。

作漉酪法：八月中作，取好淳酪，生布袋盛懸之。當有水出滴，滴水不盡〔一五五〕。著鐺中暫炒，即出於盤上日曝浥。浥時作團，大如梨許。亦數年不壞。削〔一五六〕粥漿，味勝前者。炒雖味短，不及生酪，然不炒生蟲，不得過夏。乾漉二酪，久停皆〔一五七〕暍氣，不如年別〔一五八〕作，歲管用盡。

作馬酪酵法：用驢乳汁二三升，和馬乳，不限多少，澄酪成，取下澱團曝乾。後歲作酪，用此爲酵也。

抨酥法：以夾榆木椀爲杷法〔一五九〕：割去椀半上，剜〔一六〇〕四厢，各作一團〔一六一〕孔，大小徑寸許。正底施長柄，如酒杷形〔一〇〇〕。抨酥酥酪，甜〔一六二〕皆得所，數目陳酪，極大酪者〔一六三〕，亦無嫌。酪多用大甕，酪少用小甕，置甕於日中。旦起，瀉酪著甕中炙，直至日西南角起，手抨之。令杷子常至甕底。一食頃，作熱湯，水解令得下手，寫著甕中。湯多少，令常半酪。及〔一六四〕抨之良久，酥出，下冷水，多少亦與〔一〇一〕湯等。更急抨之。于此時，杷子不須〔一〇二〕復達甕底，酥已浮出故也。酥既偏覆酪上，更下冷水，多少如前。酥凝抨止。大盆盛冷水著甕邊，以手接酥，沈手盆水中，酥自浮出。更掠如初，酥盡乃止。酥〔一六五〕酪漿，中和飧粥。盆中浮酥，待冷悉凝。以手接取，搦去水作團〔一〇三〕，著銅器中，或不津瓦器亦得。十日許，得多少，併納鐺中。然〔一六六〕羊矢，緩火煎，如香澤法。當日内乳涌出，如雨打水中〔一六七〕。水乳既盡，聲止〔一〇四〕沸定，酥便成矣。冬即内著羊肚中，夏盛不津器。初煎乳時，上有皮膜；以手隨即掠取，著〔一六八〕器中。寫熟乳著盆中，未濾之前，乳皮凝厚，亦悉掠取。明日〔一〇五〕酪成，若有黄皮，亦悉掠取。併著甕中，有〔一六九〕物痛熟研。良久下湯，又研。亦〔一〇六〕下冷水。純是好酪，接取作團，與大段同煎矣。

羊有疥者，間別之。不別，相染污，或能合群致死。羊疥先著口者，難治多死。

治羊疥方：取黎蘆根，㕮〔一〇七〕咀令破，以泔浸之。以瓶盛，塞口，於竈邊常令煖。數日醋香，便中用。以塼瓦刮疥令赤。若强硬痂厚者，亦可以湯〔一〇八〕洗之。去痂，拭燥，以藥汁塗之。再上，愈。若多者，日別漸漸塗之，勿頓塗令偏。羊皮〔一七〇〕不堪藥勢，便死矣。又方：去痂如前洗〔一七一〕。燒葵根爲灰，煮醋澱，熱塗之，以灰厚傅。再上，愈。寒時勿剪〔一〇九〕毛，去即凍死矣。又方：臘月猪脂，加熏黄塗之㊿①，即愈。

羊膿鼻眼不净者，皆以中水治方：以湯和鹽，用杓研之，極鹹，塗之爲佳。更待冷，接取清，以小角（受一雞子者）溝〔一七二〕兩鼻各一角。非直水瘥，永息天〔一七三〕蟲。五日後，必飲，以眼鼻净爲候。不瘥，更溝，一如前法。

羊膿鼻口頰生瘡如乾癬者，名曰「可妬運〔一七四〕」，迭相染易，著者多死。或能絶群。治之方㊿②：竪長竿于圈中，竿頭施横板，令獼猴上居數日，自然差。此獸辟惡，常安于圈中亦好。

治羊挾蹄方：取羝〔一七五〕脂和鹽煎使熟。燒熱〔一七六〕令微赤，著脂烙之。著乾〔一七七〕勿令水汎〔一七八〕入。七日，自然瘥耳。

凡羊經疥得差者，至夏後初肥時，宜賣易之。不爾，後年春，疥發，必死矣。

治羊火〔一七九〕蹄方㊿③：以羖羊脂煎熟去滓。取鐵篦子燒〔一八〇〕熱，將脂匀塗篦上烙之。勿令入水，次日即愈。

【猪】 爾雅曰㊿④：豕子，猪。䝐，獖〔二一〇〕。幺，幼。奏者，猽。豕〔一八一〕三，豵；二，師；一特。所寢，橧。四豴皆白，豥。其跡，刻。絶有力，豟。牝，豝。注云：彘也。其子曰豚。一歲曰豵。廣志曰㊿⑤：豨豠彘𤟇，豕也，豰艾，豭〔二一一〕也。

齊民要術曰㊿⑥：母猪，取短喙無柔毛者良。喙長則牙多。三〔一八二〕牙以上，則不煩畜。爲難肥故。有柔毛〔一八三〕，治難净也。牝者子母不同圈，子母一〔一八四〕圈，憙聚不食，則不充肥。牡者同圈則無嫌。圈不厭小，圈小肥疾。處不厭穢。泥穢得避暑。亦須小廠，以避雨雪。春夏中生，隨時放牧，糟糠之屬，當日別與。八、九、十月，放而不飼；所有糟糠，則畜待〔一八五〕冬春初。猪性甚便水生之草；杷耬〔一二三〕水藻等，近岸，猪〔一八六〕食之，皆肥。初産者，宜煮穀飼之。其子三日〔一八七〕掐尾；六十日後犍。三日〔一八八〕則不畏風。凡〔一八九〕死者，皆尾風所致耳。犍不截尾，則前大後小。犍者，骨細肉多；不犍者，骨粗肉少。如犍牛法者，無風死之患。十二月，子〔一九〇〕生者，豚，一宿蒸之。蒸法：索籠盛〔一九一〕。腦〔一九二〕凍不合，出旬便死。所以然者，豚性腦少，寒盛，則不能自煖，故須煖氣攻〔一九三〕之。供食豚，乳下者佳；簡取，別飼之。愁其不肥，共母同〔一二三〕圈，粟豆難足，宜埋車輪爲食場，散粟豆於内。小豚足食，出入自由，則肥速。

農桑通訣曰㊼：江南水地多湖泊，取近水諸物，可以飼猪。凡占山，皆用橡食〔一九四〕。藥苗，謂之山猪，其肉爲上。江北陸地，可種〔一九五〕，當約量多寡，計畝數種之，易活耐旱。割之，比終一畝，其初已茂。用之鍘〔一二四〕切，以泔糟等水，浸於大檻中，令酸黄，或拌麩糠雜飼之，特爲省力，易得肥腯。前後分別，歲歲可鬻，足供家費。

四時類要曰㊽：閹猪了〔一九六〕，待瘡口乾，平復後，取巴豆兩粒，去殼爛搗，和麻籸糟糠之類，飼之。半日後，當大瀉。其後，日見肥大。

玄扈先生曰：猪多，總設一大圈，細分爲小圈。每小圈止容一猪，使不得閙轉，則易長也。肥猪法：用管仲三觔[59]，蒼朮四兩，黄豆一斗，芝蔴一升。各炒熟，共爲末，餌之。十二日則肥。

肥猪法[60]：麻子二升，搗十〔一九七〕餘杵；鹽一升，同煮。和糠三升，飼之。立肥。

治猪病方[61]：割去尾尖，出血即愈。若瘟疫，用蘿蔔，或及梓樹花，與食之。不食難救。

【狗】爾雅曰[62]：犬生三，猣；二，師；一，玂。未成毫，狗。長喙，獫。短喙，猲獢。絶有力，狣。尨，狗也。

便民圖曰[63]：凡人家，勿〔二一五〕養高脚狗。彼多喜上卓橙竈上，養矮脚者便益。純白者能爲怪，勿畜之。凡黑犬：四足白者凶，後二足白頭黄者吉。足黄招財，尾白者大吉，一足白者益家。白犬黄頭吉，背白者害人，帶虎斑者吉。黄犬前二足白者吉，胸白者吉，口黑者招官事，四足俱白者凶。青犬黄耳者吉。犬生三子俱黄，四子俱白，八子俱黄，五子六子俱青，吉。

治狗病方：用水調平胃散灌之。加赤殼〔一九八〕、巴豆，尤妙。

治狗卒死方：用葵根塞鼻内，即〔一九九〕活。

治狗癩方：狗遍身膿癩，用百部濃煎汁塗之。狗蠅多者，以香油遍身擦之，立去。

【猫】爾雅曰[64]：猫如彪，善登木。郭璞注曰：健上樹。

便民圖曰(65)：猫兒身短最爲良，眼用金銀尾用長。面似虎威聲要喊，老鼠聞之自避藏。露爪能翻瓦，腰長會走家，面長鷄絶種，尾大懶如蛇。又法：口中三坎者捉一季，五坎者捉二季，七坎捉三季，九坎者捉四季。花朝口，咬頭牲。耳薄不畏寒。毛色純白純黑純黄者，不須揀。若看花猫，身上有花，又要四足及尾花纏得過者，方好。

治猫病方：凡猫病，用烏藥磨水灌之。若煨〔二〇〇〕火疲悴，用硫黄少許，入猪湯〔二〇一〕中炮熟餵之。或入魚湯中餵之亦可，小猫悮被人踏死，用蘇木濃煎湯，濾去柤，灌之。

【鵝(66)】爾雅曰：舒雁，鵝。廣雅曰(67)：駕〔一一六〕鵝，野鵝也。説文曰：鵱鷜〔二〇二〕，野鵝也。晉沈充鵝賦序曰〔二〇三〕：於時緑眼黄喙，家家有焉。太康中，太倉有鵝，從喙至足，四尺有九寸。體色豐麗，鳴驚人。

【鴨(68)】爾雅曰：舒鳧，鶩。説文曰：鶩，舒鳧。廣雅曰：鶩，雅也〔二〇四〕。野雅雄者，赤頭，有距〔一一七〕。鶩生百卵，或一日再生。有露鶩〔二〇五〕，以秋冬生卵〔一一八〕，並出蜀中〔一一九〕。

齊民要術曰：鵝、鴨，並一歲再伏者爲種。一伏者，待時〔二〇六〕少；三伏者，冬寒，雛亦多死也。大率鵝三雌一雄，鴨五雌一雄。鵝初輩生子十餘，鴨生數十，後輩皆漸少矣。常足五穀飼之，生子多；不足者，生子少。欲放〔二〇七〕廠屋之下作窠。以防猪、犬、狐狸驚恐之害。多著細草于窠中，令煖。先刻白木爲卵形，窠別著一枚以誑之。不爾，不肯入窠，喜東〔一二〇〕西浪生。若獨著〔二〇八〕窠，復〔一二一〕有爭窠之患。生時尋即收取，別作一煖處，以柔細草覆〔二〇九〕之。停置窠中，凍即須〔二一〇〕死。伏時大鵝一十子，大鴨二十子。小者減之。多則不周。數起者，不任爲種。數起則凍死〔二二一〕也。其貪伏不起者，須五六日一與食，起之，令洗浴。久不起者，飢羸身冷，雖伏無熱。鵝鴨皆一月雛出。量雛欲出之時，四五日內，不用聞〔一二二〕打鼓、紡車、大〔二二二〕叫、猪、犬〔一二三〕及舂聲；又不用器淋灰，不用見新〔一二四〕産婦。觸忌者，雛多厭殺，不能自出。假令出，亦尋死也。雛既出，別作籠籠之。先以粳米爲粥糜，一頓飽食之，名曰填嗉。不爾，喜軒虛羌（立向切）〔一二五〕量而死。然後以粟飯，切苦菜、蕪菁英爲食。以清水與之，濁則易。不易，泥〔一二六〕塞鼻則死。入水中不用停久，尋宜驅出。此既水禽，不得水則死；臍未合，久在水中，冷徹亦死。於籠中高處敷細草，令寢處其上。雛小，臍未合，不欲冷也。十五日後乃出〔二二三〕。早放者，匪直乏力致困〔一二七〕，又有寒冷，兼鳥〔二二四〕鴟災也。鵝，唯食五穀、稗子〔二二五〕、草、菜，不食生蟲。葛洪方曰：居射〔一二八〕工之地常養鵝。見此物食〔二二六〕之，故鵝辟〔一二九〕此物也。鴨靡不食矣，水稗成實時，尤是所便，噉此足得肥充。供厨者，子鵝百日以外，子鴨六七十日，佳。過此肉硬。大率鵝鴨，六年以上，老不復生伏矣，宜去之；少者初生，伏又未能工。惟數年之中佳耳。

風土記曰(69)：鴨，春季雛，到夏五月，則任啖。故俗五六月則烹食之。

便民圖曰(70)：凡相鵝鴨母，其頭欲小。口上齕〔一三〇〕有小珠，滿五者生卵多，滿三者爲次。

棧鵝易肥法：稻子或小米〔一二七〕、大麥不計。煮熟。先用磚蓋成小屋，放鵝在内，勿令轉側。門中〔一二八〕木棒簽定，只令出頭喫食。日餵三四次，夜多與食，勿令住口。撏去尾際毳毛。如此三日，加肥一觔。

養雌鴨法：每年五月五日，不得放棲，只乾餵，不得與水，則日日生卵；不然或生或不生。土硫黄飼之，易肥。

作杬子法㉑：純取雌鴨，無令雜雄，足其粟豆，常令肥飽。一鴨便生百卵。俗所謂穀〔一三〇〕生者。此卵，既非陰陽合生，雖伏亦不成雛，宜以供膳〔一三一〕。杬木皮，爾雅曰：「杬，魚毒。」郭璞注曰：「杬，大木，子似栗〔一三二〕，生南方。皮厚汁赤，中藏卵果〔一三三〕。」爾雅曰：「茶〔一二九〕，虎杖。」郭璞注云：「似紅草粗大，有細刺，可以染赤。」無杬皮者，虎杖根、牛李根〔一三五〕並作用。净洗細莖，剉、煮取汁。率：二斗，及熟〔一三〇〕，下鹽一升許和之。汁極冷，内甕中，汁熱，卵則致敗，不堪久停。浸鴨子。一月，任食。煮而食之，酒食俱用。鹹徹則卵浮。吴中，多作者至十數斛；久停彌善。亦得經夏也。

【鷄㉒】爾雅曰㉓：雞，大者蜀，蜀子，雓。未成雞，僆〔一三六〕，絶有力，奮。雞三尺爲鶤。郭璞注曰：陽溝「巨鶤」，古之雞名。廣志曰：雞有胡髯〔一二二〕、五指、金骹、反翅之種。大者蜀，小者荆。白〔一三七〕雞金骹者，鳴美。吴中送長鳴雞，鷄鳴長倍于常雞。異物志曰：九真長鳴雞，最長，聲甚好，清朗。鳴未必在曙時，潮水夜至，因之並鳴，或名曰伺潮雞。風俗通云：俗説：朱氏公，化而爲雞，故呼雞者，皆言「朱朱」。

齊民要術曰㉔：雞種取桑落時生者良。形小，淺毛，脚細短〔一二三〕是也，守窠少聲，善育雛子〔一三八〕。春夏生者，則不佳。形大，毛羽悦澤，脚粗長者是。遊蕩饒聲，産乳易厭；既不守窠〔一三九〕，則無緣蓄息也。鷄春夏雛，二十日內無令出窠，飼以燥飯。出窠早，不免烏〔一四〇〕鴟，與濕飯，則令臍膿也。雞棲宜據〔一四一〕地爲籠〔二三〕，內著棧。雖鳴聲不朗，而安穩易肥，又免狐狸之患。若任之樹林，一遇風寒，大者損瘦，小者或死。燃柳柴，雞〔二四〕雛小者死，大者盲。此亦「燒穰殺瓠」之流，其理難悉。

家政法曰(75)：養雞法：二月先耕一畝作田。秫粥灑之，刈生茅〔一四二〕覆上，自生白蟲。便買黃雌雞十隻，雄一隻。于地上作屋，方廣丈五，于屋下懸簀，令雞宿上。并作雞籠懸中。夏月盛晝，雞當還屋下息。并于園中，築作小屋，覆雞得養子，烏不得就。

龍魚河圖曰(76)：畜〔二五〕雞白頭，食之病人。雞有六指者，亦殺人。雞有五色者，亦殺人。

養生論曰(77)：雞肉，不可食小兒。食令生疣〔二六〕蟲，又令體消〔一四三〕瘦。鼠肉味甘無毒，令小兒消穀〔一四四〕，除寒熱。炙食之，良也。

玄扈先生曰：或設一大園，四圍築垣。中築垣(78)分爲兩所。凡兩園墻下，東西南北，各置四大雞棲，以爲休息。每一旬，撥(79)粥于園之左地，覆以草，二日盡化爲蟲。園右亦然。俟左盡，即驅之右。如此代易，則鷄自肥而生卵不絕。若遇瘟疫傳染，即須以藍(80)盛雞，又口懸挂。或移于樓閣上，則免矣。

養雞令速肥，不杷屋，不暴園，不畏烏〔一四五〕鴟狐狸法(81)：別築墻匡。開小門作小廠，令雞避雨日〔一四六〕。

雌雄皆斬去六翮，無令得飛出圈。常多收秕稗胡豆〔一四七〕之類以養之，亦作小槽以貯水。荆藩爲棲〔一四八〕，去地一尺，數掃去屎。鑿墻爲窠，亦去地一尺。惟冬天著草。不茹則子凍。春夏秋三時，則不須，直置匡〔三二七〕上，任其産伏。留草，則蜫蟲生。雞〔三二八〕出則著外許，以罩籠之。如〔一四九〕鵪鶉大還内牆匡中。其供食者，又别作墻匡，蒸小麥飼之。三七日，便肥大矣。

又〔三二九〕縠産雞子供常食法：别取雌雞，勿令與雄相雜。其墻匡、斬翅、荆棲、土窠，一〔三三〇〕法。惟多與縠，令竟冬肥盛，自然縠産矣。一雞生百餘卵，不雛；並食之無咎。餅炙所須，皆宜用此。

瀹雞子法：打破，著〔三三一〕沸湯中，浮出即掠取。生熟正得，即加〔一五〇〕鹽醋也。

炒雞子法：打破〔三三二〕，銅鐺中，攪令黄白相雜。細擘葱白，下鹽米渾豉麻油炒之。甚香矣。

棧雞易肥法(82)：以油和麵，捻成指尖大塊，日與十數〔三三三〕枚食之。又以做成硬飯，同土硫黄研細，每次與五分許，同飯拌匀。餵數日即肥。

養雞不菢〔三三四〕法：母雞下卵時，日逐〔三三五〕食内夾以麻子餵之，則常生卵不菢。

養生雞法：雞初來時，即以净温水洗其脚，自然不走。

治雞病方：凡雞雜病，以真麻油灌之，皆立愈。若中蜈蚣毒，則研茱萸解之。

治鬬雞病方：以雄黄末，搜〔一五一〕飯飼之，可去其胃蟲。此藥性熱，又可使其力健。

【魚】陶朱公曰(83)：治生之法有五：水畜第一。水畜，魚也〔三三六〕。以六畝地爲池，池。

中有九州(84)。求懷子鯉魚，長三尺者，二十頭，牡鯉魚長三尺者，四頭。以二月上庚日内池中，令水無聲，魚必生。至四月，内一神守；六月，内二神守；八月，内三神守。神守者，鼈也。内鼈，則魚不復飛去；在池中，周遶九州無窮，自謂游〔二三七〕江湖也。至來年二月，得〔二三八〕魚：長一尺者，一萬五千〔二三九〕；三尺者，五千〔二四〇〕枚；二尺者，萬枚。直五千〔二四一〕，得錢一百二十五萬。至明年〔二四二〕：一尺者，十萬枚；二尺者，五萬枚；三尺者，五萬枚；長四尺者，四萬枚。留長二尺者二千枚作種，所餘皆貨〔二四三〕，得錢五百一十萬。候至明年，不可勝計。所以養鯉魚者〔二四四〕，不相食，易長，不費〔二四五〕也。

農桑通訣曰(85)：凡育魚之所，須擇泥土肥沃，蘋藻繁盛爲上。然必召居人築舍守之。仍多方設法，以防獺害。凡所居近數畝之湖，如依陶朱法畜之，可致速富。今人但上江販魚，取種〔二四六〕塘内畜之，飼以青蔬。歲可及尺，以供食用，亦爲便法。

農圃四書(86)：魚種，古法俱求懷子鯉魚，納之池中，但自涵育。或在取〔一五二〕近江湖藪澤陂泖水際之土數舟，布底，則二年之内，土中自有大魚宿子，得水即生也。今之俗，惟購魚秧。其秧也，漁人汎大江，乘潮而布綱取之者。初也如針鋒然，乃飼之以雞鴨之卵黄，或大麥之麩屑，或炒大豆之末。稍大，則鬻魚池養之家。閩録云：「仲春取子于江，曰魚苗，畜于小池。稍長，入䕯塘，曰䕯鮆。可尺許，徙之廣池，飼以草；九月乃取。」有難長之秧，曰艋艘。其首黃色，曰螺師青，以其食螺師也，故名。爾雅翼曰：「鱒魚螺蚌是也[87]」。其口尖，期年而鼻竅始通，不得通則死。長至尺許，乃易大。惟鯶魚爲良。其口闊而盆，首似鯉而身圓，謂之草魚，食草而易長。爾雅翼曰：「鯇魚食草。」白鰱，乃魚之貴者：白露左右，始可納之池中；或前一月，或後一月，皆不育。漁人攜于舟，若煎炙油氣觸之，則目皆瞎。京口録云：「巨首細鱗」，池塘中多畜之。鯔魚，松之人於潮泥地鑿池〔一五三〕；仲春，潮水中捕盈寸者養之，秋而盈尺。腹背皆腴，爲池魚之最。是食泥，與百藥無忌。京口録云：「頭匾而骨軟。」閩志云：「目赤而身圓，口小而鱗黑。」吳王論魚，以鯔爲上也。」其魚至冬能牽被而自藏。

養法：凡鑿池養魚必以二。有三善焉：可以蓄水；鬻時，可去大而存小；可以解汎。此池汎，可入彼池。不可以漚麻，一日即汎。魚遭鴿糞則汎，以圊糞解之。魚之自糞多而返復食之則汎，亦以圊糞解之。池不宜太深，深則水寒而難長。魚食雞鴨卵之黃，則中寒而不子，故魚秧皆不子。魚之行遊，晝夜不息，有洲島環轉，則易長。池之傍，樹以芭蕉，則露滴而可以解汎。樹楝木，則落子池中，可以飽魚。樹葡萄架子于上，可以免鳥糞。種芙蓉岸周，可以辟水獺。魚食楊花則病，亦以糞解之；食蟋蟀、嫩草，食稗子。池之正北，後宜特深，魚必聚焉，則三面有日而易長。飼之草亦宜此方，一日而兩番，須有定時。

魚小時，草必細飼；至冬則不食。凡魚嘯子，必沿水痕，雖乾涸十年，遇水即生。其長甚易。其嘯子也以五月，鯉魚以五月下，惟銀魚鱠殘魚，嘯子于冰，冰解三日乃生也。飼魚之草，不可撩水草，恐有黑魚鮎魚等子在草上，是能食魚。黑魚者，鱧魚也；夜則仰首而戴斗。鮎魚者，鮧魚也，即鯷魚也，大首方口，背青黑而無鱗，是多涎。池中不可着碱水石灰，能令魚汎。凡池之瓢⑧⑧，相傳一夜生七子，太密則魚皆鬱死，必去其半乃佳。

便民圖曰⑧⑨：凡魚遭毒翻白，急疏去毒水，别引新水入池。多取芭蕉葉搗碎，置新水來處，使吸之則解。或以溺澆池面，亦佳。

玄扈先生曰：江西養魚法：掘小池，方一丈，深八尺。底又作小池，方五尺，深二尺，用杵築實。畜水至清明前後，出時⑨⓪，買鰱魚、鱓魚苗，長一寸上下者，每池鰱六百，鱓二百。每日以水荇帶草喂之。無草時，可用鹹蛋殼食之。常時積下，至時用之。冬月尤宜用之。令魚并泥食之，不散游。至五月五日後，五更時，用夏布袱。于塘近邊，釘四樁，張布袱其上。次以夏布兜撈魚苗，傾袱内。選去雜魚，另置一水盆中。其鰱鱓入水桶，旋送入中池。中池，方二三丈，每池可放七八百。池中先栽荇草。栽法：于二三月邊⑨①，舊魚入大塘，去水晒半乾，栽荇草于内。栽完，放水長草，以養新魚。其中池移過大池之鱓魚，每百日，用草二擔。則中池過塘時，魚重一觔者，至十月可得三四觔。大塘者，大小爲魚多寡。水宜深五尺以上。每食魚，只于大塘内取之。中塘荇草盡，再入之。或用正本草。若大池面方二三十步以上者，可畜三四斤以上魚，即與老草連根食之。刮苧麻取下葉，以席蓋之，勿晒乾，至晚，入池中，當夜食盡。又冬月大魚無食，有一法：常時積舊草薦，置僻處，使人溺其上，久之，至冬月，剉細，以稻泥或黄土，和草成碗大團子，晒乾。置池中心深處，大魚則并泥食之。中池中魚，剉草宜更細，入水二三日，和土成團。冬月乾塘，取起魚寄别池内，或入大桶。速乾水，起生泥壅池，生泥只取爛泥，勿取乾者。池瘦傷魚，令生虱。取過泥，速栽荇草，放水入魚。魚虱如小豆大，似團魚。凡山中暴雨入池，帶惡蟲蛇氣，亦令魚生虱，則極瘦。凡取魚，見魚瘦，宜細檢視之。有則以松毛遍池中，浮之則除。凡小池，定在大池之旁，以便冬月寄魚小池，過小魚于中，中池即栽荇。又曰：作羊棬于塘岸上，安羊。每早掃其糞于塘中，以飼草魚。而草魚之糞，又可以飼鰱〔一五四〕魚。如是可以損㉜人打草，但魚略有微滯耳。水畜之利：須擇背山面湖山聚水曲之處，起造住宅。先置田地山埸，凡僕從，即便播穀種蔬，樹植蠶繅，以爲衣食之源。然後掘築方圍大塘，以收水利。塘内有九州八谷，如同江湖，納蝦鱉螺䗁爲神守，使魚相忘相若，自以爲江湖之中，日夜遊戲而不息矣。

【蜜蜂】王禎曰㉝：人家多於山野古窯中，收取蜜蜂。蓋小房，或編荊囤。兩頭泥封，開一二小竅，使〔二四七〕通出入。另開一小門，泥封。時時開却掃除常净，不令他物所侵。及于家院掃除蛛網，及關防山蜂土蜂，不使相傷。秋花彫盡，留冬月可食蜜脾，餘者，割取作蜜蠟。至春三月，掃除如前。常于蜂窠前置水一器，不致渴損。春月蜂盛，一窠止留一王，其餘摘之。其有蜂王分窠，群蜂〔二四八〕飛去，用碎土撒而收之〔二四九〕，别置一窠，其蜂即止。春夏合蜜及蠟，每窠可得大絹一疋。有收養生分息數百窠者，不必他求，而可致富也。

經世民事曰[94]：十月割蜜：天氣漸寒，百花已盡，宜開蜂窶〔一五五〕後門，用艾燒煙微薰，其蜂自然飛向前去。若怕蜂螫，用薄荷葉嚼細，塗在手面，其蜂自然不螫。或用紗帛蒙頭及身上截，或皮套五指尤妙。約量冬至春，其蜂食之餘者，揀〔一五六〕大蜜脾，用利刀割下。却封其窠，將蜜絞净。不見火者，爲白沙蜜；見火者，爲紫蜜。入窠〔二五〇〕盛頓，將絞下蜜柤[95]，入鍋内慢火煎熬。候融化拗出，絞柤再熬。預先安排錫鏇或瓦盆，各盛冷水；次傾蠟水在内，凝定自成黄蠟。以柤内蠟盡爲度。要知其年收蜜多寡，則看當年雨水何如：若雨水調匀，花木茂盛，其蜜必多。若雨水少，花木稀，其蜜必少。或蜜不敷蜜蜂食用，宜以草雞或一隻或二隻，退毛不用肚腸，懸掛窶内，其蜂自然食之。又力倍常。至春來二月門〔二五一〕，開其封，止存雞骨而已。

玄扈先生曰：冬月割蜜過多，則蜂飢。飢時，可將嫩鷄白煮，置房側，令食之。

校：

〔一〕任　本書各刻本都作「任」，正是沿襲要術古本借用同音字情形（參看朱駿聲説文通訓定聲臨部第三「任」字的訓釋）。中華排印本「照禮記改」作「妊」，合於宋以後的刊本禮記，却也掩蓋了本書承襲要術的痕跡。

〔二〕牝　本書各刻本都作「牝」，與要術同；中華排印本「照禮記改」作「牡」。

〔三〕含　黔、魯譌作「舍」；應依平、曙作「含」，與要術原文合。

〔四〕坐羸　「坐」，平、黔、魯作「坐」，與要術原文合；曙本改作「生」，無意義。「坐」，解爲「不費氣力」，正像「坐享其成」中「坐」字的用法。「羸」，各本誤作「羸」；「羸」在這裏是「賺」的意思。作「羸」顯誤，今改。下文「又羸酪之利也」同改。

〔五〕五　平、黔、魯譌作「不」；依曙本改作「五」，與要術原文合。

〔六〕煩　平本譌作「煩」；依黔、曙、魯改正，與要術引文同。

〔七〕戴中骨高三寸　各本「戴」譌作「載」；「三寸」譌作「二守」；依中華本「照齊民要術改」。

〔八〕汗　黔、曙、魯譌作「汙」；應依平本作「汗」，與要術合。

〔九〕曰　平本作「曰」；黔、曙、魯作「臼」。要術原引文此處有脱漏，不能解；暫依要術作「曰」。

〔一〇〕腋　各刻本作「後」，依中華排印本「照齊民要術改」。

〔一一〕庳　平、魯、曙諸本均譌作「痺」，依中華排印本照齊民要術改作「庳」。（定枎校）

〔一二〕「良多」下的「赤」字，各刻本錯在下文「駑多」下；依中華排印本改正與要術原文合。

〔一三〕策　平本譌作「筞」；應依魯本、曙本、中華排印本作「策」，與要術原文合。（定枎校）

〔一四〕且壽即　黔、魯作「者壽若」；應依平、曙作「且壽即」，與要術原文合。「即」字可解作「接近」，「即黑」，就是接近黑色。

〔一五〕火　平、黔、曙、魯俱脱漏；依中華排印本補，合要術原文。

〔一六〕吻　各刻本均譌作「物」，依中華排印本「照齊民要術改」。

〔一七〕銜　各刻本均譌作「御」；依中華排印本改，合要術原文。

〔一八〕厚　各刻本均譌作「原」，依中華排印本「照齊民要術改」。

〔一九〕歲　平本空等；依黔、曙、魯補，與要術合。

〔二〇〕白　「二十七歲」、「二十八歲」、「二十九歲」各句「白」字，黔、魯均譌作「臼」；依平、曙作「白」，與要術合。

〔二一〕齒　平本空等；依黔、曙、魯補，合於要術原文。

〔二二〕毛　各刻本均譌作「尾」；依中華排印本改作「毛」，合於要術原文。

〔二三〕汗　黔、魯及中華排印本作「汙」；依平、曙作「汗」，與要術原文合。

〔二四〕圓　平本譌作「圖」；依黔、曙、魯改，與要術原文合。

〔二五〕踠　黔、魯及中華排印本作「腕」；依平、曙作「踠」，與要術原文合。

〔二六〕烏　黔、魯譌作「鳥」，依平、曙作「烏」，與要術原文合。

〔二七〕豎　平、黔、魯譌作「堅」，依曙本改與要術合。

〔二八〕騣而不起　中華排印本在「不」「起」中補一「時」字，未説明根據；暫依要術原文及各刻本形式删去。這句，要術原文有誤字，疑應作「騣而不噴」。

〔二九〕騣　平、曙作「輾」，依黔、魯改作「騣」，與要術原文合。

〔三〇〕繫　平、黔、魯譌作「擊」，依曙本改，與要術原文合。

〔三一〕宜　平本字有損壞，黔、魯譌作「直」；依曙本改，與圖纂合。

〔三二〕汙　黔、曙、魯及中華排印本作「汗」；依平本作「汙」，合於要術原文及上文文義。

〔三三〕畏　各刻本脱；應依中華排印本補入，與要術合。

〔三四〕汁　黔、曙、魯均譌作「斗」；平本稍漫漶，但可以勉强看出是與要術原文相同的「汁」字，應依平本。

〔三五〕鬉　各刻本作「髮」，依中華排印本「照齊民要術改」。

〔三六〕臍　各刻本作「齊」，原係通用字；仍依中華排印本「照齊民要術改」。

〔三七〕傅　平、黔、魯譌作「傳」；依曙本改作「傅」，與要術原文合。

〔三八〕上　平本譌作「主」；依黔、曙、魯本改作「上」，合要術原文。

〔三九〕灸　黔、曙、魯譌作「炙」，應依平本作「灸」。「灸」是在皮上用艾炷燒；燒後，傷口可能化膿生瘡；所以説「灸瘡」。「炙」，是在明火上烤肉的烹調方式，没有用來醫馬的道理。

〔四〇〕痂　本書各刻本均譌作「加」；依中華排印本改，合要術原文。

〔四一〕必　平、黔譌作「心」；依曙、魯改正，與要術原文合。

〔四二〕屎　魯本譌作「尿」；應依平、黔、曙作「屎」，與要術原文合。

〔四三〕成　黔、魯譌作「或」；依平、曙作「成」，與圖纂合。（案：圖纂標題，是「治馬梁脊破成瘡」，無「方」字。）

〔四四〕傳　平本譌作「傳」，依黔、曙、魯改，與圖纂合。

〔四五〕川　黔、魯譌作「用」；依平、曙作「川」，與圖纂合。

〔四六〕欵冬花　各刻本缺「冬」字；依中華排印本補，與纂要原文、輯要及圖纂引文合。

〔四七〕「甘」字，平本與隔行「粥」字平；兩行末均空一格。黔、曙、魯各本「甘」下有「草」字，「粥」下有「調」字，據補，與輯要及圖纂引文合。

〔四八〕膈　平本譌作「隔」；依黔、曙、魯改作「膈」，與輯要及圖纂引文同。

〔四九〕難　平本、魯本譌作「雞」；依黔、曙改正，與輯要及圖纂引文同。

〔五〇〕羸　平本譌作「羸」；依黔、曙、魯改正，與要術同。

〔五一〕熱　平、曙本作「熱」，與要術同；黔、魯作「燒」，應依平、曙本。
〔五二〕苦　平本譌作「若」，依黔、曙、魯本改與原文符合。
〔五三〕旬　平本譌作「旬」，依黔、曙、魯本改與原文符合。
〔五四〕春　黔、魯譌作「春」，依平、曙作「春」與王禎原文合。
〔五五〕和　平本、魯本譌作「利」，依黔、曙改與原文合。
〔五六〕飢　平、黔、魯譌作「飲」，依曙本改正與原文合。
〔五七〕食　平、黔、魯譌作「飲」；依曙本改，合於原文。
〔五八〕飲　平、黔、魯譌作「食」；依曙本改，合於原文。
〔五九〕牛　平本譌作「失」；依黔、曙、魯本改，合於原文。
〔六〇〕袚　平本譌作「拔」；依黔、曙、魯改，與王禎原文合。
〔六一〕㝒　平、曙作「㝒」，原不誤；黔、魯因此譌作字形相似的「骨」。
〔六二〕龍頭突目　各刻本缺「頭」字，依中華排印本補。案：金澤文庫本要術作「龍頸突目」。
〔六三〕柱　平、黔、魯譌作「桂」；依曙本改作「柱」合要術原文，注中同改。
〔六四〕末　平、黔、魯脱去；依曙本補，與輯要引文合。
〔六五〕草雖茂美　平、黔、魯缺「草」字，曙缺「美」字；依要術校定本及輯要引文兩存。
〔六六〕惡中之甚其　平本脱漏「惡」字；黔、曙、魯作「中之甚惡」外，脱「其」字；中華排印本校記爲「平作『中之甚其』，照齊民要術改」。但仍脱「惡」字。殿本輯要作「中之甚惡，其」。現依要術及明本輯要補正。「其」字屬下句。

〔六七〕滿　平、黔、魯依要術南宋後各刻本作「儲」；依中華排印本「照曙改」作「滿」，與金澤文庫本要術及輯要引文合。

〔六八〕生十餘日　平、黔、魯譌作「十餘十日」，依曙本改與要術合。

〔六九〕用布裹齒捶碎之　「之」字，平、黔、魯及中華排印本均作「也」；依曙本改。「用」字，本書所增，暫保留。「捶」字，要術原文作「脈」，輯要缺，暫保留本書的「捶」。（定扶案：要術今釋曰：「脈」即「睾丸」；「齒」作動詞，即「嚙碎」。則此處「捶」作「脈」更恰當。）

〔七〇〕牧　平、黔、魯缺，依中華排印本「照曙增」。

〔七一〕遊　平本依明鈔本、金鈔本要術作「勞」；現依魯本、曙本、中華排印本改作「遊」，合於要術校正本。（定扶校）

〔七二〕蚛　平本譌作「羊」；依黔、曙、魯改作「蚛」，與要術原文合。「蚛」（音 zhòng）字解釋爲「蟲蛀」。

〔七三〕和　平本作「軟」，與要術宋本同；可能是「暵」（「暖」字古寫法）看作「輭」（「軟」字古寫法）；暫依黔、曙、魯作「和」，與輯要同。

〔七四〕傷　平、黔、魯譌作「復」，依中華排印本「照曙改」與要術合。

〔七五〕羊不揩土……土鹹相得　兩處「揩」字，平、魯均譌作「楷」；「土」，平本兩處均作「上」，魯本第二

處作「上」；依曙本、中華排印本改，與要術原文合。（定枎校）

〔七六〕豆　平、黔、魯譌作「或」，依中華本「照曙改」與原文合。

〔七七〕似如有膚　魯本、曙本、中華排印本均作「假有甫生」；應依平本作「似如有膚」，與要術原文合（「膚」在此指羊的肉）。（定枎校）

〔七八〕弊　各刻本俱作「斃」，中華排印本作「敝」；依要術原文作「弊」。廣韻（卷四）去聲「十三祭」，「弊」解作「困、惡」。

〔七九〕「狠」　平、黔、魯作「狼」，依曙本改作「狠」，與要術原文合。

〔八〇〕夕　各刻本俱譌作「父」，依中華排印本改作「夕」，與要術原文合。

〔八一〕牧　平本譌作「收」；照黔、曙、魯改，合要術原文。

〔八二〕食沾星露　平、黔、魯本無「食」字，曙本無「星」字；暫依中華排印本兩存。

〔八三〕肥　平本譌作「肱」，暫依黔、曙、魯改作「肥」；恐怕應是「壯」字。

〔八四〕均　魯本作「勻」；依平、曙、中華排印本作「均」，合於要術原文。（定枎校）

〔八五〕穴　平、魯、曙均譌作「冗」；依中華排印本改作「穴」，與要術原文合。（定枎校）

〔八六〕柞柴燥灰　各刻本第一字譌作「榷」；依中華排印本改作「柞」，與要術原文同。「燥」字，要術作「薪」，暫未改。

〔八七〕緐　平、曙譌作「緊」，黔、魯作「蕃」；依中華排印本「照齊民要術改」。

〔八八〕與　黔、魯譌作「如」，依平、曙從要術作「與」。

〔八九〕捋　平本譌作「將」；依魯、曙、中華排印本改作「捋」，合於要術原文。（定枎校）

〔九〇〕燥　各刻本譌作「澡」，依中華排印本「照齊民要術改」。

〔九一〕矢　平本譌作「失」；依魯、曙、中華排印本改作「矢」，與要術原文合。（定枎校）

〔九二〕二　平、黔、魯作「三」；依中華排印本「照曙改」，合於要術原文。

〔九三〕「卧之」兩字，各刻本重出，依中華排印本「照齊民要術改」。

〔九四〕日日　黔、魯譌作「日月」；依平、曙作「日日」，合要術原文。

〔九五〕適　黔、曙、魯作「過」；應依平本作「適」，與要術原文合。

〔九六〕揄　平本、魯本譌作「楡」；中華本照曙本改作「揄」，合於要術原文。（定枎校）

〔九七〕不　平、黔、魯作「下必」，曙作「不必」；依要術改作「不」字。

〔九八〕日中炙酪……更炙之　上下兩處「炙」字，平本譌作「灸」；依魯、曙、中華排印本改作「炙」，合於要術原文。（定枎校）

〔九九〕團　平本譌作「圓」；依黔、曙、魯改，合要術原文。

〔一〇〇〕形　平本譌作「刑」；依黔、曙、魯改，與要術原文同。

〔一〇一〕與　各刻本譌作「于」；依中華排印本改作「與」，與要術原文合。

〔一〇二〕須　黔、魯譌作「許」；依平、曙作「須」，合要術原文。

〔一〇三〕團　平、黔、魯譌作「圓」；依曙本改，合要術原文。
〔一〇四〕止　平、黔、魯譌作「之」，依中華排印本「照曙改」。
〔一〇五〕日　各刻本譌作「者」；依中華排印本改作「日」，合於要術原文。
〔一〇六〕「亦」字，平本重出；曙本下多一「須」字。依黔、魯删去，與要術原文合。
〔一〇七〕哎　黔、魯及中華排印本作「咬」，應依平、曙從要術作「哎」；「哎咀」是傳統的植物藥材破碎法；原是嚼碎，後來改作槌碎。（見玄應一切經音義卷七正法華經卷三「哎咀」條。）
〔一〇八〕湯　黔、魯譌作「渴」；依平、曙作「湯」，與要術合。
〔一〇九〕剪　平本譌作「煎」；依魯、曙、中華排印本改作「剪」，合於要術原文。（定枎校）
〔一一〇〕豶　平本譌作「豬」；應依魯、曙、中華排印本改作「豶」，與要術引文同。（定枎校）
〔一一一〕「豭」　平本譌作「豩」；應依魯、曙、中華排印本改作「豭」，與要術引文同。（定枎校）
〔一一二〕杷樓　平本譌作「杞數」；依黔、曙、魯改作「杷樓」，與要術原字「杷樓」接近。
〔一一三〕同　各刻本俱缺；中華排印本有，與要術原文同，照補。
〔一一四〕鍘　即現在的「鍘」字。平本譌作「漸」；依黔、魯改，與王禎原文合。
〔一一五〕匆　魯本作「無」；依平、曙作「匆」，與圖纂原文合。
〔一一六〕駕　各刻本譌作「駕」；依中華排印本改正，與要術引文同。
〔一一七〕赤頭有距　本書各刻本，承襲了明刻要術譌字作「亦頭有短」；依中華排印本「照齊民要術（宋本)改」。

〔一八〕卵　本書各刻本與要術晚出各本，均譌作「頓」；依金澤文庫本要術應作「卵」。中華排印本已改正，可從。

〔一九〕並出蜀中　本書各刻本，承襲了要術晚出刻本的錯字，作「並世蜀口」，應依中華排印本照金澤文庫本要術改正。

〔二〇〕東　本書各刻本脱漏，依中華排印本「照齊民要術增」。

〔二一〕復　本書各刻本承襲南宋以來刻本要術的譌字「後」，依金澤文庫本要術改作「復」。

〔二二〕聞　平本空等；黔、魯補「動」字，譌；依中華排印本「照曙改」，與要術原文合。

〔二三〕犬　黔、曙、魯作「豪」，顯係因上文「大」字譌作「犬」後臆改；應依平本作「犬」，與要術原文合。

〔二四〕見新　各刻本譌作「親見」；依中華排印本改正，與要術原文合。案：以上的「忌諱」，都是迷信傅會。

〔二五〕虚羌(立向切)　各刻本「虚」均承襲明本要術譌作「壺」，依中華排印本「照齊民要術改」。「立向切」，平本墨釘，黔、曙、魯臆補「逾」字，中華排印本「照齊民要術補」「立向切」三字，亦未盡妥；應依方言(一)「咣」字注作「丘向切」，暫不改。參看要術今釋中華書局二〇〇九年版上册五九五頁—五九六頁注③。

〔二六〕泥　平本譌作「歷」；依黔、曙、魯改作「泥」，與要術合。

〔一二七〕困　平、黔、魯及中華排印本缺，應依曙本從要術補正。

〔一二八〕射　平本譌作「躬」；依黔、曙、魯改，與要術合。

〔一二九〕鵜辟　各本「鵜」均譌作「鵟」；「辟」字，平本譌作「羣」。依中華排印本「照齊民要術改」。

〔一三〇〕齕　各本俱作「齕」，與圖纂同；中華排印本作「齓」。「齕」，疑係借作「頜」字用。

〔一三一〕穀　平、魯、中華排印本譌作「谷」，依曙改作「穀」，合要術原文。（定枎校）

〔一三二〕膳　平、黔、魯同要術南宋後刻本作「贍」；依曙本改作「膳」，與北宋本要術合。

〔一三三〕木子似栗　平本譌作「本子似栗」；黔、魯「栗」字作「粟」；依中華本「照曙改」，合要術原文。

〔一三四〕果　平、黔、魯譌作「黑」；依中華排印本「照曙改」，與要術原文同。

〔一三五〕牛李根　各刻本脱「李根」兩字；依中華排印本補，合要術原文。

〔一三六〕健　平、黔、魯譌作「徤」，中華排印本作「健」；應依曙本改作「健」，合於要術引文及爾雅原文。

〔一三七〕白　各刻本譌作「自」；依中華排印本改作「白」，合要術原文。

〔一三八〕善育雛子　平、黔、魯作「則無雞子」，中華排印本「照曙改」爲「善育雞子」。現依要術原文及農桑輯要引文並「雛」字改正。

〔一三九〕窠　平、黔、魯作「巢」；依曙本及中華排印本改，與要術及輯要引文合。

〔一四〇〕烏　平、黔、魯譌作「鳥」；依曙本及中華排印本改，與要術及輯要引文合。

〔一四一〕據　平、黔、魯本作「掾」；依曙本改作「據」，合於要術原字。

〔一四二〕茅　各刻本譌作「芽」；依中華排印本改正，合於要術原文及輯要引文。

〔一四三〕體消　各刻本兩字誤倒，現依中華排印本「照齊民要術改」。

〔一四四〕榖　各刻本譌作「殺」，現依中華排印本「照齊民要術改」。

〔一四五〕烏　平、黔、魯及中華排印本作「鳥」；依曙本改作「烏」，合於要術原文及輯要所引。

〔一四六〕避雨日　平本譌作「閉兩目」；依黔、曙、魯改正，合於要術原文及輯要引文。

〔一四七〕常多收秠稗胡豆　各刻本皆作「多收桃稗胡」；中華排印本改「桃」作「秠」，補「豆」字，仍缺「常」。現依要術校定本及輯要引文補正。

〔一四八〕樓　平、黔、魯承襲了明刻要術譌字「樓」；依中華排印本「照曙改」。下一節尚有一處同樣的情形，不另出校。

〔一四九〕如　平、黔、魯缺；依中華排印本「照曙增」，與要術及輯要合。

〔一五〇〕加　平、黔、魯譌作「如」；依中華排印本「照曙改」，合要術原字。

〔一五一〕搜　平本作「搜」，與圖纂合；黔、曙、魯改作「拌」。疑俱係譌字，應作「溲」，即固體加水混合。暫依平本。

〔一五二〕在取　曙本作「取在」，平、黔、魯作「在取」。案：這一句，實際上是就要術「作魚池法」中「要須載取藪澤陂湖、饒大魚之處，近水際土十數載」，加以改竄寫成，把原來的「載」字寫錯成「在」，現暫保留平本原樣。

〔一五三〕松之人於潮泥地鑿池　平本缺「池」字，黔、曙、魯缺「之」字。依中華排印本兩存。

〔一五四〕鏈　平、曙本作「連」，依魯、中華排印本改作「鏈」。（定扶校）

〔一五五〕寠　本節中多處平、黔、魯作「寠」的，曙本全部作「窠」。魯明善書一律作「窠」字。（據農桑輯要）（卷七）蜜蜂條「窠」字下注「烏禾切，穴居也」，應即今日的「窩」字。

〔一五六〕揀　魯作「撿」；依平、曙作「揀」，與撮要合。

注：

① 這一節所引禮記月令，分別在「季春」、「仲夏」、「仲冬」三個月分中。實際上，本書這一段，還是由齊民要術（卷六）養牛馬驢騾第五十六轉引的：校〔一〕校〔二〕及案〔一〕所記，可以説明。

② 相傳越國范蠡晚年寄居齊國的陶邑，自稱「朱公」，因此稱爲「陶朱公」（見史記貨殖列傳）。這兩句話，已見本書卷一所引齊民要術序文中「猗頓魯窮士」一節。要術（卷六）養牛馬驢騾第五十六也引有。這兩句話下面的注文，見要術養牛馬驢騾第五十六。再向上追溯，見於史記貨殖列傳「猗頓用盬鹽起」注文所引孔叢子。今本孔叢子在卷中陳士義第十四篇「枚産問子順」節。

③ 這一條和下一條，現見要術（卷六）養牛馬驢騾第五十六篇。

④ 實見齊民要術（卷六）養羊第五十七篇；朝鮮本四時纂要及引有四時類要的農桑輯要中，均無此一節。

⑤見爾雅釋畜第十九；首句在「馬屬」章首，末數句在章末。

⑥現見齊民要術（卷六）養牛馬驢騾第五十六，原未注明來源；太平御覽（卷八九六）引文，載明出自伯樂相馬經（伯樂相馬經不能直解爲伯樂所作）。

⑦「白從額上入……大凶馬也」，這是相傳已久的一種迷信。

⑧不借：可以解作不值得貴重；也可能「借」字是「利」字寫錯。

⑨今：懷疑是「个」或「介」，元亨療馬集正作「个」。

⑩「負尸不利人」，這是一種迷信。下節「挾尸」與「帶刀」同。

⑪這一段，全見便民圖纂（卷一四）牧養篇「看馬捷法」；本書止摘引其中八條。

⑫全引自便民圖纂（卷一四）牧養篇。其中「喪門」、「挾尸」、「銜禍」、「帶劍」、「的盧」、「孝頭」、「馳尸」等是迷信的說法。

⑬現見要術（卷六）養牛馬驢騾第五十六，原接相馬法後。農桑輯要（卷七）孳畜篇「馬」章也引有。

⑭仍見便民圖纂（卷一四），這是「養馬法」的全文。

⑮從「飼父馬令不鬬法」起到「治馬卒腹脹眠卧欲死方」止，共三十四條，都出齊民要術（卷六）養牛馬驢騾第五十六。

⑯「治馬發黄方」以下三十四條藥方，從第一至第二十五（「治馬傷蹄」），均見便民圖纂（卷一四）；第二十六（「療馬結熱起卧……」）至第三十（「治馬食槽内草結」），便民圖纂未引，見農桑輯要（卷

七)「馬」章；末後四條，兩書俱有。事實上，這些處方，都輯自其他更早的獸醫書。輯要止引了齊民要術、四時纂要和博聞録。凡出自四時纂要的，現加(H)標記；出陳元靚博聞録的，加(C)標記；其餘不見於農桑輯要而爲便民圖纂專有的，加(B)標記。便民圖纂從輯要中引用博聞録及纂要的不加(B)號。

⑰「治馬患眼方」，這是圖纂所用的標題；纂要、輯要原作「點馬眼藥」。

⑱「治馬卒熱肚脹方」，纂要及輯要均作「馬猝熱腹脹起卧欲死方」；方中無「井花水二升」，止有「和冷水二升灌之」。

⑲引自齊民要術(卷六)養牛馬驢騾第五十六。

⑳見要術養牛馬驢騾第五十六。

㉑現見四時纂要(卷二)「三月」；原標題爲「驢馬磨打破瘡」；農桑輯要(卷七)引文同。

㉒這是爾雅釋畜第十九「牛屬」的全文。其中「𨔝」字，應依邢昺作「踴」；「欣」字衍，應删。

㉓引用王禎農書農桑通訣中畜養篇第十四的「養牛類」一章，略有删節改易。案：王禎原文，實際上是就南宋陳旉農書中卷(全部談牛)，「牧養役用之宜」「醫治之宜」兩篇改寫的。

㉔稱：讀去聲，解作「與……相稱」。

㉕「祓除沴氣，而救藥或可偷生」，案：陳旉農書這段中没有這種迷信與僥倖的語調，止着重於預防和極力療治。王禎比陳旉倒退了。

㉖周禮天官獸醫：「掌療獸病，療獸瘍。凡療獸病，灌而行之以節之，以動其氣，觀其所發而養之。〔灌藥後，讓牛走動，作爲尺度（＝節），使它的呼吸變化，來觀察它表現，再行調養。〕凡療獸瘍，灌而劀（＝刮去膿血）之，以發其惡，然後藥之，養之，食之。」陳旉原引文，删節不當，王禎大概止照鈔，並未核對原文。

㉗見要術（卷六）養牛馬驢騾第五十六。

㉘妨主：這是迷信的説法。

㉙現見便民圖纂（卷十四）牧養類。後數句是否真實，可疑。

㉚現見農桑輯要所引韓氏直説，字句全同。

㉛具：共同服役於一套耕具的一「小組」牲畜，稱爲「一具」，或寫作「犋」。這裏指明了一具共三條牛。

㉜嘸：原來泛指一切「咀嚼」動作，這裏特指吞食後的「反芻」。

㉝引文現見齊民要術（卷六）養牛馬驢騾第五十六。

㉞以下各種醫療方法二十三條，來源分别注明如下：（Q）齊民要術（在養牛馬驢騾第五十六中）。（H）四時纂要（卷一）正月篇（農桑輯要卷七轉引四時類要同）。（C）農桑輯要（卷七）轉引博聞録。（B）便民圖纂（卷一四）。

㉟農桑輯要所引博聞録是，牛腹脹方：「牛喫着雜蟲，致腹脹，用燕屎一合，漿水二升調灌之，效。」

㊱「又」字下，似另是一條。

㊲動頭打脇：據元亨療馬牛駝經全集（中國農業科學院中獸醫研究所重編校正本，農業出版社一九六三年版，五五〇面）「打肋腸結方」：「牛有卒役（疫）動頭打肋者，用巴豆兩個，去皮，研；爲末，以生油一兩，漿水半升灌之。立效。」則「脇」似應作「肋」，「出油」應作「生油」。

㊳圖纂標作「治牛疥癩」；「喬麥」下多一「穰」字，無「緑礬一合」。案：用蕎麥穰比較合理。

㊴「一分」兩字，疑有誤。（案：重編校正元亨療馬牛駝經全集六〇六頁「牛患脾病」用「白术散」方，處方全同，「厚朴」的分量止爲三兩，無「一分」兩字。）

㊵爾雅釋畜中「羊屬」的全文。

㊶觠：讀「拳」、「捲」、「倦」三個音，指角的彎曲數。

㊷引文現見便民圖纂（卷一四）牧養類「養羊法」條，本書止引了前半條。

㊸現見要術（卷六）養羊第五十七篇。案：本書所引，係據農桑輯要轉録，字句與要術原文略有差異。

㊹現見便民圖纂（卷一四）。

㊺引文現見齊民要術（卷六）養羊第五十七。

㊻現見齊民要術（卷六）養羊第五十七；「術」字上疑有脱漏。内容是迷信的，不可置信。

㊼引文現見齊民要術（卷六）養羊第五十七。原是穿鑿傅會的一種讖緯書，不可信。

㊽從「作𩞄法」起到「凡羊經疥得差者……」條，均見齊民要術（卷六）養羊第五十七。

㊾「有蛇蝦蟇故也」，這是迷信傅會，不是事實。

㊿茹令極熱：「極」字，不合理，疑當作字形相似的「恒」。

51 熏黄：即雄黄（見本草綱目卷九「雄黄」條「釋名」）。

52 治法及效果均可疑。

53 現見便民圖纂（卷一四）。案：内容與上引齊民要術方相似。

54 見爾雅釋獸第十八「寓屬」。注文本來分别在第一句、第三句、第五句下。現引的並不全是原來文句。其餘各句删去，也不知道有什麽理由。

55 引文根據齊民要術（卷六）養猪第五十八篇標題注；實際上要術原來有誤，應是廣雅（卷十）釋獸中的「豨、狙、豭、彘，豕也；豰豥，豭也」。

56 現見要術（卷六）養豬第五十八。

57 録王禎農書農桑通訣五畜養篇第十四「養豬類」。（文字有改動删節，不合理處見下案〔一九四〕及〔一九五〕。）

58 現見農桑輯要（卷七）孳畜篇「豬」章，及朝鮮本四時纂要（卷四）八月篇。

59 管仲：即蕨科「貫衆」（Aspidium falcatum Sw）的地下莖。

60 原是齊民要術（卷六）養豬第五十八篇末了所引淮南萬畢術「麻鹽肥豚法」下的注文；現引形式，

則是四時纂要（卷四）八月卷改寫成的「肥豚法」；農桑輯要（卷七）引作四時類要「肥豕法」；便民圖纂（卷一四）也引有，標作「肥猪法」。

⑹ 治豬病方：現見便民圖纂（卷一四）。嘉靖本與萬曆本字句有差别；本書所據，係萬曆本。「或及」兩字，兩本同，疑有誤。

⑹ 全録爾雅釋畜第十九「狗屬」。

⑹ 以下四條，現見便民圖纂（卷一四）牧養類。第一條，「卓櫈」應是「桌凳」；從「純白者」以下，都是迷信附會。南宋温革分門瑣碎録「醫獸」條，已載有第二條到第四條的各種醫方；不過文字稍有不同。

⑹ 今本爾雅，止有釋獸第十八中，有「猶如麂，善登木」，没有「猫如麂」。另外，「釋獸」中的「猫」字，左邊都從「豸」不從「犬」。

⑹ 仍是便民圖纂（卷一四）。「醫貓方」内容，已見温革瑣碎録。

⑹ 此條標題下説明全録齊民要術（卷六）養鵝鴨第六十的標題注。

⑹ 雅：是要術的譌字，應依藝文類聚（卷九一）作「志」。

⑹ 此條標題下説明，仍見齊民要術（卷六）養鵝鴨第六十。

⑹ 引文現見齊民要術（卷六）養鵝鴨第六十。

⑺ 以下三條，都見便民圖纂（卷一四）。

⑪ 録自齊民要術（卷六）養鵝鴨第六十。

⑫ 「雞」標題下説明，全録自齊民要術（卷六）養雞第五十九的篇標題注。要術原來都是小字，本書將引爾雅文字改爲大字。

⑬ 前四句，現見爾雅釋畜第十九「雞屬」；後一句，是同篇「六畜」末句。

⑭ 這是要術（卷六）養雞第五十九的全部正文；農桑輯要（卷七）「養雞」章也引有。要術這一篇的原文，後面另有三段引文，和四段「技術記載」，本書分别收在後面。

⑮ 引文現見齊民要術（卷六）養雞第五十九及農桑輯要（卷七）「養雞」。

⑯ 引文亦見要術「養雞」篇，内容全是迷信傅會。

⑰ 引文現見要術及輯要。

⑱ 「垣」字，依習慣，指包在外面的圍牆；現在在園中再加一道，似乎不應再稱爲垣；而且下句又提出牆下「置雞棲」，因此懷疑這一個「垣」字應作「牆」。

⑲ 撥：疑當作「潑」。

⑳ 藍：疑應作「籃」。

㉑ 以下四段，均見齊民要術（卷六）養雞第五十九篇；前兩段農桑輯要（卷七）「養雞」章亦引有。

㉒ 以下五條，均見便民圖纂（卷一四）牧養類。

㉓ 現見齊民要術（卷六）養魚第六十一篇，亦見農桑輯要（卷七）孳畜篇「魚」章。標題原均作「陶朱

公養魚經曰」，本書標題省字之外，正文删去了一些神話，很合理。

⑭ 案：「州」字要術及輯要均作常用的「洲」字；下文同。

⑮ 録王禎農書農桑通訣五畜養篇第十四「養魚類」後段（原文前段録輯要所引養魚經）。

⑯ 大致録自明黄省曾所著農圃四書中的「養魚經」前二節「種」與「法」；未見原書，不能校勘。

⑰ 「鱒魚螺蚌」，語句不通；案：爾雅翼止説「食螺蚌」，疑「魚」字是「食」字寫錯。

⑱ 薸：大廣益會玉篇（卷一三）草部「薸」字，是「藻」的異體。「藻」注文，「萍屬」。兼指浮萍科的各屬各種，天南星科的「水浮蓮」，以及槐葉蘋科的各屬各種；看不出開花程序的一切漂浮植物。

⑲ 現見便民圖纂（卷十四）牧養類「治魚屬」條。

⑳ 「出時」上，疑脱去了應有的主語；可能是「魚苗」或「苗」字。

㉑ 「邊」字，疑是「送」或「過」字鈔錯。

㉒ 「損」字顯係「省」字寫錯。

㉓ 「王禎曰……其蜂即止」，這一段現見王禎農書農桑通訣五畜養篇第十四「養蜜蜂類」。以後的文字，與王禎無關。案：王禎這段文字，是就農桑輯要（卷七）禽魚篇「蜜蜂」項的新添材料，稍加修葺而成；所加數句，頗爲精要。

㉔ 經世民事是明桂萼所編，原書未見到。但這一段，現見魯明善農桑衣食撮要十月「割蜜」條；除幾處錯字外，文字幾乎全部相同；桂萼顯然還是鈔録魯明善的。

⑮ 相：即現在的「渣」字。

案：

〔一〕「恐」字，今本禮記注無；要術有。

〔二〕馬驢　要術原文作「驢馬」。（這項的内容，是否事實，暫時還不能斷定。）

〔三〕含重垂欲生　應依要術在句首補「見」字，句末補「者」字。「含重」即懷孕，「垂」解作「接近」。

〔四〕「子」字，要術原無，應删去。

〔五〕「世」字下，要術原有「間」字。

〔六〕「酪」字上，應依要術校定本補「■」字。

〔七〕縟　應依要術原文作「褥」。

〔八〕頸　應依要術原文作「脛」。

〔九〕淺骴薄騔　應依要術校定本作「淺髖薄髀」。

〔一〇〕闋黄　要術宋本兩種均空一格；本書作「闋黄」，疑係據爾雅「回毛……在背『闋黄』……」補。

〔一一〕八　要術引文作「小」。

〔一二〕之　應依要術作「近」。

〔一三〕開赤長　要術金澤文庫本作「開尺長」；御覽引馬援銅馬相法作「開而」，可能最合適。

〔一四〕胸欲　要術作「後背」。

〔一五〕骼　要術作「髂」，要術今釋疑「髂」字爲「髖」字纏錯。

〔一六〕髀　應依要術作「髀」。

〔一七〕腸欲充腔小　要術「腸」作「腹」，「腔」下有「欲」字。

〔一八〕腔　應依要術作「脛」。

〔一九〕句　要術原作「向」。

〔二〇〕踐　要術作「淺」，較勝。

〔二一〕下　要術作「小」，較勝。

〔二二〕目有火字在　要術原作「目中有火字」。

〔二三〕「材」字下，要術原空等一字。

〔二四〕「訛」字，要術原無，似應刪。

〔二五〕「中」字，要術原文無。

〔二六〕「者」字，應依要術作「看」。

〔二七〕毛　應依要術原文作「髦」，專指額上的長毛。

〔二八〕遂　應依要術原文作「邊」。

〔二九〕腸　應依要術原文作「腹」。

〔三〇〕腸　應依要術原文作「腹」。

〔三一〕「欲大」下，應依要術原文補「欲高」兩字。

〔三二〕骼　應依要術作「髂」。大廣益會玉篇（卷七）骨部「髂」字重文「髂」，解作「腰骨」；音 kà。

〔三三〕張　要術原作「强」。

〔三四〕腕　要術原作「踠」。

〔三五〕「四蹄顛倒若豎履」下，原有「奴乘客死，主乘棄市」兩句；本書删去，極爲有見地。

〔三六〕夾　要術原作「俠」。

〔三七〕筵而　應依要術原文作「筵去土，而」。

〔三八〕厝　應依要術校定本作「饜」，解作「飽」。

〔三九〕頭　應依要術原文作「豆」。

〔四〇〕黄　應依要術原文作「糞」。

〔四一〕服　應依要術原文作「眠」。

〔四二〕剉和穀豆秫等　應依要術原文作「莝和穀豆秫之」。

〔四三〕迫　應依要術原文作「迥」。

〔四四〕「故」字，要術原無。

〔四五〕「治」字下，要術本尚有「牛」；此處以醫馬方爲主題，省去「牛」字是有理由的。

〔四六〕更　要術校定本作「彌」，義同。
〔四七〕「髮」字上，要術原文有「令」字。
〔四八〕揩摶　應依要術原文作「摶揩」。「摶」即「甎」字，現在多寫作「磚」。
〔四九〕直　應依要術作「宜」。
〔五〇〕而　要術作「匝」。
〔五一〕成大病也　「病」字，要術原作「瘡」。末一句「此方可治跰」，非要術原有。
〔五二〕出血　要術原作「血出」。
〔五三〕芥　芥子不易嚼，應依要術原文作「麻」。
〔五四〕愈　要術原作「差」。
〔五五〕清　應依要術校定本作「漬」。
〔五六〕熱　應依要術原文作「熟」。
〔五七〕「朴硝」下，應依圖纂補「四兩」兩字。
〔五八〕爲末　圖纂原作「爲細末」。
〔五九〕若駒……至渴餵飼　圖纂有「若駒，則隨其大小，量爲加減」兩句；纂要原文及輯要引文則止有「啖後……餵飼」後兩句。
〔六〇〕「鹽」字下，圖纂有「漿」字，似不可少。

〔六一〕掩 纂要原作「捉」，與上文所引齊民要術「馬中水方」中的「捉」同。

〔六二〕通 圖纂原作「啼」，疑應作「嚏」。

〔六三〕「點」字圖纂脱漏，纂要、輯要有。

〔六四〕用 輯要引文原作「漿」，本書從圖纂作「用」。

〔六五〕一應 「治馬傷脾方」、「治馬心熱方」、「治馬肝壅方」、「治馬氣喘方」中的「一應」，輯要均無「一」字，圖纂均有。南宋以來，開列清單……等某一類同樣事物，都用「應」字引起，「應」解釋爲「遇到」（例見周密齊東野語卷六「紹興御府書畫式」）。明代，才更在「應」字上加「一」，演變成爲「一切」的代替語。輯要所引是南宋末博聞録的形式；圖纂加「一」字，是明代習慣。

〔六六〕「治之」兩字，輯要及嘉靖本圖纂引文無；萬曆本圖纂有。

〔六七〕「加」字及下文「服」字，最末「之」字，輯要與嘉靖本圖纂引文均無；萬曆本圖纂有。「水煎」上，輯要引文及圖纂均有「同」字。

〔六八〕兜苓 「苓」，應依圖纂原文作「鈴」。「兜鈴」，因其果實如掛於馬頸下的響鈴而得名。後同。

〔六九〕土黄 本書據輯要及萬曆本圖纂作「土黄」，應依嘉靖本圖纂作「地黄」。

〔七〇〕七 纂要原作「匕」。

〔七一〕用油酒調二兩用水灌之 纂要原文與輯要引文，均作「用油酒調二兩已來灌之」（「已來」解作「以上」）。案：既用油酒調，再用水灌，似乎不合理，依原來形式，説明分量，比較妥當。

〔七二〕「枇杷」下，輯要引文及圖纂均有「葉」字，應照補。
〔七三〕「時」字，應依輯要及圖纂引文删去。
〔七四〕准　應依要術校定本作「難」。
〔七五〕「然」字下，應依要術補「必」字。
〔七六〕口　要術作「目」。
〔七七〕驢　以下這段兩處「驢」字均應依要術校定本作「騾」。
〔七八〕離　應依要術作「雜」。
〔七九〕勞捷　應依王禎原文作「牢楗」。
〔八〇〕「若然」兩字，原文所無。
〔八一〕藹　應依王禎原文作「羯」。
〔八二〕北　應依王禎原文作「方」。
〔八三〕因　王禎原文作「困」，陳旉作「因」。
〔八四〕致　應依王禎原文作「治」。（案：陳旉原文無「治」字，「便血」下有「溺血」，較周密。）
〔八五〕下　應依原文作「不」。
〔八六〕「掌」字，王禎原無。
〔八七〕則　應依王禎原文作「然後」。

〔八八〕「甲」字上，要術原有「從」字。
〔八九〕肢　應依要術作「股」。
〔九〇〕夾　應依要術校定本作「央」。
〔九一〕少　要術作「劣」。
〔九二〕側　應依要術校定本作「圓」。
〔九三〕人　要術作「成」。
〔九四〕努　應依要術校定本作「怒」，小注中「努」字同。
〔九五〕常　應依要術原文作「當」。
〔九六〕白毛骨屬勁甯公所　「屬」字以下，應依要術作「頸；甯公所飯也」。「甯公」指春秋時齊人甯戚（參看要術今釋中華書局二〇〇九年版五二五頁—五二六頁）。
〔九七〕飽飯　應依輯要原引文作「鉋飲」。「鉋」即刷洗後的按摩。
〔九八〕「骨」字，承襲了明刻本要術的譌誤，疑原應作「青」，或依要術校定本删去。下面小注中「毒草」的「毒」，亦應作「青」。
〔九九〕「治」字下，應依要術校定本補「食」字。
〔一〇〇〕「反」字，本書所引與要術原文同；四時纂要及輯要引作「脹」。
〔一〇一〕十二月　這是纂要的形式，要術作「臘月」。

〔一〇二〕口　纂要作「鼻」，輯要作「耳」；似應作「鼻」。

〔一〇三〕豆　要術原作「頭」；現在所引後加小注的形式，出自纂要。

〔一〇四〕服　應依輯要原文作「食」。

〔一〇五〕輯要原引文，此下起處是「牛有茅根噎」。

〔一〇六〕「即」字下，應依輯要引文補「觸是」兩字。下文，原作「黃連、大黃末、雞子，酒調灌之」。圖纂無「爲末」兩字，「雞子清」下有「一個」兩字。

〔一〇七〕喬　應依輯要原文作「蕎」。

〔一〇八〕苑　圖纂亦作「苑」。案：作藥名時「苑」應作「菀」。

〔一〇九〕一兩　圖纂作「一兩二錢」。

〔一一〇〕熱　應依要術原文及輯要引文作「肥」。

〔一一一〕吐　應依要術原文及輯要引文作「生」。

〔一一二〕亦　應依要術原文作「極」。

〔一一三〕一　應依要術及明本輯要作「二」。

〔一一四〕「供」字上，應依要術原文補「擬」字。

〔一一五〕「刺」字及下注文，是本書特別的形式，要術及輯要均無。「之」字下注文第一字「刺」，要術原亦作「剩」。參看中華書局版要術今釋五五一頁—五五二頁。

〔二六〕老人　係輯要形式，要術原作「大老子」（明本輯要仍作「大老子」）。下句「及」字，要術及輯要均無。

〔二七〕月　要術及輯要均作「日」。

〔二八〕霜氣降後　要術及輯要均作「霜露氣降」。

〔二九〕「則」字下，要術原有「生」字。

〔三〇〕終　要術原作「中」。

〔三一〕有　要術原作「是」。

〔三二〕種　應依要術原文作「中」。

〔三三〕十月　應依要術校定本及輯要作「七月」。

〔三四〕指　應依要術原文作「抽」。

〔三五〕跙　字書所無，當依要術作「躡」。

〔三六〕假且買　應依要術原文作「暇宜賣」。

〔三七〕始　要術原作「知」。

〔三八〕之　應依要術作「乏」。

〔三九〕「鉸」字上，應依要術原文補「又」字。

〔四〇〕塞　應依要術校定本作「寒鄉」兩字。

〔四一〕「太飽」兩字，應依圖纂原文重出一次，作爲下句「則有傷」的主語。

〔一三二〕「水」字下，要術原有「時」字。
〔一三三〕「垢」字下，要術原有「黑」字。
〔一三四〕韠　應依要術作「韡」(「靴」字)。
〔一三五〕不　應依要術作「下」。
〔一三六〕如　要術原作「和」。
〔一三七〕作則　要術原是「則作」。
〔一三八〕「若」字上，要術多一「牛」字。
〔一三九〕頸　應依要術校定本作「脛」。
〔一四〇〕痛　應依要術作「核」。
〔一四一〕破　應依要術作「以」。
〔一四二〕「之」字上，應依要術補「捋乳」兩字。
〔一四三〕取　應依要術作「收」。
〔一四四〕天氣枯寒　應依要術作「天寒草枯」。
〔一四五〕覺　要術原作「竟」。
〔一四六〕輒　應依要術作「軟」。
〔一四七〕「則」字上，要術重出「吹」字。

〔一四八〕已曾臥酪時　「時」字上，應依要術補「者每臥酪」四字。

〔一四九〕酵　應依要術原文作「飧」。

〔一五〇〕温　應依要術原文作「體」。

〔一五一〕「降」字下，應依要術原文補「於」字。

〔一五二〕「上」字下，應依要術原文補「日」字。

〔一五三〕「徧」　應依要術作「團」。

〔一五四〕者倍　應依要術作「倍省」。

〔一五五〕滴水不盡　應依要術作「滴然下；水盡」。

〔一五六〕「削」字下，應依要術補「作」字。

〔一五七〕「皆」字下，應依要術補「有」字。

〔一五八〕「别」字下，應依要術補「新」字。

〔一五九〕「杷」字下，應依要術原文補「子作杷子」四字。

〔一六〇〕刿　要術作「刭」。

〔一六一〕團　應依要術作「圓」。

〔一六二〕「甜」字下，應依要術補「醋」字。

〔一六三〕數目陳酪極大酪者　應依要術原文，改「目」爲「日」，改「大酪」爲「大醋」。

〔一六四〕及　應依要術作「乃」。

〔一六五〕「酥」字上，應依要術校定本補「拌」字。

〔一六六〕「然」字下，要術原有「牛」字。

〔一六七〕中　應依要術作「聲」。

〔一六八〕「著」字下，要術原文有「别」字。

〔一六九〕有　應依要術作「以」。

〔一七〇〕皮　應依要術作「瘦」。

〔一七一〕洗　應依要術作「法」，屬上句。

〔一七二〕上下「溝」字兩處，均應依要術作「灌」。

〔一七三〕息天　應依要術作「自去」。

〔一七四〕運　應依要術原文作「渾」；疑是外來語的對音字。

〔一七五〕「瓶」字下，要術原有「羊」字。

〔一七六〕熱　應依要術校定本作「鐵」。

〔一七七〕「乾」字下，應依要術補「地」字。

〔一七八〕汎　要術原作「泥」。

〔一七九〕火　應依嘉靖本圖纂作「夾」。

〔一八〇〕「燒」字下，應依圖纂補「令」字。

〔一八一〕「豕」字下爾雅原文有「生」字。

〔一八二〕「三」字上，要術原有「一厢」兩字。

〔一八三〕「毛」字下，要術原有「者爓」兩字（「爓」即今日的「燖」字）。

〔一八四〕「一」字，應依要術校定本作「同」。這個小注的下文，要術各本俱有譌漏，本書改補還合理，止「聚」字上應補「相」字。

〔一八五〕「待」字下，應依要術補「窮」字。

〔一八六〕近岸猪　要術原文是「令近岸猪則」五字。

〔一八七〕「三日」下，應依要術補「便」字。

〔一八八〕「三日」下，應依要術補「掐尾」兩字。

〔一八九〕「凡」字下，應依要術補「犍豬」兩字。

〔一九〇〕「子」字衍，應依要術原文删去。

〔一九一〕「盛」字下，要術原有「豚，着甑中，微火蒸之，汗出便罷」。

〔一九二〕「腦」字上，應依要術原文補「不蒸，則」三字。

〔一九三〕攻　要術原作「助」。

〔一九四〕「食」字下，原有「或食」兩字，不應削去。（這一個「食」字，讀去聲，當「飼」字用。）

〔九五〕「種」字下，原有「馬齒」兩字，不可少。馬齒，大致指「馬齒莧」，是一種易生的飼料雜草。案：王禎這一段總結，先説江南，分湖泊區的水草和山地的橡實藥苗兩類飼料；然後説江北陸地的半野生飼料，很精密。删去「馬齒」，意義大有損失。

〔九六〕了　殿本輯要引文作「子」；本書的「了」，與纂要原文及明本輯要合。

〔九七〕十　應依要術、纂要作「千」。

〔九八〕赤殼　嘉靖本圖纂作「清油」，較勝。

〔九九〕即　嘉靖本圖纂原作「可」，止説有可能；本書依萬曆本作「即」，過分肯定了偶然的機會，不如舊本合理。

〔一〇〇〕煨　應依圖纂作「偎」。

〔一〇一〕湯　圖纂作「腸」；下文「魚湯」同。

〔一〇二〕今本説文解字（卷四上）鳥部「鵱」字説解，是「鵱蔞，鵝也」，無「野」字。（爾雅中有「鵱鷜鵝」，郭注「今之野鵝」；小學家對爾雅、説文乃至玉篇、廣韻中「鵱鷜」兩字的斷句法，有不少争論。我們不必在這裏再重複，也不能作斷語。）

〔一〇三〕本書所引沈充鵝賦序，根據明刻要術，譌脱不少；應依校定本改正如下：（甲）「太倉有鵝」，應作「得大蒼鵝」；（乙）「鳴」字下補「聲」字。

〔一〇四〕雅　應依廣雅（十）原文作「鸁」，或依要術引文作今日通用的「鴨」。廣雅引文，到「鴨也」爲止；

以下，應依要術校定本補「廣志曰」三字，記明來歷；文中「雅」字，仍應作「鴨」。「或日再生」應作「或一日再生」。

〔二〇五〕「露」字下，應依要術校定本補「華」字。

〔二〇六〕待時　應依要術作「得卵」。

〔二〇七〕放　應依要術原文作「於」。

〔二〇八〕「著」字下，應依要術補「一」字。

〔二〇九〕「覆」字下，應依要術補「藉」字。

〔二一〇〕須　應依要術作「雛」。

〔二一一〕死　要術止作「冷」。

〔二一二〕犬　應依要術原文作「大」；——指人大聲叫喚。

〔二一三〕「出」字下，應依要術補「籠」字。

〔二一四〕烏　應依要術原文作「鳥」。

〔二一五〕「子」字下，要術原有「及」字。

〔二一六〕見此物食　應依要術原文作「鵝見此物能食」。

〔二一七〕米　嘉靖本圖纂原作「麥」。

〔二一八〕中　嘉靖本圖纂原作「以」，較勝。

〔一九〕荼　應依要術作「蒤」，方合爾雅原文。

〔二〇〕「熟」字，應依要術原文作「熱」，又下句「一升許」，要術無「許」字。

〔二一〕髮　要術引文作「髯」。「髯」在頷（「胡」）下，現在還有這種頷下有叢毛的雞，應以作「髯」爲是。

〔二二〕「短」字下，要術有「者」字。

〔二三〕籠　依要術原文及輯要引文，「籠」字應重出；第二字是第二句的起處主語。

〔二四〕「雞」字上，要術及輯要均有「殺」字，應補。賈思勰雖已説明「其理難悉」，但究竟是否事實，很可懷疑，可能止是偶合。

〔二五〕畜　應依要術作「玄」。

〔二六〕疣　應依要術及輯要作「蚘」，即今日的「蛔」字。

〔二七〕「匡」字，與輯要引文同；要術各本作「土」，可疑。

〔二八〕雞　應依要術原文及輯要引文作「雛」。

〔二九〕又　要術原作「取」。

〔三〇〕「一」字下，應依要術及輯要補「如前」兩字。

〔三一〕著　要術原作「寫」。

〔三二〕「破」字下，應依要術補「著」字。

〔三三〕十數　圖纂原作「數十」。

〔二三四〕萢　圖纂萬曆本作「萢」，嘉靖本作「抱」。

〔二三五〕日逐　應依圖纂作「逐日」。

〔二三六〕水畜魚也　要術及輯要原均作「水畜所謂魚池也」。

〔二三七〕「游」字，要術原無。

〔二三八〕「得」字下，要術及輯要引文均有「鯉」字。

〔二三九〕「千」字下，要術及輯要均有「枚」字。

〔二四〇〕「五千」上，要術及輯要均有「四萬」兩字。

〔二四一〕直五千　「直」字上應依要術補「枚」字，「千」應作要術作「十」。

〔二四二〕「年」字下，要術及輯要均有「得長」兩字；以下「二尺」「三尺」上，均有「長」字。

〔二四三〕「貨」字，輯要有，要術無。

〔二四四〕鯉魚者　要術及輯要均作「鯉者，鯉」。

〔二四五〕不費　應依要術及輯要作「又貴」。

〔二四六〕「取」字，王禎原書無；「種」字屬上句，較勝。

〔二四七〕「使」字，王禎原文無。

〔二四八〕「蜂」字，王禎原書無。

〔二四九〕用碎土撒而收之　王禎原文作「撒碎土以收之」。

〔二五〇〕 窠 應依衣食撮要作「篓」。

〔二五一〕 門 應依衣食撮要作「間」。

農政全書校注卷之四十二

製造

食物

齊民要術曰①：凡甕，七月坯爲上，八月爲次，餘月爲下。凡甕無問大小，皆須塗治。甕津②，則造百物皆惡，悉不成，所以時〔一〕宜留意。新出窑及熱脂塗者大良。若市買者，先宜塗治，勿使〔二〕盛水。未塗遇雨，亦惡。塗法：掘地爲小圓〔一〕坑，傍開兩道，以引風火。生炭火於坑中，合甕口於坑上而熏之。火盛喜破，微則難熱，務令調適乃佳。數以手摸之，熱灼人手便下。寫③熱脂於甕中，迴轉濁〔二〕流，極令周匝，脂不復滲乃止。牛羊脂爲第一好，猪脂亦得。俗人用麻子脂者，誤人耳。若脂不濁流，直一偏〔三〕拭之，亦不免津。俗人釜上蒸甕者，水氣亦不佳。玄扈先生曰：黄蠟甚佳，價貴，用松脂亦可。以熱湯數斗著甕中，滌盪〔四〕疏洗之，瀉〔三〕却，滿盛冷水。數日便中用。用時更洗淨，日曝令乾。

治釜令不渝法④：常於諳〔五〕信處，買取最初鑄者，鐵精不渝，輕利易然。其渝黑難然者，皆是鐵滓鈍濁所致。玄扈先生曰：清之又清之，可作佳器也。治令不渝法，以繩急束蒿，軒〔四〕兩頭，令齊。著水釜中，以乾牛屎然釜，湯煖，以蒿三遍淨洗，抒却⑤。水乾，然使熱。買肥猪肉，脂合皮大如手者三四段，以脂處處徧揩，拭釜察作聲⑥。復著水痛疎洗⑦。覩〔五〕汁黑如墨，抒却，更脂拭，疎洗。如是十偏許，汁清無復黑，乃止，則不復渝。煮杏酪、煮餳、煮地黃染，皆須先治釜，不爾則黑惡。

造神麴⑧：凡作三斛麥麴法：蒸、炒、生各一斛。炒麥，黄莫令焦。生麥，擇治甚令精好。種各別磨，磨欲細。磨乾〔六〕，合和之。七月，取甲寅日⑨，使童子著青衣，日未出時，面向殺地，汲水二十斛。勿令人潑水。水長〔六〕，亦可瀉却，莫令人用。其和麴之時，面向殺地和之，令使絶强。團麴之人，皆是童子小兒，亦面向殺地。有行〔七〕穢者不使，不得令入〔八〕室近。團麴當日使訖，不得隔宿。屋用草屋，勿使用瓦屋。地須淨掃，不得穢惡，勿令濕。畫地爲阡陌，周成四巷。作麴人，各置巷中。假置麴王，王者五人。麴餅隨阡陌比肩相布訖，使主人家一人爲主，莫令奴客爲主，與王酒脯之法：濕麴王手中爲椀，椀〔七〕中盛酒脯湯餅。主人三偏讀文各再拜。其房，欲得板戶，密泥塗之，勿令風入。至七日開，當〔八〕處翻之，還〔九〕令泥戶。至二七日聚麴，還令塗戶，莫使風入。至三七日出之。盛著甕中塗頭。至四七日，穿孔繩貫日〔一〇〕曝，欲得使乾，然後內之。其麴餅〔九〕手團二寸半，厚九分。

祝麴文曰⑩：某年月某日，辰朔〔一一〕日，敬啓五方五土之神：主人某甲，謹以七月上辰，造作麥麴數千百餅，阡陌縱横，以辨疆界。須建立五王，各布封境。酒脯之薦，以相祈請：願垂神力，勤〔一〇〕鑒所願。使蟲〔一一〕類絶蹤，穴蟲潛影。衣色錦布，或蔚或炳。殺熱火熿，以烈以猛。芳越椒熏，味超和鼎。飲利君子，既醉既逞。惠彼小人，亦恭亦静。敬告再三，格言斯整。神之聽之，福應自冥。人願無違〔一二〕，希從畢永。祝三遍，各再拜。

又造神麴法⑪：其麥，蒸、炒〔一二〕、生三種齊等。預前事麥，三種合和細磨之。七月上寅日作麴。溲欲剛，擣欲粉細。作熟餅用圓鐵範，令徑五寸，厚一寸五分。於平板上，令壯士熟踏之。以杙〔一三〕刺作孔。净掃〔一四〕東向開户屋，布麴餅於地。閉塞竇户，密泥縫隙，勿令通風。滿七日翻之，二七日聚之。皆還密泥。三七日出外，日中曝之〔一三〕令燥。麴成矣。任意舉閣〔一四〕，亦不用甕盛。甕盛者，則麴烏腹〔一五〕。烏腹者，遶孔黑爛。若欲多作者，任人耳，但須三麥齊等，不以三石爲限。此麴一斗，殺米三石；笨麴一斗，殺米六斗。省費懸絶如此。用七月七日焦麥麴，及春酒麴，皆笨麴法。

女麴法⑫：秫稻米三斗，净淅，炊爲飯。軟炊，停令極冷。以麴範中，用手餅之。以青蒿上下奄之，置牀上，如作麥麴法。三七二十一日開看，徧有黄衣則止。三七日無衣乃⑬

停，要須衣徧乃止。出日日〔一六〕曝之。燥則用。以藏瓜菹最妙。

釀酒法⑭：皆用春酒麴。其米糠瀋汁饋〔一七〕飯，皆不用人及狗鼠食之。

黍米法酒⑮：預剉麴曝之，令極燥。三月三日，秤麴三斤三兩，取水三斗三升浸麴。經七日，麴發細泡起，然後取黍米三斗三升淨淘。凡酒米皆欲極淨，水清乃止。法酒尤宜存意。淘米不得淨則酒黑。炊作再餾飯，攤使冷，著麴汁中，搦黍令散。兩重布蓋甕口。候米消盡，更炊四斗半米酘之⑯。每酘皆搦令散。第三酘，炊米六斗。自此以後，每酘以漸和〔一八〕米。甕無大小，以滿爲限。酒味醇美，宜合醅飲食〔一九〕之。飲半更炊米重酘如初，不著水麴，唯以漸加米，選〔二〇〕得滿甕。竟夏飲之，不能窮盡。所謂神異矣。

作當梁酒法⑰：當梁下置甕，故曰當梁。以三月三日，日未出時，取水三斗三升，乾麴末三斗三升，炊黍米三斗三升爲再餾黍，攤使極冷。水麴黍俱時下之。三月六日，炊米六斗酘之。三月九日，炊米九斗酘之。自此以後，米之多少，無復斗數，任意酘之，滿甕便止。若欲取者，但言偷酒，勿云取酒⑱。假令出一石，還炊一石米酘之，甕還復滿，亦爲神異。其糠瀋悉瀉坑中，勿令狗鼠食之⑲。

秔米作酒法⑳：三月三日，取井花水三斗三升，絹簁麴末三斗三升，秔米三斗三升。稻米佳㉑，無者早稻米亦得充事，再餾弱炊，攤令小冷。先下水麴，然後酘之〔二一〕。七日更酘，用米六斗六升。一七〔二二〕日更酘，用米一石三斗二升。二七日更酘，用米二石六斗四升乃止。量酒備足便止。合醅飲者，不復封泥。令清者，以盆密蓋泥封之，經七日，便極清澄。接取清者，然後押之。

作頤酒法㉒：八月九月中作者，水定難調適，宜煎湯三四沸，待冷，然後浸麴，酒無不佳。大率用水多少，酘米之節，略準春酒，而須以意消息之。十月桑落時者，酒氣味頗類春酒。

河東頤白酒法：六月七月作。用笨麴，陳者彌佳，剗治細剉。麴一斗，熟水三斗，黍米七斗。麴殺多少，各隨門法。常於甕中釀；無好甕者，用先釀酒大甕，浄洗曝乾，側甕著地作之。旦起煮甘水，至日午令湯色白，乃止。量取三斗着盆中。日西，淘米四斗使浄即浸。夜半〔二五〕，炊作再餾飯，令四更中熟。下黍飯，席上薄攤，令極冷。於黍飯初熟時浸麴，向曉昧旦日未出時下釀。以手搦破塊，仰置勿蓋。日西更淘三斗米，浸、炊，還令四更中稍熟，攤極冷，日未出前酘之。亦搦破塊。明日便熟，押出之，酒氣香美，乃勝桑落時作者。六月中，唯得作一石米酒，停得三五日。七月半後，稍稍多作。於北向户大屋中作之第一。如無北向户屋，於清涼處亦得。然要須日未出前清涼時下黍，日出已後，熱即不成㉓。一石米者，前炊五斗半，後炊四斗半。

笨麴桑落酒法㉔：預前净剗麴，細剉曝乾。作釀池，以藁茹甕。不茹甕，則酒甜；用穰，則大〔二三〕熱。黍米淘須極净。九月九日，日未出前，收水九斗，浸麴九斗。當日，即炊米九斗爲饙〔一六〕。下饙著空甕中，以釜内炊湯，及熱沃之；令饙上者〔二四〕，水深一寸餘便止。以盆合頭。良久，水盡饙熟，極軟。瀉著蓆上，攤之令冷。挹取麴汁，於甕中搦塊〔二五〕令破，瀉甕中，復以酒杷攪之。每酘皆然。兩重布蓋甕口。七日一酘。每酘，皆用米九斗。隨甕大小，以滿爲限。假令六酘：半前三酘，皆用沃饙；半後三酘，作再餾黍。其七酘者，四炊沃饙，三炊黍飯。甕滿，好熟。然後押出。香美勢力，倍勝常酒。

笨麴白醪酒法：净削治麴，曝令燥。清〔二六〕麴必須累餅置水中，以水没餅爲候。七日許，搦令破，漉出滓。炊糯米爲黍，攤令極冷，以意酘之。且飲且酘，乃至盡。秔米亦得作。作時必須寒食前，令得一酘之也。

作黄衣法㉕：黄衣一名麥麲。六月中，取小麥，净淘納〔二七〕於甕中，以水浸之令醋。漉出熟蒸之。槌箔上敷席，置麥於上，攤令厚二寸許。預前一日刈薍葉薄覆〔一七〕。無薍葉者，刈胡葈，胡葈，蒼耳也㉖。擇去雜草，無令有水露氣；候麥冷，以胡葈覆之。七日，看黄衣色足，便出；曝之令乾。去胡葉而已，慎勿颺簸。齊人喜當風颺去黄衣，此大謬。凡有所造作，用麥麲者，皆仰其衣爲勢；今反颺去之，作物必不善。

作黃蒸法㉗：七月中，取〔一七〕生小麥，細磨之。以水溲〔一八〕而蒸之，氣餾〔一九〕好，熟便下之，攤令冷。布置、覆蓋、成就，一如麥䴵法。亦勿颺之，慮其所損。

作蘖〔二〇〕法：八月中作。盆中浸小麥，即傾去水，日曝之。一日一度。着水即去之。脚㉘生，布麥于席上，厚二寸。一日一度，以水澆之。芽生便止。即散收令乾。勿使餅。餅則不復任用。此煮白餳蘖，若煮黑餳，即待芽生青成餅，然後以刀劚取乾之。欲令餳如琥珀色者，以大麥爲其蘖。

造常滿鹽法：以不津甕受十石者一口，置庭中石上，以白鹽滿之。以甘水沃〔二一〕之，令上恒有游〔二二〕水。須用時挹取，煎即成鹽。還以甘水添之，取一升，添一升。日曝之，熱盛，還即成鹽，永不窮盡。風塵陰雨則蓋，天晴净〔二三〕還仰㉙。若〔二九〕黃鹽鹹水者，鹽汁則苦，是以必須白鹽甘水。

玄扈先生曰：是法令鹽味佳。永不窮盡，恐無此理，姑試之。

造花鹽印鹽法㉚：五月〔三〇〕中旱時，取水二斗，以鹽一斗投水中，令清〔三一〕盡，又以鹽投之。水鹹極則鹽不復消融。易器淘治沙汰之。澄去垢土，瀉清汁於净器中。鹽〔三二〕甚白，不廢常用；又一石還得八斗汁，亦無多損。好日無風塵時，日中曝令成鹽。浮即〔三三〕便是花鹽，厚薄光澤似鍾乳。久不接取，即成印鹽：大如豆，粒〔三四〕四方，千百相似，而〔三五〕成印輒沉，漉取之。花印一〔三六〕鹽，白如珂雪，其味尤美。

作醬法㉛：十二月正月爲上時，二月爲中時，三月爲下時。用不津甕，甕津則壞，植〔三七〕酢者，亦不中用之。置日中高處石上。夏雨，無令水浸甕底。以一鉎〔二四〕鏉（一本作「生縮」）鐵釘子，皆〔三八〕歲殺，釘著甕底石下。後雖有姙娠婦人食之，醬亦不壞爛也。用春種烏豆，春豆，粒小而均，晚豆，粒大而雜。於大甑中燥蒸之。氣餾半日許。復貯出，更裝之：迴在上居下，不爾，則生熟不多調均也。氣餾周徧。以灰覆之，經宿無令火絶。取乾牛屎，圓累，令中央空，然之不煙。勢類好炭。者〔三九〕能多收，常用作食，既無灰塵，又不失火，勝於草遠矣。齧看：豆黄色黑極熟，乃下。日曝取乾。夜則聚覆，無令潤濕。臨炊〔四〇〕舂去皮，更裝入甑中蒸，令氣餾則下。一日曝之。明旦起浄簸，擇滿臼舂之而不碎。若不重餾，碎而難浄。簸揀去碎者。作熱湯，於大盆中浸豆黄。良久淘汰，挼去黑皮，湯少則添，慎勿易湯，易湯則走失豆味，令醬不美也。漉而蒸之。淘豆湯汁，即煮細〔四一〕豆作醬，以供旋食。大醬則不用汁。一炊頃〔四二〕下，置浄席上，攤令極冷。預前日曝白鹽、黄蒸、草蒿、麥麴，令極乾燥。鹽色黄者，發醬苦；鹽若潤濕，令醬壞。黄蒸令醬赤美；蒿〔四三〕令醬芬芳。蒿挼簸去草土，麴及黄蒸，各别擣細末〔四四〕簁；馬尾羅彌好。大率豆黄一〔四五〕斗，麴末一斗，黄蒸末一斗，白鹽五升，蒿子三指一撮。鹽少，令醬酢。後雖加鹽，無復美味。其用神麴者，一升當笨麴三升〔四六〕，殺多故也。豆黄堆量不槩，鹽麴輕重〔四七〕平槩。三種量訖，於盆中面向太歲和之，向太歲，則無蛆蟲也㉜。攪令均調。以手痛挼，皆令潤徹。亦面向太歲内著甕中，手挼令堅，以滿爲限，半則難熟。盆蓋密泥，無令漏氣。熟便開之。臘月，五七日；正月、二月，四七日；三月，三七日。當縱横裂，周迴匝甕，底〔四八〕生衣。悉貯出，搦破塊，兩甕分爲三甕。日未出前，汲井花水於盆中，以燥鹽和之。率一石水，用鹽三斗，澄取清汁。又取黄蒸於小盆内減鹽汁浸之。接取黄滓〔四九〕，漉去滓，合鹽汁瀉著甕中，率十石醬，黄〔五〇〕蒸三斗。鹽水多少，亦無定方。醬如薄粥，便是豆乾〔五一〕水故也。仰甕口曝之。諺曰：「萎蕤葵，日乾醬」，言其美矣。十日内，每日數度，以杷徹底攪之。十日後，每日輒一攪。三十日止。雨即蓋甕，無令水入。水入〔五二〕生蟲。每經雨後，輒須一攪解。後二十日堪食，然要百日始熟耳。

作酢法㉝：酢者，今醋也。凡酢甕下，皆須安磚石，以離濕潤。爲姙娠婦人所壞者，磚輒中乾土末淘〔五三〕，著甕中，即還好。崔寔曰：四月〔五四〕可作酢，五月五日亦可作酢。

作大酢法：七月七日取水作之。大率麥䴷一〔五五〕斗，勿揚簸，水三斗，粟米熟飯三斗，攤令冷。任甕大小，依法加之，以滿爲限。先下麥䴷，次下水，次下飯，直置物〔五六〕攪之。以綿幕甕口，扳〔五七〕刀横甕上。一七日〔二五〕旦，著井花水一碗；三七日旦，又著一碗，便熟。常置一瓠瓢〔五八〕以挹酢。若用濕器〔五九〕内甕中，則壞酢味也。

秫米神酢法：七月七日作。置甕於屋下。大率麥䴷一斗，水一石，秫米三斗。無秫者，粘黍米亦中用。隨甕大小，以向滿爲限。先量水，浸麥䴷訖。然後净淘米，炊而再餾，攤令冷。細擘面〔六〇〕破，勿令有塊子。二〔六一〕頓下釀，更不重投。又以水〔六二〕就甕裏，搦破小塊，痛攪，令和如粥乃止。以綿幕口。一七日，一攪；二七日，一攪；三七日，亦二〔六三〕攪。一月日極熟。十石甕，不過五斗澱，得數年停。久爲驗。其淘米泔，即瀉去，勿令狗鼠啖得食。貴添亦不得人啖〔六四〕。

又法：亦以七月七日取水。大率麥䴷一斗，水三斗，粟米熟飯二斗。隨甕〔二六〕大小，以向滿爲度。水及黄衣，當日頓下之。其飯分爲三分：七日初作時，下一分，當夜即沸。又三七日，更炊一分投之。又三日，復投一分。但綿幕甕口，無横〔二七〕刀益水之事。溢即加甑也。

大麥酢法：七月七日作。若七日不得作者，必須收藏取七日水，十五日作。除此兩日，則不成㉞。於屋裏近户裏邊置甕。大率小麥䴷一石，水三石，大麥細造一石㉟。不用作米，則科麗㊱，是以用造。簸訖，净淘，炊作再餾飯；撣〔二八〕令小煖，如人體。下釀，以杷攪之。綿幕甕口。二〔六五〕日便發；發時數攪，不攪則生白醭；生白醭則不好〔二九〕。以棘子徹底攪之。恐有人髮落中，則壞醋。悉爾〔六六〕，亦去髮則還好㊲。六七日净淘粟米五升，亦〔六七〕不用過細，炊作再餾飯；亦撣如人體，投之，杷攪綿幕。三四日看水〔六八〕消，攪而嘗之：味甘美則罷，若苦者，更炊三二升粟米投之。以意斟量。二七日可食，三七日好熟。

香美淳醲。一盞醋和水一碗，乃可食之。八月中，接取清，别甕貯之；盆合泥頭，得停數年。未熟時，一〔六九〕日三日，須以冷水澆甕外，引出〔七〇〕熱氣。勿令生水入甕中。若用黍米投彌佳，白倉粟米亦得。

食經作大小豆千歲苦酒法：苦酒，醋也㊳。用大豆一斗，熟汱〔七一〕之，漬令澤炊曝極燥，以酒〔七二〕灌之。任性多少，以此爲率。

作小麥苦酒法：小麥三斗，炊令熟，著堈〔三〇〕中，以布密封其口。七日開之，以二石薄酒沃之，可久長不敗也。

豆豉㊴：六月造豆豉。黑豆不限多少，三二斗〔七三〕亦得。净淘宿浸。漉出瀝乾，蒸之令熟，於簟〔三一〕上攤。候〔七四〕如人體，蒿覆一如黄衣法。三日一看，候黄衣上遍即得，又不可太過。簸去黄曝乾。以水浸拌之，不得令太濕，又不得令太乾，但以手捉之，使汁從指間出爲候。安瓮中實築，桑葉〔三二〕覆之，厚可三寸。以物蓋瓮口，密泥。於日中七日開〔三三〕之，曝乾，又以水拌，却〔三四〕入瓮中，一如前法。六七度，候〔七五〕好顔色，即蒸過，攤却大〔七六〕氣，又入瓮中實築之，封泥。即成矣。

麩豉：六月造麩豉。麥麩不限多少，以水匀拌熟蒸。攤如人體，蒿艾罨，取黄衣遍。出，攤嗽令乾。即以水拌令浥浥，却入缸瓮中實捺，安於庭中，倒合在地，以灰圍之。七日外，取出攤曒。若顏色未深，又拌依前法，入甕中，色好爲度。色好黑後，又蒸令熱，及熱入瓮中。築泥却。一冬取喫，温暖勝豆豉。

夏月飯甕井口邊無蟲法㊵：清明節前二日，夜雞鳴時，炊黍熟，取釜湯遍洗井口甕邊地，則無馬蚿〔七七〕，百蟲不近井甕矣。甚是神驗。

蒸藕法㊶：水和稻穰糟〔七八〕，揩〔三五〕令净，斫去節。與蜜灌孔裏，使滿。溲蘇麪封下頭。蒸熟，除麪，瀉去蜜，削去皮，以刀截，奠之。又云：夏生冬熟，雙奠亦得。按食經所載食物法甚
多，今以其近于農者録之㊷。

缹茄子法㊸：用子未成者，子成，則不好也。以竹刀骨刀四破之。用鐵，則渝黑也。湯煠去腥氣，細切葱白，熬油〔七九〕，香醬清，擘葱白，與茄子共〔八〇〕下。缹令熟，下椒、薑末。

作葅藏生菜法㊹：蕪菁、菘、葵、蜀芥、鹹葅皆同。收菜時，即擇取好者，菅蒲束之。作鹽水，令極鹹，於鹽水中洗菜，即内甕中。若先用淡水洗者葅爛。其洗菜鹽水，澄取清者，瀉著甕中，令没菜肥〔八一〕即止，不復調和。葅色仍青，以水洗去鹹汁，煮爲茹，與生菜不殊。其蕪菁、蜀芥二種，三日抒出之。粉黍米作粥清，擣麥麪〔八二〕䴷作末，絹篩。布菜一行，以䴷末薄坌之，即下熱粥清。重〔八三〕如此，以滿甕爲限。其布菜法：每行必莖葉顛倒安之。舊鹽汁還瀉甕中。葅色黃而味美。作淡葅，用黍米粥清，及麥䴷末，味亦勝。

蘘菹法：菹，菜也。一曰菹不切曰蘘菹。用乾蔓菁。正月中作。以熱湯浸菜，令柔軟，解辨〔三六〕擇治净洗。沸湯煠，即出，於水中净洗。便復作鹽水斬〔八四〕度，出著箔上。經宿菜色生好。粉黍米粥清，亦用絹篩麥䴷末，澆菹布菜，如前法。然後粥清不用大熱，其汁纔令相淹，不用過多。泥頭七日便熟。菹甕以穰茹之，如蘘〔三七〕酒法。

藏生菜法：九月十月中，於墻南日陽中，掐〔八五〕作坑，深四五尺。取雜菜，種別布之：一行菜，一行土。去坎一尺〔八六〕，便止，穰厚覆之。得經冬須即取，粲然與夏菜不殊。

食經藏瓜法：取白米一斗，鑑中熬之，以作糜。下鹽，使鹹淡適口。調寒熱。熟拭瓜，以投其中。密塗甕。此蜀人方，美好。又法：取小瓜百枚，豉五升，鹽三升。破去瓜子，以鹽布瓜片中，次著甕中，緜其口。三日，豉氣盡，可食之。

抅酸酒法㊺：若冬月造酒，打扒遲而作酸。即炒黑豆一二升，石灰二升或三升，量酒多少加減；却將石灰另炒黃。二件乘熱傾入缸内，急將扒打轉。過一二日，榨則全美矣。又方：每酒〔三八〕一大瓶，用赤小豆一升，炒焦，袋盛，放酒中。即解。

造千里醋㊻：烏梅去核一斤，以釅醋五升，浸一伏時。曝乾，再入醋浸，曝〔八七〕乾。以醋盡爲度。搗爲末，以醋浸蒸餅和爲丸，如雞豆〔八八〕大。投一二丸於湯中，即成好醋。

治醬生蛆：用草烏五㊼、七個，切作四片〔八九〕，撒入，其蛆自死。

治飯不餿㊽：用生莧菜鋪蓋飯上，則飯不作餿氣。

營　室 襍附

沈括曰㊾：營室〔九〇〕之法，謂之木經，或云喻皓〔三九〕所撰。凡屋有三分：自梁以上，爲上分；地以上，爲中分；階，爲下分。凡梁長幾何，則配極幾何，以爲榱等：如梁長八尺，配極三尺五寸，則廳堂法也〔四〇〕。此謂之上分。楹若干尺，則配堂基若干尺，以爲榱等：若〔九一〕一丈一尺，則階基四尺五寸之類。以至承拱榱桷，皆有定法，謂之中分。階級有峻、平、慢三等。宫中則以御輦爲法㊿：凡自下而登，前竿垂盡臂，後竿展盡臂，爲峻道。荷輦十二人。前二人曰前竿，次〔四一〕曰前條，又次曰前會〔九二〕。後三〔九三〕人，曰後脇，又後曰後條，末後曰後竿。輦前隊長，一人，曰傳倡，後一人，曰報賽。前竿平肘，後竿平肩，爲慢道。前竿垂手，後竿平肩，爲平道。此之爲下分。其書三卷。近歲土木之工，益爲嚴〔四二〕善，舊木經多不用，未有人重爲之，亦良工之一業也。

王禎法製長生屋論曰(51)：天生五材，民並用之，而水火皆能爲災。火之爲災，尤其暴者也。春秋左氏傳曰：天火曰災，人火曰火。夫古之火正，或食于心，或食于味〔四三〕。味爲鶉火，心爲大火。天火之孽，雖曰氣運所感，亦必假於人火而後作焉。人之飲食，非火不成；人之寢處，非火不明〔九四〕。人火之孽，失於不慎，始於毫髮，終于延綿。且火得木而生，得水而熄，至土而盡。故木者，火之母。人之居室，皆資于木，易以生患。水者火之牡，而足以勝火，人皆知之。土者火〔九五〕之子，而足以禦火，而人未之知也。水者，救之〔九六〕于已然之後；土者，禦于未然之前。救于已然之後者難爲功，禦于未然之前者易爲力。此曲突徙薪之謀，所以愈于焦頭爛額之功也[52]。吾嘗觀古人救火之術：宋災，樂喜爲政[53]，使伯氏司里：火所未至，徹小屋，塗大屋，陳畚挶〔四四〕，具綆缶，備水器，蓄水潦，積土塗，表火道。此救療之法也。是皆救于已然之後。嘗見往年腹裏諸郡[54]，所居瓦屋，則用磚裹杣〔九七〕簷，草屋則用泥杇〔九八〕上下。既防延燒，且易救護。又有别置府藏，外護磚泥，謂之土庫，火不能入。竊以此推之，凡農家居屋：廚屋、蠶屋、倉屋、牛屋，皆宜以法製泥土爲用。先宜選用壯大材木，締構既成，椽上鋪板，板上傅〔四五〕泥，泥上用法製油灰泥塗飾。待日曝乾，堅如瓷石，可以代瓦。凡屋中内外材木露者，與夫門窗壁堵，通用法製灰泥杇墁之，務要匀厚固密，勿有罅隙。可免焚焮之患，名曰「法製長生屋」。是乃禦於未然之前，誠爲長策。又豈特農家所宜哉？今之高堂大廈，危樓傑閣，所以居珍寶而奉身體者，誠爲不貲。一旦患生于不測，釁起于微眇，轉眄摇足，化爲煨燼之區，瓦礫之場，千金之軀，亦或不保。良可哀憫。平居暇日，誠能依此製造，不惟歷劫火而不壞，亦可防風雨而不朽。至若闤闠之市，居民輳集，雖不能盡依此法，其間或有一焉，亦可以間隔火道，不至延燒。安可惜一時之費，而不爲永久〔四六〕萬全之計哉？

法製灰泥法㊺：用磚屑爲末、白善泥、桐油枯、如無桐油枯，以油代之。莩〔九九〕炭、石灰、糯米膠。以前五件，等分爲末，將糯米膠調和得所。地面爲磚，則用磚模脱出，趁濕于良平地面上，用泥墁成一片。半年，乾硬如石磚然。杇墁屋宇，則加紙筋和勻，用之不致拆裂。塗飾材木上，用帶筋石灰。如材木光處，則用小竹釘，簪麻鬚惹泥，不致脱落。

造雨衣法㊻：茯苓、狼毒，與天仙、貝母、蒼术等分全，半夏、浮萍加一倍，九升水煮不須添。騰騰慢火熬乾净，雨下隨君到處穿。莫道單衫元是布，勝如披着幾重氈。

去墨汙衣：用棗嚼爛搓之，仍用冷水洗，無迹。或用飯擦之。或嚼生杏仁，旋吐旋洗。皆可。

去油汙衣：用蛤粉〔一〇〇〕厚摻汙處，以熱熨斗坐粉上，良久即去。或用蕎麥麪鋪，上下紙隔定，熨之，無迹。或用白沸湯泡紫蘇擺洗。若牛油汙者，用〔一〇一〕生粟米洗之；羊油汙者，用石灰湯洗之。皆净。

洗黄泥汙衣：以生薑挼過，用水擺去。

洗蟹黄汙衣：用蟹中腮措〔一〇二〕之，即去。

洗血汙衣：用冷水洗即净。若瘡中膿汙衣，用牛皮膠洗之。

洗白衣：取豆稭灰或茶子去殼洗之[57]。或煮蘿蔔湯，或煮芋汁洗之，皆妙。

洗葛蕉[58]：清水揉梅花〔一〇三〕葉洗之，不脆，或用梅〔一〇四〕葉搗碎，泡洗之，亦可。

洗竹布：竹布不可揉洗，須褶起，以隔宿米泔浸半日。次用温水淋之，用手輕按，晒乾，則垢膩盡去。

洗黄草布：以肥皂水洗，取清灰汁浸壓，不可揉。

漂苧布：用梅葉搗汁，以水和浸，次用清水漂之，帶水鋪晒。未白，再浸再晒。

治漆汙衣：用油洗。或以温湯略擺過，細嚼杏仁接洗，又擺之，無迹。或先以麻油洗去，用皂角洗之，亦妙。

治糞汙衣：埋土中一伏時，取出洗之，則無穢氣。

燻衣除蝨：用百部、秦艽〔四七〕，搗爲末。依焚香樣，以竹籠覆蓋，放衣在上燻之，蝨自落。若用二味煮湯洗衣，尤妙。

去蠅矢汙：凡巾帽上，取蟾酥一蜆殼許，用新汲水化開。净刷牙〔四八〕，蘸水遍刷過。候乾，則蚊蠅自不作穢。或用大燈草或〔一〇五〕束捲定堅擦，其迹自去。

絡絲不亂：木槿葉揉汁浸絲[59]，則不亂。

收氈物不蛀：用芫花末摻之，或用晒乾黄蒿布撒收捲，則不蛀。

收皮物不蛀：用芫花末摻之，則不蛀。或以艾捲置甕口〔一〇六〕，泥封甕口，亦可。

補磁碗⑥⓪：先將磁碗烘熱，用鷄子清調石灰補之，甚牢。又法：用白芨一錢，石灰一錢，水調補之。

補缸：缸有裂縫者，先用竹篾箍定，烈日中曬縫，令乾。用瀝青火鎔塗之。入縫内令滿，更用火略烘塗開。水不滲漏，勝於油灰。

穿井：凡開井，必用數大盆貯水，置各處。俟夜氣明朗，觀所照星，何處最大而明，則地必有甘泉。試之屢驗。

補磚縫草⑥①：官桂末，補磚縫中，則草不生。

浸炭不爆：米泔浸炭一宿，架起令乾，燒之不爆。

留宿火：用好胡桃一個，燒半紅埋熱灰中，三日尚不燼。

長明燈：雄黄、硫黄、乳香、瀝青、大麥麪、乾漆、胡蘆頭、牙硝，等分爲末，漆和爲丸，如彈子大。穿一孔，用鐵線懸繫。陰乾。一丸可點一夜。

點書燈：用麻油炷燈，不損目。每一斤入桐油二兩，則不燥，又辟鼠耗。若菜油，每斤入桐油三兩，以鹽少許置盞中，亦可省油。以生薑擦盞，不生滓暈。以蘇木煎燈心，晒乾，炷之無燼。

乾蜜〔四九〕法：地丁花、皂角花、百合花，共陰乾，等分爲末；黄蠟丸如彈子大，收之。每十斤蜜，砂鍋内煉沸滾，搥碎一丸在蜜。候滾乾，滴在水内，如凝不散。成蠟，得三十兩。

祛寒法：用馬牙硝爲細末，唾調，塗手及面，則寒月迎風不冷。

護足法：用防風、細辛、草烏爲末，摻鞋底。若着靴，則水調塗足心；若草鞋，則以水濕草鞋之底，沾上藥末。雖遠行，不疼不趼。

治壁虱：用蕎麥稈作薦可除。或蜈蚣萍晒乾(62)，燒煙熏之。

辟蟻：凡器物，用肥皂湯洗抹布抹之，則蟻不敢上。

辟蠅：臘月内，取楝樹子，濃煎汁，澄清，泥封藏之。用時取出些少，先將抹〔五〇〕布洗净，浸入楝汁内，扭乾。抹宴用什物，則蠅自去。

辟蚊蠹諸蟲：用鰻鱺魚乾，于室中燒之，蚊蟲皆化爲水(63)。若熏氈物，斷蛀蟲；置〔一〇七〕其骨于衣箱中，則斷蠹魚；若熏屋宅，免竹木生蛀，及〔五一〕殺白蟻之類。

治菜生蟲：用泥礬煎湯(64)，候冷，灑之。蟲自死。

解魘魅(65)：凡卧房内有魘魅捉出者，不要放手，速以熱油煎之，次投火中。其匠不死即病。又法：起造房屋，于上梁之日，偷匠人六尺竿并墨斗，以木馬兩個，置二門外，東西相對。先以六尺竿橫放木馬上，次將墨斗線橫放竿上，不令匠知。上梁畢，令衆匠人跨過。如使魘魅者，則不敢跨。

逐鬼魅法：人家或有鬼怪，密用水一鍾，研雌黄一二錢。向東南桃枝，縛作一束，濡雌黄水洒之。則絶跡矣。所用物件，切忌婦女知之，有犯，再用新者。

祛狐狸法：妖狸能變形，惟千百年枯木能照之。可尋得年久枯木擊之，其形自見。

校：

〔一〕圓　各刻本作「員」；依中華排印本改作「圓」，與要術原字同。

〔二〕濁　黔、魯譌作「獨」；應依平、曙作「濁」，與要術原文合。濁流，是黏滯的液體，緩緩流動。

〔三〕徧　各刻本俱譌作「偏」，依中華排印本「照齊民要術改」。

〔四〕盪　黔、魯作「蕩」，可通用；仍依平、曙作「盪」，與要術原文合。

〔五〕諳　各刻本均譌作「暗」，依中華排印本「照齊民要術改」。

〔六〕水水長　各刻本均譌作「人長水」，應依中華排印本「照齊民要術改正」。

〔七〕椀　各刻本均缺，依中華排印本「照齊民要術增」。

〔八〕當　平、黔、魯本作「常」；依曙本改作「當」，與要術原文合。（當，應讀去聲：「當處」，即「原處」、「當地」。）

〔九〕麴餅　各刻本作「餅麴」；依中華排印本倒轉，與要術校定本合。

〔一〇〕勤　平、黔、魯作「靳」，是譌字；中華排印本「照曙改」作「蘄」，仍與要術原文不合；現依要術改作「勤」。

〔一一〕蟲　本書各刻本承襲了明刻要術中的譌字「出」；依中華排印本「照齊民要術改」作「蟲」。但仍可疑，或者應作「鼠」字。

〔一二〕違　本書各刻本均譌作「爲」，依中華排印本「照齊民要術改」。

〔一三〕杙　平、魯、曙均譌作「栈」；依中華排印本作「杙」，合於要術原文。（定扶校）

〔一四〕掃　各刻本作「揣」，依中華排印本「照齊民要術改」。

〔一五〕夜半　各刻本作「夜月」，依中華排印本「照齊民要術改」。

〔一六〕饙　本條所有「饙」字，各刻本均譌作「饋」；依中華排印本「照齊民要術改」。解釋見本卷案〔一七〕。

〔一七〕覆　各本均脱漏，依中華排印本「照齊民要術增」。

〔一八〕溲　黔、魯譌作「浸」；應依平、曙作「溲」，合於要術原文。「溲」解作用水調和。

〔一九〕氣餾　各刻本作「氣脯」，中華排印本作「餾脯」；應依要術原文改作「氣餾」。

〔二〇〕蘗　平本譌作「蘖」，依曙、魯、中華排印本改作「蘗」，合於要術原文。以下兩處「蘗」字同改，不

另出校。（定扶校）

〔二二〕沃　各刻本均譌作「泛」；依中華排印本改作「沃」，合於要術原文。

〔二三〕游　各刻本均譌作「淅」；依中華排印本改作「游」，解釋見案〔二四〕。

〔二三〕净　各刻本譌作「争」；依中華排印本改作「净」，與要術原文合。

〔二四〕鉎　各刻本都沿襲明刻本要術的錯字「鉎」，依中華排印本「照齊民要術改」。（下面「一本作生縮」原係小字夾注。）

〔二五〕日　各刻本均脱漏「日」字，依中華排印本「照齊民要術增」。

〔二六〕甕　平本、曙本譌作「飯」；依黔、魯本改作「甕」，與要術原文合。

〔二七〕横　各本作「機」，承襲了明刻要術中的譌字；中華排印本「照齊民要術改」作「扳」字，可是要術這個字却没有作「扳」的情形；現依校定本作「横」。

〔二八〕撣　平、黔、魯各本譌作「揮」；依曙本改作「撣」，與要術原文合。「撣」解作急速頻頻拌動。

〔二九〕「發」字及下面「生白醭」三字，均應依要術校定本重出；各本俱脱漏。中華排印本照齊民要術增了「發」字，但「生白醭」仍脱漏。現俱補入。

〔三〇〕著堈　各刻本譌作「者堋」，應依中華本「照齊民要術改」。（「堈」大概應是「缸」字的一種寫法。）

〔三一〕簞　平本譌作「箪」；依黔、曙、魯改作「簞」，與輯要引文及纂要原文合。

〔三二〕葉　魯本譌作「棄」；應依平、曙作「葉」，與輯要及纂要合。

〔三三〕開　平本譌作「間」，依曙、魯、中華排印本改作「開」，與輯要及纂要合。（定枎校）

〔三四〕却　平本譌作「郤」，魯、中華排印本作「卻」，依曙本改作「却」，與輯要及纂要合。以下三處「郤」字同改，不另出校。（定枎校）

〔三五〕揩　平、曙譌作「楷」；依魯本、中華排印本改作「揩」，合於要術原文。（定枎校）

〔三六〕辨　本書各刻本都作「辦」，依中華排印本「照齊民要術改」作「辨」。但更可能原來是「辯」字。

〔三七〕如釀　本書各刻本譌作一個「釀」字，依中華排印本「照齊民要術改」。

〔三八〕酒　平、黔、魯譌作「海」；依曙本改正，與圖纂合。

〔三九〕喻皓　本書各刻本均譌作「喻晤」；依中華排印本改作「喻皓」，與筆談合。

〔四〇〕廳堂法　筆談原作「廳法堂」，平、黔、魯各本同。依中華排印本改作「廳堂法」較勝。

〔四一〕次　平、黔、魯譌作「女」；應依曙本改作「次」，與筆談符合。

〔四二〕「嚴」字下，本書各本均多一「道」字，依中華排印本「照夢溪筆談删」。

〔四三〕味　平本譌作「味」；依黔、曙、魯改作「味」，與王禎原文合。下一「味」字同改。

〔四四〕掮　平、黔、魯譌作「揭」；依曙本改作「掮」，與王禎原書及春秋左氏傳襄公九年原文合。「掮」是「舁（＝搬）土之器」。

〔四五〕傅　平、黔、魯譌作「傳」；依曙本改作「傅」，與王禎原文合。

〔四六〕永久　黔、魯作「久遠」；依平、曙作「永久」，合於王禎原文。

〔四七〕芁　平、曙、魯本譌作「芃」，依中華排印本改作「芁」。（定枎校）

〔四八〕刷牙　中華排印本倒轉作「牙刷」。案：本書各刻本及圖纂原文，均是「刷牙」，似不宜改。「刷牙」，可解釋爲刷上的牙，即栽上的毛束；「净刷牙」，是先把「刷牙」弄乾净。

〔四九〕蜜　平、黔、魯均譌作「密」；依曙本改正，與圖纂原文合。——正文兩處，也都是「蜜」字。

〔五〇〕抹　黔、魯譌作「米」；依平、曙作「抹」，與圖纂原文合。

〔五一〕及　魯本、中華排印本譌作「又」；應依平本、曙本作「及」，合於圖纂原文。（定枎校）

注：

①　現見要術（卷七）塗甕第六十三篇。

②　甕津：「津」解作「滲水」。

③　寫：傾瀉的「瀉」，唐初還直接用「寫」字。

④　現見齊民要術（卷九）醴酪第八十五篇。「治釜」兩字標題。「渝」是改變，這裏專指變色。

⑤　抒：解作「傾出來」。

⑥　察作聲：「察」是擬聲字，即「察察地響」。

⑦　踈：借作「潄」；「潄」，用水冲刷、冲蕩，即今日口語中的「涮」。

⑧ 引自齊民要術（卷七）造神麴並酒等第六十四篇第一條：「作三斛麥麴（不是神麴！）法。」「造神麴」標題，及「凡」字，均本書所加。

⑨ 甲寅日：「甲」字懷疑應是「中」字。這段裏面的「甲寅日」，「童子著青衣，日未出時；面向殺地……勿令人潑水，水長（＝過多）……莫令人用……和麴……面向殺地……」祭麴王等，全是唯心迷信的；賈思勰原是照録現成法式，他本人在另一段「造神麴法」（即本書下條，但本書引文已删節）中，便聲明「但無復祭麴王及童子手團之事」，又在另一段造「神麴方」中，也説明過「祭與不祭亦相似」。

⑩ 要術原來是作爲「作三斛麥麴法」附件的。其中「界須」兩字，疑應是一個「領」字；「願使」兩字疑作「懇」一字，「椒薰」應依校定本作「薰椒」；最後還有「急急如律令」一句，作爲例有的結束語。

⑪ 這條，才真是要術造神麴並酒等第六十三篇中的「造神麴法」。

⑫ 録自齊民要術（卷九）作菹藏生菜法第八十八篇所引「食次曰：女麴」的文字。段末「以藏瓜菹最妙」一句，不是要術原有。

⑬ 乃：疑要術原引文有誤，應作「仍」。

⑭ 這一條，實際上是齊民要術（卷七）法酒第六十七篇標題注：「酒法」，應依原文作「法酒」，即依一定配方調製釀造的酒類。

⑮ 録自齊民要術（卷七）法酒第六十七。

⑯ 酘：向酒酵中加飯稱爲「酘」。

⑰ 録自要術法酒第六十七。「當梁」是正對着屋梁；「當」字應讀去聲，標題中「酒法」兩字，應依要術原文倒轉。

⑱ 「但言偷酒，勿云取酒」，這是不足信的忌諱。

⑲ 「勿令狗鼠食之」，這種忌諱，也不見得有理由。

⑳ 録自要術法酒第六十七，標題應依要術「作秔米法酒」。

㉑ 稻米：懷疑上面脱去「晚」字。

㉒ 「作頤酒法」及下條「河東頤白酒法」，均録自齊民要術（卷七）笨麴並酒第六十六篇。「頤酒」的「頤」字不可解。日本金澤文庫本要術作「頣」，（日本熊代幸雄教授在所作日譯本中，有校注説「……『頣』，或作『顗』，集韻；金澤本用這個異體。……」案：集韻上平聲「七之」「飴」紐「臣」字下重文，止有「頤」「䣷」兩個。後一個異體，右邊是「臣」，不是「頁」。）因此曾懷疑可能是「醹」的借用字。醹解爲酒濃厚（見廣韻上平聲「十虞」「儒」紐）。

㉓ 「要須日未出……不成」，這是防止高温中麴菌代謝走向歧途的措施。

㉔ 此條及下條「笨麴白醪酒法」均録自齊民要術（卷七）笨麴並酒第六十六篇。

㉕ 此條及下面「作黄蒸法」、「作蘖法」，均録自齊民要術（卷八）黄衣黄蒸及蘖法第六十八篇。黄衣是黄色的麴菌，具有强大的蛋白質水解能力。䴷，音「院」。

㉖ 小注，要術所無，本書新增。

㉗ 黄蒸：仍是含有大量蛋白酶的黄色麴菌。

㉘ 脚：指新出的幼根，形狀像脚趾。

㉙ 仰：解作對天敞開，不加覆蓋。

㉚ 録自齊民要術（卷八）常滿鹽花鹽第六十九。

㉛ 現見齊民要術（卷八）作醬法第七十。（本書引文，有不少承襲明本要術的譌脱，請參看齊民要術今釋中的注釋。）

㉜ 「向太歲，則無蛆蟲」，這是唯心的迷信。

㉝ 「作酢法」以下至「作小麥苦酒法」共七條，都録自齊民要術（卷八）作酢法第七十一篇。「酢」即「醋」字原來的寫法，標題下注已有説明；「苦酒」也是「醋」。

㉞ 「除此兩日，則不成」，似乎止是迷信的説法。

㉟ 造：暫解作「粗粒」。

㊱ 科麗：懷疑要術原文有誤字，或許是字形相似的利麄（＝粗）。粗粒容易沉澱分離，比較有利。

㊲ 「恐有……還好」，是否事實，還須試驗證明。

㊳ 小注，要術原無。

㊴ 此條及下條「麩豉」均見農桑輯要（卷五）瓜菜篇，標明引四時類要；亦見朝鮮本四時纂要（卷三）

六月篇内。

㊵ 現見齊民要術（卷九）飧飯第八十六篇，原標題起處有「令」字。

㊶ 現見齊民要術（卷八）蒸缹法第七十七篇。

㊷ 這個小注和「蒸藕法」正文，下條「缹茄子法」等，收入本卷，是否徐光啓原來手稿，還可懷疑。

㊸ 現見齊民要術（卷九）素食第八十七。「缹」現在應讀 fǒu（從前讀 bǒu），即久煮。

㊹ 這一條，和以下的「蘸菹法」、「藏生菜法」、「藏瓜法」等四條，均見齊民要術（卷九）作菹藏生菜法第八十八篇中。「作菹藏生菜法」，在要術原是篇標題，包括作各種菹和藏生菜的技術説明。本條，要術原標題是「葵、菘、蕪青、蜀芥鹹菹法」。兩重標題和内容分配，對應得很分明，完全合適。本書這裏所引用的，「藏生菜法」另列一條在後，這一條便應當依要術標作「葵……鹹菹法」；現在用要術原篇名作標題，内容却並無「生菜」，而這一條將原條標題作小注處理後，作菹的材料是什麼，便無明白交待。案：本書前面卷二十八「蔓菁」條，已引有這一條與下文的「蘸菹法」，並且有徐光啓自作注文，説明選擇標準，這裏重出，且不詳不備，文字却又没有改動，意義便很難捉摸。因此懷疑這一段兩條，排在這裏，未必是原稿形式。

㊺ 本條及以下「造千里醋」、「治醬生蛆」、「治飯不餿」各條，現均見便民圖纂（卷十五）製造類上。

㊻ 案：齊民要術（卷七）作酢第七十一篇，有「烏梅苦酒法」，與圖纂所記這一個方法的前半相同；後段是後來的改進。

㊼草烏：圖纂誤作「烏草」，本書倒轉，是正確的。「草烏」即野生的烏頭（附子），有毒。

㊽這一條，圖纂實際上還是沿襲農桑衣食撮要「六月」末條「飯不餿」的。「餿」「餿」是同一字的兩種寫法。澱粉性食物受腐敗微生物作用，發生乳酸、酪酸混合發酵後，發出的不良氣味，稱爲「餿」，音sōu。目前許多地區的方言中還有。

㊾本條現見沈括夢溪筆談（卷一八）技藝（第二條）——胡道静夢溪筆談校證下册五百七十面。

㊿御輦：「輦」歷來解釋爲一種「車」，（廣韻上聲「二十八獮」「輦」字注：「人步挽車。」）由本條注文「荷（＝肩負）輦十二人」的描述看來，止是人擡的「轎」。

51 這是王禎農書卷二十二農器圖譜二十後面雜録的第一項；本書引用頗有删節，案：王禎原書體例，一「圖」一「譜」相連，並不是「論」；本書所用「論」字，不很恰當。

52 「此曲突徙薪之謀，所以愈于焦頭爛額之功也」，漢書（卷六八）霍光傳末，有一段記徐生上書事，其中所説的一個比喻故事：有人廚房裏煙囱（＝「突」）直上，旁邊堆着柴草。客人勸他把煙囱改成彎曲的，並將柴草搬開，以免失火。主人不聽。後來果然失火，鄰居幫忙搶救，爲火所傷，頭燒焦，額頭燙爛了。主人後來殺牛辦酒食慰勞因幫忙救火而受傷的人。有人提醒主人：如果當初聽從了「曲突徙薪」的計劃，比今日殺牛辦酒來酬謝焦頭爛額的人還要好。

53 「宋災，樂喜爲政」，參看卷十八「缶」條注文。樂喜爲春秋時宋國的正卿。

54 腹裏：元初制度，「中書省統山東西、河北之地，謂之腹裏」（見元史卷五八志一〇）。

㊺「法製灰泥法」是上文所引王禎農器圖譜中「法製長生屋」後的附録。案：這個配方中，桐油枯、莩炭、糯米膠以及紙筋、麻鬚，都是易燃引火的材料，是否能「防火」，不無可疑。

㊻以下三十八條，現見便民圖纂（卷一六）製造類下。案：這三十八條圖纂，除「治菜生蟲」和「絡絲不亂」兩條，在農業家庭生活中的確有用之外，其餘都不是一般農家日常生活内的事，與「凡例」中有關本卷的選材原則「採其切於農事者一卷」不相稱。一般地説，這三十八條，止是小市民生活範疇中所需要的。有一些的確是可寶貴的群衆經驗：如用芫花、百部殺蟲防蟲，利用惰性粉末加熱後增大的吸附力去油污等；有些則未必可靠，如楝子汁辟蠅之類；還有些近於迷信傅會。如「穿井」一條（實際上是承襲北宋方勺泊宅編的），本書卷二十「水法附餘」中，已列有求泉源的四種方法，估計徐光啓決不會再將這一條禁不起試驗的條文，重複收在這裏。另有幾條，是荒誕無稽的迷信，——尤其末四條，其中還有對土木建築工人的惡意詆毁——也決不是徐光啓所願意收録的材料。因此，我們認爲這三十八條，是刻書時收入的，不會是徐光啓原來的安排。

㊼「取豆稭灰或茶子去殼洗之」，前者利用灰中的碳酸鉀、鈉；後者利用種子（所謂「茶子」，可能指卷三十八的「楂」，即油茶）中的皂素。

㊽此條與卷三十六「附葛」中洗葛衣法重複。

㊾木槿葉汁中，含有大量黏液，很滑膩；它的表面活動，可以使絲增加滑澤，不至相黏連，確是很妙的利用。

⑥⓪ 「補磁碗」和下一條「補缸」，都是可寶貴的群衆經驗。

⑥① 這一條，標題意義不够明確。大致是用桂末清除磚縫中雜草的辦法。這個方法，據沈括夢溪筆談（卷四）（胡道静校證四三、七三）引楊億談苑，已在南唐時應用過。但一般農村，似乎用不上。

⑥② 蜈蚣萍：即槐葉萍 Salvinia natans，這個方法是否有效，還待證實。

⑥③ 「蚊蟲皆化爲水」，這是不可能的事。

⑥④ 泥礬：指硫酸鐵。

⑥⑤ 以下四條，純粹是無稽的迷信；前兩條，更有對土木建築工人的嚴重詆毁在内，不值得考慮，止須揚棄。

案：

〔一〕時　應依要術原文作「特」。

〔二〕使　應依要術作「便」。

〔三〕瀉　要術原作「寫」，與上文「寫熱脂……」同。

〔四〕軒　應依要術原文作「斬」。

〔五〕覩　要術原作「視」。

〔六〕乾　應依要術校定本作「訖」。

〔七〕行　要術原文是「污」字。

〔八〕入　應依要術原文作「人」。

〔九〕遷　應依要術校定本作「還」，與下面一句「還令塗戶」同。

〔一〇〕「日」字下，應依要術校定本補「中」字。

〔一一〕朔　應依要術校定本作「朝」。

〔一二〕炊　應依要術原文作「炒」。（「蒸」和「炊」，習慣上是作同樣解釋的。）

〔一三〕「之」字，要術原文無。

〔一四〕閤　應依要術原文作「閣」。

〔一五〕烏腹　應依要術原文作「烏腸」，即中間穿孔處變黑。下句中「烏腹」亦同。

〔一六〕日日　應依要術作「日中」。

〔一七〕饋　應依要術原文作「饙」，「饙」音fēn，即半熟飯。

〔一八〕和　應依要術校定本作「加」。

〔一九〕「食」字，要術原文無，應删去。

〔二〇〕選　應依要術校定本作「還」。

〔二一〕之　要術原作「飯」字。

〔二二〕「一七」及下文「二七」，應依要術校定本作「二七」及「三七」。

〔二三〕大　應依要術作「太」。（定扶案）

〔二四〕者　應依要術校定本作「游」；游水，即沉澱物上面的清液。

〔二五〕塊　要術原作「黍」。

〔二六〕清　應依要術校定本作「漬」。

〔二七〕納　應依要術原文作「訖」。

〔二八〕「取」字，承襲了明刻本要術中的譌字；應依要術校定本作「帥」（解作舂）。

〔二九〕「若」字下，應依要術原文補「用」字。

〔三〇〕五月　應依要術原文作「五六月」。

〔三一〕清　應依要術原文作「消」，「消」即「溶解」。

〔三二〕「鹽」字下，應依要術原文補「滓」字。

〔三三〕「浮即」下，應依要術原文補「接取」兩字。

〔三四〕粒　要術原作「正」字，屬下句。

〔三五〕「而」字，要術原無。

〔三六〕「一」字，應依要術作「二」，兼指「花」與「印」。

〔三七〕「植」字，本書承襲了明刻本要術的譌脱，應依校定本改作「醬；嘗爲菹」四字，並去掉「植」上的逗號。

的説法。

〔三八〕皆　應依要術原文作「背」。案：這種措置和下面所説「姙娠婦人食之，醬亦不壞爛」，都是迷信

〔三九〕者　應依要術原文作「若」。

〔四〇〕炊　本書沿襲了明本要術的譌字；應依校定本作「欲」，即「須要用」。

〔四一〕細　要術原作「碎」，似較勝。

〔四二〕傾　應依要術校定本作「頃」。

〔四三〕「蒿」字上，應依要術原文補「草」字。

〔四四〕「細末」兩字，應依要術校定本倒轉。

〔四五〕一　應依要術原文作「三」。

〔四六〕三升　依要術校定本當作「四升」。

〔四七〕重　應依要術原文作「量」。

〔四八〕匝甕底　應依要術校定本作「離甕，徹底」。

〔四九〕接取黄滓　應依要術校定本作「挼取黄瀋」。

〔五〇〕「黄」字上，應依要術校定本補「用」字。

〔五一〕是豆乾　應依要術校定本作「止，豆乾飲」四字。

〔五二〕「入」字下，要術原文多「則」字，應補。

〔五三〕磚輒中乾土末淘　本書這幾個字，沿襲了明刻本要術的譌脱；應依校定本作「車轍中乾土末一掬」。

〔五四〕「四月」下，應依要術原文補「四日」兩字。

〔五五〕二　要術原作「一」。

〔五六〕物　應依要術原文作「勿」。

〔五七〕扱　應依要術校定本作「拔」。

〔五八〕「瓠瓢」下，應依要術校定本補「於甕」兩字。

〔五九〕「濕器」下，應依要術校定本補「鹹器」兩字。

〔六〇〕「面」字，應依要術原文作「麪」。

〔六一〕二　應依要術原文作「一」。

〔六二〕「水」字，應依要術原文作「手」。

〔六三〕二　要術原作「一」。

〔六四〕啖得食貴添　應依要術校定本作「得食。饙黍」。又句末「人啖」下，應依校定本補「之」字。

〔六五〕二　要術原作「三」。

〔六六〕「悉爾」上，應依要術原文補「凡醋」兩字。

〔六七〕「亦」字上，應依要術原文補「米」字。

〔六八〕「水」字，應依要術原文作「米」。

〔六九〕一　要術原文作「二」。

〔七〇〕出　依要術校定本，以作「去」爲是。

〔七一〕沃　應依要術校定本作「汰」。

〔七二〕「酒」字下，應依要術校定本補一「醅」字。

〔七三〕三二㪷　輯要作「二三斗」，纂要作「三二斗」；「㪷」係唐宋「斗」俗字。

〔七四〕「候」字下，輯要有「温」字，纂要無。

〔七五〕「候」字下，纂要有「極」字，輯要無。

〔七六〕「大」字，輯要作「火」，纂要作「大」。似以作「火」爲勝。

〔七七〕蚿　應依要術原文作「蚿」；「馬蚿」即多足綱的「馬陸」類。

〔七八〕糟　應依要術校定本作「糠」。

〔七九〕「油」字下，要術原文有「令香」兩字。

〔八〇〕「共」字，要術原文作「俱」。

〔八一〕肥　應依要術原文作「把」。

〔八二〕「麪」字，原文無，應删。

〔八三〕「重」字，應依原文複疊。

〔八四〕 斬　應依要術校定本作「暫」。
〔八五〕 搯　應依要術校定本作「掘」。
〔八六〕 「二尺」下，要術原有「許」字，應照補。
〔八七〕 「曝」字上，圖纂尚有另一「再」字。
〔八八〕 豆　應依圖纂原文作「頭」。
〔八九〕 片　圖纂原作「半」。
〔九〇〕 室　筆談作「舍」。
〔九一〕 「若」字下，應依筆談補「榏」字。
〔九二〕 會　應依筆談作「脇」。
〔九三〕 三　應依筆談作「二」。
〔九四〕 明　王禎原文作「煖」。
〔九五〕 火　王禎原文作「水」。
〔九六〕 「之」字，王禎原文無。
〔九七〕 杣　本書作「杣」，字書中查不出，固然不可解；王禎原作「柚」，也很難和「簷」字聯繫解釋，顯然是一個錯字，懷疑是「櫋」的或體「柄」字，即屋簷前橫釘的「望板」。
〔九八〕 杇　應依王禎原文作「圬」。「圬」同「杇」（音 wū），泥鏝塗牆的工具。下同。（定枎案）

〔九九〕莩　應依王禎原書作「莩」。本書各刻本均作「芓」，顯係字形相近刻錯。（定扶案）

〔一〇〇〕蛤粉　圖纂原作「豆粉」。

〔一〇一〕用　圖纂原作「嚼」。

〔一〇二〕措　應依圖纂作「揩」。（案：這一條是利用蟹鰓的廣大吸附面，方法很巧妙。）

〔一〇三〕「花」字，應依圖纂原文及本書卷三十六引文情況删去。

〔一〇四〕梅　應依圖纂作「桃」。

〔一〇五〕「或」字，應依圖纂原文作「成」。

〔一〇六〕口　應依圖纂原文作「内」。

〔一〇七〕「置」字上，圖纂原文有「若」字。